21 世纪复旦大学研究生教学用书

网络安全原理与应用

张世永　主编

科 学 出 版 社

北 京

内 容 简 介

　　本书为复旦大学研究生教学用书,书中全面介绍网络信息安全的基本原理和实践技术。在第一部分"网络安全概述"中先简介 TCP/IP 协议,然后分析目前常见的各种安全威胁,指出问题根源,提出网络安全的任务;第二部分"安全框架与评估标准"介绍一些经典的网络安全体系结构,并介绍了国际和国内对网络安全的评估标准和有关法规;第三部分"密码学理论"着重介绍密码学,从传统密码技术到对称密码体制、公钥密码体制以及密钥分配与管理、数字签名、数据隐写与电子水印等;第四部分为"安全技术和产品",全面介绍身份认证、授权与访问控制、PKI/PMI、IP 安全、E-mail 安全、Web 与电子商务安全、防火墙、VPN、安全扫描、入侵检测与安全审计、网络病毒防范、系统增强、安全应急响应、网络信息过滤、网络安全管理等技术,内容基本涵盖目前主要的安全技术。在每章后面给出了习题作为巩固知识之用,还给出了大量的参考文献。

　　本书可作为高等院校计算机、通信、信息等专业研究生和高年级本科生的教材,也可作为计算机、通信、信息等领域研究人员和专业技术人员的参考书。

图书在版编目(CIP)数据

网络安全原理与应用/张世永主编.—北京:科学出版社,2003
(21 世纪复旦大学研究生教学用书)
ISBN 978-7-03-011450-1

　Ⅰ.网… 　Ⅱ.张… 　Ⅲ.计算机网络-安全技术-研究生-教材 　Ⅳ.
TP393.08

中国版本图书馆 CIP 数据核字(2003)第 033039 号

策划编辑:鞠丽娜　/责任编辑:韩　洁
责任印制:吕春珉　/封面设计:王　浩

科 学 出 版 社 出版
北京东黄城根北街16号
邮政编码:100717
http://www.sciencep.com

三河市骏杰印刷有限公司印刷

科学出版社发行　各地新华书店经销

*

2003 年 5 月第 一 版　　开本:787×1092　1/16
2019 年 1 月第十二次印刷　　印张:27 1/2
字数:620 000
定价:**66.00 元**
(如有印装质量问题,我社负责调换〈骏杰〉)

序　言

　　信息化和网络化是当今世界经济和社会发展的大趋势,也是推进我国国民经济和社会现代化的关键环节。计算机技术和网络技术已深入到社会的各个领域,人类社会各种活动对计算机网络的依赖程度已经越来越大。与此同时,由于计算机网络所具有的开放性和共享性,其安全性也成为人们日益关切的问题。在世界范围内,对计算机网络的攻击手段层出不穷,网络犯罪日趋严重,给各行各业带来了巨大的经济和其他方面损失。我国信息化、网络化建设在技术与装备上对别国的极大依赖性,使网络安全问题尤为突出。因此,增强全社会安全意识,普及计算机网络安全教育,提高计算机网络安全技术水平,促进计算机网络安全的自主研发创新,改善计算机网络的安全现状,成为当务之急。

　　张世永教授主编的《网络安全原理与应用》一书,正是顺应了这样的要求,它具有科学、严谨的体系结构,全面而系统地阐述了计算机网络安全领域的有关概念、原理、框架、技术,特别是花了足够的篇幅来介绍目前网络安全的各种实际应用技术问题。本书从网络安全概论、网络安全体系结构、国内外网络安全评估标准、密码学知识到各种实用网络安全技术和产品,做了全面深入的讨论,基本涵盖了目前主要的安全技术,所涉及到的内容反映了网络安全领域的最新研究成果和新趋势,并融进了作者近年来在该领域的实践经验与科研成果。

　　总之,这是一本理论与技术相结合,涉及广泛,新颖而全面,内容深入浅出且引人入胜的好书。它对于有关计算机、通信、信息等专业领域的广大研究生及高年级大学生均为一本值得推荐的教材和参考书。同时对于网络安全领域的研究工作者,对于网络工程师,通信工程师,计算机软、硬件工程师等,也是一本有价值的参考书。

何德全

前　言

随着信息化的普及和发展,互联网络已覆盖了社会政治、经济、文化、生产的各个领域,网络安全也越来越成为全社会关注的焦点,并成为网络发展的重要课题。提高全社会网络安全意识,是保障我国信息化建设健康稳定发展的长期重点工作之一。

从 20 世纪 90 年代以来,我们在网络信息安全领域开展了广泛而卓有成效的科研工作,取得了一定的成果,荣获了数十项重大成果,包括国家科技进步二等奖、三等奖各 1 项,部委科技进步一等奖、二等奖各 2 项,上海市科技进步二等奖 4 项、三等奖 8 项,国家计委重大科技成果奖 3 项,机电部重大科技成果奖 3 项等。本书不仅是在跟踪国内外网络信息安全方面的最新研究成果,同时也是对我们该领域的实践经验与科研成果的一点总结。我们的目标是为网络信息安全领域提供一本既可作教科书,又可作专业人员全面参考的手册性书籍。

本书为 21 世纪复旦大学研究生教学用书,属于上海市学位委员会研究生学位课程教材建设项目,在本书的写作过程中,除了介绍了作者自身的大量研究内容及成果之外,还参考了众多国内外论文、书籍以及其他一些在互联网上公布的相关资料,我们尽量在每章后面都列出,但由于网上资料数量众多且杂乱,可能无法把所有文献都一一注明出处。这些资料来源于众多的大学、研究机构、安全团体、安全网站、商业公司以及一些研究计算机及网络安全问题的个人,对于他们在推动安全事业发展的过程中所做的工作和努力,再次表示衷心的感谢。写作过程中所参考的这些书籍资料,其原文版权属于原作者,特此声明。

本书具有科学严谨的体系结构,内容深入浅出,新颖而全面,涉及广泛,全书在结构上分为网络安全概述、安全框架与评估标准、密码学理论、安全技术和产品四大部分,全面介绍网络信息安全的基本原理和应用实践技术,基本遍及了网络信息安全的各个方面,侧重于基本原理和实践技术,特别是较为系统全面的给出了目前网络信息安全的各种技术,反映了网络信息安全领域的最新研究成果和新趋势,并融进作者近年来在该领域的实践经验与科研成果。此外从教材使用的角度考虑,在每章后面给出了习题作为巩固知识之用,书中还给出了大量的参考文献。作为"21 世纪复旦大学研究生教学用书"之一,本教材的目的同样是为提高研究生的培养质量,把创新能力和创新精神的培养放到突出位置上而出版的适应新的教学和科研要求的有复旦特色的教材。

全书由复旦大学网络与信息工程中心、复旦光华信息科技股份有限公司合作组织编写,第 1、15、16、17 章由李晓明编写,第 2、3、11、13、23、25 章由顾国飞编写,第 4 章由傅维明编写,第 5、6、7、章由杨明、候亚飞编写,第 8、9、10 章由王国平编写,第 12、14 章由李松年编写,第 18、19 章由钟亦萍编写,第 20、21、26 章由吴承荣、顾国飞编写,第 22 章由廖志成编写,第 24 章由刘松鹏编写;全书由张世永教授统稿,顾国飞协助。刘鹏、钟洪涛、吴胜浩、王五平、周建华、迟瑞峥等研究生参与了部分资料的收集、整理、录入和校订工作。此外,本书得到了中国工程院院士何德全教授的大力支持和指导,并为本书欣然作序;上海计算机软件技术开发中心主任朱三元教授在百忙之中审阅全稿,提出了宝贵的意见,在此一并表示衷心的感谢。

网络与信息安全是一门内容广泛、发展迅速的学科,本书是在此领域内的一次努力尝试,囿于作者的学识和水平,尽管尽了最大努力,但仍难免存在不足之处,诚望读者不吝赐教斧正,以利再版修订。

作　者

2003 年 4 月

目　录

第一部分　网络安全概述

第二部分 安全框架与评估标准

第三部分 密码学理论

第一部分　网络安全概述

第1章 TCP/IP 概述

1.1 Internet 起源、现状及未来

Internet 是一个全球范围的计算机网络，它由各种不同类型和规模的独立运行和管理的子网络组成。这些子网络，从类型上可分为以太网、令牌网、ATM 网等，从规模上可分为局域网、城域网、广域网等。Internet 可以让用户快速方便地交换信息，远程访问和传送所需数据及文件，定期接收感兴趣的主题的最新消息，超越空间的限制建立工作小组并加强组内的协同工作，在网上进行有益于身心健康的娱乐活动。

1.1.1 Internet 的起源和现状

20 世纪 60 年代初，Paul Baran、Leonard Kleinrock、Donald Watts Davies 提出了分组交换（Packet Switching）、存储转发（Store and Forward）、分布式网络（Distributed Networks）等理论，这些理论直到现在仍然是 Internet 最核心的设计思想。

美国国防部高级研究计划署（DARPA，Defense Advanced Research Projects Agency）在 1969 年以这些理论为基础，为新型计算机网络试验而建立了 ARPANet，这就是今天 Internet 的前身。最早的 ARPANet 是一个由 4 台主机互连而成的实验性的分组交换网，这 4 台主机分别位于加州大学洛杉矶分校（University of California，Los Angeles）、加州大学圣巴巴拉分校（University of California，Santa Barbara）、斯坦福大学（Stanford University）及犹他大学（University of Utah）。设计这一网络的最初目的是当网络中的一部分因为战争等特殊原因遭到破坏时，网络的其他部分仍能正常运行。

到 1976 年，ARPANet 发展到 60 多个节点，随着网络的多样化促使 DARPA 进行网络互连的研究。1980 年，DARPA 研制成功了用于异构网络的 TCP/IP 协议并正式投入使用，因加州大学伯克利分校（University of California，Berkeley）把该协议作为 BSD UNIX 的一部分，使其借助这一极有影响力的免费软件得到广泛流传。经过长期的研究和准备，DARPA 最终决定，在 1983 年 1 月 1 日将 ARPANet 正式转换成 TCP/IP 协议的网络。由于 TCP/IP 的灵活性、开放性和易用性，网络的延伸变得轻而易举，各种各样的网络通过 TCP/IP 连成一体，一个基于 TCP/IP 的 Internet 逐渐形成。同时，原有的 ARPANet 被分成了两部分，为科研服务的部分保留，仍称 ARPANet，而为军事服务的部分作为单独的子网，即 MILNET。

由于种种原因，ARPANet 没有被充分利用。1986 年，美国国家科学基金会（NSF，National Science Foundation）以 6 个为科教服务的超级计算机中心为基础，建立了 NSFNet 的网络，以便为全国的科研机构提供网络化信息手段。NSFNet 非常有吸引力，到 1990 年，甚至很多商业部门已从 ARPANet 转移到 NSFNet。因此，运行了 20 年之后的 ARPANet 于 1990 年停止运营。

由于 NSFNet 只允许与教学科研有关的信息通路，所以可用于其他种类通路的商业性 TCP/IP 网络服务也相应诞生。这些商业性的网络同 NSFNet 一样，与地区网络相连，并为客户提供直接连机服务。

随着 Internet 的发展，网上的各种应用也逐渐丰富起来。1971 年，Ray Tomlinson 发明了通过互联网络发送消息的电子邮件程序。1978 年，Ward Christiansen 和 Randy Seuss 开发出第一个计算机公告牌系统(CBBS,Computerized Bulletin Board System)，后经演变成为现在的电子公告牌系统 (BBS，Bulletin Board System)，这是第一个民众参与的实验系统。1979 年，Richard Bartle 和 Roy Trubshaw 开发了第一个多人参与的 MUD (Multi User Dimension) 游戏。应用的丰富又反过来促进 Internet 的发展，从 1988 年开始，Internet 的用户就一直以每年翻一番的速度飞速增长，到 2002 年 1 月 Internet 上的主机数就已经超过了 1000000 台。

1990 年，Tim Berners-Lee 提出了万维网（WWW，World Wide Web）计划，目的是建立一个 "可描述的多媒体系统"，同时他还开发了超文本标识语言（HTML，HyperText Markup Language）、超文本传输协议（HTTP，HyperText Transfer Protocol）、统一资源定位（URL，Uniform Resource Locator）等基础技术。万维网的出现在当时并不十分轰动，直到 1993 年，Marc Andreessen 发明了历史上第一个多媒体的网络浏览器 Mosaic。可以显示图像的 Mosaic 让人们发现万维网的实时性和低成本，与传统印刷出版业相比，它成为发布和交换信息最方便的地方。于是万维网上的通信量成百上千倍地上升，这一爆炸性的增长标志着 Internet 的真正起飞。

时至今日，Internet 上已经连了千万台计算机，它已不再纯粹是一门技术，而是作为一种文化融入了人类社会的各个角落。现在我们难以想象一个没有 Internet 的世界将会是怎样的。

同初期相比，目前 Internet 的作用已经从信息的共享发展为发布和交流。Internet 建立的早期，更多是用于资源的共享，这是由当时对大型主机的过度依赖及其数量上相对稀缺的矛盾所决定的。而现在，信息发布成为 Internet 能够提供的最大的服务与资源，因此，Internet 又被称为 "第四媒体"。同时，通过 Internet 实现的远地信息交流，使得 Internet 具有更多的社会属性，成为一种传播载体而与人类的生活紧密相连。

1.1.2　Internet 的发展方向

随着 Internet 的爆炸性扩张，现有的网络资源已经无法满足日益增长的需求，主要表现为 IP 地址空间不足、带宽太窄、各个网络的主服务器不堪重负等。为了解决这些问题，人们提出了各种各样的理论和方案。从目前来说，比较主要的有 IPv6、对等模式等。下面，分别对其做一简单介绍。

1. IPv6

传统的 IP (Internet Protocol) 协议（即 IPv4）定义 IP 地址长度为 32 位。虽然这一长度在 Internet 初始阶段绰绰有余，但目前已经远远不能满足需要，IPng (Internet Protocol Next Generation) 就是在这样的背景下提出来的。但 IPng 要解决的问题不仅仅是这点，它还希望同时解决下列一些问题。首先，网络传输内容的变化使得传输的数据量和实时性要求都较过去大大提高,过去 Internet 的表现形式以单一文本为主,而现在是多媒体界面,声音、图片、动画都有;其次,随着接入计算机数量的猛增、应用的多样化、以及电子商务的发展,对 Internet 的安全性要求也越来越高;最后,随着通信技术的发展,移动 IP 已经不再可望而不可及,这也是 IPng 希望关注的一个方面。

Internet 工程任务组(IETF,Internet Engineering Task Force)的 IPng 工作组在 1994 年 9 月提出了一个正式的草案,到 1995 年底又确定了 IPng 的协议规范,并分配了版本号 6,因此称为 IPv6。1998 年,IETF 又对 IPv6 做了较大改动。

与 IPv4 相比,IPv6 所做的改变主要集中在下列 5 个方面:

(1)扩展的地址容量:IPv6 的 IP 地址长度增至 128 位,因此可支持更多的地址层次、更大数量的节点和更简单的地址自动配置。多播路由的扩展性通过增加一个"范围"字段而得到改进,并且还定义了一个叫做"任播(anycast)地址"的新地址类型,用于把数据报发送给一组节点中的任意一个。

(2)头部格式的简化:部分 IPv4 的头部字段被删除或者成为可选字段,减少了一般情况下数据报的处理开销,并且减少了 IPv6 头部的带宽开销。

(3)对可选项及其扩展支持的改进:对可选项编码方式的修改使传输更高效,对可选项的长度限制更少,并且将来添加新选项更容易。

(4)数据流标签能力:添加了一个新的能力,使得那些属于发送者要求特殊处理的传输"流"的数据报能够被贴上"标签"。

(5)认证和保密的能力:在 IPv6 中详细说明了为支持认证、数据完整性以及(可选的)数据保密性所做的扩展。

2. 对等模式

对等模式(P2P,Peer-to-Peer)的特点是直接连接。现有的模式,形成了以网站为中心的架构,网站负责收集各类信息,而用户则访问网站以获取资料。用户之间的交流也是借助网站进行。对等模式则与之截然不同,它让一个用户与另一个用户的计算机不通过任何中介直接联系。目前对等模式可分为下面几种形式:第一种是一对一,例如数据文件共享、信息传递等;第二种是一对多,如对等计算、搜索引擎等;第三种是多对多,如协同工作、聊天室等。

从实际应用来看,对等模式目前主要应用在下面 4 个方面:对等计算、协同工作、搜索引擎、文件交换。首先,采用对等模式的对等计算,是综合利用网络中众多计算机空置的计算能力来实现超级计算机的任务,天气预报、基因组研究等需要大数据量处理的项目都可以采用对等计算;其次,对等模式可以在计算机间建立一个安全、共享的虚拟空间,为员工和客户提供轻松、方便的消息和协作工具,使协同工作成为可能;再次,使用对等模式的搜索引擎可以在搜索请求得不到满足时,向其周围计算机转发,通过层层转发使搜索范围在短时间内呈几何级数增长,具有传统搜索引擎无可比拟的搜索深度;最后,对等模式的文件交换从根本上改变了原有文件共享上传/下载的模式,用于交换的文件仍然存在各自的硬盘上,而不是集中到某个中心服务器上。正是这方面的应用直接引发了最初的对等模式的热潮。

1.2 TCP/IP 协议体系

为了减少网络设计的复杂性，大多数网络都采用了分层结构。不同的网络，层的数量、名字、内容和功能都不尽相同。相同网络中，一台机器上的第 N 层与另一台机器上的第 N 层利用第 N 层协议进行通信，协议基本上是双方关于如何进行通信所达成的一致。

不同机器中所包含的对应层的实体叫做对等进程。对等进程利用协议进行通信时，实际上，并不是直接将数据从一台机器的第 N 层传送到另一台机器的第 N 层，而是每一层都把数据连同该层的控制信息打包交给它的下一层，它的下一层把这些内容看做数据，再加上它这一层的控制信息，交给更下一层，依此类推，直到最下层。最下层是物理介质，由它进行实际的通信。相邻层之间有接口，接口定义下层向上层提供的原语操作和服务。相邻层之间要交换信息，对等接口必须有一致的规则。层和协议的集合被称为网络体系结构。

每一层中的活动元素通常称为实体。实体既可以是软件实体，也可以是硬件实体。不同机器上同一层的实体叫做对等实体。第 N 层实体实现的服务被第 N+1 层所使用。在这种情况下，第 N 层称为服务提供者，第 N+1 层称为服务用户。

服务是在服务接入点提供给上层使用的。服务可分为面向连接的服务和面向无连接的服务，它在形式上是由一组原语来描述的。这些原语供访问该服务的用户及其他实体使用。

TCP/IP 参考模型 (TCP/IP Reference Model) 就是一个符合上面描述的网络体系结构。它是依据它的两个主要协议——TCP 和 IP 而命名的。这一网络协议共分为 4 层：通信层、互联网层、传输层和应用层，如图 1.1 所示。

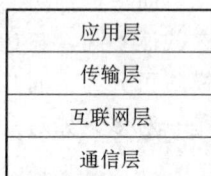

| 应用层 |
| 传输层 |
| 互联网层 |
| 通信层 |

图 1.1 TCP/IP 参考模型

通信层在 TCP/IP 参考模型中并没有被详细描述，只是指出主机必须使用某种协议与网络相连。

互联网层是整个体系结构的关键部分，其功能是使主机可以把分组发往任何网络，并使分组独立地传向目标。这些分组可能经由不同的网络，到达的顺序和发送的顺序也可能不同。高层如果需要顺序收发，必须自行处理对分组的排序。互联网层使用网际协议 (IP, Internet Protocol)。TCP/IP 参考模型的互联网层和 OSI 参考模型的网络层在功能上非常相似。

传输层使源端和目的端机器上的对等实体可以进行会话。在这一层定义了两个端到端的协议：传输控制协议（TCP, Transmission Control Protocol）和用户数据报协议

（UDP，User Datagram Protocol）。TCP 是面向连接的协议，它提供可靠的报文传输和对上层应用的连接服务。为此，除了基本的数据传输外，它还有可靠性保证、流量控制、多路复用、优先权和安全性控制等功能。UDP 是面向无连接的不可靠传输的协议，用于不需要 TCP 的排序和流量控制等功能的应用程序。

应用层包含所有的高层协议。这些高层协议有虚拟终端协议（TELNET，TELecommunications NETwork）、文件传输协议（FTP，File Transfer Protocol）、电子邮件传输协议（SMTP，Simple Mail Transfer Protocol）、域名服务（DNS，Domain Name Service）、网络新闻传输协议（NNTP，Network News Transfer Protocol）和超文本传输协议等。虚拟终端协议允许一台机器上的用户登录到远程机器上并进行工作，文件传输协议提供有效地将文件从一台机器移动到另一台机器的方法，电子邮件协议用于电子邮件的收发，域名服务用于把主机域名映射到其网络地址，网络新闻传输协议用于新闻的发布、检索和获取，超文本传输协议用于在万维网上获取主页。

1.3　IP 协议和 TCP 协议

1.3.1　IP 协议

IP 协议用于连接多个分组交换网，它提供在具有固定地址长度的主机之间传送数据报，以及根据各个数据报大小的不同在需要时分段和重组大数据报的功能。IP 协议仅限于将数据从源端传到目的端，而不提供可靠的传输服务。它没有端到端或（路由）节点到（路由）节点的确认、流量控制等常见主机到主机协议的机制。在传送出错时，IP 协议通过互联网控制消息协议（ICMP，Internet Control Message Protocol）报告，ICMP 协议在 IP 协议模块中实现。

IP 协议实现两个基本功能：寻址和分段。IP 协议根据数据报头中所包含的目的地址将数据报传送到目的端，传送过程中对道路的选择称为路由。当一些网络内只能传送小数据报时，IP 协议将数据报分段并在报头注明。数据报也可以被标记为"不可分段"，如果一个数据报被如此标记，那么在任何情况下都不准对它进行分段。如果因此到不了目的地，那数据报就会在中途被抛弃。

IP 协议通过 4 个关键机制来提供它的服务：服务类型、生存期、可选项、头部校验。

IP 协议的基本操作模式如下：假设传输要经过中间网关。传送进程调用本地 IP 模块传送数据，同时发送目的地址和其他参数作为调用参数，IP 模块准备数据报头并把它加在需要传送的数据之前。本地 IP 模块为这个目的地址决定一个本地网络地址，在这里就是网关地址。IP 模块传送数据报和本地网络地址到本地网络接口。本地网络接口创建一个本地网络头加在数据报上，然后向本地网络发送。加上本地网络头的数据报到达网关后，网关的本地网络接口去掉这个头，将结果传送给其 IP 模块。网关的 IP 模块根据目的地址得到数据要被传输到另一个网络的主机去，于是，它同样地为其决定一个本地网络地址，并调用到那个网络的本地网络接口去传输数据报。

在目的主机上，本地网络接口去掉数据报上的本地网络头，将数据传给 IP 模块，IP 模块决定数据报应该把数据报向哪一个应用程序传送，系统会发出系统调用，IP 模块返回源地址和其他参数。

IP 协议数据报的头格式见图 1.2，下面对图中的各项加以解释。

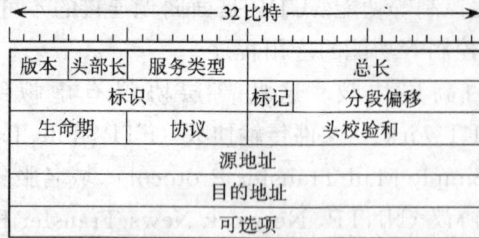

```
|<------------------- 32比特 ------------------->|

| 版本 | 头部长 | 服务类型 |        总长        |
|      标识       | 标记 |      分段偏移       |
|   生命期   |   协议   |       头校验和       |
|               源地址                          |
|               目的地址                        |
|               可选项                          |
```

图 1.2 IP 协议数据报的头格式

版本字段记录数据报属于哪个版本的协议，例如可以用此区分出 IPv4 和 IPv6，这个字段可以使得在不同版本间传递数据具有可能性。

头部长度字段说明头部有多长，单位是 32 比特即 4 个字节，最小值是 5。因为这个字段有 4 比特，所以头部的最大长度可以有 15 个单位长度，也就是 60 字节，因此后面的可选字段最多为 40 字节。

服务类型字段用于指示当数据报在一个特定网络中传输时对实际服务质量的要求是什么。服务类型字段从左到右由一个 3 位的优先顺序字段，D、T、R 三个标志位和两个保留位组成。优先顺序字段用于标志该数据报的优先级。D、T、R 三个标志位分别代表是否对低延时（Delay）、高吞吐量（Throughput）、高可靠性（Reliability）有要求。不过实际上，现在的路由器都忽略服务类型这个字段。

总长字段是指整个数据报的长度，包括头部和数据部分，单位是 1 字节，最大长度可达 65535 字节。任何主机都要求能接收大于 576 字节的数据报。

标识字段是为了目的主机在组装分段时判断新到的分段属于哪个分组，所有属于同一分组的分段都会包含同样的标识值。

标记字段包含 3 个比特，分别是保留位、不可分段（DF，Don't Fragment）位和分段（MF，More Fragments）位。保留位必须为 0；DF 位为 1 时表示该分组不能被分段；MF 位为 1 时代表"还有进一步分段"。在有分段的情况下，除了最后一个分段外的所有分段都设置这一位为 1，这个标志位可以用来标志是否所有分组都已到达。

分段偏移字段说明该分段在当前数据报的什么位置，单位是 8 个字节，第一个分段的偏移是 0。

生命期字段是一个用来限制分组生命周期的计数器，单位是秒，8 位字段说明最长可达 255 秒。在实际使用中，是以经过的节点记数的，每过一个节点计数器减一。当生命期字段减为零时，分组就要被丢弃。

协议字段告诉网络层应该将数据报传送给哪个传输进程。协议的编号在整个Internet 上是通用的。

头校验和字段只对头部进行校验。由于一些头部字段始终都有变化（例如：生命期字段），头校验和在每个节点都要重新计算。

源地址和目的地址字段指明了源和目的的 IP 地址。

可选项对于主机和网关的 IP 模块来说都是必须实现的，可选是指它们在特定数据报中是否出现是可选的，而不是指它们的实现。每个可选项都以第一个字节标明它的类型。目前已定义的可选项有 5 个，分别是安全性（指明数据报的机密程度）、严格路由选择（后面给出所规定的完全路由）、宽松路由选择（后面给出必须要经过的路由）、记录路由（要求所经路由器附上其 IP 地址）、时间戳（要求所经路由器都附上其 IP 地址和时间标记）。

1.3.2 IP 地址

1. IP 地址分类

IP 地址是 Internet 上主机地址的数字性表述，它是一个 32 位的二进制数。为方便起见，通常也将每个字节用小数点分开写成 4 个十进制数的形式，例如，61.165.226.197、171.64.14.120、202.120.225.9 等。源地址和目的地址指明了源和目的地 IP 地址。

IP 地址包含网络号和主机号两个部分，网络号代表一个子网络，而主机号则代表这一子网络上的某一主机。IP 地址可分为 A、B、C、D、E 五类：A 类地址范围是 1.0.0.0 ～126.255.255.255，前 8 位为网络号，后 24 位为主机号；B 类地址范围是 128.0.0.0～191.255.255.255，前 16 位为网络号，后 16 位为主机号；C 类地址范围是 192.0.0.0～223.255.255.255，前 24 位为网络号，后 8 位为主机号；D 类地址范围是 224.0.0.0～239.255.255.255；E 类地址范围是 240.0.0.0～254.255.255.255。其中 A、B、C 三类地址是根据网络规模的大小分给用户的，例如，A 类地址只有 7 位的网络地址，但有 24 位的主机地址，因此用于分给为数不多的大网络，因为每一个 A 类地址，理论上可容纳 $2^{24}-2=16777214$ 台主机。D 类地址是多播地址，E 类地址是保留地址。另外还有一些特殊地址，如主机号全 1 的地址是该网络的广播地址；主机号全 0 的地址是该网络的网络地址；255.255.255.255 是主机所在物理网络上的广播地址；127.0.0.0 ～127.255.255.255 是主机的回送地址，通常用于网络测试；10.0.0.0 ～ 10.255.255.255、172.16.0.0 ～ 172.31.255.255 和 192.168.0.0 ～ 192.168.255.255 保留给内部网络使用。

2. 子网、超网和无类域间路由

传统 IP 地址分类的缺点是不能在网络内部使用路由，这样对于比较大的网络，例如一个 A 类网络，由于网络中主机数量太多而变得难以管理。为此，引入子网掩码（NetMask）以从逻辑上把一个大网络划分成一些小网络。子网掩码是由一系列的 1 和 0 构成，通过将其同 IP 地址做"与"运算来指出一个 IP 地址的网络号是什么。对于传统 IP 地址分类来说，A 类地址的子网掩码是 255.0.0.0，B 类地址的子网掩码是 255.255.0.0，C 类地址的子网掩码是 255.255.255.0。如果要将一个 B 类网络 166.111.0.0 划分为多个 C 类子网来用的话，只要将其子网掩码设置为 255.255.255.0 即可，这样 166.111.1.1 和 166.111.2.1 就分属于不同的子网络了。像这样通过较长的子网掩码将一个大网络划分为多个子网络的方法就叫做划分子网（Subnetting）。

超网（Supernetting）是同子网类似的概念，它通过较短的子网掩码将多个小网络合成一个大网络。例如，一个单位分到了 8 个 C 类地址：202.120.224.0 ～ 202.120.231.0，

只要将其子网掩码设置为 255.255.248.0 就能使这些 C 类网络相通。

由于 Internet 上主机数量的爆炸性增长，传统 IP 地址分类的缺陷使得大量空置 IP 地址浪费，造成 IP 地址资源出现了匮乏，同时网络数量的增长使路由表太大而难以管理。对于不少拥有数百台主机的公司，分配一个 B 类地址太浪费，分配一个 C 类地址又不够，只能分配多个 C 类地址，但这又加剧了路由表的膨胀。在这样的背景下，出现了无类域间路由（CIDR，Classless Inter-Domain Routing）以解决这一问题。在 CIDR 中，地址根据网络拓扑来分配。可以将连续的一组网络地址分配给一家公司，并使整组地址作为一个网络地址（例如使用超网技术），在外部路由表上只有一个路由表项，这样既解决了地址匮乏问题，又解决了路由表膨胀的问题。另外，CIDR 还将整个世界分为 4 个地区，给每个地区分配了一段连续的 C 类地址，分别是欧洲（194.0.0.0～195.255.255.255）、北美（198.0.0.0～199.255.255.255）、中南美（200.0.0.0～201.255.255.255）、亚太（202.0.0.0～203.255.255.255）。这样当一个亚太地区以外的路由器收到前 8 位为 202 或 203 的数据报，它只需要将其放到通向亚太地区的路由即可，对后 24 位的路由可以在数据报到达亚太地区后再做，这样大大缓解了路由表膨胀的问题。

1.3.3 TCP 协议和 UDP 协议

1. TCP 协议

TCP 协议是用于分组交换计算机网络的主机到主机的协议。它是面向连接的端到端的可靠协议，提供可靠的字节流传输和对上层应用提供连接服务。TCP 协议建立在 IP 协议的基础之上，可以根据 IP 协议提供的服务传输大小不定的数据段。IP 协议负责数据的分段、重组及在多种网络和互联的网关间传输。

为了在不可靠的数据报服务基础上实现面向连接的可靠的数据传送，TCP 协议必须解决可靠性和流量控制等问题，必须能够为上层应用程序提供多个接口，且能同时为多个应用程序提供数据。而且 TCP 协议还必须解决连接问题，这样才能称得上是面向连接的。最后，协议也必须能够解决通信安全性的问题。

TCP 协议使用顺序号和应答来保证其传输的可靠性。TCP 协议是面向字节流的，每个字节都有一个顺序号，一个数据段的第一个字节的顺序号将随同数据段被发送，并被作为这个数据段的顺序号。数据段同时还带有一个应答序号，表明它期望对方下次发送的字节的顺序号。当 TCP 协议传输一个数据段的时候，会同时将其放入重传队列，并启动一个定时器。如果这个数据段的应答能在定时器超时前收到，那么就将它从重传队列中剔除；否则，重发此数据段。应答未收到，既可能是接收方未收到所发数据段，也可能是应答本身丢失。

TCP 协议提供了端口号（Port）来区分它所处理的不同的数据流。由于端口号是由操作系统、TCP 协议进程或用户自行确定的，所以有可能不惟一。为此，将网络地址同端口号组合起来形成套接字（Socket）来保证其在整个互联的网络上的惟一性。一个连接是由其两端的套接字所惟一标识的，一个本地套接字可以同多个不同的外部套接字连接，而且这些连接是"全双工"的。

TCP 协议数据段的头格式如图 1.3 所示，下面对图中的各项加以解释。

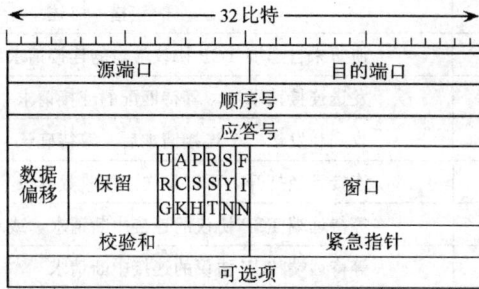

图 1.3　TCP 协议数据段的头格式

源端口和目的端口字段都是 16 位比特长。

顺序号字段存放这个数据段的第一个数据字节的顺序号。

应答号字段当 ACK 标记为 1 时，存放的是发送方期望收到的数据段序号。在连接建立后，这个字段总是有效的。

数据偏移字段长 4 位，指示了数据从何处开始。

保留字段长 6 位，必须全置为 0。

控制位字段共有 6 个比特，从左至右分别代表下列含义：URG（紧急指针域有效）、ACK（应答域有效）、PSH（数据若有 PUSH 标志，即刻送往应用程序，而不必等缓冲区满）、RST（连接复位）、SYN（同步序号，建立连接用）、FIN（没有数据再发送，释放连接用）。

窗口字段表示发送方想要接收的数据字节数，从应答字段的顺序号开始计。

校验和字段校验 TCP 协议头部、数据和一个伪头部之和。当 TCP 协议的数据长度为奇数字节时，在最后加 0 补足 16 位。这里所说的伪头部包括 32 位的源主机 IP 地址、32 位的目的主机 IP 地址、TCP 协议编号和 TCP 协议头部和数据段的字节数之和。格式如图 1.4 所示。

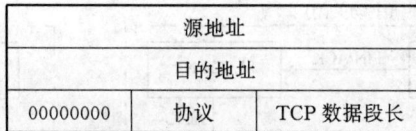

图 1.4　伪头部格式

紧急指针字段指出跟在紧急数据之后的数据相对于该段顺序号的正偏移。

可选项字段可以有零到多个。可选项字段以第一个字节标明其类型，长度必须是 8 位的倍数。可选项字段可以从任何字节边界开始，但若最后选项长度不足的话，要填充以补足定义的数据段长度。

2. TCP 协议连接管理

TCP 协议规定了连接进程中具有的 11 种状态，各状态的意义及相互间的转换关系如表 1.1 及图 1.5 所示。

表 1.1　进程状态

状　态	描　述
LISTEN	侦听来自远端 TCP 协议端口的连接请求
SYN-SENT	发送连接求后，等待匹配的连接请求
SYN-RECEIVED	收到和发送一个连接请求后，等待确认
ESTABLISHED	连接已经打开，可以发送或接收数据段
FIN-WAIT-1	等待远端 TCP 协议的连接中断请求，或对早先连接中断请求的确认
FIN-WAIT-2	等待远端 TCP 协议的连接中断请求
TIME-WAIT	等待足够的时间，以保证远端 TCP 协议接收到连接中断请求的确认
CLOSE-WAIT	等待从本地用户发来的连接中断请求
CLOSING	等待远端 TCP 协议对连接中断的确认
CLOSED	没有任何连接
LAST-ACK	等待所有分组消失

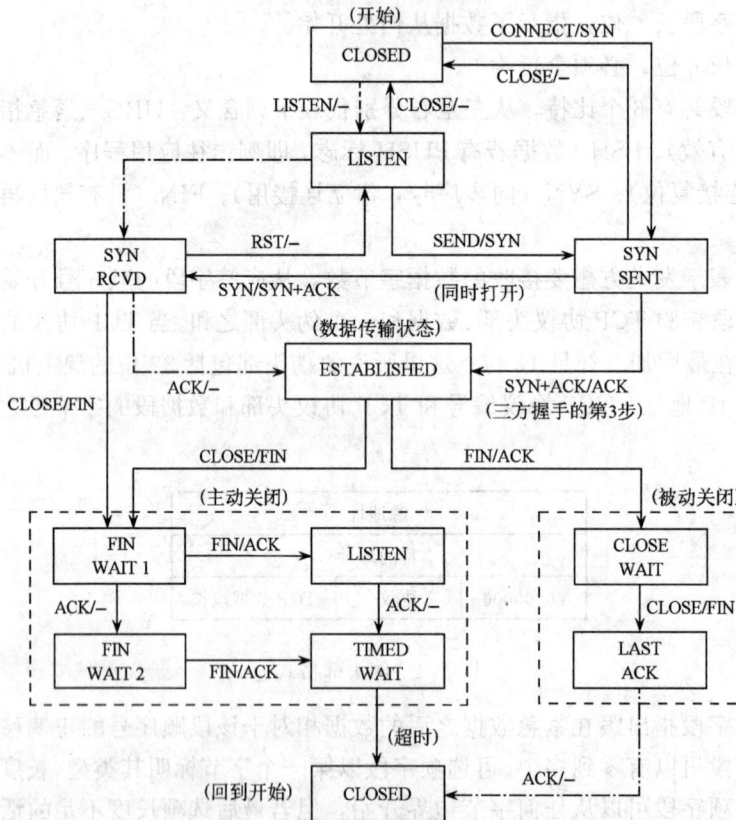

图 1.5　TCP 协议状态转换图

　　TCP 协议的连接建立采用三次握手的方法。假设有节点 A 和 B 要建立连接。首先，A 处于 LISTEN 状态，等待 B 发送连接请求，B 在发出连接请求后进入 SYN-SENT 状态。接着，收到连接请求后 A 决定是否接收，如果接收便返回一个连接请求并确认收到

B 的连接请求，然后 A 进入 SYN-RECEIVED 状态。最后，当 B 收到 A 的连接请求及确认后，返回对 A 的连接请求的确认，同时自身进入 ESTABLISHED 状态，A 收到 B 的确认后也将进入 ESTABLISHED 状态，这时一个连接建立就完成了。

TCP 协议的连接释放可看成是两个单工连接的独立释放。同样，我们假设有节点 A 和 B 要释放连接。初始时，A 和 B 都处于 ESTABLISHED 状态。首先，A 发送一个连接中断请求，同时进入 FIN-WAIT-1 状态。接着，在收到 A 的连接中断请求后，B 将返回对连接中断请求的确认，同时自己进入 CLOSE-WAIT 状态。在收到 B 的确认后，A 进入 FIN-WAIT-2 状态。这时可认为从 A 到 B 的单工连接已释放。类似的，再释放从 B 到 A 的连接。由于连接中断请求可能由双方同时发起，实际情况会更复杂一些，但各种变化都已包含在上述状态转换图之中。

3. TCP 协议传输策略

TCP 协议的传输采用滑动窗口协议。数据传输的一方通过 TCP 协议数据段的窗口字段告诉对方自己准备好接收的顺序号范围（即窗口大小），这个大小应同其当前可用的缓冲区大小相关。如果声明的窗口过大，当传输过来的数据超过其接收能力时，数据段将被丢弃，因此导致的重传会加重网络负载。如果声明的窗口过小，则会限制传输速度，甚至每个数据段的传输都要有一个往返时间（RTT，Round-Trip Time）的延迟。

为避免窗口过小而导致发送大量过小的数据段，而不是更高效的发送较少的大数据段，TCP 协议建议：接收方在接收窗口变得足够大时（例如达到最大可用窗口大小的 20% 到 40%）才告知发送方，或者发送方等到接收窗口足够大时才发送数据，除非用户在数据段中设置了 PUSH 标志。

4. TCP 协议拥塞控制

TCP 协议对网络拥塞的检测是通过使用重发定时器对数据段丢失进行检测来实现的。TCP 协议的拥塞控制使用了慢启动和拥塞避免等算法。

慢启动和拥塞避免是由发送方实现以控制发向网络的数据量的。基本思想是，在传输起始阶段，或是数据段丢失被重发定时器检测到后，使用慢启动算法以缓慢的探测方式逐渐增加传输量，避免因突然发送大量数据而导致网络拥塞；在数据量超过慢启动阈值（SSTHRESH，Slow Start Threshold）后采用拥塞避免算法，以小的增量进一步增加传输量。慢启动阈值是一个用来确定用慢启动算法还是用拥塞避免算法的界限。

5. UDP 协议

UDP 协议是 IP 协议上层的另一重要协议，它是面向无连接的、不可靠的数据报传输协议，它仅仅将要发送的数据报传送至网络，并接收从网上传来的数据报，而不与远端的 UDP 协议模块建立连接。UDP 协议为用户的网络应用程序提供服务，例如，网络文件系统（NFS，Network File System）、简单网络管理协议（SNMP，Simple Network Management Protocol）等。UDP 协议保留应用程序所定义的消息边界，既不会将两个应用程序的消息连接到一起，也不会把一个应用程序的消息分成多个部分。UDP 协议同样有自己的校验和字段，不过，当两个 UDP 模块之间仅通过以太网连接时，也可以不需要校验和。

1.4 其他应用协议简介

1.4.1 ARP 协议和 RARP 协议

ARP 协议（Address Resolution Protocol）位于 TCP/IP 参考模型的通信层，用于将 IP 地址解析为以太网地址，这一解析工作是在 IP 分组向外发送时进行的，因为 IP 报头和以太网报头正是在那时候建立的。

ARP 协议的解析过程是通过检索一个 ARP 表完成的，ARP 表存于主机的内存中，这个表里存放的是一一对应的 IP 和以太网地址对。ARP 协议以要解析的 IP 地址为关键字检索 ARP 表寻找相匹配的以太网地址。由于 IP 地址和以太网地址是相互独立的，所以两者无法通过某种公式计算得到，只能用查表的方式实现。

对于某些网络主机（如无盘工作站）通常在启动时只知道自身的以太网地址，而不知道其 IP 地址，为此设计了 RARP 协议（Reverse Address Resolution Protocol），使得这样的机器可以通过请求来获知自己的 IP 地址。RARP 协议要求有一个或更多的 RARP 服务器来维护一个存放从以太网地址到 IP 地址的映射的数据库，并且它能对客户机的请求给予应答。

1.4.2 ICMP 协议

ICMP 协议是用来提供数据报错误报告的协议，它是 IP 协议不可分割的一部分，每一 IP 模块都必须实现 ICMP 协议。ICMP 消息在以下几种情况下发送：数据报不可达、网关无法处理、网关能引导主机在更短路由上发送等。ICMP 协议的目的是当网络出现问题时能够返回错误报告，但它并不保证错误报告一定能到达，因为 IP 协议是一个面向无连接的、不可靠的传输协议，所以可能有些数据报虽然没有收到错误报告，但依然丢失了，这就需要上层协议使用自己的差错控制来保证通信正确。

ICMP 消息使用基本 IP 报头发送，它共有 11 种消息类型，分别是回送响应、目的不可达、源拥塞、重定向、回送、超时、参数问题、时间戳、时间戳响应、信息请求、信息响应。常用的 ping 程序就是利用了 ICMP 协议的信息响应及回送响应的消息。

1.4.3 网关路由选择协议

互联网是由大量自治系统（AS，Autonomous System）组成的。一个 AS 内的路由选择算法称为内部网关协议 IGP（Interior Gateway Protocol），AS 之间的路由选择算法称为外部网关协议 EGP（Exterior Gateway Protocol）。最初的内部网关协议使用了路由信息协议 RIP（Routing Informatino Protocol），其后为开放最短路径优先协议 OSPF（Open Shortest Path First）所取代。外部网关协议所使用的是边界网关协议 BGP（Border Gateway Protocol）。

1. RIP 协议

RIP 协议是一个距离向量协议。每个节点维护一个自身到网络上其他节点的距离列表，初始时将到自身的距离设为 0，到相邻节点的距离设为 1，到不相邻节点的距离设为无穷大。假设有 4 个节点 A、B、C、D，A 为中心节点，B、C、D 都和且只和 A 直接连接，那么其距离列表如表 1.2 所示（自身到自身的距离不列）。

表 1.2　初始各节点距离列表

节点	目标	距离	转送	节点	目标	距离	转送
A	B	1	B	C	A	1	A
	C	1	C		B	∞	--
	D	1	D		D	∞	--
B	A	1	A	D	A	1	A
	C	∞	--		B	∞	--
	D	∞	--		C	∞	--

每个节点将自己的距离表消息传送给相邻节点，相邻节点收到消息后将此距离表 1.2 中的各项距离加 1，得到经过发送消息的节点达到网络上其他节点的距离，将其同自己距离表中的相应表项进行比较，取较短的距离为新表项。通过多次传递，一个节点就能得到它达到网络上所有其他节点的距离及路由。上述 4 个节点，经过多次传递后最终的距离列表如表 1.3 所示。

表 1.3　最终各节点距离列表

节点	目标	距离	转送	节点	目标	距离	转送
A	B	1	B	C	A	1	A
	C	1	C		B	2	A
	D	1	D		D	2	A
B	A	1	A	D	A	1	A
	C	2	A		B	2	A
	D	2	A		C	2	A

由于网络会产生变化，RIP 协议规定每个节点每 30 秒发送一次更新消息。另外，当收到来自其他节点的能引起自身距离表改变的信息时，立即发送一个更新消息。

2. OSPF 协议

OSPF 协议是一个链路状态协议。链路状态协议假设每个节点都能找出到它所有相邻节点的链路状态以及每条链路的开销，并且如果这些信息可以完整地传播到每个节点，那么它们都有足够信息建立一个完整的网络映像。因此，OSPF 协议包括两部分内容：链路状态的可靠扩散，以及根据收到的信息做路由计算。

链路状态的扩散方式是：每个节点生成一个链路状态分组，存放其到相邻节点的链路信息，然后传送给和它直接相邻的节点，这些节点又会将其再传给同它们相邻的节点，这样反复传送下去，就能使该节点的链路信息到达网络中所有节点。由于分组是编号和设有生命期的，且每个节点收到重复的或者过期的链路状态分组后会直接丢弃，因此网络不会被这些分组所拥塞。

在收集了足够多的信息后，节点采用向前搜索 Dijkstra 算法来计算到所有网络上节点的最短路径，从而得到它的路由表。

3. BGP 协议

BGP 协议既不是距离向量协议也不是链路状态协议，它以列表的形式通告到达某个网络的完全路径，而不仅仅是距离或链路信息。例如，"网络 A、B 可以通过顺序为〈C、D、E〉的路径到达"。BGP 协议只通告可达性，而非最短路径，因为它是外部网关协议，无法计算一个自治系统内部的路由情况。最新版的 BGP 协议已可以处理 CIDR 地址，也就是说它所通告的网络地址的网络号长度可以是任意的，所以在 BGP 协议的通告信息中，除网络地址外还必须包括其网络号的长度。

1.5 小　　结

Internet 的历史虽然不长，但是长展非常迅速。了解它过去的历史和未来的发展方向有助于我们把握其安全构思和今后研究的重点。本章主要介绍了 TCP/IP 体系的各项基本协议，这些内容都是后面深入研究的基础知识。由于篇幅所限，这里只是概要的点出了各协议的要点。需要进一步学习其中细节内容的同学，可以阅读下面所列的参考文献。

习　　题

1. 相对 IPv4 来说，IPv6 有哪些改进之处？你认为 IPv6 的前景如何？
2. 比较 Napster 和纯粹的 P2P 模式有什么区别。
3. 请说出 202.120.225.9 属于哪类地址，以及它的网络号和主机号。
4. 说明如何设置使得从 202.120.224.0 到 202.120.255.255 的网络能互通。
5. 比较 TCP 和 UDP 的异同。
6. 假设有站点 A 发起到站点 B 的连接，请根据 TCP 协议状态转换图详细描述从开始到连接建立的过程中，A 和 B 在各阶段所处的进程状态。
7. 假设站点 A 和站点 B 已建立连接，现在由站点 A 先释放同站点 B 的连接，请根据 TCP 协议状态转换图详细描述从开始到连接完全释放的过程中，A 和 B 在各阶段所处的进程状态。
8. 简单描述一下 ping 是如何利用 ICMP 实现程序功能的。

参 考 文 献

中国互联网络信息中心网站. http://www.cnnic.net/

51WWW 网站. http://www.51www.net/

Andrew S Tanenbaum. 1996. Computer Networks. Third Edition. Prentice Hall International，Inc.

Douglas E Comer，David L Stevens. 1998. Internetworking with TCP/IP. Second Edition. Prentice Hall International，Inc.

Douglas E Comer. 1998. The Internet Book. Second Edition. Prentice Hall International，Inc.

Larry L Peterson，Bruce S Davie. 2000. Computer Networks：A Systems Approach. Second Edition. Morgan Kaufmann Publishers，Inc.

第2章 安全问题概述

随着网络技术的不断发展和 Internet 的日益普及，人们对 Internet 的依赖也越来越强，WWW、BBS、E-mail 等名词都已为大众所耳熟，互联网已经成为人们生活中的一个部分。然而，Internet 是一个面向大众的开放系统，对于信息的保密和系统的安全考虑得并不完备，加上计算机网络技术的飞速发展，网上的攻击与破坏事件层出不穷，现在，计算机犯罪已经开始渗入到政府机关、军事部门、商业、企业等单位，如果不加以保护的话，轻则干扰人们的日常生活，重则造成巨大的经济损失，甚至威胁到国家的安全，所以网络安全问题已引起许多国家、尤其是发达国家的高度重视，不惜投入大量的人力、物力和财力来提高计算机网络系统的安全性。

本章是对网络安全问题的一个概述，我们首先简要介绍一下目前网络上存在的各种安全威胁与攻击，然后指出这些问题的根源，在此之后，我们说明网络安全的内涵，最后是小结与习题。

2.1 常见的安全威胁与攻击

在了解安全问题之前，我们先来看一下目前网络上存在着的一些安全威胁与攻击，了解一下攻击者（约定俗成的，我们在这里也称之为"黑客"）一些常用的攻击方式，正所谓"知己知彼，百战不殆"。迄今为止，网络上已经存在着无数的安全威胁与攻击，对于它们，也存在着不同的分类方法。我们这里按照攻击的性质、手段、结果等暂且将其分为窃取机密攻击、非法访问、恶意攻击、社交工程、计算机病毒、不良信息资源和信息战等几大类。

2.1.1 窃取机密攻击

所谓窃取机密攻击是指未经授权的攻击者（黑客）非法访问网络、窃取信息的情况，一般可以通过在不安全的传输通道上截取正在传输的信息或者利用协议或网络的弱点来实现的。常见的形式有以下几种：

1. 网络踩点（Footprinting）

攻击者事先汇集目标的信息，通常采用 Whois、Finger 等工具和 DNS、LDAP 等协议获得目标的一些信息，如域名、IP 地址、网络拓扑结构、相关的用户信息等，这往往是黑客入侵前所做的第一步工作。

2. 扫描攻击

扫描攻击包括地址扫描和端口扫描等，通常采用 ping 命令和各种端口扫描工具，可以获得目标计算机的一些有用信息，比如机器上打开了哪些端口，这样就知道开设了哪些服务，从而为进一步的入侵打下基础。

3. 协议栈指纹（Stack Fingerprinting）鉴别（也称体系结构探测）

黑客对目标主机发出探测包，由于不同操作系统厂商的 IP 协议栈实现之间存在许多细微差别（也就是说各个厂家在编写自己的 TCP/IP 协议栈时，通常对特定的 RFC 指南做出不同的解释），因此每种操作系统都有其独特的响应方法，黑客经常能够确定出目标主机所运行的操作系统。常常被利用的一些协议栈指纹包括 TTL 值、TCP 窗口大小、DF 标志、TOS、IP 碎片处理、ICMP 处理、TCP 选项处理等。

4. 信息流监视

这是一个在共享型局域网环境实际入侵中经常被采用的方法。由于在共享介质的网络（例如我们最常用的以太网）上数据包会经过每个网络节点，网卡在一般情况下只会接收发往本机地址或本机所在广播（或多播）地址的数据包，但如果把网卡设置为混杂（Promiscuous）模式，网卡就会接收所有经过的数据包。基于这样的原理，黑客使用一个叫 Sniffer 的嗅探器装置（可以是软件，也可以是硬件）就可以对网络信息流进行监视，从中获取他们感兴趣的内容，比如口令以及其他秘密的信息等。

5. 会话劫持（Session Hijacking）

利用 TCP 协议的一些不足，在合法的通信连接建立后攻击者可通过阻塞或摧毁通信的一方来接管已经过认证建立起来的连接，从而假冒被接管方与对方通信。

2.1.2 非法访问

1. 口令破解

攻击者可通过获取口令文件然后运用口令破解工具进行字典攻击或暴力破解来获得口令，也可通过猜测或窃听等方式获取口令，从而进入系统进行非法访问。现在的许多网络经济犯罪案件一般都是从攻击者通过口令破解来盗用合法用户的账号开始的，因此用户要特别注意自己口令密码的安全性，不要取一些危险口令，比如采用用户名、用户名变形（如用户名＋123 等）、生日、常用英文单词、无口令为默认口令等。

2. IP 欺骗

攻击者可通过伪装成被信任的 IP 地址等方式来骗取目标的信任。这主要针对 Linux/UNIX 下建立起 IP 地址信任关系的主机实施欺骗。

3. DNS 欺骗

由于 DNS 服务器相互交换信息的时候并不进行身份验证，这就使得黑客可以使用错误信息将用户引向设定主机。

4. 重放攻击

攻击者利用身份认证机制中的漏洞先把别人有用的消息记录下来，过一段时间后再发送出去。

5. 非法使用

系统资源被某个非法用户以未授权的方式使用。

6. 特洛伊木马

把一个能帮助黑客完成某一特定动作的程序依附在某一合法用户的正常程序中，这时合法用户的程序代码已被改变，而一旦用户触发该程序，那么依附在内的黑客指令代码同时被激活，这些代码往往能完成黑客早已指定的任务。

2.1.3 恶意攻击

恶意攻击，在当今最为突出的就是拒绝服务攻击 DoS（Denial of Service）了。拒绝服务攻击通过使计算机功能或性能崩溃来阻止提供服务，典型的拒绝服务攻击有如下两种形式：资源耗尽和资源过载。当一个对资源的合理请求大大超过资源的支付能力时就会造成拒绝服务攻击。常见实施的攻击行为主要包括 Ping of death、泪滴（Teardrop）、UDP flood、SYN flood、Land 攻击、Smurf 攻击、Fraggle 攻击、电子邮件炸弹、畸形消息攻击等。

1. Ping of Death

在早期版本中，许多操作系统对网络数据包的最大尺寸有限制，对 TCP/IP 栈的实现在 ICMP 包上规定为 64KB。在读取包的报头后，要根据该报头里包含的信息来为有效载荷生成缓冲区。当发送 ping 请求的数据包声称自己的尺寸超过 ICMP 上限，也就是加载的尺寸超过 64KB 上限时，就会使 ping 请求接收方出现内存分配错误，导致 TCP/IP 堆栈崩溃，致使接收方宕机。

2. 泪滴（Teardrop）

泪滴攻击利用了某些 TCP/IP 协议栈实现中对 IP 分段重组时的错误。IP 分段含有指示该分段所包含的是原包的哪一段的信息。某些 TCP/IP 实现（包括 Service Pack 4 以前的 NT）在收到含有重叠偏移的伪造分段时将崩溃。其原理如下（以 Linux 为例）：发送两个分片 IP 包，其中第二个 IP 包完全与第一个在位置上重合（见图 2.1）。在 Linux（2.0 内核）中有以下处理：当发现有位置重合时(offset2<end1)，将 offset 向后调到 end1(offset2=end1)，然后更改 len2 的值，len2=end2-offset2；注意此时 len2 变成了一个小于零的值，在以后处理时若不加注意便会出现溢出。

3. UDP Flood

利用简单的 TCP/IP 服务建立大流量数据流，如 Chargen 和 Echo 来传送无用的占

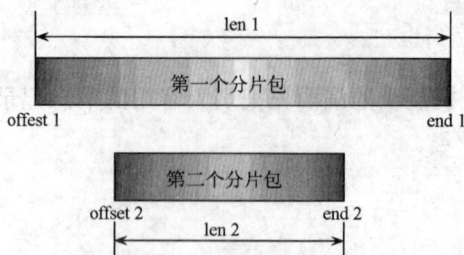

图 2.1 泪滴攻击原理示意

满带宽的数据。通过伪造与某一主机的 Chargen 服务之间的一次 UDP 连接，回复地址指向提供 Echo 服务的一台主机，这样就生成在两台主机之间的足够多的无用数据流，过多的数据流就会导致带宽耗尽。

4. SYN Flood

一些 TCP/IP 协议栈的实现只能等待从有限数量的计算机发来的 ACK 消息，因为它们只有有限的内存缓冲区用于创建连接，如果这一缓冲区充满了虚假连接的初始信息，该服务器就会对接下来的连接停止响应，直到缓冲区里的连接企图超时。在一些创建连接不受限制的系统实现里，SYN 洪流具有类似的影响。

5. Land 攻击

在 Land 攻击中，将一个 SYN 包的源地址和目标地址都设置成同一服务器地址，导致接收服务器向自己的地址发送 SYN-ACK 消息，结果这个地址又发回 ACK 消息并创建一个空连接，每一个这样的连接都将保留直到超时。对 Land 攻击反应不同，许多 UNIX 实现将崩溃，NT 则变得极其缓慢（大约持续五分钟）。

6. Smurf 攻击

简单的 Smurf 攻击发送 ICMP 应答请求数据包，目的地址设为受害网络的广播地址，最终导致该网络的所有主机都对此 ICMP 应答请求做出答复，导致网络阻塞。如果将源地址改为第三方的受害者，最终导致第三方崩溃。

7. Fraggle 攻击

它对 Smurf 攻击做了简单的修改，使用的是 UDP 应答消息而非 ICMP。

8. 电子邮件炸弹

这是最古老的匿名攻击之一，通过设置一台机器不断地大量地向同一地址发送电子邮件，攻击者能够耗尽接收者网络的带宽。

9. 畸形消息攻击

各类操作系统上的许多服务都存在此类问题，由于这些服务在处理信息之前没有进行适当正确的错误校验，收到畸形的信息可能会崩溃。

10. DDoS 攻击

DDoS（Distributed Denial of Service，分布式拒绝服务）是一种基于 DoS 的特殊形式的拒绝服务攻击，是一种分布、协作的大规模攻击方式，主要瞄准比较大的站点，像商业公司、搜索引擎和政府部门的站点。它利用一批受控制的机器向一台目标机器发起攻击，这样来势迅猛的攻击令人难以防备，因此具有较大的破坏性。DDoS 的攻击原理如图 2.2 所示。

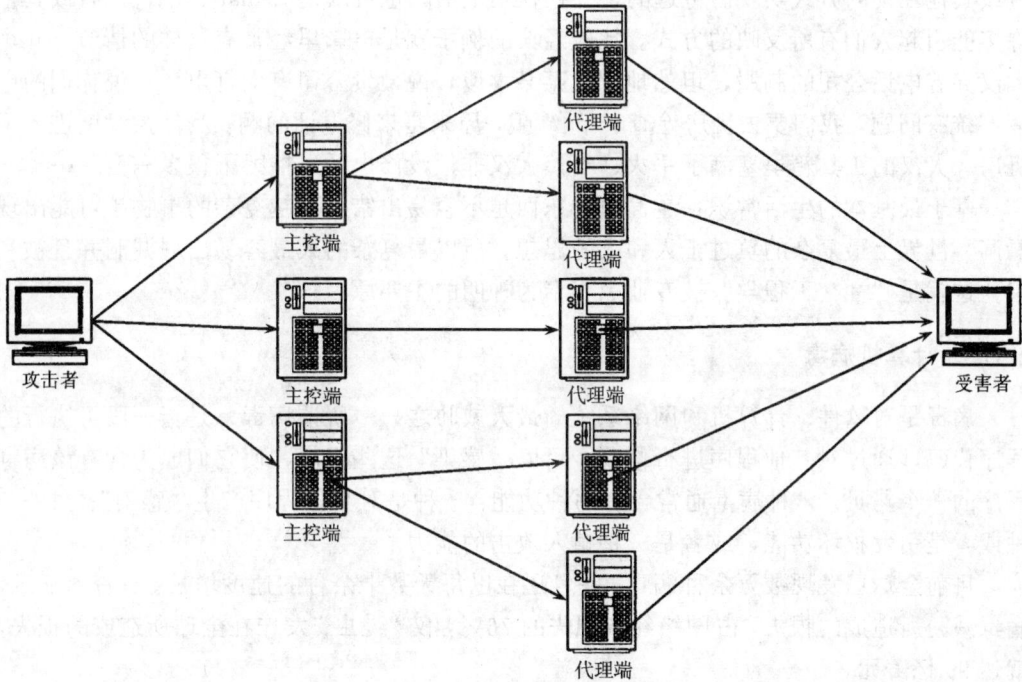

图 2.2　DDoS 攻击示意图

除了以上这些拒绝服务攻击外，一些常见的恶意攻击还包括缓冲区溢出攻击、硬件设备破坏性攻击、网页篡改等。

缓冲区溢出攻击有多种英文名称：buffer overflow、buffer overrun、smash the stack、trash the stack、scribble the stack、mangle the stack、memory leak、overrun screw，它们指的都是同一种系统攻击的手段，通过往程序的缓冲区写超出其长度的内容，造成缓冲区的溢出，从而破坏程序的堆栈，使程序转而执行其他指令，以达到攻击的目的。缓冲区溢出是一种非常普遍、非常危险的漏洞，在各种操作系统、应用软件中广泛存在。据统计，通过缓冲区溢出进行的攻击占所有系统攻击总数的 80% 以上。利用缓冲区溢出攻击，可以导致程序运行失败、系统宕机、重新启动等后果，更为严重的是，可以利用它执行非授权指令，甚至可以取得系统特权，进而进行各种非法操作。由于它的历史悠久、危害巨大，被称为"数十年来攻击和防卫的弱点"。

硬件设备破坏性攻击和网页篡改攻击比较直观，这里不多介绍。

2.1.4 社交工程

社交工程（Social Engineering）是一种低技术含量的破坏网络安全的方法，但它其实是高级黑客技术的一种，往往使得处在看似严密防护之下的网络系统出现致命的突破口。虽然社交工程往往被大家认为是黑客群体中最无赖的方法，但多年使用，仍是很有效果。这种技术是利用说服或欺骗的方式，让网络内部的人来提供必要的信息，从而获得对信息系统的访问。攻击对象通常是一些安全意识薄弱的公司职员，攻击者可以采用与之交流或其他互动的方式实现。可选的媒介往往是电话，也可以是 E-mail、电视广告或其他许多能引起人们有所反映的方式。比较经典的例子就是电影里经常有这样的情节：几个大汉穿着电话公司的制服，坦然地到达某某大厦，说"贵公司有人打电话，说你们的电话系统有问题，我们要去机房检查一下！"哦，原来是来修电话的啊，当然大汉就进入了机房、大汉的工具箱里塞满了军火、当然大汉非但没修电话还摧毁了很多东西……

基于最基本的生活常识：越简单的东西越不容易出错，而越复杂的事物越可能出现漏洞，世界上最复杂的莫过于人和人的思想，所以最复杂的人最容易出现漏洞并且被利用，这就是"社交工程学"被专业黑客奉为神明的主要原因。

2.1.5 计算机病毒

病毒是对软件、计算机和网络系统的最大威胁之一。所谓病毒，是指一段可执行的程序代码，通过对其他程序进行修改，可以"感染"这些程序，使它们成为含有该病毒程序的一个拷贝。一种病毒通常含有两种功能：一种是对其他程序产生"感染"；另外一种或者是引发损坏功能，或者是一种植入攻击的能力。

目前全球已发现数万余种病毒，并且还在以每天数十余种的速度增长。有资料显示，病毒威胁所造成的损失，占网络经济损失的 76%，仅"爱虫"发作在全球所造成的损失，就达 96 亿美元。

从前的单机病毒就已经让人们谈毒色变了，如今通过网络传播的病毒无论是在传播速度、破坏性和传播范围等方面都是单机病毒所不能比的。从 Word 宏病毒到能毁坏硬件的 CIH 病毒，从"欢乐时光"邮件病毒到肆虐全球的红色代码、Nimda 等病毒，计算机病毒在抗病毒技术发展的同时，自己也在不断发展，编制者手段越来越高明，病毒结构也越来越特别，而变形病毒、病毒生产机与黑客技术合二为一将是今后计算机病毒的主要发展方向，抗击这些病毒有待于进一步的研究。

2.1.6 不良信息资源

在互联网如此发达的今天，真可谓"林子大了，什么鸟都有"，网络上面充斥了各种各样的信息，其中不乏一些暴力、色情、反动等不良信息，特别对未成年人造成了许多不良影响。如何处理这些不良信息资源，是摆在各国政府面前的一个难题。

2.1.7 信息战

计算机技术和网络技术的发展，使我们已处于信息时代。信息化是目前国际社会发展的趋势，它对于经济、社会的发展都有着重大意义。一种用信息为武器的战争也随着信息化时代的到来而到来，这就是信息战。所谓信息战是指信息领域中敌我双方争夺信息优势，获取控制信息权的战斗。信息战分为信息防御战和信息攻击战。信息攻击战包括偷窃数据、散播错误信息、否认或拒绝数据存取、从物理上摧毁作为数据存储和分发的部分磁盘及武器平台与设施。信息防御战使用病毒检查、嗅探器、密码和网络安全系统抵御敌方的进攻。

信息战的攻击对象主要是信息，对敌方信息或窃取或更改或破坏，甚至毁坏信息基础设施，可以说使对手完全丧失处理信息的能力是信息战的战略目标。海湾战争期间，美军通过攻击伊拉克的军事信息系统，使伊拉克军队指挥失灵、通信中断、兵器失控，部队处于被动挨打的局面，这就是信息攻击的结果，是信息战的雏形。而未来信息战的主要武器将是软件武器、芯片陷阱、电磁窃听、高能射频枪等。

美国著名未来学家托尔勒说过："谁掌握了信息，控制了网络，谁就将拥有整个世界。"美国前总统克林顿也说："今后的时代，控制世界的国家将不是靠军事，而是信息能力走在前面的国家。"美国前陆军参谋长沙利文上将更是一语道破："信息时代的出现，将从根本上改变战争的进行方式。"

1995年，美国国防部组建信息战执行委员会，10月组建世界上第一支信息战分队。之后，美国陆、海、空三军相继成立信息战中心。1990年海湾战争，被称为"世界上首次全面的信息战"，充分显示了现代高技术条件下"制信息权"的关键作用。科索沃战争，再次证明信息网络已成为高技术战争的重要对抗领域。

信息时代的出现，将从根本上改变战争的进行方式。过去的战争是谁拥有最好的武器，谁就可能在战争中取胜。而今天，则是谁掌握了信息控制权，谁就胜利在望。信息网络已成为高技术战争的重要对抗领域。

2.2 安全问题根源

前面已经介绍了网络上常见的安全威胁与攻击，下面来看一下这些安全问题的根源所在，大体上有物理安全问题、方案设计的缺陷、系统的安全漏洞、TCP/IP协议的安全和人的因素等几个方面。

2.2.1 物理安全问题

除了物理设备本身的问题外，物理安全问题还包括设备的位置安全、限制物理访问、物理环境安全和地域因素等。

物理设备的位置极为重要。所有基础网络设施都应该放置在严格限制来访人员的地方，以降低出现未经授权访问的可能性。如果可能，要把关键的物理设备存放在一个物理上安全的地方，并注意冗余备份。如果物理设备摆放不当，受到攻击者对物理设备的故意破坏，那其他安全措施都没有用。

同时，还要注意严格限制对接线柜和关键网络基础设施所在地的物理访问。除非经过授权或因工作需要而必须访问之外，否则将禁止对这些区域的访问。

物理设备也面临着环境方面的威胁，这些威胁包括温度、湿度、灰尘、供电系统对系统运行可靠性的影响，由于电磁辐射造成信息泄漏，自然灾害（如地震、闪电、风暴等）对系统的破坏等。

此外还有地域因素，互联网络往往跨越城际、国际，地理位置错综复杂，通信线路质量难以保证，一方面会给其上传输的信息造成损坏、丢失，也给那些"搭线窃听"的黑客以可乘之机，增加更多的安全隐患。

2.2.2 方案设计的缺陷

有一类安全问题根源在于方案设计时的缺陷。

由于实际中，网络的结构往往比较复杂，会包含星型、总线和环型等各种拓扑结构，结构的复杂无疑给网络系统管理、拓扑设计带来很多问题。为了实现异构网络间信息的通信，往往要牺牲一些安全机制的设置和实现，从而提出更高的网络开放性的要求。开放性与安全性正是一对相生相克的矛盾。

由于特定的环境往往会有特定的安全需求，所以不存在可以到处通用的解决方案，往往需要制定不同的方案。如果设计者的安全理论与实践水平不够的话，设计出来的方案经常是存在不少漏洞的，这也是安全威胁的根源之一。

2.2.3 系统的安全漏洞

随着软件系统规模的不断增大，系统中的安全漏洞或"后门"也不可避免的存在，比如我们常用的操作系统，无论是 Windows 还是 UNIX 几乎都存在或多或少的安全漏洞，众多的各类服务器（最典型的如微软的 IIS 服务器）、浏览器、数据库、一些桌面软件等都被发现过存在安全隐患。可以说任何一个软件系统都可能会因为程序员的一个疏忽、设计中的一个缺陷等原因而存在漏洞，这也是网络安全问题的主要根源之一。

目前，我们发现的系统安全漏洞数量已经相当庞大，据统计已接近病毒的数量。以下列举了一些典型的系统安全漏洞，它们在新发布的系统或已打过补丁（Patch）的系统中可能已经不存在，但是了解它们仍然具有非常积极的意义。

1. 操作系统类安全漏洞

操作系统类安全漏洞包括非法文件访问、远程获得 root 权限、系统后门（Backdoors）、NIS 漏洞、Finger 漏洞、RPC 漏洞等。

2. 网络系统类安全漏洞

典型例子包括：Cisco IOS 的早期版本不能抵抗很多服务拒绝（Deny of Service）类型的攻击（如 land）；Cisco Catalyst 5xxx 序列的交换机允许未授权用户通过某种手段绕过认证系统；Cisco 7xxx 系列的路由器 ACL 配置工具出现问题，允许已经被禁止的网络包传到另外的网段中去；Bay 的某种型号的交换机有后门口令。

3. 应用系统类安全漏洞

各种应用都可能隐含着安全缺陷，尤其较早的一些产品和国内一些公司的产品对安全问题很少考虑时更是如此，如通过 TCP/IP 协议应用 Mail Server、WWW Server、FTP Server、DNS 时出现的安全漏洞等。

2.2.4 TCP/IP 协议的安全问题

因特网最初的设计考虑是该网不会因局部故障而影响信息的传输，基本没有考虑安全问题，因此它在安全可靠、服务质量、带宽和方便性等方面存在着不适应性。作为因特网灵魂协议的 TCP/IP 协议，更存在着很大的安全隐患，缺乏强健的安全机制，这也是网络不安全的重要因素之一。

下面我们可以举 TCP/IP 的主要协议之一 IP 协议作为例子来说明这个问题。IP 协议依据 IP 头中的目的地址项来发送 IP 数据包，如果目的地址是本地网络内的地址，该 IP 包就被直接发送到目的地，如果目的地址不在本地网络内，该 IP 包就会被发送到网关，再由网关决定将其发送到何处，这是 IP 协议路由 IP 包的方法。我们发现 IP 协议在路由 IP 包时对 IP 头中提供的 IP 源地址不做任何检查，并且认为 IP 头中的 IP 源地址即为发送该包的机器的 IP 地址。当接收到该包的目的主机要与源主机进行通信时，它以接收到的 IP 包的 IP 头中 IP 源地址作为其发送的 IP 包的目的地址，来与源主机进行数据通信。IP 的这种数据通信方式虽然非常简单和高效，但它同时也是 IP 的一个安全隐患，常常会使 TCP/IP 网络遭受两类攻击，最常见的一类就是服务拒绝攻击 DOS，如前面提到过的 TCP-SYN FLOODING 攻击；IP 不进行源地址检验常常会使 TCP/IP 网络遭受另一类最常见的攻击是劫持攻击，即攻击者通过攻击被攻击主机获得某些特权，这种攻击只对基于源地址认证的主机奏效，基于源地址认证是指以 IP 地址作为安全权限分配的依据。

2.2.5 人的因素

人是信息活动的主体，人的因素其实是网络安全问题的最主要的因素，体现在下面三点：

1. 人为的无意失误

如操作员安全配置不当造成的安全漏洞，用户安全意识不强，用户口令选择不慎，用户将自己的账号随意转借他人或与别人共享等都会给网络安全带来威胁。

2. 人为的恶意攻击

人为的恶意攻击也就是黑客攻击，这是计算机网络所面临的最大威胁。此类攻击又可以分为以下两种：一种是主动攻击，它以各种方式有选择地破坏信息的有效性和完整性；另一类是被动攻击，它是在不影响网络正常工作的情况下，进行截获、窃取、破译以获得重要机密信息。这两种攻击均可对计算机网络造成极大的危害，并导致机密数据的泄漏。

黑客活动几乎覆盖了所有的操作系统，包括 UNIX、Windows、Linux 等。黑客攻击比病毒破坏更具目的性，因而也更具危害性。更为严峻的是，黑客技术逐渐被越来越多的人掌握和发展。目前，世界上有 20 多万个黑客网站，这些站点都介绍一些攻击方法和攻击软件的使用以及系统的一些漏洞，因而系统、站点遭受攻击的可能性就变大了。尤其是现在还缺乏针对网络犯罪卓有成效的反击和跟踪手段，使得黑客攻击的隐蔽性好、杀伤力强，成为网络安全的主要威胁之一。

3. 管理上的因素

网络系统的严格管理是企业、机构及用户免受攻击的重要措施。事实上，很多企业、机构及用户的网站或系统都疏于安全方面的管理。据 IT 界企业团体 ITAA 的调查显示，美国 90％的 IT 企业对黑客攻击准备不足。目前，美国 75％～85％的网站都抵挡不住黑客的攻击，约有 75％的企业网上信息失窃，其中 25％的企业损失在 25 万美元以上。此外，管理的缺陷还可能出现在系统内部人员泄露机密或外部人员通过非法手段截获而导致机密信息的泄漏，从而为一些不法分子制造了可乘之机。

2.3 网络信息安全的内涵

2.3.1 网络信息安全的要素

确保网络系统的信息安全是网络安全的目标，对任何种类的网络系统而言，就是要阻止前面所有威胁的发生。对整个网络信息系统的保护最终是为了信息的安全，即信息的存储安全和信息的传输安全等。从网络信息系统的安全指标的角度来说，就是对信息的可用性、完整性和保密性的保护，更确切地说，是对网络资源的保密性（Confidentiality）、完整性（Integrity）和可用性（Availability）的保护（简称 CIA 三要素）。

保密性指网络中的数据必须按照数据的拥有者的要求保证一定的秘密性，不会被未授权的第三方非法获知。具有敏感性的秘密信息，只有得到拥有者的许可，其他人才能够获得该信息，网络系统必须能够防止信息的非授权访问或泄露。

完整性指网络中的信息安全、精确与有效，不因人为的因素而改变信息原有的内容、形式与流向，即不能为未授权的第三方修改。它包含数据完整性的内涵，即保证数据不被非法地改动和销毁，同样还包含系统完整性的内涵，即保证系统以无害的方式按照预定的功能运行，不受有意的或者意外的非法操作所破坏。信息的完整性是信息安全的基本要求，破坏信息的完整性是影响信息安全的常用手段。当前，运行于因特网上的协议（如 TCP/IP）等，能够确保信息在数据包级别的完整性，即做到了传输过程中不丢信息包，不重复接收信息包，但却无法制止未授权第三方对信息包内部的修改。

可用性就是要保障网络资源无论在何时，无论经过何种处理，只要需要即可使用，而不因系统故障或误操作等使资源丢失或妨碍对资源的使用，使得严格时间要求的服务不能得到及时的响应。另外，网络可用性还包括具有在某些不正常条件下继续运行的能力。病毒就常常破坏信息的可用性，使系统不能正常运行，数据文件面目全非。

后来，美国计算机安全专家又提出了一种新的安全框架，包括保密性、完整性、可用性、真实性（Authenticity）、实用性（Utility）、占有性（Possession），即在原来的基础上增加了真实性、实用性、占有性，认为这样才能解释各种网络安全问题。

网络信息的真实性是指信息的可信度，主要是指信息的完整性、准确性和对信息所有者或发送者的身份的确认，它也是一个信息安全性的基本要素。

网络信息的实用性是指信息加密密钥不可丢失（不是泄密），丢失了密钥的信息也就丢失了信息的实用性，成为垃圾。

如果存储信息的节点、磁盘等信息载体被盗用，就导致对信息的占用权的丧失。保护信息占有性的方法有使用版权、专利、商业秘密性，提供物理和逻辑的存取限制方法，维护和检查有关盗窃文件的审记记录、使用标签等。

2.3.2 可存活性简介

近年来，学术界又开始提出一个新的安全概念——可存活性（Survivability）。原来的系统并没有保证措施来抵抗各种系统错误和安全伤害，可存活的网络系统就是设计来在面对这些风险的时候仍然能够存活。所以可存活性指的就是网络计算机系统的这样一种能力：它能在面对各种攻击或错误的情况下继续提供核心的服务，而且能够及时地恢复全部的服务。这是一个新的融合计算机安全和商业风险管理的课题，它的焦点不仅是对抗计算机入侵者，还要保证在各种网络攻击的情况下商业目标得以实现，关键的商业功能得以保持。提高对网络攻击的系统可存活性，同时也提高了商业系统在面对一些并非恶意的事故与故障的可存活性。

可存活系统的一些主要属性如表 2.1 所示。

表 2.1 可存活系统的一些主要属性

主要属性	描 述	例 子
攻击的抵抗力	抵抗各种攻击的策略	身份认证 程序的随机差异性
攻击及其伤害程度的识别	检测各种攻击（入侵）并能了解系统的当前状况，包括评估伤害的程度的策略	用模式来进行入侵识别 内部完整性检查
攻击之后恢复核心的和全部的服务	恢复受破坏的信息或功能、限制伤害的程度、及时保持（有必要的话恢复）核心服务、条件允许的话恢复全部服务的策略	数据的备份与还原
自适应的演化来降低未来攻击的有效性	基于从入侵中学到的知识来提高系统的可存活性的策略	加入新的入侵识别的模式

从广义上说，可存活性是一个工程的概念，它提供了一个自然的框架，可以把已有的或正在出现的软件工程概念集成到一个普通目标的服务中。这些已有的与可存活性相关的软件工程领域包括安全、容错、可靠、重用、性能、验证和测试等。

目前对可存活性研究比较系统、深入的有美国计算机网络应急处理协调中心（Computer Emergency Response Team Coordination Center，CERT/CC）与 CMU 软件工程学院的合作研究。

2.3.3 网络安全的实质

从上面的分析可以看出，网络安全的实质就是要保障系统中的人、设备、设施、软件、数据以及各种供给品等要素避免各种偶然的或人为的破坏或攻击，使它们发挥正常，保障系统能安全可靠地工作。因而网络系统的安全应当包含以下内容：

（1）要弄清网络系统受到的威胁及脆弱性，以便人们能注意到网络的这些弱点和它存在的特殊性问题。

（2）要告诉人们怎样保护网络系统的各种资源，避免或减少自然或人为的破坏。

（3）要开发和实施卓有成效的安全策略，尽可能减小网络系统所面临的各种风险。

（4）要准备适当的应急计划，使网络系统中的设备、设施、软件和数据在受到破坏和攻击时，能够尽快恢复工作。

（5）要制定完备的安全管理措施，定期检查这些安全措施的实施情况和有效性。

（6）确保信息的安全，就是要保障信息完整、可用和保密的特性。

总之，信息社会的迅速发展离不开网络技术和网络产品的发展，网络的广域化和实用化都对网络系统的安全性提出越来越高的要求。从广义上考虑的网络系统所包含的内容非常丰富，几乎囊括了现代计算机科学和技术的全部成果。为了提高网络安全性，需要从多个层次和环节入手，分别分析应用系统、宿主机、操作系统、数据库管理系统、网络管理系统、子网、分布式计算机系统和全网中的弱点，采取措施加以防范。

2.4 小 结

网络安全问题已经随着网络的发展和人们对网络依赖性的增强而日益成为一个严重的问题。网络上面临着各种各样的安全威胁与攻击，包括窃取机密攻击、非法访问、恶意攻击、社交工程、计算机病毒、不良信息资源和信息战等。

目前网络上存在的安全问题大体上有物理安全问题、方案设计的缺陷、系统的安全漏洞、TCP/IP 协议的安全和人的因素等几个方面。

最后我们给大家介绍了网络信息安全的传统的几个重要要素，包括保密性、完整性、可用性、真实性、实用性、占有性等。此外，可存活性是一个正在发展中的比较新的安全概念，它引入软件工程的思想，围绕系统的整个生命周期进行完全的防护。网络安全的实质就是要保障系统中的人、设备、设施、软件、数据以及各种供给品等要素避免各种偶然的或人为的破坏或攻击，使它们发挥正常，保障系统能安全可靠地工作。

习 题

1. 请查阅资料，然后举例说明如何运用协议栈指纹来实际辨别不同的操作系统？

2. 请参考其他资料后解释 IP 欺骗的详细原理。

3. 请说一下 Teardrop、Syn Flood、Smurf 的原理。

4. DDoS 的原理是什么？有什么办法和措施来检测或抵抗这种攻击？

5. 请简要阐述信息战。

6. 网络安全的常见安全威胁与攻击有哪些？安全的根源有哪些？

7. 除了书上所说的之外，再举几个 TCP/IP 协议的不安全因素。

8. 网络信息安全的要素有哪些？

9. 什么是可存活性？它有哪些主要属性？

参 考 文 献

上海市通信管理局. 2002. 电信技术实用大典. 北京：人民邮电出版社

David A Fisher, Howard F Lipson. 1999. Emergent Algorithms：a New Method for Enhancing Survivability in Unbounded Systems. In：Proceedings of the Hawaii International Conference On System Sciences. Maui, Hawaii, January 5—8

Ellison R J, Fisher D A, et al. Survivable Network Systems：An Emerging Discipline. http：//www. cert. org/research/97tr013. pdf. 1997

http：//www. cert. org

Nancy R Mead, Robert Ellison, et al. 2000. Life-Cycle Models for Survivable Systems. In：Proceedings of the Third Information Survivablity Workshop (ISW 2000). October 24—26, 2000

Nancy R Mead, Robert J Ellison, et al. 2000. Survivable Network Analysis Method. SEI Technical Report：CMU/SEI-00-TR-013

Richard C Linger, John McHugh, Nancy R Mead. 2000. A Research Agenda for Survivable Systems. In：Proceedings of the Third Information Survivablity Workshop (ISW 2000), October 24—26

Survivable Network Technology. http：//www. sei. cmu. edu/programs/nss/surv-net-tech. html

Survivability Research & Trends. http：//www. cert. org/nav/index-purple. html

第二部分　安全框架与评估标准

第3章 安全体系结构与模型

安全体系结构、安全框架、安全模型及安全技术等一系列术语被认为是相互关联的。安全体系结构定义了最一般的关于安全体系结构的概念，如安全服务、安全机制等；安全框架定义了提供安全服务的最一般方法，如数据源、操作方法以及它们之间的数据流向；安全模型是指在一个特定的环境里，为保证提供一定级别的安全保护所奉行的基本思想，它表示安全服务和安全框架是如何结合的，主要是为了开发人员开发安全协议时采用；而安全技术被认为是一些最基本的模块，它们构成了安全服务的基础，同时可以相互任意组合，以提供更强大的安全服务。

在这一章里我们将给大家介绍一些常见的安全体系机构和模型，首先是大名鼎鼎的ISO/OSI 安全体系结构，随后介绍一种动态的自适应网络安全模型，接着介绍一个由Hurwitz Group 提出的五层网络安全体系，最后提出一个六层安全体系及在此之上给出一个整体安全解决方案。

3.1 ISO/OSI 安全体系结构

国际标准化组织于1989 年对OSI 开放互联环境的安全性进行了深入的研究，在此基础上提出了OSI 安全体系，作为研究设计计算机网络系统以及评估和改进现有系统的理论依据。OSI 安全体系定义了安全服务、安全机制、安全管理及有关安全方面的其他问题。此外，它还定义了各种安全机制以及安全服务在OSI 中的层位置。为对付现实中的种种情况，OSI 定义了11 种威胁，如伪装、非法连接和非授权访问等。

1. 安全服务

在对威胁进行分析的基础上，规定了5 种标准的安全服务：

(1) 对象认证安全服务：用于识别对象的身份和对身份的证实。OSI 环境可提供对等实体认证和信源认证等安全服务。对等实体认证是用来验证在某一关联的实体中，对等实体的声称是一致的，它可以确认对等实体没有假冒身份；而信源认证是用于验证所收到的数据来源与所声称的来源是否一致，它不提供防止数据中途被修改的功能。

(2) 访问控制安全服务：提供对越权使用资源的防御措施。访问控制可分为自主访问控制、强制型访问控制两类（现在又出现了一种新的类型——基于角色的访问控制，我们将在授权与访问控制一章中详细介绍）。实现机制可以是基于访问控制属性的访问控制表、基于安全标签或用户和资源分档的多级访问控制等。

(3) 数据保密性安全服务：它是针对信息泄漏而采取的防御措施，可分为信息保密、选择段保密和业务流保密。它的基础是数据加密机制的选择。

(4) 数据完整性安全服务：防止非法篡改信息，如修改、复制、插入和删除等。它有5 种形式：可恢复连接完整性、无恢复连接完整性、选择字段连接完整性、无连接完整性和选择字段无连接完整性。

(5) 防抵赖性安全服务：是针对对方抵赖的防范措施，用来证实发生过的操作，它可分为对发送防抵赖、对递交防抵赖和进行公证。

2. 安全机制

一个安全策略和安全服务可以单个使用，也可以组合起来使用，在上述提到的安全服务中可以借助以下安全机制：

(1) 加密机制：借助各种加密算法对存放的数据和流通中的信息进行加密。DES 算法已通过硬件实现，效率非常高。

(2) 数字签名：采用公钥体制，使用私钥进行数字签名，使用公钥对签名信息进行证实。

(3) 访问控制机制：根据访问者的身份和有关信息，决定实体的访问权限。

(4) 数据完整性机制：判断信息在传输过程中是否被篡改过，与加密机制有关。

(5) 认证交换机制：用来实现同级之间的认证。

(6) 防业务流量分析机制：通过填充冗余的业务流量来防止攻击者对流量进行分析，填充过的流量需通过加密进行保护。

(7) 路由控制机制：防止不利的信息通过路由。目前典型的应用为网络层防火墙。

(8) 公证机制：由公证人（第三方）参与数字签名，它基于通信双方对第三者都绝对相信。目前，因特网上有许多向用户提供此机制的服务。

3. 安全管理

为了更有效地运用安全服务，需要有其他措施来支持它们的操作，这些措施即为安全管理。安全管理是对安全服务和安全机制进行管理，把管理信息分配到有关的安全服务和安全机制中去，并收集与它们的操作有关的信息。

OSI 概念化的安全体系结构是一个多层次的结构，它本身是面向对象的，给用户提供了各种安全应用，安全应用由安全服务来实现，而安全服务又是由各种安全机制来实现的。

OSI 提出了每一类安全服务所需要的各种安全机制，而安全机制如何提供安全服务的细节可以在安全框架内找到。表 3.1 表明了安全机制和安全服务的关系。

表 3.1　OSI 各种安全机制和安全服务的关系

安全机制 安全服务	加密	数字签名	访问控制	数据 完整性	认证交换	防业务 流量分析	路由控制	公证
对象认证	√	√			√			
访问控制		√	√					
数据保密性	√					√	√	
数据完整性	√			√				
防抵赖性		√		√				√

3.2 动态的自适应网络安全模型

单纯的防护技术容易导致系统的盲目建设，这种盲目包括两方面：一方面是不了解安全威胁的严峻，不了解当前的安全现状；另一方面是安全投入过大而又没有真正抓住安全的关键环节，导致不必要的浪费。举例来说，一个水库的大坝到底应当修多高？大坝有没有漏洞？修好的大坝现在是否处在危险的状态？实际上，我们需要相应的检测机制，比如，利用工程探伤技术检查大坝修建和维护是否保证了大坝的安全；观察当前的水位是否超出了警戒水位。这样的检测机制对保证大坝的安全至关重要。当发现问题之后就需要迅速做出响应，比如立即修补大坝的漏洞并进行加固。如果到达警戒水位，大坝就需要有人 24 小时监护，还可能需要泄洪。这些措施实际上就是一些紧急应对和响应措施。对安全问题的处理方法也是类似的。

对于网络系统的攻击日趋频繁，安全的概念已经不仅仅局限于信息的保护，人们需要的是对整个信息和网络系统的保护和防御，以确保它们的安全性，包括对系统的保护、检测和反应能力等。

总的来说，安全模型已经从以前的被动保护转到了现在的主动防御，强调整个生命周期的防御和恢复。PDR 模型就是最早提出的体现这样一种思想的安全模型。所谓 PDR 模型指的就是基于防护（Protection）、检测（Detection）、响应（Reaction）的安全模型。

20 世纪 90 年代末，美国国际互联网安全系统公司（ISS）提出了自适应网络安全模型 ANSM（Adaptive Network Security Model），并联合其他厂商组成 ANS 联盟，试图在此基础上建立网络安全的标准。该模型即可量化、可由数学证明、基于时间的、以 PDR 为核心的安全模型，亦称为 P2DR 模型，这里 P2DR 是 Policy（安全策略）、Protection（防护）、Detection（检测）和 Response（响应）的缩写，如图 3.1 所示。

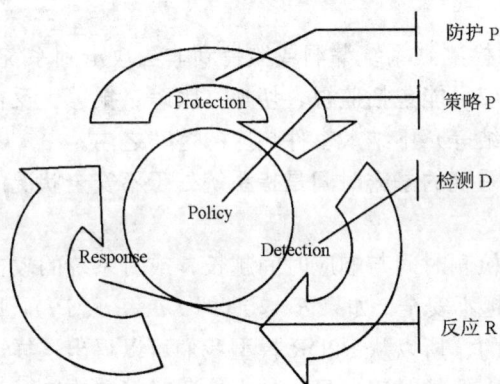

图 3.1　P2DR 安全模型

1. Policy（安全策略）

根据风险分析产生的安全策略描述了系统中哪些资源要得到保护，以及如何实现对它们的保护等。安全策略是 P2DR 安全模型的核心，所有的防护、检测、响应都是依据安全策略实施的，企业安全策略为安全管理提供管理方向和支持手段。

2. Protection（防护）

通过修复系统漏洞、正确设计开发和安装系统来预防安全事件的发生；通过定期检查来发现可能存在的系统脆弱性；通过教育等手段，使用户和操作员正确使用系统，防止意外威胁；通过访问控制、监视等手段来防止恶意威胁。

3. Detection（检测）

在 P2DR 模型中，检测是非常重要的一个环节，检测是动态响应和加强防护的依据，它也是强制落实安全策略的有力工具，通过不断地检测和监控网络和系统，来发现新的威胁和弱点，通过循环反馈来及时做出有效的响应。

4. Response（响应）

紧急响应在安全系统中占有最重要的地位，是解决安全潜在性问题最有效的办法。从某种意义上讲，安全问题就是要解决紧急响应和异常处理问题。

信息系统的安全是基于时间特性的，P2DR 安全模型的特点就在于动态性和基于时间的特性。下面我们先定义几个时间值：

攻击时间 Pt：表示从入侵开始到侵入系统的时间。攻击时间的衡量特性包括两个方面：①入侵能力。②系统脆弱性。高水平的入侵及安全薄弱的系统都能增强攻击的有效性，使攻击时间 Pt 缩短。

检测时间 Dt：系统安全检测包括发现系统的安全隐患和潜在攻击检测，以利于系统的安全评测。改进检测算法和设计可缩短 Dt，提高对抗攻击的效率。检测系统按计划完成所有检测的时间为一个检测周期。检测与防护是相互关联的，适当的防护措施可有效缩短检测时间。

响应时间 Rt：包括检测到系统漏洞或监控到非法攻击到系统启动处理措施的时间。例如一个监控系统的响应可能包括监视、切换、跟踪、报警、反击等内容。而安全事件的后处理（如恢复、总结等）不纳入事件响应的范畴之内。

系统暴露时间 Et：系统的暴露时间是指系统处于不安全状况的时间，可以定义为 $Et = Dt + Rt - Pt$。

我们认为，系统的检测时间与响应时间越长，或对系统的攻击时间越短，则系统的暴露时间越长，系统就越不安全。如果 $Et \leqslant 0$（即 $Dt + Rt \leqslant Pt$），那么可以基于 P2DR 模型，认为该系统是安全的。所以从 P2DR 模型我们可以得出这样一个结论：安全的目标实际上就是尽可能地增大保护时间，尽量减少检测时间和响应时间。

PPDRR 模型是在 P2DR 模型的基础上新增加了一点 Recovery 即恢复，这样一旦系统安全事故发生了，也能恢复系统功能和数据，恢复系统的正常运行等。

3.3 五层网络安全体系

依据普通人的经验来看，一般的网络会涉及以下几个方面：首先是网络硬件，即网络的实体；第二则是网络操作系统，即对于网络硬件的操作与控制；第三就是网络中的应用程序。有了这 3 个部分，一般认为便可构成一个网络整体。而若要实现网络的整体安全，考虑上述三方面的安全问题也就足够了。但事实上，这种分析和归纳是不完整和不全面的。在应用程序的背后，还隐藏着大量的数据作为对前者的支持，而这些数据的安全性问题也应被考虑在内。同时，还有最重要的一点，即无论是网络本身还是操作系统与应用程序，它们最终都是要由人来操作和使用的，所以还有一个重要的安全问题就是用户的安全性。

在经过系统和科学的分析之后，国际著名的网络安全研究公司 Hurwitz Group 得出以下结论：在考虑网络安全问题的过程中，应该主要考虑以下 5 个方面的问题：网络是否安全？操作系统是否安全？用户是否安全？应用程序是否安全？数据是否安全？

目前，这个五层次的网络系统安全体系理论已得到了国际网络安全界的广泛承认和支持，并将这一安全体系理论应用在其产品之中。下面我们就将逐一对每一层的安全问题做出简单的阐述和分析。

1. 网络层的安全性

网络层的安全性问题核心在于网络是否得到控制，即是不是任何一个 IP 地址来源的用户都能够进入网络？如果将整个网络比作一幢办公大楼的话，对于网络层的安全考虑就如同为大楼设置守门人一样。守门人会仔细察看每一位来访者，一旦发现危险的来访者，便会将其拒之门外。

通过网络通道对网络系统进行访问的时候，每一个用户都会拥有一个独立的 IP 地址，这一 IP 地址能够大致表明用户的来源所在地和来源系统。目标网站通过对来源 IP 进行分析，便能够初步判断来自这一 IP 的数据是否安全，是否会对本网络系统造成危害，以及来自这一 IP 的用户是否有权使用本网络的数据。一旦发现某些数据来自于不可信任的 IP 地址，系统便会自动将这些数据阻挡在系统之外，并且大多数系统能够自动记录那些曾经造成过危害的 IP 地址，使得它们的数据将无法第二次造成危害。

用于解决网络层安全性问题的产品主要有防火墙产品和 VPN（虚拟专用网）。防火墙的主要目的在于判断来源 IP，将危险或未经授权的 IP 数据拒之于系统之外，而只让安全的 IP 数据通过。一般来说，公司的内部网络若要与公众 Internet 相连，则应该在二者之间配置防火墙产品，以防止公司内部数据的外泄。VPN 主要解决的是数据传输的安全问题，如果公司各部在地域上跨度较大，使用专网、专线过于昂贵，则可以考虑使用 VPN。其目的在于保证公司内部的敏感关键数据能够安全地借助公共网络进行频繁地交换。

2. 系统的安全性

在系统安全性问题中，主要考虑的问题有两个：一是病毒对于网络的威胁，二是黑客对于网络的破坏和侵入。

病毒的主要传播途径已由过去的软盘、光盘等存储介质变成了网络，多数病毒不仅能够直接感染网络上的计算机，也能够将自身在网络上进行复制。同时，电子邮件、文件传输（FTP）以及网络页面中的恶意 Java 小程序和 ActiveX 控件，甚至文档文件都能够携带对网络和系统有破坏作用的病毒。这些病毒在网络上进行传播和破坏的多种途径和手段，使得网络环境中的防病毒工作变得更加复杂，网络防病毒工具必须能够针对网络中各个可能的病毒入口来进行防护。

对于网络黑客而言，他们的主要目的在于窃取数据和非法修改系统，其手段之一是窃取合法用户的口令，在合法身份的掩护下进行非法操作；其手段之二便是利用网络操作系统的某些合法但不为系统管理员和合法用户所熟知的操作指令。例如在 UNIX 系统的缺省安装过程中，会自动安装大多数系统指令，据统计，其中大概有约 300 个指令是大多数合法用户所根本不会使用的，但这些指令往往会被黑客所利用。

要弥补这些漏洞，我们就需要使用专门的系统风险评估工具，来帮助系统管理员找出哪些指令是不应该安装的，哪些指令是应该缩小其用户使用权限的。在完成了这些工作之后，操作系统自身的安全性问题将在一定程度上得到保障。

3. 用户的安全性

对于用户的安全性问题，所要考虑的问题是：是否只有那些真正被授权的用户才能够使用系统中的资源和数据？

首先要做的是应该对用户进行分组管理，并且这种分组管理应该是针对安全性问题而考虑的分组。也就是说，应该根据不同的安全级别将用户分为若干等级，每一等级的用户只能访问与其等级相对应的系统资源和数据。

其次应该考虑的是强有力的身份认证，其目的是确保用户的密码不会被他人猜测到。

在大型的应用系统之中，有时会存在多重的登录体系，用户如需进入最高层的应用，往往需要多次输入多个不同的密码，如果管理不严，多重密码的存在也会造成安全问题上的漏洞。所以在某些先进的登录系统中，用户只需要输入一个密码，系统就能够自动识别用户的安全级别，从而使用户进入不同的应用层次。这种单点登录（Single-Sign On，SSO）体系要比多重登录体系能够提供更大的系统安全性。

4. 应用程序的安全性

在这一层中我们需要回答的问题是：是否只有合法的用户才能够对特定的数据进行合法的操作？

这其中涉及两个方面的问题：一是应用程序对数据的合法权限，二是应用程序对用户的合法权限。例如在公司内部，上级部门的应用程序应该能够存取下级部门的数据，而下级部门的应用程序一般不应该允许存取上级部门的数据。同级部门的应用程序的存取权限也应有所限制，例如同一部门不同业务的应用程序也不应该互相访问对方的数据，一方面可以避免数据的意外损坏，另一方面也是安全方面的考虑。

5. 数据的安全性

数据的安全性问题所要回答的问题是：机密数据是否还处于机密状态？

在数据的保存过程中，机密的数据即使处于安全的空间，也要对其进行加密处理，以保证万一数据失窃，偷盗者（如网络黑客）也读不懂其中的内容。这是一种比较被动的安全手段，但往往能够收到最好的效果。

上述的五层安全体系并非孤立分散。如果将网络系统比作一幢办公大楼的话，门卫就相当于对网络层的安全性考虑，他负责判断每一位来访者是否能够被允许进入办公大楼，发现具有危险性的来访者则将其拒之门外，而不是让所有人都能够随意出入。操作系统的安全性在这里相当于整个大楼的办公制度，办公流程的每一环节紧密相连，环环相扣，不让外人有可乘之机。如果对整个大楼的安全性有更高的要求的话，还应该在每一楼层中设置警卫，办公人员只能进入相应的楼层，而如果要进入其他楼层，则需要获得相应的权限，这实际是对用户的分组管理，类似于网络系统中对于用户安全问题的考虑。应用程序的安全性在这里相当于部门与部门间的分工，每一部门只做自己的工作，而不会干扰其他部门的工作。数据的安全性则类似于使用保险柜来存放机密文件，即使窃贼进入了办公室，也很难将保险柜打开，取得其中的文件。

上述的这些办公制度其实早已被人们所熟悉，而将其运用在网络系统中，便是我们所看到的五层网络安全体系。

3.4　六层网络安全体系

基于 Hurwitz Group 的五层网络安全体系，加上我们实际的经验总结，我们提出了六层网络安全体系,即一套完整的网络安全解决方案需要从网络硬件设备的物理安全、网络传输的链路安全、网络级的安全、信息安全、应用安全和用户安全等 6 个方面综合考虑。图 3.2 展示了这样一个六层安全体系结构。

图 3.2　六层安全体系结构

物理安全，主要防止物理通路的损坏、物理通路的窃听、对物理通路的攻击（干扰等）。保证计算机信息系统各种设备的物理安全是整个计算机信息系统安全的前提，它通常包括环境安全（指系统所在环境的安全保护）、设备安全和媒体安全三个方面。抗干扰、防窃听将是物理层安全措施制定的重点。现在物理实体的安全管理现已有大量标准和规范，如计算机场地安全要求（GB9361-88）、计算机场地技术条件（GFB2887-88）等。

链路安全需要保证通过网络链路传送的数据不被窃听，主要针对公用信道的传输安全。在公共链路上采用一定的安全手段可以保证信息传输的安全，对抗通信链路上的窃听、篡改、重放、流量分析等攻击。在局域网内可以采用划分 VLAN（虚拟局域网）来对物理和逻辑网段进行有效的分割和隔离,消除不同安全级别逻辑网段间的窃听可能。如果是远程网，可以采用链路加密等手段。

网络级的安全需要从网络架构、网络访问控制、漏洞扫描、网络监控与入侵检测等多方面加以保证。首先要保证网络架构的正确，路由正确；采用防火墙、安全网关、VPN等实施网络层的安全访问控制；此外可以采用漏洞扫描、网络监控与入侵检测系统等与防火墙结合使用，形成主动性的网络防护体系。

信息安全是一个重要的问题，它涉及信息传输安全、信息存储安全和信息审计等问题。保证信息传输安全需要保证信息的完整性、机密性、不可抵赖和可用性等；而对于信息存储安全，主要包括纯粹的数据信息和各种功能信息两大类，为确保这些数据的安全，可以采用数据备份和恢复、数据访问控制措施、数据机密性保护、数据完整性保护、防病毒、备份数据的安全保护等措施；此外，为防止与追查网上机密信息的泄漏行为，并防止不良信息的流入，可在网络系统与因特网的连接处，对进出网络的信息流实施内容审计。

应用层次的安全包括应用平台、应用程序的安全。应用平台的安全包括操作系统、数据库服务器、Web 服务器等系统平台的安全，由于应用平台的系统非常复杂，通常采用多种技术来增强应用平台的安全性。应用程序完成网络系统的最终目的——为用户服务，应用程序可以使用应用平台提供的安全服务来保证基本安全，如通信内容安全、通信双方的认证、审计等手段。

用户的安全性考虑的主要是用户的合法性，主要是用户的身份认证和访问控制。通常采用强有力的身份认证，确保密码难以被他人猜测到；并可以根据不同的安全等级对用户进行分组管理，不同等级的用户只能访问与其等级相对应的系统资源和数据。

3.5　基于六层网络安全体系的网络安全解决方案

基于以上分析，我们给出了一个多层次、全方位、分布式的大型校园网络安全解决方案（假设该校有异地的分校区）。所谓多层次，指的是我们这个方案满足物理安全、链路安全、网络级安全、信息安全、应用安全和用户安全这个六层网络安全体系；另外一个意思是多层防御，攻击者在突破第一道防线后，可以延缓或阻断其到达攻击目标。所谓全方位，指的是我们的方案覆盖了从静态的被动防御到动态主动防御，从入侵事前安全漏洞扫描、事中入侵检测与审计到事后取证，从系统到桌面等多方位。所谓分布式，指的是我们采取的安全措施是从主机到网络分布式的结构，给网络系统以全面的保护。

该方案的简要结构图如图 3.3 所示。

下面对该方案进行进一步的功能说明。

1. 物理安全保证

为保障网络硬件设备的物理安全，应在产品保障、运行安全、防电磁辐射和保安方面采取有效措施。产品保障方面主要指产品采购、运输、安装等方面的安全措施。运行安全方面指网络中的设备特别是安全类产品在使用过程中，必须能够从生产厂家或供货单位得到迅速的技术支持服务，对一些关键设备和系统，应设置备份系统。防电磁辐射方面，所有重要涉密的设备都需安装防电磁辐射产品，如辐射干扰机。保安方面主要是防盗、防火等，还包括网络系统所有网络设备、计算机、安全设备的安全防护。

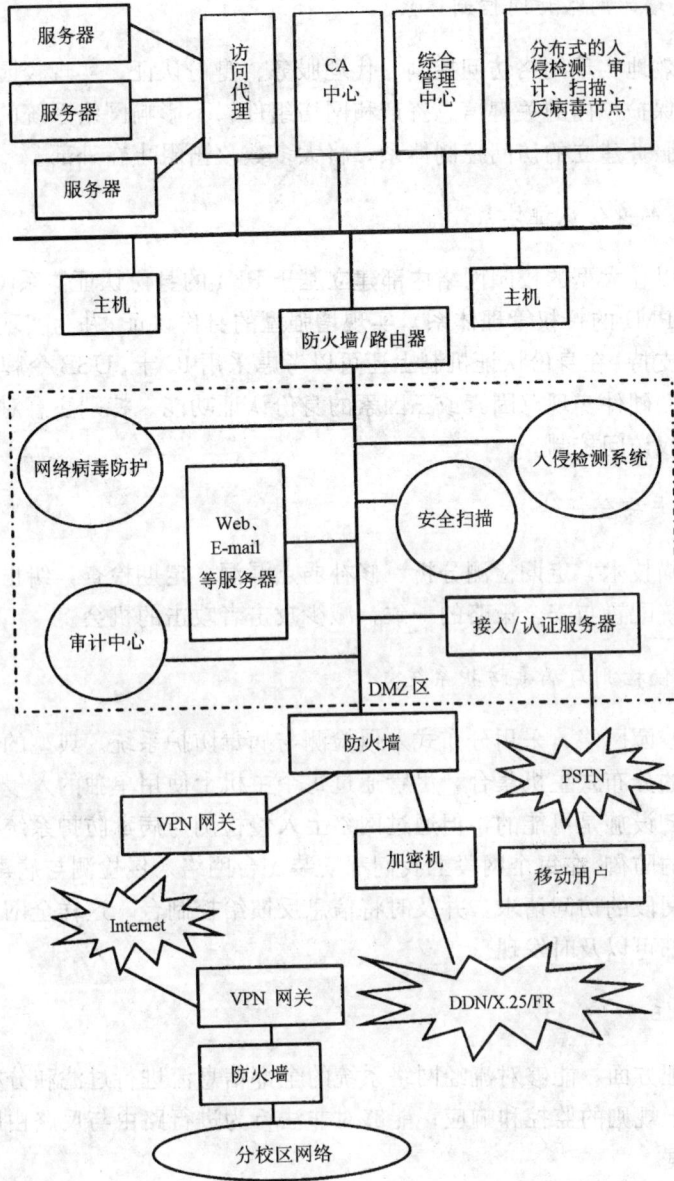

图 3.3　基于六层安全体系的分布式网络安全解决方案结构图

2. 通信链路安全

在局域网内采用划分 VLAN（虚拟局域网）来对物理和逻辑网段进行有效的分割和隔离，消除不同安全级别逻辑网段间的窃听可能。对于远程网，可以用链路加密机解决链路安全问题，也可以用 VPN 技术在通信链路级构筑各个校区的安全通道，实现流量管理、服务质量管理和传输信息的加密，保证了各个校区网的通信安全，同时减少租用专线的昂贵费用。

3. 基于防火墙的网络访问控制体系

防火墙能有效地实现网络访问控制、代理服务、身份认证，实现校园网络系统与外界的安全隔离，保护校内的关键信息资产和网络组件，不影响网络系统的工作效率。通过对特定网段、服务建立的访问控制体系，将大多数攻击阻止在外部。

4. 基于PKI的身份认证体系

按照需要可以在大型的校园网络内部建立基于PKI的身份认证体系（有必要的话还可以建立起基于PMI的授权管理体系），实现增强型的身份认证，并为实现内容完整性和不可抵赖性提供支持。在身份认证机制上还可以考虑采用IC卡、USB令牌、一次性口令、指纹识别器等辅助硬件实现双因素或三因素的身份认证功能。特别注意对移动用户拨入的身份认证和授权访问控制。

5. 漏洞扫描与安全评估

采用安全扫描技术，定期检测分析、修补弱点漏洞，定期检查，纠正网络系统的不当配置，保证系统配置与安全策略的一致，减少攻击者攻击的机会。

6. 分布式入侵检测与病毒防护系统

对于大规模校园网络，采用分布式入侵检测与病毒防护系统。典型的学校需要保护整个网络所支持的分布式主机集合，尽管通过每个主机上使用单独的入侵检测与病毒防护系统来安装防御设施是可能的，但通过网络上入侵检测与病毒防护系统的协调与合作可以实现更有效的防御。在每个网段上我们都安装一台网络入侵检测与病毒防护系统，可以实时监视各个网段的访问请求，并及时将信息反馈给控制台，这样全网任何一台主机受到攻击时系统都可以及时发现。

7. 审计与取证

在审计和取证方面，能够对流经网络系统的全部信息流进行过滤和分析，有效地对敏感信息进行基于规则的监控和响应；能够对非法行为进行路由与反路由跟踪，为打击非法活动提供证据。

8. 系统级安全

操作系统是网络系统的基础，数据库也是应用系统的核心部件，它们的安全在网络安全中有着举足轻重的位置。对于重要的主机，尽量采用安全的操作系统与数据库或是经过安全增强的操作系统与数据库，还需要及时填补新发现的漏洞，周期检查系统设置，注意用户管理安全、系统监控安全、故障诊断等系统问题，有效加强整个系统的病毒防护等。

9. 桌面级安全

对于一般的主机，要实现桌面级的安全，应该要及时填补安全漏洞，关闭一些不安全的服务，禁止开放一些不常用而又比较敏感的端口，采用桌面级的防病毒软件以及个人防火墙等；对重要的主机还要安装基于主机的入侵检测、安全审计等系统。

10. 应急响应和灾难恢复

安全不是绝对的，在实际的系统中，即使实施了网络安全工程，还是有可能发生这样那样的意外情况，因此应急响应和灾难恢复也是安全技术中的重要一环，它能够在出现意外事件的时候进行应急响应和保护。良好的备份和恢复机制，可在攻击造成损失时，尽快地恢复数据和系统服务。此外，还可以采用网页恢复技术来保护 Web 页面的安全。

本方案与前面我们提出的六层网络安全体系的对应关系如表 3.2 所示。

表 3.2　本方案与前面的六层网络安全体系的对应关系

	物理安全	链路安全	网络级安全	信息安全	用户安全	应用安全
物理安全保证	✓					
通信链路安全		✓		✓		
基于防火墙的网络访问控制			✓			
基于 PKI 的身份认证体系				✓	✓	✓
漏洞扫描与安全评估			✓			
分布式入侵检测与病毒防护			✓		✓	✓
审计与取证				✓	✓	✓
系统级安全				✓	✓	
桌面级安全						✓
应急响应和灾难恢复				✓		✓

当然，本方案中的安全措施不一定要全部实施，可以根据不同的场合、不同的需求，灵活地加以组合、变通实现。

实际网络系统的安全性，往往并不能通过以上所描述安全措施的简单组合实现，事实上再好的安全产品、技术，如果没有良好的安全策略和管理手段做后盾，等于在蚊帐上安装了铁门，是无法确保网络安全的，因此我们还要强调网络安全策略和管理手段的重要性。对于多级网络系统，各节点具有不同的网络规模、应用和管理权限，安全系统的配置也需要具体进行用户化。管理性和技术性的安全措施是相辅相成的，在对技术性措施进行设计的同时，必须考虑安全管理措施。因为诸多的不安全因素恰恰反映在组织管理和人员使用方面，而这又是计算机网络安全所必须考虑的基本问题，所以应引起各计算机网络应用部门领导的重视。

3.6　小　结

关于网络安全体系结构方面，ISO 做了不少工作，提出了 OSI 安全体系，定义了安全服务、安全机制、安全管理及有关安全方面的其他问题。自适应网络安全模型是 20 世纪 90 年代后新兴的安全模型，P2DR 是其代表。Hurwitz Group 的五层网络安全体系也得到了较广泛的认同。我们已经把这些经典的安全体系、模型等介绍给大家。此外，我们还提出了物理安全、链路安全、网络级安全、信息安全、应用安全和用户安全这样一个六层网络安全体系，并在此之上给出了一个多层次、全方位、分布式的网络安全解决方案。

习　题

1. OSI 安全体系包括哪些安全机制和安全服务？它们之间有何对应关系？
2. 动态的自适应网络安全模型的思想是什么？请介绍一下 P2DR 模型。
3. 所谓的五层次网络系统安全体系理论是什么？
4. 请尽可能多地列举网络安全技术（不限于书上）。
5. 请给一个中等规模的局域网（有若干子网，但没有跨多个地域）设计一个网络安全解决方案。

参 考 文 献

郭春平. 1999. 网络安全五层体系. 中国计算机报，第 22 期

马东平. 企业信息与网络系统整体安全解决方案. http://www. css. com. cn/html/application/jjfa/jjfa-9. htm

上海市通信管理局. 2002. 电信技术实用大典. 北京：人民邮电出版社

Gu Guofei, Shen Jianli, Wang Peng, et al. 2002. A Campus Network Security Solution Based on Six-layer Security Architecture. Asia-Pacific Advanced Network 2002 Conference （APAN2002），Shanghai

Merike Kaeo. 1999. Designing Network Security. Macmillan Technical Publicshing

Thomas A Wadlow. 2000. The Process of Network Security. Addison Wesley Longman，Inc.

William Stalling. 1999. Cryptography and Network Security：Principles and Practice. Second Edition. Prentice-hall，Inc.

第4章 安全等级与标准

　　近年来由于互联网的蓬勃发展，网络与信息安全问题日益突出，黑客攻击、信息泄密以及病毒泛滥所带来的危害引起了世界各国尤其是信息发达国家的高度重视，相关的安全管理和风险意识也日益成为人们关注的热点。这对于计算机信息系统的建设者、管理者和使用者而言，加强网络和信息安全的防护，评测计算机信息系统自身是否安全，以及评价系统的安全性等方面尤为重要。

　　安全防护体系的基础性工作之一是制定安访制度，健全的规章制度可以使企业避免陷入法律诉讼、利润损失以及维护公司形象；另一基础性工作则是制定安全等级与标准，即需要有一整套用于规范计算机信息系统安全建设和使用的标准，以及相应的管理办法。

　　安全评价标准及技术作为各种计算机系统安全防护体系的基础，已被许多企业和咨询公司用于指导 IT 产品安全设计、以及衡量一个 IT 产品和评测系统安全性的依据。

　　目前国际上比较重要和公认的安全标准有美国 TCSEC（橙皮书）、欧洲 ITSEC、加拿大 CTCPEC、美国联邦准则（FC）、联合公共准则（CC）和英国标准 7799（BS7799），以及国际标准化组织（ISO 组织）发布的以 BS7799 标准为基础的 ISO 7799 标准。它们的关系如图 4.1 所示。

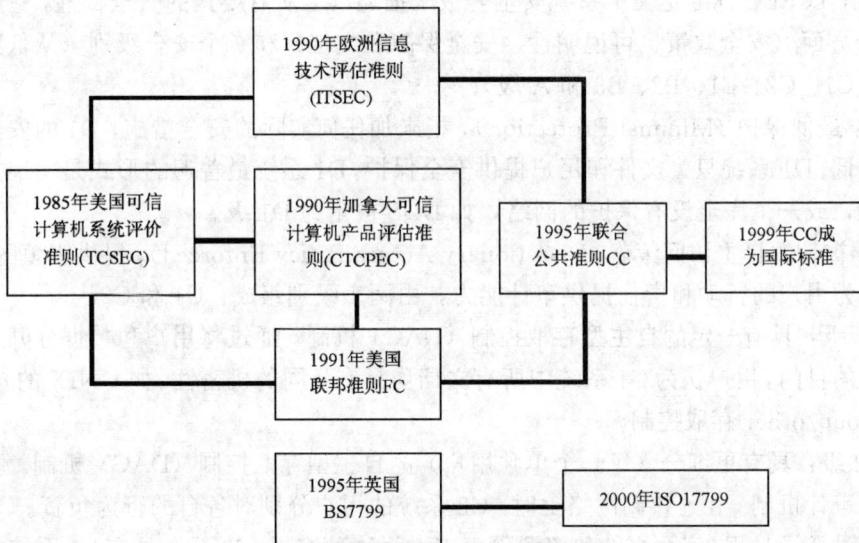

图 4.1　几个重要国际安全标准的关系

4.1 国际安全评价标准

近 20 年来，人们一直在寻求制定和努力发展安全标准，众多标准化组织在安全需求服务分析指导、安全技术机制开发、安全评估标准等方面制定了许多标准及草案。下面分别对当前国外主要的安全评价准则描述如下。

4.1.1 TCSEC 标准

1985 年美国国防部制定的计算机安全标准——可信计算机系统评价准则 TCSEC (Trusted Computer System Evaluation Criteria)，即橙皮书。橙皮书中使用了可信计算基础 TCB (Trusted Computing Base) 这一概念，即计算机硬件与支持不可信应用及不可信用户的操作系统的组合体。橙皮书是一个比较成功的计算机安全标准，它在较长的一段时间得到了广泛的应用，并且也成为其他国家和国际组织制定计算机安全标准的基础和参照，具有划时代的意义。

TCSEC 标准为计算机安全产品的评测提供了测试和方法，指导信息安全产品的制造和应用，它给出一套标准来定义满足特定安全等级所需的安全功能及其保证的程度。

TCSEC 标准定义了系统安全的 5 个要素：
- 安全策略。
- 可审计机制。
- 可操作性。
- 生命期保证。
- 建立并维护系统安全的相关文件。

同时，TCSEC 标准定义了系统安全等级来描述以上所有要素的安全特性，它将安全分为 4 个方面（安全政策、可说明性、安全保障和文档）和 7 个安全级别（从低到高依次为 D、C1、C2、B1、B2、B3 和 A 级）。

- D：最低保护 (Minimal Protection)，指未加任何实际的安全措施，D1 的安全等级最低。D1 系统只为文件和用户提供安全保护。D1 系统最普遍的形式是本地操作系统，或一个完全没有保护的网络，如 DOS 被定为 D1 级。
- C：被动的自主访问策略 (Disretionary Access Policy Enforced)，提供审慎的保护，并为用户的行动和责任提供审计能力，由两个级别组成：C1 和 C2。

C1 级：具有一定的自主型存取控制 (DAC) 机制，通过将用户和数据分开达到安全的目的，用户认为 C1 系统中所有文档均具有相同的机密性。如 UNIX 的 owner/group/other 存取控制。

C2 级：具有更细分（每一个单独用户）的自主型存取控制 (DAC) 机制，且引入了审计机制。在连接到网络上时，C2 系统的用户分别对各自的行为负责。C2 系统通过登录过程、安全事件和资源隔离来增强这种控制。C2 系统具有 C1 系统中所有的安全性特征。

- B：被动的强制访问策略 (Mandatory Access Policy Enforced)。由三个级别组成：B1、B2 和 B3 级。B 系统具有强制性保护功能，目前较少有操作系统能够符合 B 级标准。

B1 级：满足 C2 级所有的要求，且需具有所用安全策略模型的非形式化描述，实施了强制型存取控制（MAC）。

B2 级：系统的 TCB 是基于明确定义的形式化模型，并对系统中所有的主体和客体实施了自主型存取控制（DAC）和强制型存取控制（MAC）。另外，具有可信通路机制、系统结构化设计、最小特权管理以及对隐通道的分析和处理等。

B3 级：系统的 TCB 设计要满足能对系统中所有的主体对客体的访问进行控制，TCB 不会被非法篡改，且 TCB 设计要小巧且结构化以便于分析和测试其正确性。支持安全管理者（Security Administrator）的实现，审计机制能实时报告系统的安全性事件，支持系统恢复。

● A：形式化证明的安全（Formally Proven Security）。A 安全级别最高，只包含 1 个级别 A1。

A1 级：类同于 B3 级，它的特色在于形式化的顶层设计规格 FTDS（Formal Top level Design Specification）、形式化验证 FTDS 与形式化模型的一致性和由此带来的更高的可信度。

上述细分的等级标准能够用来衡量计算机平台（如操作系统及其基于的硬件）的安全性。在 TCSEC 彩皮书（Rainbow Books）中，给出标准来衡量系统组成（如加密设备、LAN 部件）和相关数据库管理系统的安全性。

4.1.2　欧洲 ITSEC

20 世纪 90 年代西欧四国(英、法、荷、德)联合提出了信息技术安全评估标准 ITSEC，又称欧洲白皮书，带动了国际计算机安全的评估研究，其应用领域为军队、政府和商业。该标准除了吸收 TCSEC 的成功经验外，首次提出了信息安全的保密性、完整性、可用性的概念，并将安全概念分为功能与评估两部分，使可信计算机的概念提升到可信信息技术的高度。ITSEC 标准的一个基本观点是：分别衡量安全的功能和安全的保证。ITSEC 标准对每个系统赋予两种等级：F（Functionality）即安全功能等级，E（European Assurance）即安全保证等级。功能准则从 F1～F10 共分 10 级，其中前 5 种安全功能与橙皮书中的 C1～B3 级非常相似。F6～F10 级分别对应数据和程序的完整性、系统的可用性、数据通信的完整性、数据通信的保密性以及机密性和完整性的网络安全。它定义了从 E0 级（不满足品质）到 E6 级（形式化验证）的 7 个安全等级，分别是测试、配置控制和可控的分配、能访问详细设计和源码、详细的脆弱性分析、设计与源码明显对应以及设计与源码在形式上一致。

一个系统可能有最高等级所需的所有安全功能（F6），但由于某些功能不能保证到最高等级，从而使该系统的安全保证等级较低（E4），此系统的安全等级将是 F6/E4。

在 ITSEC 中，另一个观点是：被评估的应是整个系统（硬件、操作系统、数据库管理系统、应用软件），而不只是计算平台，因为一个系统的安全等级可能比其每个组成部分的安全等级都高（或低），另外，某个等级所需的总体安全功能可能分布在系统的不同组成中，而不是所有组成都要重复这些安全功能。

ITSEC 标准成为欧共体信息安全计划的基础，并对国际信息安全的研究、实施带来深刻的影响。

4.1.3 加拿大 CTCPEC 评价标准

1993 年，加拿大发布"加拿大可信计算机产品评价准则"CTCPEC，该准则综合了美国 TCSEC 和欧洲 ITSEC 两个准则。CTCPE 专门针对政府需求设计，该标准将安全分为功能性需求和保证性需要两部分。功能性需求共分为 4 个层次：机密性、完整性、可靠性和可说明性，每种安全需求又可以分成很多系统来表示安全性的差别，分级为 0～5 级。

4.1.4 美国联邦准则 FC

1993 年，美国对 TCSEC 做了补充和修改，也吸纳了 ITSEC 的优点，发表了"信息技术安全性评价联邦准则"FC。该标准将安全需求分为 4 个层次：机密性、完整性、可靠性和可说明性。其目的是提供 TCSEC 的升级版本，同时保护已有投资。该标准在美国政府、民间和商业领域得到广泛应用。

4.1.5 CC 标准

1993 年 6 月，六国七方（美国国家安全局和国家技术标准研究所、加、英、法、德、荷）经协商同意，共同提出了"信息技术安全评价通用准则"（CC for IT SEC）。1996 年发表了 CC 的第一版本，1998 年 5 月发表第二版。1999 年 10 月，国际标准化组织和国际电联（ISO/IEC）通过了将 CC 作为国际标准 ISO/IEC 15408 信息技术安全评估准则的最后文本。随着信息技术的发展，CC 全面地考虑了与信息技术安全性有关的基础准则，定义了作为评估信息技术产品和系统安全性的基础准则，提出了国际上公认的表达信息技术安全性的结构，即将安全要求分为规范产品和系统安全行为的功能要求以及解决如何正确有效地实施这些功能的保证要求。

CC 标准的主要思想和框架，结合了 FC 及 ITSEC 的主要特征，它强调将安全的功能与保障分离，并将功能需求分为 9 类 63 族，将保障分为 7 类 29 族。它综合了过去信息安全的准则和标准，形成了一个更全面的框架。CC 主要面向信息系统的用户、开发者和评估者，通过建立这样一个标准，使用户可以用它确定对各种信息产品的信息安全要求，使开发者可以用它来描述其产品的安全特性，使评估者可以对产品安全性的可信度进行评估。不过，CC 并不涉及管理细节和信息安全的具体实现、算法、评估方法等，也不作为安全协议、安全鉴定等，CC 的目的是形成一个关于信息安全的单一国际标准。CC 是安全准则的集合，也是构建安全要求的工具，对于信息系统的用户、开发者和评估者都有重要的意义。

CC 标准分为三个部分，三者相互依存，缺一不可。这三部分的有机结合具体体现在"保护轮廓"和"安全目标"中。

- 第一部分：简介和一般模型，介绍了 CC 中的有关术语、基本概念和一般模型以及与评估有关的一些框架，附录部分主要介绍"保护轮廓"和"安全目标"的基本内容。
- 第二部分：安全功能要求，提出技术要求，按"类—子类—组件"的方式提出安全功能要求，每一个类除正文以外，还有对应的提示性附录做进一步解释。

- 第三部分：安全保证要求，提出了非技术要求和对开发过程的要求，定义了评估保证级别，介绍了"保护轮廓"和"安全目标"的评估，并按"类—子类—组件"的方式提出安全保证要求。

    CC 的先进性体现在 4 个方面：

- 结构的开放性，即功能和保证要求都可以在具体的"保护轮廓"和"安全目标"中进一步细化和扩展，如可以增加"备份和恢复"方面的功能要求或一些环境安全要求。这种开放式的结构更适应信息技术和信息安全技术的发展。

- 表达方式的通用性，即给出通用的表达方式。如果用户、开发者、评估者、认可者等目标读者都使用 CC 的语言，互相之间就更容易理解沟通。例如，用户使用 CC 的语言表述自己的安全需求，开发者就可以更具针对性地描述产品和系统的安全性，评估者也更容易、有效地进行客观评估，并确保评估结果对用户而言更容易理解。这种特点对规范实用方案的编写和安全性测试评估都具有重要意义。

- 结构和表达方式的内在完备性，具体体现在"保护轮廓"和"安全目标"的编制上。"保护轮廓"主要用于表达一类产品或系统的用户需求，在标准化体系中可以作为安全技术类标准对待。"安全目标"在"保护轮廓"的基础上，通过将安全要求进一步针对性具体化，解决了要求的具体实现。

- 实用性。常见的实用方案就可以当成"安全目标"对待，通过"保护轮廓"和"安全目标"这两种结构，就便于将 CC 的安全性要求具体应用到 IT 产品的开发、生产、测试、评估和信息系统的集成、运行、评估、管理中。

    CC 标准是目前系统安全认证方面最权威的标准，它的制定和应用将对 IT 安全技术和安全产业产生深远的影响。

4.1.6 BS 7799 标准

1. 信息安全管理标准 BS 7799

信息安全管理标准 BS 7799 由英国标准协会 BSI（The British Standards Institution）邀请业界相关厂商为共同追求有国际性质量标准的信息安全管理标准而制定，于 2000 年 11 月经国际标准化组织 ISO（International Organization for Standardization）审核通过，已逐渐成为国际通用和遵循的信息安全领域中应用最普遍、最典型的标准之一，该标准于 2000 年 12 月正式颁布为 ISO 17799 标准。目前澳大利亚、荷兰、挪威及瑞典等国均相继采用 BS 7799 作为其国家的标准，日本、瑞士以及我国的台湾、香港等拟推广或正在推广此标准。同时，众多国家的政府机构、银行、保险公司、电信企业、网络公司及许多跨国公司已采用此标准对自身的信息安全进行管理。

BS 7799 规定了建立、实施和文件化信息安全管理体系的要求，以及根据独立组织的需求实施相应的安全控制，它主要提供有效实施 IT 安全管理的建议，介绍安全管理的方法和程序，用户参照此标准制定自己的安全管理计划和实施步骤。该标准是一个组织全面或部分信息安全管理体系评估的基础，同时，也可作为非正式认证方案的依据之一。

BS 7799 共分为两部分：

- 第一部分：1995 年公布的 ISO/IEC 17799：2000，它是信息安全管理系统实施规则（Code of Practice for Information Security Management System Code），作为开发人员的参考文档；
- 第二部分：1998 年公布的 BS 7799-2：1999，它是信息安全管理系统验证规范（Specification for Information Security Management System），详细说明了建立、实施和维护信息安全管理系统的要求，指出实施组织需遵循某一风险评估来鉴定最适宜的控制对象，并对自身的需求采取适当的控制。

BS 7799 标准益处在于着重保护企业/组织的信息资产，包括信息的产生、处理传输及存储机制，此标准包括提供一个客观的测量、比较信息安全管理标准的方法、增加电子商务厂商交易的信心两大部分。此认证为任何信息安全系统的评估，提供了可遵循的客观标准，许多公司/企业都以此标准作为评测的参考依据。

以 BS 7799 标准为依据运作管理的公司/企业，在与客户的交往中，能增加消费者对厂商的信心及满意度，强化厂商的市场竞争力；在公司/企业内部的管理中，改善内部信息的安全环境，降低信息交易风险，提高公司/企业的经营利润。

BS 7799（ISO 17799）是全面地覆盖了安全的问题。最新版的 BS 7799 由 4 个主段组成，即范围、术语、定义、体系要求和控制细则。其中控制细则部分共有 10 项独立的分析评估领域，又可细分为 36 个目标和 127 项控制，不但控制需求量大，且有些极其复杂，因此，即使对最有意识的安全组织者来说，仍需按实际需要进行选用。

公司/企业在取得 BS 7799 认证的过程中可以协助组织辨认所有关键交易活动、加强监控，适当评估信息资产的价值，评估其风险、提供解决策略及提供适当成本的解决方法，信息是现今企业的命脉，迅速获得正确信息是公司/企业具有竞争力的关键因素，要在快速变化且竞争激烈的环境下成功，公司/企业必须证明自己能够适当保护信息的安全，包括组织本身、客户及交易厂商的信息，因此，面对日新月异的信息科技，信息安全是一个持续性的挑战。

BS 7799 标准是一个非常详细的安全标准，BS 标准有 10 个组成部分，每部分覆盖一个不同的主题或领域，分别是：

（1）商务可持续计划：

商务可持续计划可消除失误或灾难的影响，恢复商务运转及关键性业务流程的行动计划。

（2）系统访问权限控制：

- 控制对信息的访问权限。
- 阻止对信息系统的非授权访问。
- 确保网络服务切实有效。
- 防止非授权访问计算机。
- 检测非授权行为。
- 确保使用移动计算机和远程网络设备的信息安全。

（3）系统开发和维护：

- 确保可以让人们操控的系统上都已建好安全防护措施。
- 防止应用系统用户数据的丢失、修改或滥用。
- 保护信息的机密性、真实性和完整性。

- 确保 IT 项目及支持活动以安全的方式进行。
- 维护应用系统软件和数据的安全。

（4）物理与环境安全：
- 防止针对业务机密和信息进行的非授权访问、损坏和干扰。
- 防止企业资产丢失、损坏或滥用，以及业务活动的中断。
- 防止信息和信息处理设备的损坏或失窃。

（5）遵守法律和规定：
- 避免违反任何刑事或民事法律，避免违反法令性、政策性和合同性义务，避免违反安防制度要求。
- 保证企业的安防制度符合国际和国内的相关标准。
- 最大限度地发挥企业监督机制的效能，减少其带来的不便。

（6）人事安全：
- 减少信息处理设备由人为失误、盗窃、欺骗、滥用所造成的风险。
- 确保用户了解信息安全的威胁和关注点，在其日常工作过程中进行相应的培训，以利于信息安全方针的贯彻和实施。
- 从前面的安全事件和故障中吸取教训，最大限度降低安全的损失。

（7）安全组织：
- 加强企业内部的信息安全管理。
- 对允许第三方访问的企业信息处理设备和信息资产进行安全防护。
- 对外包给其他公司的信息处理业务所涉及到的信息进行安全防护。

（8）计算机和网络管理：
- 确保对信息处理设备正确和安全操作。
- 降低系统故障风险。
- 保护软件和信息的完整性。
- 保持维护信息处理和通信的完整性和可用性。
- 确保网上信息的安全防护监控及支持体系的安全防护。
- 防止有损企业资产和中断公司业务活动的行为。
- 防止企业间在交换信息时发生丢失、修改或滥用现象。

（9）资产分类和控制：
对公司资产加以适当的保护措施，确保无形资产都能得到足够级别的保护。

（10）安全方针：
安全方针提供信息安全防护方面的管理指导和支持。

2. BS 7799 的应用

实施 BS 7799 信息安全管理体系标准，旨在促进组织建立信息安全管理体系，确保信息技术的安全使用，保证组织的信息安全业务的正常运营，避免因信息技术失控而造成重大损失。

（1）应用范围。
BS 7799 的用户包括负责开发、执行或维护组织信息安全的管理人员和一般人员。

BS 7799 应用对象是一个有关信息安全领域的系统或企业，它所涉及的范围遍布整个系统或组织，包括所有信息系统和它的外部接口——通信的 IT 和电子形式、文件的归档、电话会谈、公共关系等方面。这个标准可作为单一的参考点，以识别信息系统使用的大多数情形所需的控制范围，广泛地用于企业组织中。

（2）安全模型。

BS 7799 标准的安全模型主要是建立在风险管理的基础上，通过风险分析的方法，使信息风险的发生概率和结果降低到可接受的水平，并采取措施保证业务不受风险的发生而中断。它主要是对于不同的企业针对资产、威胁、脆弱性以及对企业的影响等要素（如发生的可能性）间的关系进行分析，得出潜在的损失，从而确定分险的大小，选出适用于自身企业的目标和控制，根据资产的价值、风险的大小、对抗措施的事先能力、成本等因素采取适当的对抗措施，以减少安全风险。

（3）建立信息安全管理体系（ISMS）的重要意义。

企业建立自身的信息安全管理体系，主要基于以下众多的不安全因素：

① 企业信息系统管理制度不健全。

任何企业，不论它在信息技术方面如何努力以及采纳如何新的信息安全技术，实际上在信息安全管理方面都还存在漏洞，例如：

- 缺少信息安全管理论坛，安全导向不明确，管理支持不明显。
- 缺少跨部门的信息安全协调机制。
- 保护特定资产以及完成特定安全过程的职责还不明确。
- 雇员信息安全意识薄弱，缺少防范意识，外来人员很容易直接进入生产和工作场所。

② 企业信息系统主机房安全存在隐患，如：

- 防火设施存在问题，与危险品仓库同处一幢办公楼等。
- 企业信息系统备份设备仍有欠缺。
- 企业信息系统安全防范技术投入欠缺。
- 软件知识产权保护欠缺。
- 计算机房、办公场所等物理防范措施欠缺。
- 档案、记录等缺少可靠存储场所。
- 缺少一旦发生意外时的保证生产经营连续性的措施和计划。

······

通过以上信息管理方面的漏洞以及经常见诸报端的种种信息安全事件表明，任何企业都急需建立信息安全管理体系，以保障其技术和商业机密，保障信息的完整性和可用性，最终保持其生产、经营活动的连续性。

（4）信息安全管理体系建立和运行步骤。

BS 7799-2：1999 标准要求企业建立并保持一个周全的信息安全管理体系，其中应阐述需要保护的资产、企业风险管理的渠道、控制目标及控制方式和需要的保证程度。其建立和运行步骤如下：

- 制定信息安全方针。
- 明确信息安全管理体系的范围，根据企业的特性、地理位置、资产和技术来确定界限。

- 实施适宜的风险评估，识别资产所受到的威胁、薄弱环节和对企业的影响，并确定风险程度。
- 根据企业的信息安全方针和需要的保证程度来确定应实施管理的风险。
- 从 BS 7799-2 的第四部分"控制细则"中选择适宜的控制目标和控制方式（从 36 个目标，127 种控制方式中选择）；控制目标和控制方式的选择可以参考 BS 7799-1：1999 信息安全管理体系实施细则标准，如果标准中没有的控制目标和控制方式，企业可选择一些其他适宜的控制方式。
- 制定可用性声明，将控制目标和控制方式的选择和选择理由文件化，并注明未选择 BS 7799-2：1999 第四部分中的任何内容及其理由。
- 有效地实施选定的控制目标和控制方式。
- 进行内部审核和管理评审，保证体系的有效实施和持续适宜。

推广信息安全管理标准的关键是在重视程度和制度落实方面。但是，BS 7799 在标准里描述的所有控制方面并非都适合于每种情况，它不可能将当地系统、环境和技术限制考虑在内，企业因视自身发展状况，制定相应的标准。此外，BS 7799 标准中还包括一个监管标准的实施指南意见。

4.2 我国计算机安全等级划分与相关标准

1994 年，国务院发布了《中华人民共和国计算机信息系统安全保护条例》（以下简称《条例》），该《条例》是计算机信息系统安全保护的法律基础。其中第九条规定：计算机信息系统实行安全等级保护。等级管理的思想和方法具有科学、合理、规范、便于理解、掌握和运用等优点，因此，对计算机信息系统实行安全等级保护制度，是我国计算机信息系统安全保护工作的重要发展思路，对于正在发展中的信息系统安全保护工作更有着十分重要的意义。

为切实加强重要领域信息系统安全的规范化建设和管理，全面提高国家信息系统安全保护的整体水平，使公共信息网络安全监察工作更加科学、规范，指导工作更具体、明确，公安部组织制定了《计算机信息系统安全保护等级划分准则》（以下简称《准则》）国家标准，并于 1999 年 9 月 13 日由国家质量技术监督局审查通过并正式批准发布，已于 2001 年 1 月 1 日执行，该《准则》的发布为计算机信息系统安全法规和配套标准的制定和执法部门的监督检查提供了依据，为安全产品的研制提供了技术支持，为安全系统的建设和管理提供了技术指导，是我国计算机信息系统安全保护等级工作的基础。

对信息系统和安全产品的安全性评估事关国家安全和社会安全，任何国家不会轻易相信和接受由别的国家所作的评估结果，没有一个国家会把事关国家安全利益的信息安全产品和系统的安全可信性建立在别人的评估标准、评估体系和评估结果的基础上，为保险起见，通常要通过本国标准的测试才认为可靠。1989 年公安部在充分借鉴国际标准的前提下，开始设计起草法律和标准，在起草过程中，经过长期的对国内外安全的广泛的调查和研究，特别是对国外的法律法规、政府政策、标准和计算机犯罪的研究，使我们认识到要从法律、管理和技术三个方面着手；采取的措施要从国家制度的角度来看问题，对信息安全要实行等级保护制度。

国家标准《准则》就是要从安全整体上进行保护，从整体上、根本上、基础上来解决等级保护问题。要建立良好的国家整体保护制度，标准体系是基础。由国家的统一标准要求对系统进行评估，《准则》的配套标准分两类：一是《计算机信息系统安全保护等级划分准则应用指南》，它包括技术指南、建设指南和管理指南；二是《计算机信息系统安全保护等级评估准则》，它包括安全操作系统、安全数据库、网关、防火墙、路由器和身份认证管理等。目前，国家正在组织有关单位完善信息系统安全等级保护制度的标准体系。

《准则》对计算机信息系统安全保护能力划分了 5 个等级，计算机信息系统安全保护能力随着安全保护等级的增高，逐渐增强。高级别的安全要求是低级别要求的超集。

《准则》将计算机安全保护划分为以下 5 个级别：

- 第一级：用户自主保护级。它的安全保护机制使用户具备自主安全保护的能力，保护用户的信息免受非法的读写破坏。
- 第二级：系统审计保护级。除具备第一级所有的安全保护功能外，要求创建和维护访问的审计跟踪记录，使所有的用户对自己行为的合法性负责。
- 第三级：安全标记保护级。除继承前一个级别的安全功能外，还要求以访问对象标记的安全级别限制访问者的访问权限，实现对访问对象的强制访问。
- 第四级：结构化保护级。在继承前面安全级别安全功能的基础上，将安全保护机制划分为关键部分和非关键部分，对关键部分直接控制访问者对访问对象的存取，从而加强系统的抗渗透能力。
- 第五级：访问验证保护级。这一个级别特别增设了访问验证功能，负责仲裁访问者对访问对象的所有访问活动。

长期以来，我国一直十分重视信息安全保密工作，并从敏感性、特殊性和战略性的高度，自始至终将其置于国家的绝对领导之下，由国家密码管理部门、国家安全机关、公安机关和国家保密主管部门等分工协作，各司其职，形成维护国家信息安全的管理体系。

4.3 小　结

伴随着现代科学技术的飞速发展，人们已经生活在信息时代，计算机技术和网络技术深入到社会的多个领域。人们在得益于信息革命所带来的新的巨大机遇的同时，不得不面对信息安全问题的严峻考验。本章所述的安全标准是世界上许多经济发达国家制定信息安全标准和管理实践经验的科学总结，信息系统安全的建设是一件复杂的系统工程，目前我国的计算机网络的发展水平、安全技术和管理手段落后于国际水平，借鉴国外的信息安全标准和管理经验，结合国内信息安全标准的划分，制定企业自身持续发展的信息安全管理体系，以促进企业安全管理体系的改进和完善，消除安全技术隐患，使研发的产品向高科技、多功能、精细化和复杂化发展。

习　　题

1. 什么是 ISO/IEC 17799 信息安全管理标准？
2. BS 标准主要包括哪两个方面？
3. BS 标准主要覆盖哪 10 个领域？
4. CC 标准的先进性体现在哪些方面？
5. 列举信息安全体系的建立和运行的主要步骤。
6. 试给出网络安全等级的划分。

参 考 文 献

段云所. 网络安全管理标准、规范与对策. http：//www. pcworld. com. cn/2000/back—issues

计算机系统的安全标准. http：//www. sysway. com/khfw/forum/wlaq

[美] Mandy Andress 著. 杨涛，杨晓云，王建桥等译. 2002. 计算机安全原理. 北京：机械工业出版社

上海市通信管理局. 2002. 电信技术实用大典. 北京：人民邮电出版社

现有信息安全的主要评价准则. 中国计算机报，2001 年 11 月 08 日. http：//www. ccidnet. com/tech/app/2001/11/
　08/58-3691. html

中华人民共和国国家标准：计算机信息系统安全保护等级划分准则（GB 17859-1999）

http：//www. securityauditor. net

第三部分　密码学理论

第 5 章　密码学概述

5.1　密码学的起源、发展和应用

密码学的起源可能要追溯到人类刚刚出现，并且尝试去学习如何通信的时候。他们不得不去寻找方法确保他们的通信的机密。但是最先有意识地使用一些技术方法来加密信息的可能是公元六年前的古希腊人。他们使用的是一根叫scytale的棍子，送信人先绕棍子卷一张纸条，然后把要加密的信息写在上面，接着打开纸送给收信人。如果不知道棍子的宽度（这里作为密匙）是不可能解密里面的内容的。后来，罗马的军队用凯撒密码（三个字母表轮换）进行通信。在随后的 19 个世纪里，主要是发明一些更加高明的加密技术，这些技术的安全性通常依赖于用户赋予它们多大的信任程度。

然而密码学文献发展有个很奇妙的过程，由于战争和各个国家之间的利益，密码学重要的进展很少在公开的文献中出现。一直到 1918 年，20 世纪最有影响的密码分析文章之一——William F. Friedman 的专题论文"The Index of Coincidence and Its Application in Cryptography"（"重合指数及其在密码学中的应用"）问世，同时加州奥克兰的 Edward H. Hebern 申请了第一个转轮机专利，这种装置在差不多 50 年内被指定为美军的主要密码设备。

第一次世界大战以后，情况开始变化，完全处于秘密工作状态的美国陆军和海军的机要部门开始在密码学方面取得根本性的进展。但是由于战争的原因，公开的文件几乎殆尽。

从 1949 年到 1967 年，密码学文献近乎空白。在 1967 年，一部与众不同的著作——David Kahn 的 "The Codebreakers"（《破译者》）出现了，它并没有任何新的技术思想，但却对密码学的历史做了相当完整的记述。这部著作的意义不仅在于它涉及到了相当广泛的领域，而且在于它使成千上万原本不知道密码学的人了解了密码学。新的密码学文章慢慢开始源源不断地被编写出来了。

在 20 世纪 70 年代后期和 80 年代初期，当公众在密码学方面的兴趣显示出来时，美国国家安全局（NSA），即美国官方密码机构曾多次试图平息它，但是结果与 NSA 的愿望大相径庭，相反却为密码学的公开实践和专题研讨会做了许多意想不到的宣传。

历史车轮滚滚向前，密码学紧跟科学技术前进的步伐，经历了如下发展历程：密码学的初级形式——手工阶段，经过中间形式——机械阶段，发展到今天的高级形式——电子与计算机阶段。密码分析依赖数学方面的知识，现代密码学离开数学是不可想像的，密码学涉及到数学的各个分支，例如代数、数论、概率论、信息论、几何、组合学等。不仅如此，密码学的研究还需要具有其他学科的专业知识，例如物理、电机工程、量子力学、计算机科学、电子学、系统工程、语言学等。反过来，密码学的研究也刺激了上述各科学科的发展。

计算机的出现，大大促进了密码学的变革。由于商业应用和大量的计算机网络通信的需要，民间对数据保护、数据传输的安全性、防止工业谍报活动等课题越来越重视，密码学的发展从此进入了一个崭新的阶段，与此同时，密码学的研究开始大规模地扩展到民用。

传统的密码学和公钥密码学的基础是信息论和计算复杂性理论，与此不同，一种处于实验阶段的新型密码学：量子密码学得到了广泛关注，其基础是量子物理学。

量子力学的研究告诉我们，不可能同时测量粒子的不同特性值，例如，我们不可能同时测量粒子的位置和速率，测量其中一个值就会破坏对另一个值的测量，这是量子世界中所特有的"不确定性"规律。

量子世界的一种特殊规律是：每个光子都有突然改变偏振方向并使这个偏振方向与偏振滤光器的倾斜方向一致的可能性。设光子的偏振方向与偏振滤光器的倾斜角度之偏差为角 α，当 α 很小时，光子改变偏振方向并通过偏振滤光器的概率很大；当 $\alpha=90°$ 时，这一概率为 0；当 $\alpha=45°$，这一概率为 1/2。这个重要性质是量子密码学应用的基础。

量子信道有很强的防窃听性能，即使窃听者具有无限的计算能力，甚至 P＝NP 成立，都无法破坏量子信道的安全性。由此可见，量子密码学的这种特征是通常意义下的密码方法无法比拟的。随着科学技术的进步，可以预见量子密码学最终将会在实践中得到应用，并会发挥越来越重要的作用。有的科学家甚至预言，量子密码学大量应用之时就是经典密码学的寿终正寝之日。

随着计算机网络不断渗透到各个领域，密码学的应用也随之扩大，其主要的应用集中在网络安全领域中，这是密码学应用的最主要的方面，也是密码学研究成为热点的主要原因之一。众所周知，Internet 具有固有的安全弱点，因此网络安全面临诸多威胁，我们熟知的有计算机病毒、黑客入侵、机密文件泄露、DoS（拒绝服务攻击）、DDoS（分布式拒绝服务攻击）等。信息化和网络化是当今世界经济和社会发展的大趋势，但是在世界范围内，对计算机网络的攻击手段层出不穷，网络犯罪日益严重，而密码学的应用是进一步保护每个公民的隐私和国家的安全，因此我们可以预见到随着信息化的发展，密码学的发展和应用将会越来越广泛和深入。

5.2 密码学基础

5.2.1 密码学概述

密码学是研究秘密通信的原理和破译密码的方法的一门科学。密码学包含两方面密切相关的内容：其一是密码编制学，研究好的密码系统的方法，保护信息不被敌方或者任何无关的第三方侦悉；其二是密码分析学，研究攻破一个密码系统的途径，恢复被隐藏的信息的本来面目。总的说来，密码学是密码编制学和密码分析学的研究科学。

我们可以采用凯撒密码为例子来说明什么是密码系统，如果我们用数字 0，1，2，…，24，25 分别和字母 A，B，C，…，Y，Z 相对应，则密文字母 θ 表示如下

$$\alpha \equiv \theta + 3 (\mathrm{mod}\ 26) \tag{5.1}$$

例如明文字母为 X，即 $\theta=23$ 时，

$$a \equiv 23 + 3 \equiv 26 \equiv 0 (\bmod\ 26)$$

因此，密文字母为 A。

式(5.1)是凯撒密码的数学表示形式，同时可以看作是一种算法，凯撒密码系统即由式(5.1)和其中的密钥 3 组成。当然凯撒也可以选择 1 到 25 之间任何一个数字做密钥。但是如果选择 0 为密钥，则密文等于明文，实际上没有加密，因此式（5.1）可以推广成

$$a \equiv \theta + k (\bmod\ 26) \qquad k \in K$$

其中，$K = \{1, 2, 3, \cdots, 24, 25\}$ 是密钥集合，或称为密钥空间。

密码系统包含明文字母空间、密文字母空间、密钥空间和算法。密码系统的两个基本单元是算法和密钥。算法是一些公式、法则或者程序，规定明文和密文之间的变换方法；密钥可以看成算法中的参数。算法是相对稳定的，我们不可能在一个密码系统中经常改变加密算法，算法可以看作一个常量。而密钥则可以是一个变量，我们可以根据事前约定好的安排，或者用过若干次后改变一个密钥，或者每过一段时间更换一个密钥，等等。为了密码系统的安全，频繁更换密钥是必要的。由于种种原因，算法往往不能够保密，因此我们常常规定算法是公开的，真正需要保密的是密钥，所以存储和分发密钥是最重要的而且特别容易出问题的。

图 5.1 给出密码编制和密码分析过程的概貌，图中，E_{AB} 是发送方 A 向接收方 B 送密文时所采用的加密算法，D_{AB} 是 E_{AB} 的逆，即解密算法。

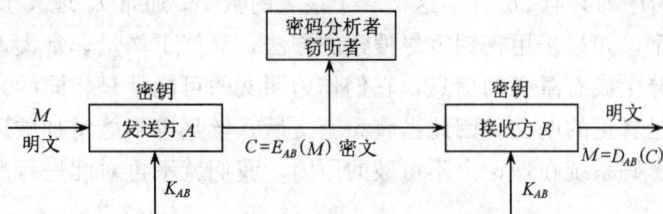

图 5.1 密码编制和密码分析过程图

5.2.2 不可攻破的密码系统

一个密码系统设计通常的基本要求是：

(1) 知道 K_{AB} 时，E_{AB} 容易计算。

(2) 知道 K_{AB} 时，D_{AB} 容易计算。

(3) 不知道 K_{AB} 时，由 $C = E_{AB}(M)$ 不容易推导出 M。

以上三点要求说明密码系统设计的原则是：对合法的通信双方来说加密和解密变换是容易的，对密码分析员来说由密文推导出明文是困难的。衡量一个密码系统的好坏，当然应当以它能否被攻破和易于被攻破为基本标准。理论上不可攻破的密码系统，通常被称做一次一密系统，假设明文是

$$M = (m_0, m_1, \cdots, m_{k-1})$$

用下述算法

$$C_i = E_{ki}(m_i) \equiv (m_i + K_i)(\bmod\ 26) \qquad 0 \leqslant i \leqslant k \qquad (5.2)$$

可以得出密文

$$C = (C_0, C_1, \cdots, C_{k-1})$$

比较式(5.2)和式(5.1)后可以看出，不可攻破的密码系统用凯撒代替法将明文变换成密文，与凯撒密码系统不同的是，不可攻破的密码系统还具有以下重要特征：密钥 K $=(K_0, K_1, \cdots, K_{k-1})$ 是一个随机序列，密钥只能使用一次，而且密钥序列长度等于明文的长度，即 $|K|=|M|$，例如，明文是：

I love you.

其数字等价形式为

8，11，14，21，4，24，14，20，

也就是 $M=$ (8, 11, 14, 21, 4, 24, 14, 20), $n=8$。

假设随机密钥序列为

$$K = (5, 13, 1, 0, 7, 2, 20, 16)$$

根据公式（5.3）可以得出密文

$$C = (13, 24, 15, 21, 11, 0, 8, 10,)$$

或者等价地，

$$C = (N, Y, P, V, W, A, I, K,)$$

如果知道密钥序列 K，就可以很容易地将其密文 C 还原成明文。

但是，当在不知道密钥序列 K 时，仅知道密文 C 不可能推断出明文 M，在上面的例子中，可能的密钥序列共有 26^8 个，这是一个很大的数字，通常 K 远大于 8，这时 26^k 可能是一个天文数字。如果采用密钥穷尽搜索的方法，显然工作量非常大，而且在所有的可能中会有一部分生成有意义的信息，它们作为明文的可能性是相同的，只知道密文是无法判断哪一个是真正的明文。因此当获悉密文后，丝毫也不能增加破译的可能性，这个就是不可攻破密码系统在理论上不可破的原因，我们就不再对此进行严格的理论证明了。

理论上不可攻破密码系统只有这一种，但是在实际应用中，这种系统却受到很大的限制，首先，分发和存储这样大的随机密钥序列（它和明文信息等长），确保密钥的安全是很困难的；其次如何生成真正的随机序列也是一个现实问题。因此，人们转而寻求实际上不可攻破的密码系统。

所谓实际上不可攻破的密码系统，是指它们在理论上虽然是可以攻破的，但是真正要攻破它们，所需要的计算资源如计算机时间和容量超出了实际上的可能性。例如要攻破某个密码系统需要耗费计算机机时 200 年，这个密码系统实际上非常安全。

5.2.3 密码分析

衡量一个密码系统的保密功能，是一项非常困难的任务，其中涉及到的因素很多。大体上密码分析者掌握关于密码系统知识越多，对密码系统构成的威胁就越大。密码分析者对密码系统的攻击能力可以分类如下：

(1) 唯密文攻击。密码分析者有一些消息的密文，这些消息都用同一算法加密。密码分析者的任务是恢复尽可能多的明文，或者最好能推算出加密消息的密钥来，以便可采用相同的密钥解出其他被加密的消息。

已知：$C_1 = E_K (M_1)$，$C_2 = E_K (M_2)$，$\cdots$，$C_i = E_K (M_i)$

推导出：M_1，M_2，…，M_i；K 或者找出一个算法从 $C_{i+1}=E_K$（M_{i+1}）推导出 M_{i+1}。

（2）选择明文攻击。密码分析者不仅可以得到一些消息的密文，而且也知道这些消息的明文。分析者的任务是用加密消息推出用来加密的密钥或者推导出一个算法，用此算法可以对用同一密钥加密的任何新的消息进行解密。

已知：M_1，$C_1=E_k$（M_1），M_2，$C_2=E_k$（M_2），…，M_i，$C_i=E_k$（M_i）

推导出：密钥 K，或者从 $C_{i+1}=E_k$（M_{i+1}）推导出 M_{i+1} 的算法。

（3）选择明文攻击。分析者不仅可以得到一些消息的密文和相应的明文，而且他们也可以选择被加密的明文。这个比已知明文攻击更有效，因为密码分析者能选择特定的明文块去加密，那些块可能产生更多关于密钥的信息，分析者的任务是推出用来加密消息的密钥或者导出一个算法，此算法可以对同一密钥加密的任何新的消息进行解密。

已知：M_1，$C_1=E_k$（M_1），M_2，$C_2=E_k$（M_2），…，M_i，$C_i=E_k$（M_i），其中 M_1，M_2，…，M_i 可由密码分析者选择。

推导出：密钥 K，或者从 $C_{i+1}=E_k$（M_{i+1}）推导出 M_{i+1} 的算法。

（4）自适应选择明文攻击。这是选择明文攻击的特殊情况，密码分析者不仅能够选择被加密的明文，而且也能基于以前加密的结果修正这个选择。在选择明文攻击中，密码分析者还可以选择一大块被加密的明文。而自适应选择密文攻击中，可以选择较小的明文块，然后在基于第一块的结果选择另一块明文，依次类推。

（5）密码分析者可以像合法用户那样发送加密信息。

（6）密码分析者可以改变，截取或重新发送信息。

我们在设计密码系统时候，至少要能够使它经受住（1）攻击的考验，同时还要经受住密码分析者（除密钥外），掌握密码系统的加密和解密算法的攻击。这一条早在1883年柯克霍夫斯（A. Kerchoffs）在其名著《军事密码学》中就建立的一个重要原则：密码系统中的算法即使为密码分析者所知，也应该无助于用来推导出明文和密钥。这一原则已经被后人广泛接受，取名为柯克霍夫斯原则，并成为密码系统设计的重要原则之一。

迄今，还没有一种完善的评价密码系统保护性能的理论。目前，我们一般根据一个密码系统抵抗现有密码分析手段的能力对它进行评判。

5.3 传统密码技术

上节我们讨论了现代密码学，本节我们将对传统的密码学的典型方法进行简要的论述和总结，使读者对密码学的全貌有一个完整的印象，理解现代密码学产生的背景，为今后比较传统密码学和现代密码学，研究和改进现代密码系统的途径打下基础。

5.3.1 换位密码

换位密码根据一定的规则重新安排明文字母，使之成为密文。常用的换位密码有两种：一种是列换位密码，另一种是周期换位密码。下面给出两个例子，分别说明它们的工作情况。

例 1 假定有一个密钥是 type 的列换位密码，我们把明文 can you believe her 写成 4 行 4 列矩阵，如表 5.1 所示。

表 5.1

密钥	type
顺序	3 4 2 1
	c a n y
	o u b e
	l i e v
	e h e r

按照密钥 type 所确定的顺序，按列写出该矩阵中的字母，就得出密文：

YEVRNBEEAUIHCOLE

例 2 假设有一个周期是 4 的换位密码，其密钥是 $i=1,2,3,4$ 的一个置换 $f(i)=3,4,2,1$。明文同上例，加密时先将明文分组，每组 4 个字母，然后根据密钥所规定的顺序变换如下：

明文：M=c a n y o u b e l i e v e h e r

密文：C=N Y A C B E U O E V I L E R H E

5.3.2 代替密码

代替密码就是明文中每一个字符被替换成密文中的另一个字符，接收者对密文进行逆替换就恢复出明文来。在经典的密码学中，有几种类型的代替密码：

1. 简单代替密码

简单代替密码就是明文的一个字符用相应的一个密文字符代替。报纸中的密报就是简单的代替密码。在以前提到的凯撒密码，也是简单代替密码的一个著名的例子。

2. 同音代替密码

在同音代替中，一个明文字母表的字母 a，可以变换为若干个密文字母 $f(a)$，称为同音字母，因此，从明文到密文的映射 f 的形式是 $f: A \rightarrow 2^c$，其中 A, C 分别为明文和密文的字母表。

例 3 假定一个同音代替密码的密钥是一段短文，该文及其其中各个单词的编号，如下所示：

(1) canada's large land mass and

(6) scattered population make efficient communication

(11) a necessity. Extensive railway, road

(16) and other transportation systems, as

(21) well as telephone, telegraph, and

(26) cable networks, have helped to

(31) link communities and have played

(36) a vital part in the

(41) country's development for future

在上表中，每一个单词的首字母都和一个数字对应，例如字母 C 与数字 1，10，26，32，41 对应；字母 M 和数字 4，8 对应等，加密时可以用与字母对应的任何一个数字代替字母，例如，如果明文为 I love her forever 的密文可能是

39 2 17 37 9 28 9 14 43 17 14 13 37 13 14

3. 多表替代密码

大多数多表代替密码是周期代替密码，当周期为 1 时，就是单表代替密码。多表代

替密码的种类很多，这里只介绍其中 Vigenere 密码和游动钥密码。

在 Vigenere 密码中，用户钥是一个有限序列 $k=(k_1, k_2, k_3, \cdots k_d)$，我们可以通过周期性（周期为 d）将 k 扩展为无限序列，得到工作钥

$$K = (K_1, K_2, K_3, \cdots)$$

其中

$$K_i = K(i \bmod d), 1 \leqslant i < \infty$$

如果我们用 Φ 和 θ 分别表示密文和明文字母，则 Vigenere 密码的变换公式为

$$\Phi \equiv (\theta + k_1)(\bmod n)$$

例 4 在用户钥为 cat 的 Vigenere 密码（周期为 3）中，加密明文 Vigenere cipher 的过程如下（$n=26$）

明　文	$M=$vig	ene	rec	iph	er
工作钥	$K=$cat	cat	cat	cat	ca
密　文	$C=$XIZ	GNX	TEV	KPA	GR

在这个例子中，每个三字母组中的第一个、第二个和第三个字母分别移动（$\bmod 26$）2 个、0 个和 19 个位置。

游码钥密码是一种非周期性的 Vigenere 密码，它的密钥和明文信息一样长，而且不重复。

例 5 假定一个游动钥密码的密钥是美国 1776 年 7 月 4 日发布的独立宣言，从第一段开始，因此，明文 the object of…

明文：	$M=$t h e o b j e c t o f…
密钥：	$K=$w h e n I n t h e c o…
密文：	$C=$P O I B J W X J X Q T…

4. 多字母组代替密码

字符块成组被加密，这里介绍一种第一次世界大战使用过的二字母组代替密码（Playfair 密码），它的密钥是有 25 个英文字母（J 被除去）组成的五阶方阵，如表 5.2 所示。

每一对明文字母 m_1 和 m_2，都根据以下 5 条规则进行加密：

（1）若 m_1 和 m_2 在密钥方阵中的同一行，则密文字母 C_1 和 C_2 分别是 m_1 和 m_2 右边字母（第一行看做在第五行的下边）。

（2）若 m_1 和 m_2 在同一列，则 C_1 和 C_2 分别是 m_1 和 m_2 右边的字母（第一行看做为第五行的下边）。

（3）若 m_1 和 m_2 在密钥方阵中的不同行和列，密文字母 C_1 和 C_2 分别是以 m_1 和 m_2 为顶点组成的长方形中的另两个顶点，其中 C_1 和 m_1、C_2 和 m_2 分别在同一行。

（4）若 $m_1=m_2$，则在 m_1 和 m_2 之间插进一个无效字母，例如 x。

（5）若明文信息共有奇数个字母，则在明文末尾附加一个无效字母。

表 5.2　Playfair 密码的密钥方阵

H	A	R	P	S
I	C	O	D	B
E	F	G	K	L
M	N	Q	T	U
V	W	X	Y	Z

例 6 用 Playfair 密码加密明文 bookstore，我们有

明文　$M=$ bo　　xo　　ks　　to　　re

密文　$C=$ ID　　RG　　LP　　QD　　HG

5.3.3　转轮机

20 世纪 20 年代，人们就发明机械加密设备用来自动处理加密，大多数是基于转轮的概念，机械转轮用线连起来完成通常的密码代替。

轮转机有一个键盘和一系列转轮，每个转轮是字母的任意组合，有 26 个位置，并且完成一种简单代替。例如，一个转轮可能被用线连起来以完成用 K 代替 A，用 W 代替 D，用 L 代替 T 等，而且转轮的输出栓连接到相邻的输入栓。

例如，有一个密码机，有 4 个转轮，第一个转轮可能用 G 代替 B，第二个转轮可能用 N 代替 G，第三个转轮可能用 S 代替 N，第四个转轮可能用 C 代替 S，C 应该是输出密文。当转轮移动后，下一次代替将不同。为使机器更加安全，可以把几种转轮和移动的齿轮结合起来。因为所有的转轮以不同的速度移动，n 个转轮的机器周期为 26^n。为进一步阻止密码分析，有些转轮机在每个转轮上还有不同的位置号。

5.4　流密码与分组密码

流密码的基本思想是：

(1) 首先利用密钥 K 产生一个密钥流。

(2) 然后使用如下规则对明文串 $x=x_0 x_1 \cdots$ 加密：

$$y = y_0 y_1 y_2 \cdots = E_{Z_0}(x_0) E_{Z_1}(x_1) E_{Z_2}(x_2) \cdots$$

密钥流由密钥流发生器 f 产生：$Z_i = f(K, \sigma_i)$，这里 σ_i 是加密器中记忆元件（存储器）在时刻 i 的状态，f 由密钥 K 和 σ_i 产生函数。

分组密码和流密码的区别就是在于记忆性（如图 5.2 所示），流密码的流动密钥 $Z_0 = f(K, \sigma_0)$ 由函数 f、密码 K 和指定的初态 σ_0 完全确定。此后，由于输入加密器的明文可能影响加密器中内部记忆元件的存储状态，因而 $\sigma_i (i>0)$ 可能依赖于 $K, \sigma_0, x_0, x_1,$ $\cdots, x_{i-1}$ 等参数。而分组密码只依赖于系统的初始状态，没有存储状态，与系统的中间状态无关。

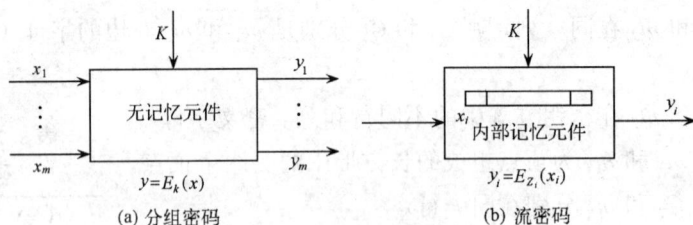

图 5.2　分组密码与流密码的比较

5.4.1　流密码

1. 同步流密码

本节重点介绍一下常用的流密码。根据流密码加密器中记忆元件的存储状态 σ_i 是否依赖于输入的明文字符,流密码可以进一步分成同步和自同步流密码两种。σ_i 独立于明文字符的叫做同步流密码,否则叫做自同步流密码。由于自同步流密码的密钥流的产生与明文有关,因此比较难以从理论上分析和讨论,所以目前大多数研究成果都是集中于同步流密码的。在同步流密码中,由于 $Z_i = f(K, \sigma_i)$ 与明文字符无关,从而得出密文字符 $y_i = E_{Z_i}(x_i)$ 也不依赖于此前的明文字符。因此可以将同步流密码的加密器分成密钥流产生器和加密变换器两个部分。如果与上述加密变换对应的解密变换为 $x_i = D_{Z_i}(y_i)$,则我们可以给出同步流密码的模型,如图 5.3 所示。

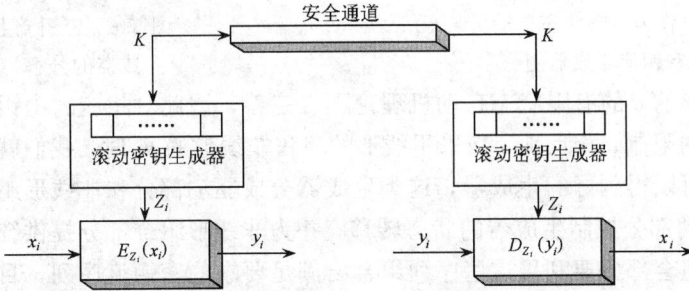

图 5.3　同步流密码体制模型

同步流密码的加密变换 E_{Z_i} 可以有很多种选择,只要保证变换是可逆的就可以了。而且在实际使用的数字保密通信系统中一般采用二元系统,因此在有限域 GF(2) 上讨论的二元加法流密码是目前最受欢迎的同步流密码系统,它的加密变换可以表示为:$y_i = Z_i + x_i$,如图 5.4 所示。

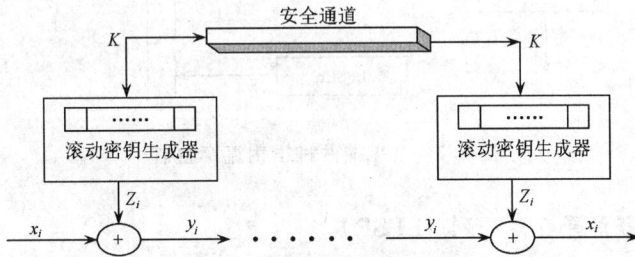

图 5.4　加法流密码体制模型

不可攻破密码是加法流密码的原型。事实上,如果 $Z_i = K_i$(即密钥用做滚动密码流),则加法流密码就退化成一次一密密码。实际使用中,密码设计者希望设计出一个滚动密钥生成器,使得密钥 K 经其扩展成的密钥流序列 Z_i 具有以下性质:极大的周期、良好的统计特性、抗线形分析和抗统计分析。

2. 密钥流产生器

同步流密码的关键是密钥产生器,一般可将它看成一个参数为 K 的有限状态自动机(如图 5.5 所示),由一个输出符号集 Z、一个状态集 $\sum$、两个函数 φ 和 Ψ 以及一个初始状态 σ_0 组成,状态转移函数为 $\varphi: \sigma_i \rightarrow \sigma_{i+1}$,将当前状态 σ_i 变成一个新状态 σ_{i+1},输出函数 $\Psi: \sigma_i \rightarrow Z_i$ 当前状态 σ_i 变为输出符号集中的一个元素 Z_i,这种密钥流生成器设计的关键在于找出适当的状态转移函数 φ 和输出函数 Ψ,使得输出序列 Z 满足密钥流序列 Z 应该满足的几个条件,并且要求在设备上是节约的和容易实现的,为了实现这一目标,必须采用非线形函数。

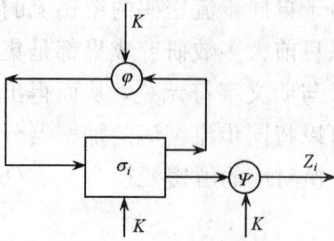

图 5.5　作为有限状态自动机
的密钥流生成器图

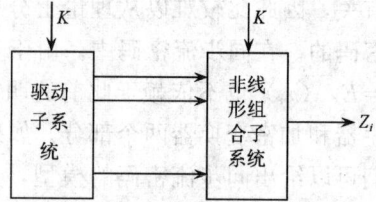

图 5.6　密钥流生
成器的分解

具有非线形的 φ 的有限状态自动机理论不太完善，因此对相应的密钥流分析器的分析工作有极大的限制。相反地，当采用线形的 φ 和非线形的 Ψ 时，我们就可以进行深入的分析，同时可以得到好的生成器，这类生成器分成驱动部分和非线形组合部分（如图 5.6 所示）。驱动部分控制生成器的状态转移，并为非线形组合部分提供统计性能好的序列，而非线形组合部分要利用这些序列组合出满足要求的密钥流序列，目前最为流行的和实用的密钥流产生器如图 5.7 所示，其驱动部分是一个或者多个线形反馈移位寄存器（LFSR）。

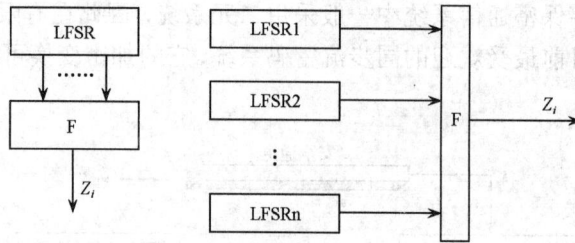

图 5.7　常见的两种密钥流产生器

3. 线形反馈移位寄存器序列（LFSR）

LFSR 因其实现简单，速度快，有较为成熟的理论等优点而成为构造密钥流生成器的最重要的部件之一，设 $GF(q)$ 为 q 元有限域，$GF(q)$ 上一个 n 级 LFSR 由 n 个 q 元存储器与若干个 $GF(q)$ 上的乘法器和加法器连接而成（如图 5.8 所示，当 $q=2$ 时，不需要乘法器），每一个存储器称为 LFSR 的一级，初始状态由用户自行确定，当第 i 个移位时钟脉冲到来之时，LFSR 的状态由 $a_i, a_{i+1}, \cdots, a_{i+n-1}$ 变为 $a_{i+1}, a_{i+2}, \cdots, a_{i+n}$，并输出 a_i 作为序列 a 的一位，补入 LFSR 的最右边一级的 a_{i+n} 的值由下列线形递归关系式，或者叫反馈函数来决定。

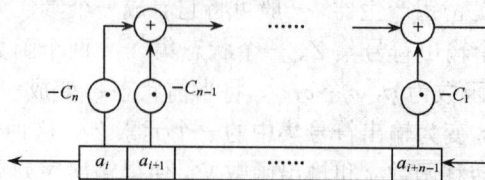

图 5.8　$GF(q)$ 上一个 n 级反馈移位寄存器

$$a_{j+n} = - \sum_{j=1}^{n} c_j a_{j+n-1}, \quad j \geqslant 0$$

设 D 为 LFSR 延迟算子，则 $D a_i = a_{i-1}$，$i \geqslant 1$，因而 $f(D) a_i = 0$，$i \geqslant n$，这里

$$f(D) = c_0 + c_1 D + \cdots + c_n D^n, \quad c_0 = 1$$

称为 LFSR 的反馈多项式，如果用未定元 x 取代 D，则得

$$f(x) = c_0 + c_1 x + \cdots + c_{n-1} x^{n-1} + x^n$$

称为 LFSR 的连接多项式。

4. 周期序列

用 s 表示无限序列 $s_0, s_1, \cdots$，s^N 表示有限序列 $s_0, s_1, \cdots, s_{N-1}$，假如存在一个正整数 n，使得 $s_{i+n} = s_i$，$i = 0, 1, 2, \cdots$，则称序列 s 为周期序列，满足上式的这个正整数 n 称为序列 s 的周期，其中最小的一个称为最小周期，如果 s 满足

$$s_j + c_1 s_{j-1} + c_2 s_{j-2} + \cdots + c_L s_{j-L} = 0 \quad (j \geqslant L)$$

其中，L 是正整数，$c_1, c_2, c_3, \cdots, c_L$ 在 $GF(p^m)$ 中，则称 s 是一个 L 阶线形递归序列，满足上式的最小的正整数 L，称为该递归序列 s 的线形复杂度，记为 $c(s)$。

对于序列 s 和 s^N，它们的生成函数(也称形式幂级数)定义为

$$s(x) = s_0 + s_1 x + \cdots + s_n x^n + \cdots = \sum_{i=0}^{\infty} s_i x^i$$

和

$$s^N(x) = s_0 + s_1 x + \cdots + s_{N-1} x^{N-1}$$

如果 s 是周期序列，周期为 N，s^N 是它的第一个周期，则

$$s(x) = s^N(x)(1 + x^N + x^{2N} + \cdots) = \frac{s^N(x)}{1 - x^N}$$

从而 $s(x)$ 可以表示成

$$s(x) = \frac{s^N(x)/\gcd(s^N(x), 1-x^N)}{(1-x^N)\gcd(s^N(x), 1-x^N)} = \frac{g(x)}{f_s(x)}$$

这里 $f_s(x) = (1-x^N)/\gcd(s^N(x), 1-x^N)$，$g(x) = s^N(x)/\gcd(s^N(x), 1-x^N)$。

显然，$g(x)/f_s(x)$ 是既约的，$\deg g(x) < \deg f_s(x)$，$f_s(x)$ 为 s 的极小多项式，$\deg f_s(x) = c(s)$ 为 s 的线形复杂度。

5. B-M 综合算法

假设 $a^N = a_0 a_1 \cdots a_{N-1}$ 是一个有限序列，$f(x) = 1 + c_1 x + \cdots + c_{l-1} x^{l-1}$ 是一个多项式，用 $(f(x), l)$ 表示以 $f(x)$ 为反馈多项式的 l 级线形反馈移位寄存器，如果 a^N 满足线形递归关系式：

$$a_k = - \sum_{i=1}^{l} c_l a_{k-i}, \quad k \geqslant l$$

则称 $(f(x), l)$ 产生 a^N。

对于一个给定长为 N 的序列，求产生它的最短线形反馈移位寄存器，B-M 综合算法能够有效地解决线形移位反馈寄存器的综合问题，从而使序列的线形复杂度成为同步流

密码强度的一个重要度量指标。该算法递归地求出一系列线形反馈移位寄存器，$(f_n(x),$ $l_n)$，$n=1$，2，$\cdots$，N，使得每个$(f_n(x),l_n)$都产生序列 $a^n=a_0a_1\cdots a_{n-1}$ 的最短线形移位寄存器，具体算法如下：

B-M 综合算法

设 n_0 是一个满足 $a_0=a_1=a_2=\cdots=a_{n_0-1}=0$，$a_{n_0}\neq 0$ 的非负整数

初始值：$\quad d_0=d_1=d_2=\cdots=d_{n_0-1}=0, d_{n_0}=a_{n_0}$,

$$f_0(x)=f_1(x)=\cdots=f_{n_0}(x)=1,$$

$$l_1=l_2=\cdots=l_{n_0}=0$$

(1) $n_0=N$ 停止；否则，$(f_{n_0+1}(x), l_{n_0+1})=(1-d_{n_0}x^{n_0+1}, n_0+1)$，$n=n_0+1$ 转向 (2)。

(2) $n=N$ 停止，否则，$d_n=f_n(E)a_n$，转向 (3)。

(3) $d_n=0$，$n\leftarrow n+1$，$f_n(x)=f_{n-1}(x)$，$l_n=l_{n-1}$，转向 (2)；否则 $n\leftarrow n+1$，找出 $m(1\leq m<n-1)$，使得 $l_m<l_{m+1}=l_{m+2}=\cdots=l_{n-1}$，取 $f_n(x)=f_{n-1}(x)-d_{m-1}d_m^{-1}x^{n-1-m}$ $f_m(x)$，$l_n=\max\{l_{n-1}, n-l_{n-1}\}$，转向 (2)。

如此算出的 $(f_N(x), l_N)$ 即是一个产生 a^N 的最短线形反馈移位寄存器。

产生一个序列的最短线形反馈移位寄存器一般不是惟一的，惟一的和充分的必要条件是 $2l_N\leq N$，因而，对于周期为 N 的序列，由 B-M 算法算出的 $(f_{2N}(x), l_{2N})$ 即是产生此周期序列的惟一最短线形反馈移位寄存器。

5.4.2 分组密码概述

单钥分组密码是许多密码系统的系统安全的一个重要组成部分，用分组密码易于构造伪随机数发生器、流密码、消息认证码（MAC）和杂凑函数等，还可进而成为消息认证技术、数据完整性机制、实体认证协议以及单钥数字签字体制的核心组成部分。

分组密码是将明文消息编码表示后的数字序列 x_0, x_1, $\cdots$, x_i, $\cdots$ 划分成长为 n 的组 $x=(x_0, x_1, \cdots, x_{n-1})$，长为 n 的各组向量分别在密钥 $K=(k_0, k_1, \cdots, k_{i-1})$ 控制下变换成等长的输出数字序列 $y=(y_0, y_1, \cdots, y_{m-1})$（长为 m 的向量），其加密函数 E：$V_n\times K\rightarrow V_m$，$V_n$ 和 V_m 分别是 n 维和 m 维向量空间，K 为密钥空间，如图 5.9 所示。

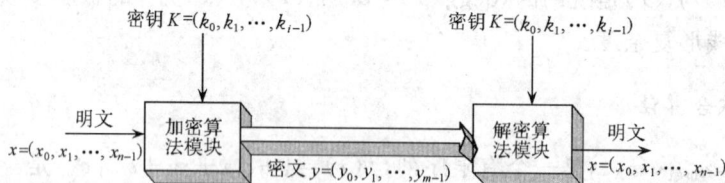

图 5.9　分组密码框图

分组密码与流密码不同之处在于输出的每一位数字不是只与相应时刻输入的明文数字有关，而是与一组长为 n 的明文数字有关，因此在相同密钥下，分组密码对长为 n 的输入明文组所实施的函数功能变换是类似的，因此只需要研究对任一组明文数字的变换过程和规则。这种密码实质上是字长为 n 的数字序列的代换密码。

一般取 $m=n$，如果 $m>n$，则为有数据扩展的分组密码，若 $m<n$，则为有数据压缩

的分组密码。在二元情况下，x 和 y 均为二元数字序列，它们的每个分量 x_i，$y_i \in$ GF(2)。我们将主要讨论二元情况，设计的算法应满足下列条件：

（1）分组长度 n 要足够大，使得分组代换字母表中的元素个数 2^n 足够大，防止明文穷举攻击法奏效。

（2）由密钥确定置换的算法要足够复杂，充分实现明文与密钥的扩散和混淆，没有简单的关系可循，能抗击各种已知的攻击。

（3）密钥量要足够大，也就是置换子集中的元素要足够多，尽可能消除弱密钥并使所有密钥同样好，以防止密钥穷举攻击奏效，但密钥又不能过长，以便于密钥的管理。

（4）加密和解密运算简单，易于软件和硬件高速实现。

（5）一般无数据扩展，在采用同态置换和随机化加密技术时可以引入数据扩展。

（6）差错传播尽可能地小。

但是要实现上述几点要求并不容易，不仅要在理论上研究有效而可靠的设计方法，而后要进行严格的安全性检验，并且要易于实现。

在分组密码中，DES 是迄今为止世界上最为广泛使用和流行的算法，关于 DES，请见第 6 章。

5.5 小　结

本章我们首先介绍一下密码学的起源和发展以及它的应用，密码学是伴随着现代科学以及实践发展的实际需要而发展起来的，并且它正得到越来越广泛的应用。然后我们简要介绍一下密码学的基础及组成部分，一次一密系统的基本原理和密码分析，这是密码学系统最基本的基础，也是深入了解密码学的前提知识。随后我们回顾了传统密码学的知识，这是传统密码学发展中的精粹，包括换位密码和代替密码以及它们的实现工具——转轮机。最后我们着重介绍了两种基本的密码系统——流密码和分组密码，其中详细介绍了同步流密码，它是流密码中的代表，关于分组密码应用很广泛，在此我们仅仅介绍它的基本概念和要求，在下一章我们将详细介绍 DES（数字加密标准）。

习　题

1. 请简述密码学在计算机网络安全的重要作用。
2. 假定有一个密钥，其顺序为 2，4，3，1 的列换位密码，则明文 can you understand 的换位密码密文是什么？设其密钥是 $i = 1$，2，3，4 的一个置换 $f(i) = 1$，3，4，2，明文同上，则其周期为 4 的换位密文是什么？
3. 请利用 Playfair 密码加密明文 computation。
4. 流密码与分组密码的区别是什么？各有什么优缺点？
5. 请利用编程工具实现同步流密码的 B-M 综合算法。

参 考 文 献

卢开澄. 1998. 计算机密码学. 北京：清华大学出版社

卿斯汉. 2001. 密码学与计算机网络安全. 北京：清华大学出版社

杨波. 2002. 网络安全理论与应用. 北京：电子工业出版社

Bruce Schneier，1996. Applied Cryptography-Protocols. Algorithms and Source Code in C. Inc. Second Edition. John Wiley & Sons

Deavours C A. Jul 1980. The Black Chamber：A Column：How the British Broke Enigma. Cryptologia，4(3)：129—132

Deavours C A Kruh L. 1985. Machine Crytography and Modern Cryptanalysis. Norwood M A. Artech House

Diffie W，Hellman M E. Mar 1979. Privacy and Authentication：An Introduction to Cryptography. Proceedings of the IEEE，67(3)：397—427

第6章 对称密码体系

6.1 对称密码体系的原理

密码学一直发展到现在，经历了很多阶段，有很多种算法和应用协议，但是我们一般可以将它们分为两类：对称型密码体系（或单钥密码体系）和非对称型密码系统（或双钥密码系统），我们称前者为传统密码系统，我们称后者为公开密码系统。在图 6.1 中，我们给出了两者的信息流程图，由此可以看出，两种系统的结构有着本质的不同。

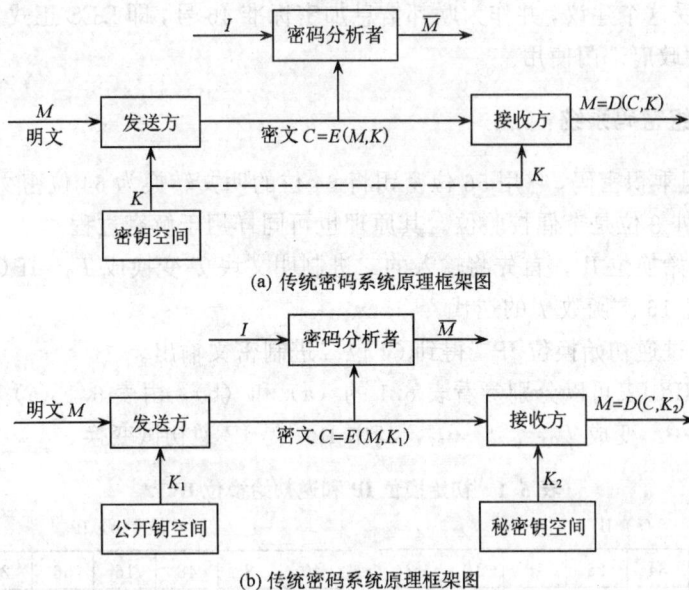

(a) 传统密码系统原理框架图

(b) 传统密码系统原理框架图

图 6.1 两种密码系统的原理框架图

在图 6.1 中，M 表示明文；C 表示密文；E 表示加密算法；D 表示解密算法；K，K_1，K_2 表示密钥；$\overline{M}$ 表示密码分析员对 M 的分析和猜测。I 表示密码分析员进行密码分析时掌握的其他有关信息，此外，虚线表示安全信道。

传统密码系统的特点是：加密和解密时所用的密钥是相同的或者是类似的，即由加密密钥可以很容易地推导得出解密密钥，反之亦然。正因为如此，我们常称传统密码系统为单钥密码系统或者对称型密码系统。同时在一个密码系统中，我们不能假定加密算法和解密算法是保密的，因此密钥必须保密。然而发送信息的通道往往是不可靠的或者不安全的，所以在传统的密码系统中，必须用不同于发送信息的另外一个安全信道来发送密钥。但是这个安全信道不一定真的安全。

而与此相反，公开钥密码系统却具有不同的特点和优点：加密密钥和解密密钥在本质上和算法上是不同的，也就是说，知道其中一个密钥，不能够有效地推导出另一个密钥，当然我们指有效算法为快速算法，即多项式时间算法。所以，公开钥密码系统常常称为双钥密码系统或者是非对称密码系统。同时不需要分发密钥的额外信道，因此可以公开加密钥，这样做无损于整个系统的保密性，需要保密的仅仅是解密钥。

本章我们重点讨论的是单钥密码系统，我们将介绍 DES（数据加密标准）、IDEA（国际数据加密算法）等算法，同时介绍 AES（高级加密标准）。对于第二种密码系统，公开密钥系统将放在下一章讲述。

6.2　DES

1973 年，美国国家标准局 NBS 在认识到建立数据保护标准的需要的情况下，开始征集联邦数据加密标准的方案，1975 年 3 月 17 日，NBS 公布了 IBM 公司提供的密码算法，以标准建议的形式在全国范围内征求意见。经过两年多的公开讨论之后，1977 年 7 月 15 号 NBS 宣布接受这个建议，并作为联邦信息加密标准 46 号，即 DES 正式颁布，供民用、商业和非国防性政府部门使用。

6.2.1　DES 分组密码系统

DES 是分组乘积密码，它用 56 位密钥将 64 位的明文转换为 64 位密文，其中密钥总长为 64 位，另外 8 位是奇偶校验位。其原理也可同样用于解密过程。

(1) 通过初始换位 IP，首先将输入的二进制明文块 T 变换成 $T_0 = \mathrm{IP}(T)$。

(2) T_0 经过 16 次函数 f 的迭代。

(3) 最后通过逆初始换位 IP^{-1} 得到 64 位二进制密文输出。

换位 IP 和 IP^{-1} 表可以分别参看表 6.1 的 (a) 和 (b)，由表 6.1 (a) 可知，初始换位 IP 将 $T = t_1 t_2 \cdots t_{64}$ 变成 $T_0 = t_{58} t_{50} \cdots t_7$，其中 IP^{-1} 是 IP 逆初试变换。

表 6.1　初始换位 IP 和逆初始换位 IP^{-1}

(a) IP

58	50	42	34	26	18	10	2
60	52	44	36	28	20	12	4
62	54	46	38	30	22	14	6
64	56	48	40	32	24	16	8
57	49	41	33	25	17	9	1
59	51	43	35	27	19	11	3
61	53	45	37	29	21	13	5
63	55	47	39	31	23	15	7

(b) IP^{-1}

40	8	48	16	56	24	64	32
39	4	47	15	55	23	63	31
38	6	46	14	54	22	62	30
37	5	45	13	53	21	61	29
36	4	44	12	52	20	60	28
35	3	43	11	51	19	59	27
34	2	42	10	50	18	58	26
33	1	41	9	49	17	57	25

结合代替和换位的函数 f 的 16 次迭代运算在最初和最终换位之间，如果 T_i 表示第 i 次迭代的结果，令 L_i 和 R_i 分别表示 T_i 的左半部分和右半部分，则 $T_i = L_i R_i$，此处

$$L_i = t_1 t_2 t_3 \cdots t_{32}$$

$$R_i = t_{33} t_{34} t_{35} \cdots t_{64}$$

两次相邻的迭代之间的关系是

$$L_i = R_{i-1}$$

$$R_i = L_{i-1} \oplus f(R_{i-1}, K_i)$$

其中⊕表示"异或"操作。K_i是下面即将介绍的 48 位子序列,DES 加密算法如图 6.2 所示,从图中我们可以看到:在最后一次迭代后,所得到的结果左、右半部就不必再进行交换运算,而是直接将 $R_{16}L_{16}$ 送到 IP^{-1} 的输入端,这样做主要是为了使加密和解密过程使用同一个 DES 算法。

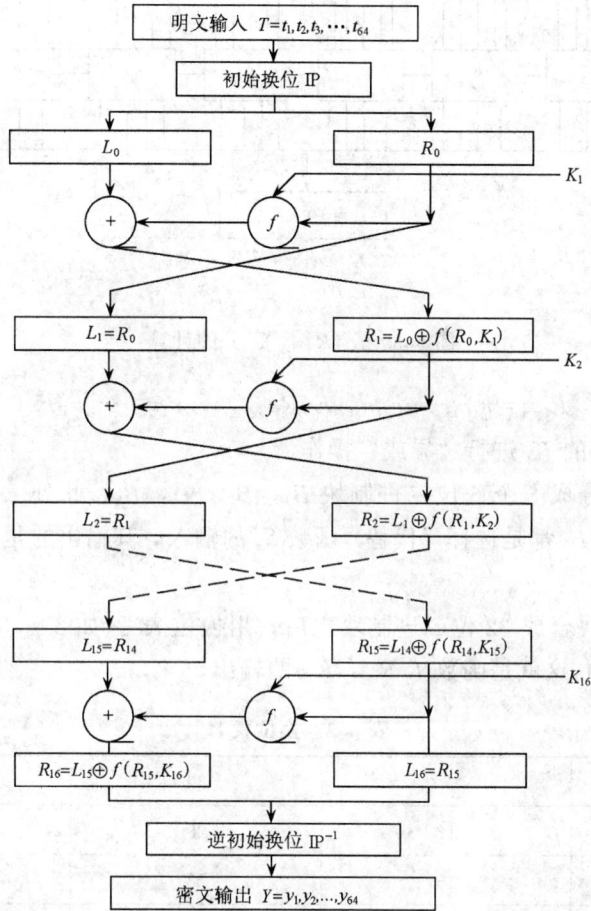

图 6.2 DES 加密算法

函数 $f(R_{i-1}, K_i)$ 的结构如图 6.3 所示。

(1) 位选择表 E 见表 6.2,将 R_{i-1} 扩展成 48 位二进制块 $E(R_{i-1})$,即

表 6.2 位选择表 E

32	1	2	3	4	5
4	5	6	7	8	9
8	9	10	11	12	13
12	13	14	15	16	17
16	17	18	19	20	21
20	21	22	23	24	25
24	25	26	27	28	29
28	29	30	31	32	1

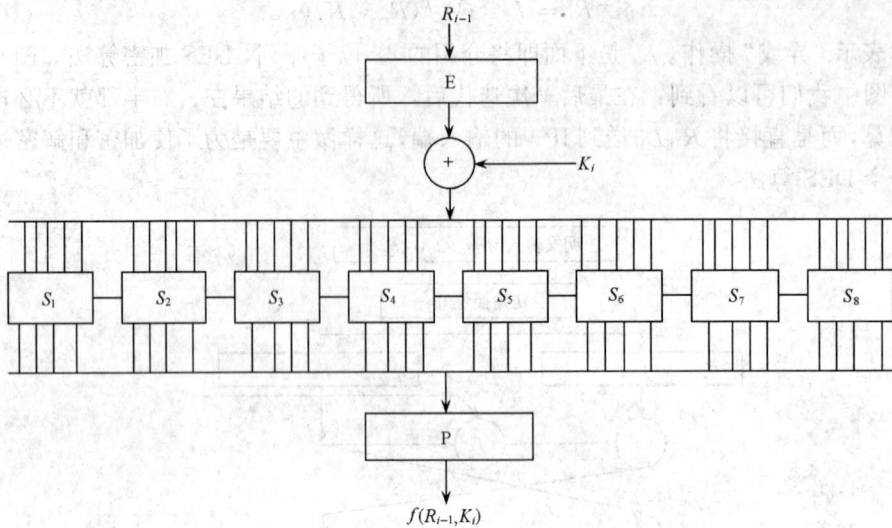

图 6.3 $f(R_{i-1}, K_i)$ 的计算

$$R_{i-1}=r_1r_2r_3\cdots r_{31}r_{32}, E(R_{i-1})=r_{32}r_1r_2\cdots r_{31}r_{32}r_1$$

（2）对 $E(R_{i-1})$ 的 K_i 进行"异或"操作。

（3）将其结果分成 8 个 6 位二进制块 B_1，B_2，…，B_8，此处 $E(R_{i-1})\oplus K_i=B_1B_2\cdots B_8$ 每个 6 位子块 B_j 都是选择（代替）函数 S_j 的输入，其输出的是一个 4 位二进制 $S_j(B_j)$。

（4）将这些子块合成 32 位二进制块之后，用换位表 P（如表 6.3 所示）将它变换成 $P(S_1(B_1)\cdots S_8(B_8))$，这就是函数 $f(R_{i-1},K_i)$ 的输出。

表 6.3 换位表 P

16	7	20	21
29	12	28	17
1	15	23	26
5	18	31	10
2	8	24	14
32	27	3	9
19	13	30	6
22	11	4	25

每个 S_j 将一个 6 位块 $B_j=b_1b_2b_3b_4b_5b_6$ 转换为一个 4 位块的规则如表 6.4 所示，与 b_1b_6 相对应的整数确定表中的行号，与 $b_2b_3b_4b_5$ 相对应的整数确定表中的列号，$S_j(B_j)$ 的值就是位于该行和该列的整数的 4 位二进制表示形式。

例如，如果 $B_6=101010$，则 $S_6(B_6)$ 的值位于表 6.4 的第二行第五列，即等于 6，因此 $S_6(B_6)$ 的输出是 0110。

表 6.4　选择（代替）函数 S_i

行数

	0	1	2	3	4	5	6	7	8	9	10	11	12	13	14	15	列数
0	14	4	13	1	2	15	11	8	3	10	6	12	5	9	0	7	
1	0	15	7	4	14	2	13	1	10	6	12	11	9	5	3	8	
2	4	1	14	8	13	6	2	11	15	12	9	7	3	10	5	0	
3	15	12	8	2	4	9	1	7	5	11	3	14	10	0	6	13	S_1
0	15	1	8	14	6	11	3	4	9	7	2	13	12	0	5	10	
1	3	13	4	7	15	2	8	14	12	0	1	10	6	9	11	5	
2	0	14	7	11	10	4	13	1	5	8	12	6	9	3	2	15	
3	13	8	10	1	3	15	4	2	11	6	7	12	0	5	14	9	S_2
0	10	0	9	14	6	3	15	5	13	1	12	7	11	4	2	8	
1	13	7	0	9	3	4	6	10	2	8	5	14	12	11	15	1	
2	13	6	4	9	8	15	3	0	11	1	2	12	5	10	14	7	
3	1	10	13	0	6	9	8	7	4	15	14	3	11	5	2	12	S_3
0	7	13	14	3	0	6	9	10	1	2	8	5	11	12	4	15	
1	13	8	11	5	6	15	0	3	4	7	2	12	1	10	14	9	
2	10	6	9	0	12	11	7	13	15	1	3	14	5	2	8	4	
3	3	15	0	6	10	1	13	8	9	4	5	11	12	7	2	14	S_4
0	2	12	4	1	7	10	11	6	8	5	3	15	13	0	14	9	
1	14	11	2	12	4	7	13	1	5	0	15	10	3	9	8	6	
2	4	2	1	11	10	13	7	8	15	9	12	5	6	3	0	14	
3	11	8	12	7	1	14	2	13	6	15	0	9	10	4	5	3	S_5
0	12	1	10	15	9	2	6	8	0	13	3	4	14	7	5	11	
1	10	15	4	2	7	12	9	5	6	1	13	14	0	11	3	8	
2	9	14	15	5	2	8	12	3	7	0	4	10	1	13	11	6	
3	4	3	2	12	9	5	15	10	11	14	1	7	6	0	8	13	S_6
0	4	11	2	14	15	0	8	13	3	12	9	7	5	10	6	1	
1	13	0	11	7	4	9	1	10	14	3	5	12	2	15	8	6	
2	1	4	11	13	12	3	7	14	10	15	6	8	0	5	9	2	
3	6	11	13	8	1	4	10	7	9	5	0	15	14	2	3	12	S_7
0	13	2	8	4	6	15	11	1	10	9	3	14	5	0	12	7	
1	1	15	13	8	10	3	7	4	12	5	6	11	0	14	9	2	
2	7	11	4	1	9	12	14	2	0	6	10	13	15	3	5	8	
3	2	1	14	7	4	10	8	13	15	12	9	0	3	5	6	11	S_8

图 6.4 说明了如何由初始密钥推导出子密钥 K_i 的过程。密钥 K 是一个 64 位的二进制数据块，其中 8 位是奇偶校验位，分别位于第 8，16，…，64 位，子密钥换位函数PC-1

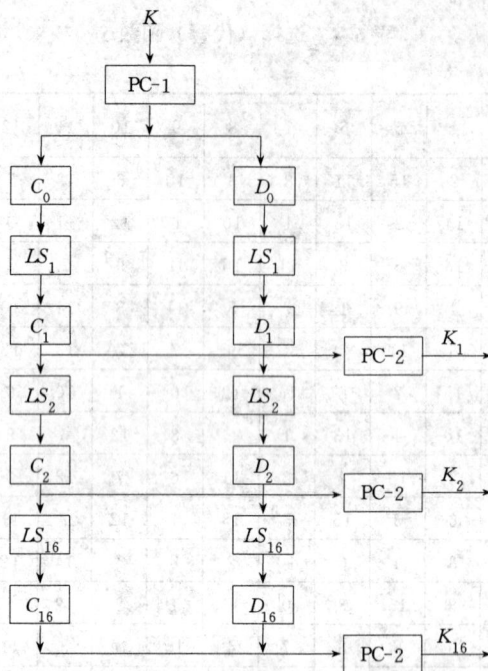

图6.4 子密钥K_i的计算

把这些奇偶校验位去掉后把剩下的 56 位数据进行换位。如表 6.5 所示，换位后的结果 PC-1（K）被分成两个半数据块 C 和 D，各含 28 位。令 C_i 和 D_i 分别表示推导 K_i 时所用的 C 和 D 的数据块值，可以由如下的变换公式：

表 6.5 子密钥换位表 PC-1

57	49	41	33	25	17	9
1	58	50	42	34	26	18
10	2	59	51	43	35	27
19	11	3	60	52	44	36
63	55	47	39	31	23	15
7	62	54	46	38	30	22
14	6	61	53	45	37	29
21	13	3	28	20	12	4

$$C_i = LS_i(C_{i-1})$$
$$D_i = LS_i(D_{i-1})$$

此处 LS_i 是循环左移位变换，其中 LS_1，LS_2，LS_9 和 LS_{16} 是循环左移 1 位变换，其余的 LS_i 是循环左移 2 位变换函数。C_0，D_0 是 C 和 D 的初始值，假如 $K = K_1 K_2 \cdots K_{63} K_{64}$，显然 $C_0 = K_{57} K_{49} \cdots K_{44} K_{36}$，$D_0 = K_{63} K_{55} \cdots K_{12} K_4$。最后，通过子密钥换位函数 PC-2（表 6.6）得出 K_i

$$K_i = \mathrm{PC\text{-}2}(C_i, D_i)$$

表 6.6　子密钥换位表 PC-2

14	17	11	24	1	5
3	28	15	6	21	10
23	19	12	4	26	8
16	7	27	20	13	2
41	52	31	37	47	55
30	40	51	45	33	48
44	49	39	56	34	53
46	42	50	36	29	32

解密算法和加密算法大体相同,只不过第一次迭代时用子密钥 K_{16},第二次迭代用的是子密钥 K_{15}……第十六次迭代用的是 K_1。这样做的原因是因为最终换位 IP^{-1} 是初始换位 IP 的逆变换,且 $R_{i-1}=L_i$,$L_{i-1}=R_i \oplus f(L_i, K_i)$。

不过要注意的是:在解密过程中只是使用子密钥的顺序颠倒了,但是算法本身并没有改变。

6.2.2　二重 DES

为了进一步提高 DES 的安全性和实用性,并且利用实现 DES 的所有软硬件,可以将 DES 算法在多密钥下多重使用,图 6.5 为二重 DES 说明。

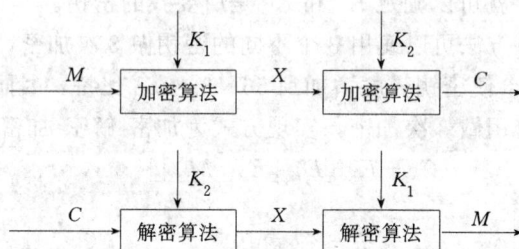

图6.5　二重DES示意图

二重 DES 是多重使用 DES 时最简单的形式,其中输入明文为 M,两个加密密钥为 K_1 和 K_2,输出密文为:$C=E_{K_2}[E_{K_1}[M]]$。解密时,以相反顺序使用两个密钥:$M=D_{K_1}[D_{K_2}[C]]$。因此,二重 DES 所使用的密钥长度可以达到 112 比特,因此强度得到极大地增加。

然而,如果对任意两个密钥 K_1 和 K_2,能够找到另一个密钥 K_3,使得 $E_{K_2}[E_{K_1}[M]]=E_{K_3}[M]$,那么,二重 DES 以及以后的多重 DES 实际上都没有意义,因为它们与 56 比特密钥的单重 DES 等价。

但是上面的假设对 DES 并不成立。可以将 DES 加密过程中 64 比特分组到 64 比特分组的映射看做一个置换。如果考虑 2^{64} 个所有可能分组,则在密钥给定后,DES 的加密只能把每个输入分组置换到一个惟一的输出分组。否则如果有两个输入分组被置换到同一分组,那么解密过程就不可能实施。对于 2^{64} 个输入分组,总映射个数为 $(2^{64})! >$

$(10^{10^{20}})$。

另一方面,对每个不同的密钥,DES 都定义了一个映射,总映射数为 $2^{56} < 10^{17}$。

可以假定用两个不同的密钥两次使用 DES,得到一个新映射,而这一个新映射不会出现等同于单重 DES 定义的映射,这一假定已于 1992 年被证明。所以使用二重 DES 映射并不简单地等价于单重 DES 加密。但是对于二重 DES 却有以下一种称为中途相遇攻击方案可以攻击它。这种攻击方案并不依赖于 DES 的任何特性,因而可以用于攻击任何分组密码。其基本思想如下:

如果有

$$C = E_{K_1}[E_{K_2}[M]]$$

那么由图 6.5 可以得出

$$X = E_{K_1}[M] = D_{K_2}[C]$$

如果已知一个明-密文对 (M, C),攻击的实施可如下进行:

(1) 用 2^{56} 个所有可能的 K_1 对 P 加密,将加密结果存入一表并对表按 X 排序。

(2) 然后用 2^{56} 个所有可能的 K_2 对 C 解密,在上述表中查找与 C 解密结果相匹配的项。

(3) 如果找到,则记下相应的 K_1 和 K_2。

(4) 然后再用新的明-密文对 (M', C') 检验上面找到的 K_1 和 K_2,用 K_1 和 K_2 对 M' 两次加密。

(5) 若结果等于 C',就可以确定 K_1 和 K_2 是所要找的密钥。

抵抗中途攻击的一种方法可以使用 3 个不同的密钥做 3 次加密,使已知明文攻击的代价增加到 2^{112},同时又会使密钥长度增加到 $56 \times 3 = 168$ 比特,因而过于笨重,一种实用的方法是仅使用两个密钥做 3 次加密,实现方式为加密-解密-加密,如图 6.6 所示。

$$C = E_{K_1}[D_{K_2}[E_{K_1}[M]]]$$

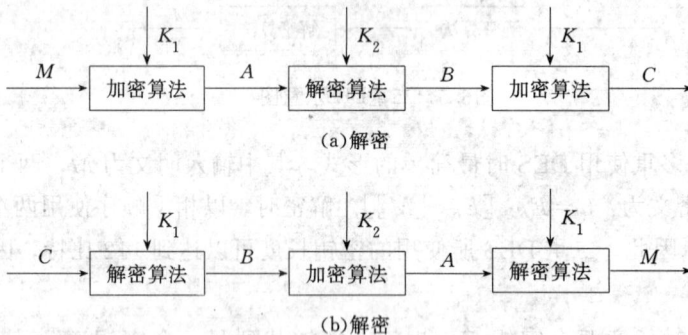

图6.6　两个密钥的三重DES

第二步解密的目的是使得用户可对一重 DES 加密的数据解密。此方案已在密钥管理标准 ANSX.17 和 ISO 8732 中被采用。

6.2.3　对 DES 应用的不足点讨论

现在全球已有许多关于 DES 的成熟软件和硬件产品,以及以 DES 为基础的各种新的密码系统，其中 DEC 公司（Digital Equipment Corporation）开发出来的 DES 芯片速度最快，其加密和解密速度可高达 1Gbit/s。

但是，DES 的保密性究竟如何呢？早在 DES 被正式接受之前，围绕着对 DES 的评价问题就展开了热烈的讨论，至今仍然是个热点，目前主要针对 DES 的批评集中在以下几个方面，随着科技的发展，DES 的缺点越来越多。

1. 56 位的 DES 的密钥长度对于当前的计算速度来说太小

W. Diffie 和 M. E. Hellman 在 1979 年的时候就认为，56 位的密钥长度不够，因为可以通过造价约 2000 万美元的并行密钥穷尽搜索专用机，用一天左右的时间计算得到密钥，从而破译 DES。1981 年，Diffie 更正了估计，认为这种专用机造价约为 5000 万美元，破译 DES 的时间需要两天。NBS 的意见是：在 1990 年以前还是无法制造出用一两天时间尝试 $2^{56} \approx 7 \times 10^{16}$ 个密钥的机器，同时造价也太高了，一般承受不起。但是，人们不得不承认，密钥长度不够，无论如何是对 DES 的一个潜在的危险，例如 1998 年，电子边界基金会（EFF）动用了一台价值 25 万美元的高速电脑，在 56 个小时内利用穷尽搜索的方法破译了 56 位密钥长度的 DES。

2. DES 的迭代函数的 16 次运算次数可能太少

在 DES 中，迭代的次数控制着因换位而产生扩散量的随机性因此如果 DES 迭代的次数不够，一个输出位就会只依赖于少数几个输入位，从而不可能造成随机分布量。A. Konheim 指出，8 次迭代之后，密文本质上是，每一个明文位是每一个密文位的随机函数，那么为什么要迭代 16 次而不是 8 次呢？

1990 年，E. Bihan 和 A. Shamir 发明了差分分析方法，是对分组密码进行密码分析的最佳手段之一，他们运用差分分析方法证明，通过已知明文的攻击，任何少于 16 次迭代的 DES 算法都可以用比穷举法更有效的方法破译。因此，DES 算法选取迭代次数 16 是适宜的，恰好能够抵抗差分分析方法的攻击。这不禁引起人们的怀疑，这是偶然的巧合吗？似乎不是，IBM 公司的 D. Coppersmith 在一份内部报告中说："IBM 设计小组早在 1974 年就掌握了这种差分分析方法的攻击的原因，因此在设计 S 盒（即替代函数）和换位变换时考虑上述破译手段，这就是为什么 DES 能够抵抗差分分析方法攻击的原因，我们不希望外界掌握这一强有力的密码分析方法，因此这些年我们一直保持沉默。现在既然已经公开这一技术，我们认为是将这段历史公诸于众的时候了。"

3. S 盒中可能存在着不安全的因素

Hellman 等人曾对在 S 盒中是否存在密码分析的捷径问题提出质疑，他们认为：S 盒设计标准应当公布，以便公开讨论 S 盒的安全性。

4. DES 的一些关键部分不应当保密

美国国家安全局 NSA 告诫 DES 的设计者，代替和换位变换等的设计标准是"敏感"的，并且要求 IBM 公司不要公布这些信息和数据。很显然，这是不符合我们上一章提出的柯克霍夫斯的密码设计原则。除此之外，批评者还指出，不公布这些数据，会使设计者在密码分析方面占有优势，不能使人信服 IBM 和 NSA 关于 DES 是安全的一般结论。

6.3　IDEA 等其他算法介绍

1990 年，瑞士联邦技术学院的 X. J. Lai 和 J. L. Massey 提出第一版 IDEA（国际数据加密算法），当时称为 PES（建议加密标准）。1991 年，在 Biham 和 Shamir 提出差分密码分析之后，设计者提出了改进算法 IPES，即改进型建议加密标准。直到 1992 年，设计者又将 IPES 改名为 IDEA。这个方案是近年来提出各种分组密码中非常成功的方案，并且在 PGP 中采用。

6.3.1　设计原理

IDEA 算法中明文和密文分组长度都是 64 比特，但是密钥长采取 128 比特。其设计原理可从密码强度和实现两个方面考虑。

1. 密码强度

算法的强度是通过有效的混淆和扩散特性从而得以保证其不被轻易攻破。

IDEA 中的混淆方法主要是通过使用以下运算而获得，3 种运算都有两个 16 比特的输入和一个 16 比特的输出。①逐比特异或，表示为 $\oplus$。②模 2^{16}（即 65536）整数加法，表示为【+】，其输入和输出作为 16 位无符号整数处理。③模 $2^{16}+1$（即 65537）整数乘法，表示为【*】，其输入和输出除 16 位全为 0 作为 2^{16} 处理外，其余都作为 16 位无符号整数处理。

例如：0000000000000000【*】1000000000000000＝1000000000000001

这是因为 $2^{16} \times 2^{15} \bmod (2^{16}+1) = 2^{15}+1$。

在表 6.7 中给出了操作数为 2 比特长时 3 种运算的运算表，但要注意在下面的几种意义下，3 种运算是不兼容的。

(1) 3 个运算中任意两个都不满足分配律，例如，

$$a【+】(b【*】c) \neq (a【+】b)【*】(a【+】c)$$

(2) 3 个运算中任意两个都不满足结合律，例如，

$$a【+】(b \oplus c) \neq (a【+】b) \oplus c$$

3 种运算结合使用可对算法的输入提供复杂的变换功能，从而使得对 IDEA 的密码分析比对使用异或运算的 DES 更为困难。算法中扩散功能是由称为乘加结构（MA）（见图 6.7）的基本单元模块实现的，该结构的输入是 16 比特的子段和两个 16 比特子密钥，输出也为两个 16 比特的子段。这一结构在算法中重复使用了 8 次，获得了非常有效的扩散效果。

表 6.7　IDEA 中的 3 种运算（操作数为 2 比特长）

X		Y		X【+】Y		X【*】Y		X⊕Y	
0	00	0	00	0	00	1	01	0	00
0	00	1	01	1	01	0	00	1	01
0	00	2	10	2	10	3	11	2	10
0	00	3	11	3	11	2	10	3	11
1	01	0	00	1	01	0	00	1	01
1	01	1	01	2	10	1	01	0	00
1	01	2	10	3	11	2	10	3	11
1	01	3	11	0	00	3	11	2	10
2	10	0	00	2	10	3	11	2	10
2	10	1	01	3	11	2	10	3	11
2	10	2	10	0	00	0	00	0	00
2	10	3	11	1	01	1	01	1	01
3	11	0	00	3	11	2	10	3	11
3	11	1	01	0	00	3	11	2	10
3	11	2	10	1	01	1	01	1	01
3	11	3	11	2	10	0	00	0	00

2. 实现

IDEA 可以很容易地通过软件和硬件实现，所以得到广泛的应用。

(1) 软件实现：软件实现采用 16 比特子段处理，可以通过使用容易编程的加法、移位等运算来实现算法中的三个基本运算。

(2) 硬件：由于加、解密处理过程相似，差别仅为使用密钥的方式不同，因此可以用同一器件实现加、解密功能。而且，算法中规则的模块结构，也可以很方便地用 VLSI 来实现。

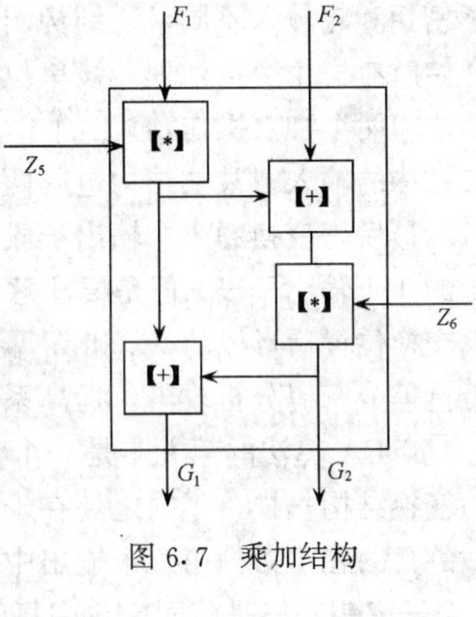

图 6.7　乘加结构

6.3.2　加密过程

加密过程如图 6.8 所示。由连续的 8 轮迭代功能和一个输出变换函数组成，算法将 64 比特的明文分组分成 4 个 16 比特的子段作为输入，输出也为 4 个 16 比特的子段，链接起来后便形成了 64 比特的密文分组块，每轮迭代还需要使用 6 个 16 比特的子密钥，最后的输出变换也需要使用 4 个 16 比特的子密钥，所以子密钥的总数为 52，图 6.8 的右部分表示由初始的 128 比特密钥产生 52 个子密钥的子密钥产生器原理图。

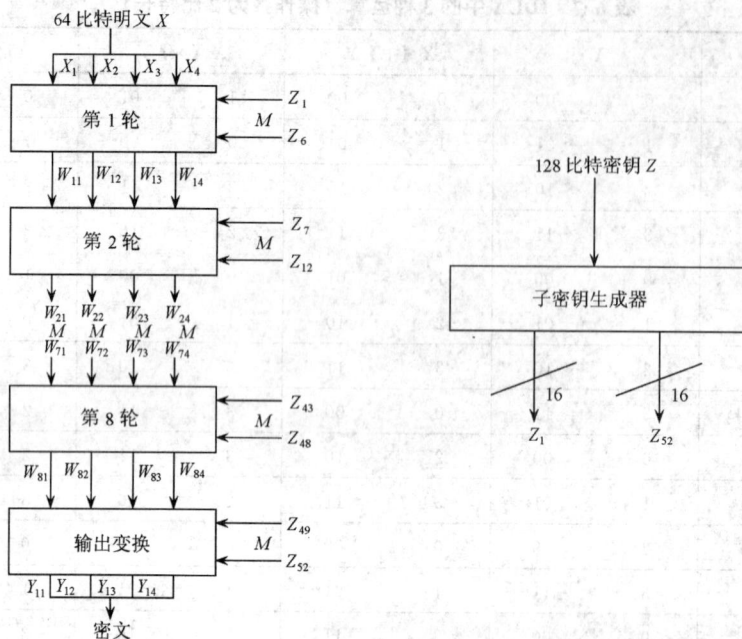

图 6.8　IDEA 的加密框图

1. 轮结构

图 6.9 是 IDEA 第一轮的结构示意图,以后各轮结构也都是这种原理结构,但所用的子密钥和轮输入不同。从结构图 6.9 上可见,IDEA 不是传统的 Feistel 密钥结构。每轮开始时有一个变换处理,该单位的输入是 4 个子段和 4 个子密钥,变换中的运算是两个乘法和两个加法操作,输出的 4 个子段经过异或运算形成了两个 16 比特的子段后作为乘加结构的输入。乘加结构也有两个输入的子密钥,输出是两个 16 比特的子段数据。

最后,变换的 4 个输出子段和乘加结构的两个输出子段数据经过异或运算产生这一轮的 4 个输出子段。但是要注意,由 X_2 产生的输出子段数据和由 X_3 产生的输出子段数据交换位置后形成的 W_{12} 和 W_{13},其目的在于进一步增加混淆的功能效果。使得算法更易抵抗差分密码分析攻击,提高系统的安全性。

IDEA 算法的第九步是一个输出变换功能,如图 6.10 所示。它的结构和每一轮开始的变换结构一样,不同之处在于输出变换的第二个和第三个输入首先交换了位置,这样做的目的在于撤消第八个输出中两个子段的交换。但是还需要注意,第九步处理中仅需 4 个子密钥,但是前面 8 轮中每轮处理都需要 6 个子密钥。

2. 子密钥的产生

加密过程中所用到的 52 个 16 比特的子密钥是由 128 比特的加密密钥按如下处理产生的:前 8 个子密钥 Z_1, Z_2, $\cdots$, Z_8 是直接从加密密钥中获得,即 Z_1 取前 16 比特(最高有效位),Z_2 取下面的 16 比特,等等。然后加密密钥循环左移 25 位以后,再取下面 8 个子密钥 Z_9, Z_{10}, $\cdots$, Z_{16},取法和 Z_1, Z_2, $\cdots$, Z_8 的取法处理过程相同。这一过程重复下去,直到 52 子密钥都被产生才结束。

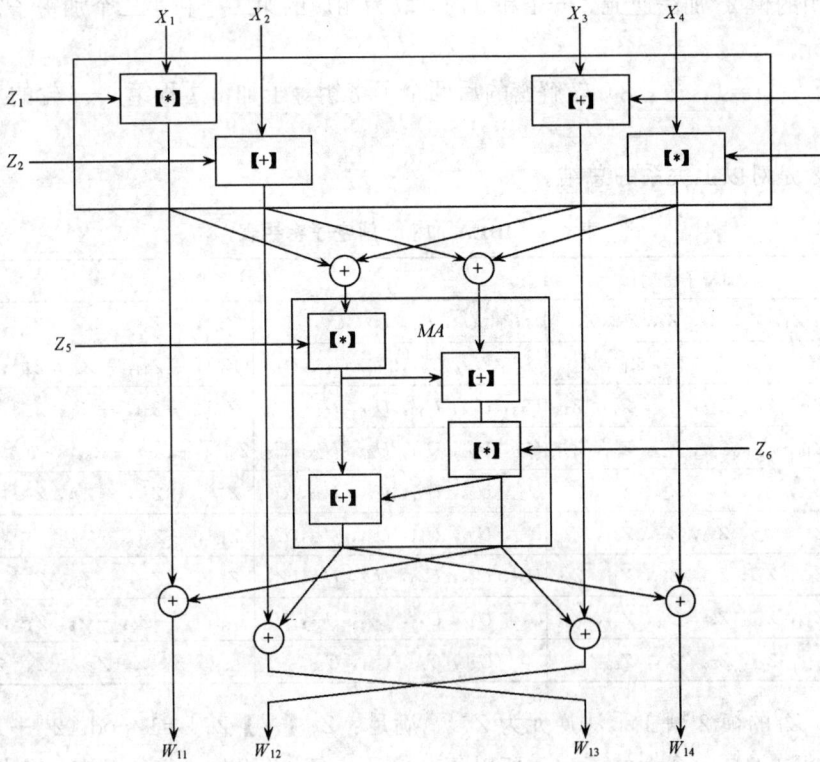

图 6.9 IDEA 第一轮的结构示意图

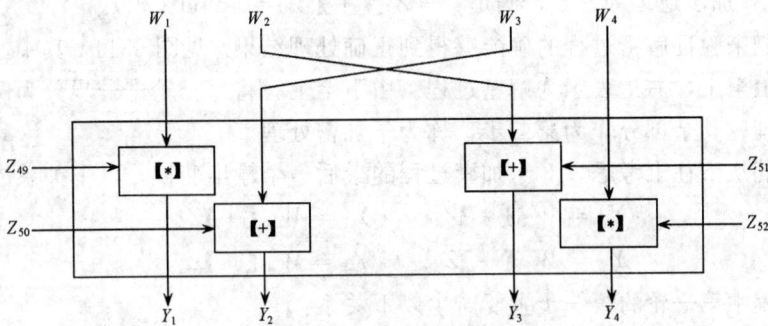

图 6.10 IDEA 的输出变换

3. 解密过程

解密过程和加密过程基本做法相同,差别在于子密钥的选取不同。解密子密钥 U_1, U_2, $\cdots$, U_{52} 是由加密子密钥按如下方式得到的(将加密过程最后一步的输出变换当做第九轮):

(1)第 i($i=1$,$\cdots$,9)轮解密的前 4 个子密钥由加密过程第 $10-i$ 轮的前 4 个子密钥得出,第一和第四个解密子密钥取为相应的第一和第四加密子密钥的模 $2^{16}+1$ 乘法逆元;第二和第三个子密钥的取法为:当轮数 $i=2$,$\cdots$,8 时,取为相应的第三个和第二个

加密子密钥的模 2^{16} 加法逆元。$i=1$ 和 9 时，取为相应的第二个和第三个加密子密钥的模 2^{16} 加法逆元。

（2）第 i（$i=1$，…，8）轮解密的后两个子密钥等于加密过程第 $9-i$ 轮的后两个子密钥。

表 6.8 是对以上关系的总结。

表 6.8　IDEA 加密，解密子密钥表

轮数	加密子密钥	解密子密钥	
1	Z_1, Z_2, Z_3, Z_4, Z_5, Z_6	U_1, U_2, U_3, U_4, U_5, U_6	Z_{49}^{-1}, $-Z_{50}$, $-Z_{51}$, Z_{52}^{-1}, Z_{47}, Z_{48}
2	Z_7, Z_8, Z_9, Z_{10}, Z_{11}, Z_{12}	U_7, U_8, U_9, U_{10}, U_{11}, U_{12}	Z_{43}^{-1}, $-Z_{45}$, $-Z_{44}$, Z_{46}^{-1}, Z_{41}, Z_{42}
3	Z_{13}, Z_{14}, Z_{15}, Z_{16}, Z_{17}, Z_{18}	U_{13}, U_{14}, U_{15}, U_{16}, U_{17}, U_{18}	Z_{37}^{-1}, $-Z_{39}$, $-Z_{38}$, Z_{40}^{-1}, Z_{35}, Z_{36}
4	Z_{19}, Z_{20}, Z_{21}, Z_{22}, Z_{23}, Z_{24}	U_{19}, U_{20}, U_{21}, U_{22}, U_{23}, U_{24}	Z_{31}^{-1}, $-Z_{33}$, $-Z_{32}$, $-Z_{34}^{-1}$, Z_{29}, Z_{30}
5	Z_{25}, Z_{26}, Z_{27}, Z_{28}, Z_{29}, Z_{30}	U_{25}, U_{26}, U_{27}, U_{28}, U_{29}, U_{30}	Z_{25}^{-1}, $-Z_{27}$, $-Z_{26}$, Z_{28}^{-1}, Z_{23}, Z_{24}
6	Z_{31}, Z_{32}, Z_{33}, Z_{34}, Z_{35}, Z_{36}	U_{31}, U_{32}, U_{33}, U_{34}, U_{35}, U_{36}	Z_{19}^{-1}, $-Z_{21}$, $-Z_{20}$, Z_{22}^{-1}, Z_{17}, Z_{18}
7	Z_{37}, Z_{38}, Z_{39}, Z_{40}, Z_{41}, Z_{42}	U_{37}, U_{38}, U_{39}, U_{40}, U_{41}, Z_{42}	Z_{13}^{-1}, $-Z_{15}$, $-Z_{14}$, Z_{16}^{-1}, Z_{11}, Z_{12}
8	Z_{43}, Z_{44}, Z_{45}, Z_{46}, Z_{47}, Z_{48}	U_{43}, U_{44}, U_{45}, U_{46}, U_{47}, U_{48}	Z_7^{-1}, $-Z_9$, $-Z_8$, Z_{10}^{-1}, Z_5, Z_6
输出变换	Z_{49}, Z_{50}, Z_{51}, Z_{52}	U_{49}, U_{50}, U_{51}, U_{52}	Z_1^{-1}, $-Z_2$, $-Z_3$, Z_4^{-1}

这里，Z_j 的模 $2^{16}+1$ 乘法逆元为 Z_j^{-1}，满足：Z_j【 * 】$Z_j^{-1}=1 \bmod (2^{16}+1)$。

因为 $2^{16}+1$ 是一个大的素数，所以每一个不大于 2^{16} 的非 0 整数都有一个惟一的模 $2^{16}+1$ 乘法逆元。

Z_j 的模 2^{16} 加法逆远为 $-Z_j$，满足：$-Z_j$【 + 】$Z_j=0 \bmod (2^{16})$。

下面我们来验证解密过程的确能够得到正确处理结果。见图 6.11，其中左边表示加密过程，由上至下，右边表示为解密过程。由下至上，将每一轮进一步分为两步，第一步是变换处理，其余部分作为第二步，称为子加密处理。

现在我们从下往上考虑。对于加密过程的最后一个输出变换，以下关系成立：

$$Y_1 = W_{81}【 * 】Z_{49} \qquad Y_2 = W_{83}【 + 】Z_{50}$$
$$Y_3 = W_{82}【 + 】Z_{51} \qquad Y_4 = W_{84}【 * 】Z_{52}$$

解密过程中第一轮的第一步主要产生以下关系：

$$J_{11} = Y_1【 * 】U_1 \qquad J_{12} = Y_2【 + 】U_2$$
$$J_{13} = Y_3【 + 】U_3 \qquad J_{14} = Y_4【 * 】U_4$$

将解密子密钥用加密子密钥表达并将 Y_1，Y_2，Y_3，Y_4 代入以下关系，可以得到

$$J_{11} = Y_1【 * 】Z_{49}^{-1} = W_{81}【 * 】Z_{49}【 * 】Z_{49}^{-1} = W_{81}$$
$$J_{12} = Y_2【 + 】Z_{50}^{-1} = W_{83}【 + 】Z_{50}【 + 】Z_{50}^{-1} = W_{83}$$
$$J_{13} = Y_3【 + 】Z_{51}^{-1} = W_{82}【 + 】Z_{51}【 + 】Z_{51}^{-1} = W_{82}$$
$$J_{14} = Y_4【 * 】Z_{52}^{-1} = W_{84}【 * 】Z_{52}【 * 】Z_{52}^{-1} = W_{84}$$

可见解密过程第一轮第一步的输出等于加密过程最后一步输入中第二个子段和第三个子段交换后的值。从图 6.9 中我们可以得出以下关系：

$$W_{81} = I_{81} \oplus MA_R(I_{81} \oplus I_{83}, I_{82} \oplus I_{84})$$

$$W_{82} = I_{83} \oplus MA_R(I_{81} \oplus I_{83}, I_{82} \oplus I_{84})$$
$$W_{83} = I_{82} \oplus MA_L(I_{81} \oplus I_{83}, I_{82} \oplus I_{84})$$
$$W_{84} = I_{84} \oplus MA_L(I_{81} \oplus I_{83}, I_{82} \oplus I_{84})$$

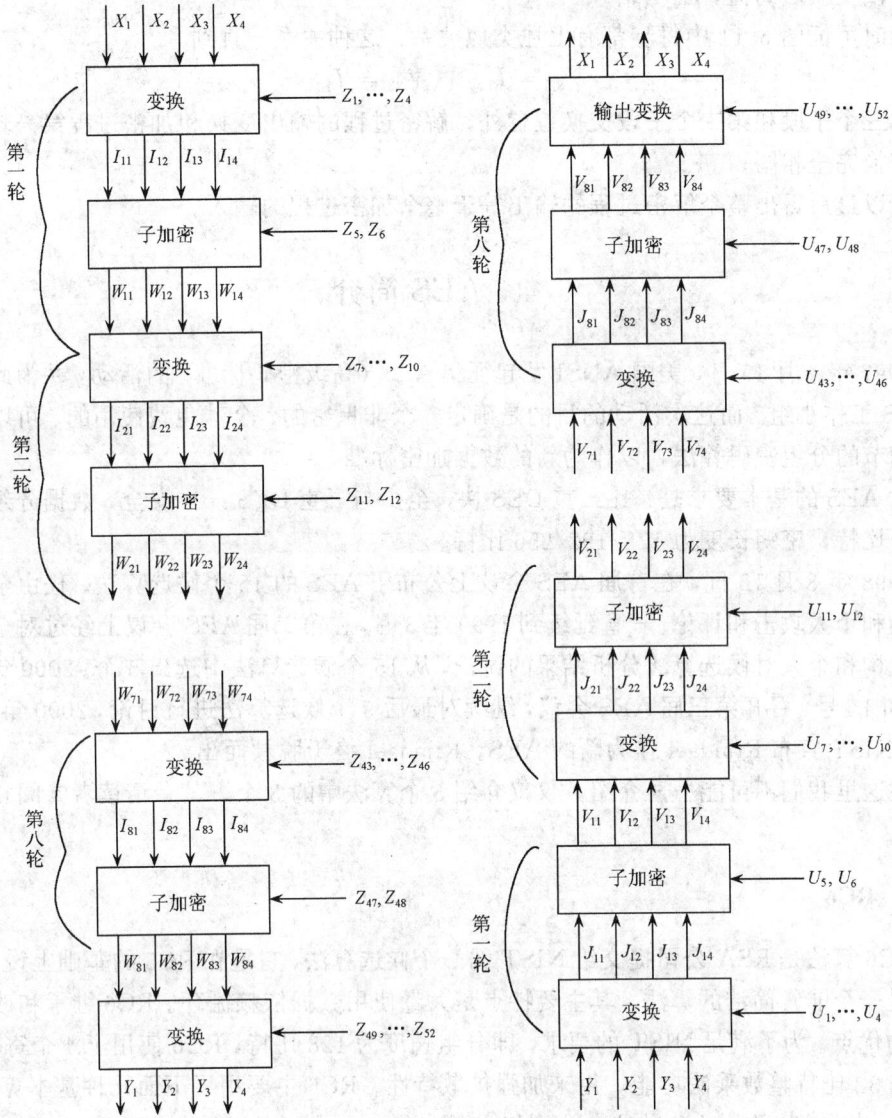

图 6.11 IDEA 加密于解密框图

其中 $MA_R(X, Y)$ 为乘加结构输入为 X 和 Y 时的右边输出，$MA_L(X, Y)$ 是左边输出，则

$$V_{11} = J_{11} \oplus MA_R(J_{11} \oplus J_{13}, J_{12} \oplus J_{14}) = W_{81} \oplus MA_R(W_{81} \oplus W_{82}, W_{83} \oplus W_{84})$$
$$= I_{81} \oplus MA_R(I_{81} \oplus I_{83}, I_{82} \oplus I_{84}) \oplus MA_R[I_{81} \oplus MA_R(I_{81} \oplus I_{83}, I_{82} \oplus I_{84})$$
$$\oplus I_{83} MA_R(I_{81} \oplus I_{83}, I_{82} \oplus I_{84}), I_{82} \oplus MA_L(I_{81} \oplus I_{83}, I_{82} \oplus I_{84}) \oplus I_{84}$$
$$\oplus MA_L(I_{81} \oplus I_{83}, I_{82} \oplus I_{84})]$$
$$= I_{81} \oplus MA_R(I_{81} \oplus I_{83}, I_{82} \oplus I_{84}) \oplus MA_R(I_{81} \oplus I_{83}, I_{82} \oplus I_{84}) = I_{81}$$

同理，可得到

$$V_{12} = I_{83} \qquad V_{13} = I_{82} \qquad V_{14} = I_{84}$$

所以解密处理过程第一轮第二步的输出等于加密过程倒数第二步输入中第二个子段和第三个子段交换后的值，证明结束。

同时可证图 6.11 中每步都有上述类似关系，这种关系一直到

$$V_{81} = I_{11} \qquad V_{82} = I_{13} \qquad V_{83} = I_{12} \qquad V_{84} = I_{14}$$

即除第三个子段和第二个子段交换位置外，解密过程的输出变换和加密过程第一轮第一步的变换完全相同。

所以最后得出整个解密过程的输出等于整个加密过程的输入。

6.4　AES 简介

1997 年 4 月 15 日，美国 ANSI 发起征集 AES（高级密码标准）的活动，并为此成立了 AES 工作小组。而这次活动的目的是确定一个非保密的、全球免费使用的、可以公开技术细节的分组密码算法，以作为新的数据加密标准。

对 AES 的基本要求是：比三重 DES 快，至少与三重 DES 一样安全，数据分组长度为 128 比特，密钥长度为 128/192/256 比特。

1998 年 8 月 12 日，在首届 AES 会议上公布了 AES 的 15 个候选算法，任由全世界各机构和个人攻击和评论。一直延续到 1999 年 3 月，在第二届 AES 会议上经过对全球各密码机构和个人对候选算法分析结果的讨论，从 15 个候选算法中选出 5 个。2000 年 4 月 13 号和 14 号，召开第三届 AES 会议，继续对最后 5 个候选算法进行讨论，2000 年 10 月 2 日，NIST 宣布 Rijndael 作为新的 AES。Rijndael 终于脱颖而出。

在这里我们不可能一一介绍，仅仅介绍 5 个算法中的 3 个，其余请读者参阅相关资料。

6.4.1　RC6

RC6 算法是 RSA 公司提交给 NIST 的一个候选算法，它是在 RC5 的基础上设计的，RC5 是一个非常简洁的算法，其主要特点是大量使用数据依赖循环。RC6 继承和改进了 RC5 的优点。为了满足 NIST 的要求，即分组长度为 128 比特，RC6 使用了 4 个寄存器，并加进 32 比特整数乘法功能，用来加强扩散特性。RC6 主要用了下面几种基本算法：

（1）模 2^w 整数加法和减法，分别规定了＋和－。

（2）比特字的逐位模 2 加，表示为 $\oplus$。

（3）模 2^w 整数乘，表示为 ×。

（4）左循环移位 ROL(X，n)，将 X 循环左移 n；右循环移位 ROR(X，n)，将 X 循环右移 n。

1. RC6 的加密过程

将 128 比特明文放入 4 个 32 比特的寄存器 A，B，C，D 之中。

$\quad$ B＝B＋S[0]；

```
        D=D+S[1];
    for i=1 to r do {
        t=ROL(B×（2B+1），log₂w);
        u=ROL(D×（2D+1），log₂w);
        A=ROL(A⊕t，u)+S[2i];
        C=ROL(C⊕u，T)+S[2i+1];
        (A，B，C，D)=（B，C，D，A）
                }
        A=A+S[2r+2];
        C=C+S[2r+3];
```

其中 S 为密钥，由下列的密钥产生。以上过程结束后，（A，B，C，D）就是密文。

2. RC6 的解密过程

将 128 比特密文放进 4 个 32 比特寄存器 A，B，C，D 之中。

```
        C=C-S[2r+3];
        A=A-S[2r+2];
    for i=r downto 1 do {
        (A，B，C，D)=（D，A，B，C）;
        u=ROL（D×(2D+1)，log₂w);
        t=ROL（B×(2B+1)，log₂w);
        C=ROR（C-S[2i+1]，t）⊕u;
        A=ROR（A-S[2i]，u）⊕t;
                }
        D=D-S[1];
        B=B-S[0];
```

（A，B，C，D）即为明文。

3. RC6 的密钥编排方案

RC6 的密钥编排方案和 RC5 的密钥扩展方案非常相似。在 RC6 的密钥编排中用到了两个常数 P_{32} 和 Q_{32}，$P_{32}=B7E15163$（十六进制），$Q_{32}=9ES779B9$（十六进制）。首先，将种子密钥 K 输入 c 个 w 比特字的 $L[0]$，$L[1]$，…，$L[c-1]$ 阵列，如果不够，用 0 字节填充，其中 c 为 $8b/w$ 的整数部分。

```
        S[0]=Pw;
        for i=1 to 2r+3 do
        S[i]=S[i-1]+Q;
        A=B=i=j=0;
        v=3×max {c，2r+4};
        for s=1 to v do {
        A=S[i]=ROL（S[i]+A+B，3);
```

$$B = L \ [j] \ = ROL(L[j] + A + B, \ A + B);$$
$$i = (i+1) \ mod \ (2r+4);$$
$$j = (j+1) \ mod \ \cdots c$$
$$\}$$

输出结果 S [0]，S [1]，…，S [2r+3] 就是子密钥。

6.4.2 SERPENT

SERPENT 主要采用了和 DES 类似的 S 盒功能，不过它采用了一种新的结构，此结构保证 SERPENT 的雪崩效应和快速实现，同时设计者已经证明 SERPENT 能抵抗已知的所有攻击，并声称 SERPENT 比三重 DES 更安全。SERPENT 的分组长度为 128 比特，种子密钥为 128/192/256 比特。

1. SERPENT 的加密过程

SERPENT 的加密过程是由 3 个部分组成：①初始置换。②32 轮的加密操作，每一轮包含密钥混合运算、S 盒及线性变换。③末尾置换。

128 比特的明文 P，首先必须经过初始置换，然后在 33 个子密钥（K_0，K_1，…，K_{32}）控制下经过 32 轮加密，最后经过末尾置换，即得密文 C。

（1）初始置换 IP（表 6.9）。

表 6.9　初始置换

0	32	64	96	1	33	65	97	2	34	66	98	3	35	67	99
4	36	68	100	5	37	69	101	6	38	70	102	7	39	71	103
8	40	72	104	9	41	73	105	10	42	74	106	11	43	75	107
12	44	76	108	13	45	77	109	14	46	78	110	15	47	79	111
16	48	80	112	17	49	81	113	18	50	82	114	19	51	83	115
20	52	84	116	21	53	85	117	22	54	86	118	23	55	87	119
24	56	88	120	25	57	89	121	26	58	90	122	27	59	91	123
28	60	92	124	29	61	93	125	30	62	94	126	31	63	95	127

（2）32 轮的加密操作过程。

首先令 $B_0 = IP(P)$ 为第一轮的输入变换过程，F_i 表示第 $i+1$ 轮的加密函数，B_1 为第 i 轮的输出，则 32 轮的加密操作可用下列函数式表示：

$$B_0 = IP(P);$$
$$B_{i+1} = F_i(B_i);$$
$$C = FP(B_{32});$$

这里 $F_i \ (B_i) = L \ (\overline{S_i} \ (B_i \oplus K_i))$，$i = 0, 1, \cdots, 30$，$F_{31} \ (B_{31}) = \overline{S_{31}} \ (B_{31} \oplus K_{31}) \ \oplus K_{32}$；$\overline{S_i}$ 是 32 个 S_j 盒的并置，即 $\overline{S_i} = (S_j S_j, \cdots, S_j)$，其中 $j = i \ mod \ 8$。

SERPENT 使用了 8 个 F_2^4 上的 S 盒，如表 6.10 所示。

表 6.10 8 个 $\mathbf{F}_2^4$ 上的 S 盒

S_0	3	8	15	1	10	6	5	11	14	13	4	2	7	0	9	12
S_1	15	12	2	7	9	0	5	10	1	11	14	8	6	13	3	4
S_2	8	6	7	9	3	12	10	15	13	1	14	4	0	11	5	2
S_3	0	15	11	8	12	9	6	3	13	1	2	4	10	7	5	14
S_4	1	15	8	3	12	0	11	6	2	5	4	10	9	14	7	13
S_5	15	5	2	11	4	10	9	12	0	3	14	8	13	6	7	1
S_6	7	2	12	5	8	4	6	11	14	9	1	15	13	3	10	0
S_7	1	13	15	0	14	8	2	11	7	4	12	10	9	3	5	6

线性变换 L 如下定义(这里的线性是指对每个字而言,即对每个字做线性变换),设 $(X_0, X_1, X_2, X_3) = \overline{S}_i(B_i \oplus K_i)$,置

$$X_0 = \mathrm{ROL}(X_0, 13);$$
$$X_2 = \mathrm{ROL}(X_2, 3);$$
$$X_1 = X_1 \oplus X_0 \oplus X_2;$$
$$X_3 = X_3 \oplus X_2 \oplus (X_0 \ll 3);$$
$$X_1 = \mathrm{ROL}(X_1, 1);$$
$$X_3 = \mathrm{ROL}(X_3, 7);$$
$$X_0 = X_0 \oplus X_1 \oplus X_3;$$
$$X_2 = X_2 \oplus X_3 \oplus (X_1 \ll 7);$$
$$X_0 = \mathrm{ROL}(X_0, 5);$$
$$X_2 = \mathrm{ROL}(X_2, 22);$$
$$B_{i+1} = (X_0, X_1, X_2, X_3),$$

其中,$\ll$ 表示左移位操作。

(3) 末尾置换 FP=IP^{-1}。

2. SERPENT 的解密过程

解密过程处理实际上是加密过程处理的逆过程。

3. SERPENT 的密钥编排方案

我们首先要把种子密钥 K 填充为 256 比特,并且表示为 8 个 32 比特的字 $w_{-8}, \cdots,$ w_{-1},然后利用以下递归函数式来计算

$$w_i = \mathrm{ROL}(w_{i-8} \oplus w_{i-5} \oplus w_{i-3} \oplus w_{i-1} \oplus \Phi \oplus i, 11)$$

可以得到 132 个 32 比特的字 $w_0, \cdots, w_{131}$。最后利用 S 盒处理获得子密钥:

$$K_0 = \overline{S}_3(w_0, w_1, w_2, w_3);$$
$$K_1 = \overline{S}_2(w_4, w_5, w_6, w_7);$$
$$\vdots$$
$$K_i = \overline{S}_j(w_{4i}, w_{4i+1}, w_{4i+2}, w_{4i+3}); (i + j) \bmod 8 = 3$$

$$M$$
$$K_{33} = \overline{S_2}(w_{128}, w_{129}, w_{130}, w_{131}),$$

这里 $\varPhi = 9E3779B9$（十六进制）。

6.4.3 Rijndael 算法

Rijndael 算法是比利时的 Joan Daemen 和 Vincent Rijmen 设计的一个候选算法，该算法原形是 Square 算法，它的设计策略是采用宽轨迹策略。宽轨迹策略是针对差分分析和线性分析提出的一种新的策略，其最大优点是可以给出算法的最佳差分特性的概率及最佳线性逼近的偏差的界；而由上述条件可以分析算法抵抗差分密码分析和线性密码分析的能力。

Rijndael 采用的是代替/置换网络。每一轮由以下 3 层组成：

(1) 线性混合层：确保多轮之上的高度扩散。

(2) 非线性层：由 16 个 S 盒并置而成，起到混淆的作用。

(3) 密要加层：子密钥简单地异或到中间状态上。

S 盒选取是有限域 $GF(2^8)$ 中乘法逆运算，它的差分均匀性和线性偏差的性能都达到了最佳。

1. **Rijndael 的加密过程**

设 X 是 Rijndael 密码的 128 比特序列输入，Y 是 128 比特序列输出，则 Rijndael 密码可用下式表示

$$Y = O_{K_{r+1}} \circ T \circ \Gamma \circ O_{K_r} \circ \Pi \circ T \circ \Gamma \circ O_{K_{r-i}} \circ \cdots \circ \Pi \circ T \circ \Gamma \circ O_{K_1}(X)$$

其中，$\circ$ 表示置换的复合操作，K_1，K_2，$\cdots$，K_{r+1} 是 $r+1$ 个子密钥。

O_{K_i}：$F_2^{128} \rightarrow F_2^{128}$ 表示是一个置换，对 $X \in F_2^{128}$，$O_{K_i} = X \oplus K_i$。

T：$F_2^{128} \rightarrow F_2^{128}$ 表示是一个置换，X 是 T 的输入，首先，把 X 分成 16 个字节，即

$$X = (X_{00}X_{01}X_{02}X_{03}X_{10}X_{11}X_{12}X_{13}X_{20}X_{21}X_{22}X_{23}X_{30}X_{31}X_{32}X_{33})$$

输出 $Y = T(X) = (X_{00}X_{01}X_{02}X_{03}X_{13}X_{10}X_{11}X_{12}X_{22}X_{23}X_{20}X_{21}X_{31}X_{32}X_{33}X_{30})$

Π：$F_2^{128} \rightarrow F_2^{128}$ 是一个置换操作，X 是 Π 的输入。

$$X = (X_{00}X_{01}X_{02}X_{03}X_{10}X_{11}X_{12}X_{13}X_{20}X_{21}X_{22}X_{23}X_{30}X_{31}X_{32}X_{33})$$

输出 $Y = \Pi(X) = (Y_{00}Y_{01}Y_{02}Y_{03}Y_{10}Y_{11}Y_{12}Y_{13}Y_{20}Y_{21}Y_{22}Y_{23}Y_{30}Y_{31}Y_{32}Y_{33})$。

其中，

$$\begin{bmatrix} Y_{0i} \\ Y_{1i} \\ Y_{2i} \\ Y_{3i} \end{bmatrix} = \begin{bmatrix} 02 & 03 & 01 & 01 \\ 01 & 02 & 03 & 01 \\ 01 & 01 & 02 & 03 \\ 03 & 01 & 01 & 02 \end{bmatrix} \begin{bmatrix} X_{0i} \\ X_{1i} \\ X_{2i} \\ X_{3i} \end{bmatrix}$$

Γ：$F_2^{128} \rightarrow F_2^{128}$ 也是一个置换操作，它由 16 个 F_2^8 个 S 盒并置构成。

$S = L \circ F$，F 是有限域 F_{2^8} 上的乘法逆，$L(X) = AX + B$。

$$A = \begin{bmatrix} 1 & 0 & 0 & 0 & 1 & 1 & 1 & 1 \\ 1 & 1 & 0 & 0 & 0 & 1 & 1 & 1 \\ 1 & 1 & 1 & 0 & 0 & 0 & 1 & 1 \\ 1 & 1 & 1 & 1 & 0 & 0 & 0 & 1 \\ 1 & 1 & 1 & 1 & 1 & 0 & 0 & 0 \\ 0 & 1 & 1 & 1 & 1 & 1 & 0 & 0 \\ 0 & 0 & 1 & 1 & 1 & 1 & 1 & 0 \\ 0 & 0 & 0 & 1 & 1 & 1 & 1 & 1 \end{bmatrix} \quad B = \begin{bmatrix} 1 \\ 1 \\ 0 \\ 0 \\ 0 \\ 1 \\ 1 \\ 0 \end{bmatrix}$$

2. Rijndael 的解密过程

Rijndael 的解密过程是其加密过程的逆处理操作。

3. Rijndael 的密钥编排方案

在 Rijndael 加密过程中需要 $r+1$ 个子密钥,同时需要构造 $4(r+1)$ 个 32 比特字。当种子密钥为 128 和 192 比特时,它们构造 $4(r+1)$ 个 32 比特字的程序是一样的。但是当种子密钥为 256 比特时,需要用另外一个不同的程序构造 $4(r+1)$ 个 32 比特字。在这里,我们仅仅给出密钥长度为 128 比特的密钥编排方案。分组长度为 128 比特,密钥长度为 128 比特的 10 轮 Rijndael 密码需要 11 个 128 比特的子密钥,每个子密钥是由 4 个 32 比特的字 $W[i]$($0 \leqslant i \leqslant 43$)组成,其中($W[0]$,$W[1]$,$W[2]$,$W[3]$)是种子密钥,其他 $W[i]$ 是通过下列方式得到

$$W[4] = W[0] \oplus S(\text{Rot1}(w[3])) \oplus \text{Rcon}[1];$$
$$W[5] = W[1] \oplus W[4];$$
$$W[6] = W[2] \oplus W[5];$$
$$W[7] = W[3] \oplus W[6];$$
$$W[8] = W[4] \oplus S(\text{Rot1}(W)[7])) \oplus \text{Rcon}[2];$$
$$\vdots$$

其中 Rot1 是字节循环移位;$S(x)$ 是字节代替,通过 S 盒将 x 代替为 $S(x)$;Rcon 是轮常数,其定义为:$\text{Rcon}[i] = (\text{RC}[i], '00', '00', '00')$,其中 $\text{RC}[0] = '01'$,$\text{RC}[i] = \text{xtime}(\text{Rcon}[i-1]0$,xtime 是 x 乘。

6.5 小　结

密码学一直发展到现在,经历了很多阶段,有很多种算法和应用协议,而密码学中的对称密钥体制是目前应用比较广泛的密码算法。在本章中我们首先探讨了对称密钥体制和公开密钥体制的联系和区别后,我们将重点集中在对称密钥体制上,我们先学习了 DES(数据加密标准),它是第一个被作为标准形式而被广泛应用的数据加密标准。我们讲述了它的原理、结构,并讨论了它的局限性。然后我们转向 IDEA 的加密算法,这是近年来提出的各种分组密码中一个很成功的方案。讲述了它的设计原理和加密过程,在最后我们简要地学习了由美国 ANSI 发起征集的高级密码标准(AES)活动中取得成功的 5

个分组密码系统中的 3 个系统：RC6，SERPENT 和 Rijndael，主要学习它们的加密过程、解密过程和密钥编制方案，它们代表了最新的分组密码系统发展的最新成果。

习 题

1. 利用图 6.1 说明传统对称型密码体系和非对称型密码系统的原理区别和两者之间的联系以及优缺点。

2. 已知明文 $m=$computer、密钥 $k=$program，试写出 DES 的加密过程。（可以利用计算机编程）对于 16 次迭代可写出 2 次即可。

3. 已知明文 $m=$fudanuniversity、密钥 $k=$computer security，试写出 IDEA 的加密过程，（可以利用计算机编程）对于多次迭代可写出一到两次即可。

4. 请仔细研究本章提到的几种 AES 算法，利用计算机将主要算法设计实现，并验证结果。

5. 请比较本章中提到的加密算法的优缺点，如计算复杂性、实用性和计算时间等。

参 考 文 献

卢开澄. 1998. 计算机密码学. 北京：清华大学出版社

卿期汉. 2001. 密码学与计算机网络安全. 北京：清华大学出版社

杨波. 2002. 网络安全理论与应用. 北京：电子工业出版社

1985. ANSI X9. 17 (Revised). American National Standard for Financial Institution Key Management (Wholesale). American Bankers Association

1998. NIST，AES Candidate Algorithms. http：//csrc. nist. gov/encryption/aes/aes. homehtm # candidate

3COM Technical Papers. Private Use of Networks for Service Providers. http：//www. 3com. com/technology/tech _net/white _papers

Biham E，Shamir A. 1991. Differential cryptanalysis of DES-like Cryptosystems. Advances in Cryptology-CRYPTO'90 Proceedings，Springer-Verlag，2—21

Biham E，Shamir A. 1993. Differential Cryptanalysis of the Data Encryption Standard. Springer-Verlag

Bruce Schneier. 1996. Applied Cryptography-Protocols. Second Edition. Algorithms and Source Code in C Inc. John Wiley & Sons

Charlie Kaufman，Radia perlman，Mike Speciner. 1995. Network Security-Private Communication in a Public World，Prentice Hall

Fairfield R C，Matusevich R L，PlanyJ. Jul 1985. An LSI Digital Encryption Processor (DEP). IEEE Communications，23（7）：30—41

Richard E Smith. 1997. Internet Cryptography. Addison Wesley

第 7 章 公钥密码体制

在第 6 章中，我们介绍了传统密码体制中的分组密钥体制，这一章我们重点要讲述密码学的另一个重要的密钥体制——公钥密码体制。在公钥密码体制产生和应用以前的整个密码学史中，所有的密码算法，包括原始手工计算的和由机械设备实现的以及现在通过计算机软硬件实现的，基本上都是基于代替和置换这两个基本工具的。而公钥密码体制则为密码学的发展提供了新的理论和技术基础，同时也是密码学发展的新的里程碑。一方面公钥密码算法的基本工具突破传统的代替和置换，是数学函数；另一方面公钥密码算法是以非对称的形式使用两个密钥，两个密钥的使用对保密性、密钥分配、认证等都有划时代的意义。可以说公钥密码体制的出现是密码学史上一个最大的而且是惟一真正的技术革命。

公钥密码体制的概念是在解决单钥密码体制中最难解决的两个问题时提出的，这两个问题是密钥分配和数字签名。

单钥密码体制在进行密钥分配时，要求通信双方或者已经有一个共享的密钥，或者可以借助一个密钥分配中心来分配密钥。对前者的要求，常常可用人工方式传送双方最初共享的密钥，但是这种方法成本很高，而且还要依赖于通信过程的可靠性，这同样是一个安全问题的隐患，对于第二个要求则完全依赖于密钥分配中心的可靠性，同时密钥分配中心往往需要很大的内存容量来处理大量的密钥。

第二个问题数字签名考虑的是如何为数字化的消息或文件提供一种类似于为书面文件手书签字的方法。这个在前者是一个非常难以解决的问题。而随着社会的发展，尤其是电子商务的发展，数字签名问题必须得到好的解决。W. Diffle 和 M. Hellman 为解决上述两个问题有了突破，从而提出了公钥密码体制。

7.1 公钥密码体制的设计原理

公钥密码算法的最重要的特点是采用两个相关的密钥将加密与解密能力分开，其中一个密钥是公开的，称为公开密钥（公开钥），用来加密；另一个密钥是为用户专用，是保密的，称为秘密密钥（秘密钥），用于解密。因此公钥密码体制也叫做双钥密码体制。算法有以下重要特性：已知密码算法和加密密钥，求解密密钥在计算上是不可行的。

图 7.1 是公钥体制加密的框图，加密过程主要有以下几步：

（1）系统中要求接收消息的端系统，产生一对用来加密和解密的密钥，如图中的接收者 B，需要产生一对密钥 PK_B，SK_B，其中 PK_B 是公开钥，SK_B 是秘密钥。

（2）端系统 B 将加密密钥（如图中的 PK_B）放在一个公开的寄存器或文件中，通常放入存放密钥的密钥中心中。另一密钥则被用户保存（图中的 SK_B）。

（3）A 如果要想向 B 发送消息 m，则首先必须得到并使用 B 的公开钥 PK_B 加密 m，表示为

$$c = E_{PK_B}[m]$$

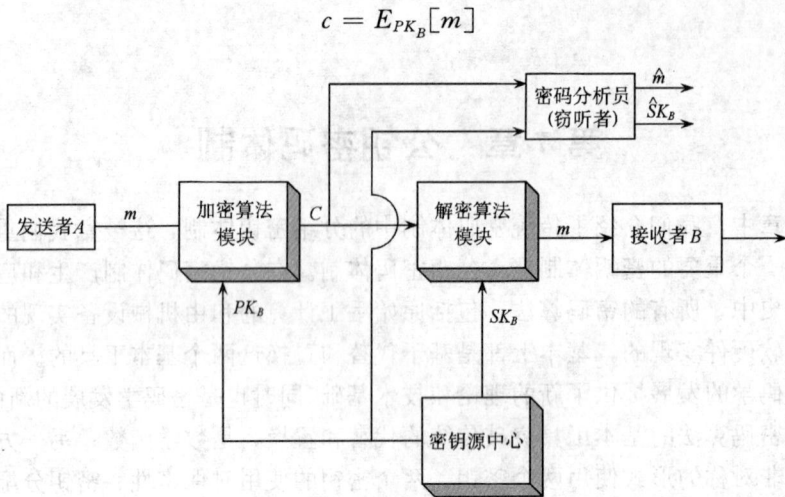

图 7.1 公钥体制加密原理框图

其中 c 是密文，E 是加密算法。

（4）B 收到 A 的加密密文 c 后，用自己的秘密钥 SK_B 解密得到明文信息，表示为

$$m = D_{SK_B}[c]$$

其中 D 是解密算法。

因为整个过程中只有 B 知道 SK_B，所以其他人都无法对 c 解密，从而信息得到有效保护。

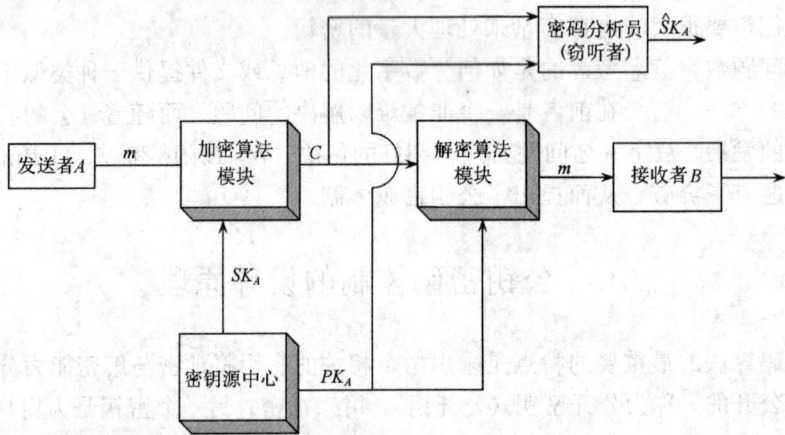

图 7.2 公钥密码体制认证原理框图

公开密钥加密算法不仅能用于保密通信，还可以用于对发送方 A 发送的消息 m 提供认证的功能。如图 7.2 所示。用户 A 用自己的秘密钥 SK_A 对明文 m 进行加密，过程表示为

$$c = E_{SK_A}[m]$$

将密文 c 发给 B。B 用 A 提供的公开钥 PK_A 对 c 进行解密，该过程可以表示为

$$m = D_{PK_A}[c]$$

因为从 m 得到 c 是经过 A 的秘密钥 SK_A 加密，也只有 A 才能做到，因此 c 可当做 A 对

m 的数字签名。另一方面，任何人只要得不到 A 的秘密钥 SK_A 就不能篡改 m，所以以上过程获得了对消息来源和消息完整性的认证功能。

在实际应用中，特别是在用户数量很多的时候，以上认证方法需要很大的存储空间来存储密钥，因为每个文件都必须以明文形式存储，以便于实际使用，同时还必须存储每个文件被加密后的密文形式即数字签字，以便在有争议时用来认证文件的来源和内容。一种改进的方法就是减少文件的数字签字的大小，可以将文件经一个函数压缩成长度较小的比特串，这个比特串称为认证符。一般来讲认证符具有这样一个性质：如果保持认证符的值不变而修改文件，这在计算上是不可行的。用发送者的秘密钥对认证符加密，加密后的结果为原文件的数字签字。

在以上认证过程中，由于消息是由用户自己的秘密钥加密的，所以消息不可能被他人篡改，但却能很容易被他人窃听，这是由于任何人都能使用用户的公钥对消息解密，因此为了同时提供认证功能和保密性，可采用双重加、解密。原理图如图 7.3 所示。

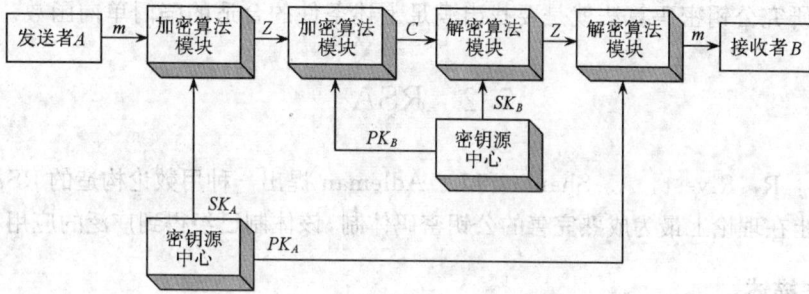

图 7.3　公钥密码体制的认证、保密原理框图

发送方首先用自己的秘密钥 SK_A 对消息 m 进行加密，用于提供数字签字功能。然后再用接收方的公开钥 PK_B 进行第二次加密操作，表示为 $c = E_{PK_B}[E_{SK_A}[m]]$，解密过程为 $m = D_{PK_A}[D_{SK_B}[c]]$，即接收方用自己的秘密钥和发送方的公开钥对收到的密文进行两次解密操作。

一般来讲公开密钥算法应满足以下几点基本要求：

(1) 接收方 B 产生密钥对（公开钥 PK_B 和秘密钥 SK_B）是很容易计算得到的。

(2) 发送方 A 用收到的公开钥对消息 m 加密以产生密文 c，即 $c = E_{PK_B}[m]$，很容易通过计算得到。

(3) 接收方 B 用自己的秘密钥对密文 c 解密，即 $m = D_{SK_B}[c]$ 在计算上是容易的。

(4) 密码分析者或者攻击者由 B 的公开钥 PK_B 求秘密钥 SK_B 在计算上是不可行的。

(5) 密码分析者或者攻击者由密文 c 和 B 的公开钥 PK_B 恢复明文 m 在计算上是不可行的。

(6) 加、解密操作的次序可以互换，也就是 $E_{PK_B}[D_{SK_B}(m)] = D_{SK_B}[E_{PK_B}(m)]$。其中第（6）条虽然非常有用，但是并不是对所有算法都要有此要求。

以上要求的本质之处实际上是要求一个陷门单向函数。所谓陷门单向函数是两个集合 X, Y 之间的一个映射，使得 Y 中每一元素 y 都有惟一的一个原像 $x \in X$，且由 x 易于计算它的像 y。但是由 y 计算它的原像 x 计算上是不可行的。这里所说的易于计算是指函数值能在其输入长度的多项式时间内求出，即如果输入长 n 比特，则求函数值的计算时间是 n^a 的某个倍数，其中 a 是一个固定常数。这时我们认为求函数值的算法属于可计算的，否则就是不可行的。注意这里的可计算和不可行两个概念与计算复杂性理论中复杂度的概念非常相似，同时存在着本质的区别。在复杂性理论中，算法复杂度是用算法在最坏的情况下或平均情况时的复杂度来度量的。而这里所说的两个概念是指算法在几乎所有情况下的情景。称一个函数是陷门单向函数，是指该函数是易于计算的，但求它的逆过程是不可行的，除非再已知某些附加信息的前提。当附加信息给定后，求逆可在一定时间内完成。

所以总结为：陷门单向函数是一族可逆函数 f_k，但是满足以下三个条件：

(1) $Y = f_k(X)$ 易于计算（当 k 和 X 已知时）。

(2) $X = f_k^{-1}(Y)$ 易于计算（当 k 和 Y 已知时）。

(3) $X = f_k^{-1}(Y)$ 计算上是不可行的（当 Y 已知但 k 未知时）。

因此，研究公钥密码算法就是要找出满足上述条件的合适的陷门单向函数。

7.2　RSA

1978 年，R. Rivest，A. Shamir 和 L. Adleman 提出一种用数论构造的 RSA 算法，它是迄今为止在理论上最为成熟完善的公钥密码体制，该体制已经得到广泛的应用和实践。

7.2.1　算法描述

1. RSA 算法的密钥的产生

(1) 选两个保密的大素数 p 和 q。

(2) 计算 $n = p \times q$，$\varphi(n) = (p-1)(q-1)$，其中 $\varphi(n)$ 是 n 的欧拉函数值。

(3) 选一整数 e，满足 $1 < e < \varphi(n)$，且 $\gcd(\varphi(n), e) = 1$。

(4) 计算 d，满足 $d \cdot e = 1 \bmod \varphi(n)$，即 d 是 e 在模 $\varphi(n)$ 下的乘法逆元，因为 e 与 $\varphi(n)$ 互素，由模运算可知，它的乘法逆元一定存在。

(5) 以 $\{e, n\}$ 为公开钥，$\{d, n\}$ 为秘密钥。

2. RSA 算法的加密

(1) 将明文比特串分组，使得每个分组对应的十进制数小于 n，即分组长度小于 $\log_2 n$。

(2) 对每个明文分组 m，做加密运算：$c = m^e \bmod n$。

3. RSA 算法的解密

对密文分组的解密运算为：$m = c^d \bmod n$。

下面我们将证明 RSA 算法中解密过程的正确性（相关的运算参见有关数论书籍）。

证明：从加密过程知 $c = m^e \bmod n$，所以

$$c^d \bmod n \equiv m^{ed} \bmod n \equiv m^{1 \bmod \varphi(n)} \bmod n \equiv m^{k\varphi(n)+1} \bmod n$$

以下分为两种情况：

（1）当 m 和 n 互素时，则由 Euler 定理：

$$m^{\varphi(n)} \equiv 1 \bmod n, \ m^{k\varphi(n)} \equiv 1 \bmod n, m^{k\varphi(n)+1} \equiv m \bmod n$$

即 $c^d \bmod n = m$。

（2）当 $\gcd(m, n) \neq 1$ 时，我们先看 $\gcd(m, n) = 1$ 的含义，由于 $n = pq$，所以 $\gcd(m, n) = 1$ 意味着 m 不是 p 的倍数也不是 q 的倍数，因此 $\gcd(m, n) \neq 1$ 意味着 m 是 p 的倍数或者是 q 的倍数，假设 $m = cp$，其中 c 为一个正整数。此时必有 $\gcd(m, q) = 1$，否则 m 也是 q 的倍数，从而是 pq 的倍数，与 $m < n = pq$ 矛盾。

由 $\gcd(m, q) = 1$ 及 Euler 定理得 $m^{\varphi(q)} \equiv 1 \bmod q$，所以 $m^{k\varphi(q)} \equiv 1 \bmod q$，$[m^{k\varphi(q)}]^{\varphi(p)} \equiv 1 \bmod q$，$m^{k\varphi(n)} \equiv 1 \bmod q$，因此存在一整数 r，使得 $m^{k\varphi(n)} = 1 + rq$，两边同乘以 $m = cp$，得

$$m^{k\varphi(n)+1} = m + rcpq = m + rcn$$

也即

$$m^{k\varphi(n)+1} = m \bmod n$$

所以

$$c^d \bmod n = m$$

例如，选 $p=7$，$q=17$，求 $n=p \times q=119$，$\varphi(n)=(p-1)(q-1)=96$。取 $e=5$，满足 $1<e<\varphi(n)$，且 $\gcd(\varphi(n), e)=1$。确定满足 $d \cdot e=1 \bmod 96$ 且小于 96 的 d，因为 $77 \times 5=385=4 \times 96+1$，所以 d 为 77，因此公开钥为 $\{5, 119\}$，秘密钥为 $\{77, 119\}$。设明文 $m=19$，则由加密过程得密文为

$$c = 19^5 \bmod 119 = 2476099 \bmod 119 = 66$$

解密为

$$66^{77} \bmod 119 = 19$$

7.2.2 RSA 算法中的计算问题

1. 加、解密过程

RSA 的加、解密过程都为求一个整数的整数次幂，然后再取模。如果按其含义直接计算，则中间结果运算量非常大，有可能超出计算机所允许的整数取值范围。而如果采用模运算的性质：$(a \times b) \bmod n = [(a \bmod n) \times (b \bmod n)] \bmod n$，就可以减小中间结果；再者，我们来考虑如何提高加、解密运算中指数运算的有效性。例如求 x^{16}，直接计算的话就需要做 15 次乘法，然而如果重复对每个部分结果做平方运算，即求 x, x^2, x^4, x^8, x^{16}，则只需要 4 次乘法运算就可以了。

一般，求 a^m 可按如下的步骤进行，其中 a，m 是正整数。

首先将 m 表示为二进制形式 $b_k, b_{k-1}, \cdots, b_0$，即 $m = \sum\limits_{b_i \neq 0} 2^i$

因此

$$a^m = a^{\sum\limits_{b_i \neq 0} 2^i} = \prod\limits_{b_i \neq 0} a^{2^i}$$

$$a^m \bmod n = \left[\prod\limits_{b_i \neq 0} a^{2^i} \right] \bmod n = \prod\limits_{b_i \neq 0} \left[a^{2^i} \bmod n \right]$$

然后可得以下快速指数算法：

```
c=0; d=1
for  i=k  downto  0  do {
    c=2×c;
    d= (d×d) mod n;
    if  b_i=1  then {
        c=c+1;
        d= (d×a) mod n
        }
    }
return  d
```

其中 d 是中间结果。d 的最终值即为所求的结果。c 在这里的作用是用来表示指数的部分结果。它的终值即为指数 m，c 对计算结果没有任何作用，算法中完全可将之舍去。

例如，求 7^{560} mod 561。

将 560 表示为 1000110000，算法的中间结果如表 7.1 所示。

所以 7^{560} mod 561=1。

表7.1 快速指数算法的结果

i		9	8	7	6	5	4	3	2	1	0
b		1	0	0	0	1	1	0	0	0	0
d	1	7	49	157	526	160	241	298	166	67	1
c	0	1	2	4	8	17	35	70	140	280	560

2. 密钥的产生

在产生密钥的时候，需要考虑两个大素数 p，q 的选取，以及 e 的选取和 d 的计算。

因为 $n=pq$ 在密钥体制中是公开的，为了防止密码分析者或者窃听者通过穷搜索发现 p，q，这两个素数应是在一个足够大的整数集合中选取的大数，因此如何有效地选取大素数是 RSA 算法中第一个需要解决的问题。

寻找大素数算法一般是首先随机选取一个大的奇数，然后用素数检验算法检验这一个奇数是不是素数，如果不是就重新选取，重复直到找到素数为止。素数检验算法通常是概率性的，但是如果算法被多次重复执行，而且每次执行时输入不同的参数，如果算法的每一次检验结果都认为被检验的数是素数，那么我们就可以比较有把握地认为被检验的数是素数了。

p，q 决定出后，下一个需要解决的问题就是如何选取满足 $1<e<\varphi(n)$ 和 $\gcd(\varphi(n)$，$e)=1$ 的 e，并且计算满足 $d \cdot e \equiv 1 \bmod \varphi(n)$ 的 d。这一问题可用推广的 Euclid 算法来设计实现完成。

7.2.3 RSA 的安全性

RSA 的安全性主要是基于分解大整数的困难性假定，之所以为假定是因为至今在理论上和实践中还未能证明分解大整数就是 NP 问题，当然也许还存在尚未发现的多项式时间分解算法。如果 RSA 的模数 n 被成功分解为 $p \times q$，则立即获得 $\varphi(n) = (p-1)(q-1)$，从而能够确定 e 模 $\varphi(n)$ 的乘法逆元 d，即 $d = e^{-1} \bmod \varphi(n)$，因此攻击成功。那么是否有不通过分解大整数的其他攻击途径呢？现在已经证明由 n 直接确定 $\varphi(n)$ 等价于对 n 的分解，但是由 e 和 n 直接确定 d 也不比分解 n 来得简单容易。因此我们可以将 RSA 的安全性考虑集中在分解大整数的问题上。而且，随着人类计算能力的不断提高，原来被认为不可能分解的大数已被成功分解，所以这些对 RSA 的安全性构成了潜在的危险；对于大整数分解的威胁除了人类的计算能力外，同时还有来自分解算法的进一步改进，将来也可能还有更好的分解算法，因此在使用 RSA 算法时对其密钥的选取要特别注意其大小。目前估计在未来一段比较长的时期，密钥长度介于 1024 比特至 2048 比特之间的 RSA 是比较安全的。

为了保证 RSA 算法的安全性，一般对 p 和 q 提出以下要求：

(1) p 和 q 的长度相差不要太大。

(2) $p-1$ 和 $q-1$ 都应有大素因子。

(3) $\gcd(p-1, q-1)$ 应小。

此外，研究结果表明，如果 $e < n$ 且 $d < n^{1/4}$，则 d 能被很容易地确定。

7.3 椭圆曲线密码算法

上一节已经介绍过，为了进一步提高 RSA 算法的安全性，前者的做法是它的密钥长度一再增大，但是这样使得它的运算负担就越来越大。而相比之下，椭圆曲线密码算法 ECC 采用短的多的密钥，可以获得更高的安全性，因此 ECC 具有更加广泛的应用前景。目前 ECC 已被 IEEE 公钥密码标准 P1363 采用。

7.3.1 椭圆曲线

椭圆曲线实际上并非完全是椭圆，之所以称为椭圆曲线主要是因为它的曲线方程与计算椭圆周长的方程非常类似，椭圆曲线的曲线方程式一般是以下形式的三次方程

$$y^2 + axy + by = x^3 + cx^2 + dx + e$$

这里 a, b, c, d, e 是实数，但是满足某些简单条件。同时定义中还包括一个叫做无穷点或者零点的元素，记为 O。图 7.4 是一个椭圆曲线的例子。

从图 7.4 我们可以看出，椭圆曲线一般是关于 x 轴对称的。

下面是椭圆曲线上的加法运算定义：如果其上的 3 个点能够位于同一直线上，那么它们之和将为 O。因此可以定义椭圆曲线上的加法律：

(1) O 为加法单位元，也就是对椭圆曲线上任一点 P，有 $P + O = P$。

(2) 设 $P_1 = (x, y)$ 是椭圆曲线上的一点（见图 7.4），它的加法逆元定义为：$P_2 = -P_1 =$

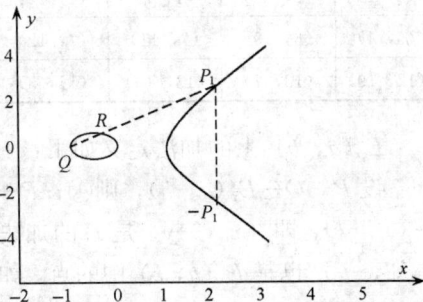

图 7.4 $y^2 = x^3 - x$

$(x，-y)$，这是因为P_1，P_2的连线延长到无穷远时，便得到椭圆曲线上另一点O，从而椭圆曲线上的3点P_1，P_2，O共线，所以$P_1+P_2+O=O$，$P_1+P_2=O$，$\Rightarrow P_2=-P_1$。由$O+O=O$，还可以得出$O=-O$。

（3）设Q和R是椭圆曲线上x坐标不同的两点，$Q+R$可以定义如下：画一条通过Q，R的直线与椭圆曲线交于P_1，交点应该是惟一的，除非所连的直线是Q点或R点的切线，此时分别取$P_1=Q$，$P_1=R$，由$Q+R+P_1=O \Rightarrow Q+R=-P_1$。

（4）点Q的倍数定义如下：在Q点作椭圆曲线的一条切线，设切线与椭圆曲线交于点S处，定义$2Q=Q+Q=-S$。类似地可以定义$3Q=Q+Q+Q$，…，等等。

以上定义的加法都具有加法运算的一般性质，如交换律和结合律等。

7.3.2 有限域上的椭圆曲线

在密码中，有限域上的椭圆曲线得到普遍采用。有限域上的椭圆曲线实际上是指上一节定义过的曲线方程，所有的系数都是某一个有限域GF（p）中的元素，p为一个大素数，其中最为常用的是由方程

$$y^2 \equiv x^3 + ax + b \pmod{p} \quad (a,b \in GF(p), 4a^3 + 27b^2 \pmod{p} \neq 0) \quad (7.1)$$

所定义的曲线。

比如，$p=23$，$a=b=1$；$4a^3+27b^2 \pmod{23}=8\neq0$，方程（7.1）为$y^2\equiv x^3+x+1$，其函数图形实际上是连续的曲线，如图7.5所示。然而主要研究的是曲线在第一象限中的整数点。设$E_p(a,b)$表示方程（7.1）所定义的椭圆曲线上的点集$\{(x，y)|0\leqslant x<p，0\leqslant y<p$，且$x，y$均为整数$\}$并上无穷远点$O$。本例中$E_{23}(1,1)$可以由表7.2给出，但是表中未给出$O$。

一般来说，$E_p(a,b)$由如下步骤产生：首先对于每一x（$0\leqslant x<p$且x为整数），计算$x^3+ax+b \pmod{p}$；然后决定求得的值在模p下是否存在平方根，如果不存在，则曲线上就没有与这一x相对应的点。如果存在，则求出两个平方根（$y=0$时只有一个平方根）。

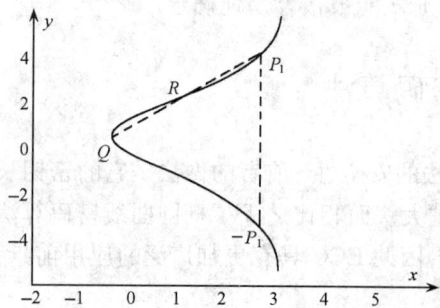

图 7.5 $y^2=x^3+x+1$

表 7.2 椭圆曲线上的点集 E_{23}（1，1）

(0, 1)	(0, 22)	(1, 7)	(1, 16)	(3, 10)	(3, 13)	(4, 0)	(5, 4)	(5, 19)
(6, 4)	(6, 19)	(7, 11)	(7, 12)	(9, 7)	(9, 16)	(11, 3)	(11, 20)	(12, 4)
(12, 19)	(13, 7)	(13, 16)	(17, 3)	(17, 20)	(18, 3)	(18, 20)	(19, 5)	(19, 18)

$E_p(a，b)$上的加法定义如下：

设P，$Q \in E_p(a,b)$，则①；$P+Q=P$；②如果$P=(x,y)$，那么$(x，y)+(x，-y)=O$，即$(x，-y)$是P的加法逆元，表示为$-P$。从$E_p(a,b)$的产生方式可以得知，$-P$也是$E_p(a,b)$中的点，如上例中，$P=(13,7)\in E_{23}(1,1)$，$-P=(13，-7)$，而$-7 \bmod 23=16$，所以$-P=(13,16)$，也在$E_{23}(1,1)$中。③设$P=(x_1,y_1)$，$Q=(x_2,y_2)$，$P\neq Q$，则$P+Q=(x_3,y_3)$通过以下规则确定

$$x_3 \equiv \lambda^2 - x_1 - x_2 (\bmod\ p)$$
$$y_3 \equiv \lambda(x_1 - x_3) - y_1 (\bmod\ p)$$

其中，$\lambda \equiv \begin{cases} \dfrac{y_2-y_1}{x_2-x_1}, & P \neq Q \\[2mm] \dfrac{3x_1^2+a}{2y_1}, & P=Q \end{cases}$

例如，我们仍然采用 $E_{23}(1, 1)$ 为例，设 $P=(3, 10)$，$Q=(9, 7)$，则

$$\lambda = \frac{7-10}{9-3} = \frac{-1}{2} \equiv 11 \bmod 23$$

$$x_3 = 11^2 - 3 - 9 = 109 \equiv 17 \bmod 23$$

$$y_3 = 11(3-17) - 10 = -164 \equiv 20 \bmod 23$$

所以得出 $P+Q=(17, 20)$，仍然为 $E_{23}(1, 1)$ 中的点。

如果要求 $2P$，则

$$\lambda = \frac{3 \cdot 3^2 + 1}{2 \times 10} = \frac{5}{20} = \frac{1}{4} \equiv 6 \bmod 23$$

$$x_3 = 6^2 - 3 - 3 = 30 \equiv 7 \bmod 23$$

$$y_3 = 6(3-7) - 10 = -34 \equiv 12 \bmod 23$$

所以 $2P=(7, 12)$。

相类似，倍点运算仍然可以定义为重复加法，如 $4P=P+P+P+P$。

通过这个例子可以看出，加法运算在 $E_{23}(1, 1)$ 中是封闭的，且能验证它还能满足交换律，实际上对一般的 $E_p(a, b)$，可证明其上的加法运算是封闭的，满足交换律，同样也还能够证明其上的加法逆元运算也是封闭的，因此 $E_p(a, b)$ 是一个 Abel 群。

7.3.3 椭圆曲线上的密码

为了将椭圆曲线功能用于构造密码体制中，我们还需要找出椭圆曲线上的数学困难问题。在椭圆曲线构成的 Abel 群 $E_p(a, b)$ 上考虑方程 $Q=kP$，这里要求 $P, Q \in E_p(a, b)$，$k<p$，则可以验证由 k 和 P 很容易得到 Q，但是相反由 P, Q 求 k 则是非常困难的，这就是椭圆曲线的离散对数问题，这个问题可应用于公钥密码体制。Diffie-Hellman 密钥交换和 ElGamal 密码体制就是基于有限域上离散对数问题的公钥体制，下面主要讲述如何用椭圆曲线来实现这两个例子。

1. Diffie-Hellman 密钥交换处理过程

(1) 取一个素数 $p \approx 2^{180}$ 和两个参数 a, b，这样可以得到方程（7.1）表达的椭圆曲线及其上面的点所构成的 Abel 群 $E_p(a, b)$。

(2) 取 $E_p(a, b)$ 的一个生成元 $G(x_1, y_1)$，要求 G 的阶是一个非常大的素数，G 的阶是满足 $nG=O$ 的最小正整数 n。$E_p(a, b)$ 和 G 作为公开参数。

两个用户 A 和 B 之间的密钥交换操作可以按照如下方式进行：

(1) 用户 A 首先选取一个整数 n_A（$n_A<n$），作为秘密钥，并且通过 $P_A=n_AG$ 产生 $E_p(a, b)$ 上的一点用来作为公开钥。

(2) 用户 B 也采用类似的方法选取自己的秘密钥 n_B 和公开钥 P_B。

（3）A 和 B 分别由 $K=n_A P_B$，$K=n_B P_A$ 产生出双方共享的秘密钥。

这样做是因为 $K=n_A P_B=n_A（n_B G）=n_B（n_A G）=n_B P_A$。

密钥分析者或者攻击者如果想获得 K，则必须要通过 P_A 和 G 求出 n_A，或由 P_B 和 G 求出 n_B，这就需要求解椭圆曲线上的离散对数，因此是不可行的。

2. EIGamal 密码体制

EIGamal 的密钥产生过程如下：

（1）首先选择一个素数 p 和两个小于 p 的随机数 g 和 x。

（2）计算 $y \equiv g^x \bmod p$。

（3）最后以（y，g，p）作为公开密钥，x 作为秘密密钥。

EIGamal 加密过程如下：设要加密的明文消息为 M。随机的选取一个与 $p-1$ 互素的整数 k，然后计算 $C_1 \equiv g^k \bmod p$，$C_2 \equiv y^k M \bmod p$，得到密文为 $C=(C_1，C_2)$。

EIGamal 的解密过程如下 $M=\dfrac{C_2}{C_1^x} \bmod p$；这是因为 $\dfrac{C_2}{C_1^x} \bmod p=\dfrac{y^k M}{g^{kx}} \bmod p=\dfrac{y^k M}{y^k} \bmod p=M \bmod p$。

下面我们讨论如何利用椭圆曲线来实现 EIGamal 密码体制。

（1）首先选取一条椭圆曲线，并得到 $E_p（a，b）$，将明文消息 m 通过编码嵌入到曲线上得到点 P_m，然后再对 P_m 做加密变换。由于篇幅原因，具体内容请参见有关资料。

（2）取 $E_p（a，b）$ 的一个生成元 G，$E_p（a，b）$ 和 G 作为公开参数。

（3）用户 A 选 n_A 作为秘密钥，并以 $P_A=n_A G$ 作为公开钥。用户 B 若想向 A 发出消息 P_m，可以选取一个随机的正整数 k，产生以下点对作为密文

$$C_m = \{kG, P_m + kP_A\}$$

用户 A 解密时，以密文点对中的第二点减去用自己的秘密钥与第一点的倍乘积，即

$$P_m + kP_A - n_A kG = P_m + k(n_A G) - n_A kG = P_m$$

密钥分析者或者攻击者如果想通过 C_m 得到 P_m，就必须知道 k，而只有通过椭圆曲线上的两个已知的点 G 和 kG，这同样要求必须求解椭圆曲线上的离散对数，因此是不可行的。

3. 椭圆曲线密码体制的主要优点

同基于有限域上离散对数问题的公钥体制相比，椭圆曲线密码体制有如下几个优点：

（1）其安全性高：攻击有限域上离散对数问题的方法有指数积分法，其运算复杂度为 $O(\exp \sqrt[3]{(\log p)}(\log \log p)^2)$，其中 p 是模数，是素数。但是这种方法对椭圆曲线的离散对数问题并不有效。目前攻击椭圆曲线上的离散对数问题的方法只有适合攻击任何循环群上离散对数问题的大步小步法，这种方法的运算复杂度为 $O(\exp(\log \sqrt{p_{max}}))$，其中 p_{max} 是椭圆曲线所形成的 Abel 群的阶的最大素因子，所以椭圆曲线密码体制比基于有限域上的离散对数问题的公钥体制更安全。

（2）它的密钥量小：由攻击两者的算法复杂度可知，在相同的安全性能条件下，椭圆曲线密码体制所需要的密钥量远小于基于有限域上的离散对数问题的公钥体制的密钥量。

（3）算法灵活性好：在有限域 $GF(q)$ 一定的情况下，其上的循环群就定了，而 $GF(q)$ 上的椭圆曲线可以通过改变曲线参数，能够得到不同的曲线，从而形成不同的循环群。因此，椭圆曲线具有丰富的群结构和多选择性。正是由于它具有丰富的群结构和多选择性，并可在保持和 RSA/DSA 体制中同样安全性能的前提下大大缩短密钥的长度（目前 160 比特足以保证安全性），因此在密码领域中有着广阔的应用前景。

7.4 小　　结

本章主要讲述密码学史上一个最大的真正的革命的理论——公钥密码体制系统。它是在解决单钥密码系统中最难解决的两个问题（密钥分配和数字签名）的基础上提出的一种新的密码体系。我们首先介绍了这种密码体制的原理，比较了它与常规的密码系统的不同之处以及公钥密码算法应该满足的条件。接着我们介绍了迄今为止理论上最为成熟完善的公钥密码体制——RSA 算法，提出它的算法过程和算法中的计算问题，最后提到它的安全性。由于 RSA 的理论完备性，所以能够得到广泛应用，但是其密钥太长，为了更广泛地应用，本章在最后一节介绍一种能够缩短密钥长度的密码体制，即椭圆曲线的密码体制，着重介绍了椭圆曲线的概念和算法，为它的进一步应用提供了好的理论基础。

习　　题

1. 简述用 RSA 及 DES 算法保护的机密性、完整性和抗否定性的原理。
2. 在使用 RSA 公钥中如果截取了发送给其他用户的密文 $C=10$，若此用户的公钥为 $e=5$，$n=35$，请问明文的内容是什么？
3. 已知有明文 public key encryptions，先将明文以 2 个字母为组分成 10 块，如果利用英文字母表的顺序，即 $a=00$，$b=01\cdots$，将明文数据化。现在令 $p=53$，$q=58$，请计算得出 RSA 的加密密文。
4. 请设计编程实现 RSA 算法，并验证上题结果是否正确。
5. 请简要比较椭圆曲线密码算法和 RSA 算法的优缺点，如计算复杂性、实用性和计算时间等。

参 考 文 献

卢开澄. 1998. 计算机密码学. 北京：清华大学出版社
卿斯汉. 2001. 密码学与计算机网络安全. 北京：清华大学出版社
杨波. 2002. 网络安全理论与应用. 北京：电子工业出版社
3COM Technical Papers. Private Use of Networks for Service Providers. http：//www.3com.com/technology/tech _net/white_papers
Bruce Schneier. 2000. 应用密码学-协议，算法与 C 源程序. 北京：机械工业出版社
Richard E. Smith. 1997. Internet Cryptography. Addison Wesley
Gordon J. 1984. Strong RSA Key. Electronics Letters，20：514－516

第 8 章　密钥分配与管理

密钥是加密系统中的可变部分，好比保险柜的钥匙。过去的加密设计人员总是通过对加密算法的保密，来增加密钥的强度。随着密码学的发展和及在商业上的应用，这种观念已经发生了很大的变化。目前，大部分加密算法都已经公开了，像 DES 和 RSA 等加密算法甚至作为国际标准来推行。由于算法是公开的，人们可以通过各种途径得到它，因此明文的保密在相当大的程度上依赖于密钥的保密。

在现实世界里，密钥的分配与管理一直是密码学领域较为困难的部分。设计安全的密钥算法和协议是不容易的，但可以依靠大量的学术研究。相对来说，对密钥进行保密更加困难。因而，在网络安全中，密钥的地位是举足轻重的。如何安全可靠、迅速高效地分配密钥，如何管理密钥一直是密码学领域的重要问题。

本章首先介绍密钥的分配方案，包括常规加密密钥的分配、公开加密密钥的分配以及其他的密钥分配和交换方法。接着叙述了密钥的管理，包括了密钥的生成、密钥的使用与存储、密钥的备份和恢复、密钥的销毁等。最后对密钥的分配与管理做一个小结。

8.1　密钥分配方案

密钥的分配技术解决的是网络环境中需要进行安全通信的端实体之间建立共享的密钥的问题。最简单最安全的方法是生成密钥后，通过安全的物理渠道（比如说人工方式）送达对方。然而，随着网络通信量的增加，特别是在 Internet 上，密钥数目较多，更换频繁，则密钥的分配就会成为严重的负担。目前，多数通信的双方并没有安全的物理传输渠道存在，因此需要对密钥的分配做一些研究。

要使常规加密有效地进行，信息交互的双方必须共享一个密钥，并且这个密钥还要防止被其他人获得。要使公开加密有效地进行，信息接收的一方必须发布其公开密钥，同时要防止其私有密钥被其他人获得。此外，密钥还需经常更换，以便在攻击者知道密钥的情况下使得泄漏的数据量最小化。对于通信的双方 A 和 B，密钥的分配可以有以下的几种方法：

（1）密钥可以由 A 选定，然后通过物理的方法安全地传递给 B。

（2）密钥可以由可信任的第三方 C 选定，然后通过物理的方法安全地传递给 A 和 B。

（3）如果 A 和 B 都有一个到可信任的第三方 C 的加密连接，那么 C 就可以通过加密连接将密钥安全地传递给 A 和 B。

（4）如果 A 和 B 都在可信任的第三方发布自己的公开密钥，那么它们都可以用彼此的公开密钥加密进行通信。

对于（1）和（2），由于需要对密钥进行人工传递，对于大量连接的现代通信而言，显然不适用。（3）采用的是密钥分配中心技术，可信任的第三方 C 就是密钥分配中心 KDC。（4）采用的是密钥认证中心技术，可信任的第三方 C 就是证书授权中心 CA。（3）

常常用于常规加密密钥的分配，而（4）更多地用于公开加密密钥的分配。

8.1.1 常规加密密钥的分配

1. 集中式密钥分配方案

在集中式密钥分配方案中，由一个中心节点负责密钥的产生并分配给通信的双方，或者由一组节点组成层次结构负责密钥的产生并分配给通信的双方。在这种方式下，用户不需要保存大量的会话密钥，只需要保存同中心节点的加密密钥，用于安全传送由中心节点产生的即将用于与第三方通信的会话密钥。这种方式的缺点是通信量大，同时需要较好的鉴别功能以鉴别中心节点和通信方。目前这方面的主流技术是密钥分配中心 KDC 技术，下面着重介绍它。

在密钥分配中心 KDC 技术中，我们假定每个通信方与密钥分配中心 KDC 之间都共享一个惟一的主密钥，并且这个惟一的主密钥是通过其他安全的途径传递的。

现在假定通信方 A 希望与通信方 B 建立一个逻辑连接进行通信，并且需要一次性的会话密钥来保护经过这个连接传输的数据。A 拥有一个只有它自己和 KDC 知道的私有密钥 Ka；类似地，B 也拥有一个只有它自己和 KDC 知道的私有密钥 Kb。密钥的分配可按图 8.1 所示的方式进行。

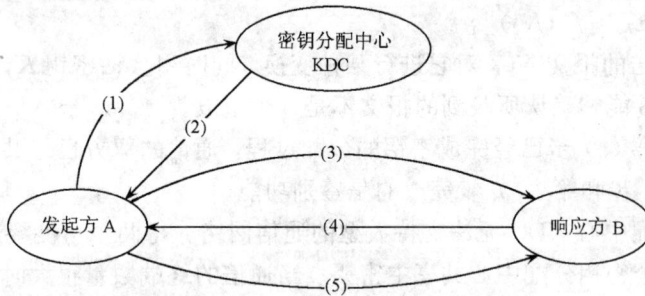

图 8.1　密钥分配中心的密钥分配方案

（1）A→KDC：$IDa \parallel IDb \parallel N_1$。

A 向 KDC 发出请求，告知 A 希望与 B 通信，要求得到一个用来保护 A 与 B 之间逻辑连接的会话密钥。发送的报文为 $IDa \parallel IDb \parallel N_1$，其中 IDa 和 IDb 用来标识通信的双方为 A 和 B，N_1 用来标识本次交互。在这里，我们把这个标识符称为一个现时（Nonce）。现时的形式可以是一个时间戳、一个计数器或者一个随机数，它必须保证在每个请求中是不同的。为了让其他方难于猜到现时值，一个随机数发生器对现时来说，是一个比较好的选择。

（2）KDC→A：$E_{Ka}[Ks \parallel IDa \parallel IDb \parallel N_1 \parallel E_{Kb}[Ks \parallel IDa]]$。
KDC 用一个经过 Ka 加密的报文作为响应。因而，A 是惟一可以成功收到这个报文的实体，而且 A 知道这个报文来自 KDC。发送的报文为 $E_{Ka}[Ks \parallel IDa \parallel IDb \parallel N_1 \parallel E_{Kb}[Ks \parallel IDa]]$，包括用于会话的一次性会话密钥 Ks，原来的请求报文，发送给 B 的报文。

Ks 就是 A 与 B 之间的通信密钥。

原来的请求报文 $IDa \parallel IDb \parallel N_1$，特别是现时 N_1，使得 A 能够将这个响应与相应的请求进行匹配，证实它原来的请求在 KDC 收到之前没有被篡改，而且不是以前某个请求的重放。

$E_{Kb}[Ks||IDa]$ 为 A 发送给 B 的报文，报文包括了用于会话的一次性会话密钥 Ks 和 A 的标识符，经过 KDC 与 B 的共享密钥的加密使得 A 不能篡改报文来欺骗 B。

（3）A→B：$E_{Kb}[Ks||IDa]$。

A 收到 KDC 响应的报文后，将会话密钥 Ks 存储起来，同时将经过 KDC 与 B 的共享密钥的加密过的报文转发给 B。发送的报文为 $E_{Kb}[Ks||IDa]$，包括了用于会话的一次性会话密钥 Ks 和 A 的标识符。

Ks 就是 A 与 B 之间的通信密钥。

IDa 告诉 B 通信的发起方为 A，而不是其他的实体，这是经过 KDC 认证的。

报文通过 KDC 与 B 共享密钥的加密，保证了 A 的身份是经过 KDC 认证的，并且 A 没有篡改报文。同时也保证了 A 发送给 B 的报文不被其他实体窃听，从而其他实体不能冒充 B 来欺骗 A 并与之通信。

（4）B→A：$E_{Ks}[N_2]$。

B 使用为加密新造的会话密钥 Ks 发送一个现时 N_2 给 A，告诉 A，B 当前是可以通信的，并且准确无误地收到了 A 发送过来的、由 KDC 提供的会话密钥 Ks。B 的身份认证是通过只有它才有 B 与 KDC 共享的密钥 Kb 来进行的。

（5）A→B：$E_{Ks}[f(N_2)]$。

A 响应 B 发送的报文 N_2，对它进行某种变换，同时用会话密钥 Ks 进行加密，发送给 B。这样使得 B 能够确认所收到的报文不是一个重放。

实际上，到第（3）步已经完成密钥的分配过程，通信的双方已经共享了当前的会话密钥 Ks，第（4）步和第（5）步完成的是鉴别功能。

单个密钥分配中心 KDC 无法支持大型的通信网络。每两个可能要进行安全通信的终端都必须同某个密钥分配中心共享主密钥。当通信的终端数量很大时，将出现这样的情况：

- 每个终端都要同许多密钥分配中心共享主密钥，增加了终端的成本和人工分发密钥分配中心和终端共享的主密钥的成本。
- 需要几个特别大的密钥分配中心，每个密钥分配中心都同几乎所有终端共享主密钥，然而各个单位往往希望自己来选择或建立自己的密钥分配中心。

为解决这种情况，同时支持没有共同密钥分配中心的终端之间的密钥信息的传输，我们可以建立一系列的密钥分配中心，各个密钥分配中心之间存在层次关系。各个密钥分配中心按一定的方式进行协作，这样，一方面主密钥分配所涉及的工作量减至最少，另一方面也可以使得某个 KDC 失效时，只影响其管辖的区域，而不至于影响整个网络。

2．分散式密钥分配方案

使用密钥分配中心进行密钥的分配要求密钥分配中心是可信任的并且应该保护它免于被破坏。如果密钥分配中心被第三方破坏，那么所有依靠该密钥分配中心分配会话密钥进行通信的所有通信方将不能进行正常的安全通信。如果密钥分配中心被第三方控制，那么所有依靠该密钥分配中心分配会话密钥进行通信的所有通信方之间的通信信息将被这个入侵的第三方轻而易举地窃听到。如果我们把单个密钥分配中心分散成几个密钥分配中心，将会降低这种风险。更进一步，我们可以把几个密钥分配中心分散到所有的通信方，即每个通信方同时也是密钥分配中心，也就是说每个通信方自己保存同其他所有通信方的主密钥。

这种分散式密钥分配方案要求有 n 个通信方的网络要保存多达 $[n(n-1)/2]$ 个主密钥。对于较大的网络，这种方案是不适用的，但对于一个小型网络或者一个大型网络的局部范围，这种分散化的方案还是有用的。

分散式密钥分配方案中会话密钥的产生通过如下的步骤实现：

(1) $A \rightarrow B$：$IDa||N_1$。

A 给 B 发出一个要求会话密钥的请求，报文内容包括 A 的标识符 IDa 和一个现时 N_1，告知 A 希望与 B 进行通信，并请 B 产生一个会话密钥用于安全通信。

(2) $B \rightarrow A$：$E_{MKm}[Ks||IDa||IDb||f(N_1)||N_2]$。

B 使用一个用 A 和 B 之间共享的主密钥加密的报文进行响应。响应的报文包括 B 产生的会话密钥、A 的标识符 IDa、B 的标识符 IDb、$f(N_1)$ 的值和另一个现时 N_2。

(3) $A \rightarrow B$：$E_{Ks}[f(N_2)]$。

A 使用 B 产生的会话密钥 Ks 对 $f(N_2)$ 进行加密，返回给 B。

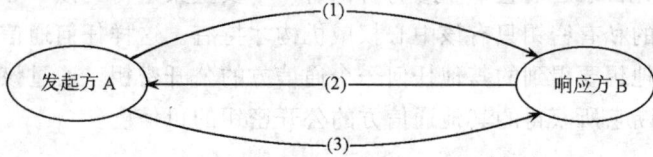

图 8.2　分散式密钥分配方案

在分散式密钥分配方案中，每个通信方都必须保存多达 $(n-1)$ 个主密钥，但是需要多少会话密钥就可以产生多少。同时，使用主密钥传输的报文很短，所以对主密钥的分析也很困难。

8.1.2　公开加密密钥的分配

公开加密密钥的分配要求和常规加密密钥的分配要求有着本质的区别。在一个常规加密体制中，要求将一个密钥从通信的一方通过某种方式发送到另一方，只有通信双方知道密钥而其他任何一方都不知道密钥。在一个公开加密体制中，要求私有密钥只有通信一方知道，而其他任何一方都不知道，与私有密钥匹配使用的公开密钥是公开的，任何人都可以使用该公开密钥和私有密钥的拥有者进行秘密通信。

公开密钥技术使得密钥较易分配，但它也有自己的问题。无论网络上有多少人，每个人只有一个公开密钥。获取一个人的公开密钥有多种途径，包括公开密钥的公开宣布、公开可用目录、公开密钥管理机构和公开密钥证书。

1. 公开密钥的公开宣布

公开密钥加密的关键就是公开密钥是公开的。如果有一个广泛接受的公开密钥加密算法，比如 RSA，那么任何参与者都可以将他的公开密钥发送给另外任何一个参与者，或者把这个密钥广播给相关人群，比如 PGP。这种方法，有一个致命的漏洞，任何人都可以伪造一个公开的告示，冒充其他人，发送一个公开密钥给另一个参与者或者广播这样一个公开密钥。

2. 公开可用目录

由一个可信任的系统或组织负责维护和分配一个公开目录，该公开目录维持一个公开可以得到的公开密钥动态目录。公开目录为每个参与者维护一个目录项〔标识，公开密钥〕，当然每个目录项的信息都必须经过某种安全的认证。任何其他方都可以从这里获得所需要通信方的公开密钥。同样地，它也有一个致命的弱点，如果一个敌对方成功地得到或者计算出目录管理机构的私有密钥，就可以伪造公开密钥，并发送给其他人达到欺骗的目的。

3. 公开密钥管理机构

通过更严密地控制公开密钥从目录中分配出去的过程就可以使得公开密钥的分配更安全。它比公开可以得到的目录多了公开密钥管理机构和通信方的认证以及通信双方的认证。在公开密钥管理机构方式中，有一个中心权威机构维持着一个有所有参与者的公开密钥信息的公开目录，而且每个参与者都有一个安全渠道得到该中心权威机构的公开密钥，而其对应的私有密钥只有该中心权威机构才持有。这样任何通信方都可以向该中心权威机构获得他想要得到的其他任何一个通信方的公开密钥，通过该中心权威机构的公开密钥便可判断它所获得的其他通信方的公开密钥的可信度。

4. 公开密钥证书

公开宣布和公开可用目录对于公开密钥的分配都有一定的安全缺陷，而公开密钥管理机构往往会成为通信网络中的瓶颈。如果不与公开密钥管理机构通信，又能证明其他通信方的公开密钥的可信度，那么就可以解决公开宣布和公开可用目录的安全问题，又可以解决公开密钥管理机构的瓶颈问题，这可以通过公开密钥证书来实现。目前，公开密钥证书即数字证书是由证书授权中心 CA 颁发的。

CA 是 Certificate Authority 的缩写，是证书授权的意思。CA 机构，又称为证书授权中心，作为网络通信中受信任的第三方，承担公开密钥体系中公开密钥的合法性检验的责任。CA 中心为每个使用公开密钥的用户发放一个数字证书，数字证书的作用是证明证书中列出的用户合法拥有证书中列出的公开密钥。CA 体系由证书审批部门和证书操作部门组成。

CA 体系为用户的公开密钥签发证书，以实现公开密钥的分发并证明其有效性。该证书证明了用户拥有证书中列出的公开密钥。证书是一个经证书授权中心签名的包含公开密钥拥有者信息以及公开密钥的文件。CA 机构的数字签名使得攻击者不能伪造和篡改证书。证书的格式遵循 X.509 标准。

数字证书采用公开密钥体制，即利用一对互相匹配的密钥进行加密、解密。每个用户自己设定一把特定的仅为本人所知的私有密钥（私有密钥），用它进行解密和签名；同时设定一把公开密钥并由本人公开，为一组用户所共享，用于加密和验证签名。当发送一份保密文件时，发送方使用接收方的公开密钥对数据加密，而接收方则使用自己的私有密钥解密，这样信息就可以安全无误地到达目的地了。通过数字加密的手段保证加密过程是一个不可逆过程，即只有用私有密钥才能解密。在公开密钥密码体制中，常用的一种是 RSA 体制，其数学原理是将一个大数分解成两个质数的乘积，加密和解密用的是两个不同的密钥，即使已知明文、密文和加密密钥（公开密钥），想要推导出解密密钥（私有密钥），在计算上是不可能的。按现在的计算机技术水平，要破解目前采用的 1024 位 RSA 密钥，需要上千年的计算时间。

图 8.3 显示了数字证书的申请以及通信双方和在进行安全通信之前的数字证书交换过程。

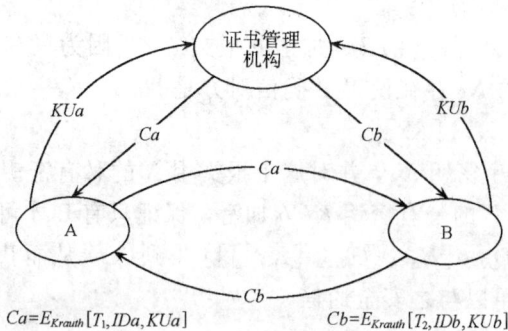

$$Ca = E_{Krauth}[T_1, IDa, KUa] \qquad Cb = E_{Krauth}[T_2, IDb, KUb]$$

图 8.3　证书授权中心 CA 的公开密钥证书方案

CA 机构应包括两大部门：一是审核授权部门 RA (Registry Authority)，它负责对证书申请者进行资格审查，决定是否同意给该申请者发放证书，并承担因审核错误引起的、为不满足资格证书申请者发放证书所引起的一切后果，因此它应由能够承担这些责任的机构担任；另一个是证书操作部门 CP (Certificate Processor)，负责为已授权的申请者制作、发放和管理证书，并承担因操作运营所产生的一切后果，包括失密和为没有获得授权者发放证书等，它可以由审核授权部门自己担任，也可委托给第三方担任。

CA 体系具有一定的层次结构，它由根 CA、品牌 CA、地方 CA 等不同层次构成，上一级 CA 负责下一级 CA 数字证书的申请、签发及管理工作。通过一个完整的 CA 认证体系，可以有效地实现对数字证书的验证。每一份数字证书都与上一级的签名证书相关联，最终通过安全认证链追溯到一个已知的可信赖的机构。由此便可以对各级数字证书的有效性进行验证。根 CA 的密钥由一个自签证书分配，根证书的公开密钥对所有各方公开，它是 CA 体系中的最高层。

8.1.3　利用公开密钥加密进行常规加密密钥的分配

用公开密钥加密来保护通信，能很好地保护数据的安全性，但是由于它的加密和解密的速度都相当慢，所以事实上公开密钥加密更多的时候是用于常规加密密钥的分发。这种方式把公开加密和常规加密的优点很好地整合在一起。用公开加密方法来保护常规加密密钥的传送，保证了常规加密密钥的安全性。用常规加密方法来保护传送的数据，由于其加密密钥是安全的，因而其传送的数据也是安全的，同时也利用了常规加密速度快的特点，因而这种方法有很强的适应性。

假定通信的双方 A 和 B 已经通过某种方法得到对方的公开密钥,常规加密密钥分发过程如下步骤所示:

(1) A→B:$E_{KUb}[N_1||IDa]$。

A 使用 B 的公开密钥 KUb 加密一个报文发给 B,报文内容包括一个 A 的标识符 IDa 和一个现时值 N_1,该现时值用于惟一地标识本次交互。

(2) B→A:$E_{KUa}[N_1||N_2]$。

B 返回一个用 A 的公开密钥 KUa 加密的报文给 A,报文内容包括 A 的现时值 N_1 和 B 新产生的现时值 N_2。因为只有 B 才可以解密 (1) 中的报文,报文 (2) 中的 N_1 存在使得 A 确信对方是 B。

(3) A→B:$E_{KUb}[N_2]$。

A 返回一个用 B 的公开密钥 KUb 加密的报文给 B,因为只有 A 才可以解密 (2) 中的报文,报文 (3) 中的 N_2 存在使得 B 确信对方是 A。

(4) A→B:$E_{KUb}[E_{KRa}[Ks]]$。

A 产生一个常规加密密钥 Ks,并对这个报文用 A 的私有密钥 KRa 加密,保证只有 A 才可能发送它,再用 B 的公有密钥 KUb 加密,保证只有 B 才可能解读它。

(5) B 计算 $D_{KUa}[D_{KRb}[E_{KUb}[E_{KRa}[Ks]]]]$ 得到 Ks,从而获得与 A 共享的常规加密密钥,因而通过 Ks 可以与之安全通信。

其分发过程如图 8.4 所示。

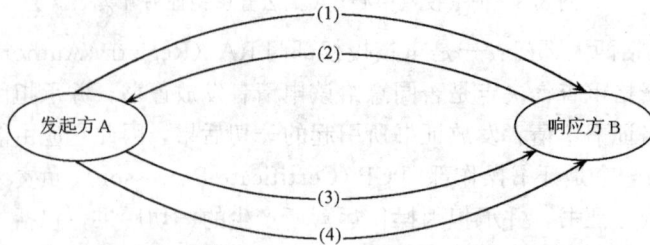

图 8.4 利用公开密钥加密进行常规加密密钥的分配

8.2 密钥的管理

目前,几乎所有的加密技术都依赖于密钥,密钥的管理是整个加密系统中较薄弱的环节,密钥的泄漏将直接导致明文内容的泄漏,因而密钥是保证安全性的一个关键点。密钥的管理是一个复杂的问题,同时也会因所使用的加密体制(如常规加密体制和公开加密体制)的不同,而有所不同。

密钥管理机制对常规加密体制来说,在进行通信之前,双方必须持有相同的密钥,在通信过程中要防止密钥泄密和能够更改密钥。通常是设立密钥分配中心 KDC 来管理密钥,但增加了网络成本,降低了网络的性能。或者利用公开密钥加密技术来实现对常规密钥的管理,此方法使密钥管理变得简单,同时解决了对称密钥中的可靠性和鉴别性的问题。公开密钥的管理通常采用数字证书的方式。数字证书通常含有惟一标识证书所有者(发送方)的名称、惟一标识证书发布者的名称、证书所有者的公开密钥、证书发布者的数字签名、证书的有效期及证书的序列号等。ITU 的 X.509 标准对数字证书进行了定义。

密钥的管理涉及密钥的生成、使用、存储、备份、恢复以及销毁等多个方面，涵盖了密钥的整个生存周期。某些密钥管理功能将在网络应用实现环境之外执行，包括用可靠手段对密钥进行物理的分配。

8.2.1 密钥的生成

算法的安全性依赖于密钥，如果用一个弱的密钥产生方法，那么整个系统都将是弱的。DES 有 56 位的密钥，正常情况下任何一个 56 位的数据串都能成为密钥，所以共有 2^{56} 种可能的密钥。在某些实现中，仅允许用 ASCII 码的密钥，并强制每一字节的最高位为零。有的实现甚至将大写字母转换成小写字母。这些密钥产生程序都使得 DES 的攻击难度比正常情况下低几千倍。因此，对于任何一种加密方法，其密钥产生方法都不容忽视。

表 8.1、表 8.2 分别给出了在不同输入限制下可能的密钥数，并给出了在每秒一百万次测试的情况下，寻找所有这些密钥消耗的时间。

表 8.1 不同密钥空间的可能密钥数

输入限制	4 字节	5 字节	6 字节	7 字节	8 字节
小写字母（26）	460 000	1.2×10^7	3.1×10^8	8.0×10^9	2.1×10^{11}
小写字母和数字（36）	1 700 000	6.0×10^7	2.2×10^9	7.8×10^{10}	2.8×10^{12}
字母数字字符（62）	1.5×10^7	9.2×10^8	5.7×10^{10}	3.5×10^{12}	2.2×10^{14}
印刷字符（95）	8.1×10^7	7.7×10^9	7.4×10^{11}	7.0×10^{13}	6.6×10^{15}
ASCII 字符（128）	2.7×10^8	3.4×10^{10}	4.4×10^{12}	5.6×10^{14}	7.2×10^{16}
8 位 ASCII 字符（256）	4.3×10^9	1.1×10^{12}	2.8×10^{14}	7.2×10^{16}	1.8×10^{19}

表 8.2 不同密钥空间穷举搜索时间（假设每秒测试一百万次）

输入限制	4 字节	5 字节	6 字节	7 字节	8 字节
小写字母（26）	0.5 秒	12 秒	5 分钟	2.2 小时	2.4 天
小写字母和数字（36）	1.7 秒	1 分钟	36 分钟	22 小时	33 天
字母数字字符（62）	15 秒	15 分钟	16 小时	41 天	6.9 年
印刷字符（95）	1.4 分钟	2.1 小时	8.5 天	2.2 年	210 年
ASCII 字符（128）	4.5 分钟	9.5 小时	51 天	18 年	2300 年
8 位 ASCII 字符（256）	1.2 小时	13 天	8.9 年	2300 年	580 000 年

应该注意到，计算机的计算能力每 18 个月翻一番。随着计算能力的加快，现有的安全密码长度，也许很快就会变得不安全了，这些都是我们在产生密钥时应该考虑到的。

密钥的生成与所使用的生成算法有关。如果生成的密钥强度不一致，则称该算法构成的密钥空间是非线性密钥空间，否则是线性密钥空间。大部分密钥生成算法采用随机过程或者伪随机过程来生成密钥。随机过程一般采用一个随机数发生器，它的输出是一个不确定的值。伪随机过程一般采用噪声源技术，通过噪声源的功能产生二进制的随机序列或与之对应的随机数。常用的噪声源包括基于力学的噪声源、基于电子学的噪声源和基于混沌理论的噪声源。

ANSI 的 X9.17 标准定义了一种线性密钥空间的密钥生成方法。令 k 为主密钥，V_0 为 64 比特的随机种子，T 为时标，E_k 为任选的加密算法，设

$$R_i = E_k(E_k(T_i) \oplus V_i)$$
$$V_{i+1} = E_k(E_k(T_i) \oplus R_i)$$

则 R_i 为每次产生的密钥。

8.2.2 密钥的使用与存储

密钥的使用是指从密钥的存储介质上获得密钥进行加密和解密的技术活动。在密钥的使用过程中，要保证密钥不被泄露出去，同时也要在密钥过了使用期的时候更换一个新的密钥。密钥只能被通信的双方使用。当确信或怀疑密钥泄露出去时，应立即停止该密钥的使用，并从存储介质上删除该密钥。密钥的使用应保证顺利实现加密和解密，确保密钥的安全，发挥加密系统的功能。

当下列情况发生时，应停止密钥的使用，更换新的密钥。

(1) 密钥的使用期已到，此时应该用新的密钥代替旧的密钥。

(2) 当确信或怀疑密钥被泄漏，密钥和它的所有变形都应该被替换。如果怀疑密钥是一个密钥加密密钥或由其他密钥推导出来的密钥，各层和它相关的所有密钥都应该更换。

(3) 在某一段时间内，通过对用某密钥加密的数据进行字典攻击或穷尽攻击能确定该密钥时，则在该段时间内必须更换该密钥。

(4) 当确信或怀疑密钥被非法替换，则该密钥及和它相关的密钥都应该更换。

密钥的存储介质可分为无介质、记录介质和物理介质几种。

无介质就是不存储密钥，或者说是把密钥存储的在头脑中。这种方法也许是最安全的，也许是最不安全的，因为没人能撬开你的脑袋来偷取你的密钥。但是，一旦你遗忘了密码，其结果是可想而知的，再也没有人能使用那些经过加密的信息。当然，对于只是适用于一段时间的通信密钥而言，也许并不需要把密钥存储起来。

记录介质就是密钥存储的计算机的磁盘。如果一台计算机只有授权的人才可以使用，那么存储在该计算机上的密钥对于这台计算机的非授权人员来说是安全的。当然，也许你也不希望所有能够使用这台计算机的人员都能够看到你存储在这台计算机上的密钥。这时，对存储密钥文件进行加密也许是一个不错的选择。

物理介质对于密钥的存储而言，应该是一个不错的选择。把密钥存储在一个特殊的物理介质上，如 IC 卡。显然，这种物理介质便于携带、安全、方便。当需要使用密钥时，我们可以把物理介质插入到计算机终端上的特殊读入装置中，然后把密钥输入到系统中去。

8.2.3 密钥的备份与恢复

密钥的备份是指在密钥使用期内，存储该密钥的一个受保护的拷贝，用于恢复遭到破坏的密钥。密钥的恢复是指当一个密钥由于某种原因被破坏了，并且没有被泄露出去时，从它的一个备份拷贝重新得到该密钥的过程。密钥的备份与恢复机制保证了即使密

钥丢失，受密钥加密保护的重要信息也能够恢复。

如果备份的密钥拷贝是可读的，它们应该以两个或两个以上的密钥分量形式存储。当需要恢复密钥时，必须知道该密钥的所有分量。每一个密钥分量应当包括足够大的检验和，使得校验的错误率较低。密钥的每个分量应该交给不同的个人保管，保管该密钥的个人的身份应该被记录到安全日志上。

密钥的恢复同样也应该在多重控制下进行。密钥恢复时，所有保存该密钥分量的人员都应该在场，并负责自己保管的那份密钥分量的输入工作。密钥的恢复工作同样也应该被记录到安全日志上。

8.2.4 密钥的销毁

没有哪个加密密钥能无限期地使用，它应当和护照、许可证一样能够自动失效，否则可能带来无法意料的结果。

- 密钥使用时间越长，它泄漏的机会就越大。
- 如果密钥已泄漏，那么密钥使用越久，损失就越大。
- 密钥使用越久，人们花费精力破译它的诱惑力就越大，甚至采用穷尽攻击法。
- 对用同一密钥加密的多个密文进行密码分析一般比较容易。

密钥必须定期更换，更换密钥后，原来的密钥必须销毁。如果密钥是写在纸上的，那么把纸切碎或烧掉就可以销毁它。如果密钥是存储在特殊的物理介质上，那么必须把该物理介质回收或者把里面的存储介质擦除或覆盖。如果把密钥存储在计算机上，问题就比较麻烦了，因为计算机可以对任意文件进行任意的拷贝，因此，销毁该密钥必须把该所有存储在该密钥的文件销毁掉。

当密钥不再使用，该密钥的所有拷贝都被删除，重新生成或重新构造该密钥的所需信息也被全部删除时，该密钥终止它的生命周期。

8.3 小　　结

从密钥的产生到密钥的销毁构成了密钥的生命周期，密钥的产生、使用、存储、备份、恢复以及销毁都必须遵循一定的规则。从密钥管理的途径窃取机密比破译密文的方法花费的代价小得多，所以对密钥的分配和管理显得尤其重要。

密钥的分配和管理是设计安全的密码系统所必须考虑的重要问题。数据加密、解密、验证和签名都需要管理大量的密钥，同时这些密钥必须以某种方式安全地分配给合法用户。

密钥的分配是加密系统较为复杂的问题。对于常规加密密钥的分配，我们介绍了集中式密钥分配方案和分散式密钥分配方案。而对于公开加密密钥的分配，我们介绍了公开密钥的公开宣布、公开可得目录、公开密钥管理机构。在公开密钥管理机构方式下，我们着重阐述了证书授权中心 CA 颁发数字证书的方案。

习　题

1. 如何看待密钥的分配对整个加密系统的影响？
2. 常规加密密钥的分配有几种方案，请对比一下它们的优缺点。
3. 公开加密密钥的分配有哪几种方案？它们各有什么特点？哪种方案最安全？哪种方案最便捷？
4. 如何利用公开密钥加密进行常规加密密钥的分配？
5. 密钥的产生需要注意哪些问题？
6. 请自己设计一个密钥生成算法，并验证其密钥空间的安全性。
7. 在密钥的生命周期内，如何对密钥进行有效的管理？

参 考 文 献

冯登国. 2001. 计算机通信网络安全. 北京：清华大学出版社

龚俭，陆晟，王倩. 2000. 计算机网络安全导论. 南京：东南大学出版社

黄元飞，陈麟，唐三平. 2001. 信息安全与加密解密核心技术. 上海：浦东电子出版社

黄月江，龚奇敏. 2001. 信息安全与保密——现代战争的信息卫士. 北京：国防工业出版社

李海泉，李健. 2001. 计算机系统安全技术. 北京：人民邮电出版社

Menezes A，P van Oorschot，Vanstone S. 1996. The Handbook of Applied Cryptography. CRC Press

William Stallings. 1999. Cryptography and Network Security Principles and Practice. Second Edition. （本书中文版：
  杨明，胥光辉，齐望东等译. 2001. （密码编码学与网络安全：原理与实践，北京：电子工业出版社）

第9章　报文鉴别与散列函数

网络安全的威胁来自两个方面：一方面是被动攻击，对手通过侦听和截取等手段获取数据；另一方面是主动攻击，对手通过伪造、重放、篡改、乱序等手段改变数据。报文鉴别的目的是保护数据不受主动攻击。报文签别的方式主要有：

(1) 报文加密函数，加密整个报文，以报文的密文作为鉴别。

(2) 报文鉴别码，依赖公开的函数对报文处理，生成定长的鉴别标签。

(3) 散列函数，将任意长度的报文变换为定长的报文摘要，并加以鉴别。

报文加密函数就是用完整报文的密文作为对报文的认证。报文加密函数分两种，一种是常规的对称密钥加密，另一种是公开密钥的双密钥加密函数。前面我们已经介绍过这两种算法，本章主要讲述报文鉴别码和散列函数两个内容。

9.1　报文鉴别码

报文鉴别码（MAC）也称为密码校验和，是使用一个密钥来对原始报文产生的一个定长的 n 比特数据分组并附加在报文中用以提供鉴别。

报文鉴别码的函数表示为 $MAC = C_K(M)$，假定通信双方 A 和 B 共享一个密钥 K，MAC 为报文鉴别码，M 是原始报文，发送方使用密钥 K 和函数 C 生成 n 比特的鉴别码 MAC，报文 M 和附加的鉴别码 MAC 一起传送到接收方，接收方使用相同的密钥 K 并执行相同的函数 C 生成鉴别码，将收到的鉴别码 MAC 与计算得到的鉴别码比较，如果鉴别码相同，那么说明报文没有改变。

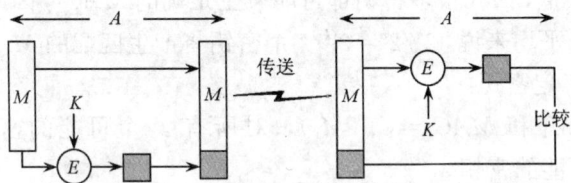

图 9.1　报文鉴别码的用法

9.1.1　数据认证算法

典型的生成鉴别码的算法主要是基于 DES 的认证算法，该算法采用 CBC (Cipher Block Chaining) 模式，见图 9.2 初始化向量（IV）取 0，这个 IV 没有实际意义，只是在第一次计算的时候需要用到而已。CBC 的 MAC 函数可以在较长的报文上操作，报文按 64 比特分组，不足时补 0，然后进入 DES 系统加密，一个报文分组在被加密之前要与前一个密文分组进行异或运算，第一块是加一个常数 IV，最后一个报文分组的加密结果不输出，只取加密结果最左边的 n 比特作为鉴别码，n 的大小由通信双方约定，典型情况下是 16 比特至 64 比特的编码。CBC 模式的 MAC 是 DES 标准的一部分，在实际中已经广泛运用，特别在银行系统中。

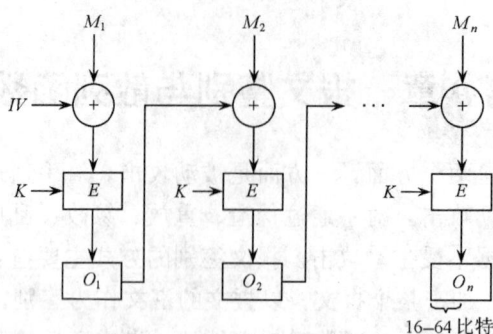

图 9.2　CBC 的 MAC 算法

鉴别算法的处理过程与加密类似，但它的设计比加密算法要容易一些。鉴别算法不需要可逆过程，而加密算法必须有相应的可逆算法，与加密算法一样，鉴别算法也需要有一个密钥，整个鉴别过程的安全性完全取决于密钥的安全性，鉴别算法的保密强度要求与加密算法的保密强度要求一样，也要能经受住攻击。

9.1.2　攻击策略

产生 MAC 的函数都是多对一的映射，将较大的区域映射到较小的范围，因此不可避免地存在着碰撞，即两个不同的报文会产生相同的 MAC。假设通信双方没有采用保密措施，攻击者可以看到报文 M_1 和 MAC_1，其中 $MAC_1 = C_K(M_1)$，所用的密钥长度为 k 比特，MAC 长度为比特，$k > n$，则函数 C 的取值有 2^n 个可能的 MAC，函数输入的可能的报文个数 $N \gg 2^n$，可能的密钥个数为 2^k，在系统不考虑保密性的情况下，攻击者可以看到明文，穷尽搜索以获取产生 MAC 的函数所使用的密钥 K_i 计算 $MAC_i = CK_i(M_1)$，直到找到某个 K_i 使得 $MAC_i = MAC$，由于 2^k 个不同的密钥产生 2^k 个 MAC 结果，但只有 $2^k < 2^n$ 个不同的 MAC 值，因此很多密钥都可能产生正确的 MAC_1，因此攻击者无法确定哪一个是正确的密钥。平均来说，$2^k / 2^n = 2^{(k-n)}$ 个密钥将产生匹配的 MAC，所以攻击者需要循环多次攻击，以确定密钥。

第一轮：给定 M_1 和 $MAC_1 = C_K(M_1)$，对所有 2^k 个可能的密钥计算 $MAC_i = C_{Ki}(M_1)$，得到 $2^{(k-n)}$ 可能的密钥。

第二论：给定 M_2 和 $MAC_1 = C_K(M_2)$，对所有 $2^{(k-n)}$ 个可能的密钥计算 $MAC_i = C_{Ki}(M_2)$，得到 $2^{(k-2 \times n)}$ 个可能的密钥

平均来说，如果 $k = a \times n$，则上述攻击需要 a 轮，例如密钥长度为 80 比特，MAC 长度为 32 比特，则第一轮将产生 2^{48} 个可能的密钥，第二轮将产生 2^{16} 个密钥，第三轮将产生 1 个密钥，经过三轮这样就可以得到正确的密钥。如果 $k \ll n$，则第一轮就可以产生一个惟一对应的密钥，但仍然可能有多于一个密钥产生这一配对，这时攻击者需对一个新报文 M 和 MAC 进行相同的测试，由此可见，攻击者企图发现报文鉴别码不小于甚至大于对同样长度的解密密钥的攻击。

考虑以下的 MAC 算法：$M = (X1 \parallel X2 \parallel \cdots \parallel Xm)$ 是一个由 64 比特 X_i 数据块连接而成，定义 $\triangle(M) = X_1 \oplus X_2 \oplus \cdots \oplus X_m$，$C_K(M) = E_K[\triangle(M)]$，其中 $\oplus$ 为异或操作，E 为

ECB 工作模式的 DES 算法，密钥长度为 56 比特，MAC 长度为 64 比特，攻击者至少需要 2^{56} 次加密来决定密钥。

假设 $M' = (Y_1 \parallel Y_2 \parallel \cdots \parallel Y_{m-1} \parallel Y_m)$，其中 Y_1，Y_2，$\cdots$，Y_{m-1} 是替换 X_1，X_2，$\cdots$，X_{m-1} 的任意值，并用 Y_m 替换 X_m，求出 $Y_m = Y_1 \oplus Y_2 \oplus \cdots \oplus Y_{m-1} \oplus \triangle(M)$，这是报文 M' 和 $MAC = C_K(M) = E_K[\triangle(M)]$ 是一对可被接收者认证的报文，$C_K(M') = E_K[\triangle(M')] = E_K[Y_1 \oplus Y_2 \oplus \cdots \oplus Y_{m-1} \oplus Y_m] = E_K[Y_1 \oplus Y_2 \oplus \cdots \oplus Y_{m-1} \oplus (Y_1 \oplus Y_2 \oplus \cdots \oplus Y_{m-1} \oplus \triangle(M))] = E_K[\triangle(M)]$，用此方法，任何长度为 $64 \times (m-1)$ 可以被插入任意的欺骗行信息。

为了防止以上可能的攻击，MAC 函数应具有以下性质：

- 如果一个攻击者得到 M 和 $C_K(M)$，则攻击者构造一个消息 M' 使得 $C_K(M') = C_K(M)$ 应具有计算复杂性意义下的不可行性。
- $C_K(M)$ 应均匀分布，即随机选择消息 M 和 M'，$C_K(M) = C_K(M')$ 的概率是 2^{-n}，其中 n 是 MAC 的位数。
- 令 M' 为 M 的某些变换，即 $M' = f(M)$，例如 f 可以涉及 M 中一个或多个给定位的反转，在这种情况下，$P_r[C_K(M) = C_K(M')] = 2^{-n}$。

9.2 散 列 函 数

散列函数 H 是一个公开的函数，它将任意长度的报文 M 变换成固定长度的散列码 h，散列函数表示为 $h = H(M)$，它生成报文所独有的"指纹"。散列函数是一种算法，算法的输出内容称为散列码或者报文摘要，报文摘要惟一地对应原始报文，如果原始报文改变并且再次通过散列函数，它将生成不同的报文摘要，因此散列函数能用来检测报文的完整性，保证报文从建立开始到收到始终没有被改变和破坏。运行相同算法的接收者应该收到相同的报文摘要，否则报文是不可信的。

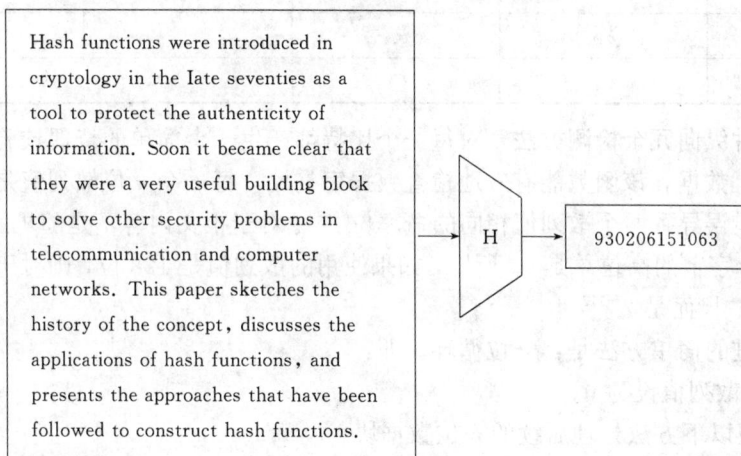

Hash functions were introduced in cryptology in the late seventies as a tool to protect the authenticity of information. Soon it became clear that they were a very useful building block to solve other security problems in telecommunication and computer networks. This paper sketches the history of the concept, discusses the applications of hash functions, and presents the approaches that have been followed to construct hash functions.

H → 930206151063

图 9.3 散列函数

散列函数必须具备如下特征：

(1) 对于不同的报文不能产生相同的散列码，改变原始报文中的任意一位数值将产生完全不同的散列码。

（2）对于任意一个报文无法预知它的散列码。

（3）无法根据散列码倒推报文，因为一条报文的散列码可能是由无数的报文所产生。

（4）散列算法是公开的，不需要保密，它的安全性来自它产生单向散列的能力。

（5）散列码有固定的长度，一个短报文的散列与百科全书的散列将产生相同长度的散列码。

用于报文鉴别的散列函数要求是单向的，意味着很容易地计算出散列码，但却很难从散列码反向得出原始报文，即防止伪造。

若单向散列函数 H，在任意给定 M 的散列值 $h = H(M)$ 下，找一 M' 使得 $H(M') = h$ 在计算上不可行，则称 H 为弱单向散列函数。对单向散列函数 H，若要找任意一对输入 $M1, M2, M1 \neq M2$，使 $H(M1) = H(M2)$ 在计算上不可行，则称 H 为强单向散列函数。上述两个定义给出了散列函数的无碰撞（Collision-free）性概念。弱单向散列，是在给定 M 下，考察与特定 M 的无碰撞性；而强单向函数考察输入集中任意两个元素的无碰撞性。

9.2.1 简单散列函数

这里介绍一个简单散列函数，将输入报文划分成 n 比特长的分组，然后将分组之间按位异或，即 $C_i = b_{i1} \oplus b_{i2} \oplus \cdots \oplus b_{im}$，其中，$C_i$ 为散列码的 i 位，$1 \leqslant i \leqslant n$，$m$ 为输入报文的分组数（每块 n 比特），b_{ij} 为第 j 个分组的第 i 个比特，$\oplus$ 为异或操作。

表 9.1 纵向冗余检测方法

	比特 1	比特 2	...	比特 n
分组 1	b_{11}	b_{12}	...	b_{n1}
分组 2	b_{22}	b_{22}		b_{n2}
$\vdots$				
分组 n	b_{n2}	b_{n2}		b_{nm}
散列码	C_1	C_2		C_n

它是一种纵向冗余检测方法，对每一个比特都产生一个简单的奇偶校验位。如果报文内容是随机数据，该函数能有效地检查数据完整性，每一个 n 位散列值是均匀的，因而一个数据错误导致两个散列值相同的概率位 2^{-n}。对于报文内容不是随机的，例如文本文件，每一个字节的高位总是 0。所以，如果使用的散列值是 128 位，则对于这种数据其有效性不是 2^{-128} 而是 2^{-112}。

一个改进的简单方法是：一位循环。即：

（1）n 位散列值设为 0。

（2）按照以下方法处理后续的 n 位数据块。

● 当前散列值左移一位。

● 数据块与其异或形成新的散列值。

使用该方法，输入的报文更趋于随机性，因此可以有效地检查数据的完整性。

9.2.2 攻击策略

通过对攻击策略的考虑可以进一步了解散列函数的安全性，一个特定的散列函数对已知攻击方法的对抗采取了一定的安全措施，这里介绍生日攻击策略目的是说明设计一个散列函数并不容易。

生日攻击这个术语源于所谓的生日问题，在一个房间中最少需要多少个人才能使两个人的生日（月日）在同一天的概率不小于 50%，答案是 $365^{1/2} \approx 23$。而对应到散列函数，目标是找到一对或更多对碰撞报文，假定散列函数 H 的散列值 h 的长度为 m，那么散文函数的输出有 2^m 个可能的输出，因此至少搜索 $2^{m/2}$ 次有可能找到一对具有相同散列值的不同输入报文，这种攻击方法适用于所有无密钥的散列函数。

算法描述

输入：合法报文 x_1；欺诈报文 x_2；m 比特散列值 h；

输出：对 x_1 和 x_2 稍做修改的结果 x_1'，x_2' 果，使得 $H(x_1') = H(x_2')$，这样在 x_1' 上的签名可以看作 x_2' 的有效签名。

操作步骤：

(1) 产生 $2^{m/2}$ 个 x_1 稍微修改后的 x_1'。

(2) 散列每一个这样被修改后的报文，并且存储这些散列值，这样以后可以根据散列值进行查找，它可以在 $2^{m/2}$ 次内完成。

(3) 产生 x_2 稍加修改的 x_2'，对每个 x_2' 计算 $H(x_2')$，然后检查散列值是否有与以上的 x_1' 的散列值相匹配，直到找到相同的配对。

为了抵抗生日攻击，通常报文摘要的长度至少应取为 128 比特，此时生日攻击需要约 2^{64} 次散列操作。

9.3 常见的散列算法

本节介绍几种重要的散列算法：MD5、SHA、RIPEMD-160 和 HMAC。

9.3.1 MD5

MD (Message Digest) 表示报文摘要，MD5 是由 Ron Rivest 在麻省理工学院提出，该算法对输入任意长度的报文进行计算，以 512 比特的分组进行处理，产生一个 128 位长度的报文摘要。MD5 的安全散列算法作为一个标准已被采纳 (RFC1321)。

MD5 输入为任意长度的报文，以 512 比特的报文分组进行处理，产生一个 128 比特长度的报文摘要。

1.MD5 算法的处理过程

(1) 报文填充。

MD5 算法是对输入的报文进行填充，使得报文长度对 512 求余的结果是 448，即报文扩展至 $K * 512 + 448$ 比特，K 为整数，留出 64 比特在步骤 2 使用。即使报文长度对 512 求余的结果已是 448，仍然要执行补位操作。具体补位操作：先填一个 1，然后填 0 直至满足上述要求,最少要补 1 比特,最多补 512 比特。

(2) 附加报文长度。

用步骤 (1) 留出的 64 比特填充报文的原始长度,当报文原始长度大于 2^{64},则仅使用该长度的低 64 比特。

这两步执行完,报文的长度为 512 的倍数,假设扩展后报文长度为 $L \times 512$ 比特,将报文以 512 比特为单位进行分组,用 Y_0、Y_1、$\cdots$、Y_{L-1} 表示,同样扩展后的报文以字 (32 比特) 为单位可表示为 $M [0 \cdots N-1]$,$N = L \times 16$。

(3) 初始化 MD 缓存器。

一个 128 位 MD 缓存器 CV_q 用以保存中间和最终的结果,它可以表示为 4 个 32 比特的寄存器 (A,B,C,D),它们也称为链接变量,寄存器初始化以下的十六进制数值:

$$A = 0 \times 01234567$$
$$B = 0 \times 89ABCDEF$$
$$C = 0 \times FEDCBA98$$
$$D = 0 \times 76543210$$

(4) 处理报文分组。

以报文分组为单位进行处理,每一个分组 Y_q $(q=0, 1, \cdots, L-1)$ 都经过逻辑函数处理,四轮处理很相似,图 9.4 说明了它的逻辑。

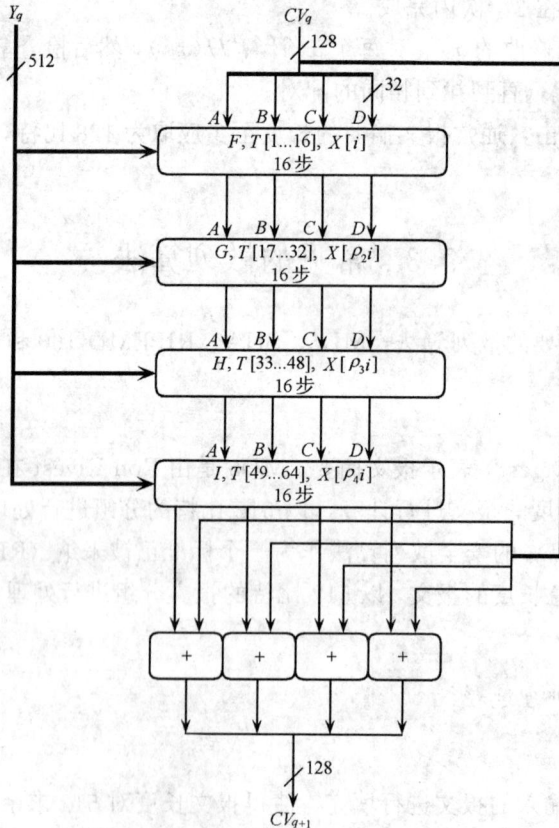

图 9.4 MD5 算法处理过程

每次使用不同的逻辑函数，它们分别表示为 F、G、H、I，每个函数的输入是 3 个 32 比特长的整数，输出是 1 个 32 比特长的整数。函数的定义由表 9.2 给出，其中运算符 $\wedge$、$\vee$、$\oplus$、$\neg$ 分别代表逻辑与、逻辑或、逻辑异或和逻辑非。逻辑函数的真值表见表 9.3。

表 9.2　MD5 中的逻辑函数定义

轮　　数	非线性函数	函数表达式
第一轮（$0 \leqslant i \leqslant 15$）	$F(B, C, D)$	$(B \wedge C) \vee ((\neg B) \wedge D)$
第二轮（$16 \leqslant i \leqslant 31$）	$G(B, C, D)$	$(B \wedge D) \vee (C \wedge (\neg D))$
第三轮（$32 \leqslant i \leqslant 47$）	$H(B, C, D)$	$B \oplus C \oplus D$
第四轮（$48 \leqslant i \leqslant 64$）	$I(B, C, D)$	$C \oplus (B \vee (\neg D))$

表 9.3　MD5 逻辑函数真值表

输入			输出			
B	C	D	F	G	H	I
0	0	0	0	0	0	1
0	0	1	1	0	1	0
0	1	0	0	1	1	1
0	1	1	1	0	0	1
1	0	0	0	0	1	0
1	0	1	0	1	0	0
1	1	0	1	1	0	1
1	1	1	1	1	1	0

每轮的输入为当前处理的报文分组 Y_q 和 128 比特缓存区 $ABCD$。每一轮进行 16 步运算操作，每步的运算操作见图 9.5。

每步运算操作对 A, B, C 或 D 中的 3 个寄存器做一次逻辑函数运算，然后将所得结果加上第四个寄存器、当前报文分组中的第 k 个 32 比特字 X_k 和一个常数 T_i，再将结果向右移一个不定的数，并加上 A, B, C, D 中之一，最后用该结果取代 A, B, C 或 D 中之一，可表示为：

$$A \leftarrow B + S^s(A + g(B, C, D) + X_k + T_i)$$

其中：

A, B, C, D：缓存寄存器。

i：步数，$0 \leqslant i \leqslant 79$。

g：逻辑函数 F，G，H 和 I 中的一个。

S^s：32 比特参数循环左移（旋转）s 个比特。

T_i：常数数组 T 中的第 i 个字。

$X_k = M[q \times 16 + k]$，$1 \leqslant k \leqslant 16$，在第 q 个报

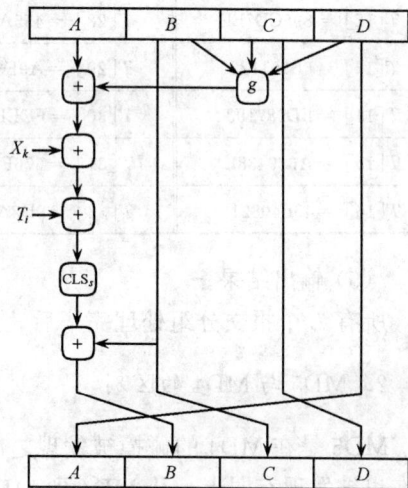

图 9.5　MD5 的一步运算操作

文分组中的第 k 个字。

　　＋：模 2^{32} 加法。

　　四轮中分别以不同的顺序使用报文分组中的 16 个字,其中第一轮以字的初始顺序使用,第二轮至第四轮,分别对字的顺序做置换,以新的顺序使用 16 个字,3 个置换算法分别为:

$$\rho_{2i} = (1 + 5 \times i) \bmod 16$$
$$\rho_{3i} = (5 + 3 \times i) \bmod 16$$
$$\rho_{4i} = (7 \times i) \bmod 16$$

　　每步运算操作使用一个 64 个加法常数数组 $T\,[1\ldots 64]$,它由 sin 函数构成,T_i 表示加法数组中的第 i 个元素,它的值等于经过 2^{32} 次 $abs\,(\sin\,(i))$ 的整数部分,其中 i 的单位是弧度 。T_i 为 16 进制表示的 32 比特整数,加法常数数组见表 9.4。

表 9.4　由 sin 函数构造而成表 T

$T[1]$ =D76AA478	$T[17]$ =F61E2562	$T[33]$ =FFFA3942	$T[49]$ =F4292244
$T[2]$ =E8C7B756	$T[18]$ =C040B340	$T[34]$ =8771F681	$T[50]$ =432AFF97
$T[3]$ =242070DB	$T[19]$ =265E5A51	$T[35]$ =699D6122	$T[51]$ =AB9423A7
$T[4]$ =C1BDCEEE	$T[20]$ =E9B6C7AA	$T[36]$ =FDE5380C	$T[52]$ =FC93A039
$T[5]$ =F57C0FAF	$T[21]$ =D62F105D	$T[37]$ =A4BEEA44	$T[53]$ =655B59C3
$T[6]$ =4787C62A	$T[22]$ =02441453	$T[38]$ =4BDECFA9	$T[54]$ =8F0CCC92
$T[7]$ =A8304613	$T[23]$ =D8A1E681	$T[39]$ =F6BB4B60	$T[55]$ =FFEFF47D
$T[8]$ =FD469501	$T[24]$ =E7D3FBC8	$T[40]$ =BEBFBC70	$T[56]$ =85845DD1
$T[9]$ =698098D8	$T[25]$ =21E1CDE6	$T[41]$ =289B7EC6	$T[57]$ =6FA87E4F
$T[10]$ =8B44F7AF	$T[26]$ =C33707D6	$T[42]$ =EAA127FA	$T[58]$ =FE2CE6E0
$T[11]$ =FFFF5BB1	$T[27]$ =F4D50D87	$T[43]$ =D4EF3085	$T[59]$ =A3014314
$T[12]$ =895CD7BE	$T[28]$ =455A14ED	$T[44]$ =04881D05	$T[60]$ =4E0811A1
$T[13]$ =6B901122	$T[29]$ =A9E3E905	$T[45]$ =D9D4D039	$T[61]$ =F7537E82
$T[14]$ =FD987193	$T[30]$ =FCEFA3F8	$T[46]$ =E6DB99E5	$T[62]$ =BD3AF235
$T[15]$ =A679438E	$T[31]$ =676F02D9	$T[47]$ =1FA27CF8	$T[63]$ =2AD7D2BB
$T[16]$ =49B40821	$T[32]$ =8D2A4C8A	$T[48]$ =C4AC5665	$T[64]$ =EB86D391

　　(5)输出结果。

　　所有 L 个报文分组处理完毕后,最后的结果就是 128 为报文摘要。

　　2.　MD5 与 MD4 的区别

　　MD5 是在 MD4 的碰撞被发现之前为加固 MD4 而设计的,在实际中已被广泛使用,现在也被发现有弱点。从 MD4 到 MD5 所做的改变如下:

　　(1)MD5 增加了第四轮的 16 步迭代运算和第四轮逻辑函数,MD4 中只使用了三轮循环,每轮循环使用一个逻辑函数。

（2）MD5 在第二轮使用与 MD4 不同的逻辑函数。

（3）MD5 在第二轮和第三轮中使用了与 MD4 不同报文内容的存取顺序。

（4）MD5 修改了每个循环的移位方式。

（5）MD5 在四轮 64 步运算操作中的每一步都采用独特的加法常数，该常数基于 2^{32} $\times \sin$ 的整数部分，用 256 个字节存储。MD4 的第一轮没有使用常数，第二轮的每一步加同一常数，第三轮中的每一步加另外的同一常数。

（6）MD5 中每一步产生的结果都需加上前面一个步骤的输出。在 MD4 算法中未采用这种加法。

9.3.2 SHA

安全散列函数 SHA 由美国 NIST 和 NSA 一起设计，SHA 算法产生 160 位散列码，是基于 MD4 算法但比 MD4 更安全。

SHA 输入为小于 2^{64} 比特长度的任意报文，以 512 比特的报文分组进行处理，产生一个 160 比特长度的报文摘要。

该算法的处理经过以下步骤：

（1）报文填充。

在报文最后添加适当的填充位使得报文长度对 512 的余是 448，方法同 MD5 的步骤（1）。

（2）附加报文长度。

与 MD5 的步骤（2）类似，不同之处在于以高字节优先方式表示报文的原始长度。第一步留出的 64 比特当做 64 比特长的无符号整数。

（3）初始化 MD 缓存区。

一个 160 位 MD 缓存区用以保存散列函数的结果，它可以表示为 5 个 32 比特的寄存器（A，B，C，D 和 E），寄存器初始化为：

$$A = 0 \times 67452301$$
$$B = 0 \times \text{EFCDAB89}$$
$$C = 0 \times 98\text{BADCFE}$$
$$D = 0 \times 10325476$$
$$E = 0 \times 23\text{D22ED0}$$

注意前 4 个与 MD5 完全相同，但存储方式是高位优先。

（4）处理报文。

以报文分组为单位进行处理，主循环有 4 轮，每轮的输入为当前处理的报文分组 Y_q 和 160 比特缓存值 $ABCDE$，图 9.6 说明了它的逻辑。

每轮主循环都使用不同的逻辑函数，它们分别表示为 $f1$，$f2$，$f3$，$f4$。每轮进行 20 步运算操作，每步运算操作见图 9.7。

每步运算操作对 A，B，C，D 或 E 中的 3 个寄存器做一次逻辑函数运算，然后进行与 MD5 中类似的移位操作。函数的定义由表 9.5 给出，其中运算符 $\wedge$、$\vee$、$\oplus$、$\neg$ 分别代表逻辑与、逻辑或、逻辑异或和逻辑非。逻辑函数的真值表见表 9.6。

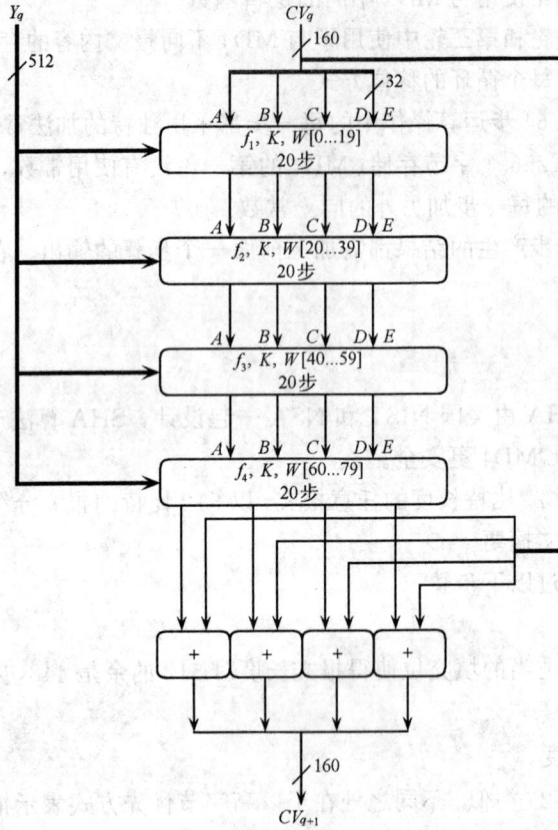

图 9.6 SHA 算法处理过程

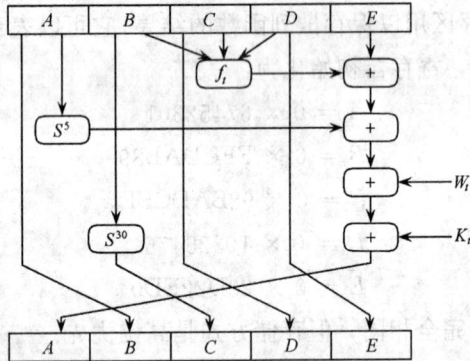

图 9.7 SHA 的一步运算操作

表 9.5 SHA 中的逻辑函数的定义

轮 数	函数名称	函数表达式
第一轮 （$0 \leqslant t \leqslant 19$）	$f_1 = f\ (t,\ B,\ C,\ D)$	$(B \wedge C)\ \vee\ ((\ \overline{\ }B)\ \wedge D)$
第二轮 （$20 \leqslant t \leqslant 39$）	$f_2 = f\ (t,\ B,\ C,\ D)$	$B \oplus C \oplus D$
第三轮 （$40 \leqslant t \leqslant 59$）	$f_3 = f\ (t,\ B,\ C,\ D)$	$(B \wedge C)\ \vee\ (B \wedge D)\ \vee\ (C \wedge D)$
第四轮 （$60 \leqslant t \leqslant 79$）	$f_4 = f\ (t,\ B,\ C,\ D)$	$B \oplus C \oplus D$

表 9.6 SHA 逻辑函数真值表

输 入			输 出			
B	C	D	f_1	f_2	f_3	f_4
0	0	0	0	0	0	1
0	0	1	1	0	1	0
0	1	0	0	1	1	0
0	1	1	1	0	0	1
1	0	0	0	0	1	1
1	0	1	0	1	0	0
1	1	0	1	1	0	0
1	1	1	1	1	1	0

该算法中同样用了 4 个加法常数，见表 9.7。

表 9.7 SHA 加法常数

轮 数	来 源	十六进制
第一轮（$0 \leqslant t \leqslant 19$）	$2^{1/2} \times 2^{30}$	$K_t = 0 \times 5A827999$
第二轮（$20 \leqslant t \leqslant 39$）	$3^{1/2} \times 2^{30}$	$K_t = 0 \times 6ED9EBA1$
第三轮（$40 \leqslant t \leqslant 59$）	$5^{1/2} \times 2^{30}$	$K_t = 0 \times 8F1BBCDC$
第四轮（$50 \leqslant t \leqslant 79$）	$10^{1/2} \times 2^{30}$	$K_t = 0 \times CA62C1D6$

每轮的输入为当前处理的报文分组 Y_q 和 160 比特缓存区 $ABCDE$。每一轮进行 16 步运算操作，见图 9.7。

设 t 是操作序号（从 0 至 79），每一步的运算形式为：

$$A, B, C, D, E \leftarrow (E + f(t, B, C, D) + S^5(A) + W_t + K_t), A, S^{30}(B), C, D$$

其中，A，B，C，D，E：缓存器的 5 个字。

t：步数，$0 \leqslant t \leqslant 79$。

$f(t, D, C, B)$：步 t 的逻辑函数。

S^k：循环左移 k 位给定的 32 位字。

W_t：一个从当前 512 报文分组导出的 32 比特字。

K_t：一个用于加法的常量，4 个不同的值。

$+$：模 2^{32}。

用下面的算法将报文分组，从 16 到 32 比特字（M_0 至 M_{15}）变成 80 个 32 比特字：

$$W_t = M_t, 0 \leqslant t \leqslant 15$$

$$W_t = S^1(W_{t-16} \oplus W_{t-14} \oplus W_{t-8} \oplus W_{t-3}), 16 \leqslant t \leqslant 79$$

（5）输出。

全部 L 个 512 比特的报文分组处理完毕后，输出 160 比特报文摘要。

9.3.3 RIPEMD-160

RIPEMD-160 算法是欧洲 RACE 项目中开发完成的，它由 MD4 演化而来，设计时考虑了对 MD4 和 MD5 算法的现有攻击方法。

RIPEMD-160 输入为任意长度的任意报文，以 512 比特的报文分组为单位进行处理，产生一个长度为 160 比特的报文摘要。

该算法的处理经过以下步骤：

（1）报文填充。

在报文最后添加适当的填充位使得报文长度对 512 的余是 448，方法同 MD5 的步骤（1）。

（2）附加报文长度。

第一步留出的 64 比特当做 64 比特长的无符号整数用以填充报文原始长度，存储方式为低位优先。方法同 MD5 的步骤（2）。

（3）初始化 MD 缓存区。

一个 160 位 MD 缓存区 V_q 用以保存散列函数的结果，它可以表示为 5 个 32 比特的寄存器（$ABCDE$（左边）或 $A'B'C'D'E'$（右边）），但存储方式是低位优先。寄存器初始化为：

$$A = A' = 0 \times 67452301$$
$$B = B' = 0 \times \text{EFCDAB89}$$
$$C = C' = 0 \times 98\text{BADCFE}$$
$$D = D' = 0 \times 10325476$$
$$E = E' = 0 \times \text{C3D2E1F0}$$

注意前 4 个与 MD5 完全相同，并且存储方式也相同。

（4）处理报文

以报文分组为单位进行处理，主循环有十轮，但十轮的处理过程以五轮为一组分成左右两组并行处理，图 9.8 说明了它的逻辑。

两组的处理过程使用同样的逻辑，左边的使用顺序为 f_1，f_2，f_3，f_4，f_5，右边以相反顺序使用 5 个逻辑函数，每步运算操作见图 9.9。

每轮的输入为当前处理的报文分组 Y_q 和 160 比特缓存值 CV_q，每轮进行 16 步运算操作，每次操作对 CV_q 中的 3 个寄存器做一次逻辑函数运算，然后进行移位操作。逻辑函数的定义由表 9.8 给出，其中运算符 $\wedge$、$\vee$、$\oplus$、$\neg$ 分别代表逻辑与、逻辑或、逻辑异或和逻辑非。逻辑函数的真值表见表 9.9。

表 9.8 RIPEMD-160 中的逻辑函数的定义

轮　　数	函数名称	函数表达式
左、右第一轮（$0 \leqslant j \leqslant 15$）	$f_1 = f(j, B, C, D)$	$B \oplus C \oplus D$
左、右第二轮（$16 \leqslant j \leqslant 31$）	$f_2 = f(j, B, C, D)$	$(B \wedge C) \vee ((\neg B) \wedge D)$
左、右第三轮（$32 \leqslant j \leqslant 47$）	$f_3 = f(j, B, C, D)$	$(B \wedge (\neg C)) \oplus D$
左、右第四轮（$48 \leqslant j \leqslant 63$）	$f_4 = f(j, B, C, D)$	$(B \wedge D) \vee (C \wedge (\neg D))$
左、右第五轮（$64 \leqslant j \leqslant 79$）	$F_5 = f(j, B, C, D)$	$B \oplus (C \wedge (\neg D))$

该算法中同样用了 9 个常数，其中一个是 0，具体数值见表 9.10。

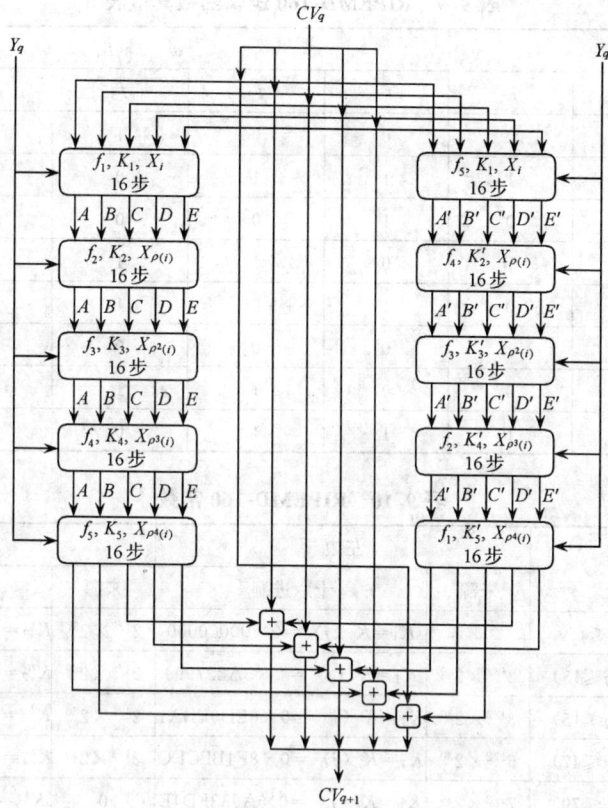

图 9.8   RIPEM-160 算法处理过程

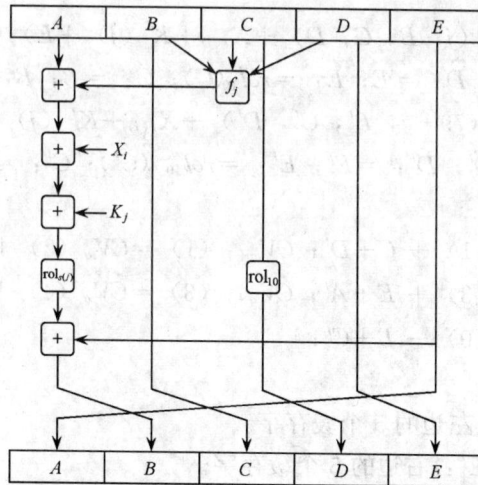

图 9.9   RIPEMD-16 的一步运算操作

下面是伪代码，描述了一步运算操作的算法：

$A:=CV_q(0)$；$B:=CV_q(1)$；$C:=CV_q(2)$；$D:=CV_q(3)$；$E:=CV_q(4)$；

$A':=CV_q(0)$；$B':=CV_q(1)$；$C':=CV_q(2)$；$D':=CV_q(3)$；$E':=CV_q(4)$；

表 9.9　RIPEMD-160逻辑函数真值表

输入			输出				
B	C	D	f_1	f_2	f_3	f_4	f_5
0	0	0	0	0	1	0	1
0	0	1	1	1	0	0	0
0	1	0	1	1	0	1	1
0	1	1	0	0	1	0	1
1	0	0	1	0	1	0	1
1	0	1	0	1	0	1	1
1	1	0	0	1	1	1	0
1	1	1	1	0	0	1	0

表 9.10　RIPEMD-160 常数

轮数	左边		右边	
	来源	十六进制	来源	
左、右第一轮（$0 \leqslant j \leqslant 15$）	0	$K_1 = K(j) = 0 \times 00000000$	$2^{1/3} \times 2^{30}$	$K'_1 = K'(j) = 0 \times 50A28BE6$
左、右第二轮（$16 \leqslant j \leqslant 15$）	$2^{1/2} \times 2^{30}$	$K_1 = K(j) = 0 \times 5A827999$	$2^{1/3} \times 2^{30}$	$K'_2 = K'(j) = 0 \times 5C4DD124$
左、右第三轮（$32 \leqslant j \leqslant 15$）	$3^{1/2} \times 2^{30}$	$K_1 = K(j) = 0 \times 6ED9EBA1$	$2^{1/3} \times 2^{30}$	$K'_3 = K'(j) = 0 \times 6D703EF3$
左、右第四轮（$48 \leqslant j \leqslant 47$）	$5^{1/2} \times 2^{30}$	$K_1 = K(j) = 0 \times 8F1BBCDC$	$2^{1/3} \times 2^{30}$	$K'_4 = K'(j) = 0 \times 7A6D76E9$
左、右第五轮（$64 \leqslant j \leqslant 79$）	$7^{1/2} \times 2^{30}$	$K_1 = K(j) = 0 \times A953FD4E$	0	$K'_5 = K'(j) = 0 \times 00000000$

for j：=0 to 79 do

T：$= rol_{s(j)}(A + f(j, B, C, D) + X_{r(j)} + K(j) + E)$

A：$= E$；E：$= D$；D：$= E$；E：$= rol_{10}(C)$；C：$= B$；B：$= T$；

T：$= rol_{s(j)}(A' + f(79 - j, B', C', D') + X_{r(j)} + K'(j) + E')$

A'：$= E'$；E'：$= D'$；D'：$= E'$；E'：$= rol_{10}(C')$；C'：$= B'$；B'：$= T$；

enddo

$CV_{q+1}(0) = CV_q(1) + C + D'$；$CV_{q+1}(1) = CV_q(2) + D + E'$

$CV_{q+1}(2) = CV_q(3) + E + A'$；$CV_{q+1}(3) = CV_q(4) + A + B'$

$CV_{q+1}(4) = CV_q(0) + B + C'$；

其中，

A, B, C, D, E：左边的 5 个缓存字。

A', B', C', D', E'：右边的 5 个缓存字。

j：步数，$0 \leqslant j \leqslant 79$。

$f(j, B, C, D)$：左边第 j 步和右边 $79 - j$ 步的逻辑函数。

$rol_{s(j)}$：32 比特变量的循环左移；$s(j)$ 是对某个特定步骤移位，见表 9.11。

$X_{r(j)}$：由当前 512 比特的报文分组得到的一个 32 比特字；$r(j)$ 是选择某个特殊字的置换函数，见表 9.12。

$K(j)$：第 j 步使用的附加常数，见表 9.10。

＋：模 2^{32} 加法。

表 9.11　置换函数（左、右）

轮数	X_0	X_1	X_2	X_3	X_4	X_5	X_6	X_7	X_8	X_9	X_{10}	X_{11}	X_{12}	X_{13}	X_{14}	X_{15}
1	11	14	15	12	5	8	7	9	11	13	14	6	6	7	9	8
2	12	13	11	15	6	9	7	12	15	11	7	7	8	7	7	
3	13	15	14	11	7	7	6	8	13	14	13	5	5	6	9	
4	14	11	12	14	8	6	5	5	14	12	15	9	9	8	6	
5	15	12	13	13	9	5	8	6	15	11	12	8	8	6	5	5

表 9.12　报文分组字排列顺序

i	0	1	2	3	4	5	6	7	8	9	10	11	12	13	14	15
$\rho(i)$	7	4	13	1	10	6	15	3	12	0	9	5	2	14	11	8
$\pi(i)$	5	14	7	0	9	2	11	4	13	6	15	8	1	10	3	12

	循环 1	循环 2	循环 3	循环 4	循环 5
左	原样	ρ	ρ^2	ρ^3	ρ^4
右	π	$\rho\pi$	$\rho^2\pi$	$\rho^3\pi$	$\rho^4\pi$

（5）输出。

全部 L 个 512 比特的报文分组处理完毕后，输出 160 比特报文摘要。

9.3.4　HMAC

9.1 节介绍了报文鉴别码 MAC 的构造方法，因为 MD5 和 SHA 等散列函数不是针对 MAC 设计的，也不用密钥，因此不能直接用于 MAC。这里将介绍一种基于散列函数的报文鉴别码，这种机制被称为散列报文鉴别码 HMAC，它可以与任何迭代散列函数捆绑使用。

目前，可供选择的散列函数有 SHA、MD5、RIPEMD-160。这些不同的 HMAC 实现被表示为 HMAC-SHA、HMAC-MD5，HMAC-RIPEMD 等。下面介绍 HMAC 使用一种抽象的散列函数（用 H 表示）。

图 9.10 说明了 HMAC 的总体算法，HMAC 可表示为：

$$HMAC_K = H[(K^+ \oplus opad) \parallel H(K^+ \oplus ipad) \parallel M]$$

其中：

H：散列函数（如 MD5、SHA、RIPEMD-160 等）。

M：HMAC 的输入报文（包括散列函数所要求的填充位）。

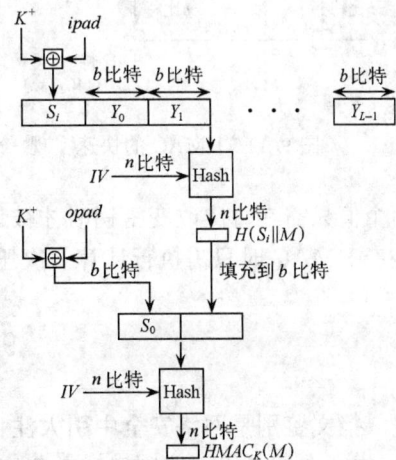

图 9.10　HMAC 结构

L：输入报文的分组数。

Y_i：输入报文的第 i 个报文分组，$0 \leqslant i \leqslant L-1$。

b：一个报文分组中的比特数。

n：散列函数的散列值长度。

K：密钥，推荐密钥长度大于等于 n，如果密钥长度大于 b，则首先作为报文输入散列函数 H 产生一个 n 比特的密钥。

K^+：在 K 的左边填充 0，使总长度等于 b。

$ipad$：将 00110110 重复 $b/8$ 次。

$opad$：将 01011010 重复 $b/8$ 次。

该算法的处理经过以下步骤：

(1) 在密钥 K 后面添加 0 来创建一个子长为 b 的字符串得到 K^+。（例如，如果 K 的字长是 160 比特，而 $b=512$ 比特，则 K 的后面需填充 44 个零字节 0×00）。

(2) 将 K^+ 与 $ipad$ 做异或运算生成的 b 比特长的数据 S_i。

(3) 将报文 M 附加到 S_i 后。

(4) 将 H 作用于步骤（3）生成的数据。

(5) 将 K^+ 与 $opad$ 做异或运算，产生一个数据 S_o。

(6) 再将步骤（4）生产的结果附加到 S_o 中。

(7) 用 H 作用于步骤(6)生成的数据，输出最终结果。

注意和 $ipad$ 异或的结果是使 K 中一半的比特值反转。同样的与 $opad$ 异或的结果也是使 K 中一半的比特值反转，不同的是反转比特不同。从效果上看，S_i 和 S_o 通过散列函数的操作将从 K 产生两个伪随机密钥。

为了更有效地实现算法，HMAC 中的三次散列运算（对 S_i、S_o 和 $H(S_i \| M)$）可预先求出下面两个值，见图 9.11，虚线左边为预计算。

$$f(IV, K^+ \oplus ipad)$$

$$f(IV, K^+ \oplus opad)$$

$f(cv, block)$ 是以 n 比特的链接变量和 b 比特的分组为参数的散列函数的压缩函数，这

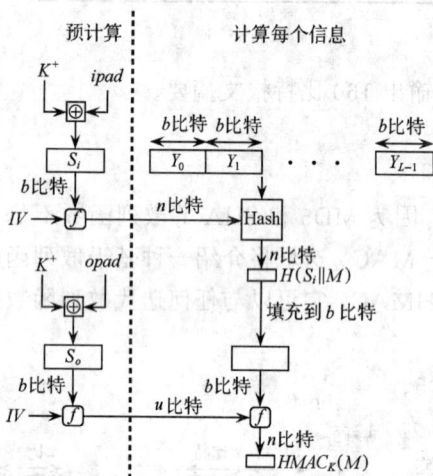

图 9.11 HMAC 的快速实现

两个值只需在每次改变密钥时才被计算，并且将代替散列函数中的初值 IV，这种方式在生产 HMAC 时只需执行计算一次压缩函数。

9.4 小　结

报文鉴别是网络安全中引人注目的技术之一，反映攻击与反攻击之间较量的技术水准，本章介绍了报文鉴别码和散列函数二种对报文进行鉴别的技术以及相应的攻击方法，也介绍了几种散列算法，报文鉴别是一个过程，用以验证报文的真实性和完整性，保护

通信双方免遭第三者的攻击，在此基础上为防止通信双方的欺骗和抵赖，可进一步运用数字签名方法。

习 题

1. 说明报文鉴别的作用和应用场合。
2. 描述报文鉴别码和散列函数的差异。
3. 比较 MD4 和 MD5 的安全性差异，为什么 MD5 比 MD4 安全性更好？
4. 针对 SHA 计算 W_{16}，W_{17}，W_{18} 和 W_{19} 的值。
5. 比较 MD5、SHA 和 RIPEMD-160，描述算法之间的差异。
6. 针对 MD5 算法设计一个攻击方法。

参 考 文 献

冯登国. 2001. 计算机通信网络安全. 北京：清华大学出版社

龚俭，陆晟，王倩. 2000. 计算机网络安全导论. 南京：东南大学出版社

李海泉，李健. 2001. 计算机系统安全技术. 北京：人民邮电出版社

杨波. 2001. 网络安全理论与应用. 北京：电子工业出版社

Menezes A，Oorschot P. van，Vanstone，S. The Handbook of Applied Cryptography，CRC Press，1996.

William Stallings. 1999. Cryptography and Network Security Principles and Practice. Second Edition. (本书中文版：杨明，胥光辉，齐望东等译. 2001. 密码编码学与网络安全：原理与实践. 北京：电子工业出版社)

第 10 章　数字签名与鉴别协议

我们知道，一般的书信或者文件是根据亲笔签名或印章来证明其真实性的。但在计算机网络中传送的报文又该如何签名或者印章呢？数字签名解决了这方面的问题。数字签名技术是实现安全电子交易的核心技术之一。本章我们介绍了数字签名的相关原理。

鉴别技术保证了在信息传送过程中能够正确地鉴别出信息发送方的身份，而且对信息内容的任何修改都可以被检测出来。利用常规加密方法和公开密钥加密方法都可以进行鉴别。我们重点介绍了 Needham-Schroeder 协议及其改进协议。同时，我们也介绍了利用常规加密方法和公开密钥加密方法对电子邮件的单向鉴别。

最后在数字签名算法的基础上，介绍了数字签名标准 DSS。

10.1　数字签名原理

我们知道，在网络传送中，信息的接收方可以伪造一份报文，并声称是由发送方发过来的，从而获得非法利益。比如说，银行通过网络传送一张电子支票，接收方就可能改动支票的金额，并声称是银行发送过来的。同样地，信息的发送方也可以否认发送过报文，从而获得非法利益。比如说，客户给委托人发送一份进行某项股票交易的报文，结果这项股票交易亏损了，客户为了逃避损失否认了发送交易的报文。因此，需要新的安全技术来解决在通信过程中引起的争端，这种技术就是数字签名技术。

当通信双方发生了下列情况时，数字签名技术必须能够解决引发的争端。

- 否认，发送方不承认自己发送过某一报文。
- 伪造，接收方自己伪造一份报文，并声称它来自发送方。
- 冒充，网络上的某个用户冒充另一个用户接收或发送报文。
- 篡改，接收方对收到的信息进行篡改。

10.1.1　数字签名原理

使用公共密钥加密算法对信息进行加密是非常耗时的，因此加密人员想出了一种办法来快速地生成一个代表你的报文的简短的、独特的报文摘要，这个摘要可以被加密并作为你的数字签名。通常，产生报文摘要的快速加密算法被称为单向散列函数。一种单向散列函数不使用密钥，它只是一个简单的公式，把任何长度的一个报文转化为一个叫做报文摘要的简单的字符串。当使用一个 16 位的散列函数时，散列函数处理的文本将产生一个 16 位的输出。例如，一个消息可能产生一个像 CBBV2353DFA2Dafg 的字符串。每一个报文产生一个稳定的报文摘要，用你的私有密钥对摘要进行加密就生成一个数字签名。下面举一个例子。

假设发送者 A 对他的报文计算一个消息摘要，然后用他的私有密钥对报文摘要进行加密构成数字鉴名，并把数字签名和原文一起发送给 B。当 B 使用 A 的公开密钥解密数字签名，他就得到了 A 计算的报文摘要的一个备份，因为他能够用 A 的公开密钥对数字签名进行解密，他知道是 A 产生的，这样就验证了发送者的身份。B 然后使用相同的散列函数（在先前就协商好的）来计算 A 发送来的明文的报文摘要。如果他计算出来的摘要和 A 发送给他的摘要是相同的，这样他就可以确认数字签名是正确的，这不仅意味着是 A 发送的报文，而且报文在发送的过程中没有发生改变。一个相同的报文摘要意味着报文没有被改变，这种方法是报文本身是作为明文的形式发送的，因此没有达到保密的要求。但我们可以采用一种使用秘密密钥的对称加密算法来加密报文的明文部分。

10.1.2 数字签名流程

数字签名通过如下的流程进行：

（1）采用散列算法对原始报文进行运算，得到一个固定长度的数字串，称为报文摘要（Message Digest），不同的报文所得到的报文摘要各异，但对相同的报文它的报文摘要却是惟一的。在数学上保证，只要改动报文中任何一位，重新计算出的报文摘要值就会与原先的值不相符，这样就保证了报文的不可更改性。

（2）发送方生成报文的报文摘要，用自己的私有密钥对摘要进行加密来形成发送方的数字签名。

（3）这个数字签名将作为报文的附件和报文一起发送给接收方。

（4）接收方首先从接收到的原始报文中用同样的算法计算出新的报文摘要，再用发送方的公开密钥对报文附件的数字签名进行解密，比较两个报文摘要，如果值相同，接收方就能确认该数字签名是发送方的，否则就认为收到的报文是伪造的或者中途被篡改了。

10.1.3 数字签名作用

为了鉴别文件或书信的真伪，传统的做法是相关人员在文件或书信上亲笔签名或用印章。签名或印章起到认证、核准、生效的作用。随着信息时代的到来，人们希望通过数字通信网络迅速传递贸易合同，这就出现了合同真实性认证的问题，数字签名就派上用场了。

数字签名用来保证信息传输过程中信息的完整和提供信息发送者的身份的确认证。在电子商务中安全、方便地实现在线支付，而数据传输的安全性、完整性、身份验证机制以及交易的不可抵赖措施等都通过安全性认证手段加以解决，电子签名可以进一步方便企业和消费者在网上做生意，使企业和消费者双方获利。例如，商业用户无需在纸上签字或为信函往来而等待，足不出户就能够通过网络获得抵押贷款、购买保险或者与房屋建筑商签订契约等，企业之间也能通过网上磋商达成有法律效力的协议。

10.1.4 数字证书

数字证书是驾驶执照、护照和会员卡的电子对应物。您可以通过出示电子数字证书来证明您的身份或访问在线信息或使用服务的权利。数字证书将身份绑定到一对可以用来加密和签名数字信息的电子密钥。数字证书能够验证一个人使用给定密钥的权利，这有助于防止有人利用假密钥冒充其他用户。数字证书与加密一起使用，可以提供一个更加完整的解决方案，确保交易中各方的身份。

数字证书采用公开密钥体制，即利用一对互相匹配的密钥进行加密、解密。每个用户自己设定一特定的仅为本人所知的私有密钥（私有密钥），用它进行解密和签名；同时设定一公共密钥（公开密钥）并由本人公开，为一组用户所共享，用于加密和验证签名。当发送一份保密文件时，发送方使用接收方的公开密钥对数据加密，而接收方则使用自己的私有密钥解密，这样信息就可以安全无误地到达目的地了。通过数字加密的手段保证加密过程是一个不可逆过程，即只有用私有密钥才能解密。在公开密钥密码体制中，常用的一种是 RSA 体制，其数学原理是将一个大数分解成两个质数的乘积，加密和解密用的是两个不同的密钥。即使已知明文、密文和加密密钥（公开密钥），想要推导出解密密钥（私有密钥），在计算上是不可能的。按现在的计算机技术水平，要破解目前采用的 1024 位 RSA 密钥，需要上千年的计算时间。公开密钥技术解决了密钥发布的管理问题，商户可以公开其公共密钥，而保留其私有密钥。购物者可以用人人皆知的公共密钥对发送的信息进行加密，安全地传送给商户，然后由商户用自己的私有密钥进行解密。用户也可以用自己的私有密钥对信息加以处理，由于密钥仅为本人所有，这样就产生了别人无法生成的文件，也就形成了数字证书。

采用数字证书，能够确认以下两点：

(1) 保证信息是由签名者自己签名发送的，签名者不能否认或难以否认。

(2) 保证信息自签发后到收到为止未曾做过任何修改，签发的信息是真实信息。

10.2 鉴 别 协 议

鉴别通常需要加密技术、密钥管理技术、数字签名技术，以及可信机构（鉴别服务站）的支持。鉴别分为相开鉴别和单句鉴别两种形式。他们既可以采用常规加密方法，也可以采用公开密钥加密方法。可以支持鉴别的协议很多，如 Needham-schroedar 鉴别协议、X.509 鉴别协议等。

10.2.1 报文鉴别

报文鉴别往往必须解决如下的问题：

(1) 报文是由确认的发送方产生的。

(2) 报文的内容是没有被修改过的。

(3) 报文是按传送时的相同顺序收到的。

(4) 报文传送给确定的对方。

当通信方 B 从通信方 A 那里接收报文，他怎么知道报文是可信的呢？一方面，如果通信方 A 对他的报文签名就容易了。通信方 A 的签名足以使任何人都相信报文是可信的。另一方面，常规加密算法也提供了鉴别。当通信方 B 从通信方 A 那里接收到用他们的共享密钥加密的报文时，他知道报文是从通信方 A 那里来的，没有其他人知道他们的密钥。然而，在这种情况下，通信方 B 没有办法使第三者相信这个事实，通信方 B 不可能把报文给 KDC 看，并使他相信报文是从通信方 A 那里来的。KDC 能够相信报文是从通信方 A 或通信方 B 那里来的（因为没有其他人共享他们的秘密密钥），但是他没有办法知道报文到底是从谁那里来的。

因此，一个完善的鉴别协议往往考虑到了报文源、报文宿、报文内容和报文时间性的鉴别。

10.2.2　相互鉴别

利用常规加密方法进行相互鉴别不得不从 Needham-Schroeder 协议谈起。这个经典的鉴别协议由 Roger Needham 和 Michael Schroeder 发明，采用了常规加密体制和密钥分配中心 KDC 技术。尽管这个协议本身存在一定的安全漏洞，但是后来发展的很多鉴别协议都是在 Needham-Schroeder 协议的基础上扩展而成的，Needham-Schroeder 协议本身也针对自己的安全漏洞做了修改。

在 Needham-Schroeder 协议中，网络中通信的各方与密钥分配中心 KDC 共享一个密钥，即所谓的主密钥,这个主密钥已通过其他安全的渠道传送完成.密钥分配中心 KDC 为通信的双方产生短期通信所需的密钥，即所谓的会话密钥，并通过主密钥来保护这些密钥的分发。

Needham-Schroeder 协议的鉴别通过如下的步骤进行：

(1) A→KDC：(IDa, IDb, Ra)。

通信方 A 将由自己的名字 IDa，通信方 B 的名字 IDb 和随机数 Ra 组成的报文传给 KDC。

(2) KDC→ A：$E_{Ka}(Ra, IDb, Ks, E_{Kb}(Ks, IDa))$。

KDC 产生一随机会话密钥 Ks。他用与通信方 B 共享的秘密密钥 Kb 对随机会话密钥 Ks 和通信方 A 名字组成的报文加密。然后用他和通信方 A 共享的秘密密钥 Ka 对通信方 A 的随机值、通信方 B 的名字、会话密钥 Ks 和已加密的报文进行加密，最后，将加密的报文传送给通信方 A。

(3) A→B：$E_{Kb}(Ks, IDa)$。

通信方 A 将报文解密并提取会话密钥 Ks。他确认 Ra 与他在第(1)步中发送给 KDC 的一样。然后他将 KDC 用通信方 B 的密钥 Kb 加密的报文发送给通信方 B。

(4) B→A：$E_{Ks}(Rb)$。

通信方 B 对报文解密并提取会话密钥 Ks，然后产生另一随机数 Rb。他用会话密钥 Ks 加密它并将它发送给通信方 A。

(5) A→ B：$E_{Ks}(Rb-1)$。

通信方 A 用会话密钥 K 将报文解密，产生 $Rb-1$ 并用会话密钥 Ks 对它加密，然后将报文发回给通信方 B。

(6) 通信方 B 用会话密钥 K 对信息解密，并验证它是 $Rb-1$。

其过程如图 10.1 所示。

这个协议的最终结果是把密钥分配中心 KDC 产生的会话密钥 Ks 安全地分发给通信方 A 和通信方 B，同时通信双方 A 和 B 都证实自己的身份和对方的身份。第(1)步，通信方 A 告知密钥分配中心 KDC 其希望与通信方 B 进行安全通信。第(2)步，密钥分配中心 KDC 将产生的会话密钥 Ks、发送给通信方 B 的加密报文经过密钥分配中心 KDC 与通信方 A 共享的主密钥 Ka 加密后发送给通信方 A，此时通信 A 可安全地获得新的会

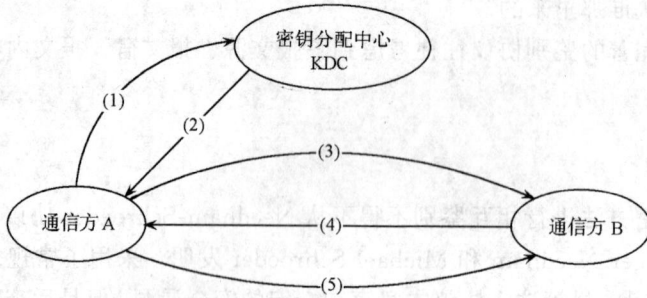

图 10.1 Needham-Schroeder 协议的鉴别过程

话密钥 Ks。第(3)步,通信方 A 转发了密钥分配中心 KDC 发送过来的加密报文给通信方 B,因为这个报文只有通信方 B 才能解密,这就使得通信方 B 安全地获得同通信方 A 进行安全通信的会话密钥 Ks。解密后报文中的 IDa 使得通信方 B 证实对方是通信方 A,同时也以因为只有通信方 B 才能解密,使得通信方 A 证实对方是通信方 B。第(4)步和第(5)步防止某种特定类型的重放攻击,特别是对手截获了第(3)步中的报文并重放该报文。

此外,所有这些围绕 Ra、Rb、Rb-1 的报文发送用来防止重放攻击。在这种攻击中,攻击方可能记录旧的报文,在以后再使用它们以达到破坏协议的目的。在第(2)步中 Ra 的出现使通信方 A 确信 KDC 的报文是合法的,并且不是以前协议的重放。在第(5)步,当通信方 A 成功地解密 Rb,并将 Rb-1 送回给通信方 B 之后,通信方 B 确信通信方 A 的报文不是早期协议执行的重放。

尽管 Needham-Schroeder 协议已经考虑了重放攻击,但是设计一个完美的没有漏洞的鉴别协议往往是很困难的。让我们考虑一下这种情况,如果一个对手已经获得了一个旧的会话密钥,那么在第(3)步中就可冒充通信方 A 向通信方 B 发送一个旧密钥的重放报文,而此时通信方 B 无法确定这是一个报文的重放。如果对手同样能截获第(4)步中的报文,那么能继续以通信方 A 的身份对通信方 B 进行第(5)步相应,并在以后的通信中冒充通信方 A,从而达到欺骗通信方 B 以获得非法利益的目的。

Denning 对 Needham-Schroeder 协议进行了修改,防止了这种情况下的重放攻击,其过程如下:

(1) A→KDC:(IDa, IDb)。

(2) KDC→A:$E_{Ka}(T, IDb, Ks, E_{Kb}(T, IDa, Ks))$。

(3) A→B:$E_{Kb}(T, IDa, Ks)$。

(4) B→A:$E_{Ks}(Rb)$。

(5) A→B:$E_{Ks}(Rb$-1$)$。

在这个过程中,增加了时间戳 T,向通信方 A 和 B 确保该会话密钥是刚产生的,使得通信方 A 和 B 双方都知道这个密钥分配是一个最新的交换。

10.2.3 单向鉴别

加密越来越受欢迎的一个应用是电子邮件。电子邮件的本质和它的主要优点是发方和收方无需同时在线。相反，邮件报文被转发到收方的电子信箱中，并被保存下来直到收方来阅读它。

电子邮件报文的"信封"或首部必须是明文的，以便报文能被存储转发的电子邮件协议如简单邮件传输协议（SMTP）和 X.400 处理。然而，通常希望邮件处理协议不要访问明文形式的邮件报文，因为这需要有可信的邮件处理系统。相应地，邮件报文应该加密以使邮件处理系统不拥有解密密钥。

第二个需求是鉴别。典型的是，收方想得到某种保证，即该报文确实是来自被认为的发方。

如果使用常规加密方法进行鉴别，分散密钥分配策略是不现实的。这种方案需要发方向预期的收方发出请求，等待包括一个会话密钥的响应，然后才能发送报文。

考虑到应该避免要求收方 B 和发方 A 同时在线，如下的基于常规加密法的方案解决了鉴别问题。

（1）A→KDC：(IDa, IDb, Ra)

（2）KDC→A：$K_{Ka}(IDb, Ks, Ra, E_{Kb}(IDa, Ks))$

（3）A→B：$E_{Kb}(IDa, Ks,) E_{Ks}(M)$

这个方案保证只有合法的接收者才能阅读到报文内容，同时也提供了发方是 A 这级鉴别。但是，这个方案会遭到重放攻击。另外，如果在报文中加入时间戳，由于电子邮件潜在的时延，时间戳的作用非常有限。

公开密钥加密方法适合电子邮件，包括提供机密性、鉴别或者机密性和鉴别而对整个报文进行直接加密。为了提供机密性，发方需要知道收方的公开密钥。为了提供鉴别，收方需要知道发方的公开密钥。如果发方和收方都知道对方的公开密钥，则可以同时提供机密性和鉴别。这种方法，可能需要对很长的报文进行一次或两次的公开密钥加密。

如果主要关心机密性，那么下面的方法可能更为有效：

$$A→B：E_{KUb}(Ks), E_{Ks}(M)$$

这种情况下，用一个会话密钥对报文加密，同时 A 使用 B 的公开密钥对这个会话密钥进行加密。只有 B 才能通过相应的私有密钥对会话密钥进行解密，再通过会话密钥对报文进行解密。这种方法比简单用 B 的公开密钥对整个报文进行加密要高效得多了。

如果关心的是鉴别，那么需要对报文进行数字签名：

$$A→B：M, E_{KRa}(H(M))$$

这种方法保证了 B 相信报文是从 A 发送过来的，同时也保证了 A 无法否认发送过该报文。然而，这种方法下，如果我们把最后的签名去掉，并附上自己的签名是可能的，这样就把 A 的报文结窃取了。为了对付这种欺骗，我们考虑如下的方法：

$$A→B：E_{KUb}(M, E_{KRa}(H(M)))$$

用收方的公开密钥对报文和签名进行了加密，防止上述的欺骗行为。实际上，这种方法同时保证了报文的机密性和鉴别功能。

10.3　数字签名标准

数字签名算法主要由两个算法组成，即签名算法和验证算法。签名者能使用一个

（秘密）签名算法签名一个消息，所得的签名能通过一个公开的验证算法来验证。给定一个签名，验证算法根据签名是否真实来给出一个"真"或"假"的问答。

目前已有大量的数字签名算法，如 RSA 数字签名算法、ElGamal 数字签名算法、Fiat-Shamir 数字签名算法、Guillou-Quisquarter 数字签名算法、Schnorr 数字签名算法、Ong-Schnorr-Shamir 数字签名算法、美国的数字签名标准/算法（DSS/DSA）、椭圆曲线数字签名算法和有限自动机数字签名算法等。

A 使一个签名算法对消息 x 签名和 B 验证签名 (x, y) 的过程可描述为：

（1）A 首先使用他的私有密钥对 x 进行签名得 y。

（2）A 然后将 (x, y) 发送给 B。

（3）最后 B 用 A 的公开密钥验证 A 的签名的合法性。

DSA 是美国国家标准技术学会（NIST）的一个标准，它是 ElGamal 数字签名算法的一个修改。当选择 p 为 512 比特的素数时，ElGamal 数字签名的尺寸是 1024 比特，而在 DSA 中通过选择一个 160 比特的素数可将签名的尺寸降低为 320 比特，这就大大地减少了存储空间和传输带宽。关于 DSA 也有一些批评意见，但它已被人们广泛地接受和应用，它的确为数字签名技术的应用提供了一个适当的内核。

早在 1991 年 8 月 30 日，美国国家标准与技术学会（NIST）就在联邦注册书上发表了一个通知，提出了一个联邦数字签名标准，NIST 称之为数字签名标准 DSS。DSS 提供了一种核查电子传输数据及发送者身份的一种方式。NIST 提出："此标准适用于联邦政府的所有部门，以保护未加保密的信息……它同样适用于 E-mail、电子金融信息传输、电子数据交换、软件发布、数据存储及其他需要数据完整性和原始真实性的应用。"

自从 NIST 引荐数字签名标准以来，它对 DSS 签名做了广泛的修改。DSS 签名（即现在名叫联邦信息处理标准 FIPS）为计算和核实数字签名指定了一个数字签名算法（DSA）。DSS 签名使用 FIPS180-1 和安全 hash 标准（SHS）产生和核实数字签名。尽管 NSA 已发展了 SHS，但它却提供了一个强大的单向散列算法，这个算法通过认证手段提供安全性。许多加密者认为 SHS 所指定的安全散列算法（SHA）是当今可以得到的最强劲的散列算法。换句话说，你可以将 SHA 用在你需要对文件或报文鉴别的任何应用中。你可以将 SHA 用到"指纹"数据中以对数据是否被改动做最后的证明和核实。当你输入任何少于 2 的 64 次方字节的报文到安全散列算法中时，它会产生 160 位的报文摘要，然后 DSS 签名将这一报文摘要输入到数字签名算法中以产生或核实对这段报文的签名。消息摘要往往比消息本身小得多，所以标识报文摘要而不是消息本身将会改善处理的效率。

DSS 方法利用一个散列函数。散列码和一个用作这个特殊签名的随机数 k 作为签名函数的输入。签名函数还依赖于发送方的私有密钥（KRa）和一个对许多通信原则来说是知名的参数集。这个集合组成一个全局公开密钥（KUg）。签名由两个分量组成，记为 s 和 r。

在接收端，将计算机所收到报文的散列码和签名作为验证函数的输入。验证函数还依赖于全局公开密钥和与发送方私有密钥配对的发送方公开密钥。如果签名是有效的，验证函数的输出值就等于签名分量 r。这样，只有发送方用掌握的私有密钥才能产生有效的签名。

DSS 的安全性表现在如下的几个方面：

(1) 对报文的签名不会引起私有密钥的泄漏。

(2) 若不知私有密钥，没有人能够对给定的报文产生签名。

(3) 没有人能够产生匹配给定签名的报文。

(4) 没有人能够修改报文并且使原有的签名依然有效。

10.4 小　　结

数字签名作为一种重要的鉴别技术，近年来越来越受到人们的重视，在军事、金融和安全领域得到广泛应用。通过数字签名，我们有效地防止第三方的伪造和签名者的抵赖。随着网上电子交易、电子政务等的发展，数字签名就会发挥越来越大的作用。

鉴别是证实信息交换过程有效性和合法性的一种手段，包括对通信对象的鉴别和对通信内容的鉴别。目前绝大多数的鉴别方法都是基于加密技术的。Needham-Schroeder 协议及其改进园议结合电子邮件的例子，我们介绍了常规加密方法和公开密钥加密方法在单向鉴别中的应用。在鉴别中发挥了很大的作用。

DSS 是美国国家标准与技术学会提出的并做出修改的数字签名标准。

习　　题

1. 数字签名有什么作用，主要应用在哪些场合？

2. 请描述一下数字签名的流程。

3. 数字证书的原理是什么？

4. 报文鉴别时应该注意什么问题，它包括哪些方面的内容？

5. Needham-Schroeder 协议的鉴别过程是怎样的？你能对 Needham-Schroeder 协议提出自己的修改方法吗？

6. 单向鉴别有多种方法，清查阅相关资料，列举一两种，并比较它们的优点和不足之处。

7. 请查阅相关资料，对比各种数字签名算法的优缺点。

8. 请阐述一下数字签名标准 DSS。

参 考 文 献

冯登国 . 2001 . 计算机通信网络安全 . 北京：清华大学出版社

龚俭，陆晟，王倩 . 2000 . 计算机网络安全导论 . 南京：东南大学出版社

黄元飞，陈麟，唐三平 . 2001 . 信息安全与加密解密核心技术 . 上海：浦东电子出版社

黄月江，龚奇敏 . 2001 . 信息安全与保密——现代战争的信息卫士 . 北京：国防工业出版社

李海泉，李健 . 2001 . 计算机系统安全技术 . 北京：人民邮电出版社

Menezes A，P van Oorschot，Vanstone S. 1996. The Handbook of Applied Cryptography. CRC Press

William Stallings. Cryptography and Network Security Principles and Practice. Second Edition. 1999. (本书中文版：

杨明，胥光辉，齐望东等译 . 2001 . 密码编码学与网络安全：原理与实践 . 北京：电子工业出版社

第 11 章　信息隐藏技术

信息隐藏（Information Hinding，也称信息伪装）是一门近年来蓬勃发展、引起人们极大兴趣的学科。它集多学科理论与技术于一身，利用人类感觉器官对数字信号的感觉冗余，将一个消息（通常为秘密信息）伪装隐藏在另一个消息（通常为非机密的信息）之中，实现隐蔽通信或隐蔽标识。信息隐藏不同于传统的密码学技术，虽然两者都用于秘密通信，但有明显的区别。密码技术是通过特殊的编码将要传递的秘密信息转变成密文的形式，以对通信双方之外的第三者隐藏其信息的内容，显然，这些杂乱无章的密文，可能会引起公共网上拦截者的注意并激发他们破解机密资料的热情。而信息隐藏则是对第三者完全隐藏了秘密信息的存在，它们看起来与一般非机密资料没有两样，因而十分容易逃过拦截者的破解。其道理如同生物学上的保护色，巧妙地将自己伪装隐藏于环境中，免于被天敌发现而遭受攻击一样。

信息隐藏学是一门有趣、古老的学问，从中国古代文人的藏头诗，到德国间谍的密写信，到现在的隐蔽信道通信，都无不闪烁着人类智慧的火花。今天，数字化技术、计算机技术和多媒体技术的飞速发展，又为信息隐藏学赋予了新的生命，为应用信息隐藏技术和信息隐藏科学的发展开辟了崭新的领域。因此，数字信息隐藏技术已成为近些年来信息科学领域研究的一个热点。被隐藏的秘密信息可以是文字、密码、图像、图形或声音，而作为宿主的公开信息可以是一般的文本文件、数字图像、数字视频和数字音频等。

随着数字技术和网络技术的迅速发展，人们越来越多采用多媒体信息来进行交流。但各种多媒体信息以数字形式存在，制作其完美拷贝变得非常容易，从而可能会导致盗版、伪造和窜改等问题。作为信息隐藏领域的一个重要分支——数字水印应运而生，它为知识产权保护和多媒体防伪提供了一种有效的手段并拥有很大、潜在的应用市场。

下面我们就先介绍一下信息隐藏技术的原理，包括它的模型、特征、主要分支和应用，然后就它的两个最主要的分支——隐写术和数字水印进行讨论。

11.1　信息隐藏技术原理

11.1.1　信息隐藏模型

信息隐藏系统的模型可以用图 11.1 来表示。我们把待隐藏的信息称为秘密信息（Secret Message），它可以是版权信息或秘密数据，也可以是一个序列号；而公开信息则称为宿主信息（Cover Message，也称载体信息），如视频、音频片段等。这种信息隐藏过程一般由密钥（Key）来控制，即通过嵌入算法（Embedding Algorithm）将秘密信息隐藏于公开信息中，而隐蔽宿主（隐藏有秘密信息的公开信息）则通过通信信道（Communication Channel）传递，然后对方的检测器（Detector）利用密钥从隐蔽宿主中恢复/检测出秘密信息。

图 11.1　通常的信息隐藏系统模型

由此也可以看出，信息隐藏技术主要由下述两部分组成：

(1) 信息嵌入算法，它利用密钥来实现秘密信息的隐藏。

(2) 隐蔽信息检测/提取算法（检测器），它利用密钥从隐蔽宿主中检测/恢复出秘密信息。在密钥未知的前提下，第三者很难从隐蔽宿主中得到或删除，甚至发现秘密信息。

11.1.2　信息隐藏系统的特征

信息隐藏不同于传统的加密，因为其目的不在于限制正常的资料存取，而在于保证隐藏数据不被侵犯和发现。因此，信息隐藏技术必须考虑正常的信息操作所造成的威胁，即要使机密资料对正常的数据操作技术具有免疫能力。这种免疫力的关键是要使隐藏信息部分不易被正常的数据操作（如通常的信号变换操作或数据压缩）所破坏。要求隐藏的数据量与隐藏的免疫力是一对矛盾，不存在一种完全满足这两种要求的方法，通常只能根据需求的不同有所侧重，采取某种妥协。从这一点来看，实现真正有效的数据隐藏的难度很大，十分具有挑战性。

根据目的和技术要求，一个信息隐藏系统的特征有：

(1) 鲁棒性（Robustness）。

鲁棒性指不因宿主文件的某种改动而导致隐藏信息丢失的能力。这里所谓"改动"包括传输过程中的信道噪音、滤波操作、重采样、有损编码压缩、D/A 或 A/D 转换等。

(2) 不可检测性（Undetectability）。

不可检测性指隐蔽宿主与原始宿主具有一致的特性，如具有一致的统计噪声分布等，以便使非法拦截者无法判断是否有隐蔽信息。

(3) 透明性（Invisibility）。

利用人类视觉系统或人类听觉系统属性，经过一系列隐藏处理，使目标数据没有明显的降质现象，而隐藏的数据却无法人为地看见或听见。

(4) 安全性（Security）。

安全性指隐藏算法有较强的抗攻击能力，即它必须能够承受一定程度的人为攻击，而使隐藏信息不会被破坏。

(5) 自恢复性。

由于经过一些操作或变换后，可能会使原图产生较大的破坏，如果只从留下的片段数据，仍能恢复隐藏信号，而且恢复过程不需要宿主信号，这就是所谓的自恢复性。这要求隐藏的数据必须具有某种自相似特性。

需要指出的是，以上这些特征会根据信息隐藏的目的与应用而有不同的侧重。比如在隐写术中，最重要的是不可检测性和透明性，但鲁棒性就相对差一点；而用于版权保护的数字水印特别强调具有很强的对抗盗版者可能采取的恶意攻击的能力，即水印对各种有意的信号处理手段具有很强的鲁棒性。用于防伪的数字水印则非常强调水印的易碎性，以能敏感地发现对数据文件的任何篡改和伪造等。

11.1.3　信息隐藏技术的主要分支与应用

按照 Fabien A. P. Petitcolas 等在其文献中的意见，广义的信息隐藏技术可以分为以下几类，如图 11.2 所示。

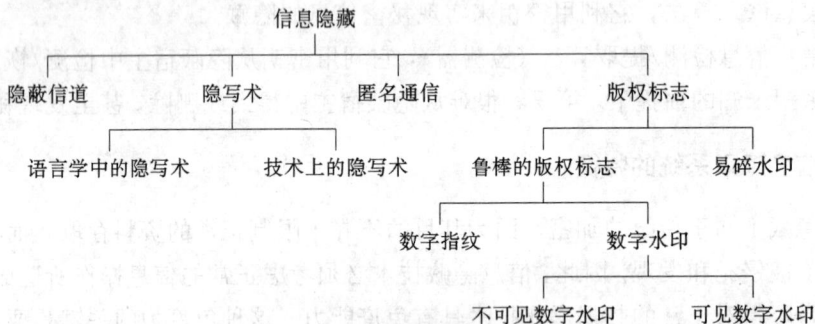

图 11.2　信息隐藏技术的主要分支

隐蔽信道由 Lampson 定义为：在多级安全水平的系统环境中（比如军事计算机系统），那些既不是专门设计的也不打算用来传输信息的通信路径称为隐蔽信道。这些信道在为某一程序提供服务时，可以被一个不可信赖的程序用来向它们的操纵者泄漏信息。比如在互联网中，IP 包的时间戳就可以被人们利用来传输一比特数据（偶时间增量发送的包表示逻辑 0，奇时间增量发送的包表示逻辑 1）。

匿名通信就是寻找各种途径来隐藏通信消息的主体，即消息的发送者和接收者。这方面的例子包括电子邮件匿名中继器，此外洋葱路由也是一种，它的想法是：只要中间参与者不互相串通勾结，通过使用一组邮件中继器或路由器，人们可以将消息的踪迹隐蔽起来。根据谁被匿名（发送者、接收者，或两者），匿名通信又可分为几种不同的类型。Web 应用强调接收者的匿名性，而电子邮件用户们更关心发送者的匿名性。

隐写术（Steganographia）是信息隐藏学的一个重要分支，我们会在 11.2 节中较详细地介绍。

版权标志包括易碎水印和数字指纹、数字水印两种鲁棒的版权标志。易碎水印的特点是脆弱性，通常用于防伪，检测是否被篡改或伪造。数字水印又分可见水印和不可见水印。可见水印（Visible Watermarking），最常见的例子是有线电视频道上所特有的半透明标识（Logo），其主要目的在于明确标识版权，防止非法的使用，虽然降低了资料的商业价值，却无损于所有者的使用。而不可见水印将水印隐藏，视觉上不可见（严格说应是无法察觉），目的是为了将来起诉非法使用者，作为起诉的证据，以增加起诉非法使用者的成功率，保护原创造者和所有者的版权。不可见水印往往用在商业用的高质量图像上，而且往往配合数据解密技术一同使用。

11.2　数据隐写术

在过去的几年中，人们提出了许多不同的数据隐写术，其中大部分可以看做是替换系统，即尽量把信号的冗余部分替换成秘密信息，它们的主要缺点是对修改隐蔽宿主具有相当的脆弱性。

根据嵌入算法，我们可以大致把隐写术分成以下六类：

（1）替换系统：用秘密信息替代隐蔽宿主的冗余部分。

（2）变换域技术：在信号的变换域嵌入秘密信息（如在频域）。

（3）扩展频谱技术：采用了扩频通信的思想。

（4）统计方法：通过更改伪装载体的若干统计特性对信息进行编码，并在提取过程中采用假设检验方法。

（5）失真技术：通过信号失真来保存信息，在解码时测量与原始载体的偏差。

（6）载体生成方法：对信息进行编码以生成用于秘密通信的伪装载体。

由于篇幅的原因，我们主要介绍前 3 种技术，给出一些较实用、常见的算法，需要指出的是，这些算法有些也适用在数字水印上。

11.2.1　替换系统

1. 最低比特位替换 LSB

最低比特位替换（Least Significant Bit Embedding，LSB）是最早被开发出来的，也是使用最为广泛的替换技术。通常，黑白图像，通常是用 8 个比特来表示每一个像素（Pixel）的明亮程度，即灰阶值（Gray-value）。彩色图像则用 3 个字节来分别记录 RGB 三种颜色的亮度。将信息嵌入至最低比特，对宿主图像（Cover-image）的图像品质影响最小，其嵌入容量最多为图像文件大小的八分之一。当然，我们可以不只藏入一个比特，但相对的，嵌入后图像品质自然较差。

这里我们以 BMP 为例介绍一种实用的最低比特位替换法。

彩色图像的 BMP 图像文件是位图文件，位图表示的是将一幅图像分割成栅格，栅格的每一点称为像素，每一个像素具有自己的 RGB 值，即一幅图像是由一系列像素点构成的点阵。

BMP 图像文件格式，是微软公司为其 Windows 环境设置的标准图像格式，并且内含了一套图像处理的 API 函数。随着 Windows 在世界范围内的普及，BMP 文件格式越来越多地被各种应用软件所支持。24 位 BMP 图像文件的结构特点为：

（1）每个文件只能非压缩地存放一幅彩色图像。

（2）文件头由 54 个字节的数据段组成，其中包含有该位图文件的类型、大小、图像尺寸及打印格式等。

（3）从第 55 个字节开始，是该文件的图像数据部分，数据的排列顺序以图像的左下角为起点，每连续 3 个字节便描述图像一个像素点的颜色信息，这 3 个字节分别代表蓝、绿、红三基色在此像素中的亮度，若某连续 3 个字节为：00H，00H，FFH，则表示该像素的颜色为纯红色。

一幅 24 位 BMP 图像，由 54 字节的文件头和图像数据部分组成，其中文件头不能隐藏信息，从第 55 字节以后为图像数据部分，可以隐藏信息。图像数据部分是由一系列的 8 位二进制数所组成，由于每个 8 位二进制数中"1"的个数或者为奇数或者为偶数，约定：若一个字节中"1"的个数为奇数，则称该字节为奇性字节，用"1"表示；若一个字节中"1"的个数为偶数，则称该字节为偶性字节，用"0"表示。我们用每个字节的奇偶性来表示隐藏的信息。

例如，设一段 24 位 BMP 文件的数据为：01100110，00111101，10001111，00011010，00000000，10101011，00111110，10110000，则其字节的奇偶排序为：0，1，1，1，0，1，1，1。现在需要隐藏信息 79，由于 79 转化为 8 位二进制为 01001111，将这两个数列相比较，发现第三、四、五位不一致，于是对这段 24 位 BMP 文件数据的某些字节的奇偶性进行调制，使其与 79 转化的 8 位二进制相一致：

第三位：将 10001111 变为 10001110，则该字节由奇变为偶。

第四位：将 00011010 变为 00011011，则该字节由奇变为偶。

第五位：将 00000000 变为 00000001，则该字节由偶变为奇。

经过这样的调制，此 24 位 BMP 文件数据段字节的奇偶性便与 79 转化的 8 位二进制数完全相同，这样，8 个字节便隐藏了一个字节的信息。

综上所述，将信息嵌入 BMP 文件的步骤为：

(1) 将待隐藏信息转化为二进制数据码流。

(2) 将 BMP 文件图像数据部分的每个字节的奇偶性与上述二进制数码流进行比较。

(3) 通过调整字节最低位的"0"或"1"，改变字节的奇偶性，使之与上述二进制数据流一致，即将信息嵌入到 24 位 BMP 图像中。

信息提取是把隐藏的信息从伪装媒体中读取出来，其过程和步骤正好与信息嵌入相反：

(1) 判断 BMP 文件图像数据部分每个字节的奇偶性，若字节中"1"的个数为偶数，则输出"0"；若字节中"1"的个数为奇数，则输出"1"。

(2) 每判断 8 个字节，便将输出的 8 位数组成一个二进制数（先输出的为高位）。

(3) 经过上述处理，得到一系列 8 位二进制数，便是隐藏信息的代码，将代码转换成文本，或图像，或声音，就是隐藏的信息。

由于原始 24 位 BMP 图像文件隐藏信息后，其字节数值最多变化 1（因为是在字节的最低位加"1"或减"1"），该字节代表的颜色浓度最多只变化了 1/256，所以，已隐藏信息的 BMP 图像与未隐藏信息的 BMP 图像，用肉眼是看不出差别的；将信息直接嵌入像素 RGB 值的优点是嵌入信息的容量与所选取的掩护图像的大小成正比，使用这种方法，一个大小为 32 KB 的 24 位 BMP 图像文件，可以隐藏约 32 KB/8＝4KB 的信息（忽略文件头不能隐藏数据的 54 个字节），该方法具有较高的信息隐藏率。

需要指出的是以上我们其实是对彩色图像的每个字节进行最低比特位替换，然而更为一般、更为通用的是对每个像素（像上面的 BMP 每个像素是 3 个字节）进行最低比特位替换。

提高最低比特替换法的容量的方法有两种：第一种是固定增加每个像素的替换量

（Fixed-sized LSB Embedding）。根据实验分析，一般的图像在每个像素都固定替换 3 个比特的信息时，人眼仍然很难察觉出异样。但直接嵌入 4 个比特的信息量时，在图像灰阶值变化和缓的区域（Smooth Area）就会出现一些假轮廓（False Contouring），因此在嵌入时必须辅以一些其他技术才能增加其隐蔽性。图 11.3 是隐藏信息的图像，其中第一个是原图，而后演示了分别替换 1～8 个比特后的结果。第二种方法是先考虑每个像素本身的特性，再决定要在每个像素嵌入多少比特的信息量（Variable-sized LSB Embedding）。因此结合上述两种方法，在完全不考虑不可检测性及鲁棒性的需求下，一张图像的嵌入容量最高可以达到图像大小的二分之一以上。若将不可检测性列入需求考虑时，嵌入容量则和每一张掩护图像本身内容息息相关，根据实验，嵌入容量平均为掩护图像的三分之一左右。

图 11.3　分别替换 1～8 个比特后的结果

2. 基于调色板的图像

对一幅彩色图像，为了节省存储空间，人们将图像中最具代表的颜色组选取出来，利用 3 个字节分别记录每个颜色的 RGB 值，并且将其存放在文件的头部，这就是调色板；然后针对图像中每个像素的 RGB 颜色值，在调色板中找到最接近的颜色，记录其索引值（Index）。调色板的颜色总数若为 256，则需要用 1 个字节来记录每个颜色在调色板中的索引值（光是这点就可节省三分之二的存储空间）；最后，这些索引值会再使用非失真压缩技术（Lossless Compression），如 LZW，压缩后再存储在文件中。在网络上，这类型的图像文件格式中，最具代表性的就是 CompuServ 公司所开发出来的 GIF 格式文件。

早期，信息是被隐藏在彩色图像的这个调色板中，利用调色板中颜色排列的次序来表示嵌入的信息，由于这种方法并没有改变每个像素的颜色值，只是改变调色板中颜色的排列号，因此，嵌入信息后的伪装图像与原始图像是一模一样的。然而，这个方法嵌入的信息量很小，无论掩护图像的尺寸为多大，可供嵌入的信息最多为调色板颜色的总数，嵌入容量小是这个技术的缺点之一。加上有些图像处理软件在产生调色板时，为了减少搜寻调色板的平均时间，会根据图像本身的特性，去调整调色板颜色的排列次序。因此在嵌入信息时，改变调色板中颜色的次序，自然会暴露出嵌入的行为。后来开发出来的技术就不再将信息隐藏在调色板，而是直接嵌入在每个像素的颜色值上（如前面在LSB中我们所介绍的例子），这样嵌入容量是和图像大小成正比，而不再是仅仅局限在调色板的大小。

另一种嵌入的方法则是将信息嵌在每个像素所记录的索引值中。由于调色板中相邻颜色的差异可能很大，所以直接在某个像素的索引值的最低比特嵌入信息，虽然在索引值的误差仅仅为 1 的情况下，像素的颜色也可能更改很大，使整张图像看起来极不自然，增加了暴露嵌入行为的风险。为了改善这项缺失，一种直觉的做法就是先将调色板中的颜色排序过，使其相邻的颜色差异缩小。但是如同我们前面所提及，更动调色板中颜色的次序，容易引起疑虑，增加了暴露嵌入行为的可能性。所以，Romana Machado 提出了另一种可行的方法，其嵌入步骤如下：

（1）复制一份调色板，依颜色的亮度（Luminance）做排序。使得新调色板中，相邻颜色之间的差异减至最小。

（2）找出欲嵌入信息的像素颜色值在新调色板中的索引值。

（3）取出一个比特的信息，将其嵌入至新索引值的最低比特（LSB）。

（4）取出嵌入信息后的索引值之颜色 RGB 值。

（5）找出这个 RGB 值在原始调色板中的索引值。

（6）将这个像素的索引值改成步骤 5 找到的索引值。

注意，这个嵌入的方法并没有改变原先的调色板，而且最后的索引值和原始的索引值之间的差异并不只是 1 而已。然而，这两个索引值所代表的颜色在新调色板中却是相邻的颜色，因此差异不大。当接收方收到图像时，取出信息的步骤如下：

（1）复制一份调色板，并对其颜色根据亮度做排序。

（2）取出一个像素，根据索引值在旧调色板中，取出其颜色 RGB 值。

（3）找出这个 RGB 值在新调色板中的索引值。

（4）取出这个索引值的 LSB，即是所要的信息。

根据亮度来排序的缺点就是，亮度相近的颜色，并不代表颜色看起来就相似。举例来说，RGB 值为（6，98，233）的颜色，其亮度经公式计算为 $0.299R + 0.587G + 0.114B$ $= 85.882$。RGB 值为（233，6，98）的颜色亮度则为 84.361。两个颜色看起来完全不同，亮度差距却极为有限。因此使用 Romana Machado 的 Stego 嵌入信息在图像中，可能将原本像素颜色为（6，98，233）改成（233，6，98）。这是因为每一个 RGB 颜色值都为三维空间上的一点，将其对映到一维的亮度上，自然无法反应出真正的色彩差距。为了改善这个缺失，Jiri Fridrich 则根据 Romana Machado 的方法改进，提出一个隐蔽性更高的嵌入技术。首先，Fridrich 将嵌入的方法改成同位比特（Parity Bit），即 $(R+G+B)\bmod 2$，并定义两个颜色 (R_1, G_1, B_1)，(R_2, G_2, B_2) 的距离 d 如下

$$d = \sqrt{(R_1 - R_2)^2 + (G_1 - G_2)^2 + (B_1 - B_2)^2}$$

利用随机数产生器选取一个像素，然后直接在调色板中，找出一个颜色距离最小的，并且同位比特值与嵌入信息相同的颜色，然后将其索引值改成这个颜色的索引值。根据实验数据显示，使用这个改进的方法，伪装图像与掩护图像之间的平均差异或像素颜色的最大改变值都降低许多。

11.2.2 变换域技术

最低比特替换技术的缺点就是替换的信息完全没有鲁棒性，而变换域技术则相对比较强壮，它是在载体图像的显著区域隐藏信息，比 LSB 方法能够更好地抵抗攻击，例如压缩、裁减和一些图像处理。它们不仅能更好地抵抗各种信号处理，而且还保持了对人类器官的不可觉察性。目前有许多变化域的隐藏方法，一种方法是使用离散余弦变化（DCT）作为手段在图像中嵌入信息，还有使用小波变化的。下面我们将介绍一个基于 DCT 变换的 JPEG 图像文件信息隐藏的例子。

JPEG 图像压缩标准是属于一种区块（Block-based）压缩技术，每个区块大小为 8×8 像素，由左而右、由上而下依序针对每个区块分别去做压缩。我们简单地以灰阶图像模式来说明，其压缩步骤如下：

（1）将区块中每个像素灰阶值都减去 128。

（2）然后将这些值利用 DCT 变换，得到 64 个系数。

（3）将这些系数分别除以量化表中相对应的值，并将结果四舍五入。

（4）将二维排列的 64 个量化值，使用 Zigzag 的次序（如表 11.1）转成一维的排序方式。

（5）最后再将一串连续 0 配上一个非 0 量化值，当成一个符号（Symbol），用 Huffman 码来编码。

表 11.1 Zigzag 次序表

0	1	5	6	14	15	27	28
2	4	7	13	16	26	29	42
3	8	12	17	25	30	41	43
9	11	18	24	31	40	44	53
10	19	23	32	39	45	52	54
20	22	33	38	46	51	55	60
21	34	37	47	50	56	59	61
35	36	48	49	57	58	62	63

在整个压缩过程中，会造成失真的部分主要是在步骤（3）。量化表中的值越大，则压缩倍率越大，相对地图像品质则越差。在 JPEG 标准规格书中，并没有强制限定量化表中的值为何，只是提供一个参考用的标准量化表（如表 11.2）。一般的图像软件，在压缩前，都会让使用者选定压缩品质等级，然后再根据下列公式计算出新的量化表。注意，下列的公式只是其中的一种调整量化表的方法而已。

表 11·2　JPEG 标准量化表

16	11	10	16	24	40	51	61
12	12	14	19	26	58	60	55
14	13	16	24	40	57	69	56
14	17	22	29	51	87	80	62
18	22	37	56	68	109	103	77
24	35	55	64	81	104	113	92
49	64	78	87	103	121	120	101
72	92	95	98	112	110	103	99

$$Scale\_factor = \begin{cases} 5000/quality, & \text{if } quality \leqslant 50 \\ 200 - quality \times 2, & \text{if } quality > 50 \end{cases}$$

$$quantization\,[i,j] = (std\_quantization\,[i,j] \times scale\_factor + 50)\,/100$$

这里的 $quality$ 代表的是使用者所设定的压缩品质等级,而 $std\_quantization\,[i,j]$ 表示标准量化表中的第 (i,j) 个值,$quantization\,[i,j]$ 则是计算出来的新量化表。

　　为了确保嵌入的信息不会遭受量化的破坏,因此嵌入的动作必须在量化之后进行。如果直接将信息嵌入在四舍五入后的整数系数之最低比特,那么嵌入所造成的最大可能误差 1,加上四舍五入产生的最大可能误差,因此最大可能误差值可达 1.5。假设量化表中的值为 16,则量化后 1.5 的误差值,代表的是量化前误差达到 24。为了改善这项缺失,Robert Tinsley 将四舍五入与嵌入两个动作合并改良,原先为实数的 DCT 系数转成整数时,不再依循四舍五入的法则,而是取决于嵌入信息为何,再决定将小数位进位或舍去。如此便可以将误差值限制在 1 的范围之中,减少了三分之一的误差。

　　在嵌入信息前,JPEG 的量化四舍五入最大误差为 0.5,嵌入信息后,最大误差扩大为 1,相当于我们将量化表的值放大一倍再去压缩图像,换算成压缩品质相当于从 $quality$ =50 降到 25 的结果。有一点值得注意的是,DCT 变换会将图像能量集中在低频部分,再经过量化之后,许多频率的系数均为零,以 Zigzag 的次序,将连续零集中,所以利用 Huffman 编码才会有较好的压缩效率。因此,嵌入信息时,应该避免将信息嵌入这些值为 0 的系数。当然,越高频的系数越可能被量化成 0,自然较少有嵌入机会。此外,嵌入时也要特别注意避免使非 0 系数变成 0,以免嵌入的信息取不出来。

　　图 11.4 为针对每一个区块的嵌入与取出流程图。值得一提的是在取出嵌入的信息时,并不需要将整张图像解压缩,只要将 Huffman 码解码后,即可检查每一个非 0 系数的最低比特,即可取出所嵌入的信息了。

　　图 11.5(a) 为一张大小为 256×256 的掩护图像 lenna。我们用 JPEG 并设定 $quality$ =50,即使用标准量化表来压缩,其结果显示在图 11.5(b),图像品质 PSNR 值为 31.97。图 11.5(c) 为使用上述之嵌入方法,除了最低频的 DC 系数没有嵌入信息外,所有非 0 的系数都嵌入 1 个比特的信息,共嵌入 8926 比特信息到图 11.5(a) 的掩护图像 lenna 中。

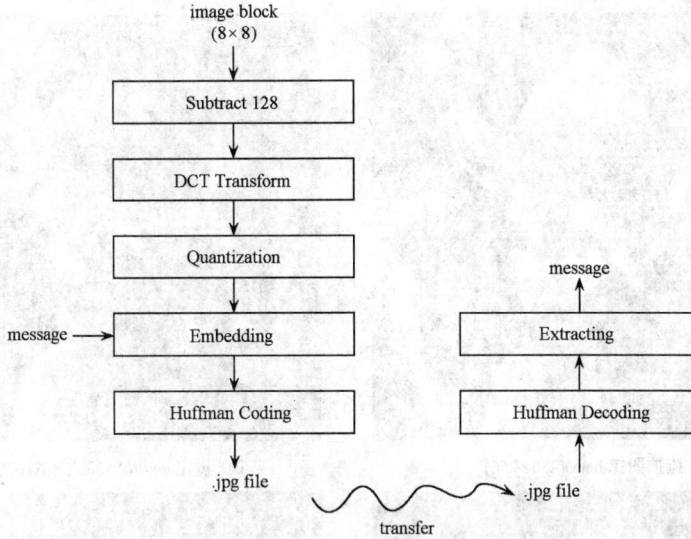

图 11.4　JPEG 文件嵌入与取出系统流程图

图像品质 PSNR 值为 27.96。图 11.5（d）的实验则是将嵌入范围限定在 Zigzag 次序表中的第 15~48 的位置（如表 11.1 的灰色部分，即中频区段）上的非 0 系数中。共嵌入 2009 个比特，图像品质 PSNR 值为 28.75。由人眼观察，图 11.5（d）的确比图 11.5（c）的图像品质要好，因此隐蔽率也较好。

　　要将信息嵌入 JPEG 压缩文件并不容易，因为图像中许多容易嵌入信息的地方，都已经被压缩掉了，压缩的倍率越高，嵌入越不容易，而且嵌入的资料越多，图像品质就越差。

11.2.3　扩展频谱

　　接着我们要介绍一种 Spread Spectrum 图像隐藏技术（SSIS），SSIS 并不直接将二元的信息嵌入图像中，而是将其转换成用以建立杂讯（White Noise）模型的 Gaussian 变数，然后再将其嵌入伪装图像中。这是为了避免嵌入的信息引起别人的怀疑，特地将其转换电子取像设备（photoelectric system）所造成的杂讯模样。

　　图 11.6（a）与（b）分别为 SSIS 系统的嵌入与提取流程图。要嵌入的信息首先使用一把密钥（key 1）加密后，再经过错误更正码（Error Correction Code）的编码，得到一个二元的串流 m，用 +1，-1 分别表示之。此外，以另一把密钥（key 2）当种子，放进用以模拟杂讯的 Gaussian 随机数产生器，产生一连串的实数随机数 n。将 m 与 n 做调制（modulation）得出 s，之后利用第三把密钥（key 3）把 s 的次序交错（Interleaving），最后再依掩护图像与人眼视觉的特性去放大缩小 s，然后嵌入于掩护图像，得到一张伪装图像。

　　由于在取出嵌入信息时，必须要用到原来的图像，这对秘密通信的负担太大，因此 SSIS 系统利用图像处理的复原滤波器（Restoration Filter）来从伪装图像中得到一张原始掩护图像的近似图。根据实验，alpha-trimmed mean filter 所计算出来的近似图，和其他的滤波器，如 mean filter、median filter、adaptive Wiener filter 等所产生的近似图比较，

(a) 掩护图像 lenna(256×256)

(b) 设定 *quality*=50 之压缩结果

(c) 伪装图像 stego-1-63

(d) 伪装图像 stego-15-48

图 11.5　在 JPEG 文件中嵌入信息的实验结果

虽然与原始掩护图像之间有较大的误差（MSE），但对于嵌入信息的比特错误率（Error Bit Rat，EBR）却最小，所以 SSIS 系统中的复原滤波器即是利用一个 3×3 的视窗，将最大和最小的灰阶值去掉，然后算出其余的平均值。

　　由于复原滤波器所计算出的近似图和掩护图像不可能相同，因此 SSIS 系统使用一个错误更正码（ECC）来纠正这些错误。另外，为避免发生的错误集中在一起，使得某些区段发生的错误率超过错误更正码的纠错能力，所以 SSIS 使用了一个交错器（Interleaving），来将可能发生的错误打乱，使其平均发生于各个区段。这个交错器也提供了另一层的安全性，在不知道交错器的密钥情况下，便无法正确取出嵌入的信息。

　　此外，在 SSIS 系统中的嵌入强度（Stegosignal Power），最好根据掩护图像的特性来调整，系统才会有最好的效能。例如，在掩护图像中有大片的平缓变化区域时（Significant Smooth Area），复原滤波器能得到较好的近似图，所以取出的错误较低；若掩护图像中有较多变化较大的区域时（High Frequency Area），嵌入信息取出错误率较高，那么就必须增加嵌入强度。

　　SSIS 系统所嵌入的信息具备了抗杂讯与低阶的抗压缩能力。当然，在伪装图像中加

(a) SSIS encoder

(b) SSIS decoder

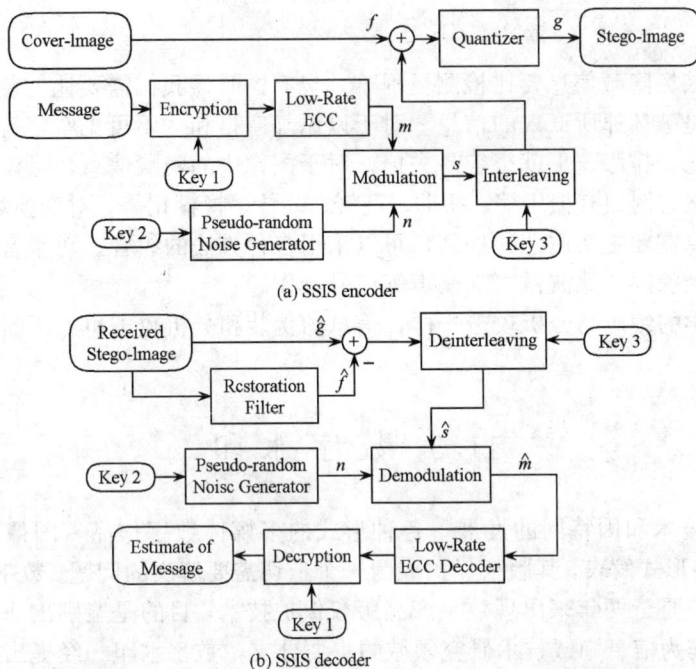

图 11.6　SSIS 信息隐藏系统的嵌入与提取流程图

入越多的杂讯，则需要越强大的错误更正码才能正确取出信息，相对的，系统在容量方面所付出的代价也越高。而压缩品质参数 $quality$ 低到 80 时，在提取嵌入信息时的比特错误率，也就是 BER 值变成 0.3001，就必须使用具有容错能力 BER＝0.35 的 Reed-Solomon 码来纠正因压缩所产生的错误。

11.2.4　对隐写术的一些攻击

还有一些隐写术比如统计隐写术、变形技术、载体生成技术等限于篇幅就不在这里介绍了，读者有兴趣的话可以自己找资料来看。下面我们介绍一下对隐写术的一些攻击。

对隐写术的攻击和分析有多种形式，即检测、提取、混淆破坏（攻击者在存在的隐藏信息上进行伪造与覆盖），使隐藏信息无效。

1.　检测隐藏信息

在伪装图像中检测隐藏信息存在性的一种方法是寻找明显的、重复的模式，它可能指示出伪装工具和隐藏消息的身份和特征。人眼可见的失真或模式是易于检测的。用于验证这些模式的一种方法是将原始载体和伪装图像进行比较，并注意视觉上的差别。如果无法获得原始载体，有时也可以利用那些已知的隐藏方法所具有的特征模式来识别隐藏消息的存在，并有可能识别所用的嵌入工具。

2.　提取隐藏信息

这基本上取决于检测技术，只有对隐藏技术有深入了解，能成功检测出隐藏信息的存在以及所用的隐藏技术、工具，才能成功地提取信息。

3. 破坏隐藏信息

很多时候破坏隐藏信息要比检测更困难，也有的时候我们需要让伪装对象在通信信道上通过，但是破坏掉所嵌入的信息。对于以添加空格和"不可见"字符形式在文本中隐藏的信息，重新排版一下就很容易去掉。对于图像中的隐藏信息，可以采用多种图像处理技术来破坏，例如有损压缩、扭曲、旋转、缩放、模糊化等，对变换域隐藏的信息，破坏嵌入的信息需要更实质性的处理，可以采用多种方法的组合。对于音频、视频等攻击可以采用加入噪声、滤波器去除噪声等信号操作。

如同密码学的编码与分析攻击一样，信息的伪装和分析攻击也在不断地对抗与相互发展之中。

11.3 数 字 水 印

随着数字技术和因特网的发展，各种形式的多媒体数字作品（图像、视频、音频等）纷纷以网络形式发表，其版权保护成为一个迫切需要解决的问题。数字水印（Digital Watermarking）是近两年来出现数字产品版权保护技术，目的是鉴别出非法复制和盗用的数字产品。作为信息隐藏技术研究领域的重要分支，数字水印一经提出就迅速地成为了多媒体信息安全研究领域的一个热点问题，出现了许多数字水印方案，也有许多公司已推出了数字水印的产品。

11.3.1 数字水印模型与特点

数字水印技术即是通过在原始数据中嵌入秘密信息——水印（Watermark）来证实该数据的所有权，而且并不影响宿主数据的可用性。被嵌入的水印可以是一段文字、标识、序列号等，而且这种水印通常是不可见或不可察觉的，它与原始数据（如图像、音频、视频数据）紧密结合并隐藏其中，并可以经历一些不破坏源数据使用价值或商用价值的操作而保存下来。

一个数字水印系统的一般模型如图 11.7 所示。

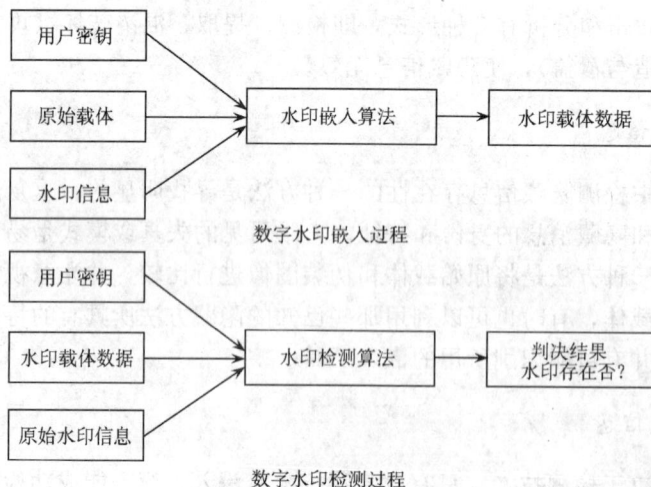

数字水印嵌入过程

数字水印检测过程

图 11.7 数字水印的嵌入和检测过程

不同的应用对数字水印的要求是不尽相同的，一般认为数字水印应具有如下特点：

1. 安全性

数字水印的信息应该是安全的，难以被篡改或伪造，同时有较低的误检测率。

2. 透明性

数字水印应是不可知觉的，即数字水印的存在不应明显干扰被保护的数据，不影响被保护数据的正常使用。

3. 鲁棒性

数字水印必须难以（最好是不可能）被除去，如果只知道部分水印信息，那么试图除去或破坏水印应导致严重的降质而不可用。数字水印应在下列情况下具有鲁棒性。

（1）一般的信号处理下的鲁棒性：即使有水印的数据经过了一些常用的信号处理，水印仍应能被检测到，这包括 A/D、D/A 转换、重采样、重量化、滤波、平滑、有失真压缩等常用的信号处理方法。

（2）一般的几何变换（仅对图像和视频而言）下的鲁棒性：包括旋转、平移、缩放及分割等操作。

（3）欺骗攻击（包括共谋攻击和伪造）下的鲁棒性：数字水印应对共谋攻击等欺骗攻击是鲁棒的，而且如果水印在法庭上用作证据，水印必须能抵抗有第三者合作的共谋攻击和伪造。

4. 通用性

同一个数字水印算法应对图像、视频、音频三种媒体都适用，这有助于在多媒体数字产品中加上数字水印，且有利于硬件实现水印算法。

5. 确定性

水印所携带的所有者等信息能够惟一地被鉴别确定，而且在遭到攻击时，确认所有者等信息的精确度不会降低许多。

需要指出的是，由于对数字水印的定义尚未统一，许多文献中讨论的数字水印并不具备上述特点，或只具有部分上述特点。在本书中我们讨论的范围是更广义上的数字水印。

11.3.2 数字水印主要应用领域

1. 版权保护

版权保护即数字作品的所有者可用密钥产生一个水印，并将其嵌入原始数据，然后公开发布他的水印版本作品。当该作品被盗版或出现版权纠纷时，所有者即可利用图11.7 的方法从盗版作品或水印版作品中获取水印信号作为依据，从而保护所有者的权益。

2. 加指纹

为避免未经授权的拷贝制作和发行，出品人可以将不同用户的 ID 或序列号作为不同的水印（指纹）嵌入作品的合法拷贝中。一旦发现未经授权的拷贝，就可以根据此拷贝所恢复出的指纹来确定它的来源。

3. 标题与注释

标题与注释即将作品的标题、注释等内容（如，一幅照片的拍摄时间和地点等）以水印形式嵌入该作品中，这种隐式注释不需要额外的带宽，且不易丢失。

4. 篡改提示

当数字作品被用于法庭、医学、新闻及商业时，常需确定它们的内容是否被修改、伪造或特殊处理过。为实现该目的，通常可将原始图像分成多个独立块，再将每个块加入不同的水印。同时可通过检测每个数据块中的水印信号，来确定作品的完整性。与其他水印不同的是，这类水印必须是脆弱的，并且检测水印信号时，不需要原始数据。

5. 使用控制

这种应用的一个典型的例子是 DVD 防拷贝系统，即将水印信息加入 DVD 数据中，这样 DVD 播放机即可通过检测 DVD 数据中的水印信息而判断其合法性和可拷贝性，从而保护制造商的商业利益。

11.3.3 数字水印的一些分类

我们可以按照不同的标准对数字水印进行分类，比如从水印的载体上可以分为静止图像水印、视频水印、声音水印、文档水印和黑白二值图像水印，从外观上可分为可见水印和不可见水印（更准确地说应是可察觉水印和不可察觉水印），从水印的使用目的分为基于数据源（Source-based）的水印（即水印用来识别所有者，主要应用在版权信息的鉴别和认证上，用于认证及判断所收到的图像或其他电子数据是否曾经被篡改）和基于数据目的（Destination-based）的水印（即水印用来确定每一份拷贝的买主或最终用户，主要用于追踪非法使用拷贝时的最终用户），从水印加载方法是否可逆上分为可逆、非可逆、半可逆、非半可逆水印，根据所采用的用户密钥的不同可分为私钥（Secret-key）水印和公钥（Public-key）水印，等等。

当然，最主要的分类方法也可以按数字水印的实现算法来分，下面我们就介绍一下数字水印算法。

11.3.4 数字水印算法

近年来，数字水印技术研究取得了很大的进步，下面对一些典型的算法进行了分析，除特别指明外，这些算法主要针对图像数据（某些算法也适合视频和音频数据）。

1. 空域算法

该类算法中典型的水印算法是将信息嵌入到随机选择的图像点中最不重要的像素位（即 LSB）上，这可保证嵌入的水印是不可见的。但是由于使用了图像不重要的像素位，算法的鲁棒性差，水印信息很容易为滤波、图像量化、几何变形的操作破坏。另外一个常用方法是利用像素的统计特征将信息嵌入像素的亮度值中。Patchwork 算法方法是随机选择 N 对像素点 (ai, bi)，然后将每个 ai 点的亮度值加 1，每个 bi 点的亮度值减 1，这样整个图像的平均亮度保持不变。适当地调整参数，Patchwork 方法对 JPEG 压缩、FIR 滤波以及图像裁剪有一定的抵抗力，但该方法嵌入的信息量有限。为了嵌入更多的水印信息，可以将图像分块，然后对每一个图像块进行嵌入操作。

2. 变换域算法

该类算法中，大部分水印算法采用了扩展频谱通信（Spread Spectrum Communication）技术。算法实现过程为：先计算图像的离散余弦变换（DCT），然后将水印叠加到 DCT 域中幅值最大的前 k 系数上（不包括直流分量），通常为图像的低频分量。若 DCT 系数的前 k 个最大分量表示为 $D=\{di\}$，$i=1, \cdots, k$，水印是服从高斯分布的随机实数序列 $W=\{wi\}$，$i=1, \cdots, k$，那么水印的嵌入算法为 $di = di (1 + awi)$，其中常数 a 为尺度因子，控制水印添加的强度。然后用新的系数做反变换得到水印图像 I。解码函数则分别计算原始图像 I 和水印图像 $I*$ 的离散余弦变换，并提取嵌入的水印 W^*，再做相关检验 $W \cdot W^* / \sqrt{W \cdot W^*}$ 以确定水印的存在与否。该方法即使当水印图像经过一些通用的几何变形和信号处理操作而产生比较明显的变形后仍然能够提取出一个可信赖的水印拷贝。一个简单改进是不将水印嵌入到 DCT 域的低频分量上，而是嵌入到中频分量上以调节水印的鲁棒性与不可见性之间的矛盾。另外，还可以将数字图像的空间域数据通过离散傅里叶变换（DFT）或离散小波变换（DWT）转化为相应的频域系数；其次，根据待隐藏的信息类型，对其进行适当编码或变形；再次，根据隐藏信息量的大小和其相应的安全目标，选择某些类型的频域系数序列（如高频或中频或低频）；再者，确定某种规则或算法，用待隐藏的信息的相应数据去修改前面选定的频域系数序列；最后，将数字图像的频域系数经相应的反变换转化为空间域数据。该类算法的隐藏和提取信息操作复杂，隐藏信息量不能很大，但抗攻击能力强，很适合于数字作品版权保护的数字水印技术中。

3. 压缩域算法

基于 JPEG、MPEG 标准的压缩域数字水印系统不仅节省了大量的完全解码和重新编码过程，而且在数字电视广播及 VOD（Video on Demand）中有很大的实用价值。相应地，水印检测与提取也可直接在压缩域数据中进行。下面介绍一种针对 MPEG-2 压缩视频数据流的数字水印方案。虽然 MPEG-2 数据流语法允许把用户数据加到数据流中，但是这种方案并不适合数字水印技术，因为用户数据可以简单地从数据流中去掉，同时，在 MPEG-2 编码视频数据流中增加用户数据会加大位率，使之不适于固定带宽的应用，所以关键是如何把水印信号加到数据信号中，即加入到表示视频帧的数据流中。对于输入的 MPEG-2 数据流而言，它可分为数据头信息、运动向量（用于运动补偿）和 DCT 编码信号块 3 部分，在方案中只有 MPEG-2 数据流最后一部分数据被改变，其原理是，首先对 DCT 编码数据块中每一输入的 Huffman 码进行解码和逆量化，以得到当前数据块的一个 DCT 系数；其次，把相应水印信号块的变换系数与之相加，从而得到水印叠加的 DCT 系数，再重新进行量化和 Huffman 编码，最后对新的 Huffman 码字的位数 $n1$ 与原来的无水印系数的码字 $n0$ 进行比较，只在 $n1$ 不大于 $n0$ 的时候，才能传输水印码字，否则传输原码字，这就保证了不增加视频数据流位率。该方法有一个问题值得考虑，即水印信号的引入是一种引起降质的误差信号，而基于运动补偿的编码方案会将一个误差扩散和累积起来，为解决此问题，该算法采取了漂移补偿的方案来抵消因水印信号的引入所引起的视觉变形。

4. NEC 算法

该算法由 NEC 实验室的 Cox 等人提出，该算法在数字水印算法中占有重要地位，其实现方法是，首先以密钥为种子来产生伪随机序列，该序列具有高斯 $N(0,1)$ 分布，密钥一般由作者的标识码和图像的哈希值组成，其次对图像做 DCT 变换，最后用伪随机高斯序列来调制（叠加）该图像除直流（DC）分量外的 1000 个最大的 DCT 系数。该算法具有较强的鲁棒性、安全性、透明性等。由于采用特殊的密钥，因此可防止 IBM 攻击，而且该算法还提出了增强水印鲁棒性和抗攻击算法的重要原则，即水印信号应该嵌入源数据中对人感觉最重要的部分，这种水印信号由独立同分布随机实数序列构成，且该实数序列应该具有高斯分布 $N(0,1)$ 的特征。

5. 生理模型算法

人的生理模型包括人类视觉系统 HVS（Human Visual System）和人类听觉系统 HAS。该模型不仅被多媒体数据压缩系统利用，同样可以供数字水印系统利用。利用视觉模型的基本思想均是利用从视觉模型导出的 JND（Just Noticeable Difference）描述来确定在图像的各个部分所能容忍的数字水印信号的最大强度，从而避免破坏视觉质量。也就是说，利用视觉模型来确定与图像相关的调制掩模，然后再利用其来插入水印。这一方法同时具有好的透明性和鲁棒性。

11.3.5 数字水印攻击分析

所谓水印攻击分析，就是对现有的数字水印系统进行攻击，以检验其鲁棒性，通过分析其弱点所在及其易受攻击的原因，以便在以后数字水印系统的设计中加以改进。攻击的目的在于使相应的数字水印系统的检测工具无法正确地恢复水印信号，或不能检测到水印信号的存在。这和传统密码学中的加密算法设计和密码分析是相对应的。

1. IBM 攻击

这是针对可逆、非盲（Non-oblivious）水印算法而进行的攻击。其原理为，设原始图像为 I，加入水印 WA 的图像为 $IA=I+WA$。攻击时，攻击者首先生成自己的水印 WF，然后创建一个伪造的原图 $IF=IA-WF$，也即 $IA=IF+WF$；此后，攻击者可声

称他拥有 IA 的版权,因为攻击者可利用其伪造原图 IF 从原图 I 中检测出其水印 WF,但原作者也能利用原图从伪造原图 IF 中检测出其水印 WA。这就产生无法分辨与解释的情况。而防止这一攻击的有效办法就是研究不可逆水印嵌入算法,如哈希过程。

2. Stir Mark 攻击

Stir Mark 是英国剑桥大学开发的水印攻击软件,由于它是采用软件方法来实现对水印载体图像进行的各种攻击,从而在水印载体图像中引入了一定的误差,但人们可以以水印检测器能否从遭受攻击的水印载体中提取或检测出水印信息来评定水印算法抗攻击的能力。如 Stir Mark 可对水印载体进行重采样攻击,它首先模拟图像用高质量打印机输出,然后再利用高质量扫描仪扫描,重新得到其图像在这一过程中引入的误差。另外,Stir Mark 还可对水印载体图像进行几何失真攻击,即它可以以几乎注意不到的轻微程度对图像进行拉伸、剪切、旋转等几何操作。Stir Mark 还通过应用一个传递函数,来模拟非线性的 A/D 转换器的缺陷所带来的误差,这通常见于扫描仪或显示设备。

3. 马赛克攻击

其攻击方法是首先把图像分割成为许多个小图像,然后将每个小图像放在 HTML 页面上拼凑成一个完整的图像。一般的 Web 浏览器在组织这些图像时,都可以在图像中间不留任何缝隙,并且使这些图像看起来和原图一模一样,从而使得探测器无法从中检测到侵权行为。这种攻击方法主要用于对付在 Internet 网上开发的自动侵权探测器,该探测器包括一个数字水印系统和一个所谓的 Web 爬行者。但这一攻击方法的弱点在于,一旦当数字水印系统要求的图像最小尺寸较小时,则需要分割成非常多的小图像,这样将使生成页面的工作会非常繁琐。

4. 共谋攻击

所谓共谋攻击(Collusion Attacks)就是利用同一原始多媒体数据集合的不同水印信号版本,来生成一个近似的多媒体数据集合,以此来逼近和恢复原始数据,其目的是使检测系统无法在这一近似的数据集合中,检测出水印信号的存在,其最简单的一种实现就是平均法。

5. 跳跃攻击

跳跃攻击主要用于对音频信号数字水印系统的攻击,其一般实现方法是,在音频信号上加入一个跳跃信号(Jitter),即首先将信号数据分成 500 个采样点为一个单位的数据块,然后在每一数据块中随机复制或删除一个采样点,来得到 499 或 501 个采样点的数据块,接着再将数据块按原来顺序重新组合起来。实验表明,这种改变即使对古典音乐信号数据也几乎感觉不到,但是却可以非常有效地阻止水印信号的检测定位,以达到难以提取水印信号的目的。类似的方法也可以用来攻击图像数据的数字水印系统,其实现方法也非常简单,即只要随机地删除一定数量的像素列,然后用另外的像素列补齐即可,该方法虽然简单,但是仍然能有效破坏水印信号存在的检验。

11.3.6 数字水印研究状况与展望

数字水印是当前数字信号处理、图像处理、密码学应用、通信理论、算法设计等学科的交叉领域，是目前国际学术界的研究热点之一。国外许多著名的研究机构、公司和大学都投入了大量的人力和财力，如美国的 MIT、Purdue、Columbia 大学、George Mason 大学、德国的 Erlangen-Nuremberg 大学、美国的 NEC 研究所、IBM 研究所、AT&T Bell 实验室等。这些研究小组及公司许多都有有关数字水印及信息隐藏方面的商业软件，也有一些软件和源代码可免费获得。

目前，从我们了解的情况和国内有关数字水印方面的文献来看，国内似乎尚无数字水印或信息隐藏的商业软件，可能的情况是有一些单位有实验软件或演示软件。从理论和实际成果两方面来看，国内在数字水印方面的研究工作还处于刚起步阶段。

由于数字水印技术是近几年来国际学术界才兴起的一个前沿研究领域，处于迅速发展过程中，因此，掌握其发展方向对于指导数字水印的研究有着重要意义。我们认为今后的数字水印技术的研究将侧重于完善数字水印理论，提高数字水印算法的鲁棒性、安全性，研究其在实际网络中的应用和建立相关标准等方向。

数字水印在理论方面的工作包括建立更好的模型、分析各种媒体中隐藏数字水印信息的容量（带宽）、分析算法抗攻击和鲁棒性等性能。同时，我们也应重视对数字水印攻击方法的研究，这有利于促进研制更好的数字水印算法。

许多应用对数字水印的鲁棒性要求很高，这需要有鲁棒性更好的数字水印算法，因此，研究鲁棒性更好的数字水印算法仍是数字水印的重点发展方向，但应当注意到在提高算法鲁棒性的同时应当结合 HVS 或 HAS 的特点，以保持较好的不可见性及有较大的信息容量，另外，应注意自适应思想以及一些新的信号处理算法在数字水印算法中的应用，如分形编码、小波分析、混沌编码等在水印算法中也应有应用的场合。

数字水印应用中安全性自然是很重要的要求，但数字水印算法的安全性是不能靠保密算法得到的，这正如密码算法必须公开，必须经过公开的研究和攻击其安全性才能得到认可，数字水印算法也一样。因此数字水印算法必须能抵抗各种攻击，许多数字水印算法在这方面仍需改进提高，研制更安全的数字水印算法仍是水印研究的重点之一。

对于实际网络环境下的数字水印应用，应重点研究数字水印的网络快速自动验证技术，这需要结合计算机网络技术和认证技术。

应该注意到，数字水印要得到更广泛的应用必须建立一系列的标准或协议，如加载或插入数字水印的标准、提取或检测数字水印的标准、数字水印认证的标准等都是急需的，因为不同的数字水印算法如果不具备兼容性，显然是不利于推广数字水印的应用的。在这方面需要政府部门和各大公司合作，如果等待市场上自然出现事实标准，将延缓数字水印的发展和应用。同时，需要建立一些测试标准，如 Stir Mark 几乎已成为事实上的测试标准软件，以衡量数字水印的鲁棒性和抗攻击能力。这些标准的建立将会大大促进数字水印技术的应用和发展。

在网络的信息技术迅速发展的今天，数字水印技术的研究更具有明显的意义。数字水印技术将对保护各种形式的数字产品起到重要作用，但必须认识到数字水印技术并非是万能的，必须配合密码学技术及认证技术、数字签名或者数字信封等技术一起使用。一个实用的数字水印方案必须有这些技术的配合才能抵抗各种攻击，构成完整的数字产品版权保护解决方案。

11.4 小　结

在本节中我们介绍了信息隐藏技术，应该说这是一个相当开放的研究领域，不同背景的研究人员，从不同的介入点和不同的应用目的均可进行研究，因此必会带来百花纷呈的研究成果。相信随着信息时代和知识经济时代的到来，信息隐藏技术在理论体系上会日臻完善，在该项技术的应用也将会拥有十分广泛的市场。

隐写术是信息隐藏的重要分支之一，根据嵌入算法，可以大致把隐写术分成替换系统、变换域技术、扩展频谱技术、统计方法、失真技术和载体生成方法六类，其中前 3 种是目前主要的方法。

数字水印的研究是基于计算机科学、密码学、通信理论、算法设计和信号处理等领域的思想和概念的，一个数字水印方案一般总是综合利用这些领域的最新进展，但也无法避免这些领域固有的一些缺点。目前更多的文献是讨论如何设计数字水印方案或如何攻击数字水印，各种方案或产品还都有着这样或那样的问题，尚缺乏有关数字水印的理论，可以说数字水印还是处于其发展初期阶段，从理论上到实际上都有许多问题有待于解决。

习　题

1. 信息隐藏技术与加密技术有何异同点？
2. 信息隐藏技术有哪些分支？各自举例说明。
3. 有哪些数据隐写方法？编程实现书中介绍的 LSB 方法。
4. 数字水印技术有哪些分类方法？数字水印技术有何特点？
5. 数字水印有哪些算法？如何对数字水印进行攻击？

参 考 文 献

陈明奇，钮心忻，杨义先．2001．数字水印的研究进展和应用．通信学报，22(5)

戴元军．信息隐藏与数字水印技术．http://www-900.ibm.com/developerWorks/security/l-info/index.shtml

李远坤，陈玲慧．1999．数位影像之资讯隐藏技术探讨．Information Security Newsletter，5(4)：18—30

祁明，刘迎风．2001．信息隐藏与数字水印技术及其应用．通信技术，(6)

孙圣和，陆哲明．2000．数字水印处理技术．电子学报，28(8)

夏光升，陈明奇，杨义先等．2000．基于模运算的数字水印算法．计算机学报，23(11)

易开祥，石教英，孙鑫．2001．数字水印技术研究进展．中国图象图形学报，6(2)

张春田，苏育挺，管晓康．2000．多媒体数字水印技术．通信学报，21(8)

Bender W，Gruhl D，Morimoto N，et al．1996．Techniques for Data Hiding．IBM System Journal，35 (3/&4)：313
　—336

Hartung F，Girod B．1997．Watermarking of MPEG-2 Encoded Video Without Decoding and Re-encoding．SPIE Pro-
　ceeding on Multimedia Computing and Networking，San Jose，3020：264—273

Hartung F, Girod B. 1998. Watermarking of Uncompressed and Compressed Video. Signal Processing, 66(3): 283—301

Johnson N F, Jajodia S. February 1998. Steganography: Seeing the Unsee. IEEE Computer, 26—34

Kahn D. 1996. The History of Steganography. In: First Workshop of Information Hiding Proceedings, May 30 - June 1, 1996, Cambridge, U.K. Lecture Notes in Computer Science, Springer-Verlag, 1174

Lee Y K, Chen L H. 1999. A High Capacity Image Steganographic Model. In: IEE Proceedings Vision, Image and Signal Processing

Lee Y K, Chen L H. 1999. An Adaptive Image Steganographic Model Based on Minimum-error LSB Replacement. In: Proceedings of the Ninth National Conference on Information Security, May 14-15, 1999, Taichung, Taiwan, P. R. China, 8—15

Marvel L M, Boncelet C G Jr, Retter CT. 1999. Spread Spectrum Image Steganography. IEEE Trans. on Image Processing, 8(8):1075—1083

Nikolaidis N, Pitas I. 1996. Copyright Protection of Images Using Robust Digital Signatures. In: IEEE Proceeding on International Conference on Acoustics, Speech and Signal Processing. Atlanta. IEEE Press, 2168—2171

Petitcolas F A P, Anderson R J, Kuhn M G. 1999. Information Hiding - a Survey. In: Proceeding of IEEE. 87(7): 1062—1078

Pfitzmann B. 1996. Information Hiding Terminology. In: First Workshop of Information Hiding Proceedings, May 30 - June 1, 1996, Cambridge, U.K. Lecture Notes in Computer Science, Springer-Verlag, 1174: 347—350

Ratha H K, Connell J H, Bolle R M. 2000. Secure Data Hiding in Wavelet Compressed Fingerprint Images. In: Fourth Asian Conference on Computer Vision, Taipei, Taiwan, P. R. China, Jan 8-11, 2000

Swanson M D, Kobayashi M, Tewfik A H. 1998. Multimedia Data Embedding and Watermarking Technologies. Proceedings of the IEEE, 86(6): 1064—1087

Stefan Katzenbeisser, Fabien A P Petitcolas. 2000. Information Hinding Techniques for Steganography and Digital Watermarking. Artech house, Inc. (本书中文版：杨义先等译. 2001. 信息隐藏技术——隐写术与数字水印. 北京：人民邮电出版社)

Yeung M M, Mintzer FC. 1998. Invisible Watermarking for Image Verification. J. of Electronic Imaging, 7(3): 578—591

第四部分　安全技术与产品

第12章 身份认证

身份认证是指用户必须提供他是谁的证明,他是某个雇员,某个组织的代理、某个软件过程(如股票交易系统或 Web 订货系统的软件过程)。认证的目的就是弄清楚他是谁,他具有什么特征,他知道什么可用于识别他的东西。

这种证实客户的真实身份与其所声称的身份是否相符的过程是为了限制非法用户访问网络资源,它是其他安全机制的基础。

本章将介绍在单机状态下和网络状态下身份认证的过程,主要讲述网络环境下的身份认证的协议与应用,最后介绍 Windows NT 的身份认证。

12.1 原 理

首先让我们先来看一看安全系统的整体结构,如图 12.1 所示。

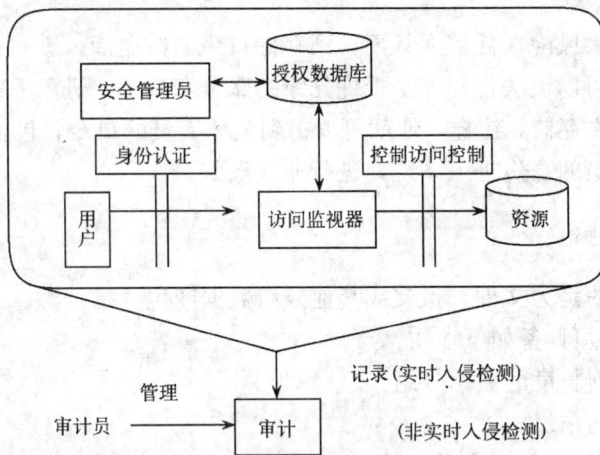

图 12.1 安全系统的逻辑结构

认证技术是信息安全理论与技术的一个重要方面。身份认证是安全系统中的第一道关卡,如图 12.1 所示,用户在访问安全系统之前,首先经过身份认证系统识别身份,然后访问监控器,根据用户的身份和授权数据库决定用户是否能够访问某个资源。授权数据库由安全管理员按照需要进行配置。审计系统根据审计设置记录用户的请求和行为,同时入侵检测系统实时或非实时地检测是否有入侵行为。访问控制和审计系统都要依赖于身份认证系统的提供的"信息"——用户的身份。可见身份认证在安全系统中的地位极其重要,是最基本的安全服务,其他的安全服务都要依赖于它。一旦身份认证系统被攻破,那么系统的所有安全措施将形同虚设。黑客攻击的目标往往就是身份认证系统。因此要加快对我国的信息安全的建设,加强身份认证理论及其应用的研究是一个非常重要的课题。

下面让我们从单机状态下的身份认证开始。

12.2 单机状态下的身份认证

单机状态下的用户登录计算机，一般有以下几种形式验证用户身份：

（1）用户所知道的东西，如口令，密码。

（2）用户所拥有的东西，如智能卡、身份证、护照、密钥盘。

（3）用户所具有的生物特征，如指纹、声音、视网膜扫描、DNA 等。

下面逐一进行讨论。

12.2.1 基于口令的认证方式

基于口令的认证方式是最常用的一种技术。用户输入自己的口令，计算机验证并给予用户相应的权限。

这种方式很重要的问题是口令的存储。一般有两种方法：

1. 直接明文存储口令

这种方式有很大风险，任何人只要得到存储口令的数据库，就可以得到全体人员的口令，比如攻击者可以设法得到一个低优先级的账号和口令，进入系统后得到存储口令的文件，因为是明文存储，这样，他就可以得到全体人员的口令，包括 administrator 的口令，然后以管理员的身份进入系统，进行非法操作。

2. Hash 散列存储口令

散列函数的目的是为文件、报文或其他分组数据产生"指纹"。

散列函数 H 必须具备如下性质：

- H 能用于任何长度的数据分组。
- H 产生定长的输出。
- 对任何给定的 $x, H(x)$ 要相对容易计算。
- 对任何给定的码 h，寻找 x 使得 $H(x) = h$ 在计算上是不可行的，称为单向性。
- 对任何给定的分组 x，寻找不等于 x 的 y，使得 $H(y) = H(x)$ 在计算上是不可行的，称为弱抗冲突（Weak Collision Resistance）。
- 寻找对任何的 (x, y) 对，使得 $H(x) = H(y)$ 在计算上是不可行的，称为强抗冲突（Strong Collision Resistance）。

例如 $F(x) = g^x \bmod p$ 就是一个单向散列函数，这里 p 是一个大质数，g 是 p 的原根（请参考数论方面的有关知识）。

对于每一个用户，系统存储账号和散列值对在一个口令文件中，当用户登录时，用户输入口令 x，系统计算 $F(x)$，然后与口令文件中相应的散列值进行比对，成功则允许登录，否则拒绝登录。在文件中存储口令的散列值而不是口令的明文，优点在于黑客即使得到口令文件，通过散列值想要计算出原始口令在计算上也是不可能的，这就相对增加了安全性。

　　总的来说，基于口令的认证方式存在严重的安全问题。它是一种单因素的认证，安全性仅依赖于口令，口令一旦泄露，用户即可被冒充。更严重的是用户往往选择简单、容易被猜测的口令，如与用户名相同的口令、生日、单词等。这个问题往往成为安全系统最薄弱的突破口。口令一般是经过加密后存放在口令文件中，如果口令文件被窃取，那么就可以进行离线的字典式攻击，这也是黑客最常用的手段之一。

12.2.2　基于智能卡的认证方式

　　智能卡的名称来源于英文"Smart Card"，又称集成电路卡，即 IC 卡（Integrated Circuitcard）。它将一个集成电路芯片镶嵌于塑料基片中，封装成卡的形式，其外形与覆盖磁条的磁卡相似。

　　智能卡具有硬件加密功能，有较高的安全性。每个用户持有一张智能卡，智能卡存储用户个性化的秘密信息，同时在验证服务器中也存放该秘密信息。进行认证时，用户输入 PIN（个人身份识别码），智能卡认证 PIN，成功后，即可读出智能卡中的秘密信息，进而利用该秘密信息与主机之间进行认证。

　　基于智能卡的认证方式是一种双因素的认证方式（PIN＋智能卡），即使 PIN 或智能卡被窃取，用户仍不会被冒充。智能卡提供硬件保护措施和加密算法，可以利用这些功能加强安全性能，例如：可以把智能卡设置成用户只能得到加密后的某个秘密信息，从而防止秘密信息的泄露。

　　影响智能卡安全的若干基本问题：

1. 在众多智能卡安全问题中有下列基本问题需要解决

● 智能卡和接口设备之间的信息流通，这些流通的信息可以被截取分析，从而可被复制或插入假信号。
● 模拟智能卡（或伪造智能卡）与接口设备之间的信息，使接口设备无法判断出是合法的还是模拟的智能卡。
● 在交易中更换智能卡，在授权过程中使用的是合法的智能卡，而在交易数据写入之前更换成另一张卡，因此将交易数据写入替代卡中。
● 修改信用卡中控制余额更新的日期，信用卡使用时需要输入当天日期，以供卡判断是否是当天第一次使用，即是否应将有效余额项更新为最高授权余额（也即是允许一天内支取的最大金额），如果修改控制余额更新的日期（即上次使用的日期），并将它提前，则输入当天日期后，接口设备会误认为是当天第一次取款，于是将有效余额更新为最高授权余额，因此利用窃来的卡可取定最高授权的金额，其危害性还在于（在银行提出新的黑名单之前）可重复多次作弊。
● 商店雇员的作弊行为，接口设备写入卡中的数据不正确，或雇员私下将一笔交易写成两笔交易，因此接口设备不允许被借用、私自拆卸或改装。

2. 安全措施

为了安全防护，一般采取以下措施：

- 对持卡人、卡和接口设备的合法性的相互检验。
- 重要数据加密后传送。
- 卡和接口设备中设置安全区，在安全区中包含有逻辑电路或外部不可读的存储区，任何有害的不符合规范的操作，将自动禁止卡的进一步操作。
- 有关人员明确各自的责任，并严格遵守。
- 设置止付名单（黑名单）。

12.2.3 基于生物特征的认证方式

基于生物认证的方式是以人体惟一的、可靠的、稳定的生物特征（如指纹、虹膜、脸部、掌纹等）为依据，采用计算机的强大的计算功能和网络技术进行图像处理和模式识别。该技术具有很好的安全性、可靠性和有效性，与传统的身份确认手段相比，无疑产生了质的飞跃。近几年来，全球的生物识别技术已从研究阶段转向应用阶段，对该技术的研究和应用如火如荼，前景十分广阔。

所有的工作大多进行了这样 4 个步骤：抓图、抽取特征、比较和匹配。生物识别系统捕捉到生物特征的样品，惟一的特征将会被提取并且被转化成数字的符号，接着，这些符号被存成那个人的特征模板，这种模板可能会在识别系统中，也可能在各种各样的存储器中，如计算机的数据库、智能卡或条码卡中，人们同识别系统交互进行他或她的身份认证，以确定匹配或不匹配。

1. 指纹识别技术

（1）指纹特征。

人类的指纹是由多种脊状图形构成，传统上对这些脊状图形的分类是根据有数十年历史的亨利系统（Henry System）来划分的。亨利系统将一个指纹的图形划分为左环、右环、拱、涡和棚状拱。环型占了将近 2/3 的指纹图像，涡占 1/3，可能存在 $5\% \sim 10\%$ 的拱，这种指纹图形分类方法在大规模刑侦上有着广泛运用，但在生物识别认证方面很少有运用。图 12.2 是一个环形指纹图像。

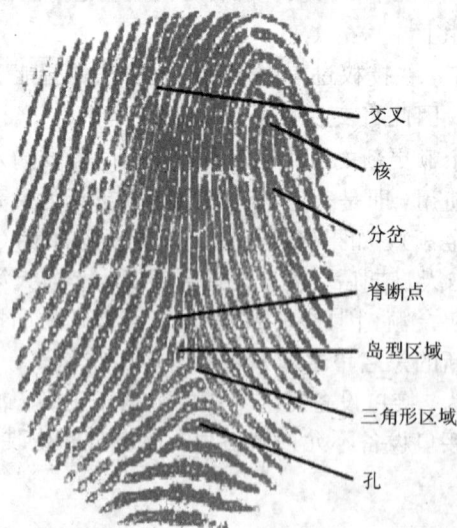

图 12.2　指纹特征

不连续中断了本该平滑连续的脊,这是手指扫描认证的基础。19世纪末在加尔顿(Galton)特征中所描述的微小细节就是对脊断点不尽成熟的描述。脊断点是指一个脊的终止点,分岔是一个脊被一分为二。微小细节以多种形式存在于一个指纹图像中,这其中包括点(很小的脊)、岛型区域(相对比点长的脊,占有两个分岔脊的中间部分)、塘或湖形区域(两个分岔脊之间的空白部分)、分支(一个脊当中的突出部分所形成的V型痕)、桥形痕(两个邻近的脊连接而成的相对较长的脊)和交叉(两个互相交叉的脊)。

其他一些特征对手指扫描认证也是十分重要的。核是内部的点,通常是在指纹的中间部分。周围有旋痕、环或拱型痕环绕。一般说来,核的主要特征是由一个脊断点和一些弧度较大的脊所构成。三角形痕是一些点,通常是在左右手指纹的底部,有一个位于中间的三角形脊组构成。脊也通常用"孔"来进行描述,一般在较固定的脊间隔之间,利用"孔"的位置和分布来进行认证已经进行了初步的尝试。但是这种方法需要"孔"的图像有相当高的分辨率。

(2)指纹识别。

指纹识别技术主要涉及4个功能:读取指纹图像、提取特征、保存数据和比对。

在一开始,通过指纹读取设备读取到人体指纹图像,取到指纹图像之后,要对原始图像进行初步的处理,使之更清晰。

接下来,指纹辨识软件建立指纹的数字表示——特征数据,一种单方向的转换,可以从指纹转换成特征数据但不能从特征数据转换成为指纹,而两枚不同的指纹不会产生相同的特征数据。软件从指纹上找到被称为节点(Minutiae)的数据点,也就是那些指纹纹路的分叉、终止或打圈处的坐标位置,这些点同时具有7种以上的惟一性特征,因为通常手指上平均具有70个节点,所以这种方法会产生大约490个数据。

有的算法把节点和方向信息进行组合产生了更多的数据,这些方向信息表明了各个节点之间的关系,也有的算法还处理整幅指纹图像。总之,这些数据,通常称为模板,保存为1KB大小的记录。无论它们是怎样组成的,至今仍然没有一种标准模板,也没有一种公布的抽象算法,而是各个厂商自行其是。

最后,通过计算机模糊比较的方法,把两个指纹的模板进行比较,计算出它们的相似程度,最终得到两个指纹的匹配结果。

2. 虹膜识别技术

虹膜识别技术是利用虹膜终身不变性和差异性的特点来识别身份的,虹膜识别技术与相应的算法结合后,可以到达十分优异的准确度,即使全人类的虹膜信息都录入到一个数据中,出现认假和拒假的可能性也相当小,但是这项技术的无法录入问题已经成了它同其他识别技术抗衡的最大障碍。不管怎样,虹膜识别技术的高精度使它能够在众多识别技术中占有一席之地。所有虹膜识别技术都是以John Daugman博士的专利和研究为基础的(详细情况请见参考资料)。

(1)虹膜。

眼睛的虹膜是由相当复杂的纤维组织构成,其细部结构在出生之前就以随机组合的方式决定下来了,虹膜识别技术将虹膜的可视特征转换成一个512个字节的(虹膜代码）Iris Code，这个代码模板被存储下来以便后期识别所用，512 个字节，对生物识别模板来说是一个十分紧凑的模板，但它对从虹膜获得的信息量来说是十分巨大的。

从直径 11mm 的虹膜上，Dr. Daugman 的算法用 3.4 个字节的数据来代表每平方毫米的虹膜信息，这样，一个虹膜约有 266 个量化特征点，而一般的生物识别技术只有 13 个到 60 个特征点。266 个量化特征点的虹膜识别算法在众多虹膜识别技术资料中都有讲述，在算法和人类眼部特征允许的情况下，Dr. Daugman 指出，通过他的算法可获得 173 个二进制自由度的独立特征点，这在生物识别技术中，所获得特征点的数量是相当大的。

（2）算法。

第一步是通过一个距离眼睛 3 英寸（1 英寸＝2.54 厘米）的精密相机来确定虹膜的位置。当相机对准眼睛后，算法逐渐将焦距对准虹膜左右两侧，确定虹膜的外沿，这种水平方法受到了眼睑的阻碍。算法同时将焦距对准虹膜的内沿（即瞳孔）并排除眼液和细微组织的影响。

第二步，单色相机利用可见光和红外线，红外线定位在 700～900mm 的范围内（这是 IR 技术的底限，美国眼科学会在他们对 macular cysts 研究中使用同样的范围。）在虹膜的上方，如图 12.3 所示，算法通过二维 Gabor 子波的方法来细分和重组虹膜图像，第一个细分的部分被称为 phasor，要想明白二维 Gabor 子波的原理需要懂得很深的数学知识。

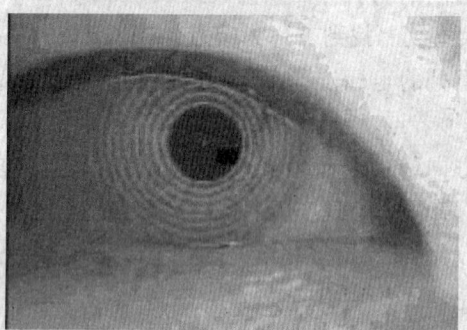

图 12.3　虹膜

（3）录入和识别。

整个过程其实是十分简单的，虹膜的定位可在 1 秒钟之内完成，产生虹膜代码的时间也仅需 1 秒的时间，数据库的检索时间也相当快，就是在有成千上万个虹膜信息数据库中进行检索，所用时间也不多，有人可能会对如此快的速度产生质疑，其实虹膜识别技术的算法还受到了现有技术的制约。我们知道，处理器速度是大规模检索的一个瓶颈，另外网络和硬件设备的性能也制约着检索的速度。当然，由于虹膜识别技术采用的是单色成像技术，因此很难把一些图像从瞳孔的图像中分离出来。但是虹膜识别技术所采用的算法允许图像质量在某种程度上有所变化。相同的虹膜所产生的虹膜代码也有 25％的变化，这听起来好像是这一技术的致命弱点，但在识别过程中，这种虹膜代码的变化只占整个虹膜代码的 10％，它所占代码的比例是相当小的。

表 12.1 是关于根据各种生物特征做的认证系统所要的最低花费和误识别率的比较。

表 12·1　各种生物认证的比较

技　术	描　　述	最小开销	误识别率
视网膜识别	扫描视网膜	$2400	1/10,000,000+
虹膜识别	扫描虹膜	$3500	1/13100
手形识别	通过 3 个照相机从不同角度扫描手形	$2150	1/500
指纹识别	通过扫描指纹识别	$1995	1/500
签名识别	通过一种特殊的笔在数字化的面板上的签名识别	$1000	1/50
声纹识别	通过读取预定义的短语的声音识别	$1500	1/50

12.3　网络环境下的身份认证

网络环境下的身份认证较为复杂，主要是要考虑到验证身份的双方一般都是通过网络而非直接交互，像根据指纹等手段就难以实现。同时大量的黑客随时随地都可能尝试向网络渗透，截获合法用户口令并冒名顶替以合法身份入网，所以目前一般采用高强度的密码认证协议技术来进行身份认证。

12.3.1　一次性口令技术

通常使用的计算机口令是静态的，也就是说在一定时间内是不变的，而且可重复使用。口令极易被网上嗅探劫持，而且很容易受到字典攻击。

20 世纪 80 年代初，针对静态口令认证的缺陷，美国科学家 Leslie Lamport 首次提出了利用散列函数产生一次性口令的思想，即用户每次登录系统时使用的口令是变化的。1991 年贝尔通信研究中心用 DES 加密算法首次研制出了基于一次性口令思想的挑战/应答 (Challenge/Response) 式动态密码身份认证系统 S/KEY，之后，更安全的基于 MD4 和 MD5 散列算法的动态密码认证系统也开发出来。为了克服"挑战/应答式动态密码认证系统"使用过程繁琐、占用过多通信时间的缺点，美国著名加密算法研究实验室 RSA 研制成功了基于时间同步的动态密码认证系统 RSA SecurID，RSA 公司也由此获得了时间同步的专利。

一次性口令是变动的密码，其变动来源于产生密码的运算因子是变化的。一次性口令的产生因子一般都采用双运算因子（Two Factor）：其一，为用户的私有密钥。它代表用户身份的识别码，是固定不变的。其二，为变动因子。正是变动因子的不断变化，才产生了不断变动的一次性口令。采用不同的变动因子，形成了不同的一次性口令认证技术：基于时间同步（Time Synchronous）认证技术、基于事件同步（Event Synchronous）认证技术和挑战/应答方式的非同步（Challenge/Response Asynchronous）认证技术。

基于时间同步认证技术是把流逝的时间作为变动因子，一般以 60 秒作为变化单位。所谓同步，是指用户密码卡和认证服务器所产生的密码在时间上必须同步。这里的时间同步方法不是用"时统"技术，而是用"滑动窗口"技术。

基于事件同步认证技术是把变动的数字序列（事件序列）作为密码产生器的一个运

算因子，与用户的私有密钥共同产生动态密码。这里的同步是指每次认证时，认证服务器与密码卡保持相同的事件序列。如果用户使用时，因操作失误多产生了几组密码不同步的问题，服务器会自动同步到目前使用的密码，一旦某个密码被使用后，在密码序列中所有这个密码之前的密码都会失效。其认证过程与时间同步认证相同。

挑战/应答方式的变动因子是由认证服务器产生的随机数字序列（Challenge），它也是密码卡的密码生成的变动因子，由于每一个 Challenge 都是惟一的、不会重复使用，并且 Challenge 是在同一个地方产生，所以，不存在同步问题。

正如上面所说，首次基于一次性口令思想开发的身份认证系统是 S/KEY，现已作为标准协议（RFC1760，http：//www.faqs.org/rfc/rfc1760.txt）。S/KEY 的认证过程可以用图 12.4 来表示。

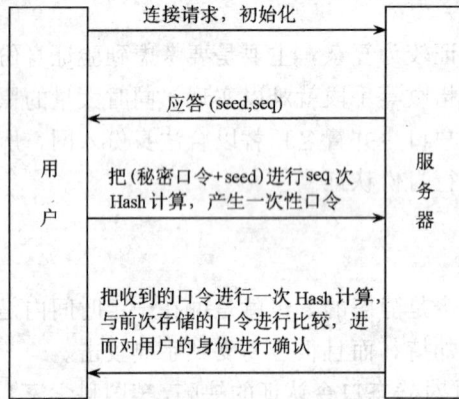

图 12.4　S/KEY 协议的认证过程

（1）S/KEY 的认证过程可以分为以下几个步骤：
- 客户向需要身份认证服务器提出连接请求。
- 服务器返回应答，同时带两个参数：seed、seq。
- 客户输入口令，系统将口令与 seed 连接，做 seq 次 Hash 计算，Hash 函数可以使用 MD4 或 MD5（详情请参考 RFC1320，http：//www.faqs.org/rfc/rfc1320.txt，RFC1321 http：//www.faqs.org/rfc/rfc1321.txt），产生一次性口令，传给服务器。
- 服务器端必须存储有一个文件（在 UNIX 版本的实现中，位于/etc/skeykeys），它存储每一个用户上次登录的一次性口令，服务器收到用户传过来的一次性口令后，再进行一次 Hash 计算，与先前存储的口令比较，匹配则通过身份认证，并用这次的一次性口令覆盖原先的口令。下次客户登录时，服务器将送出 seq′＝seq－1，这样，如果客户确实是原来的那个真实客户，那么他进行 seq－1 次 Hash 计算后的一次性口令应该与服务器上存储的口令一致。

（2）S/KEY 的优点：
- 用户通过网络传给服务器的口令是利用秘密口令和 Seed 经 MD4 或 MD5 散列算法生成的密文，用户本身的秘密口令并没有在网上传播，这样黑客得到是密文，由于散列函数固有的非可逆性，要想破解密文在计算上是不可能的。

- 在服务器端，因为每一次成功的身份认证后，seq 就自动减 1。这样，下一次用户连接时生成的口令同上一次生成的口令是不一样的，从而有效地保证了用户口令的安全。
- 实现原理简单。Hash 函数的实现可以用硬件实现。

(3) S/KEY 的缺点：

- 会给使用带来一点麻烦（如口令使用一定次数后就需重新初始化，因为每次 seq 要减 1）。
- 另一个问题是 S/KEY 是依赖于某种算法（MD4/MD5）的不可逆性的，因为算法也是公开的，当有关于这种算法可逆计算研究有了新进展时，系统将被迫重新选用其他更安全的算法。
- 系统不使用任何形式的会话加密，因此是没有保密性的。这会在第一次会话中成为一个问题，如果他想要阅读他在远程系统的邮件或者日志。而且，有 TCP 会话的攻击，对这样的会话也构成威胁。所有的一次性口令系统都面临一个问题，就是密钥的复用。有时候，使用密钥的用户会重复使用以前使用的密钥。同样会给入侵者提供入侵的机会。
- 还有，去维护一个很大的一次性密钥列表也很麻烦，有的系统甚至让用户把所有使用的一次性密钥列在纸上，这样很明显是让人很讨厌的事情。有的是提供硬件支持，就是使用产生密钥的硬件，提供一次性密钥，但是这样所有的用户都必须安装这样的硬件。

12.3.2　PPP 中的认证协议

点到点协议（Point-to-Point Protocol）提供了一种在点到点链路上封装网络层协议信息的标准方法。PPP 也定义了可扩展的链路控制协议（Link Control Protocol），链路控制协议使用验证协议磋商机制，在链路上传输网络层协议前验证链路的对端。点到点协议定义了两种验证协议：密码验证协议（Password Authentication Protocol）和挑战—握手验证协议（Challenge-Handshake Authentication Protocol）。

PPP 有 3 个主要的组成部分：

(1) 在串行链路上封装数据报（Datagrams）的方法。

(2) 建立、配置和测试数据链路连接（Data-link Connection）的 LCP 协议。

(3) 建立和配置不同网络层协议的一组 NCP 协议（Network Control Protocol）。

为了在点到点链路上建立通信，PPP 链路的一端必须在建立阶段（Establishment phase）首先发送 LCP 包（packets）配置数据链路。在链路建立后，进入到网络层协议阶段前，PPP 提供一个可选择的验证阶段。默认情况下，身份验证不是强制的。如果希望进行链路的身份验证，则实现者必须在建立阶段指明身份验证—协议配置选项。

这些协议主要是为通过交换网（Switched Circuits）或者拨号线（Dial-up Lines）连接到 PPP 网络服务器的主机和路由器服务的，但是也可以被用到专用链路（Dedicated Links）中。服务器在为网络层协商选择选项时可以对连接的主机或路由器进行身份验证。

1. 密码验证协议 PAP（Password Authentication Protocol）

密码验证协议 PAP 提供了一种简单的方法，可以使对端（Peer）使用 2 次握手建立身份验证，这个方法仅仅在链路初始化时使用。

链路建立阶段完成后，对端不停地发送 Id/Password 对给验证者，一直到验证被响应或者连接终止为止。

PAP 不是一个健壮的身份验证方法。密码在电路上是明文发送的，并且对回送或者重复验证和错误攻击没有保护措施。对端控制着尝试的频率和时间。

如果包含健壮的验证方法（例如 CHAP，下面描述）的实现，最好提供优先于 PAP 的方法。

这个验证方法最适合用在使用有效的明文密码在远程主机上模拟登录的地方了，这种用法提供了与普通用户登录远程主机相似的安全级别。

2. 挑战握手认证协议 CHAP（Challenge-Handshake Authentication Protocol）

挑战握手认证协议（CHAP）通过 3 次握手周期性地认证对端的身份，在初始链路建立时完成，可以在链路建立之后的任何时候重复进行。

- 链路建立阶段结束之后，认证者向对端发送"挑战"消息。
- 对端用经过单向哈希函数计算出来的值做应答。
- 认证者根据它自己的预期哈希值的计算来检查应答，如果值匹配，认证得到承认；否则，连接应该终止。
- 经过一定的随机间隔，认证者发送一个新的挑战给对端，重复步骤（1）到（3）。

（1）优点：

- 通过递增改变的标识符和可变的挑战值，CHAP 防止了重放攻击，此外重复地发挑战值限制了暴露在单个攻击的时间。认证者控制挑战的频度。
- 该认证方法依赖于认证者和对端共享的密钥，密钥不是通过链路发送的。
- 虽然该认证是单向的，但是在两个方向都进行 CHAP 协商，同一密钥可以很容易地实现交互认证。
- 由于 CHAP 可以用在许多不同的系统认证中，因此可以用 NAME 字段作为索引，以便在一张大型密钥表中查找正确的密钥，这样也可以在一个系统中支持多个 NAME/密钥对，在会话中随时改变密钥。

（2）缺点：

- CHAP 要求密钥以明文形式存在，无法使用通常的不可恢复加密口令数据库。在大型设备中不适用，因为每个可能的密钥由链路的两端共同维护。
- 为了避免在网络的其他链路上发送密钥，推荐在中心服务器中检查挑战和应答，而不是在每一个接入服务器中，否则，密钥最好发送到可回复加密格式的服务器中。无论哪种情况都需要信任关系，信任关系的讨论超出本文的范围。

（3）设计要求：

- CHAP 算法要求密钥长度必须至少是一字节，至少应该不易让人猜出，密钥最好至少是哈希算法（16 字节，MD5）所选用的哈希值的长度，如此可以保证密钥不易受到穷搜索攻击。所选用的哈希算法,必须使得从已知挑战值和应答值来确定密钥在计算上是不可行的。

- 每一个挑战值应该是惟一的,否则在同一密钥下,重复挑战值将使攻击者能够用以前截获的应答值响应挑战。由于希望同一密钥可以用于地理上分散的不同服务器的认证,因此挑战应该全局临时惟一。
- 每一个挑战值也应该是不可预计的,否则攻击者可以欺骗对端,让对端响应一个预计的挑战值,然后用该响应冒充对端欺骗认证者。
- 虽然 CHAP 不能防止实时的主动搭线窃听攻击,然后只要能产生不可预计的挑战就可以防范大多数的主动攻击。

3. PPP 扩展认证协议 EAP (Extensible Authentication Protocol)

PPP 扩展认证协议 EAP 是一个用于 PPP 认证的通用协议,可以支持多种认证方法。EAP 并不在链路建立阶段指定认证方法,而是把这个过程推迟到认证阶段。这样认证方就可以在得到更多的信息以后再决定使用什么认证方法。这种机制还允许 PPP 认证方简单地把收到的认证报文传给后方的认证服务器,由后方的认证服务器来真正实现各种认证方法。

- 在链路阶段完成以后,由认证方向对端发送一个或多个请求报文。在请求报文中有一个类型字段用来指明认证方所请求的信息类型,例如是对端的 ID、MD5 的挑战字、一次密码(OTP)以及通用令牌卡等。MD5 的挑战字对应于 CHAP 认证协议的挑战字。典型情况下,认证方首先发送一个 ID 请求报文随后再发送其他的请求报文。当然,并不是必须要首先发送这个 ID 请求报文,在对端身份是已知的情况下(如租用线、拨号专线等)可以跳过这个步骤。
- 对端对每一个请求报文回应一个应答报文。和请求报文一样,应答报文中也包含一个类型字段,对应于所回应的请求报文中的类型字段。
- 认证方通过发送一个成功或者失败的报文来结束认证过程。

(1)优点:

- EAP 可以支持多种认证机制,而无需在 LCP 阶段预协商过程中指定。
- 某些设备(如:网络接入服务器)不需要关心每一个请求报文的真正含义,而是作为一个代理把认证报文直接传给后端的认证服务器。设备只需关心认证结果是成功还是失败,然后结束认证阶段。

(2)缺点:

EAP 需要在 LCP 中增加一个新的认证协议,这样现有的 PPP 实现要想使用 EAP 就必须进行修改。同时,使用 EAP 也和现有的在 LCP 协商阶段指定认证方法的模型不一致。

12.3.3 RADIUS 协议

1. RADIUS 简介

(1) RADIUS (Remote Authentication Dial-in User Service)是一个在拨号网络中

提供注册、验证功能的工业标准。

（2）RADIUS 是由朗讯公司提出的客户/服务器安全协议，现已成为 Internet 的正式协议标准（RFC 2138、2139 和 2200），为众多网络设备制造商所支持，是当前流行的 AAA（认证 Authentication 、授权 Authorization 和计费 Accounting）协议。

（3）RADIUS 是网络接入服务器（NAS）和后台服务器（RADIUS 服务器）之间的一个常见协议，它使得拨号和认证这两种功能放在两个分离的网络设备上，在 RADIUS 服务器上存放有用户名和它们相应认证信息的一个大数据库，能提供认证（认证用户名和密码）和向用户发送配置服务类别的详细信息。

2. RADIUS 结构图

RADIUS 的结构图如图 12.5 所示。

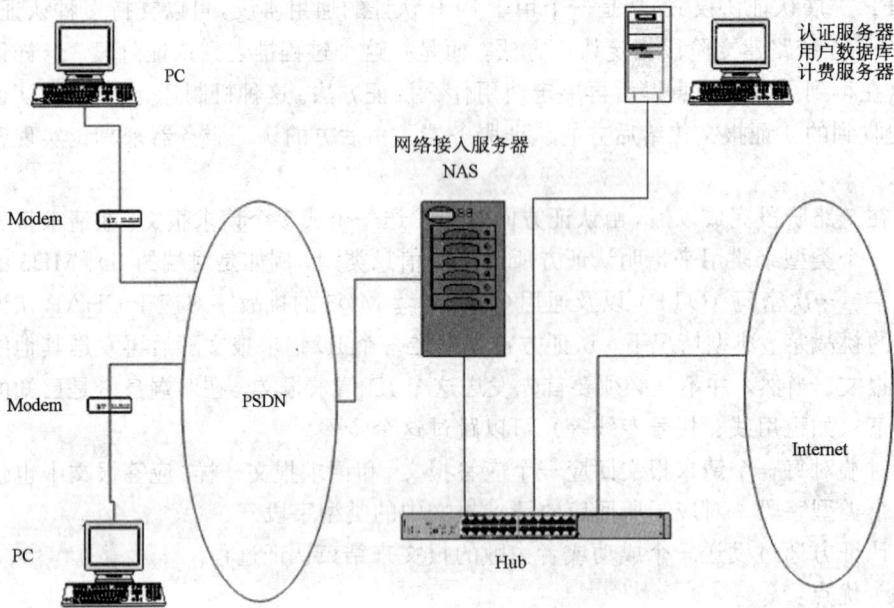

图 12.5　RADIUS 结构图

3. RADIUS 的特点

（1）RADIUS 协议使用 UDP 作为传输协议。使用两个 UDP 端口分别用于认证（以及认证通过后对用户的授权）和计费，1812 号是认证端口，1813 号是计费端口。

（2）RADIUS 服务器能支持多种认证方法。当用户提交用户名和密码时，RADIUS 服务器能支持 PPP PAP（口令认证协议）或者 CHAP（质询握手协议）、UNIX Login 和其他认证方法。

4. RADIUS 的认证过程

（1）接入服务器从用户那里获取用户名和口令（PAP 口令或 CHAP 加密口令），将其同用户的一些其他信息（如主叫号码、接入号码、占用的端口等）打成 RADIUS 数据包向 RADIUS 服务器发送，通常称为认证请求包。

（2）RADIUS 服务器收到认证请求包后，首先查看接入服务器是否已经登记，然后根据包中用户名、口令等信息验证用户是否合法。如果用户非法，则向接入服务器发送访问拒绝包；如果用户合法，那么 RADIUS 服务器会将用户的配置信息（如用户类型、IP 地址等）打包发送到接入服务器，该包被称为访问接受包。

（3）接入服务器收到访问接受/拒绝包时，首先要判断包中的签名是否正确，如果不正确将认为收到了一个非法的包。如果签名正确，那么接入服务器会接受用户的上网请求，并用收到的信息对用户进行配置、授权（收到了访问接受包）；或者是拒绝该用户的上网请求（收到了访问拒绝包）。

12.3.4 Kerberos 认证服务

1. 引言

Kerberos 是由麻省理工学院的 Project Athena 针对分布式环境的开放式系统开发的鉴别机制，它已被开放软件基金会（OSF）的分布式计算环境（DCE），以及许多网络操作系统供应商所采用。

Greek Kerberos 是希腊神话故事中一种 3 个头的狗，还有一个蛇形尾巴，是地狱之门的守卫。

Modern Kerberos 意指有 3 个组成部分的网络之门的保卫者。"三头"包括：
- 认证（Authentication）。
- 计费（Accounting）。
- 审计（Audit）。

2. 问题

在一个开放的分布式网络环境中，用户通过工作站访问服务器上提供的服务。

（1）服务器应能够限制非授权用户的访问并能够认证对服务的请求。

（2）工作站无法可信地 向网络服务证实用户的身份，即工作站存在三种威胁：
- 一个工作站上一个用户可能冒充另一个用户操作。
- 一个用户可能改变一个工作站的网络地址，从而冒充另一台工作站工作。
- 一个用户可能窃听他人的信息交换并用重放攻击获得对一个服务器的访问权或中断服务器的运行。

3. 动机

如果多个用户使用没有彼此连网的专用个人计算机，那么用户的资源和文件可以通过对个人计算机的使用控制来保护。当这些用户使用由集中分时系统提供的服务时，分时共享操作系统必须提供安全性。操作系统可以通过基于用户身份来强化存储控制策略，并使用登录过程来证实用户的身份。

今天，这些情形已不具有代表性。更常见的是由专用用户工作站和分布的或集中的服务器组成的分布式结构。在这种环境下，可以预想到提供安全性的 3 种方法：

(1) 相信每一个单独的客户工作站可以保证对其用户的识别，并依赖于每一个服务器强制实施一个基于用户标识的安全策略。

(2) 要求客户端系统将它们自己向服务器作身份认证，但相信客户端系统负责对其用户的识别。

(3) 要求每一个用户对每一个服务证明其标识身份，同样要求服务器向客户端证明其标识身份。

4. Kerberos 系统应满足的要求

(1) 安全：网络窃听者不能获得必要信息以假冒其他用户，Kerberos 应足够强壮以致于潜在的敌人无法找到它的弱点连接。

(2) 可靠：Kerberos 应高度可靠并且应借助于一个分布式服务器体系结构，使得一个系统能够备份另一个系统。

(3) 透明：理想情况下用户除了要求输入口令以外应感觉不到认证的发生。

(4) 可伸缩：系统应能够支持大数量的客户和服务器，这意味着需要一个模块化的、分布式结构。

5. 从一个简单的鉴别对话开始

在一个不受保护的网络环境中，最大的安全威胁是冒充，对手可以假装成另外一个用户获得在服务器上的未授权的一些特权。为了防止这种威胁，服务器必须能够证实请求服务的用户的身份。

在这里我们使用一个鉴别服务器（AS），它知道每个用户的口令并将这些口令存储在一个集中的数据库中。另外，AS 与每个服务器共享一个惟一的密钥，这些密钥已经通过安全的方式进行分发。

图 12.6 是这个简单对话的交互过程。

考虑以下对话：

(1) C→AS：　　　　　　　IDc ‖ Pc ‖ IDy

(2) As→C：　　　　　　　Ticket

(3) C→V：　　　　　　　　IDc ‖ Ticket

Ticket=E_{Kv} [IDc ‖ ADc ‖ IDv]

其中

C=客户	Pc=在 C 上的用户口令
AS=鉴别服务器	ADc=C 的网络地址
V=服务器	Kv=AS 和 V 共享的加密密钥
IDc=在 C 上的用户标识符	‖ =级联
IDv=V 的标识符	

图 12.6　一个简单的对话

认证过程如下：

(1) 一用户登录一个工作站，请求访问服务器 V。客户模块 C 运行在用户的工作站中，它要求用户输入口令，然后向服务器发送一个报文，里面有用户 ID、服务器 ID、用户的口令。

(2) AS 检查它的数据库，验证用户的口令是否与用户的 ID 匹配，以及该用户是否被允许访问该数据库。若两项测试都通过，AS 认为该用户是可信的，为了要让服务器确信该用户是可信的，AS 生成一张加密过的票据，内含用户 ID、用户网络地址、服务器 ID。因为是加密过的，它不会被 C 或对手更改。

(3) C 向 V 发送含有用户 ID 和票据的报文。V 对票据进行解密，验证票据中的用户 ID 与未加密的用户 ID 是否一致。如果匹配，则通过身份验证。

6. 一个更安全的鉴别对话

上面的对话没有解决两个问题：

(1) 希望用户输入的口令次数最少。

假如用户 C 在一天当中要多次检查邮件服务器中是否有他的邮件，每次他都必须输入口令，当然，可以通过允许票据的再用来改善这种情况。然而，用户有对不同服务的请求，每种服务的第一次访问都需要一个新的票据，他还得每次输入口令。

(2) 前面的对话涉及口令的明文传输。

为了解决这些问题，我们引入一个所谓的票据许可服务器（TGS）的新的服务器。
一个更安全的对话如图 12.7 所示。

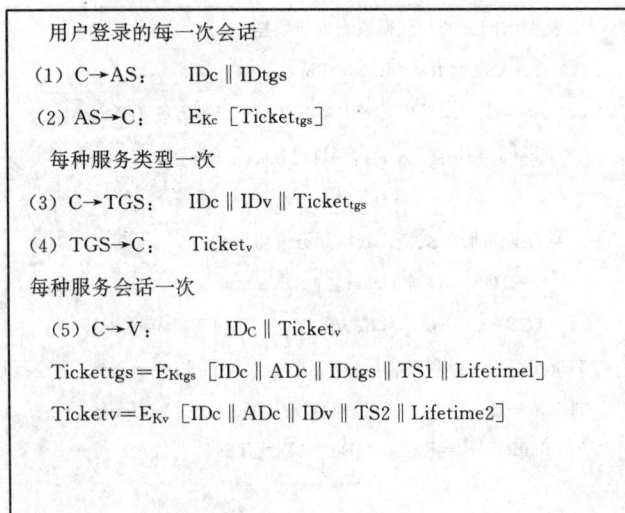

```
用户登录的每一次会话

(1) C→AS：      IDc ‖ IDtgs

(2) AS→C：      E_{Kc} [Ticket_{tgs}]

  每种服务类型一次

(3) C→TGS：     IDc ‖ IDv ‖ Ticket_{tgs}

(4) TGS→C：     Ticket_v

每种服务会话一次

(5) C→V：            IDc ‖ Ticket_v

Ticket_{tgs} = E_{Ktgs} [IDc ‖ ADc ‖ IDtgs ‖ TS1 ‖ Lifetime1]

Ticket_v = E_{Kv} [IDc ‖ ADc ‖ IDv ‖ TS2 ‖ Lifetime2]
```

图 12.7   一个更安全的对话

认证过程如下：

(1) 用户通过向 AS 发送用户 ID、TGS ID 来请求一张代表该用户的票据许可票据。

(2) AS 发回一张加密过的票据，加密密钥是由用户的口令导出的。当响应抵达客户端时，客户端提示用户输入口令，由此产生密钥，并试图对收到的报文解密。若口令正确，票据就能正确恢复。

因为只有合法的用户才能恢复该票据，这样，我们使用口令获得 Kerberos 的信任而无需传递明文口令。

票据含有时间戳和生存期是防止对手的如下攻击：对手截获该票据，并等待用户退出在工作站的登录。对手既可以访问那个工作站，也可以将他的工作站的网络地址设为被攻击的工作站的网络地址。这样，对手就能重用截获的票据向 TGS 证明。有了时间戳和生存期，就能说明票据的有效时间长度。

（3）客户代表用户请求一张服务许可票据。

（4）TGS 对收到的票据进行解密，通过检查 TGS 的 ID 是否存在来验证解密是否成功。然后检查生存期，确保票据没有过期。然后比较用户的 ID 和网络地址与收到鉴别用户的信息是否一致。如果允许用户访问 V，TGS 就返回一张访问请求服务的许可票据。

（5）客户代表用户请求获得某项服务。客户向服务器传送一个包含用户 ID 和服务许可票据的报文，服务器通过票据的内容进行鉴别。

7. Kerberos version4

尽管前面的对话与第一个相比增加了安全性，但仍存在两个问题：

（1）票据许可票据的生存期。生存期如果太短，用户将总被要求输入口令。生存期太长，对手就有更多重放的机会。

（2）服务器被要求向用户证明它自己本身。

认证过程如图 12.8 所示。

---

1. 鉴别访问交换：获得票据许可票据

(1) $C \rightarrow AS$： $ID_c \parallel ID_{tgs} \parallel TS_1$

(2) $AS \rightarrow C$：$E_{Kc} [K_{c,tgs} \parallel ID_{tgs} \parallel TS_2 \parallel Lifetime_2 \parallel Ticket_{tgs}]$

$Ticket_{tgs} = E_{Ktgs} [K_{c,tgs} \parallel AD_c \parallel ID_{tgs} \parallel TS_2 \parallel Lifetime_2]$

2. 票据许可服务交换：获得服务许可票据

(3) $C \rightarrow TGS$：$ID_v \parallel Ticket_{tgs} \parallel Authenticator_c$

(4) $TGS \rightarrow C$：$E_{Kc,tgs} [K_{c,v} \parallel ID_v \parallel TS_4 \parallel Ticket_v]$

$Ticket_{tgs} = E_{Ktgs} [K_{c,tgs} \parallel AD_c \parallel ID_{tgs} \parallel TS_2 \parallel Lifetime_2]$

$Ticket_v = E_{Kv} [K_c, v \parallel ID_c \parallel AD_c \parallel ID_v \parallel TS_4 \parallel Lifetime_4]$

$Authenticator_C = E_{Kc,tgs} [ID_c \parallel AD_c \parallel TS_3]$

3. 客户/服务器鉴别交换：获得服务

(5) $C \rightarrow K$： $Ticket_v \parallel Authenticator_C$

(6) $K \rightarrow C$： $E_{Kc,v} [TS_5 + 1]$ （用于相互鉴别）

$Ticket_v = E_{Kv} [K_{c,v} \parallel ID_c \parallel AD_c \parallel ID_v \parallel TS_4 \parallel Lifetime_4]$

$Authenticator_c = E_{Kc,v} [ID_c \parallel AD_c \parallel TS_5]$

图 12.8 Kerberosv4

整个认证过程可以用图 12.9 来表示。

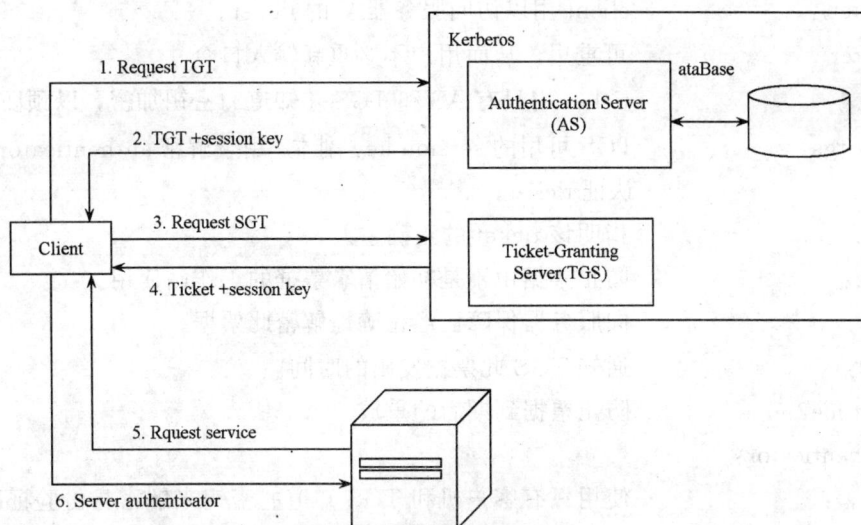

图 12.9 Kerberos4 认证过程

下面是对认证过程中的符号的解释。

Message（1）	Client request for ticket-granting ticket。
IDc：	告诉 AS 本 client 端的用户标识。
ID_{tgs}：	告诉 AS 用户请求访问 TGS。
TS1：	让 AS 验证 client 端的时钟是与 AS 的时钟同步的。
Message（2）	AS 返回 ticket-granting ticket。
E_{K_C}：	基于用户口令的加密，使得 AS 和 client 可以验证口令，并保护。Message（2）。
$K_{c,tgs}$：	session key 的副本，由 AS 产生，client 可用于在 AS 与 client 之间信息的安全交换，而不必共用一个永久的 key。
ID_{tgs}：	确认这个 ticket 是为 TGS 制作的。
TS_2：	告诉 client 该 ticket 签发的时间。
LifeTime2：	告诉 client 该 ticket 的有效期。
$Ticket_{tgs}$：	client 用来访问 TGS 的 ticket。
Message（3）	client 请求 service-granting ticket。
IDv：	告诉 TGS 用户要访问的服务器 V。
$Ticket_{tgs}$：	向 TGS 证实该用户已被 AS 认证。
$Authenticator_c$：	由 client 生成，用于验证 ticket。
Message（4）	TGS 返回 service-granting ticket。
$E_{Kc,tgs}$：	session key 的副本，由 TGS 生成，供 client 和 server 之间信息的安全交换，而无需共用一个永久密钥。
IDv：	确认该 ticket 是为 server v 签发的。

TS4:	告诉 client 该 ticket 签发的时间。
Ticket$_v$:	client 用以访问服务器 V 的 ticket。
Ticket$_{tgs}$:	可重用，从而用户不必重新输入口令。
E$_{Ktgs}$:	ticket 用只有 AS 和 TGS 才知道的密钥加密，以预防篡改。
Kc，tgs:	TGS 可用的 session key 副本，用于解密 authenticator，从而认证 ticket。
IDc:	指明该 ticket 的正确主人。
ADc:	防止票据由不是初始请求票据的工作站使用。
ID$_{tgs}$:	向服务器保障已经正确地解密此票据。
TS2:	通知 TGS 此票据发出的时间。
Lifetime2:	防止票据到期后的重放。
Authenticator:	
EK$_{c,tgs}$:	使用只有客户机和 TGS 知道的密钥来解密身份验证码，以防篡改。
IDc:	必须与票据中的 ID 匹配，以验证票据。
ADc:	必须与票据中的 AD 匹配，以验证票据。
TS3:	通知 TGS 此身份验证码的时间。
Message（5）	client 请求服务 service-granting ticket。
Ticket$_v$:	向服务器证实该用户已被 AS 认证。
Authenticator$_c$:	由 client 生成，用于验证 ticket。
Message（6）	服务器对客户机可选的身份认证。
E$_{Kc}$,v:	仅由 C 和服务器共享的密钥，用以保护 Message(6)。
TS$_5$+1:	向 C 保障这不是重放的应答。

8. Kerberos 管辖范围与多重服务

一个完整的 Kerberos 环境包括一个 Kerberos 服务器，一组工作站和一组应用服务器，满足下列要求：

（1）Kerberos 服务器必须在其数据库中拥有所有参与用户的 ID（UID）和口令散列表，所有用户均在 Kerberos 服务器上注册。

（2）Kerberos 服务器必须与每一个服务器之间共享一个保密密钥，所有服务器均在 Kerberos 服务器上注册。

这样的环境被视为一个辖区（Realm）。

Kerberos 提供了一种支持不同辖区间鉴别的机制：每一个辖区的 Kerberos 服务器与其他辖区内的 Kerberos 服务器之间共享一个保密密钥，两个 Kerberos 服务器互相注册，如图 12.10 所示。

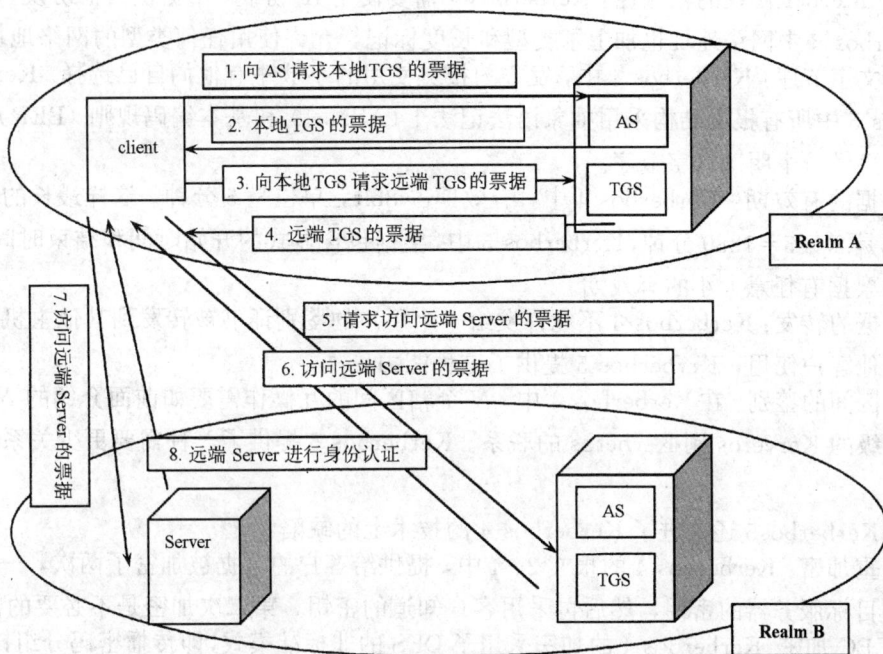

图 12.10　跨域认证

下面说明认证的细节，如图 12.11 所示。

1. C→AS	$ID_c \parallel ID_{tgs} \parallel TS1$
2. AS→C	$E_{K_c}[K_{C,tgs} \parallel ID_{tgs} \parallel TS2 \parallel Lifetime2 \parallel Ticket_{tgs}]$
3. C→TGS	$ID_{tgstem} \parallel Ticket_{tgs} \parallel Authenticator_c$
4. TGS→C	$E_{K_c,tgs}[K_{c,tgsrem} \parallel ID_{tgstem} \parallel TS4 \parallel Ticket_{tgsrem}]$
5. C→TGSrem	$ID_{vrem} \parallel Ticket_{tgsrem} \parallel Authenticator_c$
6. TGS→C	$EK_{c,tgs}[K_{c,vrem} \parallel ID_{vrem} \parallel TSb \parallel Ticket_{vrem}]$
7. C→Vrem	$TicketV_{rem} \parallel Authenticator_c$

图 12.11　认证细节

这个方法存在的一个问题是对于大量辖区之间的认证，可扩缩性不好。如果有 N 个辖区，那么需要 $N(N-1)/2$ 个安全密钥交换，以便使每个 Kerberos 能够与其他所有的 Kerberos 辖区进行互操作。

9. Kerberos 5

（1）Kerberos 5 从以下几个方面改进了 Kerberos 4 的环境缺陷：
● 加密系统的依赖性：Kerberbos 4 需要使用 DES，DES 受到出口的限制，并且 DES 的强度不是很高，Kerberbos 5 中，密文被附加上加密类型标识符以便可以使用任何加密技术。

- 对 Internet 协议的依赖性：Kerberbos 4 需要使用 IP 协议，不提供其他协议。Kerberbos 5 中网络地址也加上了类型和长度标记，允许使用任何类型的网络地址。
- 报文字节序：Kerberbos 4 中，发方的报文使用的字节序有他们自己选择。Kerberbos 5 中所有报文结构采用抽象语法记法 1（ASN.1）和基本编码规则（BER），这将提供一个明确的字节序。
- 票据的有效期：Kerberbos 4 中，有效期占 8bit，单位是 5 分钟。这样最长的有效期是 $2^8 \times 5 = 1280$ 分钟，Kerberbos 5 中，票据包含显式的开始时间和结束时间，允许票据有任意大小的有效期。
- 票据的转发：Kerberbos 4 不允许发给一个用户的鉴别证书被转发到其他主机或被其他客户使用，Kerberbos 5 提供了这种能力。
- 辖区间的鉴别：在 Kerberbos 4 中，N 个辖区间的互操作需要如前面介绍的 $N2$ 数量级的 Kerveros 到 Kerberos 的联系。Kerberbos 5 提供了一种需要更少关系的方法。

（2）Kerberbos5 还改进了 Kerberbos 4 的技术上的缺陷：

- 双重加密：Kerberbos 4 的报文 2、4 中，提供给客户的票据被加密了两次，一次采用目标服务器的密钥，然后再采用客户知道的密钥。第二次加密是不必要的。
- PCBC 加密：Kerberbos 4 的加密采用了 DES 的非标准模式，即传播密码分组链接。他容易受到一种使用互换密文分组的攻击。Kerberbos 5 中提供了完整性机制，允许使用标准的 CBC 模式进行加密。
- 会话密钥：同一票据会被多次用作访问同一服务器，存在对手使用与该客户或该服务器旧会话的报文进行重放攻击的危险。Kerberbos 5 中，客户与服务器协商一个仅用于那个连接的子会话密钥，客户进行新的会话将导致使用新的会话子密钥。
- 口令攻击：两个版本都容易受到口令攻击。从 AS 发往客户的报文中包含用基于客户口令的密钥加密的内容。对手可以截获这个报文，并试图用不同的口令来对报文解密。如果测试解密的结果是正确的形式，那么这个对手已经发现了该客户的口令并可能随后用它获得 Kerberos 的鉴别证书。虽然 Kerberbos 5 提供了预鉴别机制，使口令攻击更加困难，但并不能避免口令攻击。

10. 功能性分析

（1）可信第三方。
- 所需的共享密钥分配和管理变得十分简单。
- AS 担负认证工作，减轻应用服务器的负担。
- 安全相关数据的集中管理和保护，从而使攻击者的入侵很难成功。

（2）Ticket。
- AS 的认证结果和会话密钥安全地传送给应用服务器。
- 在生存期内可重用，减少认证开销，提高方便性。

（3）Ticket 发放服务。
- 降低用户口令的使用频度，更好地保护口令。
- 减轻 AS 的负担，提高认证系统的效率。

（4）时间戳。

防止对 Ticket 和 Authenticator 的重放攻击。

（5）以共享秘密密钥为认证依据。

11. 局限性分析

（1）重放攻击。

- ticket- granting ticket 具有较长的生存期，很容易被重放。
- 对于有准备的攻击者，5 分钟的生存期内也可能进行重放攻击。
- 保存所有存活鉴别符并通过比较检测重放攻击的办法难以实现。
- 与其他攻击形式结合的重放攻击更容易成功。

（2）时间依赖性。

- 实现较好的时钟同步往往是很困难的。
- 攻击者误导系统时间并进行重放攻击有可乘之机。

（3）猜测口令攻击。

- 脆弱口令容易受到攻击。
- 协议模型未对口令提供额外的保护，猜测复杂度为 $O(K)$。

（4）域间鉴别。

- 多跳域间鉴别涉及很多因素，实现过程复杂不明确。
- 存在信任瀑布问题。

（5）篡改登录程序。

认证系统本身的程序完整性很难保证。

（6）密钥存储问题。

口令及会话密钥无法安全存放于典型的计算机系统中。

12. 3. 5　Single Sign On

1. 背景

随着信息技术和网络技术的发展，各种应用服务的不断普及，用户每天需要登录到许多不同的信息系统，如网络、邮件、数据库、各种应用服务器等，每个系统都要求用户遵循一定的安全策略，比如要求输入用户 ID 和口令，随着用户需要登录系统的增多，出错的可能性就会增加，受到非法截获和破坏的可能性也会增大，安全性就会相应降低。而如果用户忘记了口令，不能执行任务，就需要请求管理员的帮助，并只能在重新获得口令之前等待，造成了系统和安全管理资源的开销，降低了生产效率。为避免这种尴尬，牢记登录信息，用户一般会简化密码，或者在多个系统中使用相同的口令，或者创建一个口令"列表"——这些都是会危及公司信息保密性的几种习惯性做法。

当这些安全风险逐步反映出来，管理员增加一些新的安全措施的时候，这些措施却在减少系统的可用性，并且会增大系统管理的复杂度。

越来越多的用户提出了这样的需求：网络用户可以基于最初访问网络时的一次身份验证，对所有被授权的网络资源进行无缝的访问。从而提高网络用户的工作效率，降低网络操作的费用，并且是在不降低网络的安全性和操作的简便性的基础上实现。

2. SSO 的介绍

在介绍 Single Sign On 之前，让我们先来看一看用户在传统的系统中是怎么来实现跨域操作的。图 12.12 显示了传统系统中的跨域操作。

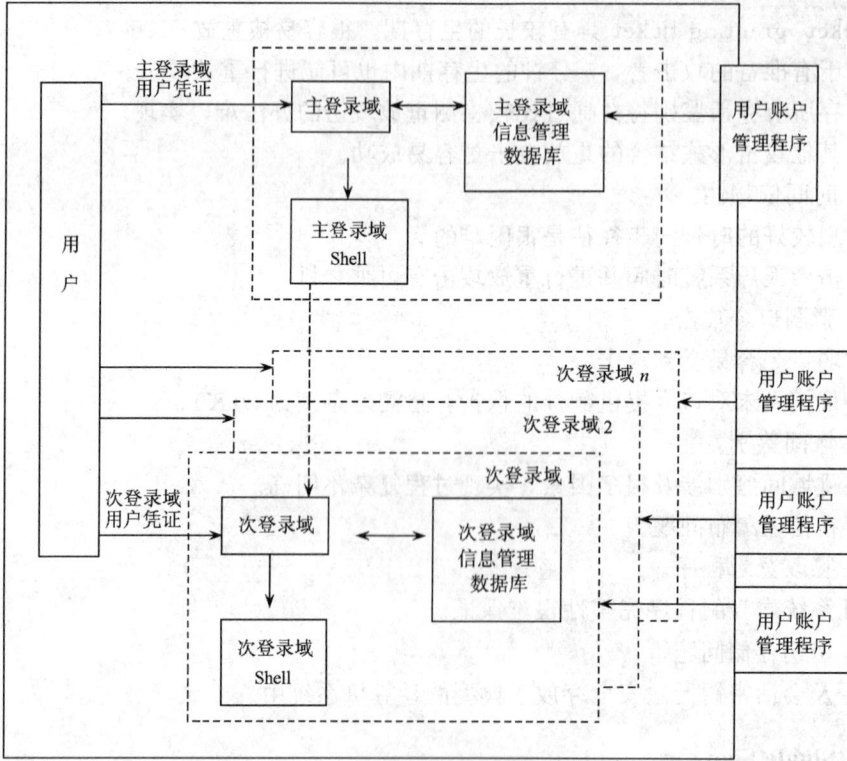

图 12.12　传统系统中的跨域操作

历史上，分布式系统是由一些独立的子域组成的，这些子域往往是由不同的操作系统和不同的应用程序组成的。在每个子域里的操作可以保证较高的安全性。

终端用户要想登录到一个子域中去，他必须对每一个子域单独地出示能证明自己有效身份的证书，就像图 12.12 所示，终端用户初始时先与一个主域建立一个对话交互，为此他提供一个能证明自己有效身份的证书，比如用户名和密码。这个主域可以是终端用户的工作站上的一个 OS Shell，从这个主域出发，终端用户可以请求其他域的服务，比如其他平台的应用程序。

当请求其他域的服务时，终端用户必须做第二次认证，这就要求终端用户提供另一套针对这个子域的证书。于是，每登录一个子域，终端用户都得进行一次认证操作。从管理的角度来看，需要对每一个域进行各自独立的管理并且使用多用户账号的管理策略。这样所带来的管理成本是很高的，同时也带来了不安全性。

对易用性和安全性的考虑要求把认证功能和账号管理功能集成起来为不同域的登录提供一致的界面。这样做对于企业可以节省很大一笔成本开销，表现在：

- 减少了用户在不同子域中登录操作的时间，包括减少了登录失败的可能性。
- 用户可以不必记住一大堆认证的信息，比如用户名和密码对，这样可以提高安全性。
- 简化了系统管理员的操作，减少了系统管理员增加用户账号和删除用户账号的操作时间以及降低了修改用户的权限的复杂度。
- 通过集成，系统管理员可以很容易地禁止或删除用户对所有域的访问权限而不破坏一致性。这大大增强了安全性。

这种集成被称为单点登录技术，它的逻辑拓扑图如图 12.13 所示。

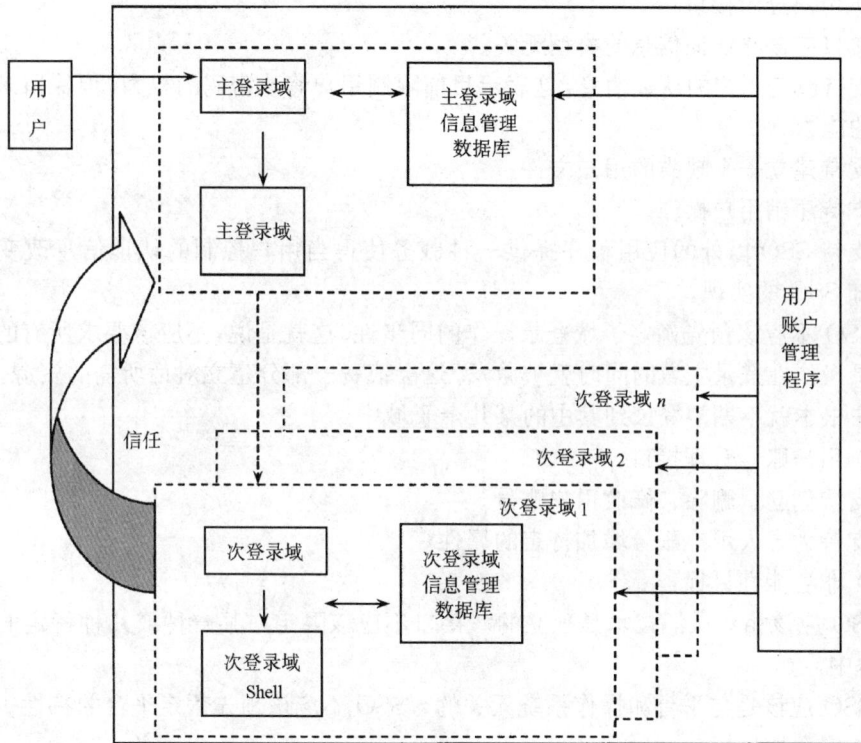

图 12.13　Single Sign On 技术

在 SSO 中，系统首先需要收集到所有有关用户证书的信息，以便支持用户在未来的某个时候可以在任何一个潜在的子域中的认证。有了这些信息，当用户请求登录到某一个子域时，系统才能够决定是否允许用户登录和进行某个特定的操作。

终端用户在登录主域时所提供的信息有可能在以下这几个方面被用来作为用户在子域登录和操作的依据：

- 终端用户在主域中提供的信息被直接用来作为子域中认证的信息。
- 终端用户在主域中提供的信息被用来获取另一套认证信息，这套信息存储在一个单点登录系统管理数据库中。从数据库中取得的新的认证信息被用来作为子域登录的认证依据。
- 在登录主域的同时，立即与子域联系，建立对话，这意味着与子域中的应用程序的联系在主域操作的同时就已经建立。

从管理的角度来看，SSO 为用户账号管理提供了简洁统一的界面，使各个子域的操作能够保证同步和一致。

3. SSO 的设计目标

SSO 的设计目标总的来说是支持：
- 应用程序提供一个通用的、单一的终端用户登录界面。
- 应用程序维护一个多用户账号管理信息系统。

SSO 的设计目标可以分为以下几个方面：

（1）用户登录接口：
- 接口应该与认证信息的类型无关。
- 支持改变用户的认证信息，这表示目前限制用户修改密码的权力，但保留未来扩展的能力。
- 支持建立一个缺省的用户文件。
- 支持注销用户操作。
- 支持 SSO 以外的应用程序提供一种服务使得当用户控制的认证信息改变时能通知 SSO 的实现。
- SSO 不应该预先确定子域登录操作的同步性，这就是说，不应该要求所有的子域登录操作在登录主域的同时就被激发。这会浪费一部分建立对话所需的资源，如果用户根本就不期望登录到其中的某几个子域中。

（2）用户账号管理接口：
- 支持创立、删除、修改用户账号。
- 支持为个人用户账号增加特定的属性。

（3）非功能性目标：
- SSO 应该相对认证技术是独立的。接口不应该限定在某一种或几种特定的认证技术中。
- SSO 应该是与平台和操作系统无关的，SSO 不应该预先假定平台的特性。

（4）安全性目标：
- SSO 不应该影响它将要部署的系统的弹性（Resilience）
- SSO 不应该与个人系统服务的可用性发生冲突。
- 需要有审计机制，监控所有与安全有关的事件。
- SSO 应该有效地保护所有由 SSO 产生的与安全有关的信息，这样才能保证在子域进行登录操作时能充分地信任这些信息。
- SSO 应该保证与安全有关的信息能在自己域的组件和域与域之间可靠地传输。

12.4 Windows NT 安全子系统

Windows NT 的安全子系统主要由本地安全授权 LSA、安全账户管理 SAM 和安全参考监视器 SRM 等组成。

1. Windows NT 安全子系统组成

(1) 本地安全授权部分提供了许多服务程序,保障用户获得存取系统的许可权。它产生令牌、执行本地安全管理、提供交互式登录认证服务、控制安全审查策略和由 SRM 产生的审查记录信息。

(2) 安全账户管理部分保存安全账户数据库(SAM Database),该数据库包含所有组和用户的信息。SAM 提供用户登录认证,负责对用户在 Welcome 对话框中输入的信息与 SAM 数据库中的信息对比,并为用户赋予一个安全标识符(SID)。根据网络配置的不同,SAM 数据库可能存在与一个或多个 NT 系统中。

(3) 安全参考监视器负责访问控制和审查策略,由 LSA 支持。SRM 提供客体(文件、目录等)的存取权限,检查主体(用户账户等)的权限,产生必要的审查信息。客体的安全属性由安全控制项 ACE 来描述,全部客体的 ACE 组成访问控制表 ACL,没有 ACL 的客体意味着任何主题都可访问。而有 ACL 的客体则由 SRM 检查其中的每一项 ACE,从而决定主体的访问是否被允许。

(4) Windows NT 有一个安全登录序列,用以防止不可信应用窃取用户名和口令序列,并有用户账号和口令等管理能力。

(5) 为了登录 Windows NT(包括通过网络登录),每一用户必须首先进行域以及用户名识别。每一域以及用户名惟一地标识了一个用户,在系统内部,使用 SID(Security Identifier)予以表征。每个 SID 是惟一的,不能被重用,也不能重新赋给其他任何用户。即使一个用户账号被删除了,且另一用户以相同的用户名和口令创建,它的 SID 也不会同那个被删除账号的 SID 相同。Windows NT 在每一进程的 primary token 中,使用用户的 SID 同该用户的进程对应。由 TCB 生成的审计记录包括了该 SID,因此标记了某一特定的用户。

(6) Windows NT 允许每一用户账号有一对应的口令。TFM(Trusted Facility Manual)说明了怎样确保所有用户账号都有口令,而且该口令在用户登录时必须键入以便鉴别用户身份。

(7) 口令存储在 SAM(Security Accounts Manager)数据库中并由 DAC 机制保护,以防止非法访问。

(8) 当登录时 LSA(Local Security Authority)保护服务器使用 SAM 数据库中有关的信息,与口令进行对照鉴别,确认只有被授权的用户(即用户名与口令相符)可访问被保护的系统资源。

Windows NT 安全系统如图 12.14 所示。

2. Passport 简介

Passport 是 Microsoft .NET 向人们提供的一种基础服务,Microsoft 计划将 Passport 的使用拓展为用作未来 Web 服务的身份验证机制。

通过向人们提供轻松访问其服务的方法,Microsoft 期望增加其联机服务的使用,并更好地了解和满足客户的需要。

(1) 什么是 Passport?

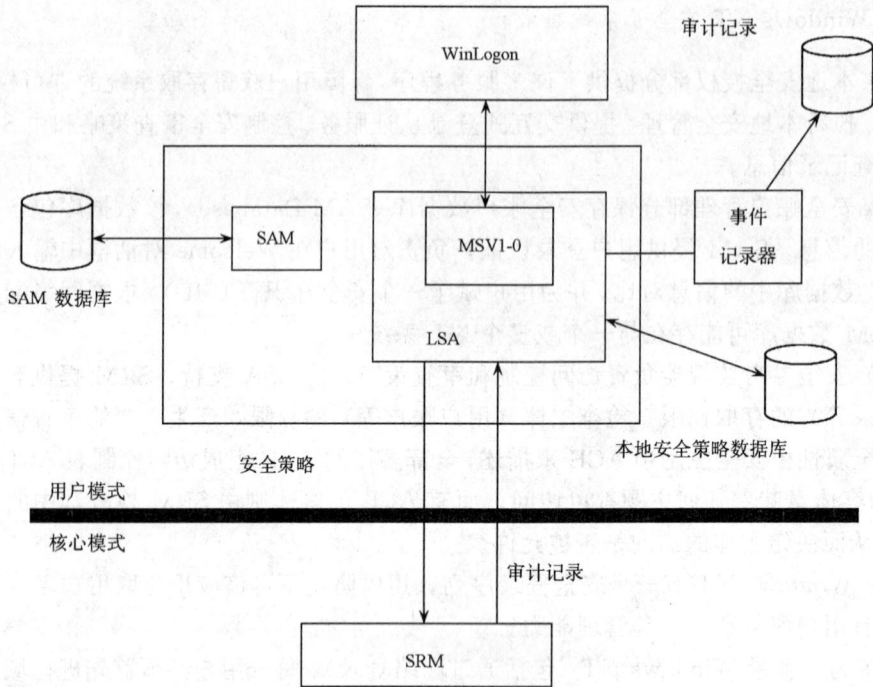

图 12.14 Windows NT 的安全子系统

Passport 是由个人身份验证服务组成的套件，有了它，用户就可以更方便地使用 Web，更快、更安全地进行联机购买。

使用 Passport 单一登录服务可以仅通过一个电子邮件地址和密码登录到数量不断增加的参与网站中。

利用 Passport 快递购买进行更快、更安全的联机购买。Passport 快递购买能记住用户的信用卡号和购物信息，并将这些信息存储在数据库中的一个安全位置。

（2）Passport 如何工作？

如果注册了 Passport，就可以创建一个单一电子邮件地址和密码，以便轻松安全地访问所有启用 Passport 的网站和服务。

Passport 还允许用户存储个人信息，比如姓名和地理位置，在注册时 Web 站点通常会要求提供这些信息。当用户在参与的 Passport 网站中注册时，可以将此"Passport 配置文件"信息与网站共享，以加快注册速度。

当用户再次在该站点中注册时，用户的 Passport 配置文件信息可以允许访问用户的个人化账户或服务。

Passport 将用户的信息维护在安全的中央数据库中。

（3）Passport 存储哪些个人信息？

用户的 Passport 注册配置文件（用户在对 Passport 进行注册时提供的个人信息）中包含用户的电子邮件地址、密码、国家/地区、邮政编码和秘密问题及答案。

如果忘记了密码，Passport 会使用秘密问题来验证用户的身份。

可以有选择地指明别名、性别、年龄和首选语言。

当用户登录时，会与其他网站交流哪些信息？在用户登录时，只有用户的 Passport 用户 ID（Passport 发送给要登录站点的加密标识符）、邮政编码、国家/地区和城市会自动发送给网站。

可以随时在 Passport 成员服务页上查看和编辑个人信息。

（4）Passport 的安全性如何？

Microsoft Passport 通过使用专门用来防止对用户的个人信息进行非授权访问的强大技术和系统，实现高级别的 Web 安全机制。

用户的全部 Passport 信息都存储在一个安全的、有访问控制的 Microsoft 数据库中，用户的信息始终被加密。此数据库不直接与 Internet 连接，并受到拒绝非授权数据请求的硬件服务的保护。

虽然用户可以在任何参与的网站中使用 Passport，但用户的密码只存储在安全的 Passport 数据库中。当用户登录时，用户的密码仅用于验证身份，绝不会与任何参与的 Passport 网站共享，这样会减少有人获得非授权访问用户个人信息的机会。

当用户登录到 Passport 时，用户的电子邮件地址和密码使用安全的连接通过 Internet 发送出去。

当用户使用 Passport 快递购买购物时，屏幕上绝对不会显示完整的信用卡号。Passport 需要用户先登录，然后才能使用 Passport wallet 中的信息，如果距离用户最后一次登录已经过去好几分钟，就会提示用户输入密码来验证身份。另外，用户的信用卡信息通过安全的 Internet 连接发送出去。

最后，所有 Passport cookie（及其包含的配置文件信息）都被加密。

12.5　小　　结

本章详细论述了认证的理论和技术，主要介绍了单机状态下和网络状态下的用户身份认证现状及发展趋势，综合评价了各种认证机制和方案。在实际应用中，认证方案的选择应当从系统需求和认证机制的安全性能两个方面来综合考虑，安全性能最高的不一定是最好的。当然认证理论和技术还在不断发展之中，尤其是移动计算环境下的用户身份认证技术和对等实体的相互认证机制发展还不完善，另外如何减少身份认证机制和信息认证机制中的计算量和通信量，而同时又能提供较高的安全性能，是信息安全领域的研究人员进一步需要研究的课题。

习　　题

1. 请简述有关重放攻击、时间戳、nonce 的概念，并给出一个重放攻击的例子。
2. 请了解 MD5 的算法，并用 C&C++ 实现之。
3. 什么是字典式攻击？请给出防止字典式攻击的方法。
4. 请给出 PPP 协议的实际应用的例子。
5. SKEY 协议依赖的是单向散列函数的健壮性，请试着用公开密钥协议代替单向散列函数改写 SKEY 协议。

6. PAP 为什么只用 2 次握手验证，CHAP 为什么用 3 次握手验证？

参 考 文 献

虹膜识别的算法．Dr. Daugman's HomePage，http：//www. cl. cam. ac. uk/～jgd1000/

An Analysis of Distributed Network Security Services：Kerberos and Public Key Infrastructure (PKI) ．http：//
    www. ciscoworldmagazine. com/webpapers/2001/04—guardent. shtml

Kerberos：An Authentication Service for Open Network System. http：//www. cisco. com/warp/public/106/1. html

RFC1334：PPP Authentication Protocols

RFC1510：The Kerberos Network Authentication Service (V5)

RFC1661：The Point-to-Point Protocol (PPP)

RFC1994：PPP Challenge Handshake Authentication Protocol (CHAP)

RFC2284：PPP Extensible Authentication Protocol (EAP)

RFC2289 ：A One-Time Password System

The IETF OTP Working Group. http：//www. ietf. org/html. charters/otp-charter. html

Vulnerabilities in the S/KEY one time password system. http：//home. indy. net/～sabronet/secure/skeyflaws. html

第 13 章　授权与访问控制

在第 3 章中我们已经看到了 ISO 所定义的五大安全服务功能：认证、访问控制、数据保密性、数据完整性和防抵赖性服务。作为其中一个重要组成部分的访问控制服务，在网络安全体系结构中起着不可替代的作用。通常我们也可以用授权（Authorization）与访问控制（Access Control）来表示 ISO 五大服务中的访问控制服务。

13.1　概　念　原　理

访问控制是通过某种途径显式地准许或限制访问能力及范围的一种方法。它是针对越权使用资源的防御措施，通过限制对关键资源的访问，防止非法用户的侵入或因为合法用户的不慎操作而造成的破坏，从而保证网络资源受控地、合法地使用。用户只能根据自己的权限大小来访问系统资源，不得越权访问。访问控制技术并不能取代身份认证，它是建立在身份认证的基础之上的，通俗地说，身份认证解决的是"你是谁，你是否真的是你所声称的身份"，而访问控制技术解决的是"你能做什么，你有什么样的权限"这个问题，它们在安全系统中所处的位置如图 13.1 所示。

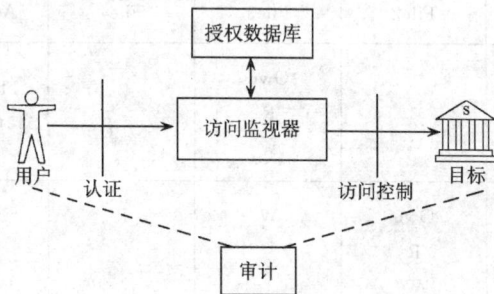

图 13.1　一个安全系统的逻辑模型

访问控制系统一般包括以下几个实体：

（1）主体（Subject）：发出访问操作、存取要求的主动方，通常可以是用户或用户的某个进程等。

（2）客体（Object）：被访问的对象，通常可以是被调用的程序、进程，要存取的数据、信息，要访问的文件、系统或各种网络设备、设施等资源。

（3）安全访问政策：一套规则，用以确定一个主体是否对客体拥有访问能力。

由此访问控制的目的可以阐述为：限制主体对访问客体的访问权限，从而使计算机系统在合法范围内使用；决定用户能做什么，也决定代表一定用户利益的程序能做什么。

13.2 常用的实现方法

访问控制的常见实现方法有访问控制矩阵、访问能力表、访问控制表和授权关系表等几种。

13.2.1 访问控制矩阵

从数学角度看，访问控制可以很自然的表示为一个矩阵的形式，行表示客体（各种资源），列表示主体（通常为用户），行和列的交叉点表示某个主体对某个客体的访问权限（比如读、写、执行、修改、删除等）。

表 13.1 是一个访问控制矩阵（Access Matrix）的例子。这个例子我们在后面将用多种方法实现，请大家先有个印象。表 13.1 中的 John、Alice、Bob 是三个主体，客体有 4 个文件和两个账户。从该访问控制矩阵可以看出，John 是 File1、File3 的拥有者（Own），而且能够对其进行读（R）、写（W）操作，但是 John 对 File2、File4 就没有访问权。需要指出的是 Own 的确切含义可能因不同的系统而异，通常一个文件的 Own 权限表示可以授予（Authorize）或者撤消（Revoke）其他用户对该文件的访问控制权限，比如 John 拥有 File1 的 Own 权限，他就可以授予 Alice 读或者 Bob 读、写的权限，也可以撤消给予他们的权限。

表 13.1　一个访问控制矩阵的例子

	File1	File2	File3	File4	Account1	Account2
John	Own R W		Own R W		Inquiry Credit	
Alice	R	Own R W	W	R	Inquiry Debit	Inquiry Credit
Bob	R W	R		Own R W		Inquiry Debit

对账户的访问权限展示了访问可以被应用程序的抽象操作所控制。查询（Inquiry）操作有点类似读操作，它检索数据而并不改动数据。借（Debit）操作和贷（Credit）操作都会涉及读原先账户平衡信息、改动并重写。实现这两种操作的应用程序需要有对账户数据的读、写权限，而用户并不允许直接对数据进行读写，他们只能通过已经实现借、贷操作的应用程序来间接操作数据。

13.2.2 访问能力表

前面的访问控制矩阵虽然直观，但是我们可以发现并不是每个主体和客体之间都存在着权限关系，相反，实际的系统中虽然可能有很多的主体和客体，但主体和客体之间的权限关系可能并不多，这样的话就存在着很多的空白项。为了减轻系统开销与浪费，我们可以从主体（行）出发，表达矩阵某一行的信息，这就是访问能力表（Capabilities）；也可以从客体（列）出发，表达矩阵某一列的信息，这便成了访问控制表（Access Control List）。这里我们先介绍一下访问能力表。

能力（Capability）是受一定机制保护的客体标志，标记了客体以及主体（访问者）对客体的访问权限。只有当一个主体对某个客体拥有访问的能力时，它才能访问这个客体。图 13.2 是上面表 13.1 的例子中文件的访问能力表表示。

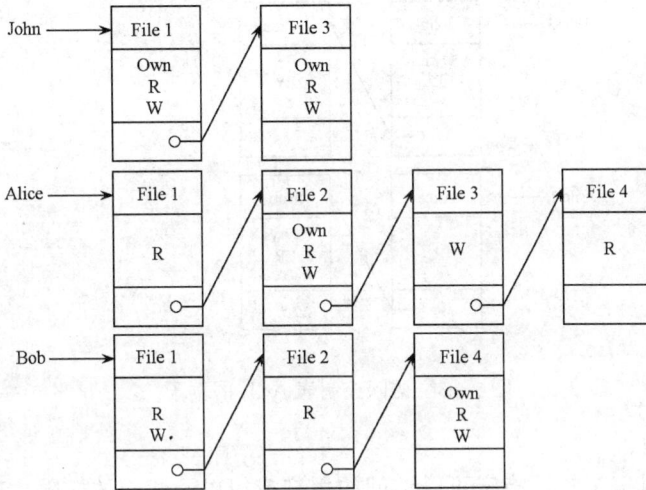

图 13.2 访问能力表的例子

可以看出在访问能力表中，由于它着眼于某一主体的访问权限，以主体的出发点描述控制信息，因此很容易获得一个主体所被授权可以访问的客体及其权限，但如果要求获得对某一特定客体有特定权限的所有主体就比较困难。在 20 世纪 70 年代，很多基于访问能力表的计算机系统被开发出来，但在商业上并不成功。在一个安全系统中，正是客体本身需要得到可靠的保护，访问控制服务也应该能够控制可访问某一客体的主体集合，能够授予或取消主体的访问权限，于是出现了以客体为出发点的实现方式——ACL（访问控制表），现代的操作系统都大体上采用基于 ACL 的方法。

13.2.3 访问控制表

访问控制表 ACL（Access Control List）是目前采用最多的一种实现方式。它可以对某一特定资源指定任意一个用户的访问权限，还可以将有相同权限的用户分组，并授予组的访问权。图 13.3 是表 13.1 的例子中文件的访问控制表表示。

ACL 的优点在于它的表述直观、易于理解，而且比较容易查出对某一特定资源拥有访问权限的所有用户，有效地实施授权管理。在一些实际应用中，还对 ACL 做了扩展，从而进一步控制用户的合法访问时间，是否需要审计等。

尽管 ACL 灵活方便，但将它应用到网络规模较大、需求复杂的企业的内部网络时，

File 1 → | John / Own R W / ○ → Alice / R / ○ → Alice / R W / ○

File 2 → | Alice / Own R W / ○ → Bob / R

File 3 → | John / Own R W / ○ → Alice / W

File 1 → | Alice / R / ○ → Bob / Own R W

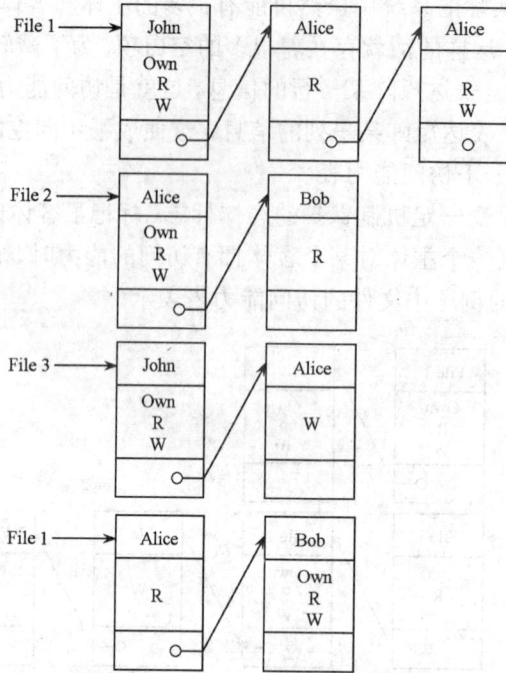

图 13.3　访问控制表 ACL 的例子

就暴露了一些问题：

（1）ACL 需对每个资源指定可以访问的用户或组以及相应的权限。当网络中资源很多时，需要在 ACL 中设定大量的表项。而且，当用户的职位、职责发生变化时，为反映这些变化，管理员需要修改用户对所有资源的访问权限。另外，在许多组织中，服务器一般是彼此独立的，各自设置自己的 ACL，为了实现整个组织范围内的一致的控制政策，需要各管理部门的密切合作。所有这些，使得访问控制的授权管理变得费力而繁琐，且容易出错。

（2）单纯使用 ACL，不易实现最小权限原则及复杂的安全政策。关于最小权限原则，我们将在后面加以说明。

13.2.4　授权关系表

我们已经看到了基于 ACL 和基于访问能力表的方法都有自身的不足与优势，下面我们来看另一种方法——授权关系表（Authorization Relations）。同样，我们先看看它的例子，如表 13.2 所示。

从表 13.2 中可以看出，每一行（或称一个元组）表示了主体和客体的一个权限关系，因此 John 访问 File1 的权限关系需要 3 行。如果这张表按客体进行排序的话，我们就可以拥有访问能力表的优势，如果按主体进行排序的话，那我们又拥有了访问控制表的好处。这种实现方式也特别适合采用关系数据库。

表 13. 2　授权关系表

主体	访问权限	客体
John	Own	File1
John	R	File1
John	W	File1
John	Own	File3
John	R	File3
John	W	File3
Alice	R	File1
Alice	Own	File2
Alice	R	File2
Alice	W	File2
Alice	W	File3
Alice	R	File4
Bob	R	File1
Bob	W	File1
Bob	R	File2
Bob	Own	File4
Bob	R	File4
Bob	W	File4

13.3　访问控制策略

下面我们来看一下通常在计算机系统中采用的 3 种不同的访问控制策略：自主访问控制 (Discretionary Access Control，DAC)、强制访问控制 (Mandatory Access Control，MAC) 和基于角色的访问控制 (Role-based Access Control，RBAC)，其中前两种 (DAC 和 MAC) 属于传统的访问控制策略。早在 1983 年美国国防部 (DoD) 公布的可行计算机系统评估准则 (Trusted Computer System Evaluation Criteria，TCSEC，即橘皮书) 中就明确规定访问控制在计算机安全系统中的重要作用，该标准将计算机系统的安全程度从高到低划分为 A1、B3、B2、B1、C2、C1、D 七个等级，每一等级对访问控制都提出了不同的要求。例如，C 级要求至少具有自主型的访问控制 DAC，B 级以上要求具有强制型的访问控制手段 MAC。而基于角色的访问控制 RBAC 则是 20 世纪 90 年代后涌现出来的新的访问控制策略，由于有很大的优势，所以发展很快。

需要指出的是，每种策略并非是绝对互斥的，我们可以把几种策略综合起来应用从而获得更好、更安全的系统保护。如图 13.4 所示就是一种多重的访问控制策略，其中内部的 3 个椭圆每个都代表了所有可能访问的一个子集策略，当使用多重策略的时候只有各种策略的交集策略允许，访问才被许可。当然，在某一些场合下，也可能存在着一些冲突，比如被某一策略许可的访问被另一策略所禁止，这样就产生了冲突，这种情况需要在管理层通过协商来协调。

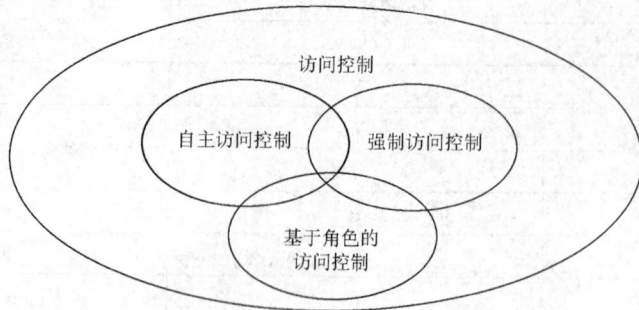

图 13.4　多重访问控制策略

13.3.1　自主访问控制 DAC

自主访问控制 DAC 是目前计算机系统中实现最多的访问控制机制，它是在确认主体身份以及（或）它们所属组的基础上对访问进行限定的一种方法，称其为自主型的是因为在 DAC 系统中，一个拥有一定访问权限的主体可以直接或间接地将权限传给其他主体。其基本思想是：允许某个主体显式地指定其他主体对该主体所拥有的信息资源是否可以访问以及可执行的访问类型。我们所熟悉的 Windows、UNIX 系统都是采用了自主型的访问控制技术。

自主访问控制根据访问者的身份和授权来决定访问模式，主体访问者对访问的控制有一定权利。但正是这种权利使得信息在移动过程中其访问权限关系会被改变。如用户 A 可以将其对客体目标 O 的访问权限传递给用户 B，从而使不具备对 O 访问权限的 B 也可以访问 O，这样做很容易产生安全漏洞，所以自主访问控制的安全级别很低。

随着网络的迅速发展扩大，尤其是 Internet 的兴起，对访问控制服务的质量也提出了更高的要求，用传统的自主型访问控制 DAC 已很难满足。首先，如上所述，DAC 将赋予或取消访问权限的一部分权力留给用户个人，管理员难以确定哪些用户对哪些资源有访问权限，不利于实现统一的全局访问控制。其次，在许多组织中，用户对他所能访问的资源并不具有所有权，组织本身才是系统中资源的真正所有者。而且，各组织一般希望访问控制与授权机制的实现结果能与组织内部的规章制度相一致，并且由管理部门统一实施访问控制，不允许用户自主地处理。显然 DAC 已不能适应这些需求。

13.3.2　强制型的访问控制 MAC

顾名思义，强制型访问控制是"强加"给访问主体的，即系统强制主体服从访问控制政策。

MAC 主要用于多层次安全级别的军事应用当中，它预先将主体和客体分级，即定义用户的可信任级别及信息的敏感程度（安全级别，比如可以分为绝密级、机密级、秘密级、无密级等），然后根据主体和客体的级别标记来决定访问模式，用户的访问必须遵守安全政策划分的安全级别的设定以及有关访问权限的设定。当用户提出访问请求时，系统对主客体两者进行比较以确定访问是否合法。

在典型应用中，MAC 的访问控制关系可以分为两种：用上读/下写来保证数据完整性以及利用下读/上写来保证数据的保密性。它们都是通过梯度安全标签实现信息的单向流通。

所谓下读，指的是低信任级别的用户不能读高敏感度的信息，只能读比它信任级别更低的低敏感信息；所谓上写，指的是不允许高敏感度的信息写入低敏感度区域，只能写入更高敏感度区域。采取下读/上写后，信息流只能从低级别流向高级别，可以保证数据的保密性。图 13.5 展示了这样的一个例子，其中对主体和客体都分为 4 级：TS（绝密级）、S（机密级）、C（秘密级）、U（无密级），等级关系为 TS>S>C>U。

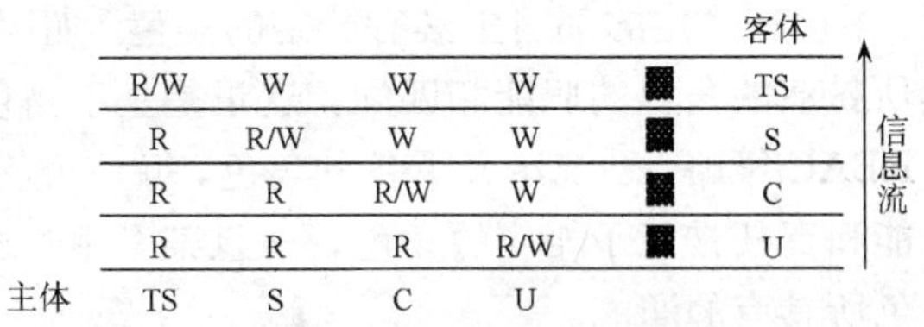

图 13.5　控制信息流以实现机密性

所谓上读，指的是低信任级别的用户能够读高敏感度的信息；所谓下写，指的是允许高敏感度的信息写入低敏感度区域。采取上读/下写的意义在于可以实现数据的完整性，同样大家可以参照上面的例子绘出图来表示控制信息流以实现完整性。

强制访问控制 MAC 最主要的优势在于它有阻止特洛伊木马的能力。一个特洛伊木马是在一个执行某些合法功能的程序中隐藏的代码，它利用运行此程序的主体的权限违反安全策略，通过伪装成有用的程序在进程中泄露信息。一个特洛伊木马能够以两种方式泄露信息：直接与非直接泄露。前者，特洛伊木马以这样一种方式工作，使信息的安全标示不正确并泄露给非授权用户；后者特洛伊木马通过以下方式非直接地泄露信息：在返回给一个主体的合法信息中编制，例如，可能表面上某些提问需要回答，而实际上用户回答的内容被传送给特洛伊木马。

阻止特洛伊木马的策略是基于非循环信息流，所以在一个级别上读信息的主体一定不能在另一个违反非循环规则的安全级别上写。同样，在一个安全级别上写信息的主体也一定不能在另一个违反非循环规则的安全级别上读。由于 MAC 策略是通过梯度安全标签实现信息的单向流通，从而它可以很好地阻止特洛伊木马的泄密。

强制访问控制 MAC 的主要缺陷在于实现工作量太大，管理不便，不够灵活，而且MAC 由于过于偏重保密性，对其他方面如系统连续工作能力、授权的可管理性等考虑不足。

13.3.3　基于角色的访问控制

前面我们已经介绍了两种传统的访问控制技术，也指出了它们的不足。20 世纪 90 年代以来出现的一种基于角色的访问控制 RBAC（Role-Based Access Control）技术有效地克服了传统访问控制技术中存在的不足之处，可以减少授权管理的复杂性，降低管理开销，而且还能为管理员提供一个比较好的实现安全政策的环境，成为了实施面向企业的安全策略的一种有效的访问控制方式。

1. 基本概念

在 DAC 中，用户可以自主地把自己所拥有的客体的访问权限授予其他用户，但是在很多商业部门中，终端用户并不"拥有"他们所能访问的信息，这些信息的真正"拥有者"是企业（公司），这种情况下，访问控制应该基于职员的职务而不是基于信息的拥有者，即访问控制是由各个用户在部门中所担任的角色来确定的，例如，一个医院可能包括医生、护士、药剂师等角色，而银行则包括出纳员、会计、行长等角色。

角色这一重要概念是理解 RBAC 的基础。所谓角色，就是一个或一群用户在组织内可执行的操作的集合。用户在一定的部门中具有一定的角色（如医生、护士、药剂师等），其所执行的操作与其所扮演的角色的职能相匹配，这正是基于角色的访问控制（RBAC）的根本特征，即依据 RBAC 策略，系统定义了各种角色，每种角色可以完成一定的职能，不同的用户根据其职能和责任被赋予相应的角色，一旦某个用户成为某角色的成员，则此用户可以完成该角色所具有的职能。

RBAC 根据用户在组织内所处的角色进行授权与访问控制。也就是说，传统的访问控制直接将访问主体（发出访问操作、存取要求的主动方）和客体（被调用的程序或欲存取的数据访问）相联系，而 RBAC 在中间加入了角色，通过角色沟通主体与客体。在 RBAC 中，用户标识对于身份认证以及审计记录是十分有用的，但真正决定访问权限的是用户对应的角色标识。由于用户与客体无直接联系，他只有通过角色才享有该角色所对应的权限，从而访问相应的客体，因此用户不能自主地将访问权限授给别的用户，这是 RBAC 与 DAC 的根本区别所在。RBAC 与 MAC 的区别在于：MAC 是基于多级安全需求的，而 RBAC 则不是，因为军用系统中主要关心的是防止信息从高安全级流向低安全级，即限制"谁可以读/写什么信息"，而基于角色控制的系统中主要关心的是保护信息的完整性，即"谁可以对什么信息执行何种动作？"角色控制比较灵活，根据配置可以使某些角色接近 DAC，而某些角色更接近与 MAC。

角色由系统管理员定义，角色成员的增减也只能由系统管理员来执行，即只有系统管理员有权定义和分配角色，而且授权规定是强加给用户的，用户只能被动接受，不能自主地决定，用户也不能自主地将访问权限传给他人，这是一种非自主型访问控制。

最后要指出的是角色和组的区别。组通常仅仅是作为用户的集合，而角色一方面是用户的集合，另一方面又是权限的集合，作为中间媒介将用户和权限连接起来，见图 13.6。当然角色可以在组的基础上实现，这样就对保持原有系统非常有利。此时角色就成为一个策略部件，与组织的授权、责任关系相联系，而组成为实现角色的工具，两者间是策略与实现机理的关系。

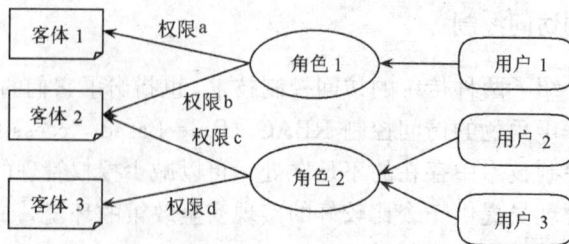

图 13.6 角色

2. RBAC96 模型

自 RBAC 提出后,专家和研究学者们提出了不少 RBAC 模型,其中以 George Mason 大学的 RBAC96 模型最为具有代表性。RBAC96 模型的基本结构如图 13.7 所示,其中:

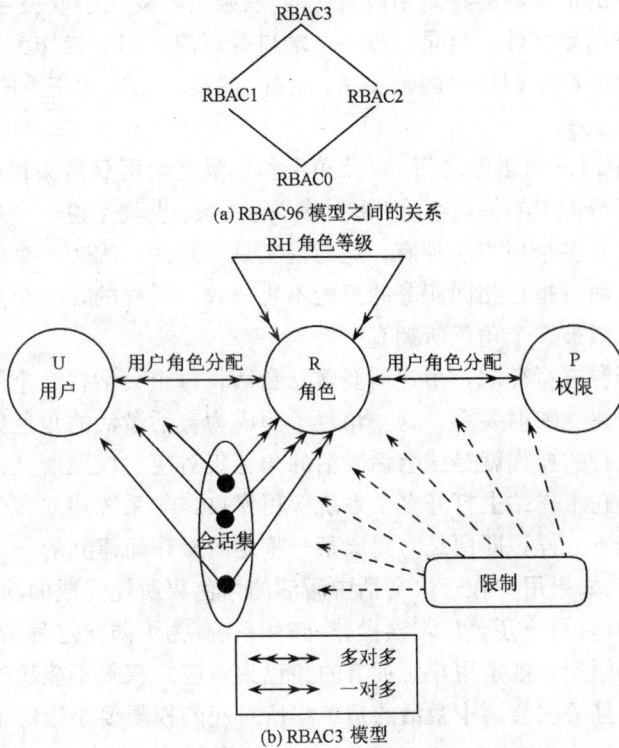

(a) RBAC96 模型之间的关系

(b) RBAC3 模型

图 13.7 RBAC96 模型

RBAC0:基本模型,规定了任何 RBAC 系统所必须的最小需求。

RBAC1:分级模型,在 RBAC0 的基础上增加了角色等级 (Role Hierarchies) 的概念。

RBAC2:限制模型,在 RBAC0 的基础上增加了限制 (Constraints) 的概念。

RBAC3:统一模型,包含了 RBAC1 和 RBAC2,由于传递性也间接地包含了 RBAC0。

(1) 基本模型 RBAC0。

可以用数学形式化语言对 RBAC0 模型定义如下:

- U,R,P,S (用户,角色,权限和会话)。
- PA$\subseteq$P$\times$P (权限分配,多对多的关系)。
- UA$\subseteq$U$\times$R (用户分配,多对多的关系)。
- Users:S$\rightarrow$U (将每一会话 Si 与一用户 Users 相映射的函数)。
- Roles:S$\rightarrow2^R$ (将每个会话 Si 与一组角色集相映射的函数,其中 Roles (Si) $\subseteq$ {r| (user (si),r)$\in$UA},并且会话 Si 具有权限集 Ur$\in$Roles (Si) {p| (p,r) $\in$PA})。

RBAC 模型由 4 个主要实体组成,分别是用户 (U)、角色 (R)、权限 (P)、一组会话（S）。其中用户是指自然人；角色就是组织内部一个工作的功能或者工作的头衔，表示该角色成员所授予的职权和职责；权限是对系统中一个和多个客体以特定方式进行存取的许可，系统中拥有权限的用户可以执行相应的操作。客体既指计算机系统的数据客体，也指由数据所表示的资源客体，所以这里的权限既可以指访问整个子网的权限，也可以指对一个特定的记录项的特定字段的访问。权限的粒度大小取决与实际系统的定义，如操作系统中保护的是文件、目录、设备、端口等资源，相应操作为读、写、执行，而在关系数据库管理系统中则保护的是关系、元组、属性、视图，相应的操作为 Select、Update、Delete、Insert 等。

图 13.7（b）中用户和角色之间，以及角色和权限之间用双箭头相连表示用户角色分配 UA 和角色权限分配 PA 关系都是"多对多"的关系。也就是说一个用户可以有多个角色，一个角色可以被多个用户所拥有，这与现实是一致的，因为一个人可以在同一部门中担任多种职务，而且担任相同职务的可能不止一人。同样的，一个角色可以拥有多个权限，一个权限可以被多个角色所拥有。

为了对系统资源进行存取，用户需要建立会话，每个会话将一个用户与他所对应的角色集中的一部分建立映射关系，这一角色子集成为会话激活的角色集，那么在这次会话中，用户可以执行的操作就是该会话激活的角色集对应的权限所允许的操作。

一个用户可以在工作站上打开多个系统应用窗口，与系统建立多个会话，每个会话激活的角色集可能不一样，即便是为完成某一特定的操作而建立的一系列会话中，也可能包括不同的角色。如果用户在一次会话中激活的角色集所能完成的功能远远超过需要，就造成一种浪费，有时用户还会出现误操作，破坏系统。为了防止这种情况发生，在 RBAC 中设定了最小权限原则，规定用户所拥有的角色集对应的权限不能超过用户工作时所需要的最大权限，而且每次会话中激活的角色集所对应的权限要小于等于用户所拥有的权限。

另外，RBAC 模型不允许由一次会话创建另一次会话。RBAC 模型还规定管理权限不可应用于 RBAC96 的组成部件上，管理权限就是修改用户角色、权限集以及用户委派、权限委派等权限。

（2）分级模型 RBAC1。

可以用数学形式化语言对 RBAC1 模型定义如下：

● U，R，P，S，PA，UA 和用户 user 的含义同 RBAC0。

● RH⊆R×R（表示角色要素关系或者角色等级的一种偏序关系，用≥来表示）。

● Roles：$S \rightarrow 2^R$（从 RBAC0 修改而来，其中 Roles（Si）⊆ {r| （∃ 'r≥r）［（user（Si），r'）∈UA]}，并且会话 Si 具有权限集∪r∈Roles（Si）{P| （∃ r'≤r）［（p，r'）∈PA]}）。

RBAC1 模型中引入了角色等级来反映一个组织的职权和责任分布的偏序关系，图 13.8 就演示了角色等级。其中高等级角色在上方，低等级角色在下方，等级最低的角色是项目成员，程序设计师高于项目成员，所以程序设计师继承了项目成员，项目负责人处于最高等级。显然角色等级关系具有自反性（Reflexive）、传递性（Transitive）和非对称性（Anti-symmetric），是一个偏序关系（Partial Orders）。

有时为了实际需要，应该限制继承的范围，不希望继承者享有被继承的全部权力，此时就可以构造些新的角色成为私有角色，而将用户分配给这些私有角色。如图 13.8 中，测试工程师′和程序设计师′就是私有角色。

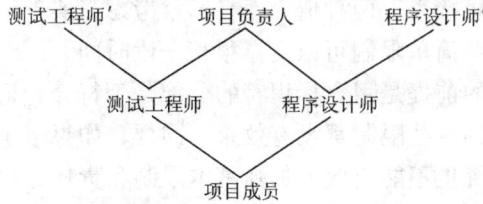

图 13.8　角色等级例子

（3）限制模型 RBAC2。

RBAC2 模型引入了限制的概念，这种限制可以实施到图 13.7（b）中的所有关系上。RBAC 中的一个基本的限制称为相互排斥（Mutually Exclusive）角色限制，由于角色之间相互排斥，一个用户最多只能分配到这两个角色中的一个。例如在一个项目中用户不能既是测试人员又是编程人员。而双重限制就是指同一权限只能分派给相互排斥的角色中的一个。例如，在政府部门中局长和副局长这两个角色是相互排斥的，且对文件进行签发的操作只能由局长执行。这种权限分配限制阻止了权限被故意或非故意地分配给其他角色。这种权限分配上的相互排斥限制也是一种限制高级权限分配的有效方法。例如在一家公司中，角色 A 或角色 B 都可以对一种特别的支票进行签字，但是为了追究负责人的信息安全起见，只允许这两个角色中的一个有签字的权利。

相互排斥限制可以推广到多个角色之间，来限定用户的各种角色组合情况在不同的环境中是否可以被接受。例如，一个用户可以既拥有项目 A 的程序设计员角色，也可以拥有项目 B 的测试员角色，但不能同时拥有同一项目的程序设计员和测试员角色。

另外基数限制（Cardinality Constraints）规定了一个角色可被分配的最大用户数。比如在一个机关中，局长角色只能分配给一个用户，副局长角色最多只能分配给 4 个用户。同样一个用户可以拥有的角色数量也是受限的，一个权限可分配的角色数量也受到基数限制以控制高级权限在系统中的分配，一个角色可以拥有的权限不能超过系统规定的最大值。

必备角色（Prerequisite Constraints）限制的描述比较复杂，我们以例子的形式来说明。当用户拥有了角色 B 时，角色 A 也可以分配给该用户，并且角色 A 在其他任何情况下都不能分配给用户，这个角色 B 就是角色 A 的必备角色。在图 13.8 中只有那些已经拥有项目 A 成员角色的用户才能分配这个项目的测试员角色。在这个例子中，必备角色比新角色要低级。更一般化的，我们可以利用这样一些必要条件，仅当用户已是或者不是一些特定角色中的成员，用户才可以被分配到角色 A。推广到权限上面，必备权限的定义同理。

限制也作用在会话上（Constraints in Session），因为用户和角色函数与会话相联系，而角色又与权限相联系。例如一个用户可以拥有两个不同的角色，但不能在一次会话中同时激活它们，而且同一权限所分配的会话数也受到限制。

另外角色等级也可以被视为一种限制（Hierarchy Constraints），被分配了低级角色的权限也要分配给该角色的所有上级角色。在实现上为了更简便，通常应用角色等级的继承性替代限制的使用。

实际应用时限制被定义为一些函数,在进行用户角色分配和权限角色分配时被调用,返回"可接受"和"不可接受"两种值。而且通常考虑只实现一些能被有效的检查和加强的简单限制,因为这些简单限制可以支持很长一段时间。

限制应用是否有效的前提是用户标识符的分配是否符合合适的外部原则。如果一个用户拥有多个标识符,则这些限制都没有效果。同样,如果一个操作可以有两个不同的权限来批准,RBAC 系统也不能有效地加强基本限制和责任分离限制。所以任何标识符必须一一对应,权限与操作也一一对应。

(4) 统一模型 RBAC3。

统一模型 RBAC3 包含了限制模型和分级模型,即在 RBAC0 上引进了角色分级和限制的概念,但也产生了一些问题。

由于角色等级是 RBAC3 的组成部分,所以限制可以应用在角色等级上。角色等级是一个偏序序列,这种限制对模型而言是内在的。附加的限制可以限制一个给定角色的上级和下级角色,也可限制一些角色间没有相同的上级或者下级角色。这些限制可以帮助安全主管人员对一些被多个用户改变的角色等级可以限制非常有效。

这样限制和等级之间可能会产生矛盾。如图 13.8 所示,项目中的一个成员不能既拥有测试人员角色也拥有程序设计人员的角色。而项目负责人所处的位置显然违背了这个限制,但实际应用中这又是合理的。私有角色的引进可以解决上面的矛盾。如图 13.8 所示,私有角色测试工程师′、程序设计师′和项目负责人这些角色是相互排斥的,但他们处于同一等级,所以项目负责人角色并没有违反相互排斥的限制。在通常情况下,私有角色与其他角色没有共同的上级角色存在,因为他们已是角色等级中最大的元素,所以私有角色之间的相互排斥也是不会违反的。这样就可以定义具有相同功能的私有角色之间的共享部分的基本限制为 0 个成员。所以在图 13.8 中,测试工程师角色不能分配给任何用户,而只是作为测试工程师角色与项目负责人角色之间共享权限的一种方法。同样的,基本限制在有时被违背也是可以接受的。试想一个用户,最多能被分配到一个角色,那么在图 13.8 中一个用户被授予了测试员角色,但测试员角色继承了项目成员角色,也就是说该用户也拥有了项目成员角色。这在实际中也有存在。

另外在一次会话中改变角色是一个安全性敏感的动作,用户应该通过"可行通道"向系统提出这种要求,由系统来确定,通过限制可以实现这种改变。

3. RBAC 的优势

(1) 便于授权管理。

RBAC 的最大优势在于它对授权管理的支持。通常的访问控制实现方法是将用户与访问权限直接相联系,当组织内人员新增或有人离开时,或者某个用户的职能发生变化时,需要进行大量授权更改工作。而在 RBAC 中,角色作为一个桥梁,沟通于用户和资源之间。对用户的访问授权转变为对角色的授权,然后再将用户与特定的角色联系起来。一旦一个 RBAC 系统建立起来以后,主要的管理工作即为授权或取消用户的角色。用户的职责变化时,改变授权给他们的角色,也就改变了用户的权限。当组织的功能变化或演进时,只需删除角色的旧功能、增加新功能,或定义新角色,而不必更新每一个用户的权限设置。这些都大大简化了对权限的理解和管理。

RBAC 的另一优势在于系统管理员在一种比较抽象且与企业通常的业务管理相类似的层次上控制访问。通过定义、建立不同的角色，角色的继承关系，角色之间的联系以及相应的限制，管理员可动态或静态地规范用户的行为。这种授仅使管理员从访问控制底层的具体实现机制中脱离出来，十分接近日常的组织管理规则。

对于分布式系统来说，RBAC 还有一点好处，管理职能可以在中心或地方的保护域间进行分配。对于整个组织的访问控制政策由中心制定，而地方区域内部相关的政策可由该区域制定。

（2）便于角色划分。

RBAC 以角色作为访问控制的主体，用户以什么样的角色对资源进行访问，决定了用户拥有的权限以及可执行何种操作。

为了提高效率，避免相同权限的重复设置，RBAC 采用了角色继承的概念，定义了这样的一些角色，它们有自己的属性，但可能还继承其他角色的属性和权限。角色继承把角色组织起来，能够很自然地反映组织内部人员之间的职权、责任关系。角色继承可以用祖先关系来表示。在角色继承关系图中，处于最上面的角色拥有最大的访问权限，越下端的角色拥有的权限越小。

（3）便于赋予最小权限原则。

所谓最小权限原则是指用户所拥有的权力不能超过他执行工作时所需的权限。实现最小权限原则，需分清用户的工作内容，确定执行该项工作的最小权限集，然后将用户限制在这些权限范围之内。在 RBAC 中，可以根据组织内的规章制度、职员的分工等设计拥有不同权限的角色，只有角色需要执行的操作才授权给角色。当一个主体预访问某资源时，如果该操作不在主体当前活跃角色的授权操作之内，该访问将被拒绝。

（4）便于职责分离。

对于某些特定的操作集，某一个角色或用户不可能同时独立地完成所有这些操作，这时需要进行职责分离。例如，在银行业务中，"授予一次付款"和"实施一次付款"应该是分开的职能操作，否则可能发生欺诈行为。职责分离可以有静态和动态两种实现方式。静态职责分离：只有当一个角色与用户所属的其他角色彼此不互斥时，这个角色才能授权给该用户。动态职责分离：只有当一个角色与一主体的任何一个当前活跃角色都不互斥时，该角色才能成为该主体的另一个活跃角色。

（5）便于客体分类。

RBAC 可以根据用户执行的不同操作集来划分不同的角色，对主体分类，同样的，客体也可以实施分类。例如，银行职员可以接触到账户，而一个办公秘书可能会和各种信件打交道，我们可以根据客体的类型（如账户、信件等）或者根据它们的应用领域（如商业信件、私人信件等）进行分类。这样角色的访问授权就建立在抽象的客体分类的基础上，而不是具体的某一客体，例如办公秘书的角色可以授权读写信件这一整个类别，而不是对每一信件都需要给予授权。对每一个客体的访问授权会自动按照客体的分类类别来决定，不需要对每一客体都具体指定授权。这样也使得授权管理更加方便，容易控制。

13.4　实例：Windows NT 提供的安全访问控制手段

下面我们来看一看 Windows NT 提供的安全访问控制手段。

Windows NT 的访问控制策略是基于自主访问控制的，根据对用户进行授权，来决定用户可以访问哪些资源以及对这些资源的访问能力，以保证资源的合法、受控的使用。

基本来说，Windows NT 的访问控制策略是完善的、方便的、先进的，可以保证没有特定权限的用户不能访问任何资源，而同时这些安全性的运行又是透明的，既可防止未授权用户的闯入，也可防止授权用户做他不该做的事情，从而保证了整个网络系统高效、安全地正常运行。

Windows NT 提供了网络环境下的一个成功的安全保密系统。Windows NT 从最初开发到目前使用广泛的 Windows 2000，其安全系统已日趋成熟、完备，但同时也使得系统的管理人员在构造网络环境、进行权限分配时，感到复杂、难以掌握，很难设置完善，这也成为攻击者找到漏洞的可能。

Windows NT 的网络安全性依赖于给用户或组授予的 3 种能力：权力（在系统上完成特定动作的授权，一般由系统指定给内置组，但也可以由管理员将其扩大到组和用户上）、共享（用户可以通过网络使用的文件夹）、权限（可以授予用户或组的文件系统能力）。

为了简化授权，还有用户组的概念，同一用户组的用户的权限设置相同。

下面分别加以讨论。

13.4.1　权力

权力适用于对整个系统范围内的对象和任务的操作，通常是用来授权用户执行某些系统任务。当用户登录到一个具有某种权力的账号时，该用户就可以执行与该权力相关的任务。

表 13.3 列出了用户的特定权力。

表 13.3　用户的特定权力

权　利	允许的用户动作
Access this computer from network	可使用户通过网络访问该计算机
Add workstation to a domain	允许用户将工作站添加到域中
Backup files and directories	授权用户对计算机的文件和目录进行备份
Change the system time	用户可以设置计算机的系统时钟
Load and unload device drive	允许用户在网络上安装和删除设备的驱动程序
Restore files and directories	允许用户恢复以前备份的文件和目录
Shutdown the system	允许用户关闭系统

以上这些权力一般已经由系统授给内置组，需要时也可以由管理员将其扩大到组和用户上。

13.4.2 共享

共享只适用于文件夹（目录），如果文件夹不是共享的，那么在网络上就不会有用户看到它，也就更不能访问。网络上的绝大多数服务器主要用于存放可被网络用户访问的文件和目录，要使网络用户可以访问在 NT Server 服务器上的文件和目录，必须首先对它建立共享。共享权限建立了通过网络对共享目录访问的最高级别。

表 13.4 列出从最大限制到最小限制的共享权限及相应级别允许的用户动作。

表 13.4 共享权限级别及允许的用户动作

共享权限级别	允许的用户动作
No Access（不能访问）	禁止对目录和其中的文件及子目录进行访问
Read（读）	允许查看文件名和子目录名,改变共享目录的子目录,还允许查看文件的数据和运行应用程序
Change（更改）	具有"读"权限中允许的操作,另外允许往目录中添加文件和子目录,更改文件数据,删除文件和子目录
Full Control（完全控制）	具有"更改"权限中允许的操作,另外还允许更改权限（只适用于 NTFS 卷）和获取所有权（只适用于 NTFS 卷）

13.4.3 权限

权限适用于对特定对象如目录和文件（只适用于 NTFS 卷）的操作，指定允许哪些用户可以使用这些对象以及如何使用（如把某个目录的访问权限授予指定的用户）。权限分为目录权限和文件权限,每一个权限级别都确定了一个执行特定的任务组合的能力,这些任务是：Read（R）、Execute（X）、Write（W）、Delete（D）、Set Permission（P）和 Take Ownership（O）。表 13.5 和表 13.6 显示了这些任务是如何与各种权限级别相关联的。

表 13.5 目录权限

权限级别	RXWDPO	允许的用户动作
No Access		用户不能访问该目录
List	RX	可以查看目录中的子目录和文件名, 也可以进入其子目录
Read	RX	具有 List 权限, 用户可以读取目录中的文件和运行目录中的应用程序
Add	XW	用户可以添加文件和子目录
Add and Read	RXW	具有 Read 和 Add 的权限
Change	RXWD	有 Add 和 Read 的权限, 另外还可以更改文件的内容, 删除文件和子目录
Full Control	RXWDPO	有 Change 的权限, 另外用户可以更改权限和获取目录的所有权

注：如果对目录有 Execute（X）权限，表示可以穿越目录，进入其子目录。

表 13.6 文件权限

权限级别	RXWDPO	允许的用户动作
No Access		用户不能访问该文件
Read	RX	用户可以读取该文件，如果是应用程序可以运行文件
Change	RXWD	有 Read 的权限，还可用修改和删除文件
Full Control	RXWDPO	包含 Change 的权限，还可以更改权限和获取文件的所有权

13.4.4 用户组

用户组是指具有相同用户权力的一组用户。以组的形式组织用户只需通过一次操作就能更改整个组的权力和权限，从而可以更快速、方便地为多个用户授权对网络资源的访问，简化网络的管理维护工作。

Windows NT 支持以下类型的组：

(1) 全局组：包含来自该全局组创建时所在域的用户账号，运用域之间的委托关系可以给全局组授予在其他委托域中的资源的权力和权限。

(2) 局部组：可以包含该组所在域和其他受托域中的用户账号，也可以包含该组所在域和其他受托域中的全局组。只能给局部组授予该组所在域中的资源的权力和权限。

13.5 小　结

访问控制是一类重要的安全手段，它通常和身份认证密切联系，成功的访问控制离不开有效的用户身份认证。身份认证是访问控制的前提和基础。成功的身份认证可以为访问控制提供关于客户的各类真实信息。相反，如果认证失败，访问控制就必然会出现错误。因此，在访问控制实施时，应充分考虑如何与身份认证紧密配合，从而为网络的使用者提供真正可靠的安全服务。

访问控制可以由访问控制矩阵、访问能力表、访问控制表和授权关系表等几种方法实现，其中访问控制表 ACL 是目前操作系统中常用的方式。在访问控制的三种策略（自主访问控制 DAC、强制访问控制 MAC 和基于角色的访问控制 RBAC）中，前两种（DAC 和 MAC）属于传统的访问控制策略，RBAC 是访问控制发展的趋势。Windows NT 采用的是 DAC，提供了较完善的访问控制手段。

习　题

1. 访问控制的实现方法有哪几种？各自有何特点与区别联系？
2. 访问控制策略有哪几种？各自有何特点与区别联系？
3. 请用 C 语言实现用 ACL（访问控制表）来进行访问控制。
4. Windows NT 的访问控制策略是基于何种策略的，如何看出？
5. Windows NT 的网络安全性依赖于给用户或组授予的哪些能力，举例说明。
6. 请在实际的管理信息系统中采用 RBAC 实现访问控制。

7. 请考虑如何在基于角色的安全系统中实现强制访问控制。

参 考 文 献

北京大学计算机系统信息安全研究室．http：//infosec. cs. pku. edu. cn/

曹天杰，张永平．2001. 管理信息系统中基于角色的访问控制．计算机应用，21(8)

何海云，张春，赵战生．1999. 于角色的访问控制模型分析．计算机工程，25(8)

洪帆，何绪斌，徐智勇．2000. 基于角色的访问控制．小型微型计算机系统，21(2)

李立新，曹进克，陈伟民等．2001. 在基于角色的安全系统中实现强制访问控制．小型微型计算机系统，22(7)

李孟珂，余祥宣．2000. 基于角色的访问控制技术及应用．计算机应用研究，17(10)

李伟琴，杨亚平．2000. 基于角色的访问控制系统．电子工程师，26(2)

Ahn G J, Sandhu R, et al. 2000. Injecting RBAC to Secure a Web-based Workflow System. In: Proceedings of 5th ACM Workshop on Role-Based Access Control. ACM

Ferraiolo D, Barkley F, Kuhn D R. 1999. A Role-based Access Control Model and Reference Implementation within a Corporate Intranet. Acm Transactions on Information Systems Security, 1(2)

Konstantin Beznosov. 2000. Engineering Access Control for Distributed Enterprise Application. Dissertation [Ph. D thesis]. Florida International University

Ravi S Sandhu. 1997. Role-based Access Control. ACM

Ravi S Sandhu, Venkata Bhamidipati. 1997. The ARBAC97 Model for Role-based Administration of Roles: Preliminary Description and Outline. ACM

Ravi S Sandhu, Pierangela Samarati. 1994. Access Control: Principles and Practice. IEEE Communications Magazine

Sandhu R, Coyne E J, Feinstein H L, et al. 1996. Role-Based Access Control Models. IEEE computer, 29(2)

Sandhu R, Ferraiolo D, Kuhn R. 2000. The NIST model for Role-Based Access Control: Towards a Unified Standard. In: Proceedings of 5th ACM Workshop on Role-Based Access Control. ACM

第 14 章 PKI/PMI 技术

近年来，信息安全成为极度热门的话题，特别是电子商务的兴起使信息安全问题更为突出。人们从现实世界进入电子世界，通过网络进行交流和商业活动，面临的最大问题是如何建立相互之间的信任关系以及如何保证信息的真实性、完整性、机密性和不可否认性，PKI 则是解决这一系列问题的技术基础。

PKI 是 "Public Key Infrastructure" 的缩写，意为公钥基础设施。简单地说，PKI 技术就是利用公钥理论和技术建立的提供信息安全服务的基础设施。公钥体制是目前应用最广泛的一种加密体制，在这一体制中，加密密钥与解密密钥各不相同，发送信息的人利用接收者的公钥发送加密信息，接收者再利用自己专有的私钥进行解密。这种方式既保证了信息的机密性，又能保证信息具有不可抵赖性。目前，公钥体制广泛地用于 CA 认证、数字签名和密钥交换等领域。

14.1 理 论 基 础

什么是 PKI? 从字面上去理解，PKI 就是利用公共密钥理论和技术建立的提供安全服务的基础设施。而基础设施就是在某个大环境下普遍适用的系统和准则。在现实生活中有一个大家熟悉的例子，这就是电力系统，它提供的服务是电能，我们可以把电灯、电视、电炉等看成是电力系统这个基础设施的一些应用。公共密钥基础设施（PKI）则是希望从技术上解决网上身份认证、电子信息的完整性和不可抵赖性等安全问题，为网络应用（如浏览器、电子邮件、电子商务）提供可靠的安全服务。

从理论上讲，只要 PKI 具有友好的接口，那么普通用户就只需要知道如何接入 PKI 就能获得安全服务，完全无需理解 PKI 是如何实现安全服务的。正如电灯只要接通电源就能亮一样，它并不需要知道电力系统是如何将电能传送过来的。值得注意的是，虽然都是服务，但安全服务和电能服务在表现形式上却有很大的差别：通过电灯的亮与不亮，我们可以感觉到电能服务的存在与否；而安全服务却是对用户透明，隐藏在其他应用的后面，用户无法直观地感觉到它是否有效或起作用。因此，虽然并不需要精通密码理论，但如果我们理解了 PKI 为什么能够解决网上的安全问题，它的基本理论基础是什么，就会更有利于推动 PKI 的应用和发展。

14.1.1 可认证性与数字签名

信息的可认证性是信息安全的一个重要方面。认证的目的有两个：一个是验证信息发送者的真实性，确认他没有被冒充；另一个是验证信息的完整性，确认被验证的信息在传递或存储过程中没有被篡改、重组或延迟。认证是防止敌手对系统进行主动攻击（如伪造、篡改信息等）的一种重要技术。认证技术主要包括数字签名、身份识别和信息的完整性校验等技术。在认证体制中，通常存在一个可信的第三方，用于仲裁、颁发证书和管理某些机密信息。

信息认证所需要检验的内容包括消息的来源、消息的内容是否被篡改、消息是否被重放。消息的完整性经常通过杂凑技术来实现。杂凑函数可以把任意长度的输入串变化成固定长度的输出串，它是一种单向函数，根据输出结果很难求出输入值，并且可以破坏原有数据的数据结构。因此，杂凑函数不仅应用于信息的完整性，而且经常应用于数字签名。

从上面的分析看，公钥密码技术可以提供网络中信息安全的全面解决方案。采用公钥技术的关键是如何确认某个人真正的公钥。在 PKI 中，为了确保用户及他所持有密钥的正确性，公共密钥系统需要一个值得信赖而且独立的第三方机构充当认证中心 (CA)，来确认声称拥有公共密钥的人的真正身份。要确认一个公共密钥，CA 首先制作一张"数字证书"，它包含用户身份的部分信息及用户所持有的公共密钥，然后 CA 利用本身的密钥为数字证书加上数字签名。CA 目前采用的标准是 X. 509 V3。

任何想发放自己公钥的用户，可以去认证中心 (CA) 申请自己的证书。CA 中心在认证该人的真实身份后，颁发包含用户公钥的数字证书，它包含用户的真实身份，并证实用户公钥的有效期和作用范围 (用于交换密钥还是数字签名)。其他用户只要能验证证书是真实的，并且信任颁发证书的 CA，就可以确认用户的公钥。

在日常生活中，经常需要人们签署各种信件和文书，传统上都是用手写签名或印鉴。签名的作用是认证、核准和生效。随着信息时代的来临，人们希望对越来越多的电子文件进行迅速的、远距离的签名，这就是数字签名。数字签名与传统的手写签名有很大的差别。首先，手写签名是被签署文件的物理组成部分，而数字签名不是；其次，手写签名不易拷贝，而数字签名正好相反，因此必须阻止一个数字签名的重复使用；第三，手写签名是通过与一个真实的手写签名比较来进行验证，而数字签名是通过一个公开的验证算法来验证。数字签名的签名算法至少要满足以下条件：签名者事后不能否认；接受者只能验证；任何人不能伪造 (包括接受者)；双方对签名的真伪发生争执时，有第三方进行仲裁。

在数字签名技术出现之前，曾经出现过一种数字化签名技术，简单地说就是在手写板上签名，然后将图像传输到电子文档中，这种数字化签名可以被剪切，然后粘贴到任意文档上，这样非法复制变得非常容易，所以这种签名的方式是不安全的。数字签名技术与数字化签名技术是两种截然不同的安全技术，数字签名使用了信息发送者的私有密钥变换所需传输的信息。对于不同的文档信息，发送者的数字签名并不相同。没有私有密钥，任何人都无法完成非法复制。从这个意义上来说，数字签名是通过一个单向函数对要传送的报文进行处理得到的，用以认证报文来源并核实报文是否发生变化的一个字母数字串。

该技术在具体工作时，首先发送方对信息施以数学变换，所得的信息与原信息惟一对应；在接收方进行逆变换，得到原始信息。只要数学变换方法优良，变换后的信息在传输中就具有很强的安全性，很难被破译、篡改，这一个过程称为加密，对应的反变换过程称为解密。

现在有两类不同的加密技术，一类是对称加密，双方具有共享的密钥，只有在双方都知道密钥的情况下才能使用，通常应用于孤立的环境之中，比如在使用自动取款机

（ATM）时，用户需要输入用户识别号码（PIN），银行确认这个号码后，双方在获得密码的基础上进行交易，如果用户数目过多，超过了可以管理的范围时，这种机制并不可靠。另一类是非对称加密，也称为公开密钥加密，密钥是由公开密钥和私有密钥组成的密钥对，用私有密钥进行加密，利用公开密钥可以进行解密，但是由于公开密钥无法推算出私有密钥，所以公开的密钥并不会损害私有密钥的安全，公开密钥不需保密，可以公开传播，而私有密钥必须保密，丢失时需要报告鉴定中心及数据库。

数字签名的算法很多，应用最为广泛的 3 种是：Hash 签名、DSS 签名和 RSA 签名。

1. Hash 签名

Hash 签名不属于强计算密集型算法，应用较广泛。它可以降低服务器资源的消耗，减轻中央服务器的负荷。Hash 的主要局限是接收方必须持有用户密钥的副本以检验签名，因为双方都知道生成签名的密钥，较容易攻破，存在伪造签名的可能。

2. DSS 和 RSA 签名

DSS 和 RSA 采用了公钥算法，不存在 Hash 的局限性。RSA 是最流行的一种加密标准，许多产品的内核中都有 RSA 的软件和类库。早在 Web 飞速发展之前，RSA 数据安全公司就负责数字签名软件与 Macintosh 操作系统的集成，在 Apple 的协作软件 PowerTalk 上还增加了签名拖放功能，用户只要把需要加密的数据拖到相应的图标上，就完成了电子形式的数字签名。与 DSS 不同，RSA 既可以用来加密数据，也可以用于身份认证。和 Hash 签名相比，在公钥系统中，由于生成签名的密钥只存储于用户的计算机中，安全系数大一些。

数字签名可以解决否认、伪造、篡改及冒充等问题。具体要求：发送者事后不能否认发送的报文签名、接收者能够核实发送者发送的报文签名、接收者不能伪造发送者的报文签名、接收者不能对发送者的报文进行部分篡改、网络中的某一用户不能冒充另一用户作为发送者或接收者。数字签名的应用范围十分广泛，在保障电子数据交换（EDI）的安全性上是一个突破性的进展，凡是需要对用户的身份进行判断的情况都可以使用数字签名，比如加密信件、商务信函、定货购买系统、远程金融交易、自动模式处理等。

数字签名的引入过程中不可避免地会带来一些新问题，需要进一步加以解决，数字签名需要相关法律条文的支持。

- 需要立法机构对数字签名技术有足够的重视，并且在立法上加快脚步，迅速制定有关法律，以充分实现数字签名具有的特殊鉴别作用，有力地推动电子商务以及其他网上事务的发展。
- 如果发送方的信息已经进行了数字签名，那么接收方就一定要有数字签名软件，这就要求软件具有很高的普及性。
- 假设某人发送信息后脱离了某个组织，被取消了原有数字签名的权限，以往发送的数字签名在鉴定时只能在取消确认列表中找到原有确认信息，这样就需要鉴定中心结合时间信息进行鉴定。
- 基础设施（鉴定中心、在线存取数据库等）的费用，是采用公共资金还是在使用期内向用户收费？如果在使用期内收费，会不会影响到这项技术的全面推广？

数字证书是一个经证书认证中心（CA）数字签名的包含公开密钥拥有者信息以及公开密钥的文件。认证中心（CA）作为权威的、可信赖的、公正的第三方机构，专门负责为各种认证需求提供数字证书服务。认证中心颁发的数字证书均遵循 X.509 V3 标准。X.509 标准在编排公共密钥密码格式方面已被广为接受。X.509 证书已应用于许多网络安全，其中包括 IPSec（IP 安全）、SSL、SET、S/MIME。

数字证书包括证书申请者的信息和发放证书 CA 的信息，认证中心所颁发的数字证书均遵循 X.509 V3 标准。数字证书的格式在 ITU 标准和 X.509 V3 里定义。根据这项标准，数字证书包括证书申请者的信息和发放证书 CA 的信息。证书各部分的含义如表 14.1 所示。

表 14.1　证书各部分的含义

域	含　义
Version	证书版本号，不同版本的证书格式不同
Serial Number	序列号，同一身份认证机构签发的证书序列号惟一
Algorithm Identifier	签名算法，包括必要的参数
Issuer	身份认证机构的标识信息
Period of Validity	有效期
Subject	证书持有人的标识信息
Subject's Public Key	证书持有人的公钥
Signature	身份认证机构对证书的签名

CA 的信息包含发行证书 CA 的签名和用来生成数字签名的签名算法。任何人收到证书后都能使用签名算法来验证证书是否是由 CA 的签名密钥签发的。

14.1.2　信任关系与信任模型

在基于 Internet 的分布式安全系统中，信任和信任关系扮演了重要的角色。如，作为分发公钥的 KDC（Key Distribution Center）的用户必须完全信任 KDC，相信它是公正和正确的，不会与特殊用户勾结，也不会犯错误。有时，一个被用户信任的实体可以向用户推荐他所信任的实体，而这个实体又可以推荐其他的实体，从而形成一条信任路径。直观地讲，路径上的节点越远，越不值得信任。所以，有必要引进信任模型。

信任模型主要阐述了以下几个问题：

● 一个 PKI 用户能够信任的证书是怎样被确定的？

● 这种信任是怎样被建立的？

● 在一定的环境下，这种信任如何被控制？

为了进一步说明信任模型，我们首先需要阐明信任的概念。每个人对术语“信任（Trust）”的理解并不完全相同，在这里我们只简单地叙述在 ITU_T 推荐标准 X.509 规范（X.509，Section3.3.23）中给出的定义：Entity "A" trusts entity "B" when "A" assumes that "B" will behave exactly as "A" expects。如果翻译成中文，这段话的意思是：

当实体 A 假定实体 B 严格地按 A 所期望的那样行动，则 A 信任 B。从这个定义可以看出，信任涉及假设、期望和行为，这意味着信任是不可能被定量测量的，信任是与风险相联系的并且信任的建立不可能总是全自动的。在 PKI 中，我们可以把这个定义具体化为：如果一个用户假定 CA 可以把任一公钥绑定到某个实体上，则他信任该 CA。

我们介绍一下目前常用的 4 种信任模型：认证机构的严格层次结构模型（Strict Hierarchy of Certification Authorities Model）、分布式信任结构模型（Distributed Trust Architecture Model）、Web 模型（Web Model）和以用户为中心的信任模型（User-Centric Trust Model）。

1. 认证机构的严格层次结构模型

认证机构（CA）的严格层次结构可以被描绘为一棵倒置的树，根在顶上，树枝向下伸展，树叶在下面。在这棵倒置的树上，根代表一个对整个 PKI 系统的所有实体都有特别意义的 CA——通常叫做根 CA（Root CA），它充当信任的根或"信任锚（Trust Anchor）"——也就是认证的起点或终点。在根 CA 的下面是零层或多层中介 CA（Intermediate CA），也被称为子 CA（Subordinate CA），因为它们从属于根 CA。子 CA 用中间节点表示，从中间节点再生出分支。与非 CA 的 PKI 实体相对应的树叶通常被称为终端实体（End Entities）或被称为终端用户（End Users）。在这个模型中，层次结构中的所有实体都信任惟一的根 CA。这个层次结构按如下规则建立：

- 根 CA 认证（更准确地说是创立和签署证书）直接连接在它下面的 CA。
- 每个 CA 都认证零个或多个直接连接在它下面的 CA。（注意：在一些认证机构的严格层次结构中，上层的 CA 既可以认证其他 CA 也可以认证终端实体。虽然在现有的 PKI 标准中并没有排除这一点，但是在文献中层次结构往往都是假设一个给定的 CA 要么认证终端实体要么认证其他 CA，但不能两者都认证。我们将遵循这个惯例，但不应该认为这是有限制的。）
- 倒数第二层的 CA 认证终端实体。

在认证机构的严格层次结构中，每个实体（包括中介 CA 和终端实体）都必须拥有根 CA 的公钥，该公钥的安装是在这个模型中为随后进行的所有通信进行证书处理的基础，因此，它必须通过一种安全的方式来完成。例如，一个实体可以通过物理途径如信件或电话来取得这个密钥，也可以选择通过电子方式取得该密钥，然后再通过其他机制来确认它，如将密钥的散列结果（有时被称为密钥的"指纹"）用信件发送、公布在报纸上或者通过电话告之。

值得注意的是，在一个多层的严格层次结构中，终端实体直接被其上层的 CA 认证（也就是颁发证书），但是它们的信任锚是另一个不同的 CA（根 CA）。如果是没有子 CA 的浅层次结构，则对所有终端实体来说，根和证书颁发者是相同的。这种层次结构被称为可信颁发者层次结构（Trusted Issuer Hierarchies）。

这里有一个例子，说明在认证机构的严格层次结构模型中进行认证的过程。一个持有根 CA 公钥的终端实体 A 可以通过下述方法检验另一个终端实体 B 的证书。假设 B 的证书是由 CA2 签发的，而 CA2 的证书是由 CA1 签发的，CA1 的证书又是由根 CA 签发的。A（拥有根 CA 的公钥 KR）能够验证 CA1 的公钥 K1，因此它可以提取出可信的 CA1

的公钥。然后，这个公钥可以被用作验证CA2的公钥，类似地就可以得到CA2的可信公钥K2。公钥K2能够被用来验证B的证书，从而得到B的可信公钥KB。A现在就可以根据密钥的类型来使用密钥KB，如对发给B的消息加密或者用来验证据称是B的数字签名，从而实现A和B之间的安全通信。

2. 分布式信任结构模型

与在PKI系统中的所有实体都信任惟一一个CA的严格层次结构相反，分布式信任结构把信任分散在两个或多个CA上。也就是说，A把CA1作为他的信任锚，而B可以把CA2做为他的信任锚。因为这些CA都作为信任锚，因此相应的CA必须是整个PKI系统的一个子集所构成的严格层次结构的根CA（CA1是包括A在内的严格层次结构的根，CA2是包括B在内的严格层次结构的根）。

如果这些严格层次结构都是可信颁发者层次结构，那么该总体结构被称为完全同位体结构（Fully Peered Architecture），因为所有的CA实际上都是相互独立的同位体（在这个结构中没有子CA）。另一方面，如果所有的严格层次结构都是多层结构（Multi Level Hierarchy），那么最终的结构就被叫做满树结构（Fully Treed Architecture）。（注意，根CA之间是同位体，但是每个根又是一个或多个子CA的上级。）混合结构（Hybrid Treed Architecture）也是可能的（具有若干个可信颁发者层次结构和若干个多层树型结构）。一般说来，完全同位体结构部署在某个组织内部，而满树结构和混合结构则是在原来相互独立的PKI系统之间进行互联的结果。尽管"PKI网络（PKI Networking）"一词用得越来越多（特别是对满树结构和混合结构），但是同位体根CA（Peer Root CA）的互连过程通常被称为交叉认证（Cross Certification）。

3. Web模型

Web模型是在环球网（World Wide Web）上诞生的，而且依赖于流行的浏览器，如Netscape公司的Navigator和Microsoft公司的Internet Explorer。在这种模型中，许多CA的公钥被预装在标准的浏览器上。这些公钥确定了一组浏览器用户最初信任的CA。尽管这组根密钥可以被用户修改，然而几乎没有普通用户对于PKI和安全问题能精通到可以进行这种修改的程度。

初看之下，这种模型似乎与分布式信任结构模型相似，但从根本上讲，它更类似于认证机构的严格层次结构模型。因为在实际上，浏览器厂商起到了根CA的作用，而与被嵌入的密钥相对应的CA就是它所认证的CA，当然这种认证并不是通过颁发证书实现的，而只是物理地把CA的密钥嵌入浏览器。

Web模型在方便性和简单互操作性方面有明显的优势，但是也存在许多安全隐患。例如，因为浏览器的用户自动地信任预安装的所有公钥，所以即使这些根CA中有一个是"坏的"（例如，该CA从没有认真核实被认证的实体），安全性将被完全破坏。A将相信任何声称是B的证书都是B的合法证书，即使它实际上只是由其公钥嵌入浏览器中的CAbad签署的挂在B名下的C的公钥。所以，A就可能无意间向C透露机密或接受C伪造的数字签名。这种假冒能够成功的原因是：A一般不知道收到的证书是由哪一个根密钥验证的。在嵌入到其浏览器中的多个根密钥中，A可能只认可所给出的一些CA，但并不了解其他CA。然而在 Web 模型中，A 的软件平等而无任何疑问地信任这些CA，并接受它们中任何一个签署的证书。

当然，在其他信任模型中也可能出现类似情况。例如，在分布式信任结构模型中，A 或许不能认可一个特定的CA，但是其软件在相关的交叉认证是有效的情况下，却会信任该CA 所签署的证书。在分布式信任结构中，A 在 PKI 安全方面明确地相信其局部CA "做正确的事"，例如，与可信的其他CA 进行交叉认证等。而在 Web 模型中，A 通常是因为与安全无关的原因而取得浏览器的，因此，从他的安全观点来看，没有任何理由相信这个浏览器是在信任 "正确的" CA。

另外一个潜在的安全隐患是没有实用的机制来撤消嵌入到浏览器中的根密钥。如果发现一个根密钥是 "坏的" （就像前面所讨论的那样）或者与根的公钥相应的私钥被泄密了，要使全世界数百万个浏览器都自动地废止该密钥的使用是不可能的，这是因为无法保证通报的报文能到达所有的浏览器，而且即使报文到达了浏览器，浏览器也没有处理该报文的功能。因此，从浏览器中去除坏密钥需要全世界的每个用户都同时采取明确的动作，否则，一些用户将是安全的而其他用户仍处于危险之中，但是这样一个全世界范围内的同时动作是不可能实现的。

最后，该模型还缺少有效的方法在CA 和用户之间建立合法协议，该协议的目的是使CA 和用户共同承担责任，因为浏览器可以自由地从不同站点下载，也可以预装在操作系统中，CA 不知道（也无法确定）它的用户是谁，并且一般用户对PKI 也缺乏足够的了解，因此不会主动与CA 直接接触。这样，所有的责任最终或许都会由用户承担。

4. 以用户为中心的信任模型

在以用户为中心的信任模型中，每个用户自己决定信任哪些证书。通常，用户的最初信任对象包括用户的朋友、家人或同事，但是否信任某证书则被许多因素所左右。

著名的安全软件 Pretty Good Privacy (PGP) 最能说明以用户为中心的信任模型，在PGP 中，一个用户通过担当CA（签署其他实体的公钥）并使其公钥被其他人所认证来建立（或参加）所谓的信任网（Web of Trust）。例如，当 Alice 收到一个据称属于 Bob 的证书时，她将发现这个证书是由她不认识的 David 签署的，但是 David 的证书是由她认识并且信任的 Catherine 签署的。在这种情况下，Alice 可以决定信任 Bob 的密钥（即信任从 Catherine 到 David 再到 Bob 的密钥链），也可以决定不信任 Bob 的密钥（认为 "未知的" Bob 与 "已知的" Catherine 之间的 "距离太远"）。

因为要依赖于用户自身的行为和决策能力，因此以用户为中心的模型在技术水平较高和利害关系高度一致的群体中是可行的，但是在一般的群体（它的许多用户有极少或者没有安全及 PKI 的概念）中是不现实的。而且，这种模型一般不适合用在贸易、金融或政府环境中，因为在这些环境下，通常希望或需要对用户的信任实行某种控制，显然这样的信任策略在以用户为中心的模型中是不可能实现的。

14.2 PKI 的组成

PKI 是一种遵循标准的密钥管理平台，它能够为所有网络应用透明地提供采用加密和数字签名等密码服务所必需的密钥和证书管理。PKI 必须具有认证机关(CA)、证书库、密钥备份及恢复系统、证书作废处理系统、PKI 应用接口系统等基本成分，构建 PKI 也将围绕着这五大系统来构建。

14.2.1 认证机关

CA 是证书的签发机构，它是 PKI 的核心。众所周知，构建密码服务系统的核心内容是如何实现密钥管理，公钥体制涉及到一对密钥，即私钥和公钥，私钥只由持有者秘密掌握，不需在网上传送，而公钥是公开的，需要在网上传送，故公钥体制的密钥管理主要是公钥的管理问题，目前较好的解决方案是引进证书（Certificate）机制。

证书是公开密钥体制的一种密钥管理媒介。它是一种权威性的电子文档，形同网络计算环境中的一种身份证，用于证明某一主体（如人、服务器等）的身份以及其公开密钥的合法性。在使用公钥体制的网络环境中，必须向公钥的使用者证明公钥的真实合法性。因此，在公钥体制环境中，必须有一个可信的机构来对任何一个主体的公钥进行公证，证明主体的身份以及他与公钥的匹配关系。CA 正是这样的机构，它的职责归纳起来有：

- 验证并标识证书申请者的身份。
- 确保 CA 用于签名证书的非对称密钥的质量。
- 确保整个签证过程的安全性，确保签名私钥的安全性。
- 证书材料信息（包括公钥证书序列号、CA 标识等）的管理。
- 确定并检查证书的有效期限。
- 确保证书主体标识的惟一性，防止重名。
- 发布并维护作废证书表。
- 对整个证书签发过程做日志记录。
- 向申请人发通知。

其中最为重要的是 CA 自己的一对密钥的管理，它必须确保其高度的机密性，防止他方伪造证书。CA 的公钥在网上公开，整个网络系统必须保证完整性。

证书的主要内容如表 14.2 所示。

表 14.2 证书的主要内容

字　段	定　义	举　例
主题名称	惟一标识证书所有者的标识符	C=CN, O=CCB, OU=IT
签证机关名称（CA）	惟一标识证书签发者的标识符	C=CN, O=CCB, CN=CCB
主体的公开密钥	证书所有者的公开密钥	1024 位的 RSA 密钥
CA 的数字签名	CA 对证书的数字签名，保证证书的权威性	用 MD5 压缩过的 RSA 加密
有效期	证书在该期间内有效	不早于 2000.1.1 19：00：00 不迟于 2002.1.1 19：00：00
序列号	CA 产生的惟一性数字，用于证书管理	01：09：00：08：00
用途	主体公钥的用途	验证数字签名

注：设为 X.400 的格式。

在表 14.2 中，CA 的数字签名保证了证书（实质是持有者的公钥）的合法性和权威性。主体（用户）的公钥可有两种产生方式：

（1）用户自己生成密钥对，然后将公钥以安全的方式传送给 CA，该过程必须保证用户公钥的可验证性和完整性。

（2）CA 替用户生成密钥对，然后将其以安全的方式传送给用户，该过程必须确保密钥对的机密性、完整性和可验证性。该方式下由于用户的私钥为 CA，故对 CA 的可信性有更高的要求。

用户 A 可通过两种方式获取用户 B 的证书和公钥，一种是由 B 将证书随同发送的正文信息一起传送给 A，另一种是所有的证书集中存放于一个证书库中，用户 A 可从该地点取得 B 的证书。

CA 的公钥可以存放在所有节点处，方便用户使用。

表 14.2 中的"用途"是一项重要的内容，它规定了该证书所公证的公钥的用途。公钥必须按规定的用途来使用。一般地，公钥有两大类用途：

（1）用于验证数字签名。消息接收者使用发送者的公钥对消息的数字签名进行验证。

（2）用于加密信息。消息发送者使用接收者的公钥加密用于加密消息的密钥，进行数据加密密钥的传递。

相应地，系统中需要配置用于数字签名/验证的密钥对和用于数据加密/脱密的密钥对，这里分别称为签名密钥对和加密密钥对。这两对密钥对于密钥管理有不同的要求：

（1）签名密钥对。

签名密钥对由签名私钥和验证公钥组成。签名私钥具有日常生活中公章、私章的效力，为保证其惟一性，签名私钥绝对不能够作备份和存档，丢失后只需重新生成新的密钥对，原来的签名可以使用旧公钥的备份来验证。验证公钥需要存档，用于验证旧的数字签名。用作数字签名的这一对密钥一般可以有较长的生命期。

（2）加密密钥对。

加密密钥对由加密公钥和脱密私钥组成。为防止密钥丢失时丢失数据，脱密私钥应该进行备份，同时还可能需要进行存档，以便能在任何时候脱密历史密文数据。加密公钥无须备份和存档，加密公钥丢失时，只需重新产生密钥对。

加密密钥对通常用于分发会话密钥，这种密钥应该频繁更换，故加密密钥对的生命周期较短。

不难看出，这两对密钥的密钥管理要求存在互相冲突的地方，因此，系统必须针对不同的用途使用不同的密钥对，尽管有的公钥体制算法，如目前使用广泛的 RSA，既可以用于加密，又可以用于签名，在使用中仍然必须为用户配置两对密钥、两张证书，其一用于数字签名，另一用于加密。

数字证书注册审批机构 RA（Registration Authority）系统是 CA 的证书发放、管理的延伸。它负责证书申请者的信息录入、审核以及证书发放等工作，同时，对发放的证书完成相应的管理功能。发放的数字证书可以存放于 IC 卡、硬盘或软盘等介质中。RA 系统是整个 CA 中心得以正常运营不可缺少的一部分。

RA 提供 CA 和用户之间的界面，它捕获和确认用户身份并提交证书请求给 CA，决定信任级别的确认过程的质量可以存放在证书中。证书依靠 PKI 环境的结构可以通过几个途径进行分发，例如，通过用户自身，或者通过目录服务。一个目录服务器可能已经存在于组织中或者可能被 PKI 解决方案所支持。`

所有 PKI 的组件都是可互操作的，这一点非常重要，因为它们未必来自同一供应商。例如，CA 可能面对现存的系统，那些已经安装了目录服务器的组织，PKI 应该使用开放标准的接口如 LDAP 和 X.500（DAP），以保证它可以和遵循标准的目录服务器一起工作。

此外，很多组织更喜欢智能卡和硬件安全模块（HSM）的提供者。同样，通过使用开放标准的接口如 PKCS#11(cryptoki)，PKI 就拥有足够的灵活性与多种安全令牌一起工作。

在很多 PKI 系统中，要求面对面的注册提供必须的信任级别。然而这并不总是适宜的，所以远程注册也可能需要。PKI 允许用户通过电子邮件、普通网络浏览器、自动通过 VPN 网络通信服务来请求证书。

对一些大规模应用，证书可能需要被自动地批量创建。例如对银行卡或身份证。在这些示例中，PKI 需要连结到卡数据库的自动化 RA 过程具有灵活性。

尽管 PKI 系统上的规则很复杂，它的管理却不应当如此。PKI 必须能让非技术人员如业务管理者能够充满信心地操作它。这些操作者不应当去处理复杂的密码算法、密钥或者签名。它应该像点击鼠标一样轻松，剩下的事由程序自动完成。界面应该是图形的而且直观，有助于进行管理任务而不是使它陷入复杂的数据库记录中。

灵活性和易用性会对 PKI 系统的投资回报有非常重要的影响，因为它们能对培训、维护、系统配置、集成还有未来用户的增长造成后果。这些问题能使 PKI 系统的拥有费用远远高于初始实现，因此需要在评估协调中考虑。

PKI 正逐渐成为组织的安全基础设施的中心，任何 CA 必须能够反映和实现组织的安全策略。为了确保证书管理过程准确的反映 CA 和 PA 操作者和证书使用者的角色，一个策略驱动的 PKI 系统是关键的。例如，CA 操作者可能要将终端用户证书撤销权授给 RA 操作者，而保留 RA 操作者证书的撤消权利。

14.2.2　证书库

证书库是证书的集中存放地，它与网上"白页"类似，是网上的一种公共信息库，用户可以从此处获得其他用户的证书和公钥。

构造证书库的最佳方法是采用支持 LDAP 协议的目录系统，用户或相关的应用通过 LDAP 来访问证书库。系统必须确保证书库的完整性，防止伪造、篡改证书。

14.2.3　密钥备份及恢复系统

如果用户丢失了用于脱密数据的密钥，则密文数据将无法被脱密，造成数据丢失。为避免这种情况的出现，PKI 应该提供备份与恢复脱密密钥的机制。

密钥的备份与恢复应该由可信的机构来完成，例如 CA 可以充当这一角色。值得强调的是，密钥备份与恢复只能针对脱密密钥，签名私钥不能够作备份。

14.2.4　证书作废处理系统

证书作废处理系统是 PKI 的一个重要组件。同日常生活中的各种证件一样，证书在 CA 为其签署的有效期以内也可能需要作废，例如，A 公司的职员 a 辞职离开公司，这就需要终止 a 证书的生命期。为实现这一点，PKI 必须提供作废证书的一系列机制。作废证书有如下三种策略：

(1) 作废一个或多个主体的证书。

(2) 作废由某一对密钥签发的所有证书。

(3) 作废由某 CA 签发的所有证书。

作废证书一般通过将证书列入作废证书表 CRL (Certificate Revocation List) 来完成。通常，系统中由 CA 负责创建并维护一张及时更新的 CRL，而由用户在验证证书时负责检查该证书是否在 CRL 之列。CRL 一般存放在目录系统中。

证书的作废处理必须在安全及可验证的情况下进行，系统还必须保证 CRL 的完整性。

14.2.5　PKI 应用接口系统

PKI 的价值在于使用户能够方便地使用加密、数字签名等安全服务，因此一个完整的 PKI 必须提供良好的应用接口系统，使得各种各样的应用能够以安全、一致、可信的方式与 PKI 交互，确保所建立起来的网络环境的可信性，同时降低管理维护成本。

为了向应用系统屏蔽密钥管理的细节，PKI 应用接口系统需要实现如下的功能：

● 完成证书的验证工作，为所有应用以一致、可信的方式使用公钥证书提供支持。

● 以安全、一致的方式与 PKI 的密钥备份与恢复系统交互，为应用提供统一的密钥备份与恢复支持。

● 在所有应用系统中，确保用户的签名私钥始终只在用户本人的控制之下，阻止备份签名私钥的行为。

● 根据安全策略自动为用户更换密钥，实现密钥更换的自动、透明与一致。

● 为方便用户访问加密的历史数据，向应用提供历史密钥的安全管理服务。

● 为所有应用访问统一的公用证书库提供支持。

● 以可信、一致的方式与证书作废系统交互，向所有应用提供统一的证书作废处理服务。

● 完成交叉证书（见后）的验证工作，为所用应用提供统一模式的交叉验证支持。

● 支持多种密钥存放介质，包括 IC 卡、PC 卡、安全文件等。

● 最后，PKI 应用接口系统应该是跨平台的。

14.3　PKI 的功能和要求

14.3.1　证书、密钥对的自动更换

证书、密钥都有一定的生命期限。当用户的私钥泄露时，必须更换密钥对；另外，随着计算机速度日益提高，密钥长度也必须相应地增长。因此，PKI 应该提供完全自动（无须用户干预）的密钥更换以及新证书的分发工作。

14.3.2 交叉认证

每个 CA 只可能覆盖一定的作用范围，即 CA 的域，例如，不同的企业往往有各自的 CA，它们颁发的证书都只在企业范围内有效。当隶属于不同 CA 的用户需要交换信息时，就需要引入交叉证书和交叉认证，这也是 PKI 必须完成的工作。

两个 CA 安全地交换密钥信息，这样每个 CA 都可以有效地验证另一方密钥的可信任性，我们称这样的过程为交叉认证。事实上，交叉认证是第三方信任的扩展，即一个 CA 的网络用户信任其他所有自己 CA 交叉认证的 CA 用户。

从技术的角度来看，交叉认证要制造两个 CA 之间的交叉证书。当 CA "甲" 和 CA "乙" 进行交叉认证，CA "甲" 制造一个证书并在上面签名，这个证书上包含有 CA "乙" 的公钥，反之亦然。因此，不管用户属于哪一个 CA，都能保证每个 CA 信任另外一个，也因此，在一个 CA 的用户通过第三方信任的扩展可以信任另一个 CA 的用户。

安全地交换密钥信息本身没有什么，就其引发的技术处理细节远没有处理交叉认证的问题多。由于交叉认证是第三方信任的扩展，因此对每个 CA 来讲，最重要的事情是要能完全适应其他的安全策略。我们还是回头参考护照的情况，如果一个国家没有事先对另外一个国家的护照制造和发放的策略进行调查，就声称他信任这个国家的护照，这几乎是不可能的事情。譬如，在建立信任关系之前，每个国家都会希望了解其他国家在发放护照之前通过怎样的过程细节来验证一个所谓公民的身份。CA 的交叉认证也会产生同样的问题。譬如，在交叉认证之前，两个 CA 都会去了解对方的安全策略，包括在 CA 内哪个人负责高层的安全职责。同时，还可能要两个 CA 的代表签署一个具有法律依据的协议。在这些协议中会陈述双方需要的安全策略，并签字保证这些策略要切实实施。

交叉认证扩展了 CA 域之间的第三方信任关系。例如，两个贸易伙伴，每一个都有自己的 CA，他们想要验证由对方 CA 发的证书。或者，一个大的、分布式的组织可能在不同的地理区域需要不同的 CA。交叉认证允许不同的 CA 域之间建立并维持可信赖的电子关系。

交叉认证指两个操作。第一个操作是两个域之间信任关系的建立，这通常是一个一次性操作。在双边交叉认证的情况下，两个 CA 安全地交换他们的验证密钥。这些密钥用于验证他们在证书上的签名。为了完成这个操作，每个 CA 签发一张包含自己公钥（这个公钥用于对方验证自己的签名）的证书，该证书称为交叉证书。第二个操作由客户端软件来做。这个操作包含了验证由已经交叉认证的 CA 签发的用户证书的可信赖性，这个操作需要经常执行。这个操作常常被称为跟踪信任链。链指的是交叉证书确认列表，沿着这个列表可以跟踪所有验证用户证书的 CA 密钥。

14.3.3 其他一些功能

1. 加密密钥和签名密钥的分隔

如前所述，加密和签名密钥的密钥管理需求是相互抵触的，因此 PKI 应该支持加密和签名密钥的分隔使用。

2. 支持对数字签名的不可抵赖

任何类型的电子商务都离不开数字签名，因此 PKI 必须支持数字签名的不可抵赖性,而数字签名的不可抵赖性依赖于签名私钥的惟一性和机密性,为确保这一点,PKI 必须保证签名密钥与加密密钥的分隔使用。

3. 密钥历史的管理

每次更新加密密钥后,相应的解密密钥都应该存档,以便将来恢复用旧密钥加密的数据。每次更新签名密钥后,旧的签名私钥应该妥善销毁,防止破坏其惟一性;相应的旧验证公钥应该进行存档,以便将来用于验证旧的签名。这些工作都应该是 PKI 自动完成的。

14.3.4 对 PKI 的性能要求

1. 透明性和易用性

这是对 PKI 的最基本要求,PKI 必须尽可能地向上层应用屏蔽密码服务的实现细节,向用户屏蔽复杂的安全解决方案,使密码服务对用户而言简单易用,同时便于单位、企业完全控制其信息资源。

2. 可扩展性

证书库和 CRL 必须具有良好的可扩展性。

3. 互操作性

不同企业、单位的 PKI 实现可能是不同的,这就提出了互操作性要求。要保证 PKI 的互操作性,必须将 PKI 建立在标准之上,这些标准包括加密标准、数字签名标准、HASH 标准、密钥管理标准、证书格式、目录标准、文件信封格式、安全会话格式、安全应用程序接口规范等。

4. 支持多应用

PKI 应该面向广泛的网络应用,提供文件传送安全、文件存储安全、电子邮件安全、电子表单安全、Web 应用安全等保护。

5. 支持多平台

PKI 应该支持目前广泛使用的操作系统平台,包括 Windows、UNIX、MAC 等。

14.4 PKI 相关协议

14.4.1 X.500 目录服务

X.500 是一种 CCITT (ITU) 针对已经被国际标准化组织 (ISO) 接受的目录服务系统的建议,它定义了一个机构如何在一个企业的全局范围内共享名字和与它们相关的对象。一个完整的 X.500 系统称为一个"目录",而 X.500 已经被接受作为提供世界范围的目录服务的一种国际标准,它与 X.400 电子函件标准密切相连。X.500 是层次性的,其中的管理性域（机构、分支、部门和工作组）可以提供这些域内的用户和资源的信息，它被认为是实现一个目录服务的最好途径，但是实现需要很大投资，却没有其他方式的速度快。NetWare 目录服务（NDS）是 X.500 式实现的一个很好的例子。

X.500 目录服务是一种用于开发一个单位（或组织）内部人员目录的标准方法，这个目录可以成为全球目录的一部分，这样在世界任何一个角落，只要能和 Internet 相连的地方，任何人都可以查询这个单位中人员的信息，可以通过人名、部门、单位（或组织）来进行查询，许多公司或组织都提供 X.500 目录，这个目录像我们通常知道的目录一样有一个树型结构，它的结构如下：国家，单位（或组织），部门和个人。有两个知名的 X.500 目录，也是最大的 X.500 目录，它们是用于管理域名注册的 InterNIC 和存储全美国家实验室的 Esnet。在 X.500 中每个本地目录叫做目录系统代理（DSA），一个 DSA 代表一个或多个单位（或组织），而 DSA 之间以目录信息树（DIT）连接。用于访问一个或多个 DSA 的用户程序称为 DUA，它包括 whois，finger 和其他用于提供图形用户界面的程序。X.500 在全球目录服务（GDS）中作为分布计算机环境的一部分实现。一些大学也以轻载目录访问协议（LDAP）为基础使用 X.500 作为电子邮件服务和姓名查询的方法。

X.500 目录服务可以向需要访问网络任何地方资源的电子函件系统和应用，或需要知道在网络上的实体名字和地点的管理系统提供信息。这个目录是一个数据库，或在 X.500 描述中称为目录信息数据库（DIB）。在数据库中的实体称为对象。例如，有用户对象和资源对象，例如打印机对象。对象包括描述这个对象的信息。

对象被组织成树型结构，这种结构模仿了一个机构的组织形式。例如，表示一个公司的部门或分支的对象从一个树的根处分支出来。其中，有一些称为机构对象（Organizational Object）的类型，这时因为它们能够"包括"其他对象，例如机构单元对象（Organizational Unit Objects），或公用名称对象（Common name Objects）。机构单元对象定义一个分支或部分的子分支，而一个公用名称对象是指表示物理实体，如人、打印机、服务器的端点结点。

这个目录的每个分支代表一个分支机构和部门，它们实际上是在不同的地理区域的。DIB 的主备份是存放在其中的单一地点的。虽然远程用户可以访问这个 DIB 的主备份，但是这在广域网环境是很低效的。因此，在这个目录树中这个 DIB 被分解成分区，并且这些分区是存放在每个地点的服务器上的。只有相关的分区被复制到每个地点。当用户需要对象的信息时，首先查询本地的分区。如果在本地分区不能获得所需的信息，就通过广域网来查询这个主 DIB。这种策略有助于降低长途费用，缩短访问时间，并且通过将 DIB 复制到其他地点间接地提供了一种备份效果。

14.4.2　X.509

在和 CA 进行一些接触时，我们经常会接触到一个概念——X.509，它是一种行业标准或者行业解决方案，在 X.509 方案中，默认的加密体制是公钥密码体制。为进行身份认证，X.509 标准及公共密钥加密系统提供了数字签名的方案。用户可生成一段信息及其摘要（亦称为信息"指纹"）。用户用专用密钥对摘要加密以形成签名，接收者用发送者的公共密钥对签名解密，并将之与收到的信息"指纹"进行比较，以确定其真实性。

此问题的解决方案即 X.509 标准与公共密钥证书。本质上，证书由公共密钥加密钥拥有者的用户标识组成，整个字块有可信赖的第三方签名。典型的第三方即大型用户群体（如政府机关或金融机构）所信赖的 CA。

此外，X.509 标准还提供了一种标准格式 CRL，下面我们就来看一看 X.509 标准下的证书格式及其扩展。

目前 X.509 有不同的版本，例如 X.509 V2 和 X.509 V3 都是目前比较新的版本，但都是在原有版本（X.509 V1）的基础上进行功能的扩充，其中每一版本必须包含下列信息：

- 版本号：用来区分 X.509 的不同版本号。
- 序列号：由 CA 给予每一个证书的分配惟一的数字型编号，当证书被取消时，实际上是将此证书的序列号放入由 CA 签发的 CRL 中，这也是序列号惟一的原因。
- 签名算法标识符：用来指定用 CA 签发证书时所使用的签名算法。算法标识符用来指定 CA 签发证书时所使用的公开密钥算法和 HASH 算法，需向国际指明标准组织（如 ISO）注册。
- 认证机构：即发出该证书的机构惟一的 CA 的 X.500 名字。
- 有效期限：证书有效的时间包括两个日期：证书开始生效期和证书失效的日期和时间，在所指定的这两个时间之间有效。
- 主题信息：证书持有人的姓名、服务处所等信息。
- 认证机构的数字签名：以确保这个证书在发放之后没有被改过。
- 公钥信息：包括被证明有效的公钥值和加上使用这个公钥的方法名称。

X.509 标准第三版在 V2 的基础上进行了扩展，V3 引进一种机制。这种机制允许通过标准化和类的方式将证书进行扩展包括额外的信息，从而适应下面的一些要求：

- 一个证书主体可以有多个证书。
- 证书主体可以被多个组织或社团的其他用户识别。
- 可按特定的应用名（不是 X.500 名）识别用户，如将公钥同 E-mail 地址联系起来。
- 在不同证书政策和实用下会发放不同的证书，这就要求公钥用户要信赖证书。

14.4.3 公开秘钥证书的标准扩展

公开秘钥证书并不限于以下所列出的这些标准扩展，任何人都可以向适当的权利机构注册一种扩展。将来会有更多的适于应用的扩展列入标准扩展集中。值得注意的是这种扩展机制应该是完全可以继承的。

每一种扩展包括 3 个域：类型、可否缺省、值类型字段定义了扩展值字段中的数据类型。这个类型可以是简单的字符串、数值、日期、图片或一个复杂的数据类型。为便于交互，所有的数据类型都应该在国际知名组织进行注册。可否缺省字段是一比特标识位。当一个扩展标识为不可缺省时，说明相应的扩展值非常重要，应用程序不能忽略这个信息。如果使用一份特殊证书的应用程序不能处理该字段的内容，就应该拒绝此证书。扩展值字段包含了这个扩展实际的数据。

公开密钥证书的标准扩展可以分为以下几组：

- 密钥和政策信息，包括机构密钥识别符、主体密钥识别符、密钥用途（如数字签字，不可否认性、密钥加密、数据加密、密钥协商、证书签字、CRL 签字等），密钥使用期限等。

- 主体和发证人属性，包括主体代用名、发证者代用名、主体检索属性等。
- 证书通路约束，包括基本约束，指明是否可以做证书机构。
- 与 CRL 有关的补充。

14.4.4 LDAP 协议

LDAP 的英文全称是 Lightweight Directory Access Protocol，一般都简称为 LDAP。它基于 X.500 标准，但是比较简单，并且可以根据需要定制。与 X.500 不同，LDAP 支持 TCP/IP，这对访问 Internet 是必须的。LDAP 的核心规范在 RFC 中都有定义，所有与 LDAP 相关的 RFC 都可以在 LDAPman RFC 网页中找到。LDAP 技术发展得很快，在企业范围内实现 LDAP 可以让运行在几乎所有计算机平台上的所有的应用程序从 LDAP 目录中获取信息。LDAP 目录中可以存储各种类型的数据：电子邮件地址、邮件路由信息、人力资源数据、公用密匙、联系人列表，等等。通过把 LDAP 目录作为系统集成中的一个重要环节，可以简化员工在企业内部查询信息的步骤，甚至连主要的数据源都可以放在任何地方。

如果需要开发一种提供公共信息查询的系统，一般的设计方法可能是采用基于 Web 的数据库设计方式，即前端使用浏览器而后端使用 Web 服务器加上关系数据库。后端在 Windows 的典型实现可能是 Windows NT ＋ IIS ＋ Access 数据库或者是 SQL 服务器，IIS 和数据库之间通过 ASP 技术使用 ODBC 进行连接，达到通过填写表单查询数据的功能；后端在 Linux 系统的典型实现可能是 Linux＋ Apache ＋postgresql，Apache 和数据库之间通过 PHP3 提供的函数进行连接。使用上述方法的缺点是后端关系数据库的引入导致系统整体的性能降低和系统的管理比较繁琐，因为需要不断的进行数据类型的验证和事务的完整性的确认；并且前端用户对数据的控制不够灵活，用户权限的设置一般只能是设置在表一级而不是设置在记录一级。

目录服务的推出主要是解决上述数据库中存在的问题。目录与关系数据库相似，是指具有描述性的基于属性的记录集合，但它的数据类型主要是字符型，为了检索的需要添加了 BIN（二进制数据）、CIS（忽略大小写）、CES（大小写敏感）、TEL（电话型）等语法（Syntax），而不是关系数据库提供的整数、浮点数、日期、货币等类型，同样也不提供像关系数据库中普遍包含的大量的函数，它主要面向数据的查询服务（查询和修改操作比一般是大于 10：1），不提供事务的回滚（Rollback）机制，它的数据修改使用简单的锁定机制实现 All-or-Nothing，它的目标是快速响应和大容量查询并且提供多目录服务器的信息复制功能。

现在该说说 LDAP 目录到底有些什么优势了。LDAP 的流行是很多因数共同作用的结果，它可能最大的优势是：可以在任何计算机平台上，用很容易获得的而且数目不断增加的 LDAP 的客户端程序访问 LDAP 目录，而且也很容易定制应用程序为它加上 LDAP 的支持。

LDAP 协议是跨平台的和标准的协议，因此应用程序就不用为 LDAP 目录放在什么样的服务器上操心了。实际上，LDAP 得到了业界的广泛认可，因为它是 Internet 的标准。产商都很愿意在产品中加入对 LDAP 的支持，因为他们根本不用考虑另一端（客户端或服务端）是怎么样的。LDAP 服务器可以是任何一个开发源代码或商用的 LDAP 目录服务器（或者还可能是具有 LDAP 界面的关系型数据库），因为可以用同样的协议、客户端连接软件包和查询命令与 LDAP 服务器进行交互。与 LDAP 不同的是，如果软件商想在软件产品中集成对 DBMS 的支持，那么通常都要对每一个数据库服务器单独定制。不像很多商用的关系型数据库，用户不必为 LDAP 的每一个客户端连接或许可协议付费，大多数的 LDAP 服务器安装起来很简单，也容易维护和优化。

LDAP 服务器可以用"推"或"拉"的方法复制部分或全部数据，例如，可以把数据"推"到远程的办公室，以增加数据的安全性。复制技术是内置在 LDAP 服务器中的而且很容易配置。如果要在 DBMS 中使用相同的复制功能，数据库产商就会要用户支付额外的费用，而且也很难管理。

LDAP 允许用户根据需要使用 ACI（一般都称为 ACL 或者访问控制列表）控制对数据读和写的权限。例如，设备管理员可以有权改变员工的工作地点和办公室号码，但是不允许改变记录中其他的域。ACI 可以根据谁访问数据、访问什么数据、数据存在什么地方以及其他对数据进行访问控制。因为这些都是由 LDAP 目录服务器完成的，所以不用担心在客户端的应用程序上是否要进行安全检查。

LDAP 提供很复杂的不同层次的访问控制或者 ACI。因这些访问可以在服务器端控制，这比用客户端的软件保证数据的安全要安全得多。

LDAP 目录以树状的层次结构来存储数据。如果用户对自顶向下的 DNS 树或 UNIX 文件的目录树比较熟悉，也就很容易掌握 LDAP 目录树这个概念了。就像 DNS 的主机名那样，LDAP 目录记录的标识名（Distinguished Name，简称 DN）是用来读取单个记录，以及回溯到树的顶部。

14.5　PKI 的产品、应用现状和前景

14.5.1　PKI 的主要厂商和产品

1. VeriSign

VeriSign（www.verisign.com）是最大的公共 CA，也是最早广泛推广 PKI 并建立公共 CA 的公司之一。VeriSign 除了是公认的最可信公共 CA 之一，还提供专用 PKI 工具，包括称为 OnSite 的证书颁发服务，这项服务充当了本地 CA，而且连接到了 VeriSign 的公共 CA。

2. Entrust 公司的 PKI 产品

Entrust/PKI 5.0 是 Entrust 公司的 PKI 产品。该公司总部设在美国得克萨斯州，其产品在电子商务安全产品市场中处于全球领先地位。最新的 IDC 调查报告表明，Entrust 公司在全球 PKI 市场中占据了 35% 的份额。Entrust 的 PKI 5.0 充分体现了可管理性和安全性，获得了 Common Criteria Evaluation（CCE）EAL-3 and FIPS 140-1 level 1 to 3 的安全认证。

Entrust 的 CA 具有良好的灵活性，它可以向各种设备或应用程序颁发数字证书，包

括终端 PC 用户、Web 服务器、Web 浏览器、VPN 设备、SET 用户等。凡是支持 X.509 证书格式的设备或应用程序都可以获得数字证书,这样就最大限度地利用了 PKI 所能提供的功能。此外,Entrust 的 CA 的灵活性还表现在它可以针对个别特殊用户定制相应的特殊证书,并在这个特别证书里赋予该用户一些特殊权力。

Entrust 的 CA 有着较完善的 CA 数据库功能,包括数据库加密、完整性检验、CA 专有硬件、对敏感操作的分级权限设定等,它们充分保障了数据的安全性。

Entrust 的 RA 在用户登记方面既保证了安全性又保证了易用性。它将 RA 管理员角色从功能上划分为不同等级,不同等级的管理员具有不同的操作权限。此外,RA 不仅可以用于授权和撤消证书,还具有多项功能以支持整个 PKI 系统的安全性,如密钥备份、密钥恢复、更新用户注册信息、改变所属 CA、自动更新证书等。

为了保障数据的安全性,对用户的签名私钥和解密私钥必须严格保密。为了让他人验证签名或发送密文,还要公开签名验证公钥和加密公钥,这些密钥对和相应的证书都需要定期更新,当然这也包括 CA 本身的根密钥对。其他 PKI 产品通常都需要用户手工更新密钥对和证书,这就需要用户掌握一定的证书知识,无形之中增加了系统使用的复杂度和使用成本。Entrust 的 PKI 5.0 产品在密钥和证书管理方面采用了自动更新用户和 CA 密钥对技术,保证系统在密钥对生命期终止之前可以自动、无缝且安全地更新密钥对,从而大大降低了系统的使用成本。

PKI 5.0 也提供了较为完善的密钥备份和恢复系统。当因意外导致密钥丢失时,用户可以很方便地找回丢失的密钥。用户解密密钥的整个历史都可以安全地恢复,这样用户就可以在自己曾经拥有的解密密钥中自行选择恢复相应的密钥。

在证书撤消系统中,PKI 5.0 支持所有的证书撤消格式和标准,包括证书撤消列表 CRL、CRL 分布点以及在线证书状态协议 OCSP (Online Certificate Status Protocol)。它通过适时自动地发布证书撤消信息,保证被撤消证书的用户立即被隔离,并且不对其他正常用户造成不便。

为了确保公正性,Entrust/PKI 5.0 提供了较好的签名密钥对和加解密密钥对管理。这两对密钥对是相互隔离的,并且系统不对签名密钥对做备份,只有用户本人才拥有签名密钥对,这就充分保证了加密信息的不可否认性。

在 PKI 的网络结构方面,Entrust/PKI 5.0 支持树状和网状两种结构。在树状结构中,顶层的根 CA 具有最大的管理权限;而在端对端的网状结构中,相邻的 CA 控制着各自的 CA 域,它很适合于彼此平等的不同组织。在目录服务方面,它支持任何兼容 LDAP 的目录,可最大限度地保证安全性和灵活性。

在一个 PKI 系统中,策略管理是非常重要的核心部分。策略制定得好坏很大程度上影响着整个 PKI 系统的性能。比如,用户什么情况下需要使用最强的加密算法、用户访问权限的设定以及密钥属性的设定等。CA 的策略管理、RA 的策略管理、用户的策略管理、PKI 网络结构的策略管理等都需要根据整个 PKI 体系的性能并结合具体应用环境进行详细周密的考虑。PKI 5.0 产品充分考虑了各项策略的制定和实施,并且给用户提供了相当的选择自由。

在可扩展性方面,Entrust/PKI 5.0 做到了大容量、高可用性和高级网络带宽管理。大容量体现在每个 CA 最多可有一百万用户;高可用性表现在提供自动更新密钥和证书,并且有多机备份以防止意外灾难性故障；高级网络带宽管理充分利用了 cache 技术，减少了网络拥塞的机会。

在互用性方面，Entrust/PKI 5.0 支持国际上的各项标准，如 X.509 格式证书、CRL、OCSP、LDAP、PKIX、PKCS、IPSec 和 SSL 等。对其他安全产品也表现出了良好的兼容性，如支持 Baltimore、Verisign、Microsoft、Netscape 等。

3. Baltimore Technologies 公司

UniCERT 是 Baltimore Technologies 公司推出的 PKI 产品。这是一家跨国 IT 企业，总部设在爱尔兰首都都柏林，主要从事网络安全领域的产品开发。这些产品在管理多个 CA 之间的交互操作方面建立了良好的声誉，这使得它们特别适合于公共 CA 和非常大型的组织。UniCERT 是目前世界上最先进的 PKI 产品之一。

（1）UniCERT 的构成。

由于可扩展性的需要，UniCERT 的部件分成 3 个层次：

- 核心部件：包括 CA、CAO、RA、RAO、UniCERT Gateway 和 Token Manager。CA 是整个 PKI 的核心，它的主要功能是颁布证书或证书撤消信息（如证书撤消列表）；而 CAO 则是 CA 的操作客户端，也可以说是 CA 的图形界面，另外，CAO 对整个 PKI 系统的管理员来说还是一个设计工具，管理员可以用 CAO 提供的编辑器来确定整个 PKI 系统的结构和安全策略。RA、RAO 和 UniCERT Gateway 一起构成了注册机构，而用户注册的工作在 RAO 或 UniCERT Gateway 完成，其中 RAO 用于面对面的注册，Gateway 用于远程注册。UniCERT Gateway 包括 Web Gateway、E—mail Gateway 和 VPN Gateway。相对而言，RA 模块最小，主要起通信作用，相当于 CA 和 RAO、Gateway 之间的路由器，每一个 RA 及与其相连的多个 RAO 或 Gateway 一起构成了一个操作域，这个域通过 RA 与 CA 相连。Token Manager 是一个独立的模块，用于管理令牌以及硬件安全模块（HSM）。
- 高级部件：包括 Archive Server、Advanced Registration Module（ARM）、WebRAO 和 WebRAO Server。Archive Server 是一个数据安全管理模块，可以用于存储用户的私钥、管理证书及证书撤消信息。ARM 是为系统集成商、软件商以及商业 CA 提供的，用于开发 PKI 系统的应用并将它们集成在一起。WebRAO 允许操作员通过浏览器来认可证书请求，而 WebRAO Server 则是 WebRAO 与 RA 之间的信息传递中介。
- 扩展部件：包括 Timestamp Server（TS）和 Attribute Certificate Server（ACS）。其中，TS 可验证交易中的时间戳，它提供对时间戳的认证、完整性以及不可否认性要求的支持。ACS 是属性证书服务器。属性证书是另外一种形式的证书，区别于普通的证书。

（2）UniCERT 的特点。

总的来说，UniCERT 是一个策略驱动、模块化的 PKI。依靠 CAO 上的策略编辑，UniCERT 可以使整个 PKI 系统贯彻同一个安全策略，同时依靠模块化的设计，UniCERT 实现了高度的灵活性和可扩展性。其主要特点体现在以下方面：

- 灵活：UniCERT 可以有多种不同的注册方式，可以是面对面的，也可以是远程的，

还可以是用户自定义的。它也支持多种格式的证书颁发和证书撤消机制,包括CRL
v2 和 OCSP。此外,它还支持第三方软件和加密硬件。

- 易用:全 GUI 界面,有 PKI 编辑器和策略编辑器。此外还有详细的报告、审计和备份机制。
- 策略支持:可以编辑整个 PKI 的安全策略,包括证书颁发条件、证书内容、证书目的以及管理证书生命周期的机制等。支持证书扩展,还可以支持与证书相关但不放在证书里的敏感数据,并保证其安全性。
- 可扩展:UniCERT 是一个依规模划分的 PKI 系统,可以实现从小到大的扩展。它采用模块化的设计,并且能保证模块之间的通信是安全的。它也可以划分操作域,且操作域的大小只受数据库大小的限制。同时,它还支持无限的 CA 层次和任意的交叉认证,支持 CA 克隆。
- 开放:支持所有相关的工业标准,实现了多数可行的商业协议,采用了多数流行的加密算法。
- 安全:支持硬件加密模块 (HSM)、智能卡以及令牌等;支持灾难恢复,有非常强大的密钥加密存储功能。

4. 其他公司产品

RSA 是老牌的安全软件公司,后来又开始了不断的购并,如从 Security Dynamic 得到了 SecureID,RSA Keon 的理念相当先进,业界无出其右者。连 Openssl 的开发人 Eric Young 也被笼络到了 RSA 澳洲公司。

Microsoft 已经提供了一个证书管理服务作为 Windows NT 的一个附加件,并且现在已经把完整的 CA 功能都合并到了 Windows 2000 中。低成本(特别是对于那些拥有 Windows 2000 服务器的用户)使得它们的工具对于严格意义上的内部使用极具吸引力。

Thawte 是紧跟在 VeriSign 后的第二大公共 CA,并且它为内部的 PKI 管理提供了一个"入门级 PKI 程序 (Starter PKI Program)"。

14.5.2 PKI 的应用现状和前景

PKI 在国外已经开始实际应用。在美国,随着电子商务的日益兴旺,电子签名、数字证书已经在实际中得到了一定程度的应用,就连某些法院都已经开始接受电子签名的档案。国外开发 PKI 产品的公司也有很多,比较有影响力的 Baltimore 和 Entrust 他们都推出了可以应用的产品。Entrust 公司的 Entrust/PKI 5.0 可提供多种功能,能较好地满足商业企业的实际需求。VeriSign 公司也已经开始提供 PKI 服务,Internet 上很多软件的签名认证都来自 VeriSign 公司。

从发展趋势来看,随着 Internet 应用的不断普及和深入,政府部门需要 PKI 支持管理,商业企业内部、企业与企业之间、区域性服务网络、电子商务网站都需要 PKI 的技术和解决方案,大企业需要建立自己的 PKI 平台,小企业需要社会提供的商业性 PKI 服务。

此外,作为 PKI 的一种应用,基于 PKI 的虚拟专用网 VPN (Virtual Private Network)市场也随着 B2B 电子商务的发展而迅速膨胀。据 Infonetics Research 的调查和估计，VPN 市场由 1997 年的 2.05 亿美元开始以 100% 的增长率增长，到 2001 年达到 119 亿美元。

对 PKI 市场，著名的市场调查公司 IDC 在 1999 年 12 月发表的报告 "PKI：Nothing But Pilots?" 中认为：目前 PKI 技术还处在幼年期，2003 年 的世界 PKI 市场将由 1998 年的 1.227 亿美元飞涨到 13 亿美元。另外一家以英国为主的市场调查 公司 Datamonitor 在 2000 年 3 月的报告 "Public Key Infrastructure，1999～2003" 中认为，PKI 市场在 2003 年将达到 35 亿美元。

总的来看，PKI 的市场需求非常巨大，基于 PKI 的 应用包括了许多内容，如 WWW 服务器和浏览器之间的通信、安全的电子邮件、电子数据交换、Internet 上的信用卡交易 以及 VPN 等，因此，PKI 具有非常广阔的市场应用前景。

PKI 技术正在不断发展中，按照国外一些调查公司的说法，目前的 PKI 系统仅仅还 处于示范工程阶段，许多新技术正在不断涌现，CA 之间的信任模型、使用的加解密算法、 密钥管理的方案等也在不断变化之中。

网络，特别是 Internet 网络的安全应用已经离不开 PKI 技术的支持。网络应用中的 机密性、真实性、完整性、不可否认性和存取控制等安全需求只有 PKI 技术才能满足。中 国作为一个网络发展大国，发展自己的 PKI 技术是很有必要而且是非常迫切的。由于我 们目前没有成熟的 PKI 解决方案，使得某些关键应用领域不得不采用国外的 PKI 产品。 因此，研究和开发我国自主的、完整的 PKI 系统，以支持政府、银行和企业安全地使用 信息资源和国家信息基础设施已是刻不容缓，这对于我国电子商务、电子政务、电子事 务的发展将是非常关键和重要的。

14.6 PMI

PKI 的初衷是想成为应用于 Internet 的可以提供身份鉴别、信息加密、防止抵赖的应 用方案。然而，事情的发展并不总是像人们期望的那样，PKI 的应用产生了很多问题。首 先是实施的问题，PKI 的技术非常新，大多数用户都不了解。PKI 系统定义了严格的操作 协议，严格的信任层次关系。任何向 CA 申请数字证书的人必须经过线下（Offline）的身 份验证（通常由 RA 完成），这种身份验证工作很难扩展到整个 Internet 范围，通常只有 小范围的实施。因此，现今构建的 PKI 系统都局限在一定范围内，这造成了 PKI 系统扩 展问题。

同时，为了解决每个独立的 PKI 系统之间的信任关系，出现了交叉认证、桥 CA （Bridge-CA）等方法。然而由于不同 PKI 系统都定义了各自的信任策略，在进行互相认 证的时候，为了避免由于信任策略不同而产生的问题，普遍的做法是忽略信任策略。这 样，本质上是管理 Internet 上的信任关系的 PKI 就仅仅起到身份验证的作用了，至于这 个身份有什么权利、可以做那些事情、不可以做那些事情，在经过了交叉认证以后就统 统消失了，要实现策略只有通过其他的手段。

为了解决上述问题，PMI 出现了。

14.6.1 PMI 简介

PMI（Privilege Management Infrastructure），即授权管理基础设施，在 ANSI，ITU X.509和 IETF PKIX 中都有定义。国际电联电信委员会（ITU-T）2001 年发表的 X.509 的第四版首次将权限管理基础设施（PMI）的证书完全标准化。X.509 的早期版本侧重于公钥基础设施（PKI）的证书标准化。

PMI 授权技术的基本思想是以资源管理为核心，将对资源的访问控制权统一交由授权机构进行管理，即由资源的所有者来进行访问控制管理。与 PKI 信任技术相比，两者的区别主要在于 PKI 证明用户是谁，并将用户的身份信息保存在用户的公钥证书中；而 PMI 证明这个用户有什么权限、什么属性、能干什么，并将用户的属性信息保存在授权证书（又称管理证书）中。

图 14.1 显示了 PMI 服务系统的体系结构。从中可以看出，PMI 系统主要分为授权管理中心（又称 AA 中心）和资源管理中心（又称 RM 中心）两部分。授权服务平台是授权管理中心的主要设备，是实现 PMI 授权技术的核心部件，主要为用户颁发 CA 授权证书。

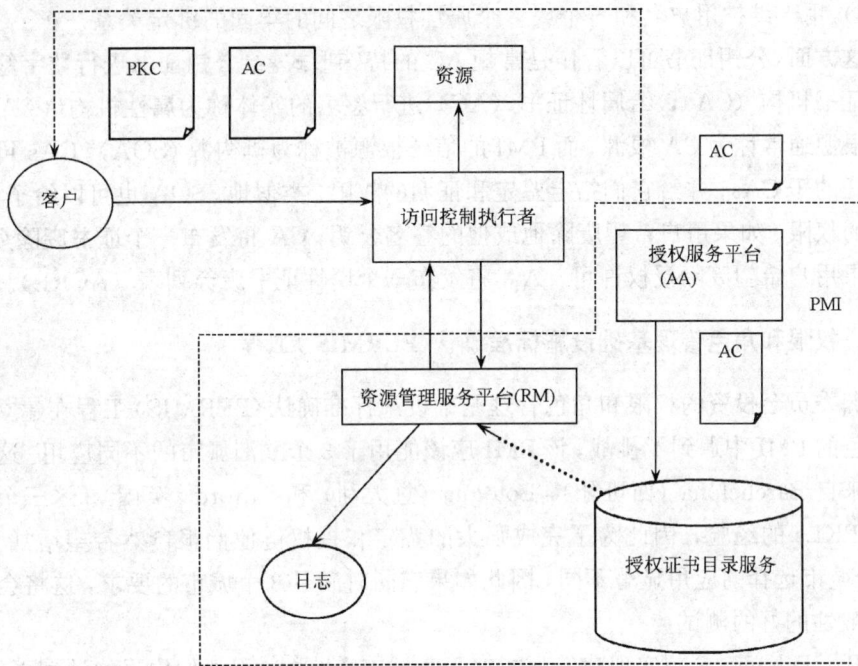

图 14.1 PMI 的体系结构

PMI 使用了属性证书（Attribute Certificate），属性证书是一种轻量级的数字证书，这种数字证书不包含公钥信息，只包含证书所有人 ID、发行证书 ID、签名算法、有效期、属性等信息。一般的属性证书的有效期都比较短，这样可以避免证书公钥证书在处理 CRL 时的问题。如果属性证书的有效期很短，到了有效期的日期，证书将会自动失效，从而避免了公钥证书在撤消时的种种弊端。属性（Attributes）一般由属性类别和属性值组成，也可以是多个属性类别和属性值的组合。这种证书利用属性来定义每个证书持有者的权限、角色等信息，从而可以解决 PKI 中所面临的一部分问题，对信任进行一定程度的管理。

表 14.3 对 PKI 和 PMI 进行了比较。

表 14.3　PKIs 和 PMIs 的比较

概　　念	PKI 实体	PMI 实体
证书	公钥证书	属性证书
证书发布者	证书机构	属性机构
证书用户	主体	持有者
证书绑定关系	主体名和公钥	持有者名和权限属性
废除	证书废除列表（CRL）	属性证书废除列表（ACRL）
信任根源	证书机构根源或信任锚	机构源
子机构	子证书机构	属性机构

PMI 授权给 PKI，指定 PKI 可以鉴定的内容。因此，PKIs 和 PMIs 有很多相似之处，如表 14.3 所示。公钥证书用于维护用户名和用户公钥之间的牢固的绑定关系，而属性证书（AC）用于维护用户名和一个或多个属性权限之间的牢固的绑定关系。

在这方面，公钥证书可以看作是常规 AC 的特殊形式。给公钥证书进行数字签名的实体称为证书机构（CA），给属性证书（AC）进行签名的实体称为属性机构（AA）。PKI 的信任根源通常称为 CA 根源，而 PMI 的信任根源被称为机构源（SOA）。CAs 可以拥有它们信任的子 CAs，并给它们指定鉴定和证明的权限。类似地，SOA 也可以给子 AAs 指定授权的权限。如果用户希望废除他或他的签名公钥，CA 将发布一个证书废除列表，同样，如果用户希望废除授权许可，AA 将发布一个属性证书废弃列表（ACRL）。

14.6.2　权限和角色管理基础设施标准确认(PERMIS)工程

欧洲委员会投资的权限和角色管理基础设施标准确认(PERMIS)工程在建立 X.509 基于角色的 PMI 中遇到了挑战，该 PMI 应该能用于 3 个欧洲城市的不同应用。这个工程的成员来自 Barchelona（西班牙），Bologna（意大利）和 Salford（英国）。这三个中心具有运转 PKLs 的经验，因此为了完成强大的鉴定和授权链他们很自然希望增加 PMI 能力。3 个城市选择的应用显著不同，因此如果它同时满足 3 个城市的要求，这将会是先进 PMI 一般性的好的测试。

在 Barchelona，希望实现建筑师能够下载城市道路图，用他们构思的计划更新地图，并能够上传新的建筑计划和向城市规划的服务器发出建筑许可证的请求。这将显著提高当前系统的效率。目前，计划和请求是作为文件邮寄给城市各部门。

Barchelona 是一个主要的旅游城市和商业中心，它在整个城市和飞机场有很多汽车租用点。然而，在 Barchelona 停车有很大的限制，经常需要向租用的车辆发出停车罚票。而当车辆租用公司收到停车罚票时，租用者已经离开了这个国家。

这个计划用来向车辆租用公司提供在线访问城市停车罚票数据库，以便当汽车在他们租用结束回来后，公司能够及时的检测是否有这辆车的停车罚票。公司将把司机的详细情况发送给城市的相应部门，因而罚款也将发送给个人。数据保护法要求车辆租用公司只能访问发给属于该公司车辆的罚票而不能访问属于其他车辆租用公司的罚票，因此需要严格控制授权。

PERMIS 工程的挑战性在于建立一个基于角色的 X.509 权限管理基础设施，这个基础设施能够满足这些不同的应用，并且这也意味着它能够用于更广泛的应用中。

14.6.3　PERMIS 的权限管理基础设施(PMI)实现

PMI 实现有 3 个主要组成部分：授权策略、权限分配者（PA）和 PMI API。

1. 授权策略

授权策略指定在什么条件下，谁对某种客体具有何种访问权。基于域的策略授权比给每个客体配置各自独立的 ACLs 更可行。后者很难管理，使管理者的劳动加倍，因为对每个客体不得不重复任务，同时安全性更低，因为很难了解整个域的用户具有哪种访问权。

基于策略的授权在另一方面允许域管理者——SOA 给整个域指定授权策略，同时所有客体也将被一套相同的规则所控制。

PERMIS 工程很早就决定为指定的授权使用分层 RBAC。RBAC 在规模（Scalabity）方面比 DAC 有优势，并且能处理大量的用户。一般情况下，角色比用户少的多。

PERMIS 工程希望能够用一种语言指定授权策略，这种语言要求能够很容易被电脑解析同时 SOAs 不用软件工具也能读取。各种以前存在的策略语言，例如 Ponder 接受测试，但没人认为它是理想的语言。XML 被认为是策略描述语言的合适候选。

首先，X.500 PMI RBAC 策略指定了文档类型定义（DTD），DTD 是一个标记语言，它包含了创建 XML 策略的规则。DTD 包含以下组成部分：

- 主体策略：指定主体域，例如只有来自主体域的用户可以被授权访问那些被策略覆盖的资源。
- 角色分层策略：指定不同的角色和他们彼此间的层次关系。
- SOA 策略：指定哪个 SOAs 可以分配角色。
- 角色分配策略：指定哪种 SOAs 可以将何种角色分配给哪种主体。
- 客体策略：指定策略覆盖范围内的客体域。
- 动作策略：指定客体所支持的动作或方法，以及传递给每种动作的参数。
- 客体访问策略：指定在什么条件下，哪种角色可以对哪种客体执行哪种动作。

SOA 可以用被推荐的 XML 编辑工具为域建立授权策略，并把它存储在本地文件中以便可以被 PA 所用。

2. 权限分配者（PA）

PA 是 SOA 或 AA 用来给用户分配权限的工具。由于 PERMIS 使用 RBAC，SOA 指定角色 ACs 的形式用 PA 给用户分配角色。它将会指定给不同城市中的不同应用中的所有用户。

一旦 PA 创建了角色分配 ACs，它们就被存在一个轻量级目录访问协议（LDAP）目录中。由于 ACs 是由发布它们的 AA 进行数字签名的，可以防止被篡改。

PA 的另一个功能是创建授权策略，它作为一个策略 AC（policy AC）而被数字签名。策略 AC 是一个标准的 X.509AC——持有者和发行者的名字相同。

3. PMI API

开放组织已经定义了标准授权 API（AZN API），并用 C 语言指定。它以 ISO 10183-3 访问控制框架为基础，指定了访问控制执行函数（AEF）和访问控制决定函数（ADF）之间的接口。

PERMIS 在 JAVA 虚拟机中指定 PERMIS API，并假定客体和 AEF 要么能协同定位，要么能通过可信任的局域网相互进行通信，从而简化了 AZN API。

PERMIS API 包括 4 个简单的调用：initialise、get creds、decision、shutdown。这些调用的功能如下所述，调用 initialise 告诉 ADF 读取策略 AC，AEF 传递可信任 SOA 的名字和 LDAP URLs 列表，从这里 ADF 可以取得策略 AC 以及角色 ACs。当 AEF 启动后 initialise 就被调用。在 initialise 成功以后，ADF 将会读取 XML 形式的策略，这个策略将会控制它将来做出的所有决定。

当用户开始对客体调用时，AEF 将鉴定用户并通过调用 get creds 把用户独一无二的 LDAP 名字（DN）传递给 ADF。

在 3 个城市中，将以不同方式鉴定用户。在 Salford，用户向 AEF 发送一封安全多用途互联网邮件扩展（S/MIME）邮件。在 Barcelona 和 Bologna，用户将打开一个安全套接字层（SSL）的连接。在这两种情况下，用户将对公开信息进行数字签名，对该签名的确认将产生用户的 DN。ADF 用这个 DN 取得来自 LDAP URLs 列表的所有 ACs，这个列表是在初始化的时候传递的。角色 ACs 是否依赖于策略，例如，检查 DN 是否在有效的主体域中，以及检查 ACs 是否在策略的有效时间内等等。无效的角色 ACs 将被丢弃，而来自有效 ACs 的角色将提取出来保留给用户。

一旦用户被成功鉴定，将尝试对客体执行某种动作。对每种尝试，AEF 通过调用 decision 向 ADF 传递客体名字和尝试的动作，以及它的参数。Decision 将检查用户所拥有的角色是否允许这种动作，充分考虑在客体访问策略中指定的所有条件。如果动作允许，结果返回为 "true"，否则返回为 "false"。用户可能对不同的客体尝试任意次数的动作，对每种尝试都将调用 decision。

为了防止用户长期打开一个连接，例如，直到用户的 ACs 过期，PERMIS API 支持会话时间超时。一旦调用 get creds，AEF 指定在信任书更新前会话可以打开多长时间。如果会话时间超时，decision 将抛出异常，告诉 AEF 要么关闭用户的连接要么重新调用 get creds。

AEF 可以在任何时候调用 shutdown，它的目的是结束 ADF 并废弃当前的策略。当应用友好关闭或 SOA 希望在域内动态的增加一种新的授权策略时将调用 shutdown。在 shutdown 之后 AEF 可以调用 initialise，这样 ADF 将读到最新的授权策略并做出访问控制决定。

14.7 小　　结

PKI（Public Key Infrastructure）即公开密钥体系，是一种遵循既定标准的密钥管理平台，它能够为所有网络应用提供加密和数字签名等密码服务及所必需的密钥和证书管理体系。

原有的单密钥加密技术采用特定加密密钥加密数据，而解密时用于解密的密钥与加密密钥相同，这称之为对称型加密算法。采用此加密技术的理论基础的加密方法如果用于网络传输数据加密，则不可避免地出现安全漏洞。因为在发送加密数据的同时，也需要将密钥通过网络传输通知接收者，第三方在截获加密数据的同时，只需再截取相应密钥即可将数据解密使用或进行非法篡改。区别于原有的单密钥加密技术，PKI采用非对称的加密算法，即由原文加密成密文的密钥不同于由密文解密为原文的密钥，以避免第三方获取密钥后将密文解密。

数字证书是公开密钥体系的一种密钥管理媒介，它是一种权威性的电子文档，形同网络计算环境中的一种身份证，用于证明某一主体（如人、服务器等）的身份以及其公开密钥的合法性，又称为数字ID。数字证书由一对密钥及用户信息等数据共同组成，并写入一定的存储介质内，确保用户信息不被非法读取及篡改。

加密密钥对：发送者欲将加密数据发送给接收者，首先要获取接收者的公开的公钥，并用此公钥加密要发送的数据，即可发送；接收者在收到数据后，只需使用自己的私钥即可将数据解密。此过程中，假如发送的数据被非法截获，由于私钥并未上网传输，非法用户将无法将数据解密，更无法对文件做任何修改，从而确保了文件的机密性和完整性。

签名密钥对：此过程与加密过程的对应。接收者收到数据后，使用私钥对其签名并通过网络传输给发送者，发送者用公钥解开签名，由于私钥具有惟一性，可证实此签名信息确实为由接收者发出。此过程中，任何人都没有私钥，因此无法伪造接收方的的签名或对其做任何形式的篡改，从而达到数据真实性和不可抵赖性的要求。

完整的PKI系统必须具有权威认证机关（CA）、数字证书库、密钥备份及恢复系统、证书作废系统、应用接口等基本构成部分，构建PKI也将围绕着这五大系统来着手构建。

- 认证机关（CA）：即数字证书的申请及签发机关，CA必须具备权威性的特征。
- 数字证书库：用于存储已签发的数字证书及公钥，用户可由此获得所需的其他用户的证书及公钥。
- 密钥备份及恢复系统：如果用户丢失了用于解密数据的密钥，则数据将无法被解密，这将造成合法数据丢失。为避免这种情况，PKI提供备份与恢复密钥的机制。但需注意，密钥的备份与恢复必须由可信的机构来完成。并且，密钥备份与恢复只能针对解密密钥，签名私钥为确保其惟一性而不能够作备份。
- 证书作废系统：证书作废处理系统是PKI的一个必备的组件。与日常生活中的各种身份证件一样，证书有效期以内也可能需要作废，原因可能是密钥介质丢失或用户身份变更等。为实现这一点，PKI必须提供作废证书的一系列机制。

- 应用接口：PKI 的价值在于使用户能够方便地使用加密、数字签名等安全服务，因此一个完整的 PKI 必须提供良好的应用接口系统，使得各种各样的应用能够以安全、一致、可信的方式与 PKI 交互，确保安全网络环境的完整性和易用性。

PKI 技术可运用于众多领域，其中包括虚拟专用网络（VPN）、安全电子邮件、Web 交互安全及备受瞩目的电子商务安全领域。

基于网络环境下数据加密/签名的应用将越来越广泛，PKI 作为技术基础可以很好地实现通行于网络的统一标准的身份认证，其中既包含有线网络，也涵盖了无线通信领域。因此我们可以预见，PKI 的应用前景将无比广阔。

习　　题

1. 阐述信任关系与信任模型的定义，并列出目前常用的 4 种信任模型。
2. PKI 的组成分为哪几大部分？它们主要的功能各是什么？
3. 请简述交叉认证的过程。
4. X.500、X.509 和 LDAP 三者之间有何区别和联系？
5. PKI 的主要厂商和产品有哪些？PKI 的应用现状和前景如何？
6. PERMIS 的权限管理基础设施（PMI）是怎样实现的？

参 考 文 献

冯登国，裴定一.1999.密码学导引.北京：科学出版社

王曙，曾晓涛，伍思义.PKI 中的常见信任模型.诺方信业

王育民，刘建伟.1999.通信网的安全——理论与技术.西安：西安电子科技大学出版社

张凯，荆继武.2000 年 9 月 11 日.信息安全基础中的核心——PKI 技术.计算机世界

周瑞辉，冯登国.2000 年 9 月 11 日.PKI 系统的常用信任模型.计算机世界

http://www-900.ibm.com/developerWorks/security/s-pki/index.shtml

William Stallings 著.杨明，胥光辉，齐望东等译.2001.密码编码学与网络安全：原理与实践.第二版.北京：电子工业出版社

第 15 章　IP 的 安 全

15.1　IP 安全概述

TCP/IP 协议体系是一个开放的协议平台，它将越来越多的部门和人员用网络连接起来，但是安全性的缺乏减慢了网络的发展速度。目前网络面临的各种安全性威胁主要包括数据泄露、完整性的破坏、身份伪装和拒绝服务等。

首先是数据泄露。目前相互通信之间的最大障碍或许就是保密性数据可能在公众网上被窃听，每个没有加密就被发送的信息都可能被一个未经授权的组织所截获。由于早期协议缺乏对安全性的考虑，各种用户验证信息，如用户名、密码等均以明文在网上传输，窃听者可以很容易得到用户的账户信息。

其次是数据完整性的破坏，即使数据不是保密的，还有数据的完整性要确保。例如，对于电子商务来说，非常关注交易信息是否会被篡改。一旦用户向银行验证自己的身份后，一定想确保交易本身的内容不会以某种方式被修改，如存款数额不会被修改。

然后是身份伪装。除了保护数据本身以外，用户肯定还要保护自己的身份。一个聪明的入侵者可能会伪造用户的有效身份，存取只有用户本人可存取的保密信息。目前许多安全系统依靠 IP 地址来惟一地标识一个用户。不幸的是，IP 欺骗很容易实现。

另一种威胁是拒绝服务。一旦连网之后，必须确保系统随时可以工作。但是，TCP/IP 协议体系及其具体实现中有若干弱点可以被攻击者利用，以造成某些计算机网络系统崩溃或无法正常地提供应有的服务。

如何去抵抗上述威胁以保障网络安全，并不存在一个简单的答案，加密和验证是一个基本手段。加密可以防止 Sniffer 的侦听和篡改，验证可以防止简单的身份伪装和拒绝服务攻击。如果系统能正确识别数据的来源，那么就很难模仿一个友好主机去实现拒绝服务的攻击。

为实现 IP 网络上的安全，IETF 建立了一个 Internet 安全协议工作组负责 IP 安全协议和密钥管理机制的制定，以在 IP 协议层上保证数据分组在 Internet 网络中具有互操作性、高可靠性和基于密码技术的安全服务标准。经过几年的努力，该工作组提出了一系列的协议，构成一个安全体系，总称为 IP Security Protocol，简称 IPSec。

IPSec 的有关标准都以 RFC 的方式予以公开，这些标准由 RFC1825（Internet 协议安全体系结构）、RFC1826（IP 鉴别头：AH）、RFC1827（IP 封装安全载荷：ESP）及用于鉴别和封装载荷的若干算法标准等构成一个体系。开发商可以根据各自产品的特点，采用相应算法在 Internet 协议安全体系框架内实现 IP 协议安全。IPSec 在 IPv4 中需要工程设计和实现，在 IPv6 中作为选项实现。

IPSec 是一个开放式标准的框架。依据 IETF 的开发标准，IPSec 提供访问控制、无连接完整性、数据源鉴别、载荷机密性和有限流量机密等安全服务。它弥补了 TCP/IP 协议体系所固有的一些安全漏洞。IPSec 可在一个公共 IP 网络上确保数据通信的可靠性和完整性，对于实现通用的安全策略所需要的基于标准的灵活的解决方案提供了一个必备的要素。

15.2　IP 安全体系结构

15.2.1　概述

IPSec 通过使用两种通信安全协议 AH（Authentication Header）和 ESP（Encapsulating Security Payload），以及像 IKE（Internet Key Exchange）这样的密钥管理过程和协议来给 IPv4 或 IPv6 数据报提供可互操作的、高质量的、基于密码学的安全性。

AH 将每个数据报中的数据和一个变化的数字签名结合起来，共同验证发送方身份，使得通信一方能够确认发送数据的另一方的身份，并能够确认数据在传输过程中没有被篡改，防止受到第三方的攻击。AH 不提供数据加密，信息将以明文方式发送。AH 提供无连接的完整性、数据发起验证和重放保护。

ESP 提供了一种对 IP 负载进行加密的机制，对数据报中的数据（包括敏感的 IP 地址）另外进行加密。这样，象 Sniffer 这样的网络监听软件就无法得到任何有用的信息。

IKE 是一种功能强大的、灵活的协商协议，它提供安全可靠的算法和密钥协商，帮助不同节点之间达成安全通信的协定，包括认证方法、加密方法、所用的密钥、密钥的使用期限等内容，并允许智能的、安全的密钥交换。

以上这些机制均独立于具体加密算法，这种模块化的设计允许在改变算法的同时不会影响到其他部分的实现。协议的应用与具体加密算法的使用由用户和应用程序的安全性要求所决定。

IPSec 的一个最大的优点是它可以在共享网络上访问设备，甚至是在所有的主机和服务器上完全实现，这在很大程度上避免了升级任何网络相关资源的需要。在客户端，IPSec 既允许通过远程方式访问接入路由器，也允许以纯软件方式使用通过普通调制解调器连接网络的远程的 PC 机和工作站。

IPSec 有两种操作模式可供用户选择，它们分别是传送模式（Transport Mode）和隧道模式（Tunnel Mode）。

传送模式通常当协议在一台主机（客户机或服务器）上实现时使用。传送模式使用原始的明文 IP 头，只加密数据部分（包括它的 TCP 和 UDP 头）。这种模式的特点是保留了原 IP 头信息，即源/目的地址不变，所有安全相关信息包括在 AH 和/或 ESP 头中。传输双方依此进行安全封装、传输、接收和拆封还原。传输模式适用于主机与主机的安全通信。显然这种安全方式可将通信两端由源到目的的基于虚拟连接的传输信息进行加密。

隧道模式通常当协议在关联到多台主机的网络访问连入设备实现时使用。隧道模式加密整个 IP 数据报——包括全部 TCP/IP 或 UDP/IP 头和数据，并用自己的地址作为源地址加入到新的 IP 头。当通过隧道的数据报到达目的网关（即隧道的另一端）后，利用 AH 和/或 ESP 头中的安全相关信息对加密过的原 IP 数据报进行相关处理，将已还原的高层数据按原 IP 数据报头所标明的 IP 地址递交，以完成真正的源到目的之间的安全传输。显然，这种安全相关对于源/目的地址来说应是双向的。当隧道模式用在用户终端设置或内部局域网时，它可以提供更多的便利来隐藏内部服务器和客户机的地址。

总的来说，IPSec 可以为 IP 层提供基于加密的互操作性强、高质量的通信安全，所支持的安全服务包括存取控制、无连接的完整性、数据发起方认证和加密。这些服务在 IP 层上实现，提供了对 IP 层或 IP 层之上的保护，可以在网络结构上提供一个端到端的安全解决方案。这样，终端系统和应用程序不需要任何改变就可以利用强有力的安全性保障用户的网络内部结构，并且因为加密报文结构类似于普通的 IP 报文，所以可以很容易通过任意 IP 网络，而无须改变中间的网络设备，只有终端网络设备才需要了解加密细节，大大减小了实现与管理的开销。由于 IPSec 的实现位于网络层上，实现 IPSec 的设备仍可进行正常的 IP 通信，可以实现设备的远程监控和配置。

15.2.2 安全关联

安全关联 SA (Security Association) 的概念是 IPSec 的基础。IPSec 的两种协议 (AH 和 ESP) 均使用到 SA；而 IKE 协议的一个主要功能就是 SA 的管理和维护。SA 是通信对等方之间对某些要素的一种协定，例如 IPSec 协议的使用、协议的操作模式 (传输模式或隧道模式)、密码算法、密钥、用于保护它们之间数据流的密钥的生存期等。SA 是单向的，输出和输入流分别需要有各自的 SA。SA 束用于描述一组 SA，这组 SA 应用于源自或者到达特定主机的数据。

SA 提供的安全服务取决于所选的安全协议 (AH 或 ESP)、模式、SA 作用的两端点和安全协议所要求的服务。

例如，AH 为 IP 数据报提供数据源验证和无连接的完整性。AH 还提供可选的抗重播服务，接收端可自行决定是否需要这一服务。AH 不对数据报进行加密，ESP 则可提供加密、验证及抗重播服务，但其验证的数据不包括外部 IP 头。ESP 要求加密和验证服务至少有一项被选中。

ESP 为 SA 的加密服务提供了有限业务流机密性。使用隧道模式可以隐藏数据报的源地址和目的地址，ESP 数据报又进一步使用填充方式隐藏了数据报的真实大小，进而隐藏了其通信特征。

对于 IPSec 数据流处理而言，有两个必要的数据库：安全策略数据库 SPD (Security Policy Database) 和安全关联数据库 SAD (Security Association Database)。SPD 指定了用于到达或者源自特定主机或者网络的数据流的策略。SAD 包括活动的 SA 参数。SPD 和 SAD 都需要单独的输入和输出数据库。

对于外出数据报，必须先查阅 SPD，以决定提供给它的安全服务。对于进入数据报，也要检索 SPD，判断为其提供的安全保护是否和策略规定的安全保护相符。SPD 是有序的，每次应以相同的顺序查找。SPD 还控制密钥管理 (如 ISAKMP) 的数据报，对 ISAKMP 数据报的处理要明确说明，否则该数据报将被丢弃。

策略描述通过一个或多个选择符来确定每一个条目。IPSec 中当前合法的选择符有：

(1) 目的 IP 地址：目的 IP 地址可以是一个 32 位的 IPv4 或者 128 位的 IPv6 地址。该地址可以是一个主机 IP 地址、广播地址、单播地址、任意播地址、多播组地址、地址范围、地址加子网掩码或者通配地址。

(2) 源 IP 地址：同目的 IP 地址一样，源 IP 地址可以是一个 32 位的 IPv4 或者 128 位的 IPv6 地址。该地址可以是一个主机 IP 地址、广播地址、单播地址、任意播地址、多播组地址、地址范围、地址加子网掩码或者通配地址。

(3) 传输层协议：这个字段说明了传送协议。在许多情况下，只要使用了 ESP，传送协议便无法访问。在这种场合下，需要使用通配符。

(4) 系统名：系统名可以是完整的 DNS 名或 E-mail 地址。

(5) 用户 ID：用户 ID 可以是完整的 DNS 用户名或者是 X.500DN。

SAD 为进入和外出的数据报维持一个活动的 SA 列表，SAD 中存放现行的 SA 条目，每个 SA 包含一个由 SPI、源或者目的 IP 地址、以及 IPSec 协议组成的三元组索引。SPI 是一个长度为 32 位的数据实体，它在 SA 中非常重要，用于独一无二地标识出接收端上的一个 SA。SA 是两个主机秘密通信的一种协定，它决定了像密钥和加密算法这样的参数。为解决在数据报目的主机上标识 SA 的问题，随每个数据报一起，发送一个 SPI，以便将这个 SA 独一无二地标识出来。目标主机再利用这个值，在接收 SAD 中进行检索，提取适当的 SA。除此之外，一个 SAD 条目还包含下面的域：

(1) 序列号计数器：这是一个 32 位整数，用于生成 AH 或者 ESP 头中的序列号域。

(2) 序列号溢出：这是一个标志，标识是否对序列号计数器的溢出进行审核；对于特定的 SA，是否阻塞额外通信流的传输。

(3) 抗重播窗口：使用一个 32 位计数器和位图确定一个输入的 AH 或者 ESP 数据报是否是一个重播数据报。与网络安全有关的一个重要问题是重播攻击，在重播攻击过程中，网络应用会受到不断重播的数据报的轰炸。对恶意主机重复发出的数据报进行侦测，可以解决此问题。

(4) AH 认证密码算法和所需要的密钥。

(5) ESP 认证密码算法和所需要的密钥。

(6) ESP 加密算法、密钥、初始化向量 (IV，Initialization Vector) 和 IV 模式。

(7) IPSec 协议操作模式：该域表明将对 AH 和 ESP 通信应用何种 IPSec 协议操作模式（传输模式，隧道模式，还是通配模式）。

(8) 路径最大传输单元 PMTU (Path Maximum Transmission Unit)：PMTU 是可测量和可变化的，它是 IP 数据报经过一个特定的从源主机到目的主机的网络路由而无需分段的 IP 数据报的最大长度。

(9) SA 生存期：该域中包含一个时间间隔，外加一个当该 SA 过期时是被替代还是终止的标识。在该时间间隔内，某个 SA 必须由一个新的 SA 来替代或被终止。SA 的生存期有两种参数形式，一种是时间间隔形式，另一种是以可用 IPSec 协议处理的字节数来表示的字节计数形式。如果这两种参数同时使用，则以先过期的为准，即最先过期的参数优先。SA 生存期有两种类型的限制：软限制和硬限制。当达到软限制时，通信的对等双方必须重新协商一个新的 SA 来代替已有的 SA。然而，已有的 SA 并不立即从数据库中删除，直到硬限制过期。与 SPD 不同，SAD 中的条目是无序的。然而，就像 SPD 中的查找一样，在 SAD 中找到的第一个匹配条目将被应用于与特定的 SA 关联的数据报的

IPSec 处理。

SA 管理的两大任务就是 SA 的创建和删除。SA 的管理既可手工进行,也可通过 IKE 来完成。

手工方式下,安全参数由管理员按安全策略手工指定、手工维护。但是,手工维护很容易出错,并且手工建立的 SA 没有生存周期限制,一旦建立就不会过期,除非手工删除。

SA 的自动建立和动态维护是通过 IKE 进行的。如果安全策略要求建立安全、保密的连接,但却不存在相应的 SA,IPSec 的内核会自动启动或触发 IKE 进行协商。

由于对数据报进行 IPSec 处理时要查询 SPD 和 SAD,为了提高速度,SPD 的每一条记录都有指向 SAD 中相应记录的指针,反之亦然。对于外出处理,先查询 SPD,获得指向 SAD 的指针,再在 SAD 中查询进行处理所需参数。如 SA 未建立,则使用 IKE 协商,并建立 SPD 和 SAD 间的指针。对于进入处理,先查询 SAD,对 Ipsec 数据报进行还原,再取出指向 SPD 的指针,验证该数据报应用的策略与 SPD 中所规定的是否相符。

15.2.3 AH 协议

正如整个名称所示,AH 协议在所有数据报头加入一个密码,通过一个只有密钥持有人才知道的 "数字签名" 对用户进行认证。这个签名是数据报通过指定的算法得出的惟一的结果;AH 可以以此确认数据的完整性,因为在传输过程中无论数据有多小的变化,报头的数字签名都能把它检测出来。不过由于 AH 不能加密数据报所加载的内容,因而它不保证任何的机密性。两个最普遍的 AH 标准是 MD5 和 SHA-1,MD5 使用最高达 128 位的密钥,而 SHA-1 通过最高达 160 位的密钥提供更强的保护。

AH 只对没有分段的数据报起作用。如果偏移量字段不为零,或者设置了 More Fragments 字段位,数据报将被丢弃,永远不能到达更高层。这能阻止设法让假的数据报(通过伪装成段)穿过防火墙的攻击。同时,废弃数据报也能帮助阻止拒绝服务攻击。

在 IPSec 的 RFC 2401 中提到:"AH 也提供任凭接收者处理的抗重播(部分序列完整性)服务,帮助抵抗拒绝服务攻击。当机密性不是必需的时候,使用 AH 协议就比较合适。AH 还为 IP 报头的被选中部分提供认证,这在某些环境中可能是必要的。例如,如果 IPv4 选项和 IPv6 扩展报头的完整性必须在从发送者到接收者的途中受到保护,AH 就能够提供这种服务(除了 IP 报头中不可预测却易变的部分)。"

在 IPv6 中,AH 报头在 Hop-by-Hop 报头之后和目的地选项之前出现,整个报头结构如图 15.1 所示。

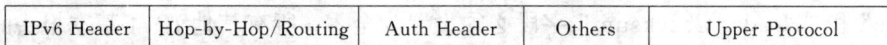

IPv6 Header	Hop-by-Hop/Routing	Auth Header	Others	Upper Protocol

图 15.1 在 IPv6 中的 AH 报头

在 IPv4 中,AH 报头跟在主 IPv4 报头之后出现,如图 15.2 所示。

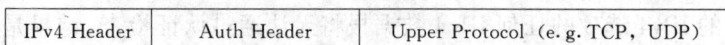

IPv4 Header	Auth Header	Upper Protocol (e. g. TCP, UDP)

图 15.2 在 IPv4 中的 AH 报头

AH 报头本身的结构如图 15.3 所示。

Next Header	Length	Reserved
Security Parameters Index		
Authentication Data （variable number of 32-bit words）		
1 2 3 4 5 6 7 8　1 2 3 4 5 6 7 8　1 2 3 4 5 6 7 8　1 2 3 4 5 6 7 8		

图 15.3　AH 报头结构

报头内的各字段含义分别为：

Next Header（下一个报头）：8 位宽，用于指示认证有效载荷之后的下一个有效载荷的位置。

Payload Length（有效载荷长度）：8 位宽，以 32 位字为单位的认证数据字段的长度。Length 的最小值是 0，其仅仅用于 "null" 认证算法的情况。但这不应该在 IPSec 中发生，在 IPSec 中必须指定一位。

Reserved（保留字）：16 位宽，保留以供将来使用。发送时必须设置为全零。这个值要包含在认证数据计算中，否则会被接收方忽略。

Security Parameters Index（安全参数索引，SPI）：这是一个为数据报识别 SA 的 32 位伪随机值。SPI 的 0 值被保留来表明 "没有 SA 存在"。SPI 从 1 到 255 的设值范围被保留给 IANA（Internet Assigned Numbers Authority）以便将来使用。保留的 SPI 值不会由 IANA 正常地分配，除非在 RFC 中公开地指明了特殊分配的 SPI 值的使用。

Authentication Data（认证数据，AD）：这个字段的长度是可变的，但总是一个 32 位字的整数倍。为了改善性能，一些实现需要填充到 64 位。所有的实现必须支持这种填充，这一点由每个 SPI 基础上的目的地址指定。填充字段的值由发送者随意选出，并且包含在 AD 计算中。实现将使用目的地址和 SPI 的组合来定位能够指定该字段大小以及用途的 SA。该字段为任何给定的 SPI 和目的地址对的所有数据报保留同样的格式。AD 字段紧接在 SPI 字段后，如果字段比存储实际 AD 所需要的长度长，那么没有使用的位置将被未指定的、取决于实现的值所填充。

AD 使用 SA 初始化时选定的算法进行计算。理论上，任何 MAC 算法都可以用来计算 AD。一个具体的实现通常支持 2～4 种算法。

IPv4 的基本报头中只有 "Time To Live" 和 "Header Checksum" 字段是为进行 AD 计算而被特殊处理的字段。分段数据报的重新组装在本地 IP AH 进行的处理前出现。当然，"More Fragment" 位在重新组装时被清除了。所以，从 AH 实现的角度来看，IPv4 报头中没有其他字段会在传输过程中发生变化。为进行 AD 计算，IPv4 基本报头的 "Time To Live" 和 "Header Checksum" 字段必须设置为全零。所有其他 IPv4 基本报头的字段根据它们实际的内容正常地进行处理，因为 IPv4 数据报在传输中受中间段支配，IPv4 数据报重新组装先于 AH 处理执行是很重要的，否则的话，接收系统可能无法认出数据报中提供的部分 IPv4 选项，该选项将错误地被包含在 AD 计算中。这意味着包含不能被接收系统识别出的 IPv4 选项的任何 IPv4 数据报将无法通过认证检查，结果是，该数据报将被接收者丢弃。

IPv6 的 "Hop Limit" 字段是 IPv6 基本报头中为进行 AD 计算而被特殊处理的惟一

字段。为了进行计算，Hop Limit 字段的值设置为全零。IPv6 基本报头的所有其他字段被包含在使用正常过程进行处理的 AD 计算中。所有 IPv6 的"Option Type"（选项类型）字段包含这样一位，它被用于确定该选项数据是否被包含在 AD 计算中。如果这一位设置为零，那么出于 AD 计算的目的，AD 选项中包含的相应的选项将被与该选项同样长的全零位代替。

15.2.4 ESP 协议

ESP 协议主要用来处理对 IP 数据报内容的加密，此外它对认证也提供某种程度的支持。ESP 本身是与具体的加密算法相独立的，它几乎可以支持各种对称密钥加密算法，例如 DES、TripleDES，RC5 等。为了保证不同 IPSec 实现之间的互操作性，目前的 ESP 要求任何一种实现必须至少提供对 56 位 DES 算法的支持。

ESP 协议数据单元格式由三部分组成，除了头部、加密数据部分外，在实施认证时还包含一个可选的尾部。头部共有两个域：安全策略索引（SPl）和序列号 SN（Sequence Number）。在使用 ESP 进行安全通信之前，通信双方需要先协商好一组将要采用的加密策略，包括使用的算法、密钥以及密钥的有效期等。SPI 用来标识发送方使用哪组加密策略来处理 IP 数据报，接收方看到了这个序号就知道对收到的 IP 数据报应该如何处理。SN 用来区分使用同一组加密策略的不同数据报。加密数据部分除了包含原 IP 数据报的有效负载、填充域（用来保证加密数据部分满足块加密的长度要求）之外，其余部分在传输时也都是加密过的。其中"下一个头部（Next Header）"用来指出有效负载部分使用的协议，可能是传输层协议（TCP 或 UDP），也可能还是 IPSec 协议（ESP 或 AH）。

ESP 报头本身的结构如图 15.4 所示。

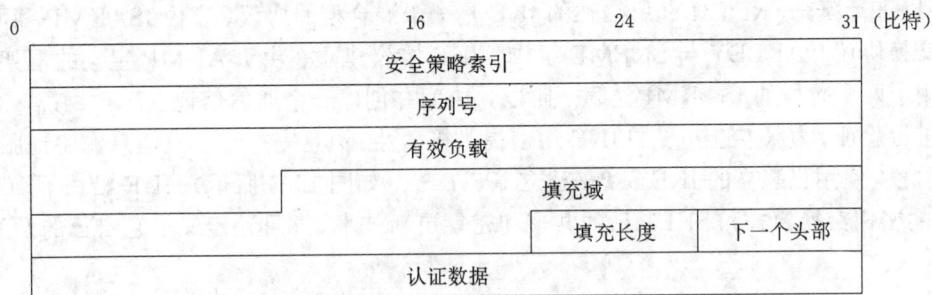

图 15.4 ESP 报头结构

通常，ESP 可以作为 IP 的有效负载进行传输，利用 IP 头指出下一个协议是 ESP，而非 TCP 或 UDP。由于采用了这种封装形式，所以 ESP 可以使用原有的网络进行传输。

ESP 协议可以工作在两种模式下：传输模式和隧道模式。当 ESP 工作在传输模式时，采用当前的 IP 头部。而当工作在隧道模式时，将整个 IP 数据报进行加密作为 ESP 的有效负载，并在 ESP 头部前增添新的 IP 头部，以网关地址为其源地址，此时的 ESP 可以起到 NAT 的作用。

15.2.5 ISAKMP 协议

Internet 安全关联和密钥管理协议 ISAKMP (Internet Security Association and Key

Management Protocol）定义了通信双方信息沟通的构建方法，定义了保障通信安全所需的状态交换方式，还提供了对对方身份进行验证的方法，密钥交换时交换信息的方法，以及对安全服务进行协商的方法。

对一个基于 ISAKMP 进行交换的信息，它的构建方法是：将 ISAKMP 所有载荷链接到一个 ISAKMP 头。发起者 cookie 和接收者 cookie 由通信的双方各自创建，并随消息 ID 一道，用来标识状态，以便对进行中的一次 ISAKMP 交换进行定义。"下一个载荷"字段指出在各个 ISAKMP 载荷中，哪一个紧随在这一个头之后。ISAKMP 交换的具体类型是由"交换"字段来标识的。"旗标"字段，则为接收者提供了与消息有关的特殊信息。

ISAKMP 描述了协商的两个独立阶段。

第一阶段：通信双方彼此间建立一个已通过身份验证和安全保护的通道。

第二阶段：用这个通过了验证和安全保护的通道为另一个不同的协议协商安全服务。

阶段一的交换建立了一个 ISAKMP 安全关联。这个安全关联（安全策略的一个抽象和一个密钥）的概念，和 IPSec SA 有着某些共通之处。阶段二的交换可为其他协议建立安全关联，它还可以为阶段二的交换中的所有消息提供源验证。

如果想建立一个共享的安全关联，那么必须先协商好采用的安全策略。由于策略可能非常复杂，所以必须能灵活地解析安全关联、提议以及转码载荷，这样才能构建和处理复杂的策略。

15.2.6 IKE 协议

IKE 协议是 IPSec 中最为重要的部分，在用 IPSec 保护一个 IP 数据报之前，必须先建立一个 SA，IKE 则用于动态建立并管理 SA。IKE 代表 IPSec 对 SA 进行协商，并自动对 SAD 进行填充。RFC2409 所描述的 IKE 是一个混合型的协议，它由 ISAKMP 和两种密钥交换协议 OAKLEY 与 SKEME 组成。IKE 协议建立在由 ISAKMP 定义的框架上，它使用了两个阶段的 ISAKMP。第一阶段，协商并创建一个通信信道（IKE SA），对该信道进行验证，为双方进一步的 IKE 通信提供机密性、消息完整性以及消息源验证服务；第二阶段，使用已建立的 IKE SA 来建立 IPSec SA（如图 15.5 所示）。IKE 沿用了 OAKLEY 的密钥交换模式和 SKEME 的共享和密钥更新技术，并且还定义了它自己的两种密钥交换方式。

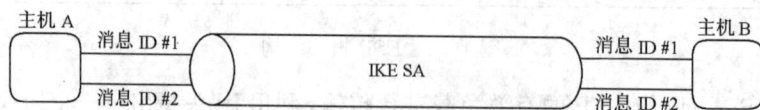

图 15.5 阶段一的 IKE SA 保护阶段二的多个交换

IKE 共定义了 5 种模式的交换。阶段一有两种模式的交换可以使用：对身份进行保护的"主模式"交换，以及根据基本 ISAKMP 文档制定的"野蛮模式"交换。阶段二使用"快速模式"交换。另外，IKE 自己定义了两种用于专门用途的交换：一是为通信各方之间协商一个新的 Diffie Hellman 组类型的"新组模式"交换，二是在 IKE 通信双方间传送错误及状态消息的 ISAKMP 信息交换。一个阶段一的交换可以对应许多次阶段二的快速模式交换，因为有时前者的 SA 的生存期可能会比一个 IPSec 的 SA 的生存期长。

在 IKE 中使用到的 Diffie Hellman 机制是一种公共密钥交换机制，它可以在没有任何被交换双方所共享的优先权信息的条件下安全地实现重要信息的交换。因此，当非常需要实现动态安全机制或者各个终端系统为不同的人所管理时，常使用 Diffie Hellman 机制来建立安全会话连接。例如，当两个公司通过互联网络进行网上电子交易时，就可能需要用到 Diffie Hellman 机制。

Diffie Hellman 机制涉及到一些高密度的复杂运算，因此它在杜绝了非法入侵的同时也付出了对运算能力要求高的代价。而快速模式的密钥分配过程对系统运算能力的要求则相对低得多，因为它只涉及到一些简单的数学操作。

下面是 5 种模式的交换的具体状态转换的描述。

主模式交换提供了身份保护机制，它需要经过 3 个步骤，共交换 6 条消息。这 3 个步骤分别是策略协商交换、Diffie Hellman 共享值、nonce 交换以及身份验证交换。具体如图 15.6 所示。

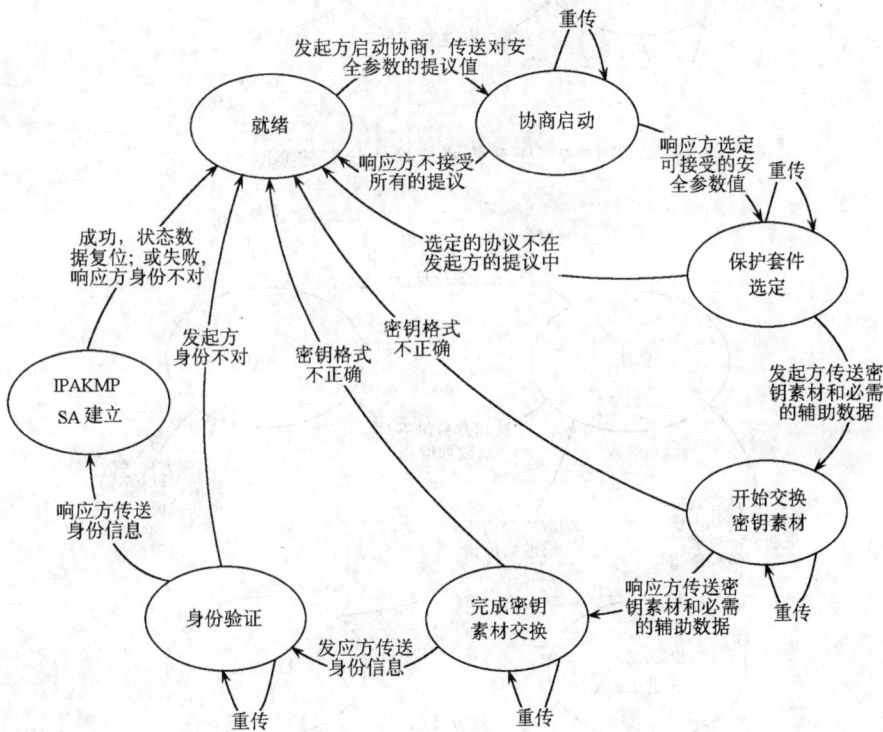

图 15.6　主模式交换的状态转换图

野蛮模式交换也分为 3 个步骤，但只交换 3 条消息：前两条消息协商策略，交换 Diffie Hellman 公开值所必需的辅助数据以及身份信息；第二条消息还同时认证响应方；第三条用于消息认证发起方，并为发起方提供在场的证据，如图 15.7 所示。

类似野蛮模式交换，快速模式交换也是通过 3 条消息建立 IPSec SA：前两条消息协商 IPSec SA 的各项参数值，并生成 IPSec 使用的密钥；第二条消息还为响应方提供在场的证据；第三条消息为发起方提供在场的证据，如图 15.8 所示。

通信双方通过新组模式交换协商新的 Diffie Hellman 组。新组模式交换属于一种请

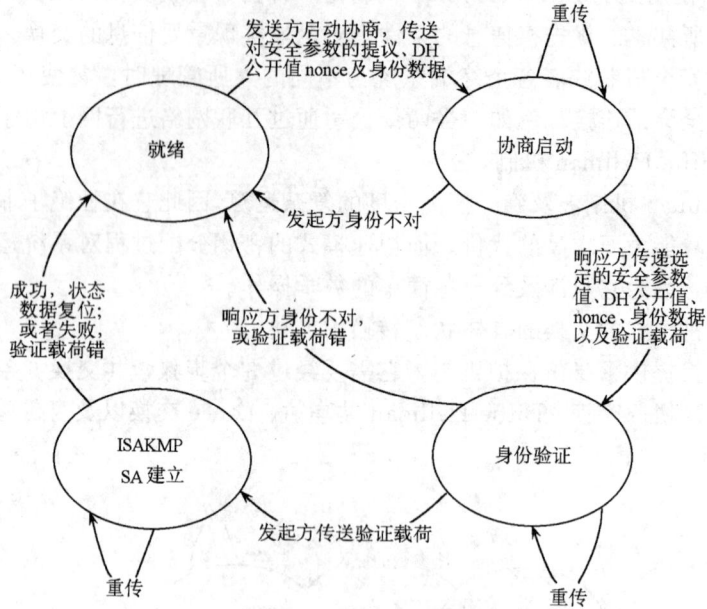

图 15.7 野蛮模式交换的状态转换图

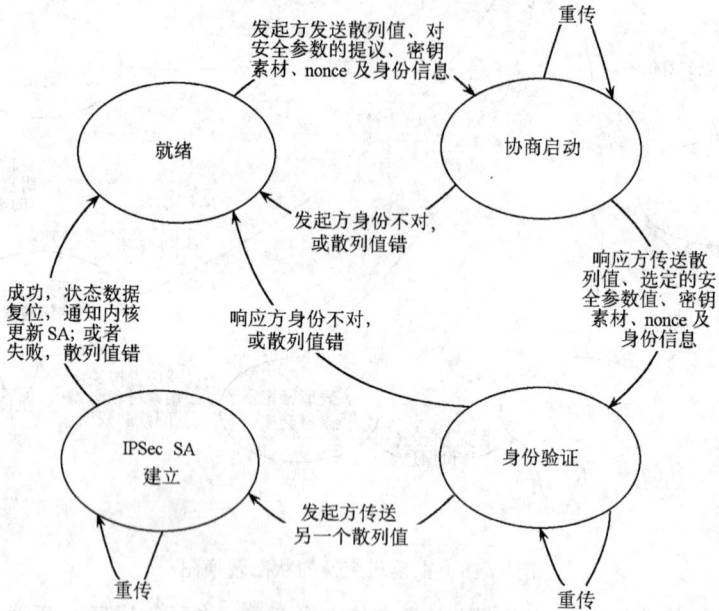

图 15.8 快速模式交换的状态转换图

求/响应交换。发送方发送提议的组的标识符及其特征，如果响应方能够接受该提议，就用完全一样的消息进行应答，如图 15.9 所示。

最后一种是 ISAKMP 信息交换。凡参与 IKE 通信的双方都能向对方发送错误及状态提示消息，这实际上并非真正意义上的交换，而只是发送单独一条消息，也不需要对方确认，如图 15.10 所示。

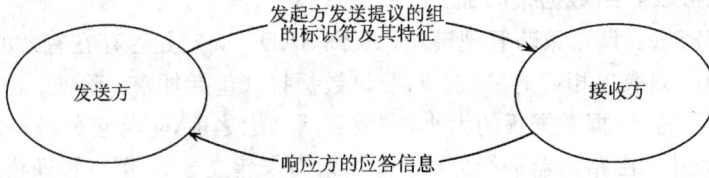

图 15.9　新组模式交换的示意图

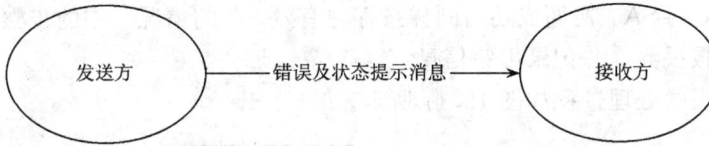

图 15.10　ISAKMP 信息交换的示意图

IKE 协议的安全性保护主要体现在以下 5 个方面：

（1）机密性保护：IKE 使用的是 Diffie Hellman 组中的加密算法。IKE 共定义了 5 个 Diffie Hellman 组，其中 3 个组使用乘幂算法（模数位数分别是 768、1024、1680 位），另两个组使用椭圆曲线算法（字段长度分别是 155、185 位），因此，IKE 的加密算法强度高，密钥长度大。

（2）完整性保护及身份验证：在阶段一、二交换中，IKE 通过交换验证载荷（包含散列值或数字签名）来保护交换消息的完整性，并提供对数据源的身份验证。IKE 共列举了预共享密钥、数字签名、公钥加密和改进的公钥加密等 4 种验证方法。

（4）抵抗拒绝服务攻击：对任何交换来说，第一步都是 cookie 交换。这种机制提供了一定程度的抗拒绝服务攻击的能力。每个通信实体都要生成自己的 cookie，如果规定每次进行密钥交换，必须在完成 cookie 交换后，才能进行密集型的运算，例如 Diffie Hellman 交换所需的乘幂运算，则可以有效地抵抗某些拒绝服务攻击，例如简单地使用伪造 IP 源地址进行的溢出攻击。

（4）防止中间人攻击：中间人攻击包括窃听、插入、删除、修改消息、反射消息回到发送者、重放旧消息以及重定向消息等攻击方式。ISAKMP 的特征能够阻止这些攻击。

（5）完美向前保密：完美向前保密 PFS（Perfect Forward Secrecy）指即使攻击者破解了一个密钥，也只能还原由这个密钥所加密的数据，而不能还原其他的加密数据。要达到理想的 PFS，一个密钥只能用于一种用途，生成一个密钥的素材也不能用来生成其他的密钥。采用短暂的一次性密钥的系统被称为 PFS。如果要求对身份的保护也是 PFS 的，可以规定一个 IKE SA 只能创建一个 IPSec SA。

15.2.7　IPSec 的处理

对于外出数据报，不论是转发的还是本机产生的，IPSec 协议引擎都要调用策略管理模块，查询 SPD，确定为该数据报使用的安全策略。根据策略管理模块的查询结果，引擎对该数据报做出 3 种可能的处理之一：

（1）丢弃：丢弃该数据报，并记录出错信息。

（2）绕过 IPSec：给数据报添加 IP 头，然后直接发送。

（3）应用 IPSec：调用策略管理模块，查询 SAD，确定是否存在有效的 SA。①如果存在有效的 SA，则取出相应的参数，封装该数据报（包括加密、验证，添加 IPSec 头和 IP 头等），然后发送。根据数据报的大小，在放到网络上之前，可将它分段，或在两个 IPSec 之间的传送过程中，由路由器进行分段。②如果尚未建立 SA，策略管理模块启动或触发 IKE 进行协商，协商成功后按存在有效 SA 的情况①中的步骤继续处理，不成功则将该数据报丢弃，并记录出错信息。③如果存在 SA 但已无效，策略管理模块将此信息向 IKE 通告，请求协商新的 SA，协商成功后同样按存在有效 SA 的情况①中的步骤继续处理，不成功则将数据报丢弃，并记录出错信息。

外出数据报的处理过程如图 15.11 所示。

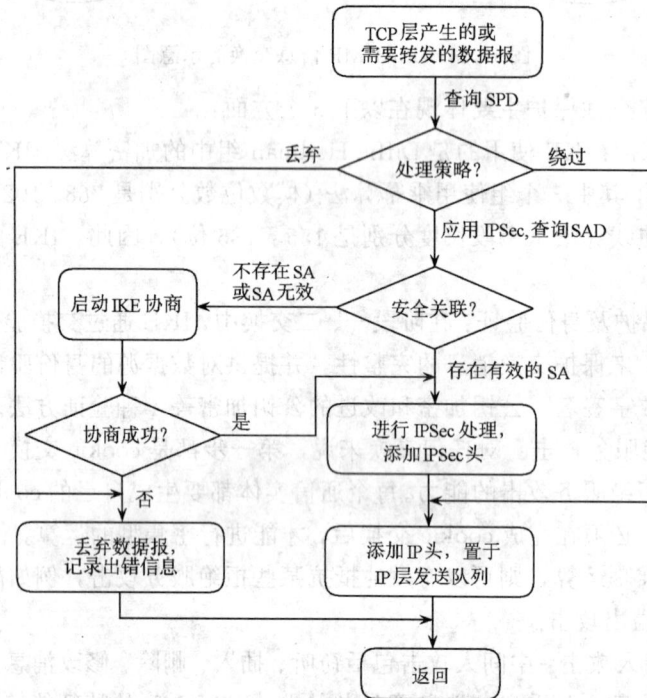

图 15.11 外出数据报的处理过程

对于进入数据报，IPSec 协议引擎首先调用策略管理模块，查询 SAD，如得到有效的 SA，则对数据报进行还原，再查询 SPD，以验证为该数据报提供的安全保护是否与策略配置的相符，如果符合，则将还原后的数据报根据情况交给本机 TCP 层或继续转发，如不符合，或要求应用 IPSec 但未建立 SA，或 SA 无效，则将该数据报丢弃，并记录出错信息，如图 15.12 所示。

ICMP 是用于 Internet 差错处理和报文控制的协议。ICMP 消息分为错误消息和查询消息。在以传送模式使用 IPSec 时，不会影响 ICMP，但以隧道模式来使用 IPSec 时，则会影响 ICMP 错误消息的处理，这是因为 ICMP 错误消息只能发送数据报的外部 IP 头及其后的 64 比特数据，内部 IP 头的源地址不会在 ICMP 错误消息中出现，所以，路由器不能正确地转发该消息。

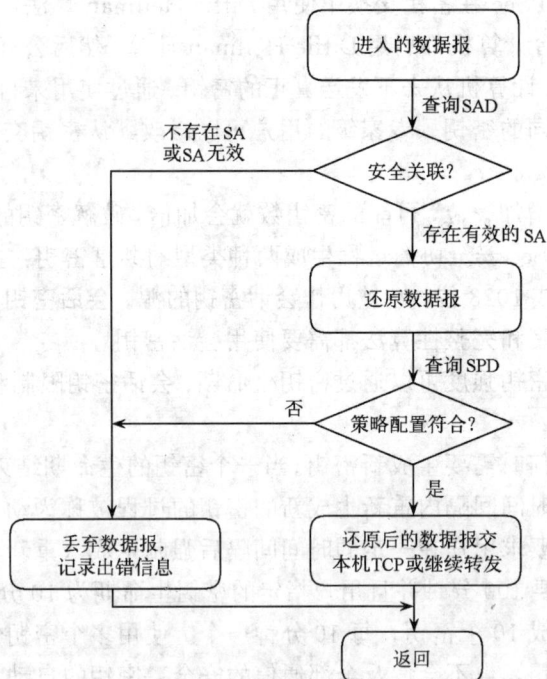

图 15.12 进入数据报的处理过程

因此，应对由路由器生成的 ICMP 错误消息进行特殊处理，特别是当路由器通过隧道模式转发由其他路由器生成的 ICMP 错误消息时，可以为隧道两端的路由器建立一个隧道模式 SA，用于发送 ICMP 错误消息。同时，路由器应忽略对 ICMP 错误消息源地址的检查。

15.3 实例：Windows 2000 对 IPSec 的支持

15.3.1 Windows 2000 的安全策略模式

由于更为强大的基于加密的安全方法可能会大幅度地增加管理开销，所以 Windows 2000 通过实现基于策略的 IPSec 管理来避免该缺陷。

在 Windows 2000 中可以使用策略而不是应用程序或操作系统来配置 IPSec。网络安全管理员可以配置多种 IPSec 策略，从单台计算机到 Active Directory 域、站点或组织单位。Windows 2000 提供集中管理控制台和 IP 安全策略管理来定义和管理 IPSec 策略。在大多数的已有网络中，可以通过配置这些策略来提供各种级别的保护。

使用 Windows 2000 中所提供的自动密钥管理和安全服务特性可以大幅度地阻止并减少网络攻击。

15.3.2 自动密钥管理

Windows 2000 的自动密钥管理包括密钥生成和密钥交换两部分。

要启用安全通信，两台计算机必须建立相同的共享密钥，但又不能通过网络直接在相互之间发送密钥。IPSec 在密钥交换中使用 Diffie Hellman 算法，并为所有其他加密密钥提供加密材料。两台计算机都启用 Diffie Hellman 计算，然后公开或秘密地（使用身份验证）交换中间结果。计算机从来不发送真正的密钥。通过使用来自交换的共享信息，每台计算机都能生成相同的密钥。专家级的用户可以修改默认密钥交换及数据加密密钥的设置。

每当密钥的长度增加一位，可能的密钥数就会加倍，破解密钥的难度也会成倍加大。两台计算机之间的 IPSec 安全协商过程生成两种类型的共享密钥：主密钥和会话密钥。主密钥很长，有 768 位或 1023 位，它被用作会话密钥的源。会话密钥由主密钥通过一种标准方法生成，每种加密和完整性算法都需要使用会话密钥。

密钥交换阶段的密钥强度可以通过密钥生命期、会话密钥限制和主密钥 PFS 等 3 个方面来增强。

生命期设置决定何时需要生成新密钥。当一个密钥的生命期结束时，相关的 SA 也将重新协商。在一定的时间间隔内重新生成新的密钥的过程被称为动态重新生成密钥或密钥重新生成。生命期要求用户在一定的时间间隔后强制生成（重新生成）新的密钥。例如，如果一个通信需要 100 分钟并且用户指定的密钥生命期为 10 分钟，那么，在交换的过程中将强制重新生成 10 个密钥，每 10 分钟一个。使用多个密钥保证了即使攻击者获得了一部分通信的密钥，也不会危及全部通信的安全。密钥的自动重新生成的时间间隔由默认设置提供。专家级用户也可以覆盖默认值，通过会话密钥或 PFS 指定一个新的主密钥的生命期（以分钟为单位）。

再三地从相同的主密钥重新生成会话密钥将最终危及该密钥的安全。如想限制重用次数，专家级用户可以指定一个会话密钥限制，规定一个主密钥可以用于生成会话密钥的次数。如果既指定主密钥生命期（以分钟为单位），又指定会话密钥限制，那么任何一个首先到达的时间间隔将触发启用新的主密钥。

如果用户决定启用主密钥的 PFS，会话密钥限制将被忽略；PFS 每次都强制重新生成主密钥。启用主密钥的 PFS 相当于将会话密钥限制指定为 1。启用 PFS 保证密钥仅被用来保护传输，无论在哪个阶段都不能够被用于生成其他的密钥。另外，密钥的基本密钥材料不能用来生成任何新的密钥。应当谨慎使用主密钥 PFS，因为它需要重新进行身份验证。对于网上的域控制器来说，这可能导致额外的开销。主密钥的 PFS 并不需要在两端都启用。

1. 具体配置密钥交换的步骤

（1）在"IP 安全策略管理"中，右键单击要修改的策略，然后单击"属性"。

（2）单击"常规"选项卡，然后单击"高级"。

（3）如果要强制重新加密每个会话密钥的主密钥，请单击"主密钥完全向前保密"。

（4）如果需要对主密钥生命期做不同的设置，可在"身份验证和生成新密钥间隔（以分钟计）"中输入一个值，这将导致在该间隔中重新进行身份验证和新密钥生成。

（5）如果需要对会话密钥限制做不同的设置，可在"身份验证和生成新密钥间隔（以会话计）"中输入一个值，以设置可重复使用主密钥或其基本密钥材料生成会话密钥的最大次数限制，达到该限制值时将强制进行身份验证和新密钥生成。

（6）如果对密钥交换安全措施有特殊需求，可单击"方法"。

2. 创建密钥交换方法

（1）在"IP 安全策略管理"中，右键单击要修改的策略，然后单击"属性"。

（2）单击"常规"，单击"高级"选项卡，再单击"方法"。

（3）单击"添加"，如果要重新配置现存的方法，请单击该安全措施，然后单击"编辑"。

（4）选择一种"完整性算法"：

● 单击"MD5"使用 128 位值。

● 单击"SHA"使用 160 位值（更强）。

（5）选择一种"加密算法"：

● 单击"3DES"使用最高的安全算法。

● 如果要连接到不具有 3DES 功能的计算机，或者不需要更高的安全性和 3DES 的开销，请单击"DES"。有关加密设置的详细信息，请参阅"特殊考虑"。

（6）选择"Diffie Hellman 小组"，设置要用于生成实际密钥的基本密钥材料的长度：

● 单击"低（1）"使用 768 位作为基础。

● 单击"中（2）"使用 1024 位作为基础（更强）。

15.3.3 安全服务

Windows 2000 提供的安全服务有 5 点：完整性、身份验证、机密性（数据加密）、认可和反重发。

完整性保护信息在传输过程中免遭未经授权的修改，保证接收到的信息与发送的信息完全相同。数学散列函数被用来惟一地标记或"签发"每一个数据报。接收端的计算机在打开数据报之前检查签名。如果签名已改变（因而数据报当然也已改变），数据报就会被丢弃，以防止可能的网络攻击。

身份验证通过保证每个计算机的真实身份来检查消息的来源以及完整性。没有可靠的身份验证，不明来历的计算机发送的任何信息都是不可信的。在每一项策略中都会列出多种身份验证方法，以保证不论 Windows 2000 域成员、还是没有运行 Windows 2000 的计算机、或者远程计算机都能找到一个通用的身份验证方法。

机密性保证数据只能被预期的接收者读出。当选择该特性后，将使用 IPSec 数据报的 ESP。数据报在传输之前先加密，以确保即使在传输过程中被攻击者监听或截取，其内容也不会泄露。只有具有共享密钥的计算机才能够解释或修改数据。DES 和 3DES 算法可提供安全协商和应用程序数据交换两方面的保密性。密码数据块链 CBC（Cipher Block Chaining）用于隐藏数据报中数据块的模式，加密后不增加数据的大小。由于重复的加密模式可能为攻击者提供解开密钥的线索，从而使安全性受到威胁，因而可以将初始化向量（一个初始的随机数）作为加密或解密数据块的第一个随机数据块，不同的随机块可与密钥结合使用，以便加密每个块，这将保证相同的不安全数据集每次被转换为不同的加密数据集。

认可特性保证邮件的发件人只能是发送该邮件的人，发送者不能抵赖曾经发送过该邮件。

反重发特性又称为禁止重发,它保证每个 IP 数据报的惟一性。攻击者所捕获的邮件不能被重用或重发以非法建立会话或获取信息。

15.3.4 实例

我们来看一个简单的例子。例如,Alice 想与 Bob 的计算机建立安全连接。两个人运行的都是 Windows 2000,并都启用了 IPSec。那么会话过程是怎么样的呢?

首先,Alice 启动她的计算机。Windows 2000 IPSec 策略代理程序服务启动,它连接到 Active Directory 并检索当前域的 IPSec 策略。如果 Alice 不是域的成员,或者如果没有设置策略,那么她的计算机可以使用其本地策略代替。一旦策略成功地被装载,其设置就被传到 ISAKMP/Oakley 服务和 IPSec 驱动程序本身。

其次,当 Alice 尝试与 Bob 的计算机建立安全连接时,她计算机的 IPSec 堆栈将检查有效的 IPSec 策略,以查看是否定义了任何 IPSec 筛选器。这些筛选器可用来规定谁可以进行 IPSec 连接,它们可以安全地连接到哪些主机,以及什么类型的网络通信可受保护,什么类型的网络通信可能不受保护。一旦 Alice 的计算机判断出,当与 Bob 的计算机通信时,允许使用 IPSec 协议,她的 ISAKMP 服务将试图与 Bob 的计算机建立 ISAKMP SA。

当 Bob 的计算机从 Alice 那里接收到 ISAKMP 请求时,它以同样的方法答复,这就建立了 ISAKMP SA。注意,此 SA 包含一个共享的密钥,该密钥可用来建立其他 IPSec SA。如果由于某种原因 ISAKMP SA 建立失败,那么这两台计算机就不能使用 IPSec 通信。

接着,如果 ISAKMP 协商成功,那么对于这两台计算机来说,下一步应该是协商一套 IPSec SA。一旦协商完成,每一台计算机都将有两个 SA:一个用于传入通信,另一个用于传出通信。

在此之前的一切都是序幕,既然 SA 已经建立,Alice 的计算机就可以实际发送请求,在数据报离开她的计算机之前使用 AH 和/或 ESP 来保护数据报的安全。当 Bob 的 IP 堆栈接收到数据报时,它将封装的数据报传递到 IPSec 模块,由该模块处理数据报并解密,然后将结果传递到适当的网络层。

Bob 的应用程序处理收到的 Alice 的请求,并装配要返回给 Alice 的数据(比方说是一个 Web 页面)。TCP/IP 堆栈负责将数据组成数据报,当每一个数据报离开时,Bob 计算机上的 IPSec 堆栈可以判断出,这是否是发往有有效 SA 打开的计算机的,并做出相应处理。因此,每一个出栈数据报在它离开之前都能得到 IPSec 保护。

15.4 小 结

TCP/IP 协议体系的开放性,使它能够迅速发展,但是扩张到一定程度后,安全性的缺乏减慢了其继续发展的速度。为了抵抗数据泄露、完整性的破坏、身份伪装和拒绝服务等安全性威胁,IETF 设立的工作组提出了一系列协议,构成 IPSec 安全体系。IPSec 主要包括 AH、ESP、IKE、ISAKMP 等协议,这些协议相互协作以满足用户的特定需求。本章最后,以 Microsoft Windows 2000 为例,讲述了在实际应用中如何配置,以实现对

IPSec 的支持。

习 题

1. 目前网络面临的安全性威胁主要包括哪几类？请各举一些实例。
2. 比较一下 AH 和 ESP 的异同，并说说它们各有些什么优缺点。
3. 比较一下传送模式和隧道模式的异同，并说说它们各有些什么优缺点和局限性。
4. IPv4 和 IPv6 的基本报头中各有哪些字段是为进行 AD 计算而需要特殊处理的？为什么这些字段要进行特殊处理？
5. 描述一下 ISAKMP 协商分为两个独立阶段的好处。
6. 简单列表比较一下 IKE 的 5 种模式交换。
7. 做一些简单的实验验证一下启用 IPSec 后可以实现 Windows 2000 提供的五点安全服务。

参 考 文 献

毛剑，杨波. 2001. 5. IPSec 结构及其应用. 中兴通讯技术
诺方信业中文网站，http：//www.netfront.com.cn/
晓通网站，http：//www.xiaotong.com.cn/
曾韵，汤隽. 2001. IKE 协议与实现. 计算机世界知识中心 http：//www.ccw.com.cn/center/
Carlton R Davis. 2001. IPSec：Securing VPNs. McGraw-Hill Osborne Media
Larry L Peterson，Bruce SDavie. 2000. Computer Networks：A Systems Approach. Second Edition. Morgan Kauf-
    mann Publishers，Inc.
Paul Robichaux. 2000. Robichaux 谈安全. Microsoft TechNet http：//www.microsoft.com/technet/
Microsoft TechNet Windows 2000 Technology Center，http：//www.microsoft.com/china/technet/windows2000/

第16章 电子邮件的安全

16.1 电子邮件安全概述

电子邮件已经逐渐成为我们生活中不可缺少的一部分，但是它在带给我们方便和快速的同时，也存在一些安全问题，例如，垃圾邮件、诈骗邮件、邮件炸弹，通过电子邮件传播的病毒等。

垃圾邮件包括广告邮件、骚扰邮件、连锁邮件、反动邮件等。垃圾邮件会增加网络负荷，影响网络传输速度，占用邮件服务器的空间。针对垃圾邮件的发送者，不少国家或者邮件服务提供者都有一些相应的措施和惩罚规定。一部分邮件服务提供者还在对外接口处设置了垃圾邮件过滤器。

诈骗邮件，通常指那些带有恶意的欺诈性邮件。例如，冒充银行索取用户的信用卡账号。利用电子邮件的快速、便宜，发信人能迅速让大量受害者上当。

邮件炸弹指在短时间内向同一信箱发送大量电子邮件的行为。一个信箱的空间通常是有限的，在有限的空间里装入过多的邮件，当信箱不能承受的时候，自然就会崩溃。

通过电子邮件传播的病毒通常用 VB Script 编写，且大多数采用附件的形式夹带在电子邮件中。当收信人打开附件后，病毒会查询他的通讯簿，给其上所有或部分人发信，并将自身放入附件中，以此方式继续传播扩散。有些病毒除了传播自身外，还会删除收信人计算机上的文件。由于借助 Internet，这类病毒传播速度非常快。用户可以通过安装防火墙型的杀毒软件，并及时更新其病毒定义文件，来防范这类病毒。

未加密的信息可能在传输中被截获、偷看或篡改。如果邮件不是数字签名的，用户就无法肯定邮件是从哪里来的。

要解决上述这些问题，可以从三个方面入手：端到端的安全电子邮件技术、传输层的安全电子邮件技术、以及邮件服务器的安全与可靠性。

端到端的安全电子邮件技术，保证邮件从被发出到被接收的整个过程中，内容保密、无法修改、并且不可否认（Privacy，Integrity，Non-Repudation）。目前的 Internet 上，有两套成型的端到端安全电子邮件标准：PGP 和 S/MIME。

电子邮件包括信头和信体，端到端安全电子邮件技术一般只对信体进行加密和签名，而信头则由于邮件传输中寻址和路由的需要，必须保证原封不动。然而，在一些应用环境下，可能会要求信头在传输过程中也保密，这就需要传输层的技术作为后盾。目前主要有两种方式实现电子邮件在传输过程中的安全，一种是利用 SSL SMTP 和 SSL POP，另一种是利用 VPN 或者其他的 IP 通道技术，将所有的 TCP/IP 传输封装起来，当然也就包括了电子邮件。

SSL SMTP 和 SSL POP 是在 SSL 所建立的安全传输通道上运行 SMTP 和 POP 协议，同时又对这两种协议做了一定的扩展，以更好地支持加密的认证和传输。这种模式要求客户端的电子邮件软件和服务器端的邮件服务器都支持,而且都必须安装 SSL 证书。基于 VPN 和其他 IP 通道技术,封装所有的 TCP/IP 服务,也是实现安全电子邮件传输的一种方法,这种模式往往是整体网络安全机制的一部分。

建立一个安全的电子邮件系统,采用合适的安全标准非常重要。但仅仅依赖安全标准是不够的,邮件服务器本身还必须是安全、可靠、久经实战考验的。对邮件服务器本身的攻击由来已久,第一个通过 Internet 传播的蠕虫病毒,就是利用了电子邮件服务发送程序 sendmail 早期版本上的一个安全漏洞。目前对邮件服务器的攻击主要分网络入侵(Network Intrusion)和拒绝服务(Denial of Service)两种。

对于网络入侵的防范,主要依赖于软件编程时的严谨程度,在选择时很难从外部衡量。不过,服务器软件是否经受过实战的考验,在历史上是否有良好的安全记录,在一定程度上还是有据可查的。

对于服务破坏的防范,则可以分成以下几个方面:防止来自外部网络的攻击,包括拒绝来自指定地址和域名的邮件服务连接请求,拒绝收信人数量大于预定上限的邮件,限制单个 IP 地址的连接数量,暂时搁置可疑的信件等;防止来自内部网络的攻击,包括拒绝来自指定用户、IP 地址和域名的邮件服务请求,强制实施 SMTP 认证,实现 SSL POP 和 SSL SMTP 以确认用户身份等;防止中继攻击,包括完全关闭中继功能,按照发信和收信的 IP 地址和域名灵活地限制中继,按照收信人数限制中继等。

16.2 PGP

16.2.1 PGP 的历史及概述

PGP 是 Pretty Good Privacy 的缩写,是一种长期在学术界和技术界都得到广泛使用的安全邮件标准。PGP 的特点是使用单向散列算法对邮件内容进行签名,以此保证信件内容无法被篡改,使用公钥和私钥技术保证邮件内容保密且不可否认。发信人与收信人的公钥都存放在公开的地方,如某个公认的 FTP 站点。而公钥本身的权威性(例如,这把公钥是否代表发信人)则可以由第三方、特别是收信人所熟悉或信任的第三方进行签名认证,没有统一的集中的机构进行公钥/私钥的签发。在 PGP 体系中,"信任"或是双方之间的直接关系,或是通过第三者、第四者的间接关系。但无论哪种,任意两方之间都是对等的,整个信任关系构成网状结构,这就是所谓的 Web of Trust。

PGP 最初由美国的 Philip Zimmermann 创造。他的创造性在于他把 RSA 公钥体系的方便和传统加密体系的高速度结合起来,并且在数字签名和密钥认证管理机制上更有巧妙的设计。PGP 的 1.0 版本首次发布于 1991 年夏季,它是在美国通过一个 FTP 站点和一个 Usenet 新闻站点张贴出去的。这个程序使用一种自造的私钥加密模式,称为 Bass-O-Matic,并且实现了 RSA 公钥加密系统。不幸的是 Bass-O-Matic 系统不太安全。

1992 年 9 月,PGP 2.0 在欧洲发布。一些程序员继承了 PGP 1.0 中的思想,增加了一些新特性,建立了一个实际的密码系统,发布了 PGP 的这个新版本。2.0 版本中还用国际数据加密算法 IDEA(International Data Encryption Algorithm)替换了原有的 Bass-O-Matic 加密模式,IDEA 是一个专门开发的密码系统。IDEA 密码与 DES 一样,都是块密码方式，但是它的密钥很大，因此被认为更安全。随着 PGP 2.0 的发布，这个程序的简单性和易用性使其在各种不同程度的用户之间广为流行。全世界的用户都开始使用 PGP 保护他们的通信以防止可能的破坏。目前 PGP 已几乎成为最流行的公钥加密软件包。

16.2.2 PGP 的算法

PGP 是 RSA 和传统加密的杂合算法，因为 RSA 算法计算量极大，在速度上不适合加密大量数据，所以 PGP 实际上并不是用 RSA 来加密内容本身，而是采用了 IDEA 的传统加密算法。传统加密，就是用一个密钥加密明文，然后用同样的密钥解密。这种方法的代表是 DES，也就是乘法加密。它的主要缺点是密钥的安全传递问题解决不了，不适合网络环境下电子邮件加密的需要。而 IDEA 虽然是一个有专利的算法，但是非商业用途的 IDEA 实现可以不用向专利持有者交纳费用。由于 IDEA 的加（解）密速度比 RSA 快得多，所以实际上 PGP 是用一个随机生成密钥（每次加密不同）及 IDEA 算法对明文加密，然后再用 RSA 算法对该密钥加密。收信人同样是用 RSA 解密出这个随机密钥，再用 IDEA 解密邮件明文。这样的链式加密方式做到了既有 RSA 体系的保密性，又有 IDEA 算法的快捷性。PGP 的创意有一半就在这一点上，另一半则在 PGP 的密钥管理上。

一个成熟的加密体系必然要有一个配套的成熟的密钥管理机制。公钥体制的提出就是为了解决传统加密体系密钥分配难保密的缺点。由于网络的特殊性，如果需要保密的密钥通过网络传送，就非常容易被黑客们窃听。而对于 PGP 来说公钥本就是要公开的，没有防止窃听的问题。但公钥的发布中仍然存在安全性问题，例如公钥被篡改，这可能是公钥密码体系中最大的漏洞，因为大多数新手不能很快发现这一点。用户必须有办法确信他所拿到的公钥属于它看上去属于的那个人。让我们先来看一个例子。

以小张和小王的通信为例，假设小张想给小王发封信，那他必须有小王的公钥，于是他从网上下载了小王的公钥，并用这个公钥加密电子邮件发给小王。不幸的是，小张和小王都不知道，另一个叫小李的用户潜入网站，把他自己用小王的名字所生成的密钥对中的公钥替换了小王在网上发布的公钥。所以，小张用来发信的公钥实际上就不是小王的而是小李的。但是表面上一切看来都很正常，因为小张拿到的公钥的用户名是"Wang"。于是小李就可以截获小张给小王的信，并用他手中的私钥来解密，甚至他还可以用小王真正的公钥来转发小张给小王的信，这样谁都不会起疑心，他如果想改动信的内容也没问题。更有甚者，小李还可以伪造小王的签名给小张或其他人发信，因为他们手中的公钥是他伪造的，他们会以为真的是小王的来信。

防止这种情况出现的最好办法是避免让任何其他人有篡改公钥的机会，例如，直接从小王手中得到他的公钥。然而当他在千里之外或无法见到时，这是很难做到的。PGP 采用了一种公钥介绍机制来解决这个问题。举例来说，如果小张和小王有一个共同的朋友小赵，而小赵可以确认他手中的小王的公钥是可靠的，这样小赵可以用他自己的私钥在小王的公钥上签名，表示他担保这个公钥属于小王。当然小张需要用小赵的公钥来校验他给的小王的公钥。同样小赵也可以向小王认证小张的公钥，这样小赵就成为小张和小王之间的"介绍人"。采用了这种方式，小王或小赵就可以放心地把小赵签过字的小王的公钥上载到网上让小张去拿，没人可以篡改它而不被发现，即使是网站的管理员，这就是 PGP 所设计的从公共渠道传递公钥的安全手段。

那么又如何能安全地得到小赵的公钥呢?这似乎是一个先有鸡还是先有蛋的问题。的确小张拿到的小赵的公钥也有可能是假的,但这就要求这个作假者参与这整个过程,他必须对小王、小张和小赵这三人都很熟悉,而且还要策划很久,这一般不可能。当然,PGP对这种可能也有预防的建议,那就是由一个大家普遍信任的人或机构担当这个角色,他被称为密钥侍者或认证权威,每个由他签字的公钥都被认为是真的,这样大家只要有一份他的公钥就行了。而认证这个人的公钥是方便的,因为他广泛提供这个服务,所以他的公钥流传广泛,要假冒他的公钥很困难。这样的"权威"适合由非个人控制组织或政府机构充当,现在已经有等级认证制度的机构存在。

对于那些非常分散的人们,PGP 更赞成使用私人方式的公钥介绍机制,因为这样的非官方方式更能反映出人们自然的社会交往,而且人们也能自由地选择信任的人来介绍。每个公钥有至少一个用户名 (User ID),用户名应该尽量用自己的全名,最好再加上电子邮件地址,以免混淆。

总之,一条必须遵循的规则是:在使用任何一个公钥之前,一定要首先认证它! 无论受到什么诱惑,都绝对不能直接信任一个从公共渠道 (尤其是那些看起来保密的渠道) 得来的公钥,要用经过熟人介绍的公钥,或者自己与对方亲自认证。同样也不要随便为别人签字认证他们的公钥,就和现实生活中一样,家里的房门钥匙只交给信任的人。

和传统的单密钥体系类似,私钥的保密也是决定性的。相对公钥而言,私钥不存在被篡改的问题,但存在泄露的问题。RSA 的私钥是一个很长的数字,用户不可能将它记住。PGP 的办法是让用户为随机生成的 RSA 私钥指定一个口令,只有用户给出口令才能将私钥释放出来使用,用口令加密私钥的方法保密程度和 PGP 本身是一样的。私钥的安全性问题实际上首先是对用户口令的保密,当然私钥文件本身失密也很危险,因为破译者所需要的只是用穷举法试探出口令,虽说这很困难但毕竟是损失了一层安全性,所以,保存私钥要像保存自己的任何隐私一样,不要让任何人有机会接触到它。

PGP 把压缩同签名和加密组合到一起,压缩发生在创建签名之后,但是在进行加密之前。PGP 内核使用 Pkzip 算法来压缩加密前的明文。一方面对电子邮件而言,压缩后加密再经过 7 位编码密文有可能比明文更短,这就节省了网络传输的时间。另一方面,经过压缩的明文,实际上相当于多经过了一次变换,信息更加杂乱无章,能更强地抵御攻击。Pkzip 算法是公认的压缩率和压缩速度都相当好的压缩算法。PGP 中使用的 Pkzip 算法是经过原作者同意的。

16.2.3 PGP 的安全性

PGP 在安全性问题上的精心考虑体现在 PGP 的各个环节,例如,每次加密的实际密钥需要一个随机数,而众所周知计算机是无法产生真正的随机数的。PGP 程序产生随机数的方法类似 RSA 密钥的产生,它是从用户敲击键盘的时间间隔上取得其随机数种子的。同时对于硬盘上的 randseed.bin 文件则采用了和邮件同样强度的加密,这有效地防止了他人从 randseed.bin 文件中分析出加密实际密钥的规律来。

然而,PGP 程序的使用并不能完全保证用户的通信就是安全的,用户的计算机也仍可能很脆弱。就像在房子前门安装一个最安全的锁,小偷仍然可以从开着的窗户爬进来一样。存在许多著名的对 PGP 的攻击，主要有暴力攻击、对私钥环的攻击和对公钥环的攻击等。下面就简单介绍一下这些攻击，它们并不一定涵盖所有对 PGP 的攻击方法，将来甚至可能会有能攻破所有公钥加密技术的攻击。

对 PGP 最直接的攻击是暴力攻击其所使用的密钥。这种情况下，PGP 的安全性就取决于它所使用的 RSA 和 IDEA 这两个算法的安全性。对于 RSA 密钥，已知最好的暴力攻击是分解它们。但 PGP 所使用的密钥非常大，理论上说，一个 512 位的密钥能够有大约 1 年左右时间的安全性。当然，如果技术上有所提高，需要的时间可能会少些。至于对 IDEA 密钥的暴力攻击目前为止还没听说有人尝试过，据估计破译 IDEA 的困难同分解 3000 位长的 RSA 密钥的困难相当，所以，尝试破译 PGP 中用于加密 IDEA 密钥的 RSA 密钥相对更容易些。

PGP 私钥环的安全性基于以下两点：对私钥环数据的访问和对用于加密每个私钥的通过短语（即口令）的了解。使用私钥需要拥有这两部分，对私钥环的攻击也立足于这两部分。

首先，如果 PGP 在多用户系统中使用，就可能被他人访问到自己的私钥环。通过读取缓存文件、网络窥视或者许多其他的攻击方法，攻击者可以得到他人的私钥环。这样就只剩下通过短语可以保护私钥环中的数据了，也就是说攻击者只要能获得通过短语就能攻破 PGP 的安全。

其次，还是在一个多用户系统中，键盘和 CPU 之间的链路很可能是不安全的。如果有人能够物理上访问连接用户键盘和主机的网络，监视用户键盘的输入是很容易做到的。例如，攻击者可以从一群公共的终端上登录，然后窥探共享的连接网络得到他人的通过短语。总之，任何情况下，在一个多用户的机器上运行 PGP 都是不安全的。安全性的关键在于保证键盘和 CPU 之间的连接是安全的，这既可以简单的通过加密来完成，也可以更好一点通过直接、无中断的连接实现，工作站、个人电脑、手提电脑都属于安全的机器。

由于公钥环的重要性和对它的依赖性，PGP 也受到许多针对公钥环的攻击。因为 PGP 的公钥环只有在改变时才被检查，当添加新的密钥或签名时，PGP 验证它们，然后标记它们为公钥环中已检查过的签名，以后不再去重复验证它们，所以，有一种对 PGP 公钥环的攻击是修改公钥环中的签名，并且标记它为公钥环中已检查过的签名，使得系统不会再去检查它。

对 PGP 公钥环的另一种攻击是针对 PGP 的使用过程。PGP 对密钥设置一个有效位，当到达一个密钥的新签名时，PGP 计算该密钥的有效位，然后在公钥环中缓存这个有效位。一个攻击者可能会在公钥环中修改这位，从而使得用户相信一个无效密钥是有效的。例如，通过设置这个有效位标志，攻击者能够使得用户相信一个密钥确实属于小王，尽管没有足够的签名证明这个密钥的有效性。

还有一种对 PGP 公钥环的攻击，利用了作为介绍人的密钥信任也缓存在公钥环中这点。密钥信任定义密钥的签名有多少信任度，所以如果使用带有特定参数的密钥为一个无效密钥签名就可能使 PGP 把这个无效密钥作为有效密钥接受。而且，如果一个密钥被修改为完全受托的介绍人，那么用这个密钥签名的任何密钥都将被信任为有效的。因此，一个攻击者如果用一个修改过的密钥为另一个密钥签名，就会使得用户相信它是有效的。

公钥环最大的问题在于所有这些位不仅在公钥环中缓存,而且没有任何有效保护。任何读过 PGP 源代码而且能够访问公钥环的人都可以使用一个二进制文件编辑器修改其中任何一位,而密钥环的所有者却无法注意到这个修改。幸运的是,PGP 也提供一种方法可以重新检查公钥环中的密钥。

实际上,任何方法都不可能是完全安全的,如果有足够的计算能力,任何形式的密码都可以攻破。问题是破译密码所花费的时间和精力与受其保护的数据价值相比是否值得。不过,破译密码所花费的力量将随着时间的推进而不断地减少,因为计算机的能力在不断增强,价格又在不断地下降。

16.3 S/MIME

S/MIME 是 Secure Multipurpose Internet Mail Extensions 的简称,它是从 PEM (Privacy Enhanced Mail) 和 MIME 发展而来的。最初由 RSA DataSecurity 公司开发,目的是为了使不同产品的开发者能使用兼容的加密技术创建能互通的消息传输代理。这实质上意味着,如果有人用 Lotus 产品发送一个消息,对方能使用 Microsoft 产品来读取它。同 PGP 一样,S/MIME 也利用单向散列算法和非对称的加密体系。S/MIME 与 PGP 的不同之处主要有两点:首先,它的认证机制依赖于层次结构的证书认证机构,所有下一级的组织和个人的证书由上一级的组织负责认证,最上一级的组织的证书(根证书)则依靠组织之间相互认证,整个信任关系基本是树状结构,就是所谓的 Tree of Trust;其次,S/MIME 将信件内容加密签名后作为特殊的附件传送,其证书格式采用 X.509 规范,但与一般网上购物所使用的 SSL 证书还有一定差异,支持的厂商也相对比较少。在国外,有 VeriSign 免费向个人提供 S/MIME 电子邮件证书;在国内,也有公司提供支持该标准的产品。在客户端,Netscape Messenger 和 Microsoft Outlook 等都支持 S/MIME。

S/MIME 不只是用于 Internet 的标准,它还能用在专用网络上(例如,AOL 和 CompuServ),但是它对 Internet 电子邮件最有效。因为,在专用网络上发信人发信直接连到电子邮件服务器,相对比较安全。而在 Internet 上,消息从一个地方跳到另一个地方,直到最终到达目的地。这意味着,可以有许多截取和篡改 Internet 电子邮件的机会。不是所有的 Internet 通信都具有这种"多跳"特性。例如,在浏览 Web 时,用户计算机就直接与所浏览的服务器相连,只要保证用户计算机和服务器之间的连接通道的安全,就可以保证 Web 通信的安全。但是,Internet 电子邮件在到达目的地之前,可能要经过多个服务器,要实现安全的通道是不可能的。所以,要实现 Internet 电子邮件的安全,就必须保证消息本身是安全的。

使用加密可以保证信件内容不被偷窥。但是,更安全的非对称加密方式非常耗费处理器资源,花费的时间也很长,超过普通用户能够接受的程度。所以 S/MIME 采用了一种混合方法,叫做数字信封。消息本身仍使用对称密码进行加密,然后用不对称密码加密所使用的对称密钥,加密后的对称密钥和经对称加密的消息一起发送。因为对称密钥相对比较简单,所以编码解码的速度要比用非对称方法加密整个消息快得多。

S/MIME 能够防止篡改,方法类似于校验和。它使用单向散列算法把消息的内容浓缩成一个惟一的摘要，然后把这个摘要加密后和消息一起发送。收信人的 S/MIME 程序解密消息，根据消息内容采用同样的单向散列算法在本地再次计算该消息的摘要。然后解密发送来的电子邮件摘要，把它的内容和自己算出来的摘要进行比较。如果彼此匹配，则说明消息没有被篡改；如果不匹配，则说明在传输过程中消息内容已经被人篡改，S/MIME 程序会报警提示收信人。

S/MIME 还能够防止仿造，方法是通过数字签名，或者说使用私钥进行加密。签过名的公钥叫做证书，随消息一起发送。最简单的例子是自签名证书，它是一个公钥，由它自己关联的私钥签名。如果收信人能够用发信人的公钥成功解密发信人的证书，就证明这个证书确实是由发信人的私钥生成的（假设只有发信人才能使用自己的私钥）。多数 S/MIME 程序为了保护私钥，在用户使用私钥前会要求用户输入口令。

更安全的证书是由第三方签署的证书。但是，任何人都能签署公钥，所以仅仅是由某个第三方签署的证书，还无法证实身份，除非该签署者是众所周知的、可以信任的。为了达到这个要求，有一些公司把自己设置成权威证书机构，他们在签署证书之前，会确认掌握公钥的人的真实身份，就像公证机构一样。

但是这些自己设置的权威证书机构，不一定能被他人所认可，所以，S/MIME 采用信任等级体系来解决这个问题。信任等级体系也叫做信任链。举个简单的例子，为了让小王相信，小张在电子邮件里除了提供小赵的证书，还提供了另一个证书授权机构签署的小赵的公钥。如果这个证书签署机构是小王所知道而且信任的机构，那么他就能用它的公钥来验证小赵的证书和公钥，最终也能接受小张的证书，承认他的证书有效。如果信任链的最高一级是众所周知、可以信任的，那么信任链里的证书最终也都可以得到信任。

当今最权威的证书授权机构是 VeriSign。VeriSign 的公钥随时可得，实际上它已经预置在多数 S/MIME 程序里，所以验证 VeriSign 的签名实际上很容易做到。如果用户相信 VeriSign 在确认人们身份上做的工作不错，那么当他看到证书上有 VeriSign 签名时，就可以确信它不是伪造的。

VeriSign 提供两类个人证书。第一类成本较低，只验证申请人的电子邮件地址。第二类成本较高，要验证申请人的通信地址和电子邮件地址。申请人必须输入私人信息，使得 VeriSign 能够确认申请人的身份，所以申请信息必须通过安全通道传递，而不能通过未加安全保护的电子邮件发送。

为了取得第二类证书所必需的信息，VeriSign 使用了基于 Web 的表单，可以通过 S-HTTP 连接访问该表单。因为 Microsoft Internet Explorer 和 Netscape Navigator 都支持 S-HTTP 连接，所以使用其中任何一个浏览器，都可以得到 VeriSign 的第二类证书。但是，如果用户只有支持 S/MIME 的电子邮件程序，因为申请通过电子邮件发送是不安全的，所以就只能试用第一类证书。试用证书可以免费提供，不过是临时的，如果出现问题，不能撤消。

S/MIME 签名主要由这几部分组成：加密的摘要、生成摘要使用的算法、解密摘要使用的算法以及证书列表（用于消息的信任等级）。S/MIME 用户不用加密消息就能给消息签名，实际上这也是 S/MIME 一般的使用方法。如果用户缺省地把签名功能打开，那么运行 S/MIME 电子邮件程序的收信人就能检验收到的电子邮件，检查它是否被篡改过，并验证发信人的身份。它们还能接收发信人的公钥，以后利用该公钥给发信人发送加密的消息。

由于收信人运行的电子邮件程序可能不支持 S/MIME，S/MIME 提供两种签名方式：清晰签名（Clear，又叫做分离签名）和模糊签名（Opaque）。使用带有清晰签名的消息时，消息本身以正常方式发送，签名作为一个小的文件以附件方式随信发送，不支持 S/MIME 的客户端可以忽略该签名。这种方法的弊端是：某些邮件服务器可能会对消息做少许修改（例如，重新折行，或者去掉尾部的空格等），而这种处理会造成接收方的 S/MIME 程序错误地认为消息被修改过并报警。使用带有模糊签名的消息时，消息被嵌入到签名数据里，消息和签名数据一起作为单一的二进制文件一并发送，这样就保护消息内容本身在传递过程中不会被修改。这种方式下，如果程序报警说消息被修改过，那么就确实是被修改过，报警是可信的。但是使用这种方法的缺点是，不支持 S/MIME 的客户端就无法阅读收到的消息。虽然消息内容本身并没有加密，只是嵌在二进制文件里，它在二进制文件里仍然是可读的，但是文本里掺杂了二进制数据。

但是，S/MIME 仍然存在一些问题。同一个电子邮件地址拥有多个别名是很常见的，例如，alice@zd.com 和 alice@mail.zd.com。但是多数 S/MIME 程序，在证书里都只认为其中的一个电子邮件地址有效。虽然，当名称不匹配造成证书无效时，用户可以显式地接受这个证书，但是，用户还是无法解密收到的消息，也无法回复该消息，除非对地址进行编辑，以使其和证书匹配。S/MIME 规范的设计者正在设计一个解决方案，这个方案允许多个电子邮件地址同时和一个证书关联。

要使用 S/MIME 加密，发信人需要收信人的公钥。有两种方法可以得到公钥：从 VeriSign 站点手工下载证书，并把它导入到电子邮件程序里；或者把通过签名的电子邮件消息收到的证书保存起来。为了让这个过程更容易，有些产品能够自动保存这类证书，但是这样又会造成新的安全问题。例如，Netscape 的 Messenger 只允许每个电子邮件地址使用一个证书。如果来自某个电子邮件地址的消息带有新证书，那么数据库里已有的对应该电子邮件地址的旧证书会自动被新证书替换，一点警告也没有。由于，发信人的电子邮件地址很容易伪造，所以 Messenger 很容易被欺骗。

16.4 垃圾邮件

垃圾邮件利用 Internet 这个开放的传输网络，对目标邮箱进行"狂轰乱炸"，造成非常恶劣的影响。大量的垃圾邮件会导致网络传输拥塞，影响正常通信，并给邮箱的所有者带来很多麻烦。不仅下载这些垃圾邮件会浪费很多时间，而且还可能因为垃圾邮件过多，造成正常电子邮件通信的困难。

在服务器端，应该设置发信人身份认证，以防止自己的邮件服务器被选做垃圾邮件的传递者。现在包括不少国内知名电子邮件提供者在内的诸多邮件服务器被国外的拒绝垃圾邮件组织列为垃圾邮件来源，结果是：所有来自该服务器的邮件全部被拒收！

在用户端，有下列一些方式可以用来防范垃圾邮件。

不随便公开自己的电子邮件地址，防止其被收入垃圾邮件的发送地址列表。特别需要注意的是不要在新闻组、论坛、电子公告板等流量较高的公共服务中公开自己的电子邮件地址。因为有很多软件可以自动收集这些新闻组文章或者论坛中出现过的电子邮件地址。一旦被收入这些垃圾邮件的地址列表中，一些不怀好意的收集者将出售这些电子邮件地址牟利，然后，很不幸地，这个地址将可能源源不断地收到各种垃圾邮件。

尽量采用转发的方式收信，避免直接使用 ISP 提供的信箱。申请一个转发信箱地址，结合垃圾邮件过滤，然后再转发到自己的真实信箱。实践证明，这的确是一个非常有效的方法。特别需要指出的是，只有结合使用地址过滤和字符串特征过滤才能取得最好的过滤效果。地址过滤可以设定只有当该转发信箱地址出现在收信人地址栏并且发信人地址不等于收信人地址时才转发，这对于很多垃圾邮件发送者同时抄送成千上万用户时很有效果；字符串特征过滤可以设置当邮件主题为空或者包含"赚钱"、"好消息"、"美金"等词语时拒收或者直接丢弃。具体设置可以参照各转信服务商提供的帮助页面。相比而言，国外的转信服务商具备更好的过滤垃圾邮件功能。

不要回复垃圾邮件，这是一个诱人进一步上当的花招。很多垃圾邮件发送者为了验证邮件地址是否有效，往往以一种非常抱歉地语气说，"如果您不需要我们的邮件，请向某地址写信，我们将立刻停止向您发送邮件。"这时，最好的方法是不理不问，直接将发信人地址加入拒收邮件发送者清单。许多利用免费邮件列表服务实现发送的垃圾邮件，虽然大部分情况下会在加入列表的时候有确认环节，但是有时候还是会遇到被某邮件列表强行加入的情况。这时候用户可以写信向免费邮件列表服务提供商投诉，直至自己的邮件地址从该垃圾邮件列表中被清除或者该邮件列表被服务提供商删除。

16.5　实例:PGP 软件的使用

PGP 安装完成后，任何用户都要做的第一件事就是创建一个自己的密钥对。当产生一个密钥（即一个 RSA 密钥对）时，要提供密钥的大小、密钥名字、一个通过短语（口令），然后还要给出一些随机的击键。根据这些密钥参数产生的实际内容就是用户的 PGP 密钥。

密钥的长短与密钥的安全性成正比例，与使用这个密钥所花费的时间成反比例，也就是说，密钥越长越安全，但使用时所花的时间也越多。因为时间的差异直接影响到密钥使用的方便性，所以不仅长密钥的所有者自己深受其害，而且其他使用这个密钥的用户也受到部分损害。

密钥的名字称为 userid，它是一个可打印的字符串,这个字符串告诉其他人谁拥有这个密钥。一个密钥可以有多个 userid。一般来说，userid 的形式是 Real Name＜email.account@email.site＞，即把用户的实际名字和电子邮件地址联合组成一个单一的、压缩的字符串。例如，Ruth Thomas 可以用他在 free. net 上的 E-mail 地址为他自己创建一个 userid 为 Ruth Thomas＜ruth@free. net＞的密钥对。因为可以把同一个密钥用于多个地址，所以用户可能要在同一个密钥中放进多个名字，表示它可以用于多个站点。例如，

Ruth 想要在他的另一个电子邮件地址<rthomas@school.edu>中使用同一个密钥，他可以把 Ruth Thomas< rthomas@school.edu >添加为他的密钥中的第二个 userid。

密钥参数定义完之后，PGP 会提示用户输入一个通过短语，这个通过短语以后会用来解锁私钥。因为在使用密钥对签署或者解密消息时必须给出正确的通过短语，这样就增加了额外的一层安全。而且，由于有了通过短语，一个攻击者即使得到了磁盘上的私有密钥环也不能直接使用其内容，因为这些内容已经使用通过短语加密了。为了窃取私钥，攻击者不仅需要得到私有密钥环的内容，而且还要得到加密它的通过短语。

在输入通过短语之后，PGP 会接着要求用户给出一些随机击键。这些随机击键被记录下时间，然后利用击键之间的时间间隔产生随机数。这些随机数用于产生构成 RSA 密钥对的素数。要生成的密钥对越长，产生它所需要的数据就越多，需要的随机击键也就越多。

PGP 的每一个密钥还包括另一个用户无法控制的名字：keyid。密钥的 keyid 是一个数字串，这个数字串通过密钥参数自动生成，由 PGP 内部使用，以便访问处理中的密钥。根据设计，想要让 keyid 一定程度上模仿实际的钥匙，每个密钥的 keyid 都不同。keyid 有 64 位，但是只给用户用十六进制格式打印出 32 位。无论什么时候 PGP 需要用户输入 userid，keyid 都可以被用在该位置上。要向 PGP 标识一个串为 keyid，必须在它的前面放字符串"0x"，表示这是一个十六进制串。

PGP 要求用户保持一个密钥的本地缓存。这个缓存被称为用户的密钥环。每个用户至少有两个密钥环：公钥环和私钥环。每个密钥环都用来存放用于特定目标的一套密钥。保持这两个密钥环的安全很重要，例如，如果有人篡改公钥环，就会使用户错误地验证签名或者给错误的接收者加密消息。

公钥环存放所有与用户通信的人或单位的公钥、userid、签名和信任参数等。无论 PGP 什么时候要查找密钥来验证签名或加密消息，它都会到该用户的公钥环中去查找。这意味着用户要让公钥环保持最新，既可以通过频繁地公报来完成，也可以通过访问 PGP 公钥服务器来实现。

在设计公钥环的时候，只是想用它保存一些比较亲密的朋友和同事的公钥。但很不幸，从当前的使用来看这种设计的假设有很大的局限性。许多人把他从来没见过甚至从来没联系过的人的公钥都放到公钥环中。这样就带来许多问题，主要是由于信息的复制和访问公钥环所需要的时间造成的。PGP 推荐的办法是保持公钥环尽可能小，在需要时再从公钥服务器或站点级公钥环中取得需要的公钥。

私钥环是 PGP 中存放个人私钥的地方。当用户产生一个密钥时，不能泄露的私钥部分就存放在私钥环中。这些数据在私钥环中被加密保存，因此对私钥环的访问不会自动允许对其私钥的使用。当然，如果一个攻击者能够访问私钥环，那么他伪造签名解密消息的障碍就小多了。

因为私钥不在人们中间传送，用户的私钥环中惟一可能的私钥就是他自己的私钥。私钥环受到通过短语的保护，简单的私钥环内容传送不允许对私钥资料的访问。

PGP 不推荐多方共享一个私钥，尽管有时可能有这种需要。例如，当用户拥有代表一个组织的私钥时，可能有必要让这个组织的多个成员都能访问这个私钥。这意味着任何个人都可以完全代表那个组织行动，但知道和使用的人越多越容易泄密。有时可能会使用一个不带通过短语的私钥，例如，建立一个带有私钥的服务器以代表一群人。

因为一个私钥环中可能有多个私钥，PGP 可以通过私钥的 userid 来指定用户想要使用的私钥。缺省情况下，每当 PGP 需要使用一个私钥时，它都会选择私钥环中的第一个私钥，这个私钥通常是最近创建的。但用户可以使用-u 选项向 PGP 提供 userid 来修改它，这样 PGP 就会使用相应 userid 的私钥。

密钥中的签名是用户对这个密钥所做的一个重要说明。一般说来，密钥中的签名表示签名人在一定程度上已经验证密钥确实属于其 userid 中所记录的用户。PGP 使用签名机制在一个密钥中建立信任。一般说来，密钥中的签名越多、密钥就越可靠。然而，密钥中仅仅有签名还不足以使 PGP 相信这个密钥是有效的。一个密钥签名是该密钥参数对被签的 userid 的一种约束。如果添加或者修改 userid，签名就无效了。用户只有在验证了一个密钥之后，才可以为它签名，没有验证之前不应当为它签名。一个密钥签名包括使用一个私钥签署公钥参数和它的 userid。

PGP 认为一个用户不会欺骗自己，愚蠢地为一个自己的假密钥签名。所以，用用户自己的密钥给自己签名足以证实一个密钥的有效性。当密钥受托为有效时，密钥就可以作为介绍人了。PGP 会检查密钥环，并询问用户对有效的密钥给予多少信任。根据这些可信任的密钥，更多的密钥可受托为有效的。这就是建立信任网络的方法。

对于每一个有效的密钥，可以使用 PGP 指定 4 个信任等级，分别为：完全信任（somplete trust）、边缘信任（marginal trust）、不信任（no trust）、未知信任（unknown trust）。PGP 会把完全信任的签名数和边缘信任的签名数加起来，然后把这个值与充分信任这个密钥为有效所需要的完全和边缘信任数做比较。在缺省情况下，PGP 需要一个完全信任签名或者两个边缘信任签名来证实一个密钥，但可以通过修改配置文件的选项来改变这些数字。

PGP 软件可以提供用户通过常规加密方法用通过短语加密一个消息。这种方法不提供任何密钥管理，因为 PGP 把通过短语转换成一个 IDEA 密钥，并使用这个密钥加密消息。IDEA 是一个私钥密码，它使用 128 位密钥，加密 8 字节的块。一般并不使用这种操作方式，因为它需要手工的区外密钥发送。

然而，当使用一些经过选择的、独立于用户私钥的通过短语为用户加密消息时，它作为一个更安全的密码、一个 UNIX 加密工具还是很有用的。注意，对于每一个使用常规方法加密的文件要使用不同的通过短语。PGP 的常规加密方法的命令为"pgp -c message"。使用常规加密方法时，PGP 会两次询问通过短语。第二次询问是为了保证用户正确键入了通过短语，然后使用这个通过短语加密消息。

要为一个消息签名，用户可以使用他的私钥加密这个消息的文摘。签名附加到消息之后，其他用户可以验证这个签名。通过信任网络，一个接收者可以根据密钥/用户标识对的有效性来确信这个消息来源于相应的用户。一般说来，为一个消息签名的目的是为了保护它在传送给他人的时候不会被篡改。为消息签名的命令为"pgp -sa message"。

当用户收到一个 PGP 消息时,使用 PGP 解码以得到数据,这就涉及消息的解密或者对消息中签名的验证,这是 PGP 的缺省操作。使用 "pgp message.asc" 命令,PGP 就会试着解码 PGP 消息,而且根据需要和能力解密和/或验证消息。当解密需要用户的私钥时,PGP 会提示用户输入该私钥的通过短语,以便使用该私钥。在成功解密并经过验证后,PGP 将解码得到的消息存储到一个输出文件中,用户就可以读取、处理或使用这个文件。当一个消息因为被用户所没有的一个或一组密钥加密而无法读取时,PGP 会告诉用户谁能解密这个消息。如果为消息签名的密钥不在当前密钥环中,PGP 会要求用户给出另一个密钥环,如果提供不了的话,PGP 就无法验证签名。不过,如果有可能,它仍然会试图输出一部分消息。

　　PGP 允许每个用户有一个配置文件,对 PGP 使用的各种值指定选项,而不必使用缺省选项。PGP 在启动时读取这个文件,以确定如何为用户服务。这个配置文件指定这样一些选项,例如,防护层的缺省行或使用的缺省密钥。PGP 还支持全系统的配置文件,这个配置文件可以为系统的所有用户设置缺省值。用户自己的局部配置文件的选项设置优先于系统配置文件的选项设置。系统配置文件的位置在编译时设置。

　　PGP 还有不少高级操作,这里就不一一介绍,这些都可以在 PGP 的手册中查到,使用都不是很复杂。

16.6　小　　结

　　随着 Internet 的发展,电子邮件被越来越广泛的使用。它比传统邮件更方便,传递速度也要快千万倍。但是,垃圾邮件、邮件炸弹、通过电子邮件传播的病毒等也同时在困扰着我们。PGP 和 S/MIME 是目前比较成型的两个端到端安全电子邮件的标准。PGP 几乎是目前最流行的公钥加密软件包,它是 RSA 同传统加密的杂合算法,巧妙的设计使得它能同时具有安全性高和加密速度快这两个优点。S/MIME 则是基于 Tree of Trust 方式的另一种加密体系。使用 S/MIME 需要层次结构的证书认证机构的支持,目前最权威的证书授权机构是 VeriSign。

习　　题

1. 电子邮件存在哪些安全性问题?
2. 端到端的安全电子邮件技术,能够保证邮件从被发出到被接收的整个过程中的哪三种安全性?
3. 用于实现电子邮件在传输过程中的安全的两种方式有哪些异同点?
4. 以一个简单的实例说明公钥介绍机制是如何实现的。
5. 在哪些环节上的问题对 PGP 的安全性有影响?
6. 比较 Web of Trust 和 Tree of Trust 的优缺点。
7. 实践:发送一封使用电子签名的电子邮件。
8. 实践:生成一个属于自己的 PGP 密钥对,并用来签名一个文件。

参 考 文 献

企业网络安全——垃圾邮件. 趋势科技网站, http: //www. trendmicro. com. cn/ 2000

Arnoud Engelfriet. 2001. The comp. security. pgp FAQ http: //www. pgp. net/

Loking PGP 简介. 中国网络安全响应中心, http: //www. cns911. com/ 1997.1

Sheryl Canter 著. 张猛译. 2001. 实现安全的电子邮件. ZDNet China, http: //www. zdnet. com. cn/

William Stalling. 1999. Cryptography and Network Security: Principles and Practice. Second Edition. Prentice-hall, Inc.

第17章 Web与电子商务的安全

17.1 Web与电子商务的安全分析

随着 Internet 的日益普及，人们对其依赖也越来越强，它已逐渐成为人们生活中不可缺少的一个部分。但是，Internet 是一个面向大众的开放系统，对于信息的保密和系统安全的考虑并不完备，加上计算机网络技术的飞速发展，Internet 上的攻击与破坏事件层出不穷。计算机犯罪已经渗入到政府机关、军事部门、商业、企业等单位，如果再不加以保护的话，轻则干扰人们的日常生活，重则造成巨大的经济损失，甚至威胁到国家安全。所以网络安全问题已引起许多国家、尤其是发达国家的高度重视，不惜投入大量的人力、物力和财力来提高计算机网络系统的安全性。

来自网络上的安全威胁与攻击有多种多样，存在着不同的分类方法，依照 Web 访问的结构，我们可以将其分为对 Web 服务器的安全威胁、对 Web 浏览客户机的安全威胁和对通信信道的安全威胁这三类。

17.1.1 对 Web 服务器的安全威胁

对企图破坏或非法获取信息的人来说，服务器有很多弱点可被利用，HTTP 服务器、数据库和数据库服务器都可能存在漏洞。而最危险的弱点也许在服务器的 CGI 程序或其他工具程序上。

Web 服务的内容越丰富，功能越强大，包含错误代码的概率就越高，有安全漏洞的概率也就越高。大多数系统上所运行的 HTTP 服务可以设置在不同的权限下运行。高权限下提供了更大的灵活性，允许程序执行所有指令，并可不受限制地访问系统的各个部分（包括高敏感的特权区域）。低权限下在所运行程序的周围设置了一层逻辑栅栏，只允许它运行部分指令，只允许它访问系统中不很敏感的数据区。大多数情况下，HTTP 服务运行在低权限下，只提供在低权限下能完成的普通服务和任务。如果让其运行在高权限下，破坏者就可利用其能力执行高权限的指令。

另外，Web 服务器上最敏感的文件之一就是存放用户名的文件。如果此文件被破解，任何人就都能以高权限用户的身份进入敏感区域。侵入者得到用户名和口令信息的前提是能得到存放用户名的文件，并且该文件没有对用户信息加密或者能被破译。大多数 Web 服务器都会把用户认证信息放在普通用户访问不到的安全区里，保证 Web 服务器能够为敏感数据提供保护措施正是管理员的职责。

Web 服务的数据库中会保存一些有价值的信息或隐私信息，如果被更改或泄露会造成无法弥补的损失。现在大多数的数据库都使用基于用户名和口令的安全措施，一旦用户获准访问数据库，就可查看数据库中相关内容。数据库安全是通过权限实施的。有些数据库没有以安全方式存储用户名与口令，或没有给数据库足够的安全保护，仅依赖

Web 服务器的安全措施。如果有人得到数据库用户的认证信息，他就能伪装成合法的用户来下载数据库中保密的信息。隐藏在数据库系统里的特洛伊木马程序还可通过将数据权限降级来泄露信息。数据权限降级是指将敏感信息发到未受保护的区域，使每个人都可使用。当数据权限降级后，所有用户都可访问这些信息，其中当然包括那些潜在的侵入者。

相比前面提到的问题，对 CGI 的安全威胁更大。CGI 可能出现的漏洞很多，而被攻破后所能造成的威胁也很大。程序设计人员的一个简单的错误或不规范的编程就可能为系统增加一个安全漏洞。一个故意放置的有恶意的 CGI 程序能够自由访问系统资源，使系统失效、删除文件或查看顾客的保密信息（包括用户名和口令）。因为 CGI 程序或脚本可以驻留在 Web 服务器的任何地方，所以就很难追踪和管理。

还有一些对 Web 服务器的攻击属于针对其上所运行程序的缓冲溢出攻击。缓冲区是存放从文件或数据库中读取数据的单独的内存区域。向缓冲区发送数据的程序可能会出错，并导致缓冲溢出。溢出的数据进入到指定区域之外，就可能导致非常严重的安全问题。恶意的攻击可以将指令写到关键的内存位置上，使侵入程序在完成覆盖缓冲内容后，Web 服务器通过载入记录攻击程序地址的内部寄存器来恢复执行。这种攻击会使 Web 服务器遭受严重破坏，因为恢复运行的程序是攻击程序，它会获得很高的超级用户权限，这就使得每个文件都可能被侵入的程序泄密或破坏。

17.1.2 对 Web 浏览客户机的安全威胁

在可执行的 Web 内容出现前，页面是静态的。静态页面是以标准页面描述语言 HTML 编制的，其作用只是显示内容并提供到其他页面的链接。在活动内容广泛应用后，这个状况就发生了改变。

活动内容是指在静态页面中嵌入的对用户透明的程序，它可完成一些动作：显示动态图像、下载和播放音乐或实现基于 Web 的电子表格程序。它扩展了 HTML 的功能，使页面更为活泼，还将原来要在服务器上完成的某些辅助性处理任务转给大多数情况下处于闲置的客户机来完成。

用户使用浏览器查看一个带有活动内容的页面时，这些小应用程序就会自动下载并开始在客户上启动运行。由于活动内容模块是嵌入在页面里的，它对用户透明。企图破坏客户机的人可将破坏性的活动内容放进表面看起来完全无害的页面中。这些模块的功能可以是窃听计算机上的保密信息并将这些信息传到某个地址，也可以是改变或删除客户机上的信息。

Java Applet 就是活动内容的一种。它使用 Java 语言开发，可以实现各种各样的客户端应用。这些 Applet 随页面下载下来，只要浏览器兼容 Java，它就可在客户机上自动运行。Java 使用沙盒（Sandbox）根据安全模式所定义的规则来限制 Java Applet 的活动。这些规则适应于所有不可信的 Java Applet（即未被证明是安全的 Applet）。当 Java Applet 在沙盒限制的范围内运行时，它不会访问系统中规定安全范围之外的程序代码。Applet 可以通过带有可信的第三方的数字签名来认证其来源，以获得更多的访问权限。

ActiveX 是另一种活动内容的形式。ActiveX 是一个控件，它封装由页面设计者放在页面来执行特定任务的程序。ActiveX 可以用许多程序设计语言来开发，但它只能运行在安装 Windows 操作系统的计算机上。ActiveX 在安全性方面不如 Java Applet。一旦下载，它就能像计算机上的其他程序一样执行，能访问包括操作系统代码在内的所有系统资源，这是非常危险的。一个有恶意的 ActiveX 可全权访问用户的计算机，它能破坏保密性、完整性和即需性。

17.1.3　对通信信道的安全威胁

互联网是连接客户机同服务器的桥梁。它起源于 ARPANET，但最初的主要目的不是为了提供安全传输，而是为了提供冗余传输，即为保证当一个或多个通信线路被切断时仍能正常通信而设计。在网络上传输信息的保密性通常通过将信息转化为不可识别字符串来实现的。发展至今，互联网的不安全状态与最初相比也没有很大改观。

首先来看对保密性的安全威胁。一种叫做探测程序（Sniffer）的特殊软件能够侵入互联网，并记录通过某台主机（路由器）的任何信息。探测程序类似于在电话线上搭线并录下一段对话。由于目前互联网上所传送的信息大量使用明文传输，所以那些用户名、口令、甚至信用卡卡号等都能轻易地被中途截取。

其次是对完整性的安全威胁。这是指未经授权改变信息流的内容的行为。对完整性和保密性的安全威胁的差别在于，前者是有人能看到不应看到的信息，而后者是那人还能改动关键的传输内容。破坏完整性的方式有多种多样，例如，破坏他人网站、修改未受保护的银行交易信息等。

最后还有对即需性的安全威胁。这种安全威胁是指破坏正常的计算机处理或使其完全拒绝处理。降低处理速度会导致原有服务无法使用或没有吸引力。最典型的对即需性的安全威胁是拒绝服务攻击。拒绝服务攻击可以通过发送大量请求使主机无法响应而宕机，也可以通过发送大量的 IP 包来阻塞通信信道，使网络速度变的慢到难以忍受。

17.2　Web 安全防护技术

17.2.1　Web 程序组件安全防护

对于一个连接到 Internet 上的计算机系统而言，最危险的事件之一就是从网上任意下载程序并在本机上运行它。因为没有一个操作系统能控制一个已经开始执行的程序的权限。一般来说，当用户下载一个程序并在本地运行它时，就相当于他要接受相应的程序开发者的控制（不仅仅是从网上下载的程序，任何程序都是这样）。事实上，很多程序都是预期要下载的，但关键是它们有时并不十分完美，特别是当程序开发者不是一个经验丰富的资深程序员时。很多程序的一个小故障都可能导致整个计算机系统的崩溃。也有一些专门的恶意程序会清除硬盘并窃取机密数据等。

对于这种情况，常被用作编写从 Internet 上被下载到浏览器执行的小程序的 Java 语言就提供了很好的安全控制。Java 通过沙盒机制来实现它的安全性，在从 Java 1.0 到 Java 2 的一系列升级过程中，沙盒实现的安全模型不断得到加强，同时也变得更加灵活。

在 Java 1.0 中，所有独立的 Java 应用程序默认为可信任，能无限制地访问系统资源（文件系统、网络和其他程序）。通过网络装入的 Java Applet 默认为不可信任，不允许访问本地文件系统和其他程序。此外，Applet 只能与装入它们的主机之间建立网络连接。但是这样的设置，在阻止恶意 Applet 访问的同时，也极大限制了它的功能。

在 Java 1.1 中，沙盒在保持 1.0 版本中安全性特性的同时，允许指定某些 Applet 为可信任 Applet。可信任 Applet 可以访问超出沙盒范围的系统资源。当一个 Applet 被签名，并在装入前验证其是由信任方签名，并且在签名后未被修改的话，它就是可信任的。可信任的 Applet 可以访问到和独立运行的应用程序一样的资源。这样的设计，使得 Applet 的开发者可以增加许多有用功能，如，读写本地文件系统、打印报表、启动程序和高级网络功能等。但是，它的缺点在于安全性上只有两种极端情况，Applet 或者不可信任，受到沙盒限制；或者可信任，而不受任何限制，破坏了最低权限原则。最低权限原则指出，应用程序只需提供完成工作所需的权限，而不增加任何不必要的权限。根据最低权限原则，可信任 Applet 和应用程序也要限制允许的权限。

Java2 中引入了能够实现最低权限原则的安全体系结构。这个安全体系结构可以支持安全策略的定制，根据 Applet 和应用程序的来源和签名者标识确定 Applet 和应用程序允许的访问权限。在不需要额外编程的情况下，Java 2 缺省提供了以下一些安全策略，向来自某个可信任网站的所有 Applet 提供读取本机临时文件目录下文件的权限，向任何主机的所有 Applet 提供听取 1023 以上 TCP 端口的权限，向来自某个可信任网站的某些人签名的所有 Applet 提供读写本机临时文件目录下文件的权限，向从某个本机可信任目录装入的所有应用程序提供设置安全属性的权限。更复杂的安全策略配置可以通过编辑系统策略文件或执行时指定特殊的用户策略文件的方式来实现。

除了类似沙盒这样的权限限制机制外，避免因程序的漏洞而使服务器受到攻击，在编写 Web 程序时还有以下一些要注意的地方。

ID 字段使用随机产生的大数，而不是连续的整数。避免访问者通过输入临近的 ID 数来访问其他使用者的信息，或非法获得其他使用者的身份或权限。

使用 Session 或加密的 cookie 来记录访问者的状态及必要信息。不使用 get 方式传输数据能避免上传的重要信息被看到，或被篡改。而且当访问者使用的机器是多人公用时，可以防止其隐私被他人看到。

处理输入内容前，先核对提交的表单来源。拒绝处理非本网站提交的表单内容能防止他人利用非正常表单来写入他所期望的内容。

对输入数据要进行类型检查、非法字符检查、数组越界检查。避免通过漏洞非法执行程序，或者被用来进行缓冲区溢出攻击。

17.2.2 其他安全防护技术

由于 TCP/IP 协议本身存在不少漏洞，因此针对 TCP/IP 的不同层次，设计了不同的安全协议来提高各层的安全性。网络层、传输层、应用层相应的安全协议和框架分别有 IPSec、SSH、SSL、S/MIME 以及 SET 等。这些协议都将在本书的各相关章节内详细讲述，这里就不一一展开了。

其他还有一些安全防护技术，例如，身份认证、授权与访问控制、PKI、防火墙、VPN、安全扫描技术、入侵检测与安全审计、网络病毒防范、系统增强技术、应急响应和灾难恢复、不良信息过滤等；也都会出现在本书的各相关章节中。

17.3 SSL

17.3.1 SSL 概述

安全套接层协议 SSL (Secure Socket Layer) 是一个用来保证安全传输文件的协议，它主要是使用公开密钥体制和 X.509 数字证书技术保护信息传输的机密性和完整性，但它不能保证信息的不可抵赖性，主要适用于点对点之间的信息传输。它是网景 (Netscape) 公司提出的基于 Web 应用的安全协议，它包括服务器认证、客户认证（可选）、SSL 链路上的数据完整性和 SSL 链路上的数据保密性。SSL 通过在浏览器软件（例如 Internet ExplorerNetscape Navigator）和 Web 服务器之间建立一条安全通道，实现信息在 Internet 中传送的保密性。

在 TCP/IP 协议族中，SSL 位于 TCP 层之上、应用层之下。这使它可以独立于应用层，从而使应用层协议可以直接建立在 SSL 之上。SSL 协议包括以下一些子协议：SSL 记录协议、SSL 握手协议、SSL 更改密码说明协议和 SSL 警告协议。SSL 记录协议建立在可靠的传输协议（例如 TCP）上，用来封装高层的协议。SSL 握手协议准许服务器端与客户端在开始传输数据前，能够通过特定的加密算法相互鉴别。SSL 的体系结构可以由图 17.1 来表示。

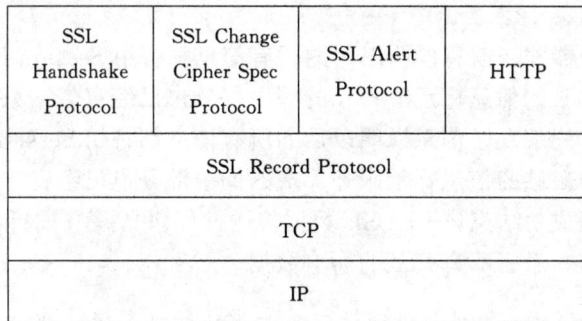

SSL Handshake Protocol	SSL Change Cipher Spec Protocol	SSL Alert Protocol	HTTP
SSL Record Protocol			
TCP			
IP			

图 17.1

SSL 中有连接和会话这两个重要的概念。一个 SSL 连接 (Connection) 提供一种合适类型服务的传输，它是点对点的关系。连接是暂时的，每一个连接只和一个会话关联。一个 SSL 会话 (Session) 是在客户机与服务器之间的一个关联。会话由 SSL 握手协议创建。会话定义了一组可供多个连接共享的加密安全参数，用以避免为每一个连接提供新的安全参数所需昂贵的谈判代价。

17.3.2 SSL 握手过程

SSL 协议同时使用对称密钥算法和公钥加密算法。前者在速度上比后者要快很多，但是后者可以实现更加方便的安全验证。为了综合利用这两种方法的优点。SSL 使用公钥加密算法使服务器端身份在客户端得到验证，并传递对称密钥。然后再用对称密钥来更快速地加密、解密数据。

1. 具体握手过程描述

● 客户端向服务器端发送客户端 SSL 版本号、加密算法设置、随机产生的数据和其他服务器需要用于同客户端通信的数据。

● 服务器向客户端发送服务器的 SSL 版本号、加密算法设置、随机产生的数据和其他客户端需要用于同服务器通信的数据。另外，服务器还要发送自己的证书，如果客户端正在请求需要认证的信息，那么服务器同时也要请求获得客户端的证书。

● 客户端用服务器发送的信息验证服务器身份。如果认证不成功，用户就将得到一个警告，加密数据连接将无法建立。如果成功，则继续下一步。

● 用户用握手过程至今产生的所有数据，创建连接所用的 Premaster Secret，用服务器的公钥加密（从第二步中传送的服务器证书中得到），传送给服务器。

● 如果服务器也请求客户端验证，那么客户端将对另外一份和上次用于建立加密连接使用的不同的数据进行签名。在这种情况下，客户端会把这次产生的加密数据和自己的证书同时传送给服务器用来产生 Premaster Secret。

● 如果服务器也请求客户端验证，服务器将试图验证客户端身份。如果客户端不能获得认证，连接将被中止。如果认证成功，服务器用自己的私钥加密 Premaster Secret，然后执行一系列步骤产生 Master Secret。

● 服务器和客户端同时产生 Session Key，之后的所有数据传输都用对称密钥算法来交流数据。

● 客户端向服务器发送信息说明以后的所有信息都将用 Session Key 加密。至此，它会传送一个单独的信息标示客户端的握手部分也已经宣告结束。

● 服务器也向客户端发送信息说明以后的所有信息都将用 Session Key 加密。至此，它会传送一个单独的信息标示服务器端的握手部分也已经宣告结束。

● SSL 握手过程成功结束，一个 SSL 数据传送过程建立。客户端和服务器开始用 Session Key 加密、解密双方交互的所有数据。

2. 一个支持 SSL 的客户端软件通过下列步骤认证服务器的身份

● 服务器端传送的证书中获得相关信息（在 SSL 中有函数支持）。
● 当天的时间是否在证书的合法期限内。
● 签发证书的机关是否是客户端信任的。
● 签发证书的公钥是否符合签发者的数字签名。
● 证书中的服务器域名是否符合服务器自己真正的域名。
● 服务器被验证成功，客户继续进行握手过程。

3. 一个支持 SSL 的服务器通过下列步骤认证客户端的身份

● 客户端传送的证书中获得相关信息。
● 用户的公钥是否符合用户的数字签名。
● 当天的时间是否在证书的合法期限内。
● 签发证书的机关是否是服务器信任的。
● 签发证书的机关是否是服务器端信任的。

- 用户的证书是否被列在服务器的 LDAP 里用户的信息中。
- 得到验证的用户将有权限访问请求的服务器资源。

17.3.3 SSL 的缺点

利用 SSL 的攻击无法被入侵检测系统 IDS(Intrusion Detection System)检测到。IDS 是一种用于监测攻击服务器企图的技术和方法。典型的 IDS 监视网络通信,并将其与保存在数据库中的已知"攻击特征"比较,如果网络通信是加密的,IDS 将无法监视其行为,这反而可能会使攻击更为隐蔽。

SSL 使用复杂的数学公式进行数据加密和解密,这些公式的复杂性根据密码的强度不同而不同。高强度的计算会使多数服务器停顿,并导致性能下降。多数 Web 服务器在执行 SSL 相关任务时,吞吐量会显著下降,相比只执行 HTTP 1.0 连接时的速度可能会慢 50 多倍。

另外虽然对消费者而言,SSL 已经解决了大部分的问题,但是,对电子商务而言问题并没有完全解决,因为 SSL 只做能到资料保密,厂商无法确定是谁填下了这份资料,即不可否认性无法实现。

17.4 电子商务的安全

由于 Internet 爆炸式地迅速流行,电子商务引起了越来越多人的注意,它被公认为是未来 IT 业最具潜力的新增长点。在开放网络(如 Internet)上处理交易,如何保证传输数据的安全成为电子商务能否普及的最重要因素之一。调查公司曾对电子商务的应用前景进行过在线调查,当被问到为什么不愿在线购物时,绝大多数人的回答是担心遭到黑客的侵袭而导致信用卡信息丢失。持卡人希望在交易中保密自己的账户信息,使之不被人盗用;而商家也希望客户的定单不可抵赖,并且,在交易过程中,交易各方都希望验明其他方的身份,以防止被欺骗。

虽然使用 SSL 可保证信息的真实性、完整性和保密性。但由于 SSL 不对应用层的消息进行数字签名,因此不能提供交易的不可否认性,这是 SSL 在电子商务使用中的最大不足。有鉴于此,网景公司引入了一种被称为表单签名(Form Signing)的功能。在电子商务中,利用这一功能可以对包含购买者的订购信息和付款指令的表单进行数字签名,从而保证交易信息的不可否认性。

但这样的体系比较复杂,而且不够完整。针对这种情况,由美国 Visa 和 MasterCard 两大信用卡组织联合国际上多家科技机构,共同制定了应用于 Internet 上的以银行卡为基础进行在线交易的安全标准,这就是安全电子交易 SET (Secure Electronic Transaction),它采用公钥密码体制和 X.509 数字证书标准,保障网上购物信息的安全性。

SET 多应用在 BtoC (Business to Consumer) 模式中,协议本身比较复杂,设计比较严格,安全性高,是 PKI 框架下的一个典型实现。同时它也在不断升级和完善中,如 SET 2.0 将支持借记卡电子交易。

由于 SET 提供了消费者、商家和银行之间的认证,确保了交易数据的机密性、真实性、完整可靠性和交易的不可否认性，特别是能够保证不将消费者银行卡号暴露给商家等优点，因此它成为了目前公认的信用卡/借记卡的网上交易的国际安全标准。

SET 中的核心技术主要有公开密钥加密、数字签名、电子信封、电子安全证书等。SET 能在电子交易环节上提供更大的信任度、更完整的交易信息、更高的安全性和更少受欺诈的可能性。SET 协议用以支持 BtoC 类型的电子商务模式，即消费者持卡在网上购物与交易的模式。

SET 的实现架构如图 17.2 所示。

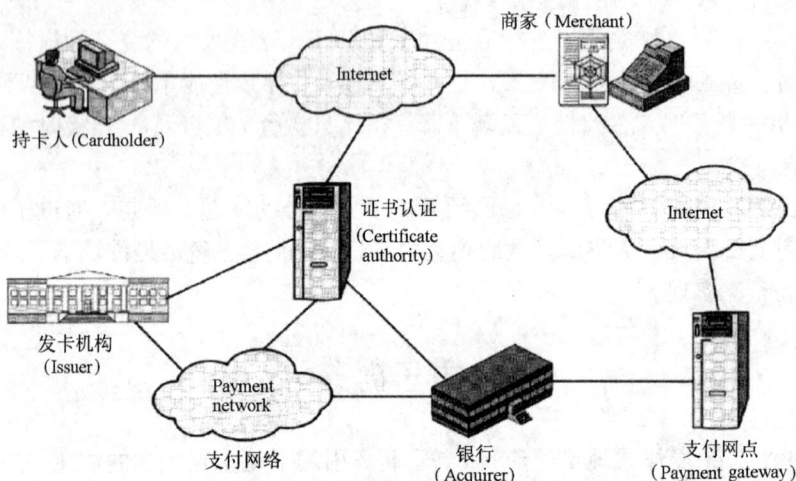

图 17.2

在 SET 协议中有持卡人、发卡机构、商家、银行、支付网关等角色。

持卡人：在电子商务环境中，消费者和团体购买者通过计算机与商家交流，持卡人使用由发卡机构颁发的付款卡（例如信用卡、借记卡）进行结算。在持卡人和商家的会话中，SET 可以保证持卡人的个人账号信息不被泄漏。

发卡机构：它是一个金融机构，为每一个建立了账户的顾客颁发付款卡，发卡机构根据不同品牌卡的规定和政策，保证对每一笔认证交易的付款。

商家：提供商品或服务，使用 SET，就可以保证持卡人个人信息的安全。接受付款卡支付的商家必须和银行有关系。

银行：在线交易的商家在银行开立账号，并且处理支付卡的认证和支付。

支付网关：可以由银行操作的，将 Internet 上的传输数据转换为金融机构内部数据的设备，也可以由指派的第三方处理商家支付信息和顾客的支付指令。

SET 的工作原理如下：当路由器接收到 SET 交易请求后，呼叫信用卡处理器专属的程序、密钥管理（安全地存储私密密钥、付款指令的解码和银行回应信息的签名）服务及密码服务，将信用卡处理器专属的交易转换成服务器式的交易，接着将交易信息送到信用卡处理系统。其中，密码服务包括：

（1）验证接收的 SET 信息内的卡片持有人及厂商凭证。

（2）为接收及发出的 SET 信息内的付款指令编码和解码。

（3）确认付款指令内的账户号码是否符合卡持有人的凭证。

（4）验证接收的 SET 信息内的信用卡持有人及商家签名。

（5）计算及验证接收的 SET 信息内的密码。

SET 交易发生的先决条件是，每个持卡人（客户）必须拥有一个惟一的电子（数字）证书，且由客户确定口令，并用这个口令对数字证书、私钥、信用卡号码及其他信息进行加密存储，这些与符合 SET 协议的软件一起组成了一个 SET 电子钱包。有了电子钱包后，一个成功的 SET 交易的标准流程如下（见图 17.2）：

（1）客户在网上商店选中商品并决定使用电子钱包付款，商家服务器上的 POS 软件发报文给客户的浏览器要求电子钱包付款。

（2）电子钱包提示客户输入口令后与商家服务器交换"握手"消息，确认客户、商家均为合法，初始化支付请求和支付响应。

（3）客户的电子钱包形成一个包含购买订单、支付命令（内含加密了的客户信用卡号码）的报文发送给商家。

（4）商家 POS 软件生成授权请求报文（内含客户的支付命令），发给收单银行的支付网关。

（5）支付网关在确认客户信用卡没有超过透支额度的情况下，向商家发送一个授权响应报文。

（6）商家向客户的电子钱包发送一个购买响应报文，交易结束，客户等待商家送货上门。

从工作流程来看，SET 具有以下几个特点：

（1）解决了客户资料的安全性问题，虽然客户资料（主要是信用卡号码）要通过商家到达银行，但商家不能阅读这些资料。

（2）解决了客户与银行、客户与商家、商家与银行之间的多方认证问题。

（3）所有的支付过程都是在线的，保证了网上交易的实时性。

同 SSL 相比较，SET 有这样一些区别：

首先，SET 远远不止是一个技术方面的协议，它还说明了每一方所持有的数字证书的含义，希望得到数字证书以及响应信息的各方应有的动作，与一笔交易紧密相关的责任分担。SET 实现非常复杂，商家和银行都需要改造系统以实现互操作，并且还需要认证中心的支持。

其次，SET 是一个多方的报文协议，它定义了银行、商家、持卡人之间的必须的报文规范。与此同时，SSL 只是简单地在两方之间建立一条安全连接。SSL 是面向连接的，而 SET 允许各方之间的报文交换不是实时的。

另外，SET 报文能够在银行内部网或者其他网络上传输，而 SSL 之上的卡支付系统只能与 Web 浏览器捆绑在一起。

最后，SSL 相对不安全，实际上当初它并不是为支持电子商务而设计的。很多银行和电子商务解决方案提供商仍然在使用 SSL 来构建更多的安全支付系统，但是如果没有经裁剪的客户方软件的话，基于 SSL 的系统是不能达到像 SET 这种银行卡专用支付协议所能达到的安全性的。

SET 是针对用卡支付的网上交易而设计的支付规范，对不用卡支付的交易方式，像货到付款方式、邮局汇款方式等则与 SET 无关。另外像网上商店的页面安排，保密数据在购买者计算机上如何保存等，也与 SET 无关。

17.5　主页防修改技术

在网络飞速发展的今天，越来越多的企业拥有了自己的主页。主页作为企业的门户和信息发布平台，也同时代表了该企业的形象。目前，主页被非法篡改的事件屡屡见诸报端，如何有效地保护主页极为重要。当前的主页防修改系统一般是 Client/Server 结构，分为两层：控制台和 Web 服务器。也有三层结构的主页防修改系统，在控制台和 Web 服务器之间增加了代理层。这类系统主要包括监控和恢复两大功能，它们分别负责对网页文件进行监控、发生入侵及时报警、从 Web 服务器备份文件和将文件恢复到 Web 服务器等。整个主页防修改系统是通过这两部分有机结合来实现其功能的。

17.5.1　主页监控

主页防修改系统的监控部分采用的主要技术是网络实时扫描，并在扫描发现问题时及时根据策略做出响应处理，例如，以多种方式告警、保存被篡改内容、自动从备份中恢复原有内容等。

系统根据用户定义，扫描被监控网站的静态页面、动态页面、CGI 程序以及其他关键性文件（如众多的系统配置文件）等。由于系统设计结构的不同，有的还可以进一步对每个文件从内容、读写权限、目录文件突增等多个角度进行检测，从而全面准确判断网站文件的完整性。监控系统还利用编码技术对大文件使用摘要认证，通过和备份中该文件的摘要进行对比来提高扫描速度和监测效率。

根据不同的网站和文件类型，可以设置不同的监控策略：

(1) 实时监测：不间断地对系统进行监测。

(2) 定时监测：预定监测开始时间，系统在开始时间自动开始检测，完毕后自动关闭。

(3) 间隔监测：预先设定监测的时间间隔，每个时间间隔之后，系统自动进行一次检测。

(4) 分级监测：不同的页面采用不同的监测频率级别。级别可以由用户自行设定。对于重要的页面可以监测的频率高一些，一般性的和非重要的页面，可以监测频率低一些。这样，可以提高监测效率，并减少对被监测的 Web 服务器资源的占用。有的系统还可以让用户按照文件的类型来指定哪些要监测，或者哪些不要监测。

主页防修改系统对主页文件进行监控的频率同监控的实时性（安全性）及其占用 Web 服务器资源的多少有关。频率高，则安全性增加，但占用 Web 服务器资源就多；频率低，则安全性降低，但占用系统资源就少。因此，合理配置监控策略非常重要。采用分级监测的监控策略可以灵活地配置网页的监控频率，以调整对不同网页的保护强度和对 Web 服务器的占用率。是一种比较理想的监测方式。

当主页防修改系统发现 Web 站点上的文件被破坏或非法修改后，能够自动报警，迅速恢复被破坏的文件，并记录详细完整的工作日志，有效地保证 Web 数据的完整性和真实性，且使入侵事件可查。为使 Web 服务器能迅速恢复正常，系统必须具有高速的响应速度和处理能力。

报警的方式可以多种多样，比较简单的方法是采用弹出信息框进行报警。高级一点的系统允许执行用户指定的外壳程序，向网络管理员发送电子邮件、自动拨打 BP 机或发送手机短消息使用声音图像等其他方式报告篡改事件等，以使管理员及早发现非法入侵。

在发出报警信息的同时，系统还要立即对入侵事件进行详细的存档记录，记录被修改文件的信息和修改发生的时间，方便网络管理员根据此信息进一步确定防范措施。日志记录是记录黑客入侵行为的重要手段，可供网络管理员随时查阅、审计和分析网络状态。系统对监控和恢复页面的操作也有完整的工作日志，让管理员能够查询到系统对被修改的页面进行的操作结果，即查看对 Web 主页的修改恢复情况。

17.5.2 主页恢复

主页防修改系统的恢复部分包括对需要恢复的 Web 文件和重要的系统文件的备份和恢复两大功能。

主页防修改系统通常定期对网站文件进行备份，以便在主页被破坏时即时完成恢复。最简单的方式是直接从 Web 站点下载需要备份的主页文件。更高级的方式是应用代理。

采用应用代理方式的系统在其控制台和对方 Web 服务器之间增加了代理层，不通过防火墙，而通过代理专线来通信。不经过防火墙而使用专线的优点在于 Web 服务器不需要在防火墙处为系统增开端口；并且由于不经过防火墙，备份与恢复不受 Web 服务器的访问流量的限制，从而保证了备份与恢复的实时性，并且代理对网站用户是透明的，不易被发现。

为了提高安全性，代理通常使用专用协议与 Web 服务器的专门端口通信，在通信过程中增加身份认证，在文件传输过程中增加签名，这些都保证了备份与恢复的数据的可靠性和完整性。

有了备份，在主页被修改或删除后就可以迅速恢复被破坏的文件。通常，系统通过特殊的账号和端口将相应的备份文件上传到 Web 服务器主机上以恢复被修改的文件。Web 服务器通过对上载文件的用户进行验证，提供安全性保证。同时，系统保存被修改的文件，并记入工作日志。对于不使用代理方式的主页防修改系统，由于传输文件时需要经过防火墙，如果主页被修改需要恢复时，网站访问量很大或者同时遭受了拒绝服务攻击，那么防火墙就成为访问服务器的瓶颈，使得不能立即对被修改的网页进行恢复。而且，系统所使用的恢复备份文件的方式也很可能成为被攻击的对象。应用代理的主页防修改系统，由于使用了专线连接，比较好地解决了这个问题。

为了保证服务质量，适应大容量的访问请求，比较大的网站会采用多服务器互为镜像的方式提供 Web 负载平衡，即几个内容相同的 Web 服务器同时对外提供服务，相互之间平摊访问请求，所以，主页防修改系统还必须考虑到这一点，对内容相同的 Web 服务器进行编码。当恢复文件时同时更新互为镜像的 Web 服务器上的内容，保证这些 Web 服务器上的内容相同，以提供对 Web 服务器集群技术的支持。

17.6 小 结

Web 上的安全威胁多种多样，按 Web 访问结构，可以分为对 Web 服务器的安全威胁、对 Web 浏览客户机的安全威胁和对通信信道的安全威胁这三类。其中每一种又包含许多情况。通常一些不是很大的网站或者部分个人用户会因为心存侥幸而忽视安全防范。事实上安全威胁是每个人都要面对的。本章提到四类安全防护技术，其中着重讲了 SSL 对通信信道的保护。不过对于安全性要求更高的电子商务来说，SET 体系更完善。可惜，或许由于太复杂，目前 SET 的应用还不够广泛。最后介绍了主页防修改技术，作为补救措施，它能最大限度地降低网站因受到攻击而遭受的损失。

习　题

1. 用户可以通过在提交的表单内容中插入一些特殊字符可以非法访问到保密信息，在表单内容的检查中要注意哪些字符？
2. 如何设置可以保护数据库内容不被非法访问？
3. 为了提高 Web 浏览客户机的安全性，可以做哪些设置？
4. 使用口令进行身份认证可能被穷举法试出来，请问可以增加哪些手段来提高安全性？
5. 试以图形方式来形象地描述出 SSL 的握手过程。
6. 请以一个实际的例子来说明一次在 SET 支持下的电子购物的工作流程。
7. 比较使用代理和不使用代理的防主页修改系统的优缺点。

参 考 文 献

热点技术看台．中联商务网，http：//www.cnuol.com/

帅青红，匡松．2001.8.SET 交易流程的改进．网络安全技术与应用

赵君辉，徐琨．网页监控与恢复系统设计．计算机世界网，http：//www.ccw.com.cn/ 2001.11

Gary P Scheider. 2001. Electronic Commerce. Course Technology. http：//www. course. com/

OLM 防主页篡改系统．中国网络安全响应中心，http：//www.cns911.com/

Rolf Oppliger. 1999. Security Technologies for the World Wide Web. Artech House Publishers

SSL——一种常用的网络安全协议．http：//www.cndata.com/ 2001.9

William Stalling. 1999. Cryptography and Network Security：Principles and Practice. Second Edition. Prentice-hall，Inc.

第 18 章　防火墙技术

18.1　防火墙的基本概念

在古代，人们就已经想到在寓所之间砌起一道砖墙，一旦火灾发生，它能够防止火势蔓延到别的寓所，于是有了"防火墙"的概念。进入信息网络时代后，"防火墙"又被赋予一个类似但又全新的含义。如果一个网络接到 Internet 上面，它的用户就可以访问外部世界并与之通信。但同时，外部世界也同样可以访问该网络并与之交互。为安全起见，可以在该网络和 Internet 之间插入一个中间系统，竖起一道安全屏障。这道屏障的作用是阻断来自外部网络对本网络的威胁和入侵，提供保护本网络安全和审计的关卡，其作用与古时候的防火砖墙有类似之处，因此我们把这个屏障就叫做防火墙。

在电脑中，防火墙是一种装置，它是由软件或硬件设备组合而成，通常处于企业的内部局域网与 Internet 之间，限制 Internet 用户对内部网络的访问以及管理内部用户访问 Internet 的权限。换言之，一个防火墙在一个被认为是安全和可信的内部网络和一个被认为是不那么安全和可信的外部网络（通常是 Internet）之间提供一个封锁工具。防火墙是一种被动的技术，因为它假设了网络边界的存在，它对内部的非法访问难以有效地控制。因此防火墙只适合于相对独立的网络，例如企业内部的局域网络等。

18.1.1　定义

概括地说，防火墙是位于两个（或多个）网络间实施网间访问控制的一组组件的集合。

18.1.2　防火墙结构

一个典型的防火墙结构如图 18.1 所示。

18.1.3　防火墙应满足的条件

作为网络间实施网间访问控制的一组组件的集合，防火墙应满足的基本条件如下：

(1) 内部网络和外部网络之间的所有数据流必须经过防火墙。

(2) 只有符合安全策略的数据流才能通过防火墙。

(3) 防火墙自身具有高可靠性，应对渗透（Penetration）免疫。

18.1.4　防火墙的功能

(1) 隔离不同的网络，限制安全问题的扩散。防火墙作为一个中心"遏制点"，它将局域网的安全进行集中化管理，简化了安全管理的复杂程度。

(2) 防火墙可以很方便地记录网络上的各种非法活动，监视网络的安全性，遇到紧急

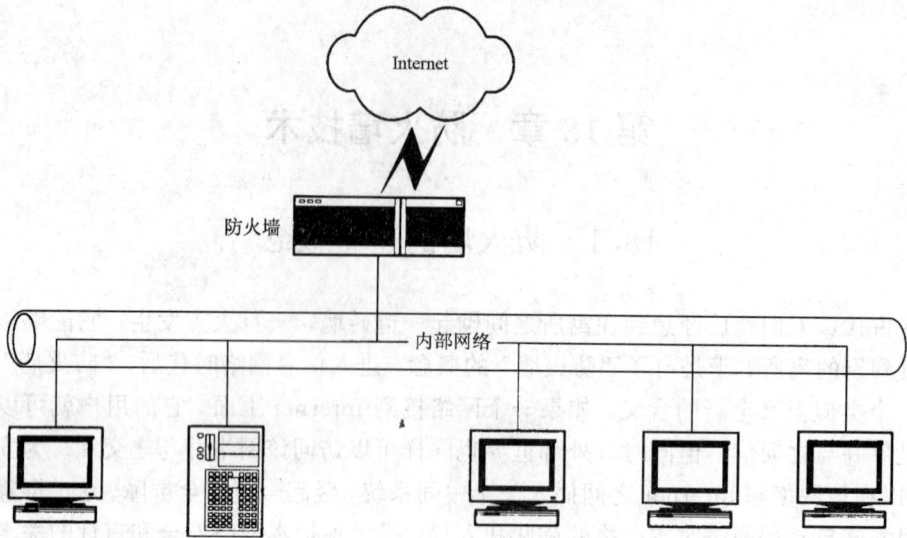

图 18.1　防火墙结构

情况报警。

（3）防火墙可以作为部署 NAT（Network Address Translation，网络地址变换）的地点，利用 NAT 技术，将有限的 IP 地址动态或静态地与内部的 IP 地址对应起来，用来缓解地址空间短缺的问题或者隐藏内部网络的结构。

（4）防火墙是审计和记录 Internet 使用费用的一个最佳地点。网络管理员可以在此向管理部门提供 Internet 连接的费用情况，查出潜在的带宽瓶颈位置，并能够依据本机构的核算模式提供部门级的计费。

（5）防火墙也可以作为 IPSec 的平台。

（6）防火墙可以连接到一个单独的网段上，从物理上和内部网段隔开，并在此部署 WWW 服务器和 FTP 服务器，将其作为向外部发布内部信息的地点。从技术角度来讲，就是所谓的停火区（DMZ）。

18.1.5　防火墙的不足之处

尽管目前的防火墙一般都具有非常丰富的功能，但仍有诸多方面需要改进和完善。防火墙的不足之处主要有：

（1）网络上有些攻击可以绕过防火墙，而防火墙却不能对绕过它的攻击提供阻挡。

（2）防火墙管理控制的是内部与外部网络之间的数据流，它不能防范来自内部网络的攻击。

（3）防火墙不能对被病毒感染的程序和文件的传输提供保护。

（4）防火墙不能防范全新的网络威胁。

（5）当使用端到端的加密时，防火墙的作用会受到很大的限制。

（6）防火墙对用户不完全透明，可能带来传输延迟、瓶颈以及单点失效等问题。

18.2 防火墙的类型

18.2.1 类型

随着 Internet 和 Intranet 的发展,防火墙的技术也在不断发展,其分类和功能不断细化,但总的来说,可以分为以下三大类:

(1) 分组过滤路由器。

(2) 应用级网关。

(3) 电路级网关。

18.2.2 分组过滤路由器

分组过滤路由器也称包过滤防火墙,又叫网络级防火墙,因为它是工作在网络层。

它一般是通过检查单个包的地址、协议、端口等信息来决定是否允许此数据包通过,有静态和动态两种过滤方式。路由器便是一个网络级防火墙。

这种防火墙可以提供内部信息以说明所通过的连接状态和一些数据流的内容,把判断的信息同规则表进行比较,在规则表中定义了各种规则来表明是否同意或拒绝包的通过。包过滤防火墙检查每一条规则直至发现包中的信息与某规则相符。如果没有一条规则能符合,防火墙就会使用默认规则。一般情况下,默认规则就是要求防火墙丢弃该包。其次,通过定义基于 TCP 或 UDP 数据包的端口号,防火墙能够判断是否允许建立特定的连接,如 Telnet、FTP 连接。

一些专门的防火墙系统在此基础之上又对其功能进行了扩展,如状态监测等。状态监测又称动态包过滤,是在传统包过滤上的功能扩展,最早由 CheckPoint 提出。传统的包过滤在遇到利用动态端口的协议时会发生困难,如 FTP,防火墙事先无法知道哪些端口需要打开,而如果采用原始的静态包过滤,又希望用到此服务的话,就需要实现将所有可能用到的端口打开,而这往往是个非常大的范围,会给安全带来不必要的隐患。而状态检测通过检查应用程序信息(如 FTP 的 PORT 和 PASV 命令),来判断此端口是否允许需要临时打开,而当传输结束时,端口又马上恢复为关闭状态。

网络级防火墙的优点是简洁、速度快、费用低,并且对用户透明。但它也有不少的缺点:如定义复杂,容易出现因配置不当带来问题;它只检查地址和端口,允许数据包直接通过,容易造成数据驱动式攻击的潜在危险;不能理解特定服务的上下文环境,相应控制只能在高层由代理服务和应用层网关来完成。

18.2.3 应用级网关

应用级网关主要工作在应用层。应用级网关往往又称为应用级防火墙。

应用级网关检查进出的数据包,通过自身(网关)复制传递数据,防止在受信主机与非受信主机间直接建立联系。应用级网关能够理解应用层上的协议,能够做复杂一些的访问控制,并做精细的注册和审核。其基本工作过程是:当客户机需要使用服务器上的数据时,首先将数据请求发给代理服务器,代理服务器再根据这一请求向服务器索取数据，然后再由代理服务器将数据传输给客户机。由于外部系统与内部服务器之间没有直接的数据通道，外部的恶意侵害也就很难伤害到内部网络。

常用的应用级网关已有相应的代理服务软件，如 HTTP、SMTP、FTP、Telnet 等，但是对于新开发的应用，尚没有相应的代理服务，它们将通过网络级防火墙和一般的代理服务（如 sock 代理）。

应用级网关有较好的访问控制能力，是目前最安全的防火墙技术。但实现麻烦，而且有的应用级网关缺乏"透明度"。在实际使用中，用户在受信任网络上通过防火墙访问 Internet 时，经常会出现延迟和多次登录才能访问外部网络的问题。此外，应用级网关每一种协议需要相应的代理软件，使用时工作量大，效率明显不如网络级防火墙。

18.2.4 电路级网关

电路级网关是防火墙的第三种类型，它不允许端到端的 TCP 连接，相反，网关建立了两个 TCP 连接，一个是在网关本身和内部主机上的一个 TCP 用户之间，一个是在网关和外部主机上的一个 TCP 用户之间。一旦两个连接建立了起来，网关典型地从一个连接向另一个连接转发 TCP 报文段，而不检查其内容。安全功能体现在决定哪些连接是允许的。电路级网关的典型应用场合是系统管理员信任内部用户的情况。网关可以配置成在进入连接上支持应用级或代理服务，为输出连接支持电路级功能。在这种配置中，网关可能为了禁止功能而导致检查进入的应用数据的处理开支，但不会导致输出数据上的处理开支。

电路级网关实现的一个例子是 SOCKS 软件包，第五版的 SOCKS 在 RFC1928 中定义。

此外，有时还把混合型防火墙（Hybrid Firewall）作为一种防火墙类型。混合型防火墙把过滤和代理服务等功能结合起来，形成新的防火墙，所用主机称为堡垒主机，负责代理服务。

各种类型的防火墙各有其优缺点。当前的防火墙产品已不是单一的包过滤型或代理服务器型防火墙，而是将各种防火墙安全技术结合起来，形成一个混合的多级防火墙，以提高防火墙的灵活性和安全性。一般采用以下几种技术：动态包过滤，内核透明技术，用户认证机制，内容和策略感知能力，内部信息隐藏，智能日志、审计监测和实时报警，防火墙的交互操作性等。

18.3　防火墙的体系结构

除了使用由单个系统（如单个分组过滤路由器或单个网关）组成的简单配置之外，更加复杂的配置也是可以的，而且实际上更为常见。

首先介绍一下什么是堡垒主机（Bastion Host）。堡垒主机的硬件是一台普通的主机，它使用软件配置应用网关程序，从而具有强大而完备的功能。它是内部网络和 Internet 之间的通信桥梁，它中继所有的网络通信服务，并具有认证、访问控制、日志记录、审计监控等功能。它作为内部网络上外界惟一可以访问的点，在整个防火墙系统中起着重要的作用，是整个系统的关键点。

防火墙主要有三种常见的体系结构：
- 双宿/多宿主机（Dual-homed/Multi-homed）模式。
- 屏蔽主机（Screened Host）模式。
- 屏蔽子网（Screened Subnet）模式。

18.3.1 双宿/多宿主机模式

双宿主主机模式是最简单的一种防火墙体系结构。双宿主主机结构是围绕着至少具有两个网络接口的双宿主主机（即堡垒主机）而构成的。双宿主主机内外的网络均可与双宿主主机实施通信，但内外网络之间不可直接通信，内外网络之间的 IP 数据流被双宿主主机完全切断。双宿主主机可以通过代理或让用户直接到其上注册来提供很高程度的网络控制。由于双宿主机是惟一隔开内部网和外部互联网之间的屏障，如果入侵者得到了双宿主主机的访问权，内部网络就会被入侵，所以为了保证内部网的安全，双宿主主机首先要禁止网络层的路由功能，还应具有强大的身份认证系统，尽量减少防火墙上用户的账户数。典型的双宿主机模式如图 18.2 所示。

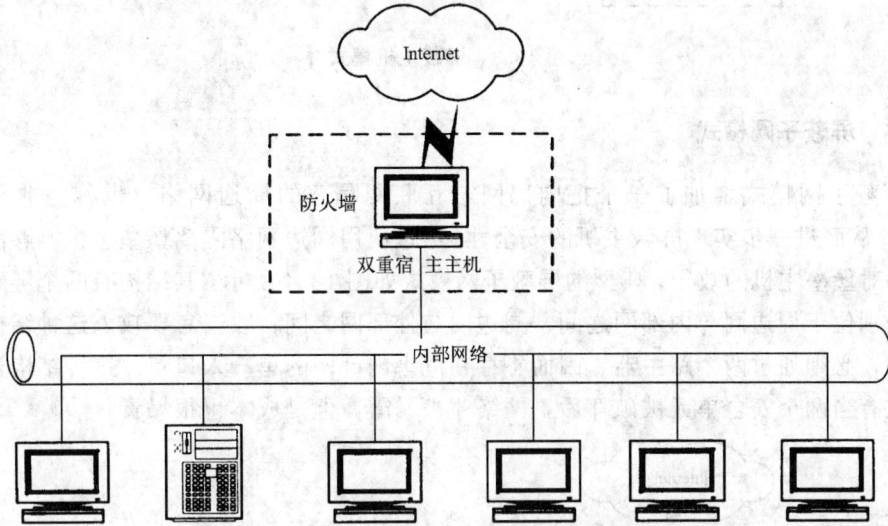

图 18.2　双宿主主机模式

18.3.2 屏蔽主机模式

屏蔽主机模式中的过滤路由器为保护堡垒主机的安全建立了一道屏障。它将所有进入的信息先送往堡垒主机，并且只接受来自堡垒主机的数据作为发出的数据。这种结构依赖过滤路由器和堡垒主机，只要有一个失败，整个网络的安全将受到威胁。过滤路由器是否正确配置是这种防火墙安全与否的关键，过滤路由器的路由表应当受到严格的保护，否则如果遭到破坏，则数据包就不会被转发到堡垒主机上。该防火墙系统提供的安全等级比包过滤防火墙系统要高。典型的屏蔽主机模式如图 18.3 所示。

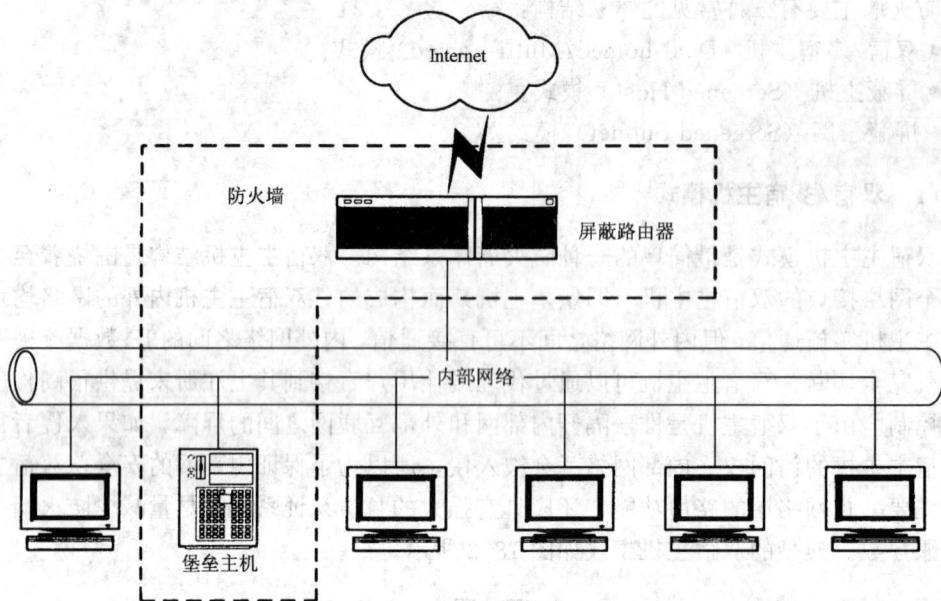

图 18.3　屏蔽主机模式

18.3.3　屏蔽子网模式

屏蔽子网模式增加了一个把内部网与互联网隔离的周边网络（也称为非军事区DMZ），从而进一步实现屏蔽主机的安全性，通过使用周边网络隔离堡垒主机能够削弱外部网络对堡垒主机的攻击。典型的屏蔽子网模式如图 18.4 所示，其结构有两个屏蔽路由器，分别位于周边网与内部网之间、周边网与外部网之间，攻击者要攻入这种结构的内部网络，必须通过两个路由器，因而不存在危害内部网的单一入口点。这种结构安全性好，只有当两个安全单元被破坏后，网络才被暴露，但是成本也很昂贵。

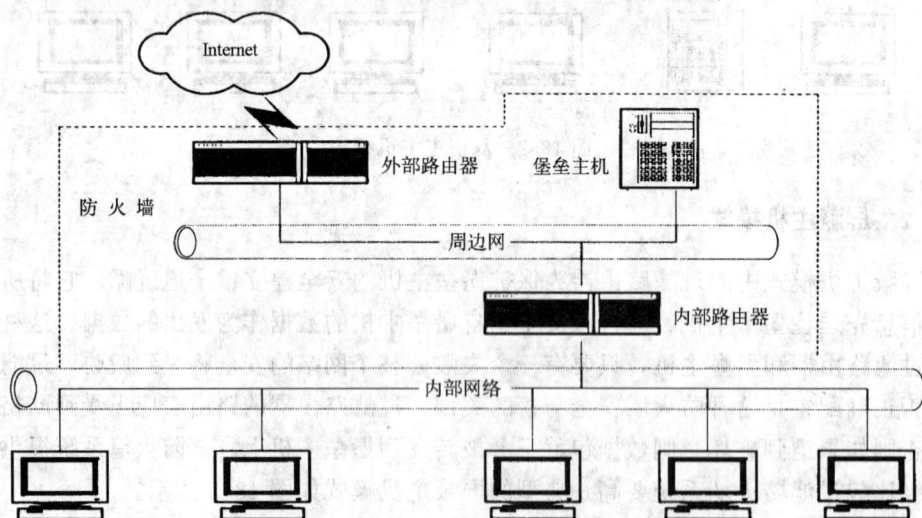

图 18.4　屏蔽子网模式

以上所介绍的是防火墙的 3 种基本体系结构，实际应用中还存在着一些由以上 3 种模式组合而成的体系结构。例如使用多堡垒主机，合并内部路由器与外部路由器，合并堡垒主机与外部路由器，合并堡垒主机与内部路由器，使用多台内部路由器，使用多台外部路由器，使用多个周边网络，使用双重宿主主机与屏蔽子网等。

18.4 防火墙的基本技术与附加功能

18.4.1 基本技术

防火墙的基本技术有两种：
- 包过滤技术。
- 代理服务技术。

1. 包过滤技术

包过滤技术的原理在于监视并过滤网络上流入流出的包，拒绝发送那些可疑的包。由于包过滤技术无法有效地区分源地址为同一 IP 地址的不同用户（比如在网络地址转换环境中），它的安全性相对较差。包过滤技术又可以分两种，简单包过滤（Packets Filter）技术（又称静态包过滤技术）和状态监测（Stateful Inspect）技术（又称动态包过滤技术）。

（1）静态包过滤：主要根据流经该设备的数据包地址信息决定是否允许该数据包通过，判断依据有（只考虑 IP 包）：
- 数据包协议类型 TCP，UDP，ICMP，IGMP 等。
- 源目的 IP 地址。
- 源目的端口 FTP，HTTP，DNS 等。
- IP 选项源路由记录路由等。
- TCP 选项 SYN、ACK、FIN、RST 等。
- 其他协议选项 ICMP ECHO、ICMP ECHO REPLY 等。
- 数据包流向 in 或 out。
- 数据包流经网络接口 eth0、eth1。

（2）动态包过滤。

这种类型的防火墙采用动态设置包过滤规则的方法，避免了静态包过滤所存在的问题。采用这种技术的防火墙对通过其建立的每一个连接都进行跟踪，并且根据需要可动态地在过滤规则中增加或更新条目。

自适应代理防火墙中的动态包过滤器允许代理请求新的连接，然后代理可以检查特定的连接信息并告诉动态包过滤器对该连接如何处理，选择包括拒绝、转发或传送到应用层。代理为每个新连接自动地调整动态包过滤规则库。另外，动态包过滤允许代理指定哪些连接应该被自动转发而无须通知。当连接终止时，动态包过滤器通过自动删除连接规则以及要求为以后的连接做出新的决策来保证安全。连接终止以后，动态包过滤器通知代理并提供关于连接的简要信息。

在 CheckPoint Firewall-1、Karl Brige/Karl Brouter 以及 Morning Star Secure Connect router 中的包过滤规则可由路由器灵活、快速的来设置。一个输出的 UDP 数据包可以引起对应的允许应答 UDP 创立一个临时的包过滤规则，允许其对应的 UDP 包进入内部网。

2. 代理服务技术

代理服务技术的原理是在应用网关上运行应用代理程序，一方面代替服务器与客户程序建立连接，另一方面代替客户程序与服务器建立连接，使得用户可以通过应用网关安全地使用 Internet 服务，而对于非法用户的请求将不予理睬。

代理服务技术是由一个高层的应用网关作为代理服务器，接受外来的应用连接请求，进行安全检查后，再与被保护的网络应用服务器连接，使得外部服务用户可以在受控制的前提下使用内部网络的服务。同样，内部网络到外部的服务连接也可以受到监控。应用网关的代理服务实体将对所有通过它的连接做出日志记录，以便对安全漏洞的检查和收集相关的信息。代理服务技术的特点：网关理解应用协议，可以实施更细粒度的访问控制；对每一类应用都需要一个专门的代理；灵活性不够；隐蔽信息，例如内部受保护子网的主机名称等信息可以不必为外部所知。

18.4.2 附加功能

由于防火墙所处的优越位置（内网与外网的分界点），它在实际应用中也往往加入一些其他功能如审计和报警机制、NAT、VPN 等附加功能。

1. 多级的过滤技术

防火墙采用了分组过滤、应用网关和电路网关的三级过滤措施。在分组过滤一级，能过滤掉所有非法的源路由（Source Route）分组和 IP 源地址；在应用网关一级，能利用 FTP、SMTP 等各种网关，控制和监测 Internet 提供的所有通用服务；在电路网关一级，实现内部主机与外部站点的透明连接，并对服务进行严格的控制。

2. 审计和报警机制

防火墙的审计和报警机制在防火墙体系中是很重要的，只有有了审计和报警，管理人员才可能知道网络是否受到了攻击。审计是一种重要的安全措施，用以监控通信行为和完善安全策略，检查安全漏洞和错误配置，并对入侵者起到一定的威慑作用。报警机制是在通信违反相关策略以后，以多种方式如声音、邮件、电话、手机短信息等形式及时报告给管理人员。在防火墙结合网络配置和安全策略对相关数据分析完成以后，就要做出接受、拒绝、丢弃或加密等决定。如果某个访问违反安全规定，审计和报警机制开始起作用，并做记录、报告等。

3. 网络地址转换 NAT（Network Address Translation）

即将内网的 IP 地址与外网的 IP 地址相互转换，它的目的一个是可以解决 IP 地址空间不足的问题，使用 NAT 以后，可以使用很少的外部实地址，而内部可以采用大量的虚地址（比如 10.X.X.X），从而减缓了 IP 地址紧张；另外，它也向外界隐藏内部网结构，使外部无法获知内部的网络结构，从而也提高了安全性。

4. 虚拟专用网（VPN）

VPN 是指在公共网络中建立专用网络，数据通过安全的"加密通道"在公共网络中传播。VPN 的基本原理是通过对 IP 包的封装及加密、认证等手段，从而达到保证安全的目的。它往往是在防火墙上附加一个加密模块来实现。关于 VPN 的详情我们会在专门的 VPN 技术一章中讲述。

5. Internet 网关技术

由于防火墙是直接串接在网络之中，它必须支持用户在 Internet 的所有服务，同时还要防止与 Internet 服务有关的安全漏洞，故它要能以多种安全的应用服务器（包括 FTP、News、WWW 等）来实现网关功能。

6. 安全服务器网络（SSN）

为适应越来越多的用户向 Internet 上提供服务时对服务器保护的需要，防火墙采用分别保护的策略保护对外服务器。它利用一张网卡将对外服务器作为一个独立网关完全隔离，这就是安全服务网络（SSN）技术。对 SSN 上的主机既可单独管理，也可设置成通过 FTP、Telnet 等方式从内部网上管理。SSN 与外部网之间有防火墙保护，SSN 与内部网之间也有防火墙保护，一旦 SSN 受破坏，内部网络仍会处于防火墙的保护之下。

7. 用户鉴别与加密

为了降低在 Telnet、FTP 等服务和远程管理上的风险，防火墙采用一次性使用的口令字系统作为用户的鉴别手段，并实现了对邮件的加密。

此外，防火墙的一些附加功能还有路由安全管理、远程管理、流量控制（带宽管理）和统计分析、流量计费、URL 级信息过滤、扫毒等。

18.5　防火墙技术的几个新方向

18.5.1　透明接入技术

一般来说，不透明的堡垒主机的接入需要修改网络拓扑结构，内部子网用户要更改网关，路由器要更改路由配置等。而且路由器和子网用户都需要知道堡垒主机的 IP，一旦整个子网的 IP 地址改动了，针对堡垒主机的相关改动则非常麻烦。而透明接入技术的实现完全克服了以上的种种缺陷，同时，具有透明代理功能的堡垒主机对路由器和子网用户而言是完全透明的，也就是说，他们根本感觉不到防火墙的存在，犹如网桥一样。一种典型的透明接入关键技术包括 ARP 代理和路由转发。

18.5.2 分布式防火墙技术

1. 边界防火墙的缺陷

首先是结构性限制。随着企业业务规模的扩大，数据信息的增长，在国内构建分支机构发展业务，并利用互联网与分支机构的网络环境互通有无，已成不争的事实。特别是目前宽带网络的构建，以及企业数据信息集中化管理模式的普及，包括不同企业的设备连接在同一个交换机设备上，方便用户进出对方的内部网络，使得企业网的边界已成为一个逻辑边界的概念，物理的边界日趋模糊，因此边界防火墙的应用受到越来越多的结构性限制。

其次是内部威胁。据有关统计数据显示，80%的攻击和越权访问来自企业内部。边界防火墙将网络一边设置为不可信任地带，将另一边设置为可信任地带，当攻击来自可信任的地带时，边界防火墙自然无法抵御，被攻击在所难免。

最后是效率和故障。边界防火墙把检查机制集中在网络边界处的单点上，一旦出故障或被攻克，整个内部网络将完全暴露在外部攻击者面前。

2. 分布式防火墙的产生及其优势

面对边界防火墙的这些弱点，早在 1999 年，就有专家提出分布式防火墙的概念。所谓分布式防火墙，通俗地讲，可以认为是由 3 部分组成的立体防护系统：一部分是网络防火墙（Network Firewall），它承担着传统边界防火墙看守大门的职责；一部分是主机防火墙（Host Firewall），它解决了边界防火墙不能很好解决的问题（例如来自内部的攻击和结构限制等）；还有一部分是集中管理（Central Management），它解决了由分布技术而带来的管理问题。分布式防火墙的优势主要有：

(1) 保证系统的安全性。分布式防火墙技术增加了针对主机的入侵检测（Intrusion Detect）和防护功能，加强了对来自于内部的攻击的防范，对用户网络环境可以实施全方位的安全策略，并提供了多层次立体的防范体系。

(2) 保证系统性能稳定高效。消除了结构性瓶颈问题，提高了系统整体安全性能。

(3) 保证系统的扩展性。伴随网络系统扩充，分布式防火墙技术可为安全防护提供强大的扩充能力。

18.5.3 以防火墙为核心的网络安全体系

如果防火墙能和 IDS、病毒检测等相关安全系统联合起来，充分发挥各自的长处，协同配合，就能共同建立一个有效的安全防范体系。

解决的办法是：

(1) 把 IDS、病毒监测部分"做"到防火墙中，使防火墙具有简单的 IDS 和病毒检测的功能。

(2) 各个产品分离，但是通过某种通信方式形成一个整体，即相关专业检测系统专职于某一类安全事件的检测，一旦发现安全事件，则立即通知防火墙，由防火墙完成过滤和报告。

18.6 常见的防火墙产品

18.6.1 常见的防火墙产品

防火墙产品是当前网络安全产品线中最为琳琅满目的一种，下面简单介绍几种常见的产品。

1. PIX

美国 Cisco 公司是世界上占领先地位的提供网络技术和产品的公司。近年来，它以 PIX 防火墙系列作为一种理想的解决网络安全的产品。PIX 防火墙的内核采用的是基于适用的安全策略（Adaptive Security Algorithm）的保护机制，ASA 把内部网络与未经认证的用户完全隔离。每当一个内部网络的用户访问 Internet，PIX 防火墙从用户的 IP 数据包中卸下 IP 地址，用一个存储在 PIX 防火墙内已登记的有效 IP 地址代替它，把真正的 IP 地址隐藏起来。PIX 防火墙还具有审计日志功能，并支持 SNMP 协议，用户可以利用防火墙系统包含的实时报警功能的网络浏览器，产生报警报告。

PIX 防火墙通过一个 cut-through 代理要求用户最初类似一个代理服务器，在应用层工作。但是用户一旦被认证，PIX 防火墙切换会话流和所有的通信流量，保持双方的会话状态，并快速和直接地进行通信，因此，PIX 防火墙获得了极高的性能。cut-through 处理速度比代理服务器快得多。PIX 防火墙采用了增强的多媒体适用安全策略，应用了 PIX 防火墙的网络，就不需再做特殊的客户设置。

2. CheckPoint 的 Firewall

CheckPoint 是美国一家大型软件公司，曾经率先提出安全企业连接开放平台（OPSEC）概念，为计算机提供了第一个企业级安全结构。目前的最新产品是 CheckPoint FireWall-1 v4.1 防火墙。CheckPoint Firewall-1 是一个老牌的软件防火墙产品，它是软件防火墙领域中名声很好的一款产品，一度在世界范围内的软件防火墙中销售量排名第一。

新版本的 FireWall-1 主要增强的功能是在安全区域支持 Entrust 技术的数字证书（Digital Certificate）解决方案，以公用密钥为基础，使用 X.509 的认证机制 IKE。FireWall-1 支持 LDAP 目录管理，可帮助使用者定义包罗广泛的安全政策。

FireWall-1 提供远端的使用者使用多种安全的认证机制，以存取企业资源。在通信被允许进行之前，FireWall-1 认证服务可安全地确认他们身份的有效性，而不需要修改本地客户端应用软件。认证服务是完全地被集成到企业整体的安全政策内，并能由 FireWall-1 的图形界面为使用者提供集中管理。所有的认证都能由防火墙日志浏览（Log Viewer）来监视和追踪。目前该产品支持的平台有 Windows NT、Windows 9x/2000、Sun Solaris、IBM AIX、HP-UX 等。

3. NAI Gauntlet

这是一种基于软件的防火墙，支持 NT 和 UNIX 系统，目前的最新版本是 Gauntlet Firewall 2.1 for NT/UNIX，作为基于应用层网关的 Gauntlet 防火墙，集成了 NT 的性能管理和易用性，应用层安全按照安全策略检查双向的通信。它具有用户透明、集成管理、强力加密和内容安全、高吞吐量的特性，可应用于 Internet、Intranet 和远程访问。Gauntlet 防火墙具有友好的管理界面，其基于 Java 或 NT 环境，可以运行在 Web 浏览器中，支持远程管理和配置，可从网络管理平台上监控和配置，如 NT Server 和 HP Open-View。Gauntlet 还支持通过服务器、企业内部网、Internet 来存取和管理 SNMP 设备。Gauntlet 防火墙支持流行的多媒体实时服务，如 Real Audio/Video、Microsoft NetShow、VDOlive。

4. Sonicwall

Sonicwall 系列防火墙是 Sonic System 公司针对中小企业需求开发的产品，有着很高的性能和极具竞争力的价格，适合中小企业用户采用，它是一款硬件防火墙。其主要的功能是阻止未授权用户访问防火墙内网络；阻止拒绝服务（Deny of Service）攻击，并可完成 Internet 内容过滤；实现 IP 地址管理，网络地址转换（NAT）；制定网络访问规则，规定对某些网站访问的限制等。该系列防火墙价格便宜，性能价格比很好，适合中小企业及 SOHO 办公环境采用。

5. NetScreen

NetScreen 公司的 NetScreen 防火墙产品是一种新型的网络安全硬件产品，目前其发展状况非常好，可以说是硬件防火墙领域内的新贵。NetScreen 的产品完全基于硬件 A-SIC 芯片，它就像个盒子一样安装使用起来很简单，同时它还是一种集防火墙、VPN、流量控制三种功能于一体的网络产品。

NetScreen 防火墙将防火墙、虚拟专用网（VPN）、网络流量控制和宽带接入这些功能全部集成在专有一体化的硬件中，它的配置可在网络上任何一台带有浏览器的机器上完成。NetScreen 的优势之一是采用了新的体系结构，可以有效地消除传统防火墙实现数据加盟时的性能瓶颈，能实现最高级别的 IP 安全保护。

18.6.2 选购防火墙的一些基本原则

（1）要支持"除非明确允许，否则就禁止"的设计策略。

（2）安全策略是防火墙本身所支持的，而不是另外添加上去的。

（3）如果组织机构的安全策略发生改变，可以加入新的服务。

（4）所选购的防火墙应有先进的认证手段或有挂钩程序，装有先进的认证方法。

（5）如果需要，可以运用过滤技术和禁止服务。

（6）可以使用 FTP 和 Telnet 等服务代理，以便先进的认证手段可以被安装和运行在防火墙上。

（7）拥有界面友好、易于编程的 IP 过滤语言，并可以根据数据包的性质进行包过滤。

18.7 小 结

随着 Internet/Intranet 技术的飞速发展,网络安全问题必将愈来愈引起人们的重视。近几年来,防火墙的技术日新月异,它的产品也不断地更新换代,人们在不停地寻求高效、低价的产品。研制新的网络安全技术,开发功能更为先进的防火墙产品,将成为今后互联网络发展的一个重要课题。防火墙技术作为目前用来实现网络安全措施的一种主要手段,它主要是用来拒绝未经授权用户的访问,阻止未经授权用户存取敏感数据,同时允许合法用户不受妨碍地访问网络资源。如果使用得当,可以在很大程度上提高网络安全。

但是没有一种技术可以百分之百地解决网络上的所有问题,比如防火墙虽然能对来自外部网络的攻击进行有效的保护,但对于来自网络内部的攻击却无能为力。事实上60%以上的网络安全问题来自网络内部。即使来自外部,目前的系统在设计上也不能完全阻挡有经验的黑客袭击。例如服务器使用的是 Red Hat 的 Linux,系统本身不会受到常见病毒的感染,但它不能对病毒进行过滤,工作站受病毒侵袭的可能依然存在。

因此网络安全单靠防火墙是不够的,还需要有其他技术和非技术因素的考虑,如信息加密技术、身份验证技术、制定网络法规、提高网络管理人员的安全意识等。尽管如此,随着防火墙技术的不断发展,它在网络安全方面将发挥越来越重要的作用。

习 题

1. 什么是防火墙?防火墙的主要功能有哪些?
2. 防火墙可分为哪几种类型?它们分别是如何工作的?
3. 防火墙有哪几种常见的体系结构?分别介绍它们的工作原理。
4. 静态包过滤与动态包过滤有什么不同?
5. 什么是防火墙的代理技术?
6. 防火墙通常还有哪些附加功能?
7. 概述防火墙技术发展的新方向。

参 考 文 献

王睿,林海波等. 2000. 网络安全与防火墙技术. 北京:清华大学出版社

Elizabeth D Zwicky, Simon Cooper, Brent Chapman D. June 2000. Building Internet Firewalls. 2nd Edition. O'Reilly

Marcus Goncalves 著. 孔秋林等译. 2000. 防火墙技术指南. 北京:机械工业出版社

Matthew Strebe, Charles Perkins 著. 吴焱等译. 2000. 高效构筑与管理防火墙. 北京:电子工业出版社

Terry William Ogletree 著. 李之棠等译. 2001. 防火墙原理与实施. 北京:电子工业出版社

William Stallings. 2000. Netword Security Essentials: Applications and Standards. Prentice-hall, Inc

William Stallings 著,杨明等译. 2001. 密码编码学与网络安全:原理与实践. 北京:电子工业出版社

第 19 章　VPN 技 术

为确保远程网络之间能够安全通信，VPN（Virtual Private Network，虚拟专用网络）是一种很好的技术选择。

早些时候，那些有远程网络间安全通信需求的组织或机构，只能从电信运营商租借（或自己敷设）专用通信线路来连接这些远程网络，构成该组织的专用网络。这样的专用网络一定程度上保证了远程通信的安全，但专线技术的难扩展、不灵活和高维护费用的缺点也很突出。用户不仅要负担昂贵的线路租借费用或管理开销，而且要承受专线技术的难扩展和不灵活的缺点。同时，那些需要支持其雇员或客户远程访问的机构，还必须购置和管理大量的调制解调器与远程接入服务器，并支付远程接入的长途通信费用。

随着帧中继（Frame Relay）和 ATM 等分组交换技术大规模的出现，使 VPN 技术成为可能，并且基于这些分组技术的 VPN 凭借其较低的成本开始逐步取代专用网络。然而，和专用网络一样，基于帧中继和 ATM 的 VPN 也存在连接不够灵活和不易扩展的不足。为连接复杂多变的、遍布各地的商业伙伴、客户和终端用户，现代企业要求其网络连接足够灵活并具有一定的扩展能力。但是，帧中继和 ATM 的自动交换虚电路（或智能永久虚电路）不仅没有普及，而且在不同运营商的网络间互连存在很大问题。这样，虚电路的配置和维护要由运营商来完成，甚至有些远程通信还需要多运营商的协作。显然由此带来的滞后性和额外的成本，既不能满足现代企业的要求，也不是他们的最佳选择。

幸而，IP 技术和 IP 业务的推拉式互动发展，带来了一项新的 VPN 技术——基于 IP 的 VPN，它以较低的费用和全球互连性带给企业高度的灵活性和扩展性。近年来，随着互联网的普及和网络技术的迅猛发展，IP 数据业务呈爆炸性增长，逐渐超过语音业务并成为主要的网络业务，相应地要求运营商们更新其网络设施，由为语音业务优化转向为数据业务优化，并适时扩容以支撑飞速增长的业务。同时，数据业务的美好市场前景和极佳的进入契机也吸引了许多投资者构建全新的宽带 IP 网络。分组交换技术相对电路交换技术的高带宽利用率和现有的大量带宽，使互联网的接入费用远远低于专线的租借费用，而且 IP 技术内在的跨网络互连性使随时随地的互连成为可能。另外，IP 技术的主导位置，促使网络运营商尽可能地采用基于 IP 的网络技术和设备，将进一步压缩其他分组技术的发展空间，所以本章将围绕基于 IP 的 VPN 技术展开讨论（因为基于 IP 的 VPN 的原理和实现方法大多适用其他 VPN 技术，所以基于 IP 的 VPN 在本章将被简称为 VPN）。

19.1　VPN 的基本原理

VPN 是一种网络技术，通常用以实现相关组织或个人跨开放、分布式的公用网络（这里主要指互联网）的安全通信。其实质是，利用共享的互联网设施，模拟"专用"广域网，最终以极低的费用为远程用户提供能和专用网络相媲美的保密通信服务。

VPN 用户都希望以最小的代价，使数据安全性得到的一定程度保证。互联网具有极为广泛的网络覆盖范围、远比长途通信费用低廉的接入费用等优点，却存在内在的不安全性，促使用户根据自身业务特点和需要，或者自己构建 VPN，或者直接向 VPN 服务供应商购买合适的 VPN 服务。自构 VPN 称为基于用户设备的 VPN，此时，用户在已有的网络设备基础上，适当扩充功能和（或）添置设备，利用互联网连接远程网络。这里，互联网仅用作 IP 分组传送平台，VPN 应具备的安全功能基本由用户网络设备实现，该方案适合那些有远程安全通信需求、却又不信任 VPN 服务供应商所提供的安全服务的用户。外购 VPN 称为基于网络的 VPN，与前例恰恰相反，用户认为 VPN 服务供应商能够提供他所需的安全服务，仅需将自有远程网络按 VPN 服务供应商的要求连接到服务商提供的 VPN 边缘路由器，便可安全地远程通信，还省去大量 VPN 网络设备投资和维护的开销。

这两种方案虽然实现策略迥异，但都基于相同的安全原理，即通过一定方式将互联网上每个 VPN 用户的数据与其他数据区别开，避免未经授权的访问，从而确保数据的安全。

CRL（Controlled Route Leaking，受控路由泄露）是早期构建 VPN 的主要方法之一。CRL 通过限制路径信息的传播，使得只有属于同一 VPN 的不同子网才具有相互可到达的路径信息，此外，这些子网的可到达信息也只存在于主干网相关节点的路由表中，对于其他非 VPN 节点来说，并没有获得该 VPN 中任何子网的可到达路径信息，也就不能够访问到 VPN 内部的子网。显然，正确配置相关节点的路由表能够区分不同 VPN 用户的业务，特定数据只被特定用户接受。然而，CRL 对路由器的配置管理要求很高（错误设置往往就会导致信息泄密），故扩展性很差（采用 BGP（Border Gateway Protocol，边界网关协议）能够改善扩展性，但对主干网节点要求较高），而且存在其他问题，如不同 VPN 的地址冲突、VPN 间的互连。随着更合适 VPN 的隧道（Tunnel）技术出现，CRL 逐渐被弃用。

隧道技术是目前实现不同 VPN 用户业务区分的基本方式。一个 VPN 可抽象为一个没有自环的连通图，每个顶点代表一个 VPN 端点（所谓 VPN 端点，是指用户数据进入或离开 VPN 的设备端口），相邻顶点之间的边表示连结这两对应端点的逻辑通道，即隧道。作为 VPN 的基本构件，隧道以叠加在 IP 主干网上的方式运行。需安全传输的数据分组经一定的封装处理，从信源的一个 VPN 端点进入 VPN，经相关隧道穿越 VPN（物理上穿越不安全的互联网），到达信宿的另一个 VPN 端点，再经过相应解封装处理，便得到原始数据。封装的数据在传送中，不仅遵循指定的路径，避免经由不信任的节点而到达未授权接收方，而且封装处理使得传送的中转节点不必也不会解析原始数据，一定程度上防止了数据泄密。

对于基于网络的 VPN，如果用户的数据仅需跨越单个运营商的网络，一般的隧道技术能够满足大多数用户的安全需要，但当用户数据需跨越多个运营商的网络时，在连接两个独立网络的节点该用户的数据分组需要被解封装和再次封装，可能会造成数据泄密，这就需要结合其他安全技术（这些安全技术同样可以用来提高基于用户设备的 VPN 的安全性能），如加解密技术和密钥管理技术等其他的网络安全技术。

加解密技术，指信源在原始数据发送前对其采用某种加密算法得到密文，并以密文的形式传送数据,信宿接收到密文后,再采取相应的解密算法解析密文得到原始数据。按照现代密码学的观点,密文的安全只取决于密钥的安全,而不是算法的保密。合适的密钥管理技术能够确保在互联网上安全传递密钥而不被窃取。显然,结合加解密技术和密钥管理技术,密文形式传送的数据即使被第三方获得,也只是一堆无意义的数据,这进一步保证了通信的安全性。

隧道、加解密和密钥管理等技术的结合,保证了用户数据在已有隧道上的安全传送。但对于支持远程接入或动态建立隧道的VPN,在隧道建立之前需要确认访问者的身份,是否可以建立要求的隧道,若可以,系统还需根据访问者身份实施资源访问控制。这需要访问者与设备身份认证技术和访问控制技术,只有可接受的访问者使用许可的设备,通过建立隧道才能以规定的方式访问限定的资源,从人(内部和外部)的角度保证了企业的信息安全。

简而言之,VPN通过安全隧道、身份认证和访问控制等技术,以低成本在共享的互联网上,实现了与专用网络相当的安全性能。

19.2　VPN 的应用领域

VPN技术是应用户的远程安全通信需求而产生的,特定的需求规定了VPN技术的特定应用领域。

目前,VPN主要有3个应用领域:远程接入网、内联网和外联网。

远程接入网主要用于企业内部人员的移动或远程办公,也可以用于商家为其顾客提供B2C(Busness to Censumer)的安全访问服务如图19.1所示。基于VPN的远程接入网不仅能使用户随时随地以其所需的方式安全访问企业资源,而且和传统远程接入网相比,具有如下优点:

(1)减少用于相关调制解调器和终端服务设备的资金及关联费用,简化网络。

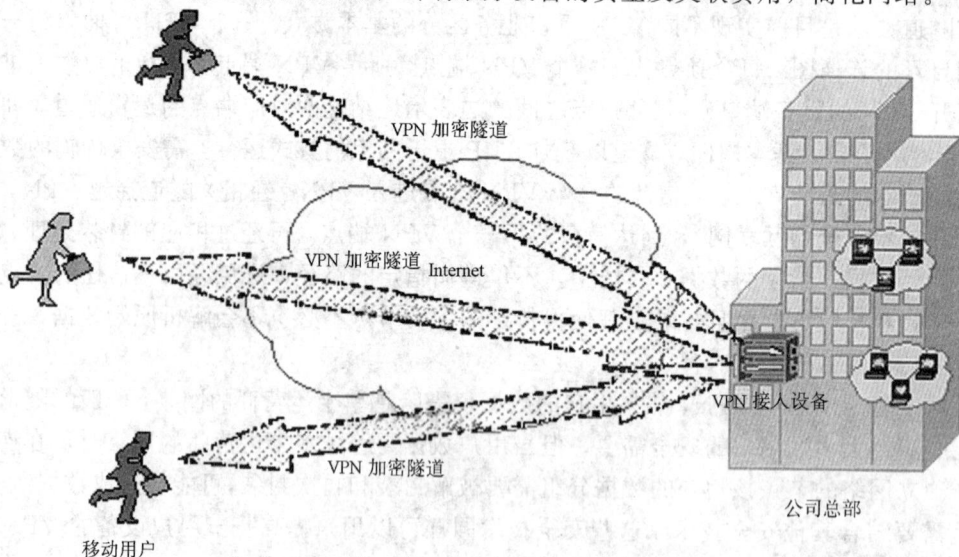

图 19.1　VPN 的远栏接入应用

（2）实现拨号接入本地 ISP,而不必长途拨号接入公司,将显著降低长途通信的费用。

（3）良好的可扩展性,新用户加入调度简便。

（4）远端验证拨入用户服务（RADIUS）基于标准,基于策略功能的安全服务。

（5）减少管理、维护和操作拨号网络的人力成本,专注于公司的核心业务。

内联网主要用于企业内部各分支机构的互联,如图 19.2 所示,基于 VPN 的内联网不仅能够为各分支机构提供便捷的安全通信,还能实现相互间基于策略的信息共享,杜绝未经授权的资源访问。与传统内联网相比,基于 VPN 的内联网具有下列优势:

（1）利用互联网,减少建立专用网络的费用。

（2）拓扑结构灵活,甚至可以采用全互连结构。

（3）互联网的全球互连性,使新的分支机构能更快、更容易地被连入企业内联网。

（4）采用合适的网络拓扑,或利用互联网的冗余性,可以提高内联网的可用性。

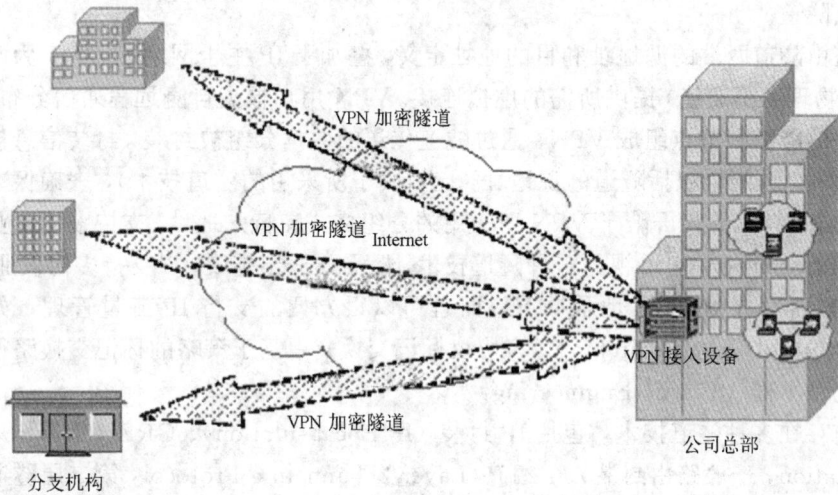

图 19.2　VPN 的内联网应用

外联网主要为某个企业和其合作伙伴提供许可范围内的信息共享服务。基于 VPN 的外联网,既可以向客户和合作伙伴提供快捷准确的信息服务,同时跟踪了解客户的最新需求,又可以保证自身内部网络的安全。基于 VPN 的外联网和基于 VPN 的内联网的网络架构极为相似,只是前者对于策略管理更为重视。同一外联网的两个独立内联网通常由互联网连接,对于任一个内联网,其连接点只有一个且位于该内联网和互联网之间。在该连接点上部署着访问控制列表和针对不同客户和合作伙伴的严格的管理策略,为来自相关内联网的访问提供所需信息,同时禁止其对其他资源的访问。

VPN 技术为企业提供了雇员和企业、客户和企业以及合作伙伴间的无缝安全连接,实现相关信息资源的便捷共享。

对于互联网接入服务提供商,VPN 技术则是一个新的业务增长点,通过为多个企业提供 VPN 服务,提高网络设备的利用率,并由这些企业分摊基础设备的购置和维护费用。

随着人们对廉价、安全远程通信的需求不断深化,VPN 技术也将运用到更多的领域。

19.3 VPN 的关键安全技术

由 19.1 节的讨论知道，目前 VPN 主要采用 5 项技术来保证安全，这 5 项技术分别是隧道技术（Tunneling）、加解密技术（Encryption & Decryption）、密钥管理技术（Key Management）、使用者与设备身份认证技术（Authentication）和访问控制技术（Access Control）。后 4 种技术在本书的有关章节已得到详细展开，所以这里我们只对隧道技术做重点讨论。

隧道技术按其拓扑结构分为点对点隧道和点对多点隧道。点对多点隧道，如距离-向量组播路由协议（Distance-Vector Multicast Routing Protocol），只是为提高组播时的带宽利用率，适当扩弃点对点隧道的功能；而 VPN 中更多的是点对点通信，故这里主要讨论点对点隧道。

隧道由隧道两端的源地址和目的地址定义，叠加于 IP 主干网之上运行，为两端的通信设备（物理上不毗连）提供所需的虚拟连接。VPN 用户根据自身远程通信分布的特点，选择合适的隧道和节点组成 VPN，通过隧道传送的数据分组被封装（封装信息包括隧道的目的地址，可能也包括隧道的源地址，这取决于所采用的隧道技术），来确保数据传输的安全。隧道技术不仅屏蔽了 VPN 所采用的分组格式和特殊地址，支持多协议业务传送（IPSec（IP Security）也可视为一种隧道技术，但需要适当扩展，以支持多协议业务），解决了 CRL 所存在的 VPN 地址冲突，而且可以很方便的支持 IP 流量管理，如 MPLS（Multi-Protocol Label Switching，多协议标记交换）中基于策略的标记交换路径能够很好实现流量工程（Trattic Engineering）。

目前存在多种隧道技术，包括 IP 封装（IP Encapsulation）、GRE（Generic Routing Encapsulation，一般路由封装）、L2TP（Layer 2 Tunneling Protocol，第二层隧道协议）、PPTP（Point-to-Point Tunneling Protocol，点对点隧道协议）、IPSec（IPSec 存在两种工作模式，传输模式和隧道模式，这里仅指隧道模式）和 MPLS 等。这里仅对 L2TP、IPSec 和 MPLS 等代表技术做简要介绍。

L2TP 定义了利用分组交换方式的公共网络基础设施（如 IP 网络、ATM 和帧中继网络）封装链路层 PPP（Point-to-Point Protocol，点到点协议）帧的方法。承载协议首选网络层的 IP 协议，也可以采用链路层的 ATM 或帧中继协议。L2TP 可以支持多种拨号用户协议，如 IP、IPX 和 AppleTalk，还可以使用保留 IP 地址。目前，L2TP 及其相关标准（如认证与计费）已经比较成熟，并且用户和运营商都已经可以运用 L2TP 组建基于 VPN 的远程接入网，因此国内外已经有不少运营商开展了此项业务。一般在实施中，运营商提供接入设备，客户提供网关设备（客户自己管理或委托运营商管理）。

IPSec 是一组开放的网络安全协议的总称，在 IP 层提供访问控制、无连接的完整性、数据来源验证、防回放攻击、加密以及数据流分类加密等服务。IPSec 包括报文认证头 AH（Authentication Header）和报文安全封装协议 ESP（Encapsulating security Payload）两个安全协议。AH 主要提供数据来源验证、数据完整性验证和防报文回放攻击功能。除具有 AH 协议的功能之外，ESP 还提供对 IP 报文的加密功能。和 L2TP、GRE 等其他隧道技术相比，IPSec 具有内在的安全机制——加解密，而且可以和其他隧道协议结合使用，为用户的远程通信提供更强大的安全支持。IPSec 支持主机之间、主机与网关之间以及网关之间的组网。此外，IPSec 还提供对远程访问用户的支持。虽然 IPSec 和与之相关协议已基本完成标准化工作，但测试表明，目前不同厂家的 IPSec 设备还存在互操作性等问题，因此目前大规模部署使用基于 IPSec 的 VPN 还存在困难。

MPLS 源于突破 IP 路由瓶颈的需要，融合 IP Switching 和 Tag Switching 等技术，跨越多种链路层技术，为无连接的 IP 层提供面向连接的服务。面向连接的特性，使 MPLS 自然支持 VPN 隧道，不同的标记交换路径组成不同的 VPN 隧道，有效隔离不同用户的业务。用户分组进入 MPLS 网络时，由特定入口路由器根据该分组所属的 VPN，标记（即封装）并转发该分组，经一系列标记交换，到达对应出口路由器，剔除标记、恢复分组并传送至目的子网。和其他隧道技术相比，MPLS 的封装开销很小，大大提高了带宽利用率。然而，基于 MPLS 的 VPN 还限于 MPLS 网络内部，尚未充分发挥 IP 的广泛互连性，这有待实现 MPLS 隧道技术与其他隧道技术的良好互通。

一项好的隧道技术不仅要提供数据传输通道，还应满足一些应用方面的要求。首先，隧道应能支持复用，节点设备的处理能力限制了该节点能支持的最大隧道数，复用（相当于 ATM 中的 VC（Virtval GraitC）/VP（Virtval Path）汇聚）不仅提高节点的可扩展性（可支持更多的隧道），部分场合下还能减少隧道建立的开销和延迟。L2TP、IPSec 和 MPLS 分别通过两个域（隧道标识和会话标识）、安全参数索引域和标记都实现了复用功能。IETF 和 ATM 论坛联合制定了全球统一的 VPN 标识，结合使用 VPN 标识和隧道标识也可支持复用。其次，隧道还应采用一定的信令机制，好的信令不仅能在隧道建立时协调有关参数，而且显著降低管理负担。L2TP、IPSec 和 MPLS 分别通过 L2TP 控制协议、IKE（Internet Key Exchange，互联网密钥交换）协议和基于策略路由标记分发协议与针对标记交换路径隧道的资源保留协议扩展。此外，隧道技术还应支持帧排序和拥塞控制并尽力减少隧道开销等。

19.4　VPN 的实现方法

VPN 的分类存在多种方法，每一类 VPN 都有其特有的实现方法。

根据 VPN 主要设备的归属不同，VPN 可分为基于用户设备的 VPN 和基于网络的 VPN，相应类别 VPN 的实现见 19.1 节。

根据 VPN 运行在哪一层——第二层还是第三层，将 VPN 分成 L2VPN（Layer 2 VPN，第二层 VPN）和 L3VPN（Layer 3 VPN，第三层 VPN）。一个 VPN 是若干个由隧道连接的 VPN 设备组成，每个 VPN 设备在与其关联的多个隧道和其他网络接口间以合适的方式转发分组。这种分组转发的方式决定了该 VPN 是 L2VPN 还是 L3VPN，若分组被中继或桥接转发，则该 VPN 是 L2VPN；否则，该 VPN 是 L3VPN，分组将被路由转发。L2VPN 可以进一步细分为：VLL（Virtual Leased Line，虚拟租用线路）、VPDN（Virtual Private Dial Network，虚拟专用拨号网络）和 VPLS（Virtual Private LAN Segment，虚拟专用局域网段）。而 L3VPN 又被称为 VPRN（Virtual Private Routed Network，虚拟专用路由网络）。

通常，具体实现一个 VPN 时，至少应当回答这些问题：一台 VPN 设备如何发现属于同一 VPN 的其他设备？如何建立 VPN 隧道？采用哪种隧道协议？如何在一个 VPN 内传播各端点的路由情况信息？通过端口配置，（用户或运营商的）设备成为某个 VPN 的一员；对于一个成员设备，了解 VPN 其他成员主要有 3 种方法，手动配置（若此了解者是用户设备）、利用 BGP 所携带的信息获得（若此了解者是运营商的设备）和域名服务（适用所有成员设备）。与手动配置相比，利用 BGP 和域名服务都具有极佳的可扩展性，但后两者孰优孰劣仍需进一步研究。目前，可供选择的隧道技术主要是 MPLS、L2TP 和 IPSec，而且隧道技术的选择需要能独立于所采用的了解 VPN 成员的方法。建立隧道的方法由相应的信令决定，而选择的信令必须支持选定的隧道协议。VLL 可利用隧道建立的过程获得网络层可到达信息；VPDN 和 VPLS 没有广播可到达信息的必要；VPRN 广播可到达信息有两种办法，通过运行在虚拟路由器间 VPN 隧道上的 IGP 或通过经 VPN 地址扩展的 BGP。显然，这些 VPN 的实现将各具特点，即使同一类型 VPN 在不同场合的实现也存在很大差异，所以我们仅着重讨论与安全最相关的隧道技术在不同 VPN 实现中的取舍。

VLL 是最简单的 VPN，用户的两台设备分别连接到骨干网的两个边缘节点，而这两个节点通过一条隧道连接，两条桩链（Stub Link）（引入概念"桩链"表示连接用户设备和边缘节点的物理链路）可以是任意类型的链路。配置边缘节点，使该节点两侧的桩链和隧道在第二层绑定，链路帧在两条链路间被中继转发（如果两条桩链采用不同链路层技术，远侧边缘节点还需完成特定的格式映射）。VLL 所采用的隧道协议必须支持多协议操作，较为合适的隧道技术是 IPSec。

VPDN 允许远端用户在必要时通过特定的隧道连接到站点，用户通过拨号电话网或 ISDN 链路连接到互联网，而待传分组经隧道传送，穿越公众网，到达目的地。这里，用户认证和所用设备的认证是必需的，同时通过这两项认证是建立隧道的前提。VPDN 中网络接入服务器（或拨号服务器）和网络服务器物理上分离，这种结构导致两种隧道模式，被动隧道和自发隧道。前者由网络接入服务器在接到用户建立隧道请求时，启动建立网络接入服务器与远端网络服务器间的隧道；后者由用户启动建立用户与远端网络服务器间的隧道，不涉及网络接入服务器。适合 VPDN 的被动隧道和自发隧道的隧道协议分别是 L2TP 和 IPSec，IPSec 还能为基于 L2TP 被动隧道的 VPDN 提供更强的安全保护。

利用互联网设施，VPLS 的每个边缘节点采用链路层桥接的方式连接多个用户设备（网桥或路由器），仿真局域网段，最大好处是协议的彻底透明性，这对无论是多协议传送还是运营商的策略管理都很重要。和局域网相似，VPLS 需要支持广播（广播可看做包括除发送方外所有局域网成员的组播）和组播，而目前惟一能很好地支持组播的隧道协议便是 MPLS，所以最适用 VPLS 的隧道协议是 MPLS。

VPRN 仿真多站点的广域路由网络，使用户的路由设备的复杂性和配置降到最低。VPRN 由一组网状的隧道构成，这些隧道连接着若干主干网路由器，由这些节点将来自其他 VPRN 节点的业务路由转发至合适的目的站点（注意 VPRN 仅指基于网络的 VPN，而基于用户设备的 VPN 可对应于 VLL、VPLS 或两者的适当组合）。VPRN 和 VPLS 非常相似，主要区别仅在于路由和桥接。VPRN 也要支持组播，而且建立隧道网的扩展性要求，使 MPLS 成为最适合 VPRN 的隧道协议。

虽然，我们能够选择不同 VPN 实现中的隧道协议，但是，必须清楚选择结果只是相互比较后的结果，并不意味着该选择完全符合实际的需要。所以，我们应在保持足够开放性的同时，对隧道协议进行扩展，使之更好地服务于实际工作环境。

19.5 VPN 产品与解决方案

19.5.1 解决方案一

某企业有分支机构设在外地，每天日常的信息资源流动（如电子邮件、公文流转等）都通过长途电话拨号进入总部，每月的长途话费开销数万元，而且由于拨号网络的速度限制，用户都普遍反应网络效率甚低。

考虑到现在 Internet 接入的费用日趋下降，可以利用当地 ISP 提供的宽带网络服务接入到 Internet，再利用 Internet 公众网络使分支机构与总部公司实现网络互连。但公众网络上黑客众多，公司内部邮件和公文需要保密，不可以直接暴露在公众网络中。基于用户的需求，可以采用 VPN 方式来进行网络互连，即利用 Internet 节省了原有的长途话费开销，又具有一定强度加密保障的安全性，还提高了整个网络的吞吐量和效率。

网络拓扑图实现如图 19.3 所示。

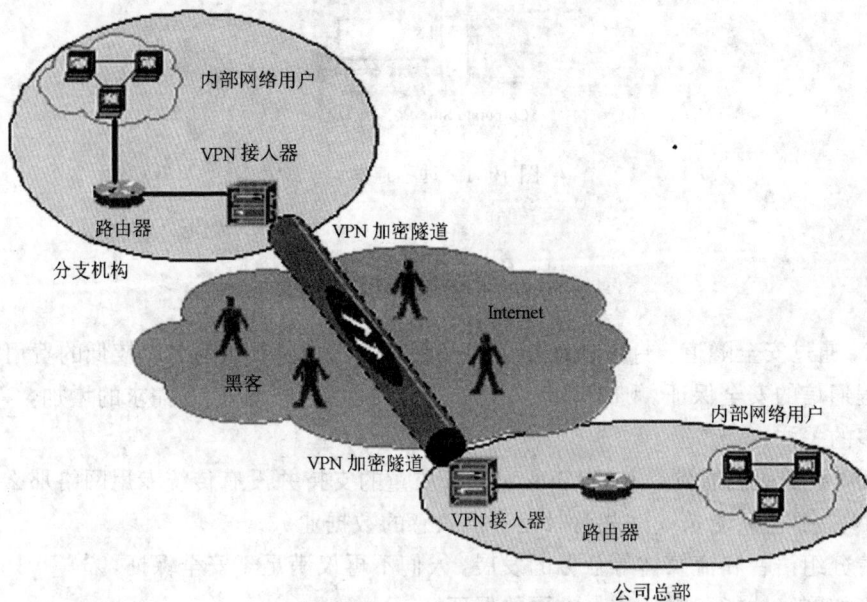

图 19.3 网络拓扑图

19.5.2 解决方案二

某 IT 公司的业务分布在各省市，员工出差的频率相当高。出差员工日常与总公司只能通过长途电话汇报情况，由于 IT 公司有相当多的资料更新比较快，而且往往是电子文档，一般员工就只能通过 Internet 公众网络中的电子邮件信箱或匿名 FTP 来交换资料，而且经常受到信箱大小的限制，或匿名 FTP 不安全因素的威胁。

由于现在大多数员工都使用 Windows 2000 或 Windows XP 作为操作系统，可以利用这些操作系统内置的 VPN 拨号功能来实现异地、安全、低开销地连入到总公司网络中。这样员工不论出差在哪个城市，都可以利用当地的 ISP 连回总公司，使用总部的网络资源、收发电子邮件等，显著提高了工作效率，如图 19.4 所示。

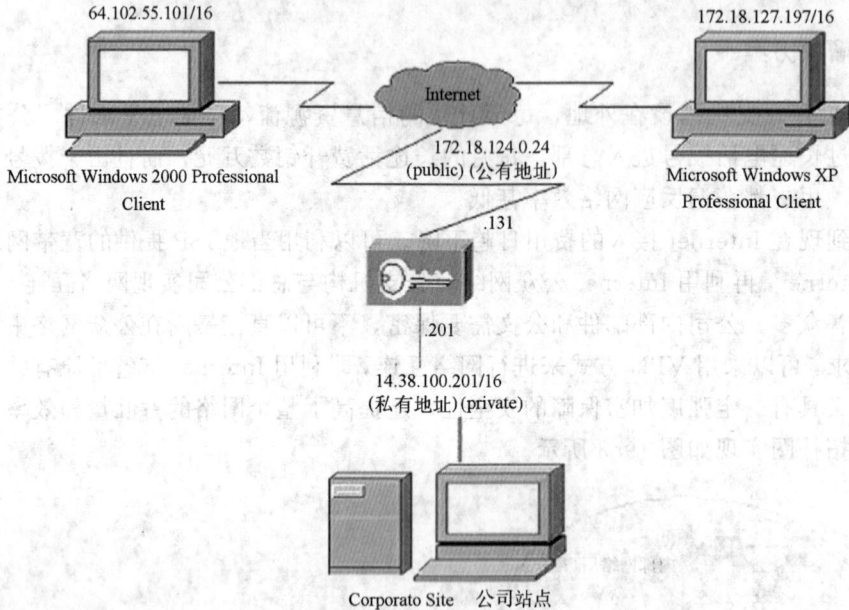

图 19.4　远程连网

19.6　小　　结

VPN 通过安全隧道、身份认证和访问控制等手段，在互联网上以较低的费用，实现人们远程通信的安全保证。随着移动办公、信息共享和安全通信等需求的增加，VPN 将受到更多的关注。

然而，我们应当看到，由于 VPN 对服务质量的支持并没有传统专用网络那么强，目前，VPN 主要也只能承载一些对时延不很敏感的数据业务。

随着分组语音和流媒体等业务的发展，人们不再仅满足于安全保证，希望 VPN 还能够提供诸如网络性能和服务质量方面的保证。

同时，IP 技术也正在经历巨大变化，从尽力传送到业务区分，服务质量的支持已具雏形。VPN 和 IP 的天然渊源，使新的 IP 技术能够自然运用于 VPN。

相信 VPN 将以更强的安全保证、更好的服务质量满足人们更多的通信需求。

习　　题

1. 我们身边存在着许多 VPN 的运用。试着了解这些机构所采用的具体 VPN 技术，结合其实际通信需求分析其技术优劣。

2. 随着万维网技术的发展，基于 SSL（Secure Sockets Layer）的 VPN 技术得到越来越多的关注。试比较基于 SSL 的 VPN 和基于 IPSec 的 VPN 这两种技术的优劣（提示：可从应用范围、功能和成本等方面作比较）。

3. 某大学在其甲校区和乙校区之间建立 VPN 连接，老师在任一校区授课时，另一校区的学生可通过视频点播的方式同步学习。现发现：在正常工作时间，通过视频点播中音频和视频质量均较差，而在其他时间段没有这样的问题。试分析其原因。附：两个校区均自构 VPN，并由一 IP 网络运营商分别为这两个校区提供 100M 带宽的出口。同时，通过这个 100M 端口也为对应校区的师生提供如 Web 访问等网络服务。

4. 结合上例研究如何在 VPN 环境下保证服务质量 QoS（Quality of Service）。

5. 结合题 3 研究加解密对 VPN 网络性能的影响。

参 考 文 献

Farinacci D，Li T，Hanks S，et al. Mar 2000. Generic Routing Encapsulation (GRE)，RFC 2784

Ferguson P，Huston G. What is a VPN? Apr 1998. http：//www.employees.org/~ferguson/vpn.pdf

Gleeson B，Lin A，Heinanen J，et al. Feb 2000. A Framework for IP Based Virtual Private Networks，RFC 2764

Hamzeh K，Pall G，Verthein W，et al. Jul 1999. Point-to-Point Tunneling Protocol，RFC 2637

Kent S，Atkinson R. Nov 1998. Security Architecture for the Internet Protocol，RFC 2401

Muthukishnan K，Malis A. Sep 2000. A Core MPLS IP VPN Architecture，RFC 2917

Rosen E，Rekhter Y. Mar 1999. BGP/MPLS VPNs，RFC 2547

Patel B，Aboba B，Dixon W，et al. Nov 2001. Security L2TP using Ipsec，RFC 3193

Townsley W，Valencia A，Rubens A，et al. Aug 1999. Layer Two Tunneling Protocol L2TP，RFC 2661

第 20 章　安全扫描技术

网络安全技术中，有一类重要的技术是安全扫描技术。安全扫描也称为脆弱性评估（Vulnerability Assessment），其基本原理是采用模拟黑客攻击的形式对目标可能存在的已知安全漏洞进行逐项检查，目标可以是工作站、服务器、交换机、数据库应用等各种对象，然后根据扫描结果向系统管理员提供周密可靠的安全性分析报告，为提高网络安全整体水平产生重要依据。显然，安全扫描软件是把双刃剑，黑客可以利用它入侵系统，而系统管理员掌握它以后又可以有效地防范黑客入侵。因此，安全扫描是保证系统和网络安全必不可少的手段，必须仔细研究利用。

由于安全扫描技术与黑客技术的密切相关性，下面我们首先介绍一下常见的黑客攻击过程，其中会着重讲一下端口扫描技术，接着介绍安全扫描技术的分类、设计、发展趋势，然后给大家介绍一些常见的安全扫描工具和产品，最后是小结。

20.1　常见黑客攻击过程

常见的黑客攻击过程通常包括以下步骤：

（1）目标探测和信息攫取，用于确定攻击目标并收集目标系统的有关信息，这一阶段通常又可以分为 3 个子过程：

- 踩点（Footprinting）。
- 扫描（Scanning）。
- 查点（Enumeration）。

（2）获得访问权（Gaining Access），就是获得目标系统的一般权限。

（3）特权提升（Escalating Privilege），获得目标系统的管理员权限。

（4）掩踪灭迹（Covering Tracks），隐藏自己的踪迹。

（5）创建后门（Creating Back Door），方便以后入侵。

下面我们稍微展开讲一下。

20.1.1　目标探测和信息攫取

在发动一场攻击之前，黑客一般要先确定攻击目标并收集目标系统的相关信息。它可能在一开始就确定了攻击目标，然后专门收集该目标的信息；也可能先大量收集网上主机的信息，然后根据各系统的安全性强弱确定最后的目标。

这一阶段通常又可细分为下面 3 个步骤。

1. 踩点（Footprinting）

当盗贼决定抢劫一家银行时，他们并不是直接走进去开始要钱（至少不是明智的做法），相反，他们下苦功夫收集关于这家银行的信息，包括武装押运车的路线和送货时间、摄像头位置和摄像范围、出纳员人数、逃跑出口以及其他任何有助于避免意外事故的信息，这我们经常称之为踩点。

同样踩点也适用于黑客（攻击者），他们必须尽可能多地收集关于目标系统的安全状况的各个方面的信息。Whois 数据库查询可以获得很多关于目标系统的注册信息，DNS查询（比如可以采用 UNIX/Windows 上都提供的 nslookup 命令客户端）也可令攻击者获得关于目标系统内域名、IP 地址、DNS 服务器、邮件服务器等有用信息。此外还可以用 traceroute 工具（还有一个界面更友好的 VisualRoute）获得一些网络拓扑和路由信息。

2. 扫描（Scanning）

如果说踩点等效于窥探某地以收集情报，那么扫描就是在敲击墙体以找到所有门窗了。在踩点阶段，我们通过 whois 查询和 DNS 查询获取了一个由网络和 IP 地址构成的清单，这里提供了诸如人员姓名、电话、IP 地址范围、DNS 服务器、邮件服务器等有价值的信息。在扫描阶段，我们将使用各式各样的工具和技巧（如 Ping 扫射、端口扫描以及操作系统检测等）确定哪些系统存活着、它们在监听哪些端口（以此来判断它们在提供哪些服务），甚至更进一步地获知它们运行的是什么操作系统。

Ping 扫射采用的是发送 ICMP echo 请求分组到目标主机，如果收到 ICMP echo 回答响应则表明目标主机存活着，UNIX 和 Windwos 下都有众多的工具来执行 Ping 扫射，传统的 Ping 扫射工具在转向探测下一台潜在主机前等待当前探测的系统给出的响应和超时为止，这样扫射一段较大的 IP 地址段时耗费很长的时间，改进的 Ping 扫射工具（如fping 等）则以一种并行的轮转形式发出大量的 Ping 请求，这样一来速度就明显加快。

通过 Ping 扫射获得了一台存活的主机后，就可以进行端口扫描。一个端口就是一个潜在的通信通道，也就是一个潜在的入侵通道。对目标主机进行端口扫描，能得到许多有用的信息，例如该主机提供了哪些服务，使用的是什么操作系统（通过 TCP 协议栈指纹鉴别，这我们在第 2 章中已经简要提到过）等。进行端口扫描可以使用扫描器，也可以手工扫描。手工扫描的话需要用户有一定的 TCP/IP 知识，还需要熟悉各种命令，对命令执行后的输出进行分析。

常见的端口扫描有以下几种方式：

（1）TCP connect()扫描。

这是最基本的 TCP 扫描。操作系统提供的 connect()系统调用（这是一个 Socket 函数），用来与每一个感兴趣的目标计算机的端口进行连接。如果端口处于侦听状态，那么connect()就能成功，否则，这个端口是不能用的，即没有提供服务。这个技术的一个最大的优点是，你不需要任何权限。系统中的任何用户都有权利使用这个调用。另一个好处就是速度。如果对每个目标端口以线性的方式，使用单独的 connect()调用，那么将会花费相当长的时间，你可以通过同时打开多个套接字，从而加速扫描。使用非阻塞 I/O调用允许你设置一个低的时间超时周期，同时观察多个套接字。但这种方法的缺点是很容易被发觉，并且被过滤掉。目标主机的日志文件会显示一连串的连接和连接是出错的服务消息，并且能很快地使它关闭。

（2）TCP SYN 扫描。

这种技术通常认为是"半开放"扫描，这是因为扫描程序不必要打开一个完全的 TCP连接。扫描程序发送的是一个 SYN 数据包，好像准备打开一个实际的连接并等待反应一

样(参考 TCP 的三次握手建立一个 TCP 连接的过程)。一个 SYN|ACK 的返回信息表示端口处于侦听状态。一个 RST 返回，表示端口没有处于侦听态。如果收到一个 SYN|ACK，则扫描程序必须再发送一个 RST 信号，来关闭这个连接过程。这种扫描技术的优点在于一般不会在目标计算机上留下记录。但这种方法的一个缺点是，必须要有 root 权限才能建立自己的 SYN 数据包。

（3）TCP FIN 扫描。

有的时候有可能 SYN 扫描都不够秘密。一些防火墙和包过滤器会对一些指定的端口进行监视，有的程序能检测到这些扫描。相反，FIN 数据包可能会没有任何麻烦的通过。这种扫描方法的思想是关闭的端口会用适当的 RST 来回复 FIN 数据包。另一方面，打开的端口会忽略对 FIN 数据包的回复。这种方法和系统的实现有一定的关系。有的系统不管端口是否打开，都回复 RST，这样，这种扫描方法就不适用了。这种方法在区分 UNIX 和 NT 时，是十分有用的。

以上这三种 TCP 端口扫描方式可以用图 20.1 表示如下。

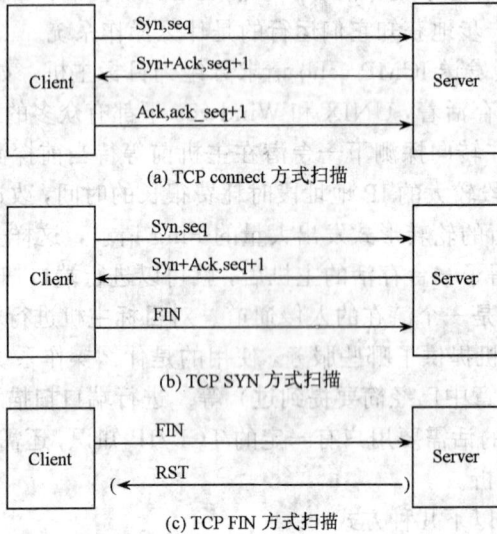

(a) TCP connect 方式扫描

(b) TCP SYN 方式扫描

(c) TCP FIN 方式扫描

图 20.1　TCP 的三种端口扫描方式

（4）IP 分片扫描。

这种扫描并不是直接发送 TCP 探测数据包，是将数据包分成两个较小的 IP 段。这样就将一个 TCP 头分成好几个数据包，从而过滤器就很难探测到。但必须小心，一些程序在处理这些小数据包时会有些麻烦。

（5）TCP 反向 ident 扫描。

ident 协议允许看到通过 TCP 连接的任何进程的拥有者的用户名，即使这个连接不是由这个进程开始的。因此你可以连接到特定端口（比如 http 端口），然后用 identd 来发现服务器是否正在以 root 权限运行。这种方法只能在和目标端口建立了一个完整的 TCP 连接后才能看到。

（6）FTP 返回扫描。

FTP 协议的一个有趣的特点是它支持代理（Proxy）FTP 连接，即入侵者可以从自己的计算机 a.com 和目标主机 target.com 的 FTP server-PI（协议解释器）连接，建立一个控制通信连接。然后，请求这个 server-PI 激活一个有效的 server-DTP（数据传输进程）来给 Internet 上任何地方发送文件。这个协议的缺点是"能用来发送不能跟踪的邮件和新闻，给许多服务器造成打击，用尽磁盘，企图越过防火墙"。

我们利用这个的目的是从一个代理的 FTP 服务器来扫描 TCP 端口。这样，你能在一个防火墙后面连接到一个 FTP 服务器，然后扫描端口（这些原来有可能被阻塞）。如果 FTP 服务器允许从一个目录读写数据，你就能发送任意的数据到发现的打开的端口，如图 20.2 所示。

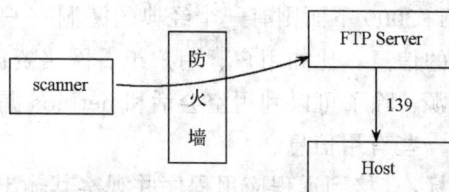

图 20.2　FTP 返回扫描

对于端口扫描，这个技术是使用 PORT 命令来表示被动的 User DTP 正在目标计算机上的某个端口侦听。然后入侵者试图用 LIST 命令列出当前目录，结果通过 Server-DTP 发送出去。如果目标主机正在某个端口侦听，传输就会成功（产生一个 150 或 226 的回应）。否则，会出现 "425 Can't build data connection：Connection refused."。然后，使用另一个 PORT 命令，尝试目标计算机上的下一个端口。这种方法的优点很明显，难以跟踪，能穿过防火墙。主要缺点是速度很慢，有的 FTP 服务器最终能得到一些线索，关闭代理功能。

（7）UDP ICMP 端口不能到达扫描。

这种方法与上面几种方法的不同之处在于使用的是 UDP 协议。由于这个协议很简单，所以扫描变得相对比较困难。这是由于打开的端口对扫描探测并不发送一个确认，关闭的端口也并不需要发送一个错误数据包。幸运的是，许多主机在你向一个未打开的 UDP 端口发送一个数据包时，会返回一个 ICMP _ PORT _ UNREACH 错误。这样你就能发现哪个端口是关闭的。UDP 和 ICMP 错误都不保证能到达，因此这种扫描器必须还实现在一个包看上去是丢失的时候能重新传输。这种扫描方法是很慢的，因为 RFC 对 ICMP 错误消息的产生速率做了规定。同样，这种扫描方法需要具有 root 权限。

（8）UDP recvfrom()和 write()扫描。

当非 root 用户不能直接读到端口不能到达错误时，Linux 能间接地在它们到达时通知用户。比如，对一个关闭的端口的第二个 write()调用将失败。在非阻塞的 UDP 套接字上调用 recvfrom()时，如果 ICMP 出错还没有到达时会返回 EAGAIN-重试。如果 ICMP 到达时，返回 ECONNREFUSED-连接被拒绝。这就是用来查看端口是否打开的技术。

3. 查点 (Enumeration)

从系统中抽取有效账号或导出资源名的过程称为查点，这些信息很可能成为目标系统的祸根。比如说，一旦查点查出一个有效用户名或共享资源，攻击者猜出对应的密码或利用与资源共享协议关联的某些脆弱点通常就只是一个时间问题了。

查点技巧差不多都是特定于操作系统的，因此要求使用前面步骤汇集的信息（端口扫描和操作系统检测过的结果）。

攻击者查点的信息类型大致可分为以下三类：

- 用户和用户组：查点用户的各种技巧中最早出现的也许是 UNIX 的 finger 工具，它可以获取远程主机上用户的信息，ruser、rwho、smtp 等也通常被用来查点用户；在运行远程过程调用(RPC)服务的主机上，rpcinfo 是查点用户信息的 finger 的等价物；Windows NT/2000 下面则有一个经典的漏洞——空会话，通过它进一步可以获取系统中更多的信息，比如用户、用户组、网络资源和共享资源等。
- 网络资源和共享资源：除了可以利用空会话和 netbios 漏洞外，LDAP、SNMP 程序也会暴露系统的一些有用信息。
- 服务器程序及其旗标：连接到远程应用程序并观察其输出通常被称为旗标攫取，有时候它获得的信息令人吃惊，比如它可以确认服务器上运行的软件和版本。查点几乎任何系统上的服务器程序及其旗标的经典方法就是使用 Telnet 和 Netcat 来给某个已知在监听的端口提供输入。

20.1.2　获得访问权（Gaining Access）

在收集了足够的数据后，攻击者就可以胸有成竹地尝试访问目标了。这里他可以通过密码窃听、共享文件的野蛮攻击、攫取密码文件并破解或缓冲区溢出攻击等来获得系统的访问权限。

20.1.3　特权提升（Escalating Privilege）

一般账户对目标系统只有有限的访问权限，要达到某些目的，黑客必须有更多的权限，因此在获得一般账户后，黑客经常会试图获得更高的权限，比如获得系统管理员权限。通常可以采用密码破解（如用 L0phtcrack 破解 NT 的 SAM 文件）、利用已知的漏洞或脆弱点等技术。

20.1.4　掩踪灭迹（Covering Tracks）

一旦目标系统已全部控制，当务之急便是隐藏自己的踪迹，以防止被管理员发觉，比如清除日志记录、使用 rootkits 等隐藏工具。

20.1.5　创建后门（Creating Back Door）

在系统的不同部分布置陷阱和后门，以便入侵者在以后仍能从容获得特权访问。

20.1.6　总结

总结以上我们简略提到的黑客攻击过程，可以得出一张黑客攻击剖析图，如图 20.3 所示。

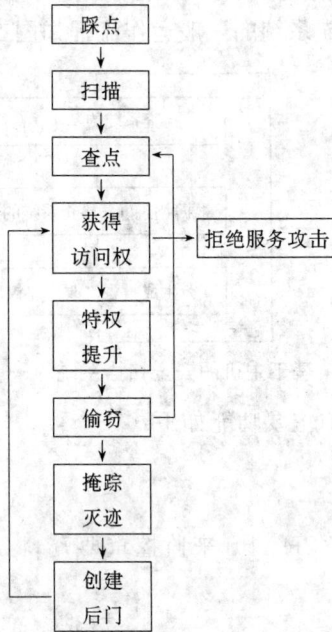

图 20.3　黑客攻击剖析图

20.2　安全扫描技术分类

目前安全扫描技术主要分两类：基于主机和基于网络的安全扫描。

20.2.1　基于主机的扫描技术

基于主机的扫描技术主要是针对操作系统的扫描检测，它采用被动的、非破坏性的办法对系统进行检测。通常涉及到系统的内核、文件的属性、操作系统的补丁等问题，还包括口令解密，把一些简单的口令剔除，因此，可以非常准确地定位系统的问题，发现系统的漏洞。它的缺点是与平台相关，升级复杂。

基于主机的安全扫描工具主要关注软件所在主机上面的风险漏洞，它被安装在需要扫描的主机上，来完成对主机系统的安全扫描。由于每个主机系统是独立的，且与其他主机系统是并行工作的，所以执行一次系统安全扫描评估的速度较快。

一般采用 Client/Server 的架构，如图 20.4 所示，其中有一个统一控管的主控台（Manager）和分布于各重要操作系统的 Agents，然后由 Manager 端下达命令给 Agents

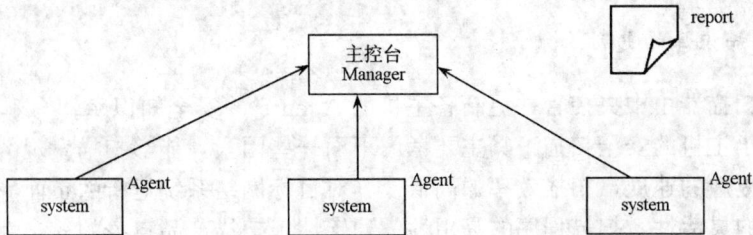

图 20.4　基于主机的安全扫描系统的一般系统结构

进行扫描，各 Agents 再回报给 Manager 扫描的结果，最后由 Manager 端呈现出安全漏洞报表。基于主机的安全扫描系统的一般运作流程如图 20.5 所示。

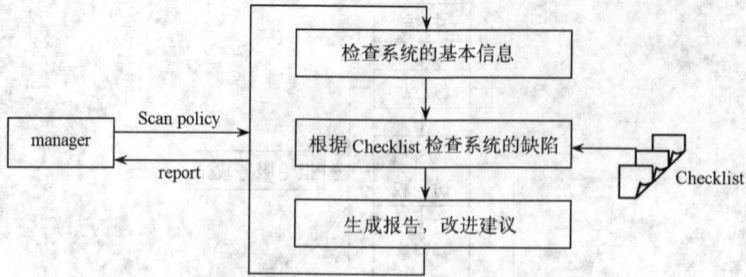

图 20.5　基于主机的安全扫描系统的一般运作流程

主机型安全漏洞扫描器的主要功能如下：

1. 重要资料锁定

利用安全的 Checksum（SHA1）来监控重要资料或程序的完整及真实性，如 Index.html 档。

2. 密码检测

采用结合系统信息、字典和词汇组合的规则来检测易猜的密码。

3. 系统日志文件和文字文件分析

能够针对系统日志文件，如 UNIX 的 syslogs 及 NT 的事件日志（Event Log），及其他文字文件（Text Files）的内容做分析。

4. 动态式的警讯

当遇到违反扫描政策或安全弱点时提供实时警讯并利用 E-mail、SNMP traps、呼叫应用程序等方式回报给管理者。

5. 分析报表

产生分析报表，并告诉管理者如何去修补漏洞。

6. 加密

提供 Manager 和 Agent 之间的 TCP/IP 连接认证、确认和加密等功能。

7. 安全知识库的更新

主机型扫描器由中央控管并更新各主机的 Agents 的安全知识库。

对于基于主机的安全扫描工具主要考虑下面一些因素：能够扫描发现的安全漏洞数量和数据库更新的速度，扫描效率的高低及其对目标网络系统运行的负面影响，定制模拟攻击方法的灵活性，扫描程序的易用性、稳定性，扫描产品自身的安全性，产品布置的可扩展性与灵活性，安全分析报告的形式。

基于主机的产品包括 Symantec 公司的 ESM 和 ISS 公司的 System Scanner 等，中国科学院网威、启明星辰等公司也有类似产品。

20.2.2 基于网络的扫描检测技术

基于网络的扫描检测技术采用积极的、非破坏性的办法来检验系统是否有可能被攻击崩溃，它利用了一系列的脚本模拟对系统进行攻击的行为，然后对结果进行分析。它还针对已知的网络漏洞进行检验。网络检测技术常被用来进行穿透实验和安全审记。这种技术可以发现一系列平台的漏洞，也容易安装，但是，它可能会影响网络的性能。

图 20.6 展示了基于网络的安全扫描系统的一般系统结构，图 20.7 是系统的一般运作流程。

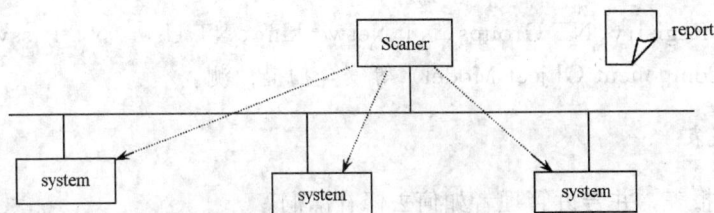

图 20.6　基于网络的安全扫描系统的一般系统结构

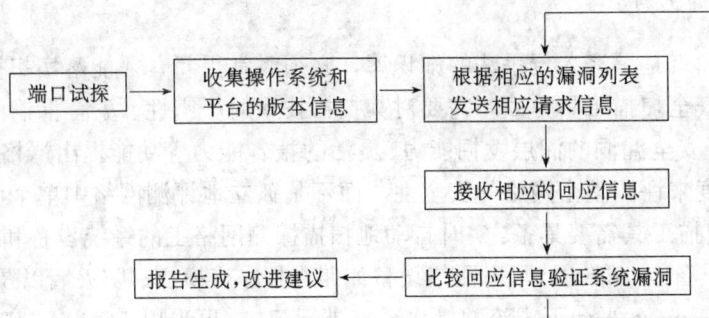

图 20.7　基于网络的安全扫描系统的一般运作流程

基于网络的安全扫描工具是通过网络远程探测其他主机的安全风险漏洞，它被安装在整个网络环境中的某一台机器上，可对网络内的系统服务器、路由器和交换机等网络设备进行扫描，这是一种串行扫描，扫描时间较长。

网络型安全漏洞扫描器主要的功能如下：

1. 服务扫描侦测

提供 well-known port service 的扫描侦测及 well-known port 以外的 ports 扫描侦测。

2. 后门程序扫描侦测

提供 PC Anywhere、NetBus、Back Orifice、Back Orifice2000(BackdoorBo2k)等远程控制程序(后门程序)的扫描侦测。

3. 密码破解扫描侦测

提供密码破解的扫描功能，包括操作系统及程序密码破解扫描，如 FTP、POP3、Telnet 等。

4. 应用程序扫描侦测

提供已知的破解程序执行扫描侦测，包括 CGI 漏洞、Web Server 漏洞、FTP Server 等的扫描侦测。

5. 拒绝服务扫描测试

提供拒绝服务（Denial Of Service）的扫描攻击测试。

6. 系统安全扫描侦测

如 NT 的 Registry、NT Groups、NT Networking、NT User、NT Passwords、DCOM (Distributed Component Object Model) 等安全扫描侦测。

7. 分析报表

产生分析报表，并告诉管理者如何去修补漏洞。

8. 安全知识库的更新

所谓安全知识库就是黑客入侵手法的知识库，必须时常更新，才能落实扫描。

在基于网络的安全扫描工具方面，需要对其扫描技术的严密性、安全漏洞的真伪识别及诊断能力、对于安全漏洞的深层发掘能力、灵活的报告能力等功能提出严格要求，同时应该从整体的角度来评测整个网络的安全性，而不是孤立地评测网络中单个设备的安全性。基于网络的扫描工具需要具备：实时自动地扫描探测网络上的系统设备和服务；扫描信息并行处理，具备自学能力；可对网络设备如路由器、交换机、防火墙以及 UNIX、Linux、Windows、Netware 平台下主流的操作系统进行扫描；可采用 TCP/IP、IPX/SPX、NetBEUI 等协议进行扫描。

基于网络的产品包括 ISS 公司的 Internet Scanner、Symantec 公司的 NetRecon、NAI 公司的 CyberCops Scanner、Cisco 的 Secure Scanner（以前称为 NetSonar）等。目前国内有中国科学院网威的 NetPower、启明星辰的天镜、绿盟的 RSAS 远程安全评估系统等。

现在优秀的安全扫描产品应该是综合了以上两种方法（基于主机和基于网络）的优点，最大限度地增强漏洞识别的精度。

20.3　安全扫描系统的设计

20.3.1　设计原理

这一节我们介绍一个网络安全扫描系统的设计。该系统可以对目标系统可能提供的各种网络服务（如 FTP、http 等）进行全面扫描，尽可能收集目标系统远程主机和网络的有用信息，并模拟前面我们介绍的一些攻击行为找出可能的安全漏洞，例如错误配置的网络服务、系统或网络应用的漏洞等。由于网络测试涉及远程主机及其所在的子网，因而大部分检测、扫描、模拟攻击等工作并不能一步完成。网络安全扫描系统采取的方式是，先根据前次返回信息进行分析判断，再决定后续采取的动作。或者进一步检测，或者结束检测并输出最后的分析结果，如此反复多次。我们把这种方法称为"检测一分析"循环结构。

该系统的设计注重灵活性，各个检测工具相对独立，为增加新的检测工具提供方便。如需加入新的检测工具，只需在网络安全扫描的实现目录下加入该工具，并在网络检测级别类中注明，则启动程序会自动执行新的安全检测。为了实现这种灵活性，该系统的网络安全扫描采用了将检测部分和分析部分分离的策略，即检测部分由一组功能相对单纯的检测工具（如 TCP 端口扫描、UDP 端口扫描等）组成，这种工具对目标主机的某个网络特性进行一次探测，并根据探测结果向调用者返回一个和多个标准格式的记录。分析部分则根据这些标准格式的返回记录决定下一轮对哪些相关主机执行哪些相关的检测程序，这种"检测一分析"循环可能进行多轮，直至分析过程不再产生新的检测为止。一次完整的检测工作可能由多轮上述的"检测一分析"循环组成。

该系统为了进一步提高灵活性采取了以下策略：分析部分并不预先设定，而是由每个分析子过程在运行时刻根据与之相关的规则集自动生成。这些规则集用一种规范的形式定义了各子过程的实际行为，只要掌握了规则的书写方法，使规则的格式简单且语意清晰，任何用户都可随意添加自己的规则，改变分析子过程的行为，从而达到控制"检测一分析"流程的目的。

由于该系统的网络扫描采用了"检测一分析"的循环结构，它每一次循环的检测结果都具有保存价值，尤其当检测比较详尽、范围较大（如检测某个子网）时，检测时间会较长，检测结果也很丰富，因此应当把结果存储起来供下一循环分析使用或供以后参考。每次进行网络检测之间，网络安全扫描系统都创建一个新的数据库或选择一个先前创建的数据库，用以存放本次检测的结果。如不选择，系统会自动用缺省数据库存放之，如果选择的数据库是已经存在的，则本次检测数据库将和数据库中已有的数据合并。

网络检测数据库由下述 3 个部分组成：
- 主机列表，用于存放所有检测过的主机。
- 事实记录列表，用于存放如前所述由检测部分和分析部分产生的标准格式的返回记录。
- 检测项目列表，用于存放所有进行过的检测。

20.3.2　安全扫描的逻辑结构

安全扫描系统的核心逻辑机构可以分为以下 5 个主要组成部分：

1. 策略分析部分

策略分析部分用于控制网络安全扫描系统的功能，即它应当检测哪些主机并进行哪些检测。它根据系统预先设定的配置文件决定应当检测哪些 Internet 域内的主机，并决定对测试目标机执行的测试级别（简单、中级和高级）。

2. 获取检测工具部分

对于给定的目标系统，获取检测工具部分用于决定对其进行检测的工具。目标系统可以是一个主机，或是某个子网上的所有主机（子网扫描）。目标系统可以由用户指定，也可以由分析推断部分根据获取数据部分获得的结果产生。一旦确定了目标系统，获取检测工具部分就可以根据策略分析部分得出的测试级别类,确定需要应用的检测工具,这些检测工具正是获取数据部分的输入。

3. 获取数据部分

对于给定的检测工具，获取数据部分运行对应的检测过程，收集数据信息并产生新的事实记录。安全扫描系统能在检测循环中记录哪些检测是已经执行过的，哪些检测是还未执行的，避免重复工作。最后获得的新的事实记录是事实分析部分的输入。

4. 事实分析部分

对于给定的事实记录，事实分析部分能产生出新的目标系统、新的检测工具和新的事实记录。该部分又分为几个事实分析子过程，每个子过程分别由自己的基本规则集控制，同时该规则集又在子过程的分析中不断更新。新生成的目标系统作为获取检测工具部分的输入，新生成的检测工具又作为获取数据部分的输入，新的事实记录又再一次作为事实分析部分的输入。如此周而复始，直至不再产生新的事实记录为止。

5. 报告分析部分

当安全扫描系统执行完网络安全检测之后，会获得关于目标系统的大量信息。报告分析部分则将有用的信息组织起来，用 HTML 界面显示，使用户可以通过 Web 浏览器方便查看运行的结果。

网络安全扫描系统的逻辑结构如图 20.8 所示。

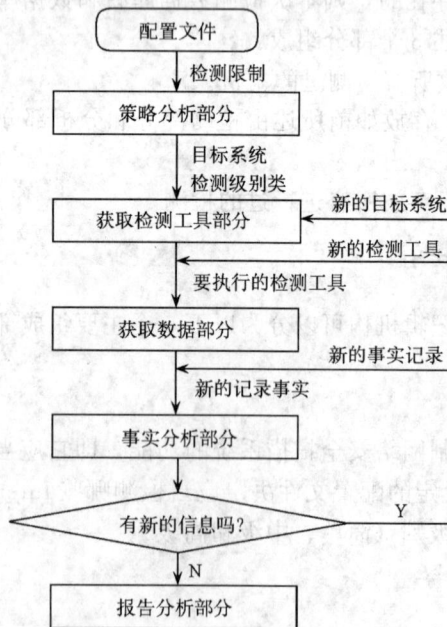

图 20.8　网络安全扫描系统的逻辑结构

20.4　安全扫描技术的发展趋势

安全扫描软件从最初的专门为 UNIX 系统编写的一些只具有简单功能的小程序，发展到现在，已经出现了多个运行在各种操作系统平台上的、具有复杂功能的商业程序。今后的发展趋势，我们认为有以下几点：

1. 使用插件技术

每个插件都封装一个或者多个漏洞的测试手段，主扫描程序通过调用插件的方法来执行扫描。仅仅是添加新的插件就可以使软件增加新功能，扫描更多漏洞。在插件编写规范公布的情况下，用户或者第三方公司甚至可以自己编写插件来扩充软件的功能。同时这种技术使软件的升级维护都变得相对简单，并具有非常强的扩展性。

2. 使用专用脚本语言

这其实就是一种更高级的插件技术，用户可以使用专用脚本语言来扩充软件功能。这些脚本语言语法通常比较简单易学，往往用十几行代码就可以定制一个简单的测试，为软件添加新的测试项。脚本语言的使用，简化了编写新插件的编程工作，使扩充软件功能的工作变得更加容易，也更加有趣。

3. 由安全扫描程序到安全评估专家系统

最早的安全扫描程序只是简单地把各个扫描测试项的执行结果罗列出来，直接提供给测试者而不对信息进行任何分析处理。而当前较成熟的扫描系统都能够将对单个主机的扫描结果整理形成报表，并对具体漏洞提出一些解决方法，但对网络的状况缺乏一个整体的评估，对网络安全没有系统的解决方案。未来的安全扫描系统，应该不但能够扫描安全漏洞，还能够智能化地协助网络信息系统管理人员评估本网络的安全状况，给出安全建议，成为一个安全评估专家系统。

当然安全扫描系统（脆弱性分析系统）也存在着以下一些缺点：

（1）脆弱性分析系统仅仅是一种工具，人的因素对其效能的发挥具有关键性的影响。首先，对脆弱性概念没有统一的认识标准。脆弱性涉及到系统所承受的风险和威胁，这与对攻击技能的预期密切相关，这种风险和威胁的严重程度可能是因人而异的。其次，如果用户对脆弱性特征粗心大意，那么，即使定期运行了脆弱性分析系统，也可能难逃遭受攻击的厄运。例如，90% 的运行微软 IIS 的 Web 服务器仍然容易出现非常严重的安全脆弱性，而相关厂商早已为此提供了修改补丁。脆弱性分析系统只能指出可能存在的问题，是否以及如何解决这些问题仍然要靠用户自己。

（2）脆弱性扫描主要是基于特征的。它搜索已知的危险的系统配置，并以"食谱式"方法报告既定的为降低某种特定威胁而应采取的措施。而安全是一个动态的概念，随着新的攻击手段的出现，原来认为安全的某个选项就可能成为一个新的安全脆弱点。如果不能对脆弱性分析系统进行及时的升级，就无法报告这种新的脆弱点。特征表述的不准确、不全面也将造成误报或漏报。

（3）脆弱性分析系统可能对所保护系统或网络的正常运行带来一定的影响。扫描和分析工作必然带来一定的系统开销。由于该软件在运行的时候通常拥有特权，所以每台机器的系统管理员应当接受该工具的目标和配置。在有些情况下，这可能是一项很难协调的任务。

（4）脆弱性分析系统本身的安全也是安全管理的任务之一。高明的攻击者可能会发现脆弱性分析系统的存在并对其做某种修改，使它不报告攻击者希望利用的脆弱性。如果不能保证扫描工作及其结果的安全可靠，则脆弱性分析系统的价值必将大打折扣。

正因为存在着这样一些缺点，所以我们要采用多种安全手段，综合起来，共同协作，这也是网络安全发展的方向之一。

20.5　常见安全扫描工具与产品介绍

20.5.1　常见的免费扫描工具介绍

使用手工扫描不仅速度慢而且耗费大量精力，还常常忽略掉一些重要的信息，用扫描器则没有这些缺点。下面介绍一些使用比较广泛、在 Internet 上有较高评价的扫描器。

1. Nessus

Nessus 是一个功能强大而又易于使用的远程安全扫描器，它不仅免费而且更新极快。Nessus 系统被设计为 Client/Sever 模式，服务器端负责进行安全检查，客户端用来配置管理服务器端。在服务端还采用了 plug-in 的体系，允许用户加入执行特定功能的插件，这插件可以进行更快速和更复杂的安全检查。在 Nessus 中还采用了一个共享的信息接口，称之为知识库，其中保存了前面进行检查的结果。检查的结果可以 HTML、纯文本、LaTeX 等格式保存。

在未来的新版本中，Nessus 将会支持更快的安全检查，而且这种检查将会占用更少的带宽，其中可能会用到集群的技术以提高系统的运行效率。

Nessus 的优点在于：
- 它采用了基于多种安全漏洞的扫描，避免了扫描不完整的情况。
- 它是免费的，比起商业的安全扫描工具如 ISS 具有价格优势。
- Nessus 扩展性强、容易使用、功能强大，可以扫描出多种安全漏洞。

Nessus 的安全检查完全是由 plug-ins 的插件完成的。到目前为止，Nessus 提供的安全检查插件已超过 18 类 700 多个，而且这个数量以后还会增加。比如，在"useless services"类中，"Echo port open"和"Chargen"插件用来测试主机是否易受到已知的 echo-chargen 攻击。在"backdoors"类中，"pc anywhere"插件用来检查主机是否运行了 BO、PcAnywhere 等后台程序，以及包括了不久前肆虐一时的 CodeRed 及其变种的检测。

除了这些插件外，Nessus 还为用户提供了描述攻击类型的脚本语言，来进行附加的安全测试，这种语言称为 Nessus 攻击脚本语言（NSSL），用它来完成插件的编写。

在客户端，用户可以指定运行 Nessus 服务的机器、使用的端口扫描器及测试的内容及测试的 IP 地址范围。Nessus 本身是工作在多线程基础上的，所以用户还可以设置系统同时工作的线程数。这样用户在远端就可以设置 Nessus 的工作配置了。安全检测完成后，服务端将检测结果返回到客户端，客户端生成直观的报告。在这个过程当中，由于服务器向客户端传送的内容是系统的安全弱点，为了防止通信内容受到监听，其传输过程还可以选择加密。

2. Nmap

Nmap，也就是 Network Mapper，是 Linux 下功能非常强大的网络扫描和嗅探工具包。可以帮助网管人员深入探测 UDP 或者 TCP 端口，直至主机所使用的操作系统；还可以将所有探测结果记录到各种格式的日志中，为系统安全服务。目前 Nmap 也有移植到 NT 的版本。

3. NSS

NSS（网络安全扫描程序）是一个专门用 Perl 语言编写的端口扫描程序，因此，它不需要编译就可以直接在大多数 UNIX 平台上运行。相对于大多数用 C 编写的扫描程序而言，它拥有容易使用、修改和扩充、运行速度快的优点。

NSS 还具有并行处理的能力，它可以派生进程，也可以将扫描操作分配到几个工作站上进行。但如果未经允许就运行 NSS，那么这些功能就有可能被禁用。

4. SATAN

SATAN（安全管理员网络分析工具）是一个相当完善的扫描器，它不仅对大多数已知的脆弱点进行扫描，而且它一旦发现任何脆弱点，就会用指南提醒用户。这些指南详细地说明了脆弱点以及如何利用它们、如何堵住它们。SATAN 还是第一个把这些信息以用户友好的格式传递的扫描程序。SATAN 是为 UNIX 设计的，它用 C 和 Perl 编写而成，可以运行在大多数的 UNIX 平台。

5. X-Scan

X-Scan 是一个国产的优秀扫描工具，采用多线程方式对指定 IP 地址段（或单机）进行安全漏洞扫描，支持插件功能，提供了图形界面和命令行两种操作方式。扫描内容包括远程操作系统类型及版本、标准端口状态及端口 banner 信息、CGI 漏洞、RPC 漏洞、SQL-SERVER 默认账户、FTP 弱口令，NT 主机共享信息、用户信息、组信息、NT 主机弱口令用户等。扫描结果以 HTML 文件保存在 log 目录中。对于一些已知漏洞，给出了相应的漏洞描述、利用程序及解决方案，其他漏洞资料正在进一步整理完善中。

除了以上这些工具之外，还有其他一些如 Strobe、Jakal、IdentTCPscan、WSS 等工具就不在这里介绍，大家感兴趣的话可以到网上去查找资料。

20.5.2 常见的商业安全扫描产品

常见的商业安全扫描产品有 Symantec 公司的 ESM 和 NetRecon、NAI 公司的 CyberCops Scanner、Cisco 的 Secure Scanner（以前称为 NetSonar）、ISS 公司的系列扫描产品、国内的中国科学院网威的 NetPower、启明星辰的天镜、绿盟的 RSAS 远程安全评估系统等。

下面我们介绍一下比较典型的，也是业界赫赫有名的 ISS 公司的系列扫描产品。

ISS 公司的安全扫描产品主要由系统扫描器、数据库扫描器和互联网扫描器三种产品组成。

系统扫描器（System Scanner）是基于主机的一种领先的安全评估系统。系统扫描器通过对内部网络安全弱点的全面分析，协助企业进行安全风险管理。区别于静态的安全策略，系统扫描工具对主机进行预防潜在安全风险的设置，其中包括易猜出的密码、用户权限、文件系统访问权、服务器设置以及其他含有攻击隐患的可疑点等。

数据库扫描器（DataBase Scanner）是世界上第一个也是目前惟一的一个针对数据库管理系统风险评估的商业检测工具。该产品可保护存储在数据库管理系统中的数据的安全。Database Scanner 增强了 ISS 在安全领域的市场领先地位，并且目前 ISS 是惟一提供数据库安全管理解决方案的厂商。用户可通过该产品自动生成数据库服务器的安全策略，这是全面的企业安全管理的一个新的重要的领域。Database Scanner 能通过网络快速、方便地扫描数据库，去检查数据库特有的安全漏洞，全面评估所有的安全漏洞和认证、授权、完整性方面的问题。

互联网扫描器（Internet Scanner）可以说是全球网络安全市场的顶尖产品之一。它通过对网络安全弱点全面和自主地检测与分析，能够迅速找到并修复安全漏洞。网络扫描仪对所有附属在网络中的设备进行扫描，检查它们的弱点，将风险分为高、中、低三个等级并且生成大范围的有意义的报表。从以企业管理者角度来分析的报告到为消除风险而给出的详尽的逐步指导方案均可以体现在报表中。

互联网扫描器（Internet Scanner）对网络设备进行自动的安全漏洞检测和分析，并且在执行过程中支持基于策略的安全风险管理过程。另外，Internet Scanner 执行预定的或事件驱动的网络探测，包括对网络通信服务、操作系统、路由器、电子邮件、Web 服务器、防火墙和应用程序的检测，从而识别能被入侵者利用来非法进入网络的漏洞。Internet Scanner 将给出检测到的漏洞信息，包括位置、详细描述和建议的改进方案。这种策略允许管理员侦测和管理安全风险信息，并跟随开放的网络应用和迅速增长的网络规模而相应地改变。表 20.1 列出了互联网扫描器能够扫描的一些漏洞分类。

表 20.1　互联网扫描器扫描漏洞分类简表（不一定完全）

Brute Force Password-Guessing	为经常改变的账号、口令和服务测试其安全性
Daemons	检测 UNIX 进程（Windows 服务）
Network	检测 SNMP 和路由器及交换设备漏洞
Denial of Service	检测中断操作系统和程序的漏洞，一些检测将暂停相应的服务
NFS/X Windows	检测网络网络文件系统和 X-Windows 的漏洞
RPC	检测特定的远程过程调用
SMTP/FTP	检测 SMTP 和 FTP 的漏洞
Web Server Scan and CGI-Bin	检测 Wcb 服务器的文件和程序（如 IIS，CGI 脚本和 HTTP）
NT Users，Groups，and Passwords	检测 NT 用户，包括用户、口令策略、解锁策略
Browser Policy	检测 IE 和 Netscape 浏览器漏洞

Brute Force Password-Guessing	为经常改变的账号、口令和服务测试其安全性
Security Zones	检测用于访问互联网安全区域的权限漏洞
Port Scans	检测标准的网络端口和服务
Firewalls	检测防火墙设备，确定安全和协议漏洞
Proxy/DNS	检测代理服务或域名系统的漏洞
IP Spoofing	检测是否计算机接收到可疑信息
Critical NT Issues	包含 NT 操作系统强壮性安全测试和与其相关的活动
NT Groups/Networking	检测用户组成员资格和 NT 网络安全漏洞
NetBIOS Misc	检测操作系统版本和补丁包、确认日志存取，列举、显示 NetBIOS 提供的信息
Shares/DCOM	检测 NetBIOS 共享和 DCOM 对象。使用 DCOM 可以测试注册码、权限和缺省安全级别
NT Registry	包括检测主机注册信息的安全性，保护 SNMP 子网的密匙
NT Services	包括检测 NT 正在运行的服务和与之相关安全漏洞

20.6 小 结

安全扫描工具主要有主机型和网络型两种。在网络安全体系的建设中，安全扫描工具花费低、效果好、见效快、与网络的运行相对对立、安装运行简单，可以大规模减少安全管理员的手工劳动，有利于保持全网安全政策的统一和稳定。安全扫描技术与防火墙、安全监控系统互相配合能够提供很高安全性的网络。当然安全扫描技术作为一把双刃剑，也可以被黑客利用，但如果管理员能妥善运用的话，完全可以"防患于未然"，它是保证系统和网络安全必不可少的手段，必须仔细研究利用。

习 题

1. 描述黑客攻击的一般过程。
2. 请详述 FTP 返回扫描。
3. 两种安全扫描工具各有何特点、优缺点、功能。
4. 请参考本章所介绍的安全扫描的逻辑结构，设计一个 IIS Unicode 漏洞的扫描工具。
5. 寻找和实践两种安全扫描产品或工具，并叙述其技术特点（有关资料可上网查找）。

参 考 文 献

匿名著．前导工作室译．1999．网络安全技术内幕．北京：机械工业出版社

卿斯汉．2001．密码学与计算机网络安全．北京：清华大学出版社

http：//www.cisco.com

http：//www.cve.mitre.org

http：//www.isfocus.net

http：//www.iss.net

http：//www.insecure.com/namp

http：//www.nessus.org

http：//www.nsfocus.net

http：//www.NAI.com

http：//www.symantec.com

http：//www.trouble.org/~zen/satan/satan.html

Joel Scambray 著．钟向群，杨继张译．2002．黑客大曝光——网络安全机密与解决方案．第 2 版．北京：清华大学出版社

第 21 章　入侵检测与安全审计

如果我们无法完全防止入侵，那么只能希望如果系统受到了攻击，能够尽快检测出该入侵，最好是实时的，从而可以采取相应的措施来对付入侵，这便是入侵检测系统所要做的。入侵检测系统全称为 Intrusion Detection System，缩写为 IDS，它从计算机网络系统中的若干关键点收集信息，并分析这些信息，检查网络中是否有违反安全策略的行为和遭到袭击的迹象。入侵检测被认为是防火墙之后的第二道安全闸门。

安全审计也是一个安全的网络必须支持的功能特性。审计是记录用户使用计算机网络系统进行所有活动的过程，它是提高安全性的重要工具。由于入侵检测和安全审计之间存在着千丝万缕的联系，所以我们将两者放在一章进行讲述。

下面我们将首先概览一下入侵检测系统的功能、发展、分类，然后介绍它的体系结构、入侵分析方法以及发展方向，接着分别以 snort 和 ISS 的 RealSecure 为例介绍典型的入侵检测系统，最后介绍现代安全审计技术。

21.1　入侵检测系统概览

现在防火墙已经广为大家所接受，但光有防火墙是不够的，正如前面在防火墙一章中介绍的那样，防火墙还是存在着不少不足。现在，入侵检测也逐渐被大家所接受，被认为是防火墙之后的第二道安全闸门。

21.1.1　入侵检测系统的功能

入侵检测系统的主要功能有：监测并分析用户和系统的活动，查找非法用户和合法用户的越权操作；核查系统配置和漏洞，并提示管理员修补漏洞（这一功能现在通常由安全扫描系统来做）；评估系统关键资源和数据文件的完整性；识别已知的攻击行为；统计分析异常行为；操作系统日志管理，并识别违反安全策略的用户活动等。

最初的入侵检测系统使用由操作系统生成的审计数据。几乎所有的活动都在系统中有记录，因而有可能通过检查日志、分析审计数据来检测到入侵，检查系统损坏的程度，跟踪入侵者以及采取相应措施防止类似入侵再次发生。随着入侵检测技术的发展，入侵检测系统不仅可以作为事后的审计分析工具，同样也可以实施实时报警。

一个成功的入侵检测系统，不仅可使系统管理员时刻了解网络系统（包括程序、文件和硬件设备等）的任何变更，还能给网络安全策略的制定提供依据。它应该管理配置简单，使非专业人员非常容易地获得网络安全。入侵检测的规模还应根据网络规模、系统构造和安全需求的改变而改变。入侵检测系统在发现入侵后，会及时做出响应，包括切断网络连接、记录事件和报警等。

21.1.2 入侵检测的发展

入侵检测从最初实验室里的研究课题到目前的商业 IDS 产品，已经有 20 多年的发展历史，可分为两个阶段：安全审计和 IDS 的诞生。

1. 安全审计（Security Audit）

审计定义为系统中发生事件的记录和分析处理过程。与系统日志（Log）相比，审计更关注安全问题。根据美国国防部（DOD）"可信计算机系统评估标准"（TCSEC，也称橘皮书）规定，审计机制应作为 C2 或 C2 以上安全级别的计算机系统必须具备的安全机制，其功能包括能够记录系统被访问的过程以及系统保护机制的运行；能够发现试图绕过保护机制的行为；能够及时发现用户身份的跃迁；能够报告并阻碍绕过保护机制的行为并记录相关过程，为灾难恢复提供信息等。关于安全审计部分我们在后面将再次专门讲述。

2. IDS 的诞生

在 IDS 发展史上有几个里程碑：1980 年，Anderson 在报告 "Computer Security Threat Monitoring and Surveillance" 中提出必须改变现有的系统审计机制，以便为专职系统安全人员提供安全信息，此文被认为是有关入侵检测的最早论述；1984～1986 年 Dorothy Denning 和 Peter Neumann 联合开发了一个实时入侵检测系统——IDES（Intrusion Detection Expert System），IDES 采用异常检测和专家系统的混合结构，Denning 1986 年的论文 "An Intrusion Detection Model" 亦被公认为入侵检测领域的另一篇开山之作；受 Anderson 和 IDES 的影响，在 20 世纪 80 年代出现了大量的原型系统如：Audit Analysis Project、Discovery 、Haystack、MIDAS、NADIR、NSM 等；商业化的 IDS 直到 20 世纪 80 年代后期才开始出现，比如目前较有影响的公司 ISS 是在 1994 年成立的。

21.2 入侵检测系统的分类

入侵检测系统有三种分类方法。

21.2.1 基于主机、网络以及分布式的入侵检测系统

按照入侵检测输入数据的来源和系统结构来看，入侵检测系统可以分为三类：基于主机的入侵检测系统（HIDS）、基于网络的入侵检测系统（NIDS）和分布式入侵检测系统。

1. 基于主机的入侵检测系统

基于主机的入侵检测系统的输入数据来源于系统的审计日志，即在每个要保护的主机上运行一个代理程序，一般只能检测该主机上发生的入侵。基于主机的入侵检测系统在重要的系统服务器、工作站或用户机器上运行，监视操作系统或系统事件级别的可疑活动，寻找潜在的可疑活动（如尝试登录失败）。此类系统需要定义清楚哪些是不合法的

活动，然后把这种安全策略转换成入侵检测规则，如图 21.1 所示。

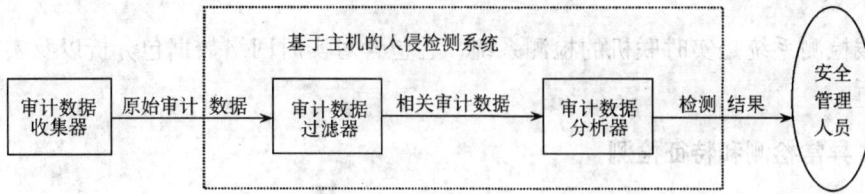

图 21.1　基于主机的入侵检测过程

2. 基于网络的入侵检测系统

基于网络的入侵检测系统的输入数据来源于网络的信息流，该类系统一般被动地在网络上监听整个网段上的信息流，通过捕获网络数据包，进行分析，能够检测该网段上发生的网络入侵，如图 21.2 所示。

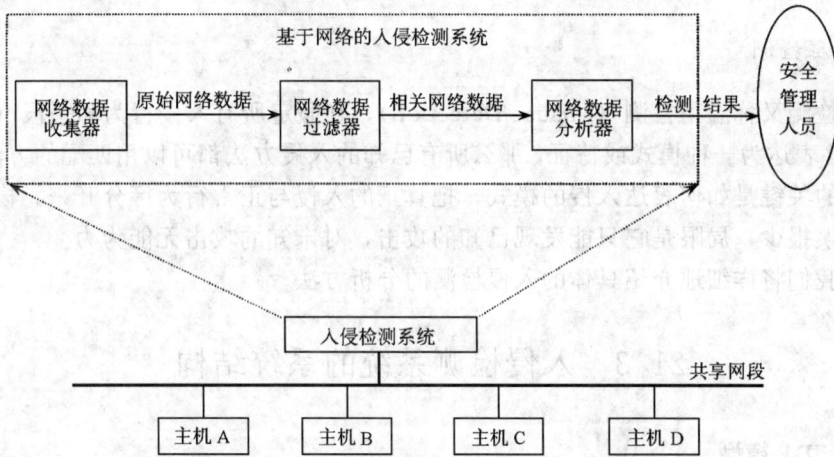

图 21.2　基于网络的入侵检测过程

3. 分布式入侵检测系统

分布式入侵检测系统一般由多个部件组成，分布在网络的各个部分，完成相应的功能，分别进行数据采集、数据分析等。通过中心的控制部件进行数据汇总、分析、产生入侵警报等。在这种结构下，不仅可以检测到针对单独主机的入侵，同时也可以检测到针对整个网络上的主机的入侵。

关于分布式入侵检测系统我们将在后面再较详细的讲述。

21.2.2　离线和在线检测系统

根据入侵监测系统的工作方式分为离线检测系统与在线检测系统。

1. 离线检测系统

离线检测系统是非实时工作的系统，它在事后分析审计事件，从中检查入侵活动。

2．在线检测系统

在线检测系统是实时联机的检测系统，它包含对实时网络数据包分析以及实时主机审计分析。

21.2.3 异常检测和特征检测

第三种分类是根据入侵检测所采用的技术，可以分为两类：异常检测和特征检测。

1．异常检测（Abnormal Detection）

假定所有入侵行为都是与正常行为不同的，如果建立系统正常行为的轨迹，那么理论上可以把所有与正常轨迹不同的系统状态视为可疑企图，对于异常阀值与特征的选择是异常发现技术的关键。比如，通过流量统计分析将异常时间的异常网络流量视为可疑。异常发现技术的局限是并非所有的入侵都表现为异常，而且系统的轨迹难于计算和更新。

2．特征检测

特征检测又称滥用检测（Misuse Detection），它假定所有入侵行为和手段（及其变种）都能够表达为一种模式或特征，那么所有已知的入侵方法都可以用匹配的方法发现。模式发现的关键是如何表达入侵的模式，把真正的入侵与正常行为区分开来。模式发现的优点是误报少，局限是它只能发现已知的攻击，对未知的攻击无能为力。

后面我们将详细地介绍具体的入侵检测的分析方法。

21.3 入侵检测系统的系统结构

21.3.1 CIDF 模型

为了提高 IDS 产品、组件及与其他安全产品之间的互操作性，美国国防高级研究计划署（DARPA）和互联网工程任务组（IETF）的入侵检测工作组（IDWG）发起制定了一系列建议草案，从体系结构、API、通信机制、语言格式等方面规范 IDS 的标准。

DARPA 提出的建议是公共入侵检测框架（CIDF），最早由加州大学戴维斯分校安全实验室主持起草工作。CIDF 提出了一个通用模型，将入侵检测系统分为 4 个基本组件：事件产生器、事件分析器、响应单元和事件数据库。结构如图 21.3 所示。

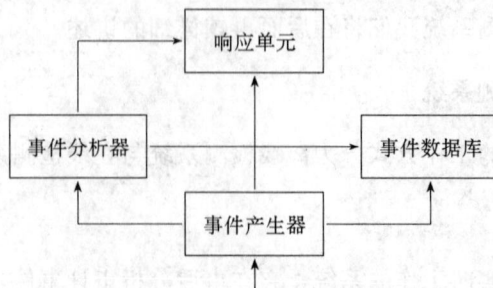

图 21.3 CIDF 的模型

1. 事件产生器

CIDF 将 IDS 需要分析的数据统称为事件，它可以是网络中的数据包，也可以是从系统日志或其他途径得到的信息。事件产生器的任务是从入侵检测系统之外的计算环境中收集事件，并将这些事件转换成 CIDF 的 GIDO（统一入侵检测对象）格式传送给其他组件。例如，事件产生器可以是读取 C2 级审计踪迹并将其转换为 GIDO 格式的过滤器，也可以是被动地监视网络并根据网络数据流产生事件的另一种过滤器，还可以是 SQL 数据库中产生描述事务的事件的应用代码。

2. 事件分析器

事件分析器分析从其他组件收到的 GIDO，并将产生的新 GIDO 再传送给其他组件。分析器可以是一个轮廓描述工具，统计性地检查现在的事件是否可能与以前某个事件来自同一个时间序列；也可以是一个特征检测工具，用于在一个事件序列中检查是否有已知的滥用攻击特征；此外，事件分析器还可以是一个相关器，观察事件之间的关系，将有联系的事件放到一起，以利于以后的进一步分析。

3. 事件数据库

用来存储 GIDO，以备系统需要的时候使用。

4. 响应单元

响应单元处理收到的 GIDO，并据此采取相应的措施，如杀死相关进程、将连接复位、修改文件权限等。

在这个模型中，事件产生器、事件分析器和响应单元通常以应用程序的形式出现，而事件数据库则往往是文件或数据流的形式，很多 IDS 厂商都以数据收集部分、数据分析部分和控制台部分三个术语来分别代替事件产生器、事件分析器和响应单元。

以上 4 个组件只是逻辑实体，一个组件可能是某台计算机上的一个进程甚至线程，也可能是多个计算机上的多个进程，它们以 GIDO 格式进行数据交换。GIDO 是对事件进行编码的标准通用格式（由 CIDF 描述语言 CISL 定义），GIDO 数据流在图中已标出，它可以是发生在系统中的审计事件，也可以是对审计事件的分析结果。

21.3.2 简单的分布式入侵检测系统

随着网络的飞速发展，网络入侵技术越来越多，对于许多入侵，审计日志并不能提供足够的信息来供入侵检测系统进行检测。例如，一种叫做 doorknob 的攻击，其方法是入侵者尝试猜位于网络中的多台主机上的口令，为了避免发现，入侵者对每台主机只进行很少几次猜口令。对于这种入侵，从每台主机的审计日志中是无法分析出入侵的。这种涉及网络上多台主机的入侵，只能借助于分布式的网络入侵检测系统来检测。

分布式入侵检测系统是与简单的基于主机的入侵检测系统不同的，它一般由多个部件组成分布在网络的各个部分，完成相应的功能，如进行数据采集、分析等。通过中心的控制部件进行数据汇总、分析、产生入侵警报等。有的系统的中心控制部件可以监督和控制其他部件的活动，修改其配置等。

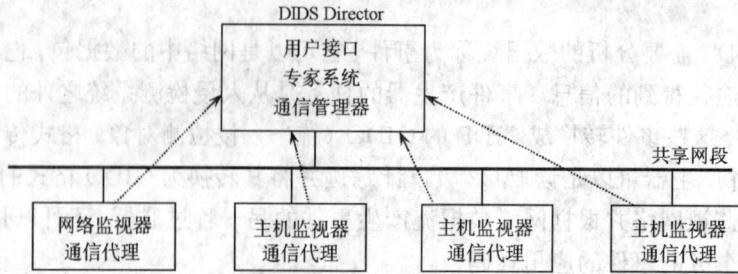

图 21.4　DIDS 的体系结构

一个简单的分布式入侵检测系统（DIDS，Distributed Intrusion Detection System）如图 21.4 所示。每个受监视的主机上都运行一个主机监视模块，用于过滤和分析与该系统相关的主机审计日志。主机上的通信代理模块负责发送信息给中心计算机，称之为 DIDS Director。DIDS Director 主要由 3 个部分组成：通信管理器控制整个系统的信息流；专家系统，负责分析从各个监视源来的归纳过的信息，进行入侵检测；用户接口，主要负责给安全管理者提供友好的人机界面。在网络上还装有网络监视器，主要负责监视网络上的数据，通过通信代理模块向 DIDS Director 发送信息。在这种结构下，不仅可以检测到针对单独主机的入侵，同时也可以根据网络监视器提供的信息，检测到针对整个网络上的主机入侵，如上面提到的 doorknob 攻击。

21.3.3　基于智能代理技术的分布式入侵检测系统

近些年来，人工智能领域的智能代理（Agent）技术越来越热，也提出了不少基于智能代理技术的分布式入侵检测系统，如基于自治代理（Autonomous Agents）技术的 AAFID，还有基于移动代理的分布式入侵检测系统等，因为篇幅原因，我们这里只简单介绍一下基于自治代理技术的 AAFID。

目前现存的入侵检测系统体系结构所具有的局限性主要体现在：

- 中心分析器往往存在成为单点故障的可能。如果入侵者攻入了分析系统，使其不能正常工作，将造成整个入侵检测系统的瘫痪，从而使整个网络失去保护。
- 扩展性限制。在一个中心主机上处理所有的信息，限制了所能监视的网络的扩展。网络的扩展，使得中心主机负载过重，来不及处理所有的信息流。而且随着网络的扩展，网上的通信数据加大，可能给分布式数据收集带来困难。
- 不易于对入侵检测系统进行更新配置和增加配置功能。通常，配置的改变和增加是通过编辑配置文件、在配置表中增加相应的项、安装一个模块来实现的。为了使配置生效，入侵检测系统常需要重起。
- 网络数据分析可能出错。由于网络数据的收集是在不同于目的主机的主机上进行的，这样使得攻击者可以采用插入和逃避（Insertion and Evasion）攻击手段来攻击系统。这种攻击利用不同主机的网络协议栈不一致性，隐藏入侵者或造成拒绝服务。

针对这些不足，Purdue 大学 COAST 实验室提出了一种新的基于自治代理的入侵检测系统结构,它的原型实现称为 AAFID (Autonomous Agents For Intrusion Detection)。

自治代理(Autonomous Agent)是指在主机上执行特定安全监视任务的软件代理。其自治性主要体现在它们是独立运行的实体,它们的执行只与操作系统的调度有关,而与其他进程无关。尽管自治代理之间可能需要进行数据通信,但仍认为它是自治的。自治代理可以执行简单的任务,也可执行复杂任务。

自治代理的引入可以改善入侵检测系统。由于代理是相互独立运行的实体,它们的运行和删除不会影响到其他部件的运行,使得整个入侵检测系统不用重启。代理可以重新配制而无需重启。利用自治代理来做入侵检测系统的数据采集及数据分析部件,可以克服上面所说的局限性:

- 如果自治代理不正常工作,且自治代理是完全独立运行的,产生的后果是该代理自己的数据丢失,不影响其他代理;如果自治代理产生的数据要给其他代理用,产生的后果是阻碍了该代理所在的代理组的正常工作。无论哪种情况,对系统的损害都最多限于一组代理。如果合理组织代理组,使之真正独立,则大大降低了单点故障出现的可能。
- 将代理组织成分层结构,减少了数据的交换和传输。从而使系统具有可扩展性。
- 启动和终止一个相互独立的代理,不需启动整个系统而重新配置入侵检测系统。当要增加新的配置时只需启动相关的代理,而不需启动其他正在运行的代理。
- 如果代理只收集与它所运行主机的相关信息,就不存在网络协议栈不一致的问题,因而也减少了遭受插入和逃避 (Insertion and Evasion) 攻击的可能。

AAFID 的系统结构可以从图 21.5 中的示例中看出,AAFID 系统结构由 3 个重要的部件:代理 (Agents)、收发器 (Transceivers) 和监视器 (Monitors) 组成。三者都被称

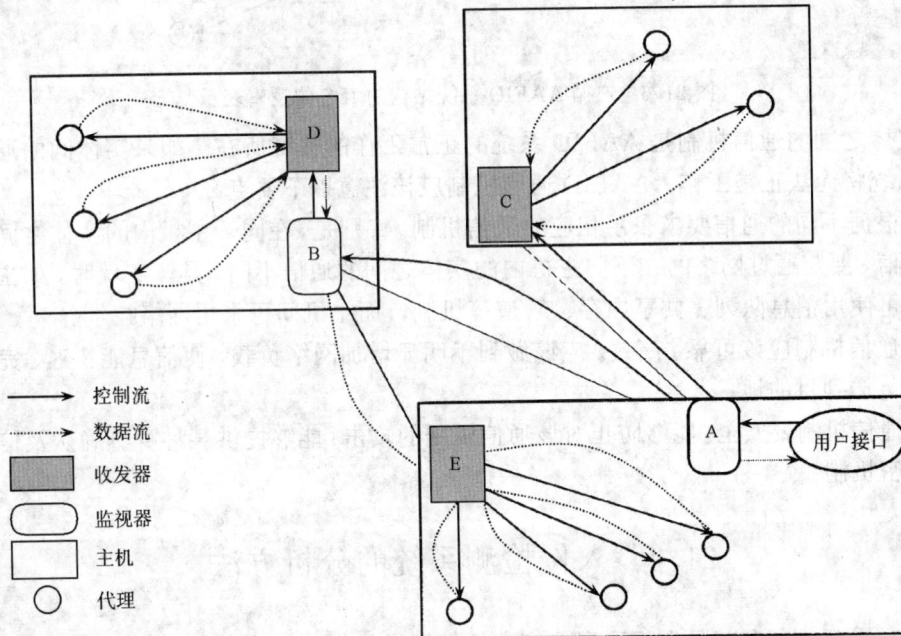

图 21.5 遵循 AAFID 系统结构的 IDS 的物理表示

为实体。三种实体之间的关系如下：

- 一个 AAFID 系统可以分布在任意多台主机上，每台主机上可以有任意多个代理。
- 在同一主机上的所有代理向位于该主机上的收发器发送信息。
- 每台主机只能有一个收发器，负责监督和控制该主机上的代理，可以向代理发送控制命令，也可对代理所发送来的数据进行数据精简。
- 收发器可以向一个或多个监视器报告结果。每个收发器可向多个监视器发送信息，这样可以避免由于一个监视器故障而造成的单点故障问题。
- 每个监视器监督和控制多个发送器。
- 监视器可以访问广域网络，从而可以进行高层控制协调，检测涉及多个主机的入侵。
- 监视器之间也可以构成分层的结构，底层的监视器向高层汇报。
- 监视器负责同用户进行交互，从用户界面获取控制命令、向用户报告检测结果等。
- 所有部件都为其他部件及用户提供 API，实现相互之间的调用。

其逻辑结构如图 21.6 所示。

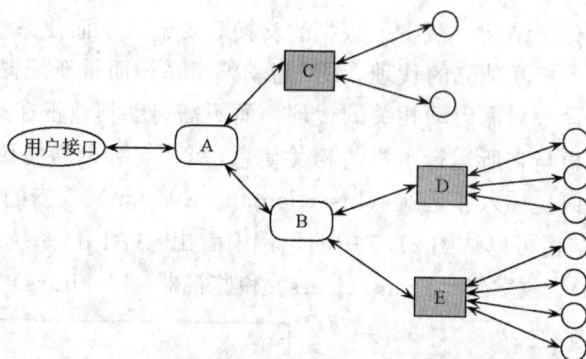

图 21.6　遵循 AAFID 系统结构的 IDS 的逻辑表示

实体之间的通信机制是 AAFID 系统的正常工作的关键所在。如果实体间的通信中断，系统将无法正常工作。AAFID 通信机制应该注意以下要点：

- 根据不同的通信要求采用相应的通信机制。特别是，在同一主机内的实体之间的通信，要与通过网络的在不同主机内的实体之间的通信不同。具体实现时，如主机内可使用消息队列、共享内存、管道等机制，而主机间可采用网络技术。
- 通信机制应该可靠、高效。应该做到不明显增加网络负载，使信息能快速、完整的传送到目的地。
- 通信机制要安全。能够防止对该通信机制的攻击；能够提供某种身份确认及信息保密机制。

21.4　入侵检测系统的分析方法

入侵分析的任务就是在提取到的庞大的数据中找到入侵的痕迹。入侵分析过程需要将提取到的事件与入侵检测规则等进行比较，从而发现入侵行为。一方面入侵检测系统需要尽可能多地提取数据以获得足够的入侵证据,而另一方面由于入侵行为的千变万化而导致判定入侵的规则等越来越复杂,为了保证入侵检测的效率和满足实时性的要求,入侵分析必须在系统的性能和检测能力之间进行权衡,合理地设计分析策略,并且可能要牺牲一部分检测能力来保证系统可靠、稳定地运行并具有较快的响应速度。

入侵检测分析技术主要分为两类:异常检测和滥用检测。

1. 异常检测

异常检测技术假定所有的入侵活动都必须是异常的活动,这样的话,如果我们能够为系统建立一个正常活动的特征文件(Profiles),从理论上来说我们就可以通过统计那些不同于我们已建立的特征文件的所有系统状态的数量,来识别入侵企图。例如,一个程序员的正常活动与一个打字员的正常活动肯定不同,打字员常用的是编辑文件、打印文件等命令;而程序员则更多地使用编辑、编译、调试、运行等命令。这样,根据各自不同的正常活动建立起来的特征文件,便具有用户特性。入侵者使用正常用户的账号,其行为并不会与正常用户的行为相吻合,因而可以被检测出来。

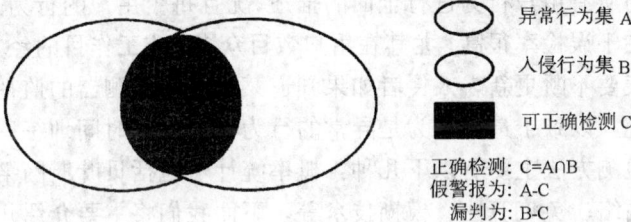

异常行为集 A
入侵行为集 B
可正确检测 C

正确检测: C=A∩B
假警报为: A-C
漏判为: B-C

图 21.7　异常行为集与入侵行为集相交而不等时产生假警报和漏判

但是如果事实上入侵活动集合并不等于异常活动集合,如图 21.7 所示。我们会发现有如下可能性:

- 不是入侵的异常活动被标识为入侵,我们称之为误报(False Positives),造成假警报。
- 入侵活动不是异常活动,这时入侵活动被标识为正常活动,我们称之为漏报(False Negatives),造成漏判,比第一种情况严重得多。

异常检测的关键问题是如何选择合适的阈值,使得上述两种情况不会无故扩大,以及如何选择所要监视的衡量特征。异常检测系统如图 21.8 所示。

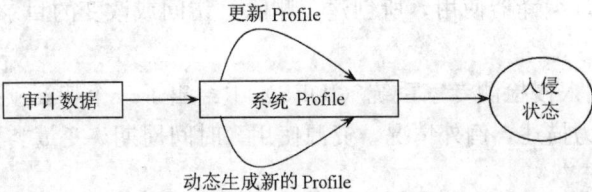

更新 Profile

审计数据　　系统 Profile　　入侵状态

动态生成新的 Profile

图 21.8　典型的异常检测系统

2. 滥用检测

滥用检测的机制是：攻击或入侵总能用一种方法表示成模式或特征的形式。这样就可以检测出同一攻击或其变种。这种检测方式同我们所见的病毒检测系统一样，只能检测到大部分或所有已知的攻击模式，对未知的攻击模式几乎没有作用。异常检测系统可检测所有不良行为，而滥用检测只能识别已知的不良行为。滥用检测系统的关键问题是如何从已知入侵中提取和编写特征，使得其能够覆盖该入侵的所有可能的变种，而同时不会匹配到非入侵活动。

21.4.1 异常检测分析方法

异常检测（Anomaly Detection）指根据使用者的行为或资源使用状况来判断是否入侵，而不依赖于具体行为是否出现来检测，所以也被称为基于行为（Behave-based）的检测。基于行为的检测与系统相对无关，通用性较强。它甚至有可能检测出以前未出现过的攻击方法，不像基于知识的检测（滥用检测）那样受已知脆弱性的限制。但因为不可能对整个系统内的所有用户行为进行全面的描述，况且每个用户的行为是经常改变的，所以它的主要缺陷在于误检率很高，尤其在用户数目众多，或工作目的经常改变的环境中。其次由于统计简表要不断更新，入侵者如果知道某系统在检测器的监视之下，他们能慢慢地训练检测系统，以至于最初认为是异常的行为，经一段时间训练后也认为是正常的了。基于行为的检测方法主要有以下几种：概率统计（包括贝叶斯网络等）、预测模式、机器学习、神经网络、免疫算法、模糊技术等，下面我们将主要介绍几个。

1. 概率统计方法

概率统计方法是基于行为的入侵检测中应用最早也是最多的一种方法。首先，检测器根据用户对象的动作为每个用户都建立一个用户特征表，通过比较当前特征与已存储定型的以前特征，从而判断是否是异常行为。用户特征表需要根据审计记录情况不断地加以更新。用于描述特征的变量类型有：

（1）操作密度：度量操作执行的速率，常用于检测通过长时间平均觉察不到的异常行为。

（2）审计记录分布：度量在最新纪录中所有操作类型的分布。

（3）范畴尺度：度量在一定动作范畴内特定操作的分布情况。

（4）数值尺度：度量那些产生数值结果的操作，如 CPU 使用量，I/O 使用量。

这些变量所记录的具体操作包括 CPU 的使用，I/O 的使用，使用地点及时间，邮件使用，编辑器使用，编译器使用，所创建、删除、访问或改变的目录及文件，网络上活动等。

在 SRI/CSL 的入侵检测专家系统（IDES）中给出了一个特征项的结构：

＜变量名，行为描述，例外情况，资源使用，时间周期，变量类型，门限值，主体，客体，值＞

其中的变量名、主体、客体惟一确定了每一个特征项，特征值由系统根据审计数据周期性地产生。这个特征值是所有有悖于用户特征的异常程度值的函数。如果假设 $S_1, S_2, \cdots,$

S_n 分别是用于描述特征的变量 M_1，M_2，$\cdots$，M_n 的异常程度值，S_i 值越大说明异常程度越大。则这个特征值可以用所有 S_i 值的加权平方和来表示：$M = a_1 s_1^2 + a_2 s_2^2 + \cdots + a_n s_n^2$，$a_i > 0$，其中 a_i 表示每一特征的权重。

这种方法的优越性在于能应用成熟的概率统计理论。但也有一些不足之处，如统计检测对事件发生的次序不敏感，也就是说，完全依靠统计理论可能漏检那些利用彼此关联事件的入侵行为。其次，定义是否入侵的判断阈值也比较困难。阈值太低则漏检率提高，阈值太高则误检率提高。

基于统计的方法还有采用贝叶斯网络等，大家可以参考有关文献。

2. 预测模式生成法

使用该方法进行入侵检测的系统，利用动态的规则集来检测入侵。这些规则是由系统的归纳引擎，根据已发生的事件的情况来预测将来发生的事件的概率来产生的，归纳引擎为每一种事件设置可能发生的概率。其归纳出来的规则一般可写成如下形式：

$$E_1, \cdots, E_k : - (E_{k+1}, P(E_{k+1})), \cdots, (E_n, P(E_n))$$

其含义为如果在输入事件流中包含事件序列 E_1，$\cdots$，E_k，则 E_{k+1}，$\cdots$，E_n 这些事件会出现在将要到来的输入事件流的概率分别为：$P(E_{k+1})$，$\cdots$，$P(E_n)$。

按照这种方法，通常情况下，当规则的左边匹配了，但右边统计与预测相比，很不正常时，该事件便被标识为异常行为。例如对于规则 A，B：—（C，50%），（D，30%），（E，15%），（F，5%），如果 AB 已经发生，而 F 多次发生，远远大于 5%，或者发生了 G 事件，都认为是异常行为。

使用这种方法时，那些不在规则库中的入侵将会漏判。因而，如果事件序列 A—B—C 是一种入侵，且未在规则库中列出，它将被忽略，从而造成漏判。这可采用下面的方法来部分解决这一问题：

- 将所有未知事件作为入侵事件，这样将增加误报，即增加假报警。
- 将所有未知事件作为非入侵事件，这样将增加漏报，即增加漏判。

这种方法的优点在于：

- 基于规则的顺序模式能够检测出传统方法所难以检测的异常活动。
- 用该方法建立起来的系统，具有很强的适应变化的能力。这是由于低质量的模式不断被删除，最终留下的是高质量的模式。
- 可以容易检测到企图在学习阶段训练系统的入侵者。
- 实时性高，可以在收到审计事件几秒钟内对异常活动做出检测并产生报警。

3. 神经网络方法

利用神经网络检测入侵的基本思想是用一系列信息单元（命令）训练神经单元，这样在给定一组输入后，就可能预测出输出。与统计理论相比，神经网络更好地表达了变量间的非线性关系，并且能自动学习并更新。实验表明 UNIX 系统管理员的行为几乎全是可以预测的，对于一般用户，不可预测的行为也只占了很少的一部分。用于检测的神经网络模块结构大致是这样的：当前命令和刚过去的 W 个命令组成了网络的输入，其中 W 是神经网络预测下一个命令时所包含的过去命令集的大小。根据用户的代表性命令序列训练网络后，该网络就形成了相应用户的特征表，于是网络对下一事件的预测错误率在一定程度上反映了用户行为的异常程度。基于神经网络的检测思想可用图 21.9 表示。

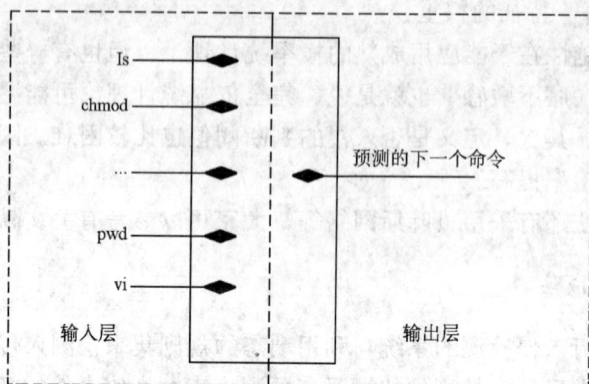

图 21.9 神经网络检测思想

图 21.9 中输入层的 W 个箭头代表了用户最近的 W 个命令，输出层预测用户将要发生的下一个动作。神经网络方法的优点在于能更好地处理原始数据的随机特性，即不需要对这些数据做任何统计假设，并且有较好的抗干扰能力。缺点在于网络拓扑结构以及各元素的权重很难确定，命令窗口 W 的大小也难以选取。窗口太小，则网络输出不好，窗口太大，则网络会因为大量无关数据而降低效率。

21.4.2 滥用检测分析方法

滥用检测（Misuse Detection）也称特征检测（Signature-based）或基于知识（Knowledge-based）的检测，指运用已知攻击方法，根据已定义好的入侵模式，通过判断这些入侵模式是否出现来检测。因为很大一部分的入侵是利用了系统的脆弱性，通过分析入侵过程的特征、条件、排列以及事件间关系能具体描述入侵行为的迹象。这种方法由于依据具体特征库进行判断，所以检测准确度很高，并且因为检测结果有明确的参照，也为系统管理员做出相应措施提供了方便。主要缺陷在于与具体系统依赖性太强，不但系统移植性不好，维护工作量大，而且将具体入侵手段抽象成知识也很困难。并且检测范围受已知知识的局限，尤其是难以检测出内部人员的入侵行为，如合法用户的泄漏，因为这些入侵行为并没有利用系统脆弱性。基于知识的检测方法大致有以下几种：专家系统、模式匹配与协议分析、基于模型、按键监视、模型推理、状态转换、Petric 网状态转换等。

1. 专家系统

专家系统是基于知识的检测中早期运用较多的一种方法。将有关入侵的知识转化成if-then 结构的规则，即将构成入侵所要求的条件转化为 if 部分，将发现入侵后采取的相应措施转化成 then 部分。当其中某个或某部分条件满足时，系统就判断为入侵行为发生。其中的 if-then 结构构成了描述具体攻击的规则库，状态行为及其语义环境可根据审计事件得到，推理机根据规则和行为完成判断工作。在具体实现中，专家系统主要面临一下问题：

- 全面性问题，即难以科学地从各种入侵手段中抽象出全面的规则化知识。
- 效率问题，即所需处理的数据量过大，而且在大型系统上，如何获得实时连续的审计数据也是个问题。

因为这些缺陷，专家系统一般不用于商业产品中，商业产品运用较多的是模式匹配（或称特征分析）。

2. 模式匹配与协议分析

基于模式匹配的入侵检测方法像专家系统一样，也需要知道攻击行为的具体知识。但是，攻击方法的语义描述不是被转化为抽象的检测规则，而是将已知的入侵特征编码成与审计记录相符合的模式，因而能够在审计记录中直接寻找相匹配的已知入侵模式。这样就不像专家系统一样需要处理大量数据，从而大大提高了检测效率。

模式匹配的主要技术缺陷有两个：首先是计算负荷较大，支撑这一算法所需的计算量非常惊人，对一个满负荷的 100 兆以太网而言，所需的计算量是每秒 720 亿次计算。这一计算速度要求大大超出了现有的技术条件；另一个根本弱点是检测准确率较低，使用固定的特征模式来检测入侵只能检测特定的特征，这将会错过通过对原始攻击串做对攻击效果无影响的微小变形而衍生所得的攻击。

由于模式匹配系统没有判别模式的真实含义和实际效果的能力，因此，所有的变形都将成为攻击特征库里一个不同的特征，这就是模式匹配系统有一个庞大的特征库的原因。每一个这样的额外特征都需要执行一次完整的搜索过程。当特征数据库很大时，这种实际上无用的多余尝试，听起来极其可怕，这是该算法的一个固有的内在缺陷。

这种随特征而增长的计算负荷，是阻碍基于模式匹配的入侵检测系统应用于高速网络的因素（比如百兆、千兆以太网甚至更高）。基于模式匹配的入侵检测系统在一个满负荷的高速以太网上，将不得不丢弃很多的数据流量，这样会漏掉不少攻击行为。黑客们了解这一弱点并利用了它，他们在目标网络上产生大量本地流量数据，使被攻击的以太网被数据所淹没，以此来使自己的攻击被错漏，躲过入侵检测系统的检测。

现在新一代的商业入侵检测系统一般都采用协议分析技术。协议分析能够识别不同协议，对协议命令进行解析，该技术的出现给 IDS 技术添加了新鲜的血液。

协议分析入侵检测系统中，协议将被解码，如果设置 IP 分片标志，数据包将会先进行重组，然后再详细分析是否具攻击行为。通过数据包重组，系统可以检测使用像数据分片、TCP 或 RPC 段边界欺骗等规避技术的攻击。并且执行协议解码时，将进行彻底的协议校验，这意味着将检查每个层次协议域，看是否有非法或可疑的值，包括是否使用了保留的域，是否有非法的值、异常的默认值、不当的选项、流水号乱序、流水号跳号、流水号重叠、校验和错、CRC 校验错等。

协议解码带来了效率上的提高，因为系统在每一层上都沿着协议栈向上解码，因此可以使用所有当前已知的协议信息，来排除所有不属于这一个协议结构的攻击。这一点模式匹配系统做不到，因为它"看不懂"协议，它只会一个接一个地做简单的模式匹配。

协议解码还能排除模式匹配系统中常见的误报。误报发生在这样的情况下：一个字节串恰好与某个特征串匹配，但这个串实际上并非一个攻击。比如，某个字节串有可能是一篇关于网络安全的技术论文的电子邮件文本，在这种情况下，"攻击特征"实际上只是数据包数据域中的英语自然语言。这种类型的失误不会发生在基于协议解码的系统中，因为系统知道每个协议中潜在的攻击串所在的精确位置，并使用解析器来确保某个特征的真实含义被正确理解了——这远比简单地匹配字串先进。因为字串是被实际解析的，一个 URL（或者其他串）将被检查字符的合法性和语法的正确性，以帮助确定它确实是一种攻击，或者一定程度上可疑。这在模式匹配系统是做不到的。入侵检测问题中解码/解析技术的这种自然优势，使它取得了在入侵检测系统性能和可靠性方向上的领导地位。

总的来说，协议分析技术相对单纯的模式匹配有以下优势：

● 提高了性能：协议分析利用已知结构的通信协议，与模式匹配系统中传统的穷举分析方法相比，在处理数据帧和连接时更迅速、有效。

● 提高了准确性：与非智能化的模式匹配相比，协议分析减少了误报和漏报的可能性，命令解析（语法分析）和协议解码技术的结合，在命令字符串到达操作系统或应用程序之前，模拟它的执行，以确定它是否具有恶意。

● 基于状态的分析：当协议分析入侵检测系统引擎评估某个包时，它考虑了在这之前相关的数据包内容，以及接下来可能出现的数据包。与此相反，模式匹配入侵检测系统孤立地考察每个数据包。

● 反规避能力：因为协议分析入侵检测系统具有判别通信行为真实意图的能力，它较少地受到黑客所用的像 URL 编码、干扰信息、TCP/IP 分片等入侵检测系统规避技术的影响。

● 系统资源开销小：协议分析入侵检测系统的高效性降低了在网络和主机探测中的资源开销，而模式匹配技术却是个可怕的系统资源消费者。

3. 基于模型

基于模型的入侵检测系统（Model Based Intrusion Detection System）采用的原理是：特定的场景脚本（Scenarios）可以由特定的可观察的活动来推导出来。因而通过观察能够推导出特定入侵场景脚本的一系列活动，可以检测出入侵企图。基于模型的入侵检测系统通常由 3 个模块组成：

（1）预期者（Anticipator）：使用活动模型和脚本模型来预测脚本中下一个期望发生的事件，脚本模型是许多已知的入侵脚本的知识库。

（2）计划者（Planner）：将该假设转化成该行为在审计日志中应出现的格式。计划者利用预期者所预测的信息来计划下一步查找什么数据。

（3）解释者（Interpreter）：在审计日志中查找该数据。

系统一直按上述方式运行，不断积累入侵企图的证据，直到达到某阈值。这时系统便产生入侵警报。

该方法的特点在于：计划者和解释者都知道自己在每一步中该去搜索什么，这样审计日志中的大量无用的噪声数据就被过滤掉了，因而性能得到明显的提高。而且系统可以根据入侵脚本模型预测进攻者下一步要采取的动作。这种预测可以用来验证入侵假设，采取预防措施，或用来决定下一步要查找的数据。

该系统也有很大的不足。首先是入侵脚本模式必须很容易识别；第二在正在被查找的行为中，模式必须经常出现。模式间必须是有区别的，而且不能同其他正常行为相关联。

4. 按键监视

按键监视（Keystroke Monitor）是一种很简单的入侵检测方法，用来监视攻击模式的按键。这种系统很容易被突破。UNIX 下许多 shell，如 bash，ksh，csh 等都允许用户自己定义命令别名，这样就可能容易地逃脱按键监视。只有对命令利用别名扩展以及语法分析等技术进行分析，才可能克服其缺点。这种方法只监视用户的按键而不分析程序的运行，这样在系统中恶意的程序将不会被标识为入侵活动。监视按键必须在按键发送到接收之前截获，可以采用键盘 Hook 技术或采用 sniff 网络监听等手段。对按键监视方法的改进是：监视按键的同时，监视应用程序的系统调用。这样才可能分析应用程序的执行，从中检测出入侵行为。

5. 模型推理

模型推理是指结合攻击脚本推理出入侵行为是否出现。其中有关攻击者行为的知识被描述为：攻击者目的，攻击者达到此目的的可能行为步骤，以及对系统的特殊使用等。根据这些知识建立攻击脚本库，每一脚本都由一系列攻击行为组成。检测时先将这些攻击脚本的子集看作系统正面临的攻击。然后通过一个称为预测器的程序模块根据当前行为模式，产生下一个需要验证的攻击脚本子集，并将它传给决策器。决策器收到信息后，根据这些假设的攻击行为在审计记录中的可能出现方式，将它们翻译成与特定系统匹配的审计记录格式。然后在审计记录中寻找相应信息来确认或否认这些攻击。初始攻击脚本子集的假设应满足：易于在审计记录中识别，并且出现频率很高。随着一些脚本被确认的次数增多，另一些脚本被确认的次数减少，攻击脚本不断地得到更新。

模型推理方法的优越性有：对不确定性的推理有合理的数学理论基础，同时决策器使得攻击脚本可以与审计记录的上下文无关。另外，这种检测方法也减少了需要处理的数据量，因为它首先按脚本类型检测相应类型是否出现，然后再检测具体的事件。但是创建入侵检测模型的工作量比别的方法要大，并且在系统实现时决策器如何有效地翻译攻击脚本也是个问题。

6. 状态转换分析

状态转换分析最早由 R. Kemmerer 提出，即将状态转换图应用于入侵行为的分析。状态转换法将入侵过程看做一个行为序列，这个行为序列导致系统从初始状态转入被入侵状态。分析时首先针对每一种入侵方法确定系统的初始状态和被入侵状态，以及导致状态转换的转换条件，即导致系统进入被入侵状态必须执行的操作（特征事件）。然后用状态转换图来表示每一个状态和特征事件，这些事件被集成于模型中，所以检测时不需要一个个地查找审计记录。但是，状态转换是针对事件序列分析，所以不善于分析过分复杂的事件，而且不能检测与系统状态无关的入侵。

7. Petric 网状态转换

Petri 网用于入侵行为分析是一种类似于状态转换图分析的方法。利用 Petri 网的有利之处在于它能一般化、图形化地表达状态，并且简洁明了。虽然很复杂的入侵特征能用 Petri 网表达得很简单，但是对原始数据匹配时的计算量却会很大。下面是这种方法的一个简单示例，表示在一分钟内如果登录失败的次数超过 4 次，系统便发出警报。其中竖线代表状态转换，如果在状态 $S1$ 发生登录失败，则产生一个标志变量，并存储事件发生时间 $T1$，同时转入状态 $S2$。如果在状态 $S4$ 时又有登录失败，而且这时的时间 $T2-T1$ <60 秒，则系统转入状态 $S5$，即为入侵状态，系统发出警报并采取相应措施，如图 21.10 所示。

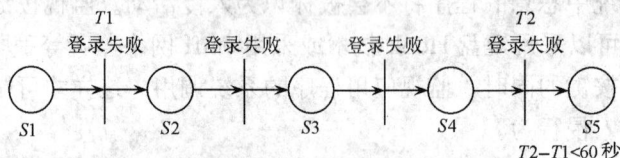

图 21.10　Petri 网分析一分钟内 4 次登录失败

21.5　入侵检测的发展方向

近年对入侵检测技术有几个主要发展方向：

1. 体系结构方面进一步研究分布式入侵检测与通用入侵检测架构

IDS 是包括技术、人、工具三方面因素的一个整体，如何建立一个良好的体系结构，合理组织和管理各种实体，以杜绝在时间上和实体交互中产生的系统脆弱性，是当前 IDS 研究中的主要内容，也是保护系统安全的首要条件。

传统的 IDS 一般局限于单一的主机或网络架构，对异构系统及大规模的网络的监测明显不足。同时不同的 IDS 系统之间不能协同工作能力，为解决这一问题，需要分布式入侵检测技术与通用入侵检测架构。CIDF 以构建通用的 IDS 体系结构与通信系统为目标，GrIDS 跟踪与分析分布系统入侵，EMER ALD 实现在大规模的网络与复杂环境中的入侵检测。

IDS 体系结构的研究主要包括具有多系统的互操作性和重用性的通用入侵检测框架，总体结构和各部件的相互关系，IDS 管理，具有可伸缩性、重用性的系统框架，安全、健壮和可扩展的安全策略。

2. 应用层入侵检测

许多入侵的语义只有在应用层才能理解，而目前的 IDS 仅能检测如 Web 之类的通用协议，而不能处理如 LotusNotes、数据库系统等其他的应用系统。许多基于客户、服务器结构与中间件技术及对象技术的大型应用，需要应用层的入侵检测保护。Stillerman 等人已经开始对 CORBA 的 IDS 研究。

3. 智能的入侵检测

入侵方法越来越多样化与综合化，传统的入侵检测分析方法还存在着不少不足，尽管已经有智能代理、神经网络与遗传算法在入侵检测领域应用研究，但是这只是一些尝试性的研究工作，需要对智能代理的 IDS 加以进一步的研究以解决其自学习与自适应能力。

4. 提供高层统计与决策

现在已经开始研究数据挖掘技术在 IDS 中的应用，对收集的数据进一步分析，从零碎数据中找出内在的联系，从而在宏观上发现网络和系统的不足之处，提出决策建议。

5. 响应策略与恢复研究

IDS 识别出入侵后的响应策略是维护系统安全性、完整性的关键。IDS 的目标是实现实时响应和恢复。

实现 IDS 的响应包括向管理员和其他实体发出警报，进行紧急处理；对于攻击的追踪、诱导和反击，对于攻击源数据的聚集以及 ID 部件的自学习和改进。

IDS 的恢复研究包括系统状态一致性检测、系统数据的备份、系统恢复策略和恢复时机。

6. 入侵检测的评测方法

用户需对众多的 IDS 系统进行评价，评价指标包括 IDS 检测范围、系统资源占用、IDS 系统自身的可靠性与鲁棒性。从而设计通用的入侵检测测试与评估方法与平台，实现对多种 IDS 系统的检测已成为当前 IDS 的另一重要研究与发展领域。

从未来的研究方向来看，目前还没有正式的对所有入侵检测系统作出的全面合理的测试，研究一个标准的测试方法、制定标准的测试数据集、制定入侵检测系统的基准（Benchmark）等仍是今后的主要任务。

7. 和其他网络安全部件的协作、与其他安全技术的结合

随着黑客入侵手段的提高，尤其是分布式、协同式、复杂模式攻击的出现和发展，传统的单一、缺乏协作的入侵检测技术已经不能满足需求，需要有充分的协作机制。所谓协作主要包括两个方面：事件检测、分析和响应能力的协作，各部分所掌握的安全相关信息的共享。

尽管现在最好的商业产品和研究项目中也只有简单的协作，例如 ISS 的 RealSecure 入侵检测产品可以与防火墙协作，AAFID 中同一主机上各主机型代理之间可进行简单的信息共享，但协作是一个重要的发展方向。协作的层次主要有以下几种：
- 同一系统中不同入侵检测部件之间的协作，尤其是主机型和网络型入侵检测部件之间的协作，以及异构平台部件的协作。
- 不同安全工具之间的协作。
- 不同厂家的安全产品之间的协作。
- 不同组织之间预警能力和信息的协作。

此外，单一的入侵检测系统并非万能，因此需要结合身份认证、访问控制、数据加密、防火墙、安全扫描、PKI 技术、病毒防护等众多网络安全技术，来提供完整的网络安

全保障。

21.6　典型入侵检测系统简介

目前 IDS 产品有很多，免费的产品有 Snort、shadow 等。商品化的产品，国外的有 ISS 公司的 RealSecure（分布式 IDS）、Cisco 的 NetRanger（NIDS）、CyberSafe 公司的 Centrax（分布式 IDS）、CA 的 eTrust IDS、Symantec 的 Intruder（HIDS）和 NetProwler（NIDS）、NAI 的 CyberCop Monitor，Network Security Wizards 公司的 Dragon IDS 系统（NIDS）等，国内的有金诺网安的 KIDS、北方计算中心的 NISDetector、启明星辰的天阗黑客入侵检测与预警系统、中科网威"天眼"网络入侵侦测系统、复旦光华 S_Audit 入侵检测与安全审计系统等。

21.6.1　免费的 IDS —— Snort

1. 简介

Snort 是一个基于 libpcap 的数据包嗅探器并可以作为一个轻量级的网络入侵检测系统（NIDS）。所谓的轻量级是指在检测时尽可能低地影响网络的正常操作，一个优秀的轻量级的 NIDS 应该具备跨系统平台操作，对系统影响最小等特征并且管理员能够在短时间内通过修改配置进行实时的安全响应，更为重要的是能够成为整体安全结构的重要成员。Snort 作为其典型范例，首先可以运行在多种操作系统平台，例如 UNIX 系列和 Windows 系列（需要 libpcap for Win32 的支持），与很多商业产品相比，它对操作系统的依赖性比较低。其次用户可以根据自己的需要及时在短时间内调整检测策略。就检测攻击的种类来说，Snort 有数十类上千条检测规则，其中包括对缓冲区溢出，端口扫描和 CGI 攻击等。Snort 集成了多种告警机制来提供实时告警功能，包括 syslog、用户指定文件、UNIX Socket、通过 SMBClient 使用 WinPopup 对 Windows 客户端告警等。Snort 的现实意义在于作为开源软件填补了只有商业入侵检测系统的空白，可以帮助中小网络的系统管理员有效地监视网络流量和检测入侵行为。

Snort 作为一个 NIDS，其工作原理为在基于共享网络上检测原始的网络传输数据，通过分析捕获的数据包，匹配入侵行为的特征或者从网络活动的角度检测异常行为，进而采取入侵的预警或记录。从检测模式而言，Snort 属于滥用检测，是基于规则的入侵检测工具，即针对每一种入侵行为，都提炼出它的特征值并按照规范写成检验规则，从而形成一个规则数据库；其次将捕获得数据包按照规则库逐一匹配，若匹配成功，则认为该入侵行为成立。

2. 结构

Snort 的结构主要分为三个部分：

（1）数据包捕获和解析子系统（Capture Packet Mechanism from Link Layer and the Packet Decoder）。

该子系统的功能为捕获网络的传输数据并按照 TCP/IP 协议的不同层次将数据包进

行解析。Snort 利用 libpcap 库函数进行采集数据，该库函数可以为应用程序提供直接从链路层捕获数据包的接口函数并可以设置数据包的过滤器以来捕获指定的数据。网络数据采集和解析机制是整个 NIDS 实现的基础，其中最关键的是要保证高速采集和低的丢包率，这不仅仅取决于软件的效率还同硬件的处理能力相关。对于解析机制来说，能够处理数据包的类型的多样性也同样非常重要，目前，Snort 可以处理以太网、令牌环以及 SLIP 等多种链路类型的包。

（2）检测引擎（The Detect Engine）。

检测引擎是一个 NIDS 实现的核心，准确性和快速性是衡量其性能的重要指标，前者主要取决于对入侵行为特征码提炼的精确性和规则撰写的简洁实用性，由于网络入侵检测系统自身角色的被动性——只能被动的检测流经本网络的数据，而不能主动发送数据包去探测，所以只有将入侵行为的特征码归结为协议的不同字段的特征值，通过检测该特征值来决定入侵行为是否发生。后者主要取决于引擎的组织结构，是否能够快速地进行规则匹配。

Snort 采用了灵活的插件形式来组织规则库，即按照入侵行为的种类划分为相应的插件，用户可以根据需要选取对应的插件进行检测。

（3）日志及报警子系统（Logging/Alerting Subsystem）。

入侵检测系统的输出结果系统的重要特征是实时性和多样性，前者指能够在检测到入侵行为的同时及时记录和报警，后者是指能够根据需求选择多种方式进行记录和报警。一个好的 NIDS，更应该提供友好的输出界面或发声报警等。

Snort 是一个轻量级的 NIDS，它的另外一个重要功能就是数据包记录器，所以该子系统主要提供了以下方式：fast model（采取 TCPDUMP 的格式记录信息）、readable model（按照协议格式记录，易于用户查看）、alert to syslog（向 syslog 发送报警信息）、alert to text file（以明文形式记录报警信息）。

值得提出的是，Snort 考虑到用户需要高性能的时候，即网络数据流量非常大，可以将数据包信息进行压缩从而实现快速的报警。

3. 工作流程

Snort 程序通过 libpcap 接口从网络中抓取一个数据包，调用数据包解析函数，根据数据包的类型和所处的网络层次，对数据包进行协议解析，包括数据链路层、网络层和传输层。解析后的结果存放在一个 Packet 结构中，用于以后的分析。

Snort 的工作流程如图 21.11 所示。

数据包解析过程完成以后，如果命令行中指定了根据规则库对数据包进行分析（参数-c），就会启动检测引擎，将存放在 Packet 结构中的数据包的数据和根据规则库所生成的二维链表进行逐一的比较。如果找到匹配的规则条目，则根据其规定的响应方式进行响应（Pass，Log，Alert），然后结束一个数据包的处理过程，再抓下一个数据包；如果没有匹配的规则条目，则直接返回，抓取下一个数据包进行处理。

21.6.2 商业 IDS 的代表——ISS 的 RealSecure

ISS 公司的 RealSecure 是一个计算机网络上自动实时的入侵检测和响应系统。Re-

```
            ┌─────────┐
            │  初始化  │
            └────┬────┘
                 │
            ┌────▼────┐
            │ 解析命令行 │
            └────┬────┘
                 │
         ┌───────▼───────┐        ┌──────────────┐
         │   解析规则库    │───────▶│   生成二维链表  │
         └───────┬───────┘        └──────────────┘
                 │
         ┌───────▼───────┐
         │ 打开 libpcap 接口 │
         └───────┬───────┘
                 │
         ┌───────▼───────┐
         │   获取数据包    │
         └───────┬───────┘
                 │
         ┌───────▼───────┐
         │   解析数据包    │
         └───────┬───────┘
                 │
              ╱──▼──╲
        否   ╱ 与二维链表某 ╲
       ◀────◀  节点匹配?   ╲
            ╲            ╱
              ╲────┬────╱
                   │ 是
            ┌──────▼──────┐
            │ 响应(报警、日志) │
            └─────────────┘
```

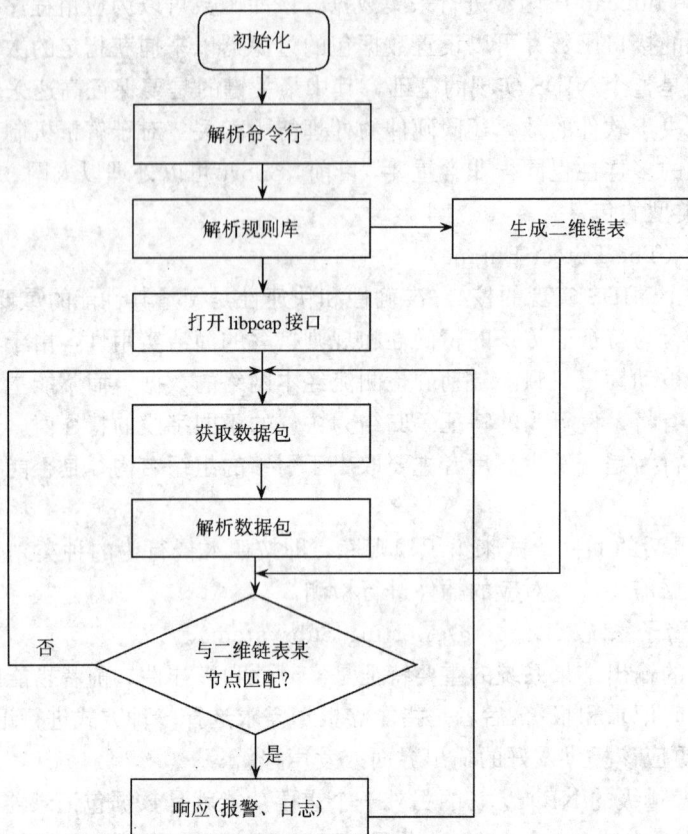

图 21.11　Snort 的工作流程

alSecure 提供实时的网络监视，并允许用户在系统受到危害之前截取和响应安全入侵和内部网络误用。RealSecure 无妨碍地监控网络传输并自动检测和响应可疑的行为，从而最大程度地为企业提供安全。

RealSecure 6.0 之前的版本有三大组件：网络感应器（称为 RealSecure Engine）、主机感应器（称为 RealSecure Agent）和管理器。

RealSecure Engine 运行在一个专门的主机上监视所有网络上流过的数据包，发现能够正确识别攻击在进行的攻击特征。攻击的识别是实时的，用户可定义报警和一旦攻击被检测到的响应。

RealSecure Agent 是一个基于主机的对 RealSecure Engine 的补充。RealSecure Agent 分析主机日志来识别攻击，决定攻击是否成功并提供其他实时环境中无法得到的证据。基于它所发现的信息，RealSecure Agent 会做出反应，通过中断用户进程和挂起用户账户来阻止进一步的侵入，它还会发出警报、记录事件、发现陷阱和邮件、执行用户自定义动作。

所有 RealSecure Engine 和 RealSecure Agent 向 RealSecure 管理器报告并由管理器进行配置。这个控制台应用监控任何一个 RealSecure Engine 和 Agent 的组合的状态，不管它们运行在 UNIX 上或 Windows NT 上。这样的结果是企业得到广泛的入侵检测和响应,易于配置并可从一个站点进行管理。RealSecure 管理器还可作为许多网络和系统管理环境（如 HP 的 OpenView）的嵌入模块。

在由 RealSecure 5.x 升级到 6.0 的过程中，RealSecure 的架构有了重大的改变。原本的二层式（Console-Sensor）的架构有了改变，在 6.0 的版本中，基本的架构变成了三层式（Console-Event Collector-Sensor）的架构。在 5.x 版的时候，Console 直接控制 Sensor，Sensor 直接回报给 Console，架构上较为简单，到了 6.0 版之后，在 Console 和 Sensor 之间，多加了一个事件收集器 Event Collector，收集各个 Sensor 的资料，并将资料储存到数据库中以及显示在 Console 上。

在 6.0 的架构中，包含了两个主要的组件，第一个主要的组件是 Workgroup Manager，其中又包含 4 个小组件，一个是 Console，一个是 Event Collector，一个是 Enterprise Database，一个是 Asset Database；第二个主要的组件是 Sensor，而 Sensor 有 Network Sensor 和 Server Sensor 两种。

Workgroup Manager Console 的功能有：

（1）控制和设定。

● 策略修改：可以通过 Console 对所有的 Sensor 进行策略管理，设定适合的策略给不同的 Sensor。

● 配置修改：在 Sensor 上有很多可以被更改的配置，例如：Network Sensor 要监测哪个网卡等等，都可以通过 Console 进行设定。

（2）即时资料分析：Console 可以连结到 Event Collector，即时地由 Event Collector 接收事件的信息。

● 取得关于事件的详细资料，例如：源地址等。

● 可以取得关于某个事件的详细说明。

● 可以即时对画面上的事件显示进行管理。

（3）报表：可以由指定 IP 地址、事件名称、时间间隔等来产生指定的报表格式。

Workgroup Manager 中，Event Collector 是一个中心组件。主要的工作为：接收 Sensor 传过来的事件、将接收的事件记录到 Enterprise Database、对 Console 发出即时的警告。当 Sensor 检测到有事件发生时，会立即传送一份给 Event Collector，Event Collector 在接收到 Sensor 传过来的事件时，会记录一份在 Enterprise Database 数据库中，以利日后产报表之用；并立即传送一份给 Console，以显示在屏幕上，作为即时警告、分析之用。

Enterprise Database 主要的功能就是记录 Event Collector 所送过来的事件资料，并且在 Console 要产生报表时，将记录下来的事件资料传送给 Console 产生报表。

在部署了大量的 Sensor 和 Console 之后，管理者需要有一个数据库将 Sensor 与其他网络装置的相关信息记录下来，这个数据库就是 Asset Database。当 Console 要与 Sensor 连接时，就需先至 Asset Database 查询 Sensor 相关资料，再与 Sensor 连接。同时，Asset Database 也可以将信息提供给其他管理界面与 Console 使用。

整个架构图如图 21.12 所示。

在整个 RealSecure 运作过程中，各组件功能大致如下：

● Console：对 Event Collector、Sensor 进行管理、即时显示发生事件、产生报表。

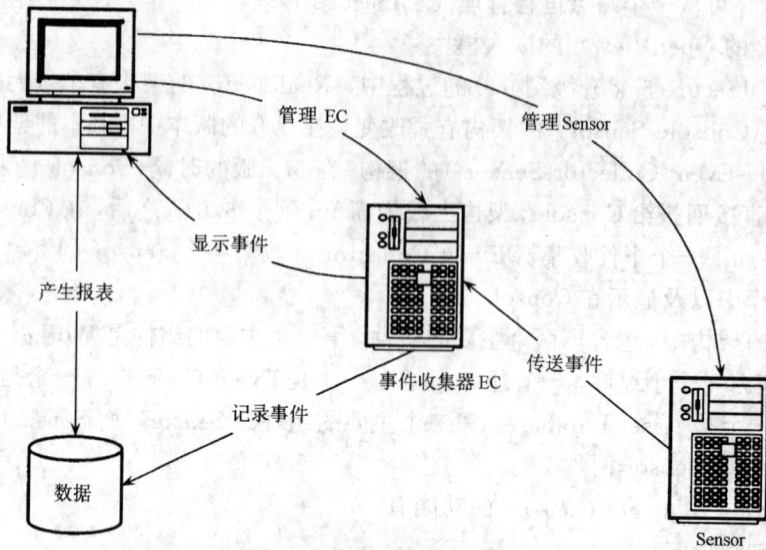

图 21.12 ISS RealSecure 6.x 的体系结构

- Event Collector：接收 Sensor 传来的事件、将事件记录到 Enterprise Database 中、将事件传送给 Console。
- Sensor：进行侦测，并且将侦测到的事件传送到 Event Collector。
- Database：记录由 Event Collector 传送过来的事件。

21.7 现代安全审计技术

安全审计是一个安全的网络必须支持的功能特性，它记录用户使用计算机网络系统进行所有活动的过程，是提高安全性的重要工具。它不仅能够识别谁访问了系统，还能指出系统正被怎样地使用。对于确定是否有网络攻击的情况，审计信息对于确定问题和攻击源很重要。同时，系统事件的记录能够更迅速和系统地识别问题，并且它是后面阶段事故处理的重要依据，为网络犯罪行为及泄密行为提供取证基础。另外，通过对安全事件的不断收集与积累并且加以分析，有选择性地对其中的某些站点或用户进行审计跟踪，以便对发现或可能产生的破坏性行为提供有力的证据。

21.7.1 安全审计现状

网络安全审计是实现安全管理的最重要的因素，国际上有相关的标准定义了信息系统的安全等级以及评价方法。

TCSEC（Trusted Computer System Evaluation Criteria）准则，俗称橙皮书，是美国国防部发布的一个准则，用于评估自动信息数据处理系统产品的安全措施的有效性。TCSEC 通常被用来评估操作系统或软件平台的安全性。在 TCSEC 准则中定义了一些基本的安全需求，如 Policy、Accountability、Assurance 等。在 TCSEC 中定义的 Accountability 其实已经提出了所谓的"安全审计"的基本要求。Accountability 需求中明确指出了：审计信息必须被有选择地保留和保护，与安全有关的活动能够被追溯到负责方，系统应能够选择哪些与安全有关的信息被记录，以便将审计的开销降到最小，这样可以进行有效的分析。在 C2 等级中，审计系统必须实现如下的功能：系统能够创建和维护审计数据，保证审计记录不能被删除、修改和非法访问。因此，一个网络是否具备审计的功能将是评价这个网络是否安全的重要尺度。

1998 年，国际标准化组织（ISO）和国际电工委员会（IEC）发表了《信息技术安全性评估通用准则 2.0 版》(ISO/IEC15408)，简称 CC 准则或 CC 标准。CC 准则是信息技术安全性通用评估准则，用来评估信息系统或者信息产品的安全性。CC 准则的安全功能需求定义了多达 11 个的安全功能需求类，其中包括安全审计类。在 CC 准则中，对网络安全审计定义了一套完整的功能，如安全审计自动响应、安全审计事件生成、安全审计分析、安全审计浏览、安全审计事件存储、安全审计事件选择等。目前的许多操作系统和入侵检测产品中都借鉴了其中一些建议。

虽然在很多的国际规范以及国内对重要网络的安全规定中都将安全审计放在重要的位置，然而大部分的用户和专家对安全审计这个概念的理解都认为是"日志记录"的功能。如果仅仅是日志功能就满足安全审计的需求，那么目前绝大部分的操作系统、网络设备、网管系统都有不同程度的日志功能，大多数的网络系统都满足了安全审计的需求。但是实际上这些日志根本不能保障系统的安全，而且也无法满足事后的侦察和取证应用。另一部分的集成商则认为安全审计只需在原来各个产品的日志功能上进行一些改进即可。还有一部分厂商将安全审计和入侵检测产品等同起来。因此目前对于安全审计这个概念的理解还不统一，安全领域对于怎么样的产品才属于安全审计产品还没有一个普遍接受的认识。因此在市场上虽然有不同的厂商打出安全审计产品，但是无论是功能和性能都很大的差异。

目前的安全审计类产品情况：

1. 网络设备及防火墙日志

目前的网络设备和防火墙中有些具备一定的日志功能，但一般情况下只能记录自身运转状况和一些简单违规的信息。由于网络设备和防火墙自身对于网络流量的分析能力不强，所以这些信息根本不能提供具体的有价值的网络操作信息。而且决大多数的网络设备和防火墙不采用硬盘，而是采用内存记录日志，空间有限，关键信息很容易被覆盖，特别是违规人员在试探阶段的活动记录往往不能保存，此外采用内存进行日志掉电后就无法恢复。所以这些日志功能与安全测评规范中的安全审计要求相去甚远。

2. 操作系统日志

目前大多数服务器操作系统都有日志，但是这些日志往往只是记录一些零碎的信息（如用户登录的时间信息），从这些日志中无法看到用户到底做了些什么操作，整个入侵的步骤是如何发生的。而且分散在各个操作系统中的日志需要用户管理员分别查看，进行人工的综合、分析、判断，实际上是很难奏效的。特别值得重视的是这些服务器往往是处于无人看守状况下自动运行的，所以被攻克或者违规操作的时候管理员不在现场，日志文件很有可能被黑客删除或者修改，在这些被修改的日志上进行侦破可能根本没有效果，甚至可能产生误导，起到相反的作用。目前在国际互联网上已经有各种修改操作系统日志的工具，用这些工具就可以轻松修改操作系统的日志，所以这些功能和安全测评规范中的安全审计要求也有很大的差距。

3. Sniff、Snoop 类的工具

有些 Sniff 类的工具（如 Netxray、Snoop、Sniffit、Tcpdump）能够显示网上流过的数据包，并将包头和报内部的信息标识出来，这些工具从一定意义上使得网络上传输的数据变得可见，能够观察到一些网络用户正在进行的操作和传输的数据，所以这些工具对正在发生的违规操作能够起到一定的检测作用。但是仅仅是这些工具还不能承担日常的安全审计工作，因为这些工具只是对单包进行解码，缺乏分析能力，无法判断是否是重要的信息和违规的信息；此外它们不具备上下文相关的网络操作行为判断的能力，也缺乏报警响应的能力。目前网络的实际流量是非常大的，如果不加分析全部记录的话，任何的磁盘也会在很短时间内充满。所以这些只是些辅助判断网络故障的工具，目前还没有哪个系统真正将这些工具收集的数据长时间完全记录下来。

目前对于网络安全审计的形势是：一方面，许多安全规范中重点指出安全审计的功能需求，而另一方面大家对于安全审计概念的确切理解不尽相同，而且不同厂商也推出一些功能极其简单的安全审计产品，通过玩弄文字游戏来混淆概念，这些产品能够实现的功能极其有限，对提高用户系统真正的安全审计能力十分不利。我们后面将通过介绍希望展示给读者真正的现代安全审计技术。

21.7.2　CC 标准中的网络安全审计功能定义

由于目前的计算机网络应用的趋势是开放型的网络协议和开放型的平台，这就给计算机网络安全审计提供了可行性。网络上的任何应用都必须遵循同样的协议标准，包括各种入侵和违规的操作，因此这些操作在穿越网络时会留下一定的踪迹，对于这些行为进行分析、识别和判断，并完整记录便是网络安全审计系统的基本原理。

网络安全审计系统旨在实时地、不间断地监视整个网络系统以及应用程序的运行状态，及时发现系统中可疑的、违规的或危险的行为，进行报警和阻断措施，并且留下不可抵赖和不可磨灭的记录。

对于安全审计的概念和功能需求，在用于评判信息系统安全性的 CC (Common Criteria for Information Technology Security Evaluation) 准则中定义得最为具体，该标准目前已被广泛地用于评估一个系统的安全性。在这个标准中完整的安全审计包括安全审计自动响应、安全审计数据生成、安全审计分析、安全审计浏览、安全审计事件存储、安全审计事件选择等功能。而在此之前，对于安全审计的概念认识则相对片面。

1. 安全审计自动响应 (AU _ APR)

安全审计自动响应定义在被测事件指示出一个潜在的安全攻击时做出的响应，它是管理审计事件的需要，这些需要包括报警或行动，例如包括实时报警的生成、违例进程的终止、中断服务、用户账号的失效等。根据审计事件的不同系统将做出不同的响应。其响应方式可做增加、删除、修改等操作。

2. 安全审计数据生成（AU_GEN）

该功能要求记录与安全相关的事件的出现，包括鉴别审计层次、列举可被审计的事件类型，以及鉴别由各种审计记录类型提供的相关审计信息的最小集合。系统可定义可审计事件清单，每个可审计事件对应于某个事件级别，如低级、中级、高级。产生的审计数据有以下几方面：

- 对于敏感数据项（例如，口令等）的访问。
- 目标对象的删除。
- 访问权限或能力的授予和废除。
- 改变主体或目标的安全属性。
- 标识定义和用户授权认证功能的使用。
- 审计功能的启动和关闭。

每一条审计记录中至少应所含以下信息：事件发生的日期、时间、事件类型、主题标识、执行结果（成功、失败）、引起此事件的用户的标识以及对每一个审计事件与该事件有关的审计信息。

3. 安全审计分析（AU_SAA）

此部分功能定义了分析系统活动和审计数据来寻找可能的或真正的安全违规操作。它可以用于入侵检测或对安全违规的自动响应。当一个审计事件集出现或累计出现一定次数时可以确定一个违规的发生，并执行审计分析。事件的集合能够由经授权的用户进行增加、修改或删除等操作。审计分析分为潜在攻击分析、基于模板的异常检测、简单攻击试探和复杂攻击试探等几种类型。

- 潜在攻击分析：
  系统能用一系列的规则监控审计事件，并根据规则指示系统的潜在攻击。
- 基于模板的异常检测：
  检测系统不同等级用户的行动记录，当用户的活动等级超过其限定的登记时，应指示出此为一个潜在的攻击。
- 简单攻击试探：
  当发现一个系统事件与一个表示对系统潜在攻击的特征事件匹配时，应指示出此为一个潜在的攻击。
- 复杂攻击试探：
  当发现一个系统事件或事迹序列与一个表示对系统潜在攻击的特征事件匹配时，应指示出此为一个潜在的攻击。

4. 安全审计浏览（AU_SAR）

该功能要求审计系统能够使授权的用户有效地浏览审计数据，它包括审计浏览、有限审计浏览、可选审计浏览。

- 审计浏览：
  提供从审计记录中读取信息的服务。

- 有限审计浏览:

  要求除注册用户外,其他用户不能读取信息。
- 可选审计信息:

  要求审计浏览工具根据相应的判断标准选择需浏览的审计数据。

5. 安全审计事件选择 (AU_SEL)

系统能够维护、检查或修改审计事件的集合,能够选择对哪些安全属性进行审计,例如,与目标标识、用户标识、主体标识、主机标识或事件类型有关的属性。系统管理员将能够有选择地在个人识别的基础上审计任何一个用户或多个用户的动作。

6. 安全审计事件存储 (AU_STG)

系统将提供控制措施以防止由于资源的不可用丢失审计数据,能够创造、维护、访问它所保护的对象的审计踪迹,并保护其不被修改、非授权访问或破坏。审计数据将受到保护直至授权用户对它进行的访问。它可保证某个指定量度的审计记录被维护,并不受以下事件的影响:

- 审计存储空间用尽。
- 审计存储故障。
- 非法攻击。
- 其他任何非预期事件。

系统能够在审计存储发生故障时采取相应的动作,能够在审计存储即将用尽时采取相应的动作。

目前,能够提供 CC 标准的完整的、多层次、分布式的审计系统无论在国际和国内都是很难找到的,在国内复旦光华公司的分布式入侵检测和安全审计系统 S_Audit 是做得比较好的。

21.7.3 一个分布式入侵检测和安全审计系统 S_Audit 简介

S_Audit 网络安全审计系统在设计上采用了分布式审计和多层次审计相结合的方案。

网络安全审计系统是对网络系统多个层次上的全面审计。多层次审计是指整个审计系统不仅能对网络数据通信操作进行底层审计(如网络上的各种 Internet 协议),还能对系统和平台(包括操作系统和应用平台)进行中层审计,以及为应用软件服务提供高层审计,这使它区别传统的审计产品和 IDS 系统,如图 21.13 所示。

同时,对于一个地点分散、主机众多、各种连网方式共存的大规模网络,网络安全审计系统应该覆盖整个系统,即网络安全审计系统应对每个子系统都能进行安全审计,这样才能保证整体的安全。因此,网络安全审计系统除了是一个多层次审计系统之外,还是一个分布式、多 Agent 结构的审计系统,它在结构上具备可伸缩,易扩展的特点。系统由审计中心、审计控制台和审计 Agent 组成。审计中心是对整个审计系统的数据进行集中存储和管理,并进行应急响应的专用软件,它基于数据库平台,采用数据库方式进行审计数据管理和系统控制,并在无人看守情况下长期运行。审计控制台是提供给管理

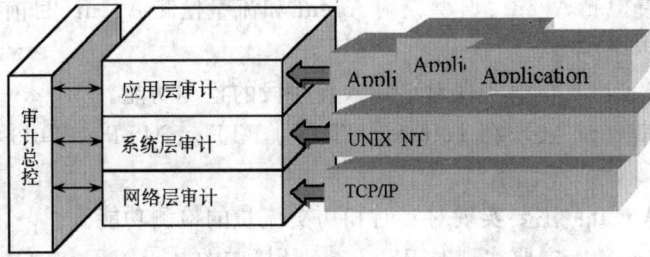

图 21.13　网络安全审计层次结构图

员用于对审计数据进行查阅，对审计系统进行规则设置，实现报警功能的界面软件，可以有多个审计控制台软件同时运行。审计 Agent 是直接同被审计网络和系统连接的部件，不同的审计 Agent 完成不同的功能。审计 Agent 将报警数据和需要记录的数据自动报送到审计中心，并由审计中心进行统一的调度管理。

网络安全审计系统结构简图如图 21.14 所示。

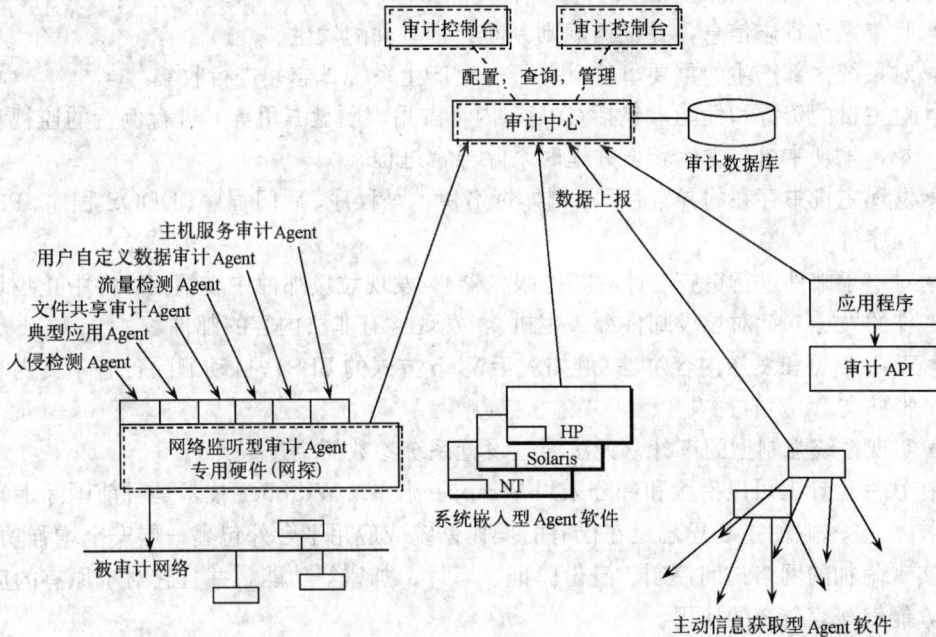

图 21.14　网络安全审计系统结构图

审计 Agent 主要可以分为网络监听型 Agent、系统嵌入型 Agent、主动信息获取型 Agent 等。

1. 网络监听型 Agent

对于网络监听型的审计 Agent，需要运行在一个网络监听专用硬件平台上，在系统中，该硬件被称为网探。根据所处的网络平台的不同，网探分为百兆网探、千兆网探等。

根据实际网络的需求，可以在每一个网探上配置实现不同应用的 Agent，例如，在内部网的环境中可以适当配备文件共享 Agent 和用户自定义审计 Agent 等，在外部网的环境中可以配备入侵检测 Agent、典型应用 Agent 和流量检测 Agent。目前实现的网络监听型审计 Agent 有以下类型：

- 入侵检测 Agent：主要实现对已知入侵手段的检测功能。
- 典型应用 Agent：实现在 Telnet、HTTP、FTP、SMTP、POP3 上的应用审计功能。
- 流量检测 Agent：主要实现对实时和历史流量的检测功能。
- 文件共享 Agent：主要实现对 Windows 环境中的基于 Netbios Over TCP/IP 的文件共享审计功能。
- 用户自定义数据审计 Agent：实现对用户自定义服务的审计功能。
- 主机服务审计 Agent：实现对网络上的主机所开放的服务端口进行审计的功能。

2. 系统嵌入型 Agent

系统嵌入型 Agent 是安装在各个受保护的主机上的安全保护软件，这些软件实现基于主机的安全审计和监管。主要实现以下的功能：

- 收集系统日志信息，并根据规则判断异常事件的发生。
- 对系统内部产生的重要事件（并不一定产生系统日志）进行收集。
- 对主机的资源和性能（包括 CPU、内存占用、硬盘占用等）进行例行的监视和记录，发现主机异常运转，并适时杀除异常进程。
- 发现主机中存在的异常代码（例如特洛伊木马程序、后门程序、DDOS 程序、Proxy 程序等）。
- 对电子邮件进行审查（针对邮件服务器），发现垃圾邮件中转情况，并中止垃圾邮件的发送（针对垃圾邮件源头主机），发现含有非法内容的邮件。
- Web 浏览和发送内容过滤（例如对于 Web 方式的 BBS），自动删除含有不良内容的张贴文章。
- 实现系统强制型的审计（无法通过设置系统参数而绕过审计）。

在软件设计上可以借鉴和部分采用 Wrapper 技术。Wrapper 技术是目前国际上兴起的新技术之一，它的主要思想是在已有的操作系统或应用平台外包裹一层安全增强功能，可以实现附加的网络访问控制、身份验证、审计、加密等功能，并且它对于原有的应用透明，能够兼容传统的应用。

系统嵌入型 Agent 主要针对一些主流操作系统和应用软件，例如，SUN solaris 操作系统、HP_UX 操作系统、linux 操作系统、NT、Windows 2000 操作系统，Apache Web Server、IIS Web Server、Sendmail 邮件系统、Exchange 邮件系统、Lotus Notes 邮件系统等。

3. 主动信息获取型 Agent

主动信息获取型 Agent 主要实现针对一些非主机类型的设备的日志收集，如防火墙、交换机、路由器等。这些设备一般以硬件和固化型的软件提供应用，不支持在其操作系统上进行软件开发和嵌入软件模块，所以针对这些设备的日志收集需要采用主动信息采集的方法。

主动信息获取型的审计 Agent 以软件形式运行在相应的主机上，通过网络、Console 等方式同被审计设备进行交互，收集设备产生的日志或者定时轮巡一些参数，自己根据需求生成日志信息。

主动信息获取型的 Agent 主要采用以下的手段进行信息获取：

- 通过 SNMP 的 TRAP 方式。
- 通过定时的 MIB 轮巡，获取关键参数。
- 通过定时的 telnet script 获取数值。
- 通过 console 口定时运行操作终端 script 来获取参数。
- 通过管理接口，如 HTTP 方式的管理来获取参数。
- 通过一些联动接口，如 OPSEC 接口获取参数。
- 通过 syslog server 的方式获取日志信息。

主动信息获取型 Agent 将根据预先设置的 script 和运行参数，对收集的信息进行过滤，格式化，以提供统一的日志格式。

21.8 小　结

总之，入侵检测作为一种积极主动的安全防护技术，提供了对内部攻击、外部攻击和误操作的实时保护，在网络系统受到危害之前拦截和响应入侵。从网络安全立体纵深、多层次防御的角度出发，入侵检测应受到人们的高度重视。

安全审计功能其实在 CC 标准中有较完备的定义，但经常被人所忽视，对安全审计的概念也往往认识得不够全面，我们希望通过本章相关内容的介绍后读者能对现代安全审计技术有所了解。

习　题

1. 根据本章所学，谈谈入侵检测和安全审计技术两者的异同点、相互关系。
2. 分别描述 HIDS 和 NIDS，说出它们的优缺点。
3. 异常检测和滥用检测有何不同？各自有何优缺点？
4. 通过查找资料，说一下基于移动 Agent 的 IDS 的技术特点。
5. 现在 IDS 的研究热点之一是所谓的关联(Correlation)，请写一篇关于 Correlation 的 Survey。
6. 常见的异常检测分析方法有哪些，请就其中两种技术进行阐述。
7. 常见的滥用检测分析方法有哪些，请就其中三种技术进行阐述。
8. 谈谈你对入侵检测发展方向的看法。
9. 实践使用 Snort 和 ISS 的 RealSecure。
10. 网络安全审计有何误区？
11. 叙述 CC 标准的安全功能需求中对 Class Security Audit 的 Family 定义(有关资料可上网查找)。

参 考 文 献

郭巍. 1999. 入侵检测系统：结构、方法和测试［硕士学位论文］. 上海：复旦大学

吴承荣，廖健，张世永. 1999. 网络安全审计系统的设计和实现. 1999 信息安全国际会议，上海

19 Sep 2000. COMMON CRITERIA VERSION 2.1 / ISO IS 15408, http: //csrc. nist. gov/cc/ccv20/ccv2list. htm

Abdelaziz Mounji, Baudouin Le Charlier, Denis Zampunieris, and Naji Habra. Distributed audit trail analysis. In ISOC '95 Symposium on Network and Distributed System Security, 1995.

Bass T. 1999. Intrusion Detection Systems and Multisensor Data Fusion: Creating Cyberspace Situational Awareness. Communications of the ACM. Forthcoming

Bass T. May 1999. Multisensor Data Fusion for Next Generation Distributed Intrusion Detection Systems. 1999 IRIS National Symposium on Sensor and Data Fusion

Cheung S, Crawford R, Dilger M, et al. Jan 1999. The Design of GrIDS: a Graph-based Intrusion Detection System. Technical Report CSE-99-2, Department of Computer Science, University of California at Davis, Davis, CA

Cheung S, Levitt K N, Ko C. May 1995. Intrusion Detection for Network Infrastructures (Short Presentation). The 1995 IEEE Symposium on Security and Privacy, Oakland, CA

DCE 1.1 Auditing Strategy and Design. 1992, 12

Daniels T E, Spafford E H. 2000. A Network Audit System for Host—Based Intrusion Detection (NASHID) in Linux. In: Proceedings of the 16th Annual Computer Security Applications Conference (ACSAC'00)

Frank J. Oct 1994. Machine Learning and Intrusion Detection: Current and Future Directions. In: Proc. of the 17th National Computer Security Conference

Guofei GU, Yichuan JIANG, Xiaoning WANG, et al. 2002. A Multi-layered, Distributed Network Security Audit System Based on Hybrid-agent. International Symposium on Future Software Technology 2002

Harold S Javitz, Alfonso Valdes. 1991. The SRI IDES Statistical Anomaly Detector. In: Proceedings of the IEEE Symposium on Research in Security and Privacy, 316—326

Herve Debar, Andreas Wespi. 2001. Aggregation and Correlation of Intrusion—Detection Alerts, RAID2001

http: //www. ccw. com. cn

http: //www. raid-symposium. org/

IlgunK, Kemmerer R A, Porras P A. Mar 1995. State Transition Analysis: A Rule-based Intrusion Detection Approach. IEEE Transactions on Software Engineering, 21(3): 181—199

Jai Balasubramaniyan, Jose Omar Garcia-Fernandez, David Isacoff, et al. 1998. An Architecture for Intrusion Detection Using Autonomous Agents. Department of Computer Sciences, Purdue University; Coast TR 98-05

Jeremy Frank. Artificial Intelligence and Intrusion Detection: Current and Future Directions

Judith Hochberg, Kathleen Jackson, Cathy Stallings, et al. May 1993. NADIR: An Automated System for Detecting Network Intrusion and Misuse. Computers &. Security, 12(3): 235—248

Kumar S, Spafford E H. March 17, 1995. A Software Architecture to Support Misuse Intrusion Detection. Technical Report CSD-TR-95-009, Purdue University

Kumar S, Spafford E H. Oct 1994. A Pattern Matching Model for Misuse Intrusion Detection. Proc., 17th National Computer Security Conference, Baltimore, MD, 11—21

Ludovic Mé and Cédric Michel. Sep 2001. Intrusion Detection: A Bibliography. Supélec. Technical report SSIR-2001-01

Magnus Almgren, Ulf Lindqvist. 2001. Application-Integrated Data Collection for Security Monitoring, RAID2001

Mark Crosbie, Eugene H Spafford. Oct 1995. Defending a Computer System Using Autonomous Agents. In: Proceedings of the 18th National Information Systems Security Conference

Mark Crosbie. Nov 1995. Applying Genetic Programming to Intrusion Detection. In: Proceedings of 1995 AAAI Fall Symposium on Genetic Programming

Price K. 1997. Host Based Misuse Detection and Conventional Operating Systems' Audit Data Collection [Master's thesis]. Purdue University

Puketza N F, Zhang K, Chung M, et al. Oct 1996. A Methodology for Testing Intrusion Detection Systems. IEEE Transactions on Software Engineering, 22(10): 719—729

Sandeep Kumar, Eugene H Spafford. Oct 1994. A Pattern Matching Model for Misuse Intrusion Detection. In: Proceedings of the 17th National Computer Security Conference. 11—21

Snapp S, Brentano J, Dias G, et al. Oct 1991. DIDS (Distributed Intrusion Detection System) ——Motivation, Architecture, and An Early Prototype. Proc., 14th National Computer Security Conference, Washington, D.C., 167—176

Snapp S R, Mukherjee B, Levitt K N. Aug 1991. Detecting Intrusions Through Attack Signature Analysis. In: Proc. 3rd Workshop on Computer Security Incident Handling. Herndon, VA

Stuart Staniford-Chen, Clifford Kahn, Phillip A Porras. Common Intrusion Detection Framework

第 22 章 网络病毒防范

说到病毒大家可能并不陌生，相信 CIH 病毒、爱虫病毒、尼姆达（Nimda）病毒这些名字都听到过。每年，在全球范围内都会有大的病毒爆发事件，比如 1999 年的 CIH 病毒，2000 年的爱虫病毒，2001 年的尼姆达病毒等。这些病毒的快速传播正是借助于因特网的飞速发展，而有些病毒更是直接针对网络设计其传播的方式。在网络环境下对病毒的防范已经不像以前单台计算机防病毒那么容易，本章我们就从病毒的发展历史开始来了解病毒，以及网络环境下的病毒防范。

22.1 病毒的发展史

说起病毒，首先要来了解一下它的发展历史，对病毒有一个大概的了解。

计算机病毒的形成有着悠久的历史，计算机病毒并非是最近才出现的新产物。事实上，早在 1949 年计算机诞生初期，计算机之父约翰·冯·诺依曼（John Von Neumann）在他的《复杂自动机组织论》一书中便对计算机病毒进行了最早的阐述，提出计算机程序能够在内存中自动复制，即已把病毒程序的蓝图勾勒出来。当时，绝大部分的计算机专家都无法想像这种会自我繁殖的程序是可能的。

20 世纪 50 年代末 60 年代初，在美国电话电报公司（AT&T）下设著名的贝尔实验室里，H. Douglas McIlroy、Victor Vysottsky 和 Robert T. Morris 三个 20 岁左右的年轻程序员，受到冯·诺依曼理论的启发，在工休之余玩一个叫 Core War 的游戏。磁芯大战的基本玩法是参与者在同一台计算机内各自创建进程，这些进程相互开展竞争，通过不断复制自身的方式摆脱对方进程的控制并占领计算机，取得最终的胜利。这个游戏的特点在于双方的程序一旦进入电脑之后，玩游戏的人只能看着屏幕上显示的战况，而不能做任何更改，一直到某一方的程序被另一方的程序完全"吃掉"为止。

磁芯大战是个笼统的名称，事实上还可细分成好几种。H. Douglas McIlroy 所写的程式叫"达尔文"（Darwin），这包含了"物竞天择，适者生存"的意思。它的游戏规则跟以上所描述的最接近，双方以汇编语言（Assembly Language）各写一套程序，称为有机体（Organism），这两个有机体在电脑里争斗不休，直到一方把另一方杀掉而取代之，便算分出胜负。在比赛时 Robert T. Morris 经常匠心独具，击败对手。

另外有个叫"爬行者"（Creeper）的程序，每一次把它读出时，它便自己复制一个副本。此外，它也会从一台电脑"爬"到另一台联网的电脑。很快地电脑中原有资源便被这些爬行者挤掉了，爬行者的惟一生存目的是繁殖。

为了对付"爬行者"，有人便写出了"收割者"（Reaper）。它的惟一生存目的便是找到爬行者，并把它们毁灭掉。当所有爬行者都被消灭掉之后，收割者便执行程序中最后一项指令：毁灭自己，从电脑中消失。

"侏儒"（Dwarf）并没有"达尔文"等程序聪明，却是个极端危险"人物"。它在计算机存储系统中迈进，每到第五个地址（Address），便把那里所储存的东西变为零，这会使得原来的程式停止运行。

"双子星"（Germini）也是个有趣的家伙。它的作用只有一个：把自己复制，送到下一百个地址后，便抛弃掉"正本"。从双子星衍生出一系列的程序。"牺牲者"（Juggeraut）把自己复制后送到下十个地址之后，而"大脚人"（Bigfoot）则把正本和复制品之间的地址定为某一个大质数，想抓到"大脚人"是非常困难的。此外，还有 John F. Shoch 所写的"蠕虫"（Worm），它的目的是要控制侵入的电脑。

最奇特的就是一个叫"小淘气"（Imp）的程序了，它只有一行指令 MOV 01，当它展开行动之后，电脑中原有的每一行指令都被改为 MOV 01。换句话说，萤光幕上留下一大堆 MOV 01。

"磁芯大战"这种游戏当时仅严格控制在实验室内部，但最终因为这种游戏会引起计算机系瘫痪而被禁止了。

1975 年，美国科普作家约翰·布鲁勒尔（John Brunner）写了一本名为《震荡波骑士》（Shock Wave Rider）的书，该书第一次描写了在信息社会中，计算机作为正义和邪恶双方斗争的工具的故事，成为当年最佳畅销书之一。

1977 年夏天，托马斯·捷·瑞安（Thomas. J. Ryan）的科幻小说《P-1 的青春》（The Adolescence of P-1）成为美国的畅销书，轰动了美国科普界。作者幻想了世界上第一个计算机病毒，可以从一台计算机传染到另一台计算机，最终控制了 7000 台计算机，酿成了一场灾难，这实际上是计算机病毒的思想基础。"计算机病毒"这一概念就是在这部科幻小说中提出。

1983 年 11 月 3 日，美国计算机安全学家弗雷德·科恩（Fred Cohen）博士研制出一种在运行过程中可以复制自身的破坏性程序，伦·艾德勒曼（Len Adleman）将它正式命名为计算机病毒（Computer Virus），并在每周一次的计算机安全讨论会上正式提出。8 小时后专家们在 VAX 11/750 计算机系统上运行第一个病毒实验获得成功，一周后又获准进行 5 个实验的演示，从而在实验上验证了计算机病毒的存在。

20 世纪 80 年代起，IBM 公司的 PC 系列微机因为性能优良，价格便宜逐渐成为世界微型计算机市场上的主要机型。但是由于 IBM PC 系列微型计算机自身的弱点，尤其是 DOS 操作系统的开放性，给计算机病毒的制造者提供了可乘之机。因此，装有 DOS 操作系统的微型计算机成为病毒攻击的主要对象。

1986 年初，在巴基斯坦的拉合尔，巴锡特（Basit）和阿姆杰德（Amjad）两兄弟经营着一家 IBM PC 机及其兼容机的小商店。他们编写了 Pakistan 病毒，即 Brain 病毒（国内称为"巴基斯坦大脑病毒"或"大脑"病毒），在一年内流传到了世界各地。这是世界上第一例传播的病毒，使人们认识到计算机病毒对计算机的影响。1987 年 10 月，Brain 病毒在美国被发现，世界各地的计算机用户几乎同时发现了形形色色的计算机病毒，如大麻病毒、IBM 圣诞树病毒、黑色星期五病毒等。病毒以强劲的势头蔓延开来！面对计算机病毒的突然袭击，众多计算机用户甚至专业人员都惊慌失措。就这样，经过 10 年的时间，计算机病毒的幻想终于变成了现实。

1988 年 3 月 2 日，一种苹果机的病毒发作，这天受感染的苹果机停止工作，只显示"向所有苹果计算机的使用者宣布和平的信息"，以庆祝苹果机生日。

1988 年，当年玩"磁芯大战"出名的罗伯特·莫里斯的儿子小罗伯特·莫里斯（Robert T. Morris Jr.）利用 UNIX 操作系统一个小小的漏洞编制了一个特殊的程序，自动寻找 ARPANET 网络上的主机，并向新的主机系统不断复制自己，这就是有名的"莫里斯蠕虫"。11 月 2 日起的短短两天时间内，莫里斯蠕虫感染了全美军事、大学等 ARPANET 上几乎所有的 UNIX 系统，耗尽了 ARPANET 上所有资源。到 11 月 3 日，包括 5 个计算机中心和 12 个地区结点，连接着政府、大学、研究所和拥有政府合同的 150000 台计算机遭受攻击，造成 ARPANET 不能正常运行。这是一次非常典型的计算机病毒入侵计算机网络的事件，迫使美国政府立即做出反应，国防部成立了计算机应急行动小组，更引起了世界范围的轰动。这次事件，计算机系统直接经济损失达 9600 万美元。小莫里斯也因此被判 3 年缓刑，罚款 1 万美元，还被命令进行 400 小时的社区服务。小莫里斯当年只有 23 岁，在康乃尔（Cornell）大学攻读学位的研究生。由于小莫里斯成了入侵 ARPANET 网的最大的电子入侵者，被获准参加康乃尔大学的毕业设计，并获得哈佛大学 Aiken 中心超级用户的特权。

1988 年底，在我国的国家统计部门发现的小球病毒是我国发现的首例计算机病毒感染事件。1989 年，全世界的计算机病毒攻击十分猖獗，我国也未幸免。其中"米开朗基罗"病毒给许多计算机用户造成极大损失。

1991 年，在"海湾战争"中，美军第一次将计算机病毒用于实战，在空袭巴格达的战斗中，成功地破坏了对方的指挥系统，使之瘫痪，保证了战斗的顺利进行，直至最后胜利。这是计算机病毒首次在战争中作为武器使用。这一年，首次出现能够突破 Novell Netware 网络安全机制进行传播的网络计算机病毒。

1992 年，出现针对杀毒软件的"幽灵"病毒 One-Half。当年还出现了一种实现机理与以往的病毒有明显区别的 DIR II 病毒，该病毒的传染速度、传播范围及其隐蔽性堪称所有病毒之首。DIR II 病毒专门感染磁盘的目录区，并不感染文件或引导扇区，当干净的软盘在染毒的系统中执行 DIR 命令的时候，病毒就传播到了干净的软盘上。

1994 年 5 月，中央电视台《新闻联播》中报道，南非第一次多种族全民大选的记票工作，因计算机病毒的破坏而停顿达 30 余小时，被迫推迟公布选举结果，世界为之哗然。外电发表评论：计算机病毒不仅给人类的正常工作和生活造成破坏，扰乱正常的社会秩序，而且已经开始对人类的历史进程产生严重的影响。

1996 年，出现针对微软公司 Office 软件的"宏病毒"（Macro Virus）。1997 年被公认为计算机反病毒界的"宏病毒年"。宏病毒主要感染 Word、Excel 等程序制作的文档。宏病毒自 1996 年 9 月开始在国内出现并逐渐流行。如 Word 宏病毒，早期是用一种专门的 Basic 语言即 Word Basic 所编写的程序，后来使用 Visual Basic for Application（VBA），与其他计算机病毒一样，它能对用户系统中的可执行文件和文档造成破坏，常见的如 Concept 等宏病毒。

1998 年 8 月，中央电视台在《晚间新闻》中播报公安部要求各地计算机管理监察处严加防范一种直接攻击和破坏计算机硬件系统的新病毒（CIH）的消息，立即引起人们对计算机病毒的恐慌，在我国掀起一股"病毒热"狂潮。1998 年被公认为计算机反病毒界的 CIH 病毒年。CIH 病毒是继 DOS 病毒、Windows 病毒、宏病毒后的第四类新型病毒。这种病毒与 DOS 下的传统病毒有很大不同，是第一个直接攻击、破坏硬件的计算机病毒，是迄今为止破坏最为严重的病毒。它主要感染 Windows 95/98 的可执行程序，发作时破坏计算机主板上 Flash BIOS 芯片中的系统程序，导致主板损坏，无法启动，同时破坏硬盘中的数据。1999 年 4 月 26 日，CIH 病毒在我国大规模爆发，造成巨大损失。全世界至少有 6000 万台计算机遭受到它的侵害，我国受损的计算机总量达到了 36 万台，其中主板的受损比例为 15%。所造成的直接经济损失为 0.8 亿元人民币。

随着因特网技术的发展，1999 年 3 月 26 日，出现一种通过因特网进行传播的 Melissa 病毒（美丽莎病毒）。2000 年 5 月 4 日，爱虫病毒在全世界范围内大爆发，至少 4500 万台计算机受到影响，经济损失高达 100 亿美元。到 2001 年，"红色代码"、"蓝色代码"、"Nimda" 病毒等大量针对微软的 Internet Information Server（IIS）服务器漏洞进行传播和破坏的计算机病毒接踵而至。

计算机病毒一经出现，便以极其迅猛的速度增加。据统计，1989 年 1 月，病毒种类不过 100 种，1990 年 1 月超过 150 种，1990 年 12 月超过 260 种。最新资料表明，计算机病毒总数已超过 6 万种，而且还有快速增长的趋势。

另一方面，计算机网络尤其是因特网的技术快速发展，也使得计算机病毒的传播速度更加快，潜伏期更短。以前，一个 DOS 病毒通过软盘传播的方式，一般需要一年的时间才能够传变全球，而现在只需要短短的几个小时就能够传播到不同国家、不同地域的计算机中。相信随着计算机技术的不断发展，病毒的传播途径将会越来越多，传播速度也将会越来越迅速。

22.2 病毒的原理与检测技术

要了解计算机病毒的防范，首先需要了解计算机病毒的原理以及常见计算机病毒的检测技术，通过研究计算机病毒的原理，能够从根本上对计算机病毒进行防范。

22.2.1 计算机病毒的定义

首先让我们来看一看什么是计算机病毒。对计算机病毒的定义有很多，目前国内比较流行的是采用 1994 年颁布的《中华人民共和国计算机信息系统安全保护条例》第二十八条中的定义，即 "计算机病毒，是指编制或者在计算机程序中插入的破坏计算机功能或者毁坏数据，影响计算机使用，并能够自我复制的一组计算机指令或者程序代码"。

随着因特网技术的发展，计算机病毒的定义正在逐步扩大化，与计算机病毒的特征和危害有类似之处的黑客有害程序（Hack Program）、特洛伊木马程序（Trojan Horse）和蠕虫程序（Internet Worm）从广义角度也被归入计算机病毒的范畴。

22.2.2 计算机病毒的特性

一般来说，计算机病毒通常具有主动传染性、破坏性、寄生性、隐蔽性和不可预见性等特性。这些特性在计算机病毒的定义中有所体现。

计算机病毒必须具有主动传染性，这是病毒区别于其他程序的一个根本特性。在计算机病毒的定义中也强调计算机病毒是要 "能够自我复制的"。病毒能够将自身代码主动复制到其他文件或扇区中，这个过程并不需要人为的干预。形象地说，计算机病毒能够自己"跑"到别的程序或计算机中去。

计算机病毒同时又要具有破坏性，这也是计算机病毒的一个基本特性。计算机病毒往往是带有某种破坏功能的，比如删除文件、毁坏主板 BIOS、影响正常的使用，等等。近年来随着将黑客程序、特洛伊木马程序、蠕虫程序等纳入计算机病毒的范畴，破坏性也赋予了新的内涵，比如将盗取信息、使用他人计算机的资源等也列入了破坏行为的范围。

计算机病毒还具有寄生性，也就是说病毒并不一定是完整的程序，早期的计算机病毒绝大多数都不是完整的程序，通常都是附着在其他程序中，就像生物界中的寄生现象。被寄生的程序称为宿主程序，或者称为病毒载体。当然现在的某些病毒本身就是一个完整的程序。

同时，计算机病毒还具有隐蔽性，这和寄生性是分不开的。隐蔽性是指计算机病毒采用某些技术来防止被发现。潜伏期越长的病毒传播的范围通常来说也会越广，造成的破坏也就越大。目前通过网络传播的计算机病毒往往采取快速传播的方法，可能在这些病毒的身上并没有表现出隐蔽特性。

最后，计算机病毒还具有不可预见性，也就是说永远无法预见下一分钟会出现什么病毒，会造成什么样的后果。同样，谁也无法准确地预见计算机病毒什么时候会入侵，什么时候会传播爆发。

22.2.3　计算机病毒的命名

在国际上没有对计算机病毒命名方法的规定。一般来说各个厂商对计算机病毒有其自己的一套命名方法。但在国际上通行一个计算机病毒命名的准则，即同一厂商对同一病毒及变种的命名一致，也就是说在同一厂商的反病毒产品中，对同一病毒（包括变种）的各种存在形式的检测所报警的病毒名必须一致。

一般常见的计算机病毒命名方法有：
- 采用病毒体字节数，如 1050 病毒、4099 病毒等。
- 病毒体内或传染过程中的特征字符串，如 CIH、爱虫病毒等。
- 发作的现象，如小球病毒等。
- 发作的时间以及相关的事件，如黑色星期五病毒等。
- 病毒的发源地，如合肥 2 号等。
- 特定的传染目标，如 DIR II 病毒等。

通常还会加上某些指明病毒属性的前后缀，如 W32/xxx、mmm. W97M 等。此外，对病毒的命名除了标准名称外，还可以有"别名"（Alias），也就是说可以通过上述的几种命名方式来对一个病毒进行命名，以便记忆。

22.2.4　计算机病毒的分类

对病毒可以从不同地角度进行分类。按破坏性来分类存在恶性病毒（如 CIH）和良性病毒（如"杨基"病毒，发作时在计算机上播放歌曲）两种。按所攻击的操作系统划分有 DOS 病毒、Windows 病毒、Linux 病毒、UNIX 病毒等。按病毒的表观来划分，可以分成简单病毒和变形病毒等。按病毒的感染途径以及所采用的技术划分，存在引导型病毒、文件型病毒和混合型病毒等。

通常所采用的是根据计算机病毒的感染途径以及所采用的技术来划分的，传统上对计算机病毒的分类包括引导型病毒（Boot Virus）、文件型病毒（File Virus）和混合型病毒（Mixed Virus）等三大类。随着病毒制造技术的不断提高，变形病毒（Polymorphic/Mutation Virus）、宏病毒（Macro Virus）、电子函件病毒（Email Virus）、脚本病毒（Script Virus）、网络蠕虫（Network worm）、黑客程序（Hack program）、特洛伊木马/后门程序（Trojan/Backdoor program）、Java/ActiveX 恶意代码等新的分类也逐渐被人们所采用。随着科学技术的不断进步，还会有手机病毒、PDA 病毒、PALM 病毒等新的分类。

22.2.5 计算机病毒的传播途径

计算机病毒要进行传染，必然会留下痕迹。检测计算机病毒，就是要到病毒寄生场所去检查，验明"正身"，确证计算机病毒的存在。计算机病毒存储于磁盘中，激活时驻留在内存中。因此对计算机病毒的检测分为对内存的检测和对磁盘的检测。一般对磁盘进行计算机病毒检测时，要求内存中不带病毒。这是由于某些计算机病毒会向检测者报告假情况。例如 4096 病毒，当它在内存中时，查看被感染的文件长度，不会发现该文件的长度已发生变化，而当在内存中没有该病毒时，才会发现文件长度已经增长了 4096 字节。又如 DIR II 病毒，在内存中时，用 DEBUG 程序查看时，根本看不到 DIR II 病毒的代码，很多检测程序因此而漏过了被其感染的文件。再如引导型的巴基斯坦智囊病毒，当它在内存中时，检查引导区时看不到该病毒程序而只看到正常的引导扇区。因此，只有在要求确认某种病毒的类型和对其进行分析、研究时，才在内存中带毒的情况下做检测工作。

从原始的、未受计算机病毒感染的 DOS 系统软盘启动，可以保证内存中不带毒。启动必须是上电启动而不能是按键盘上的 Alt＋Ctrl＋Del 三个键，因为某些计算机病毒通过截取键盘中断处理程序，仍然会将自己驻留在内存中。可见保留一份未被计算机病毒感染的、写保护的 DOS 系统软盘是很重要的。

需要注意的是，若要检测硬盘中的计算机病毒，则启动系统的 DOS 软盘的版本应该等于或高于硬盘内 DOS 系统的版本号。若硬盘上使用了磁盘管理软件、磁盘压缩存储管理软件等，启动系统的软盘上应该把这些软件的驱动程序包括在内，并把它们添加在 CONFIG.SYS 文件中。否则用系统软盘引导启动后，将不能访问硬盘上的所有分区，使躲藏在其中的计算机病毒逃过检查。

计算机病毒可以通过各式各样的手段进行传播，经常检查这些传播途径可以尽早地、有效地发现计算机病毒。计算机病毒传播的途径一般有以下几种：

1. 通过不可移动的计算机硬件设备进行传播

即利用专用集成电路芯片（ASIC）进行传播。这种计算机病毒虽然极少，但破坏力却极强，目前尚没有较好的检测手段对付。

2. 通过移动存储设备来传播（包括软盘、磁带等）

其中软盘是使用广泛、移动频繁的存储介质，因此也成了计算机病毒寄生的"温床"。盗版光盘上的软件和游戏及非法拷贝也是目前传播病毒主要途径。随着大容量可移动存储设备如 Zip 盘、优盘可擦写光盘、磁光盘（MO）等的普遍使用，这些存储介质也将成为计算机病毒寄生的场所。

3. 通过计算机网络进行传播

随着因特网的高速发展，计算机病毒也走上了高速传播之路，现在通过网络传播已经成为计算机病毒的第一传播途径。除了传统的文件型病毒以文件下载、电子函件的附件等形式传播外，新兴的电子函件病毒，如美丽莎病毒，我爱你病毒等则是完全依靠网络来传播的。甚至还有利用网络分布计算技术将自身分成若干部分，隐藏在不同的主机上进行传播的计算机病毒。

4. 通过点对点通信系统和无线通信系统传播

可以预见随着 WAP 等技术的发展和无线上网的普及，通过这种途径传播的计算机病毒也将占有一定的比例。

22.2.6 计算机病毒的检测方法

检测磁盘中的计算机病毒可分成检测引导型计算机病毒和检测文件型计算机病毒。这两种检测从原理上讲是一样的，但由于各自的存储方式不同，检测方法是有差别的。

1. 比较法

比较法是用原始备份与被检测的引导扇区或被检测的文件进行比较。比较时可以靠打印的代码清单（比如 DEBUG 的 D 命令输出格式）进行比较，或用程序来进行比较（如 DOS 的 DISKCOMP、FC 或 PCTOOLS 等其他软件）。这种比较法不需要专用的查计算机病毒程序，只要用常规 DOS 软件和 PCTOOLS 等工具软件就可以进行。而且用这种比较法还可以发现那些尚不能被现有的查计算机病毒程序发现的计算机病毒。因为计算机病毒传播得很快，新的计算机病毒层出不穷，由于目前还没有做出通用的能查出一切计算机病毒，或通过代码分析，可以判定某个程序中是否含有计算机病毒的查毒程序，发现新计算机病毒就只有靠比较法和分析法，有时必须结合这两者来一同工作。

使用比较法能发现异常，如文件的长度有变化，或虽然文件长度未发生变化，但文件内的程序代码发生了变化。对硬盘主引导扇区或对 DOS 的引导扇区做检查，比较法能发现其中的程序代码是否发生了变化。由于要进行比较，保留好原始备份是非常重要的，制作备份时必须在无计算机病毒的环境里进行，制作好的备份必须妥善保管，写好标签，并加上写保护。

比较法的好处是简单、方便，不需专用软件。缺点是无法确认计算机病毒的种类名称。另外，造成被检测程序与原始备份之间差别的原因尚需进一步验证，以查明是由于计算机病毒造成的，或是由于 DOS 数据被偶然原因，如突然停电、程序失控、恶意程序等破坏的。这些要用到以后讲的分析法，查看变化部分代码的性质，以此来确证是否存在计算机病毒。另外，当找不到原始备份时，用比较法就不能马上得到结论。从这里可以看到制作和保留原始主引导扇区和其他数据备份的重要性。

2. 加总比对法 (Checksum)

根据每个程序的档案名称、大小、时间、日期及内容，加总为一个检查码，再将检查码附于程序的后面，或是将所有检查码放在同一个数据库中，再利用此加总对比系统，追踪并记录每个程序的检查码是否更改，以判断是否感染了计算机病毒。一个很简单的例子就是当您把车停下来之后，将里程表的数字记下来。那么下次您再开车时，只要比对一下里程表的数字，那么您就可以断定是否有人偷开了您的车子。这种技术可侦测到各式的计算机病毒，但最大的缺点就是误判断高，且无法确认是哪种计算机病毒感染的，对于隐形计算机病毒也无法侦测到。

3. 特征字串搜索法

特征字串搜索法是用每一种计算机病毒体含有的特定字符串对被检测的对象进行扫描，如果在被检测对象内部发现了某一种特定字节串，就表明发现了该字节串所代表的计算机病毒。国外对这种按搜索法工作的计算机病毒扫描软件叫 Virus Scanner。计算机病毒扫描软件由两部分组成：一部分是计算机病毒代码库，含有经过特别选定的各种计算机病毒的代码串；另一部分是利用该代码库进行扫描的扫描程序。目前常见的防杀计算机病毒软件对已知计算机病毒的检测大多采用这种方法。计算机病毒扫描程序能识别的计算机病毒的数目完全取决于计算机病毒代码库内所含计算机病毒的种类多少。显而易见，库中计算机病毒代码种类越多，扫描程序能认出的计算机病毒就越多。计算机病毒代码串的选择是非常重要的。短小的计算机病毒只有一百多个字节，长的有上万字节的。如果随意从计算机病毒体内选一段作为代表该计算机病毒的特征代码串，可能在不同的环境中，该特征串并不真正具有代表性，不能用于将该串所对应的计算机病毒检查出来。选这种串做为计算机病毒代码库的特征串就是不合适的。

另一种情况是代码串不应含有计算机病毒的数据区，数据区是会经常变化的。代码串一定要在仔细分析了程序之后才选出最具代表特性的，足以将该计算机病毒区别于其他计算机病毒的字节串。选定好的特征代码串是很不容易的，是计算机病毒扫描程序的精华所在。一般情况下，代码串是连续的若干个字节组成的串，但是有些扫描软件采用的是可变长串，即在串中包含一个到几个"模糊"字节。扫描软件遇到这种串时，只要除"模糊"字节之外的字串都能完好匹配，则也能判别出计算机病毒。

除了前面说的选特征串的规则外，最重要的一条是特征串必须能将计算机病毒与正常的非计算机病毒程序区分开。不然将非计算机病毒程序当成计算机病毒报告给用户，是假警报，这种"狼来了"的假警报太多了，就会使用户放松警惕，等真的计算机病毒一来，破坏就严重了；再就是若将这假警报送给杀计算机病毒程序，会将好程序给"杀死"了。

大多数计算机病毒检测软件使用特征串扫描法。当特征串选择得很好时，计算机病毒检测软件让计算机用户使用起来很方便，对计算机病毒了解不多的人也能用它来发现计算机病毒。另外，不用专门软件，用 PCTOOLS 等软件也能用特征串扫描法去检测特定的计算机病毒。

这种扫描法的缺点也是明显的。第一是当被扫描的文件很长时，扫描所花时间也越多；第二是不容易选出合适的特征串；第三是新的计算机病毒的特征串未加入计算机病毒代码库时，老版本的扫毒程序无法识别出新的计算机病毒；第四是怀有恶意的计算机病毒制造者得到代码库后，会很容易地改变计算机病毒体内的代码，生成一个新的变种，使扫描程序失去检测它的能力；第五是容易产生误报，只要在正常程序内带有某种计算机病毒的特征串，即使该代码段已不可能被执行，而只是被杀死的计算机病毒体残余，扫描程序仍会报警；第六是不易识别多维变形计算机病毒。不管怎样，基于特征串的计算机病毒扫描法仍是今天用得最为普遍的查计算机病毒方法。

4. 虚拟机查毒法

该技术专门用来对付多态变形计算机病毒（Polymorphic/MutationVirus）。多态变形计算机病毒在每次传染时，都将自身以不同的随机数加密于每个感染的文件中，传统搜索法的方式根本就无法找到这种计算机病毒。虚拟机查毒法则是用软件仿真技术成功地仿真 CPU 执行，在 DOS 虚拟机（Virtual Machine）下伪执行计算机病毒程序，安全并确实地将其解密，使其显露本来的面目，再加以扫描。

5. 人工智能陷阱技术和宏病毒陷阱技术（MacroTrap）

人工智能陷阱是一种监测计算机行为的常驻式扫描技术，它将所有计算机病毒所产生的行为归纳起来，一旦发现内存中的程序有任何不当的行为，系统就会有所警觉，并告知使用者。这种技术的优点是执行速度快、操作简便，且可以侦测到各式计算机病毒；其缺点就是程序设计难，且不容易考虑周全。不过在这千变万化的计算机病毒世界中，人工智能陷阱扫描技术是一个至少具有主动保护功能的新技术。

宏病毒陷阱技术（MacroTrap）是结合了搜索法和人工智能陷阱技术，依行为模式来侦测已知及未知的宏病毒。其中，配合 OLE2 技术，可将宏与文件分开，使得扫描速度变得飞快，而且更可有效地将宏病毒彻底清除。

6. 分析法

一般使用分析法的人不是普通用户，而是防杀计算机病毒技术人员。使用分析法的目的在于：

（1）确认被观察的磁盘引导扇区和程序中是否含有计算机病毒。

（2）确认计算机病毒的类型和种类，判定其是否是一种新的计算机病毒。

（3）搞清楚计算机病毒体的大致结构，提取特征识别用的字节串或特征字，用于增添到计算机病毒代码库供计算机病毒扫描和识别程序用。

（4）详细分析计算机病毒代码，为制定相应的防杀计算机病毒措施制定方案。

上述 4 个目的按顺序排列起来，正好是使用分析法的工作顺序。使用分析法要求具有比较全面的有关计算机、DOS、Windows、网络等的结构和功能调用以及关于计算机病毒方面的知识，这是与其他检测计算机病毒方法不一样的地方。

要使用分析法检测计算机病毒，其条件除了要具有相关的知识外，还需要反汇编工具、二进制文件编辑器等分析用工具程序和专用的试验计算机，因为即使是很熟练的防杀计算机病毒技术人员，使用性能完善的分析软件，也不能保证在短时间内将计算机病毒代码完全分析清楚。而计算机病毒有可能在被分析阶段继续传染甚至发作，把软盘硬盘内的数据完全毁坏掉，这就要求分析工作必须在专门设立的试验计算机机上进行，不怕其中的数据被破坏。在不具备条件的情况下，不要轻易开始分析工作，很多计算机病毒采用了自加密、反跟踪等技术，使得分析计算机病毒的工作经常是冗长和枯燥的。特别是某些文件型计算机病毒的代码可达 10KB 以上，与系统的牵扯层次很深，使详细的剖析工作十分复杂。

计算机病毒检测的分析法是防杀计算机病毒工作中不可缺少的重要技术，任何一个性能优良的防杀计算机病毒系统的研制和开发都离不开专门人员对各种计算机病毒的详尽而认真的分析。

分析的步骤分为静态分析和动态分析两种。静态分析是指利用反汇编工具将计算机病毒代码打印成反汇编指令后程序清单后进行分析，看计算机病毒分成哪些模块，使用了哪些系统调用，采用了哪些技巧，并将计算机病毒感染文件的过程翻转为清除该计算机病毒、修复文件的过程；判断哪些代码可被用做特征码以及如何防御这种计算机病毒。分析人员具有的素质越高，分析过程越快、理解越深。动态分析则是指利用 DEBUG 等调试工具在内存带毒的情况下，对计算机病毒做动态跟踪，观察计算机病毒的具体工作过程，以进一步在静态分析的基础上理解计算机病毒工作的原理。在计算机病毒编码比较简单的情况下，动态分析不是必须的。但当计算机病毒采用了较多的技术手段时，必须使用动、静相结合的分析方法才能完成整个分析过程。

7. 先知扫描法

先知扫描技术（VICE，Virus Instruction Code Emulation）是继软件仿真后的一大技术上突破。既然软件仿真可以建立一个保护模式下的 DOS 虚拟机，仿真 CPU 动作并伪执行程序以解开多态变形计算机病毒，那么应用类似的技术也可以用来分析一般程序，检查可疑的计算机病毒代码。因此 VICE 技术专业人员用来判断程序是否存在计算机病毒代码的方法，分析归纳成专家系统和知识库，再利用软件模拟技术（Software Emulation）伪执行新的计算机病毒，超前分析出新计算机病毒代码，对付以后的计算机病毒。

22.3　病毒防范技术措施

当计算机系统或文件染有计算机病毒时，需要检测和消除。但是，计算机病毒一旦破坏了没有副本的文件，便无法医治。隐性计算机病毒和多态性计算机病毒更使人难以检测。在与计算机病毒的对抗中，如果能采取有效的防范措施，就能使系统不染毒，或者染毒后能减少损失。让我们从技术角度出发，看看如何来防范计算机病毒的侵害。

计算机病毒防范，是指通过建立合理的计算机病毒防范体系和制度，及时发现计算机病毒侵入，并采取有效的手段阻止计算机病毒的传播和破坏，恢复受影响的计算机系统和数据。

计算机病毒利用读写文件能进行感染，利用驻留内存、截取中断向量等方式能进行传染和破坏。预防计算机病毒就是要监视、跟踪系统内类似的操作，提供对系统的保护，最大限度地避免各种计算机病毒的传染破坏。

老一代的防杀计算机病毒软件只能对计算机系统提供有限的保护，只能识别出已知的计算机病毒。新一代的防杀计算机病毒软件则不仅能识别出已知的计算机病毒，在计算机病毒运行之前发出警报，还能屏蔽掉计算机病毒程序的传染功能和破坏功能，使受感染的程序可以继续运行（即所谓的带毒运行）。同时还能利用计算机病毒的行为特征，防范未知计算机病毒的侵扰和破坏。另外，新一代的防杀计算机病毒软件还能实现超前防御，将系统中可能被计算机病毒利用的资源都加以保护，不给计算机病毒可乘之机。防御是对付计算机病毒的积极而又有效的措施，比等待计算机病毒出现之后再去扫描和清除更有效地保护计算机系统。

计算机病毒的工作方式是可以分类的，防杀计算机病毒软件就是针对已归纳总结出的这几类计算机病毒工作方式来进行防范的。当被分析过的已知计算机病毒出现时，由于其工作方式早已被记录在案，防杀计算机病毒软件能识别出来；当未曾被分析过的计算机病毒出现时，如果其工作方式仍可被归入已知的工作方式，则这种计算机病毒能被反病毒软件所捕获。这也就是采取积极防御措施的计算机病毒防范方法优越于传统方法的地方。

当然，如果新出现的计算机病毒不按已知的方式工作，这种新的传染方式又不能被反病毒软件所识别，那么反病毒软件也无能为力了。这时只能采取两种措施进行保护：第一是依靠管理上的措施，及早发现疫情，捕捉计算机病毒，修复系统。第二是选用功能更加完善的、具有更强超前防御能力的反病毒软件，尽可能多地堵住能被计算机病毒利用的系统漏洞。

以下我们仅从技术的角度来说明计算机病毒防范的常见方法。

22.3.1 单机下病毒防范

与以往的平台相比，Windows 95/98/NT/2000 引入了很多非常有用的特性，充分利用这些特性将能大大地增强软件的能力和便利。应该提醒的是，尽管 Windows 95/98/NT/2000 平台具备了某些抵御计算机病毒的天然特性，但还是未能摆脱计算机病毒的威胁。单机防范计算机病毒，一是要在思想上重视、管理上到位，二是依靠防杀计算机病毒软件。

1. 选择一个功能完善的单机版防杀计算机病毒软件

一个功能较好的单机防杀计算机病毒软件应能满足下面的要求：

（1）拥有计算机病毒检测扫描器。

检测计算机病毒有两种方式，对磁盘文件的扫描和对系统进行动态的实时监控。同时提供这两种功能是必要的，实时监控保护更不可少。

- DOS 平台的计算机病毒扫描器：由于系统引导过程中，Windows 95/98 未能提供任何保护。因此，在 Windows 95/98 启动之前，有必要通过 autoexec.bat 或 config.sys 载入 DOS 平台的计算机病毒扫描器，对引导扇区、内存或主要的系统文件进行扫描，确保无毒后才继续系统的启动。同时，在系统由于感染计算机病毒而崩溃或在内存发现计算机病毒时，通过"干净的"系统引导软盘启动，DOS 扫描器便成为主要的杀毒工具。

不过，在 Windows 95/98 下"重新引导并切换到 MS—DOS 方式"对大多数防杀计算机病毒软件来说存在漏洞。此时针对 Windows 95/98 的监视已失效，只有少数软件在 Windows 95/98 目录下的 dosstart.bat 里加入了 DOS 指令扫描器。我们自己可以将 DOS 指令扫描器添加到 dosstart.bat 去，增加 DOS 下的保护。

- 32 位计算机病毒扫描器：供用户对本地硬盘或网络进行扫描。它是专门为 Windows 95/98/NT/2000 而设计的 32 位软件，从而支持长文件名及确保发挥最高的性能。

（2）实时监控程序。

通过动态实时监控来进行防毒。一般是通过虚拟设备程序（VxD）或系统设备程序（Windows NT/2000 下的 SYS）形式而不是传统的驻留内存方式（TSR）进行实时监控。实时监控程序在磁盘读取等动作中实行动态的计算机病毒扫描，并对计算机病毒和一些类似计算机病毒的活动发出警告。

（3）未知计算机病毒的检测。

新的计算机病毒平均以每天 4~5 个的速度出现，而计算机病毒特征代码库的升级一般每月一次，这是不够的。理想的防杀计算机病毒软件除了使用特征代码来检测已知计算机病毒外，还可用如启发性分析（Heuristic Analysis）或系统完整性检验（Integrity Check）等方法来检测未知计算机病毒的存在。然而，要 100％地区分正常程序和计算机病毒是不大可能的。在检测未知计算机病毒时，最后的判断工作常常要靠用户的经验。

（4）压缩文件内部检测。

从网络上下载的免费软件或共享软件大部分都是压缩文件，防杀计算机病毒软件应能检测压缩文件内部的原始文件是否带有计算机病毒。

（5）文件下载监视。

相当一部分计算机病毒的来源是在下载文件中，因此有必要对下载文件，尤其是下载可执行程序时进行动态扫描。

（6）计算机病毒清除能力。

仅仅检测计算机病毒还不够，软件还应该有很好的清除计算机病毒能力。

（7）计算机病毒特征代码库升级。

定时升级计算机病毒特征代码库非常重要。当前通过因特网进行升级已成为潮流，理想的是按一下按钮便可直接连线进行升级。

（8）重要数据备份。

对用户系统中重要的数据进行备份，以便在系统受计算机病毒攻击而崩溃时进行恢复。通常数据备份在可启动的软盘上，并包含有防杀计算机病毒软件的 DOS 平台计算机病毒扫描器。

（9）定时扫描设定。

对个人用户来说，这一功能并不重要，但对网络管理员来说，它可以避开高峰时间进行扫描而不影响工作。

（10）支持 FAT32 和 NTFS 等多种分区格式。

Windows 95 OSR2 以后版本中增加了 FAT32 分区格式的支持，从而增加了硬盘的利用率，但同时也禁止了某些低级存取方式，而传统的软件大多使用低级存取方式检测或消除计算机病毒。如果软件不支持 FAT32，便很难充分发挥其功能甚至误报。对于运行 Windows NT/2000 的计算机来说，支持 NTFS 也是防杀计算机病毒软件必须支持的。

（11）关机时检查软盘。

这一功能便是利用了关机的漫长时间，再次对 A 盘的引导区进行检测，以防止下次引导时的计算机病毒入侵。

（12）还必须注重计算机病毒检测率。

检测率是衡量防杀计算机病毒软件最重要的指标。

这里只能引用一个间接参考标准：美国 ICSA（国际计算机安全协会，原名国家计算机安全协会 NCSA）定期对其 AVPD 会员产品进行测试，要求对流行计算机病毒检测率为 100％，（参照 JoeWell 的流行计算机病毒名单 WildList）对随机抽取的非流行计算机病毒检测率为 90％以上。

2. 主要的防护工作

（1）检查 BIOS 设置，将引导次序改为硬盘先启动（C：A：）。

（2）关闭 BIOS 中的软件升级支持，如果是底板上有跳线的，应该将跳线跳接到不允许更新 BIOS。

（3）用 DOS 平台防杀计算机病毒软件检查系统，确保没有计算机病毒存在。

（4）安装较新的正式版本的防杀计算机病毒软件，并经常升级。

（5）经常更新计算机病毒特征代码库。

（6）备份系统中重要的数据和文件。

（7）在 Word 中将"宏病毒防护"选项打开，并打开"提示保存 Normal 模板"，退出 Word，然后将 Normal. dot 文件的属性改成只读。

（8）在 Excel 和 PowerPoint 中将"宏病毒防护"选项打开。

（9）若要使用 Outlook/Outlook express 收发电子函件，应关闭信件预览功能。

（10）在 IE 或 Netscape 等浏览器中设置合适的因特网安全级别，防范来自 ActiveX 和 Java Applet 的恶意代码。

（11）对外来的软盘、光盘和网上下载的软件等都应该先进行查杀计算机病毒，然后再使用。

（12）经常备份用户数据。

（13）启用防杀计算机病毒软件的实时监控功能。

22.3.2 小型局域网的防范

1. 小型局域网的特点

小型局域网大多以一台服务器和多台工作站组成，服务器主要提供简单的文件共享服务、打印服务和小规模的数据库访问服务。对等网络、Window NT 网、NetWare 网及 UNIX/Linux 网为局域网的典型代表，计算机病毒一旦感染了其中的一台计算机，将会很快地蔓延到整个网络，而且不容易一下子将网络中传播的计算机病毒彻底清除。所以对于小型局域网的计算机病毒防范必须要全面预防计算机病毒在网络中的传播、扩散和破坏，客户端和服务器端必须要同时考虑。

2. 简单对等网络的防范

简单对等网络，就是将一些计算机简单地通过集线器（Hub）连接在一起的方式。这类网络的特点是架构简单，没有明确的服务器，大多采用文件共享的方式进行数据交换。

由于这种网络相对封闭，或者某些主机通过拨号接入的方式连接到因特网，计算机病毒只能通过某台主机的软盘、光盘等侵入整个网络。对这类网络的防毒主要还是基于单机计算机病毒防范，同时对每台计算机安装计算机病毒实时监控程序，可以防止计算机病毒通过文件共享等方式在网络内传播。

3. Windows 网络的防毒

大多数的中小企业的局域网都是 Windows 网络。Windows 网络一般是由一台 Windows 主域控制器作为中心服务器，管理用户信息和访问权限控制。而工作站大多是采用有硬盘的 PC 计算机，操作系统以 Windows 95/98、Windows 2000 专业版、Windows NT Workstation 为主，主要做文件共享和打印共享。网络相对封闭，或通过在中心服务器上安装访问代理程序（Proxy）来接入因特网。

除了对每台工作站进行单机的防护外，针对 Windows 网络的特点，Windows 网络的防毒还应采取如下措施：

（1）Windows NT/2000 服务器必须全部为 NTFS 分区格式。有的用户在安装系统时，一部分为 FAT16 分区格式，一部分为 NTFS 分区格式。这样就会把计算机病毒感染到服务器的 FAT16 分区中，严重时计算机病毒破坏 FAT16 分区而导致 Windows NT 无法正常启动。

（2）Windows 服务器很容易把光盘作为共享给用户调用，因此要严格控制不知名的外来光盘的使用，以免传染上计算机病毒。

（3）用户的权限和文件的读写属性要加以控制。用户权限越大，在工作站上能看到的共享目录和文件就越多。那么一旦工作站感染上计算机病毒，所能传染的范围就越大，破坏性就越强。若公用文件属性为只读形式，则计算机病毒无法传播，系统就更安全。

（4）由于登录 Windows 网络的工作站基本上为有盘工作站，这样为计算机病毒进入网络创造了更多的机会。必须在工作站上选择优秀的具有实时检查、实时杀毒功能的杀毒软件，则能阻止计算机病毒从工作站进入网络系统。

（5）在服务器端安装基于 Windows 服务器上开发的 32 位的实时检查、实时杀毒的服务器杀毒软件，可消除计算机病毒在网上的传播。

（6）利用登录 Windows 网络后执行脚本的功能，实现工作站防杀计算机病毒软件的升级和更新。

（7）尽量不要直接在服务器上运行如各类应用程序，包括 Office 之类的办公自动化软件，因为有很多计算机病毒发作是恶性的，一旦遇到格式化硬盘、删除重要文件等现象，那后果就非常严重。

（8）服务器必须物理上绝对安全，不能有任何非法用户能够接触到该服务器，并且设置成只从硬盘启动。因为目前有些工具可以在 DOS 下直接读写 NTFS 分区。

综上所述，Windows 网络防范计算机病毒应先从工作站入口开始，采取切实有效的措施，防止工作站感染计算机病毒，同时也在服务器端安装可靠、有效的网络杀毒软件，实时阻止计算机病毒在网络中的转播、扩散。另外还必须要对网络服务器重要的数据时刻进行备份，这样一旦网络出了意外，也能随时恢复正常。

4. NetWare 网络的防毒

在金融、证券等行业的局域网中，NetWare 网络还是具有一定的生命力的。NetWare 网络的系统漏洞相对来说比较少，而且可以支持无盘工作站。大多数的 NetWare 网络以一台 NetWare 文件服务器为中心，用同轴电缆或双绞线连接许多工作站。这些工作站大多是无盘工作站，没有软驱、硬盘和光驱。各个工作站利用映射（Map）网络驱动器的方式共享文件服务器上的应用程序和用户数据区。

NetWare 网络的计算机病毒防范主要采取如下措施：

（1）保护 NetWare 文件服务器。

在 NetWare 网络，文件服务器可以说是局域网上的核心，所以加强对文件服务器的保护是一项重要的工作。

首先，从安全的盘上引导机器，如果文件服务器有 DOS 分区，那么最好是从硬盘启动系统；一般来说，文件服务器上并不需要 DOS 分区。在没有 DOS 分区的文件服务器上，如果有不带计算机病毒的正版可启动光盘，就不要用软盘启动系统。

其次，必须经常备份文件服务器上的重要数据。

（2）保护网络文件的管理对策。

Novell 在 NetWare LAN 中为网络管理提供了一些十分有用的功能，可以有效地消除计算机病毒的威胁。

将 ".exe" 与 ".com" 文件置为只读属性和只可执行的属性。其次，对 sys：\public 与 sys：\login 和应用程序目录以及所有常规用户授予 Only Read and SCAN 权限。并且不要经常使用 Supervisor 或与之等效的用户注册网络。

计算机病毒总是会有意无意的被带入网络，对工作造成一些不同程度的破坏。这就必须进行网络杀毒与数据恢复，据最新的调查报告，NetWare 网络的专有的计算机病毒数量很少，而在我国现有 NetWare LAN 上流行的计算机病毒主要还是 DOS 计算机病毒。DOS 计算机病毒在 NetWare 网上传播主要是通过带毒客户机对网络文件的调用而进行传播。目前对付 DOS 计算机病毒的杀毒软件随处可见，所以可以利用现有的 DOS 杀毒软件来对付 NetWare 网上的计算机病毒。但必须按照严格的步骤来进行：

- 逐一用无毒软盘启动工作站，用杀毒软件杀除工作站本地硬盘上计算机病毒（如果有的话）。
- 使某一工作站登录到文件服务器，并保证网上不得有其他的工作站连接到服务器上，利用杀毒软件将目录 sys：\login 下的计算机病毒扫描杀除。
- 用 login /s：x 登录，必须加参数/s：x，以使登录时不执行脚本 logintext 与 usetext。
- 扫描文件服务器上的所有目录（重点为用户数据区）。

（3）控制有盘工作站的使用。

多用无盘站，少用有盘站。使用无盘站后，用户只能执行服务器上的文件，这样就减少了计算机病毒从工作站侵入网络的机会。

（4）控制用户的权限。

对普通用户，不允许具有对其他的用户目录的浏览和访问权力，以防止用户通过拷贝他人已被计算机病毒感染的文件，将网络中的计算机病毒传至自己目录中的文件上。超级用户越少，具有访问整个服务器全部目录的使用者则越少，这就能增大整个网络的工作安全性，对重要的网络文件进行权限保护。

对公用目录中的系统文件和工具软件，要设置为只读和执行属性；对系统程序所在的目录不授予修改和管理权。这样，计算机病毒就无法对系统程序实施感染和寄生，其他用户也不会受到计算机病毒感染。工作站是网络的入口，只要将入口管理好，就能有效地防止计算机病毒的入侵。

在 NetWare 网络中，安装 NLM 模块方式设计、以服务器为基础、具有实时监控能力的杀毒软件，从而使服务器不被感染，消除计算机病毒在网上的传播。

5. UNIX/Linux 网络的防毒

对于 UNIX 网络来说，其安全性和用户权限的控制可以说是很强大的，但并不是说就没有计算机病毒的危害存在。大多数的 UNIX/Linux 网络主要是由一台或多台安装 UNIX/Linux 操作系统的服务器做 Web Server 或 FTP Server，通常也有 Mail Server。而工作站端大多是安装 Windows 95/98/2000/NT 操作系统的计算机。对这种网络的计算机病毒防护主要还是基于工作站的单机防护。可以在 UNIX/Linux 服务器上安装 Samba 服务，从某个安全的工作站定期对服务器磁盘上的文件进行扫描。

22.3.3 大型网络的病毒防范

1. 大型复杂企业网络的特点

这是目前比较流行的企业组网方式。整个网络分为内网（Intranet）和外网（Extranet）。内网和外网之间基本上是处于隔离状态，一般通过防火墙设备在内、外网之间建立一条受控的通路，从内网访问因特网一般采用代理的方式，外网通过路由器或直接与因特网相连。内网大多采用 Windows 网络组建，分配虚拟地址，并安装有内部办公自动化信息系统，如 Lotus Domino 或 Microsoft Exchange server 等；而外网一般多为 UNIX/Linux 网络，也有采用 NetWare 网络或 Windows 网络的，分配实地址，并对外提供服务。外网一般安装有 Web 服务器、FTP 服务器、电子函件服务器、域名服务器，以及其他一些服务器等。从整个网络来看，可能有多个内网和一个外网构成，也有在外网中再划分子网的情况，网络内移动工作站（存在便携机接入的情况）。

2. 大型复杂企业网络病毒的防范

对于这种网络的计算机病毒防护，除了要对各个内网严加防范，更重要的是要建立多层次的网络防范架构，并同网管结合起来。主要的防范点有因特网接入口、外网上的服务器、各内网的中心服务器等。

可以采用以下一些主要手段：

（1）在因特网接入口处安装网点型计算机病毒防治产品。

（2）在外网单独设立一台服务器,安装服务器版的网络防杀计算机病毒软件,并对整个网络进行实时监控。

（3）如果外网的服务器是基于 Windows NT/2000 操作系统的,那么需要在外网的各个服务器上安装相应的计算机病毒防护软件,比如电子函件服务器使用的是 Microsoft Exchange Server,那么就需要在该服务器上安装专为 Microsoft Exchange Server 设计的防杀计算机病毒软件。

（4）外网上如果有工作站,需要进行单机防范布防,并适当参考小型局域网的防范要点进行有选择地增加。

（5）在每个内网参照小型局域网的防范要点布防。

（6）内网中的工作站参考单机防范的重点,适当参考小型局域网的防范要点进行布防。

（7）建立严格的规章制度和操作规范,定期检查各防范点的工作状态。

22.4 病毒防范产品介绍

随着计算机病毒的出现及蔓延,市场上出现了各式各样的防杀计算机病毒的产品,有硬件产品如硬件防病毒卡,也有软件产品如防杀病毒软件、病毒防火墙等。计算机病毒防治产品是用户常用的防杀计算机病毒工具,它使用简单,不需要用户具有很专业的防杀计算机病毒的技术和知识,而且快捷、安全,能够清除已知的计算机病毒。尽管它们不是万能的,但确实对抑制计算机病毒的肆虐和危害起到了很大的作用,在一定程度上避免了更大的损失。

计算机病毒防治产品有其不同的功能及缺点,必须对其原理有所了解,才能正确使用,扬长避短,发挥其防杀计算机病毒作用。

22.4.1 计算机病毒防治产品的分类

在目前的计算机市场上有形形色色的计算机病毒防治产品供用户选用。不同的计算机病毒防治产品有其特殊的功能。对计算机病毒防治产品有多种分类方法。

1. 按使用操作平台分类

按使用操作平台分类,计算机病毒防治产品可分为 DOS/Windows 3.x 平台、Windows 9x 平台、Windows NT/2000/XP 平台、NetWare 平台以及一些 UNIX、Linux Mac 平台等,同时针对特殊的应用又可以分出 Exchange、Lotus Domino 等不同平台上的计算机病毒防治产品。

2. 按使用范围分类

按使用范围分类,计算机病毒防治产品可分为单机版和网络版。单机版计算机病毒防治产品主要是面向单机用户防杀计算机病毒的,也可对网络中的计算机提供单机防杀计算机病毒服务。网络版主要是面向网络防杀计算机病毒的,由于网络防杀计算机病毒的特殊性,单机版计算机病毒防治产品不可替代网络版计算机病毒防治产品。

3. 按实现防杀计算机病毒手段分类

按实现防杀计算机病毒手段分类，计算机病毒防治产品可分为防杀计算机病毒软件和防杀计算机病毒卡。防杀计算机病毒软件是目前比较流行的计算机病毒防治产品，具有预防、检测和消除等功能。防杀计算机病毒卡主要是预防计算机病毒的，所以又称为防计算机病毒卡，其独特的作用机制对预防计算机病毒有特殊作用。

4. 按功能分类

按功能分类，计算机病毒防治产品可分为检测类、消除类和实时监测类。目前计算机病毒防治产品的发展趋势是集成化，越来越多的产品都是集实时监测、检测、消除计算机病毒于一体的软件。计算机病毒防治产品都有其各自的优点和缺点。

22.4.2 防杀计算机病毒软件的特点

防杀计算机病毒软件是当前国际上最流行的对抗计算机病毒工具之一，也是用户最熟悉的工具软件之一。防杀计算机病毒软件有很多优点，也有许多缺点。总的来讲，它具有以下主要特点：

1. 能够识别并清除计算机病毒

识别并清除计算机病毒是防杀计算机病毒软件的基本特征之一，它最突出的技术特点和作用就是能够比较准确地识别计算机病毒，并有针对性地加以清除，杀灭计算机病毒的个体传染源从而限制计算机病毒的传染和破坏。

2. 查杀病毒引擎库总是需要不断更新

由于计算机病毒的多样性和复杂性，以及 DOS、Windows 等操作系统的开放性和技术上的原因，再加上计算机病毒变种不断出现，使得目前流行的计算机防杀计算机病毒软件的更新总是落后于计算机病毒的出现，防杀计算机病毒处于被动的地位。它只能对已知计算机病毒进行检测、清除，而对新出现的计算机病毒几乎无能为力。

由于计算机病毒的不断出现，任何计算机病毒防治产品，如果不能及时更新查杀病毒引擎库就起不到防杀计算机病毒的效果。目前世界上公认的计算机病毒防治产品的更新周期为 4 周，超过这一周期仍未更新的产品几乎是形同虚设。

22.4.3 对计算机病毒防治产品的要求

计算机病毒防治产品是防治计算机病毒的武器，对其安全性、兼容性、功能性等有特殊要求。

1. 计算机病毒防治产品的自身安全

计算机病毒防治产品也是软件产品，它自身也有安全问题。防杀计算机病毒软件自身也是程序，它也可以成为计算机病毒感染的目标。

用染毒的计算机病毒防治产品来查杀计算机病毒，会造成系统受感染。在有毒环境下，使用未做写保护的计算机病毒防治产品，产品自身也会感染计算机病毒。常驻内存的计算机病毒防治产品程序代码，无力保护自身代码不受攻击。

2. 计算机病毒防治产品与系统和应用软件的兼容

计算机病毒往往利用操作系统控制系统资源，有时甚至直接越过操作系统强行控制计算机系统硬件资源，侵入并破坏计算机系统。计算机病毒这一特点，决定了查杀计算机病毒技术对操作系统具有很强的依赖性。计算机病毒防治产品只有与操作系统紧密连接，才可正常工作和发挥防杀计算机病毒的功能。同样，也要求计算机病毒防治产品与应用软件兼容。

3. 对查毒产品的要求

静态检查计算机病毒产品主要用来检查程序是否染毒。对这类产品的主要要求能发现尽可能多的计算机病毒、误报警率低、速度快。它识别的计算机病毒种类愈多，实用价值就愈大。而误报警可能引起用户恐慌。由于硬盘容量增大，数据增多，如果每天查计算机病毒，要求高速度很自然。

在使用静态检查计算机病毒产品时，必须注意产品自身不能染毒，产品运行的环境是清洁无毒的，计算机病毒不能进驻内存。

4. 对杀毒产品的要求

查计算机病毒是安全操作，杀计算机病毒是危险操作。

查计算机病毒产品只是打开并读取被查文件，产品对被查对象文件不做任何写入动作，最坏的情况不过是误报警或是有毒而未报警，被查文件不会损坏。而杀毒产品在清除计算机病毒时，必须对对象文件做写入动作。如果杀毒产品自身有毒，或是判错了计算机病毒种类、变种或遇到新变种等情况，那么杀毒产品就可能将错误代码写入对象文件，或写入到对象文件的错误位置，造成将文件损坏。如果是清除硬盘系统区的主引导型计算机病毒，此种失误，可以使硬盘无法识别和启动。

因此，使用杀毒产品时，必须牢记杀引导型计算机病毒，事先应对硬盘引导区备份；杀文件型计算机病毒，应对染毒文件先备份，后杀毒。

有了防杀计算机病毒软件，还要注意定期升级计算机病毒特征代码库及软件版本，这样才能保证你的软件具备消除最新计算机病毒的能力。防杀计算机病毒软件应该选用正式版本，测试版本和盗版软件一般都不能保证功能的完全实现。

22.4.4 常见的计算机病毒防治产品

在我国，计算机病毒防治产品是需要通过国家有关部门的检验、取得销售许可证后才可以在市场上销售的。以下按单机版和网络版分类列举一些目前已经取得销售许可证的计算机病毒防治产品。

1. 单机计算机病毒防治产品

市场上常见的单机版计算机病毒防治产品有 KVW3000、瑞星、金山毒霸、Kill、安全之星 1＋e、北信源、诺顿（Norton AntiVirus）、趋势（Trend）、McAfee、熊猫卫士（Panda）、CA InoculateIT 等。

2. 网络计算机病毒防治产品

市场上常见的网络版计算机病毒防治产品有瑞星、Kill、北信源、启明星辰（天蘅）、诺顿（Norton）、趋势（Trend）、McAfee、熊猫卫士（Panda）、CA InoculateIT 等。

3. 其他比较有名的反病毒软件

其他还一些比较有名的反病毒产品，如 AVP、Dr. Web、安博士等。

22.5 小　　结

通过本章的内容，大家可以大体了解到计算机病毒的历史、病毒检测的基本方法以及计算机病毒的防范方法等。

计算机病毒并不像人们想像的那么可怕，只要做好防范工作，我们还是可以很容易地抵御计算机病毒的侵害。计算机病毒防范技术伴随者计算机技术和病毒制造技术的发展而发展，只有不断提高防范的技术手段才可能有效防范计算机病毒的入侵。计算机病毒防范是一个长期的过程，任何的松懈和漏洞都可能造成不可估量的损失。

习　　题

1. 什么是计算机病毒？计算机病毒具有哪些特性？
2. 世界上第一个计算机病毒是哪年出现的？叫什么名字？我国发现的第一例计算机病毒是什么病毒？
3. 计算机病毒的传播途径有哪些？
4. 计算机病毒的检测方法一般有哪些？
5. 简述特征字串查毒法的原理及其优缺点。
6. 简要描述一下单机防范计算机病毒的要点。
7. 图 22.1 是某企业的一个计算机网络拓扑示意图，其中服务器 A 安装 Windows 2000 Server，并安装 IIS 5.0 提供 Web 和 FTP 服务；服务器 B 安装 Windows NT 4.0 Server，并安装 Lotus Domino Server 作为公司内部的办公自动化应用服务器；PC Group C 为员工所用计算机，统一安装 Windows 98；计算机 D 为总经理用笔记本电脑，安装 Windows 2000 Professional 系统。请设计一套符合该网络特点的防杀病毒体系（可以不涉及具体品牌名称）。

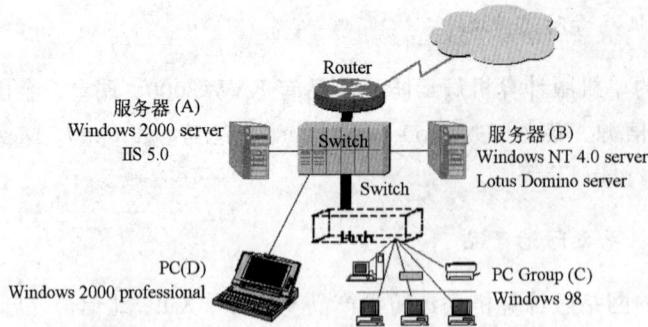

图 22.1

参 考 文 献

李旭华 . 2002 计算机病毒——病毒机制与防范技术 . 重庆：重庆大学出版社

陈立新 . 2000. 计算机病毒防治百事通 . 北京：清华大学出版社

精英工作室 . 2000. 计算机病毒防治完全手册 . 北京：中国电力出版社

张汉亭 . 1996. 计算机病毒与反病毒技术 . 北京：清华大学出版社

刘晓风 . 1995. 计算机病毒清除技术 . 西安：陕西科学技术出版社

曹国均 . 1997. 计算机病毒防治、检测与清除 . 成都：电子科技大学出版社

田畅，郑少仁 . 2001. 计算机病毒计算模型的研究 . 计算机学报

梅筱琴，蒲韵，廖凯生 . 2001. 计算机病毒防治与网络安全手册 . 北京：海洋出版社

Adleman L M. 1990. An Abstract Theory of Computer Viruses. In：Goldwasser S ed. Lecture Notes in Computer Science，Springer-Verlag，403

Cohen F. 1989. Models of Practical Defenses Against Computer Viruses. Computer &Security 8(2) ；149—160

Cohen F. 1987. Computer Virus-Theory and Experiments. Computer &Security，6(1) ；22—35

David Harley 等著 . 朱代祥等译 . 2002 计算机病毒揭秘 . 北京：人民邮电出版社

Fred Cohen. 1988. Computational Aspects of Computer Viruses. Computer and Security，(8)：325—344

http：//www. sophos. com/virusinfo/analyses/

Sandeep Kumar. 1992. A Generic Virus Scanner in C++. 8th Computer Security Applications Conference，IEEE Press

第 23 章　系统增强技术

前面我们讲了不少网络安全技术，很多是重视网络本身的安全，下面我们来看一下主机端的安全防护。主机安全防护主要涉及操作系统的情况和安装的各种服务应用软件的配置情况，低估其重要性的后果将是灾难性的。所以我们要对系统进行安全增强、配置，一般这样的过程主要包括分析计算机将要执行的功能、打好各种安全补丁、安装必要的安全增强程序、对系统配置情况进行审查、制定数据备份和恢复流程、应急响应等几个步骤（其中安全应急响应我们将在下一章中讲解）。下面我们分操作系统和特定应用服务两个方面来简要介绍系统安全增强技术。

23.1　操作系统安全增强

操作系统是网络系统的基础，操作系统的安全在网络安全中举足轻重。

提高操作系统的安全性有两种方法，一是开发一个全新的安全操作系统，但是在现实的环境中，这个方案难于在短期完成，就算开发出来，没有人用也就没有意义了。

另外一种方法是对操作系统进行增强与改进，就是在原有的操作系统基础上，对其内核和应用程序进行面向安全策略的分析，然后加入安全机制（通常可以参照 TCSEC、CC 等标准来实施）并合理配置系统，从而在系统上实现更高安全级别所要求的安全特性，使操作系统具有更高的抗攻击能力。改进后的安全操作系统，基本上保持了原来的用户接口界面。这种方法受原系统的体系结构和现有应用程序的一定限制，可能很难达到非常高的安全级别，但这种方法不破坏原系统的系统结构，开发代价小，且能很好保留原来的用户接口界面和系统效率，是目前常用的方法，特别是针对开放源代码的操作系统如 FreeBSD、Linux 等，下面的 LIDS 就是这方面的一个例子。

在进行操作系统安全增强之前，第一步要先分析掌握计算机在你企业中的角色，即要分析它将要执行的功能，然后按照下面的方法来增强操作系统的安全性。

23.1.1　打好补丁与最小化服务

必须给每个系统都打上供应商提供的安全补丁与升级程序，这有助于保护操作系统免受新出现的新攻击方法和新脆弱点的危害。要做到一步不落地跟上最新的补丁并不容易，所以平时要密切注意供应商的网站，最好订阅其邮件列表，使其发布新补丁的时候会通过电子邮件来通知你。这些补丁和升级要安装到网络系统的所有主机系统中去，哪怕一个主机忘了打补丁，它也会拖整个网络安全的后腿。

此外取消一切用不着的服务也是操作系统安全增强的一个关键。大多数操作系统在缺省安装时都不是很安全，可能会把所有全部的功能（包括 Web 服务、FTP 服务、文件服务等）设置为激活状态，这种不安全的状态有时很容易让攻击者有机会得到系统的根用户/系统管理员权限。所以，我们要根据前面对计算机功能的分析结果，把没有明确用途的一切服务都从系统中删除；并给那些留下来的服务加上适当的安全增强措施。对一些特定服务的安全增强我们在23.2节中详细讨论。

23.1.2　增强用户认证和访问控制

增强操作系统的用户认证和访问控制，就是要采取最小权限原则，明确用户权限，严格控制用户的访问权限，正确分配和明确文件和子目录等的访问权限。

- 实施最小权限原则，把员工能够执行的操作控制在他们完成本职工作所必须的范围内，只要够他们完成日常工作用的，就不再多给他们一分权限，因为多一分权限就多一分风险。
- 正确分配文件和子目录的访问权限，这样即使攻击者能利用某些漏洞穿透网络边防进入某系统，要想偷看秘密文件或者想偷偷扩大自己的特权也不那么容易。比如，攻击者攻陷了某一服务，但这项服务本身并没有很高的访问优先级，文件和子目录的访问权限使得攻击者打不开（甚至找不到）口令文件，他也就很难彻底控制整个系统了；明确文件和子目录访问权限的重要意义除了预防攻击者外，还可以保护系统不受用户误操作的影响。如果有人以根用户或系统管理员身份使用一台机器，稍不留神就可能误删一些本不应该去碰的重要文件或子目录。文件和子目录的访问权限最初就是为预防用户误操作而引入的概念。

具体实施增强用户认证和访问控制时可以采用两种措施：对系统核心进行改造或采用 LIDS 或 TCP Wrapper 等工具加强访问控制和审计，通常适用于像 Linux 这种公开源码的操作系统；充分利用操作系统本身所提供的认证和访问控制手段，激活所有可能的重要的安全选项（像 Windows NT/2000 很多安全选项几乎默认都是关闭的），特别对于不公开源码的操作系统来说，这一点很重要。

下面我们介绍几种具体的措施。

1. 用 LIDS 加固 Linux

LIDS 全称 Linux 入侵检测系统（Linux Intrusion Detection System），虽然从名字上来看好像是个入侵检测系统，但是从它的实际功能与实现来说，应该称之为一种 Linux 系统内核增强补丁程序更为确切。它主要应用了安全参考监视器和强制访问控制 MAC（这个模型可以见第 13 章授权与访问控制中图 13.1）。使用了 LIDS 后，系统能够保护重要的系统文件、重要的系统进程，并能阻止对系统配制信息的改变和对裸设备的直接读写操作。

先让我们对目前系统存在的漏洞略做浏览：

- 文件系统没有在保护之下：事实上，很多重要的文件比如/bin/login 就是这样，当黑客进入系统时，它可以用自己的程序来替换这个文件，再次登录就可以不用任何密码了。但是除非要升级整个系统，频繁地改变这些文件并不现实，因此迫切需要一个安全内核来两全其美。
- 进程也没有在保护之下：系统中的进程是为系统的某一功能服务的，例如 HTTPD 进程就是为远程客户提供 WWW 服务的。对 Web 服务器来说，保护它的进程免于非法终止是很重要的，但是假如入侵者获取了 ROOT 权限，管理员将对此束手无策。
- 系统管理也没有在保护之下：如果用户的 ID 是 0，很多系统管理，例如模块的装载/卸载、路由的设置、防火墙的规则等能很容易就被修改。所以当入侵者获得 ROOT 权限后，就变得很不安全。

- 另外，目前系统中 ROOT 权限往往过大，作为 ROOT 他甚至可以对现有的权限进行修改。

以上我们看出，Linux 系统不仅需要系统的访问控制，还需要一些新的模块来处理以上问题，这就是 LIDS 所做的工作。

LIDS 是 Linux 内核补丁和系统管理工具，它加强了内核的安全性。它在内核中实现了参考监视器以及强制访问控制。当它起作用后，文件访问、系统/网络的管理操作、设备、内存及输入输出的操作权限都可以受到限制，甚至对于 ROOT 也一样。LIDS 利用并扩展绑定到系统上的权限来控制整个系统，在内核中添加网络和文件系统的安全特性，从而加强了安全性。你可以在线调整安全保护、隐藏敏感进程、通过网络接受安全警告等。

LIDS 的特性总的来说有三点：

- 防护：它能保护重要的文件、进程和设备（例如内存、硬盘包括引导区）不被非授权的人改动，包括非授权的 ROOT。利用系统提供的性能来对整个系统做更多的防护。具体举例来说 LIDS 可以使进程无法被杀死（目前能保护父进程是 init 的进程）或者把进程隐藏（用 ps 命令或者在/proc 里面也看不到），从而起到保护作用。
- 监测：LIDS 在内核中提供扫描监测，检测谁正在扫描你的系统。它能够检测出 half-open scan、SYN stealth port scan、Stealth FIN、Xmas 或是 Null scan 等，像 nmap、satan 等工具都能被检测到。即使原始套接口（Raw Socket）不能工作时它仍能起作用，因为它不用任何套接口。当有人扫描你的主机，LIDS 能侦察到并报告系统管理员。LIDS 也可以检测到系统上任何违法规则的进程。
- 响应：在发现系统受到攻击后，它能及时地将必要的信息记到日志文件中，还可以将其发送到管理员的信箱中。

2. 用 TCP Wrapper 增强 Linux/UNIX 系统的安全性

TCP Wrapper 是一个 GNU 的自由软件包，主要用来监视和过滤网络服务请求（例如 FTP、Telnet、HTTP 等）。它一方面可以限制哪些机器以及哪些人使用本系统；另一方面它也有很不错的记录功能（至少比一些商业化的系统本身带的记录功能要强），可以记录什么时候什么人进入系统干了什么。

TCP Wrapper 的核心程序为 tcpd，安装 tcpd 时，不用对系统中现有的软件及其已有的配置文件做太大改动。利用这个 tcpd 程序可以记录下系统每一次被访问时客户端的主机地址（或域名）以及其请求的服务等，但并不改变客户端和服务器通信时的任何信息。

TCP Wrapper 具有如下特点：

- 可以接受或拒绝某类客户或（和）某类服务：系统管理员将自定义的安全控制策略编写成 TCP Wrapper 可识别的访问控制表文件，它读写该控制表文件，限制部分主机和个人访问系统。
- 限制其他机器上用户的访问：对支持 RFC931 协议的客户端系统，TCP Wrapper 可以解析访问用户在客户端系统中的用户名，从而达到对客户系统中的用户的访问控制。
- 保护系统免受域名欺骗：TCP Wrapper 利用来访 IP 包的 IP 地址，解析客户端的域名，再对得到的域名进行地址解析，如果两次解析得到结果不同，则认为客户在进行域名欺骗。

- 保护系统免受地址欺骗：对局域网外的主机伪装成局域网内的用户访问时，TCP Wrapper 检查其 IP 包的源路由选项，如果该选项存在，则证明该次访问进行了地址欺骗。

几乎所有基于 TCP/IP 协议的应用都是 Clint/Server 模式。例如，当一个用户使用 Telnet 命令去连接网络中的一台主机，那么在目的主机上将有一个相应的 Telnet 服务器程序被执行。TCP/IP 协议有许多应用，但服务器中只有一个守护进程在等待所有的客户端连接（这个守护进程通常被称为 inetd），当一个客户端连接被建立时，这个守护进程就会去执行与客户端相对应的服务器程序，然后它又进入休眠状态，等待下一次的客户端连接。

TCP Wrapper 程序的工作机制非常简单但很有效。当系统中安装了 TCP Wrapper 后，系统中的守护进程 inetd 接到客户端的请求时将不直接去调用相应的服务器程序，而是被欺骗去调用一个很小的 Wrapper 程序 tcpd。tcpd 记录下本次访问的客户端的信息并做一定的安全确认，当确认通过后，再调用相应的服务器程序。

Wrapper 程序和客户端用户以及系统的服务器程序不做任何的交互性操作，这将带来如下优点：

- Wrapper 程序是独立于应用的，所以它可以保护很多类型的网络服务。
- 非交互性使得 Wrapper 对系统外的用户来说是透明的。

tcpd 程序还有一个重要的特点：它仅在 Client 和 Server 连接的初始化阶段有效，一旦连接建立，tcpd 就完成了自己的工作，离开系统，再也不介入 Client 和 Server 之间的通信。

TCP Wrapper 的安装和配置就不在这里细讲了，大家可以参考它的使用手册。

23.1.3 系统漏洞扫描与入侵检测

操作系统安全分析与检测的主要目的是针对系统在文件权限设置、系统配置文件设置等方面存在的安全漏洞进行检测，发现已有的安全设置缺陷或不恰当的系统配置，以便及时纠正，从而增强系统安全。检查的内容包括用户的口令、文件和目录权限设置、系统配置文件内容等。用来进行漏洞扫描的工具有 NMAP、DumpSec（即以前的 DumpACL）、COPS、Nessus 等。

此外可以安装一些基于主机的入侵检测软件，监控系统的入侵情况。比如 Tripwire 就是最有名的完整性检测工具（这种工具也是基于主机的入侵检测系统软件的一种），另外一种支持平台更多的系统完整性检查工具是 Veracity。这两个工具的实时性可能不是很强，那可以采用 Westone 公司的 SMART Watch，这是一个主动性的预报攻击，可以对系统资源的非法修改情况进行实时监控，一刻不停地观察是否有修改发生，一旦发生，可以采用各种方式向管理员发出警告。

23.1.4 安全审计和其他

除了以上的措施外，加强系统的安全审计也很重要，不仅要重视系统提供的日志功能（UNIX/Linux 的 Syslog，Windows 的事件查看器等），还需要一些自动的日志分析软件（如 Logcheck、Swatch、Logsurfer）等，必要时可以采用一些安全审计软件（有的 IDS 中就有这个功能）。此外，安装个人防火墙和病毒防杀软件也是不错的主意，还要注意数据备份和恢复以及安全应急响应等。

总之，操作系统的安全增强是一个需要不断反复实践、反复验证的过程，在网上也流传有很多 Linux，Solaris 等 UNIX 系统、Windows 2000 等 Windows 系统的安全检查清单（Checklist），大家可以参照这些来对自己的系统进行安全加固，在后面的参考文献中我们也列出了一些这样的资料或链接，有兴趣的读者可以自行参照。

23.2　特定应用服务安全增强

如果已对操作系统进行了安全增强，为什么要再对各种服务进行安全增强呢？主要原因是每个服务都有它特定的功用，用作防火墙的系统其配置与用作 Web 服务器的系统肯定是不同的；而不同的应用软件也要求有不同的网络配置和网络服务，它们之间的差异有时是巨大的。再者，服务器软件本身也存在着安全漏洞，而要想保护自己，也许简单到只要改变服务器软件中的某个选项，也许复杂到不得不安装新的安全产品才能保障服务器的安全。最后一个理由是：服务器上通常都保存着一些对企业非常宝贵的信息，增加安全就是增加对宝贵财产的保护力度。

服务器可能有很多种，如 Web 服务器、电子邮件服务器、数据库、DNS 服务器等。由于篇幅的有限和数据库的极端重要性，本节我们讲主要讲数据库的安全增强。

在大多数应用系统中，数据库是整个系统的核心，一旦数据库遭到破坏，可能会导致整个系统的瘫痪。除去对数据库主机的网络层和操作系统的威胁（这些通常通过防火墙、入侵检测和审计产品等来防范），数据库系统平台本身也面临诸如机密数据的窃取、直接的非授权数据库操作、提供虚假数据、身份冒用等安全威胁，因此数据库安全是十分重要的。因此我们可以在现有的数据库基础上加以增强，提高其安全性，这就称为数据库增强技术。它的思路与操作系统增强类似，但由于一般大型数据库源代码并不公开，所以只能进行有限的增强。

1. 数据库安全增强的重要性

数据库是电子商务、金融以及 ERP 系统的基础，通常都保存着重要的商业伙伴和客户信息，但是数据库通常没有像操作系统和网络这样在安全性上受到重视。数据完整性和合法存取会受到很多方面的安全威胁，包括密码策略、系统后门、数据库操作以及本身的安全方案等。

（1）为什么数据库安全很重要？
- 数据库保护敏感信息和数据资产。
- 数据库同系统紧密相关并且更难正确地配置和保护。
- 网络和操作系统的安全被认为非常重要，但是却不这样对待数据库服务器。
- 少数数据库安全漏洞不光威胁数据库的安全，也威胁到操作系统和其他可信任的系统，这也是为什么数据库安全很重要的原因。

- 数据库是电子商务、ERP 系统和其他重要的商业系统的基础。

（2）数据库的漏洞。

传统数据库安全主要集中在用户账号、规则和操作许可（比如对表和存储过程的访问权）上。而实际上，一个完全的数据库安全分析包含的范围宽得多，包括所有可能范围内的漏洞评定。下面是一些类别：

- 软件风险：软件本身漏洞，错过操作系统补丁，脆弱的服务和不安全的默认配置等。
- 管理风险：提供的安全选项不正确操作，默认设置，不正确地给其他用户提供权限，以及没有得到许可的系统配置改变等。
- 用户行为风险：密码不够长，不正确的数据访问和恶意操作（偷窃数据结构）等。

这些风险类别也同样适用于网络服务、操作系统。当加强数据库安全的时候，所有的因素都应该考虑。

（3）数据库安全——弱点和例子。

下面列出一些常见数据库服务器安全漏洞和配置缺陷。

① 安全特性缺陷。

大多数关系数据库已经存在有 10 年以上了，都是成熟的产品。不幸的是，IT 和安全专家对网络和操作系统要求的许多特性在多数关系数据库上还没有被使用，如表 23.1 所示。

表 23.1　没有内置的一些基本安全策略

	MS SQL Server	Sybase	Oracle 7	Oracle 8
账号锁定	N	N	N	Y
管理员账号重命名	N	N	N	N
账号健壮性要求	N	N	N	Y
账号失效	N	N	N	N
密码失效	N	Y	N	Y
登录时间限制	N	N	N	N

上面列举的这些特性如果加起来，将更加严重。由于系统管理员账号不能改变（SQL Server 和 Sybase 是 "sa"，Oracle 是 "system" 和 "sys"），如果没有设置密码，入侵者就能直接登录并攻击数据库服务器，没有任何东西能够阻止他们获得更高权限的系统账号。

② 数据库账号管理。

多数数据库提供的基本安全特性，都没有机制来限制用户必须选择健壮的密码。这就需要更加谨慎的控制和管理，也需要一些额外的功能来管理和保护整个密码表。比如，Oracle 系统有超过 10 个特殊的默认用户账号和密码，并且有特定的密码来管理一些数据库操作，比如数据库的启动、控制网络监听进程和远程数据库登录特权。许多系统密码都能给入侵者完全访问数据库的机会，更甚的是，有些就储存在操作系统中的普通文本文件中。比如：

- Oracle 内部密码：储存在 strXXX.cmd 文件中，其中 XXX 是 Oracle 系统 ID 和 SID，默认是 "ORCL"。这个密码用于数据库启动进程，提供完全访问数据库资源。这个文件在 Windows NT 中需要设置权限。

- Oracle 监听进程密码：保存在文件"listener. ora"（保存着所有的 Oracle 执行密码）中，用于启动和停止 Oracle 的监听进程。这需要设置一个健壮的密码来代替默认的密码，并且必须对访问设置权限。入侵者可以通过这个弱点进行 DoS 攻击。
- Oracle 内部密码——"orapw"文件权限控制：Oracle 内部密码和账号密码允许 SYS-DBA 角色保存在"orapw"文本文件中，该文件的访问权限应该被限制。即使加密，也能被入侵者暴力破解。

这些只是一些例子。密码保护不仅只针对 Oracle，其他数据库系统一样需要。

③操作系统后门。

多数数据库系统都有一些特性，来满足数据库管理员，这些也成为数据库主机操作系统的后门。

对于 Sybase 和 SQL Server 的账号"sa"，入侵者可以执行"扩展存储过程"来获得系统权限。只要登录作为"sa"，就可以使用扩展存储过程 xp_cmdshell，这允许 Sybase 和 SQL Server 用户执行操作系统命令，就好像在运行操作系统的命令行模式。比如，下面可以添加一个系统账号"tony"，密码是"nopassword"，并且添加到 administrators 组中：

xp_cmdshell'net user tony nopassword /add'

go

xp_cmdshell'net localgroup /add administrators tony'

go

这就是因为 SQL Server 用 Windows NT 的本地账号"localsystem"来运行的命令。黑客还可以使用 xp_regread 来读取加密的 SAM 密码。然后再暴力破解。

xp_regread'HKEY_LOCAL_MACHINE','SECURITY\SAM\Domains\Account', 'F'

注意，能读出加密的密码是 NT 的"administrator"账号也不能做的。SQL Server 能读出来同样是使用的"LocalSystem"账号。

Oracle 也有这样的特性，可以获得操作系统的文件访问权限，比如，UTL_FILE 允许用户读和写文件等。

④审计。

主要信息和时间能被关系数据库的认证系统很详细地记录下来，但是，这只能在正确地使用和配置下才能起到安全和报警作用。这些功能能提前报警入侵者正在威胁数据库服务器，并且能探测和修复破坏。

⑤木马的威胁。

数据库管理员需要特别小心，一个著名的木马能够秘密改变存储过程获取密码，而且能通知入侵者。比如，可以添加几行到 sp_password 中，记录新账号到库表中，通过 Email 发送这个密码，或者写到文件中以后使用。这个存储过程不断地获得密码，直到弄到"sa"的密码。

总之，安全专家、DBA 等都需要注意数据库安全就像他们配置系统一样。

2. 数据库安全增强的可用措施

(1) 删除缺省账户和样本数据库。

很多商业数据库比如 Oracle、MS SQL Server 安装时都会附带安装一些示范性的样本数据库，并且预先配置了一些缺省的账户和口令。在实际环境中如果存留着这些样本数据库的话，系统更容易受到攻击。

微软的 SQL Server 有一个缺省的 Sa 账户，这个账户拥有服务器的超级用户权限。如果没有删除这个账户或者没有给它挑选好的口令，那么，稍懂 SQL Server 知识的攻击者就能比较轻易地进入数据库。

Oracle 在安装时会为不同的样本数据库创建多达 12 个数据库账户(Oracle 的传统样本账户和口令包括 SYSTEM/MANAGE 等)。这些数据库对企业正常运转一般都没有什么实际的用途，但经常会被保留下来。这或者是因为系统管理员没有注意到它们，或者是因为系统管理员不知道它们有什么用。因此，对全部账户做一番分析，禁用或者删除其中不必要的将是非常明智的做法。

（2）控制数据库名称和存放位置的传播范围。

可以用别名（Alias）来隐藏系统中各个数据库的实际存放位置和真实名称。使用别名意味着没有必要让最终用户知道数据库的真实名称；而数据库的实际存放位置应该只让那些有必要知道的人知道。如果攻击者知道了数据库的实际存放位置和真实名称，他就可以针对具体的服务器发起攻击，通过操作系统和数据库服务器软件自身的弱点盗取数据。

（3）加强身份认证与访问控制。

数据库系统一定要有严格的用户身份认证机制，甚至对使用数据库的时间、地点、IP 地址等也给予限定。

另外，尽可能采用强制访问控制或基于角色的访问控制来加强对数据库的授权与访问控制。

（4）合理使用审计功能。

如果使用审计功能来监控某些数据库活动，很快就会发现积累了大量的审计数据，有时这个数据量对系统空间构成严重影响，许多系统管理员因此而把审计功能彻底关闭。

与其全面放弃审计功能，不如只对某些特定的时间进行监控，经常总结这些事件，然后定期归档备份或者清除审计数据表（日志）。

此外，可以考虑采用第三方的审计软件对数据库的各种活动进行审计。

（5）数据库加密与 Wrapper。

可以考虑对数据库进行加密或采用 Wrapper（包裹层）技术对重要数据保护。Protegrity 公司的 Secure.Data 就在数据库周围增加了一个保护层，可以对单个的数据项或单个的对象进行加密，保护它们不受外部和内部攻击者的窥探。这个工具非常适合用来保护真正关键的数据，比如信用卡号、密码等。

（6）数据库漏洞扫描。

数据库漏洞扫描可以扫描和分析数据库中的脆弱点，这是判断数据库的补丁和防护措施是否到位的好办法。现在好的商业数据库扫描器有 ISS 公司推出的数据库漏洞扫描器，而其他大多商业化的安全扫描器一般都不带专门针对数据库的功能。

（7）DB-integrated 入侵检测系统。

DB-integrated 入侵检测系统属于应用集成入侵检测系统，通过集成到数据库系统中，能够有效地提高数据库入侵检测的效率和准确率，但目前还没有商业化产品。

（8）隔离并保护业务数据库。

业务数据库应该尽量与测试环境和网络的其余部分隔离开，隔离的程度越大，对它的防护也就越好。

3. SQL Server 2000 的安全增强与配置

微软的 SQL Server 是一种广泛使用的数据库，很多电子商务网站、企业内部信息化平台等都是基于 SQL Server 上的，但是数据库的安全性还没有被人们跟系统的安全性等同起来，多数管理员认为只要把网络和操作系统的安全搞好了，那么所有的应用程序也就安全了。大多数系统管理员对数据库不熟悉而数据库管理员又对安全问题关心太少，而且一些安全公司也忽略数据库安全，这就使数据库的安全问题更加严峻了。数据库系统中存在的安全漏洞和不当的配置通常会造成严重的后果，而且都难以发现。数据库应用程序通常同操作系统的最高管理员密切相关。广泛使用的 SQL Server 数据库又是属于"端口"型的数据库，这就表示任何人都能够用分析工具试图连接到数据库上，从而绕过操作系统的安全机制，进而闯入系统、破坏和窃取数据资料，甚至破坏整个系统。

这里，我们主要谈论有关 SQL Server 2000 数据库的安全配置以及一些相关的安全和使用上的问题。

在进行 SQL Server 2000 数据库的安全配置之前，首先你必须对操作系统进行安全配置，保证你的操作系统处于安全状态；然后对你要使用的操作数据库软件（程序）进行必要的安全审核，比如对 ASP、PHP 等脚本，这是很多基于数据库的 Web 应用常出现的安全隐患，对于脚本主要是一个过滤问题，需要过滤一些类似 ，'；@ / 等字符，防止破坏者构造恶意的 SQL 语句；接着，安装 SQL Server 2000 后请打上最新补丁。

在做完上面三步之后，我们再来讨论 SQL Server 的安全配置。

（1）使用安全的密码策略。

我们把密码策略摆在所有安全配置的第一步，请注意，很多数据库账号的密码过于简单，这跟系统密码过于简单是一个道理。对于 sa 更应该注意，同时不要让 sa 账号的密码写于应用程序或者脚本中。健壮的密码是安全的第一步！

SQL Server 2000 安装的时候，如果是使用混合模式，那么就需要输入 sa 的密码，除非你确认必须使用空密码。这比以前的版本有所改进。

同时养成定期修改密码的好习惯。数据库管理员应该定期查看是否有不符合密码要求的账号。比如使用下面的 SQL 语句：

Use master

Select name，Password from syslogins where password is null

（2）使用安全的账号策略。

由于 SQL Server 不能更改 sa 用户名称，也不能删除这个超级用户，所以，我们必须对这个账号进行最强的保护，当然，包括使用一个非常强壮的密码，最好不要在数据库应用中使用 sa 账号，只有当没有其他方法登录到 SQL Server 实例（例如，当其他系统管理员不可用或忘记了密码）时才使用 sa。建议数据库管理员新建立一个拥有与 sa 一样权限的超级用户来管理数据库。安全的账号策略还包括不要让管理员权限的账号泛滥。

SQL Server 的认证模式有 Windows 身份认证和混合身份认证两种。如果数据库管理员不希望操作系统管理员来通过操作系统登录来接触数据库的话，可以在账号管理中把系统账号"BUILTIN\Administrators"删除。不过这样做的结果是一旦 sa 账号忘记密码的话，就没有办法来恢复了。

很多主机使用数据库应用只是用来做查询、修改等简单功能的，请根据实际需要分配账号，并赋予仅仅能够满足应用要求和需要的权限。比如，只要查询功能的，那么就使用一个简单的 public 账号能够 select 就可以了。

（3）加强数据库日志的记录，如图 23.1 所示。

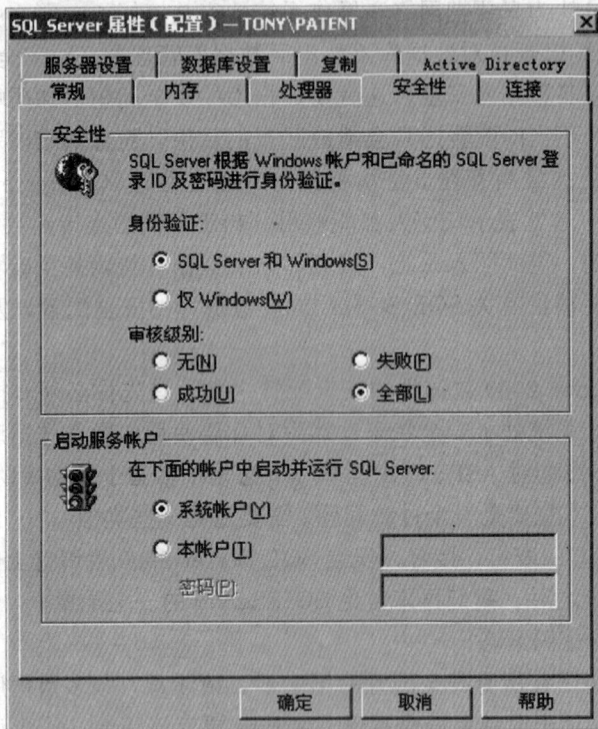

图 23.1　加强数据库日志的记录

审核数据库登录事件的"失败和成功"，在实例属性中选择"安全性"，将其中的审核级别选定为全部，这样在数据库系统和操作系统日志里面，就详细记录了所有账号的登录事件。

请定期查看 SQL Server 日志检查是否有可疑的登录事件发生，或者使用 DOS 命令。findstr /C:"登录" d：\Microsoft SQL Server\MSSQL\LOG\ * . * 。

（4）管理扩展存储过程。

对存储过程进行大手术，并且对账号调用扩展存储过程的权限要慎重。其实在多数应用中根本用不到多少系统的存储过程，而 SQL Server 的这么多系统存储过程只是用来适应广大用户需求的，所以请删除不必要的存储过程，因为有些系统的存储过程能很容易地被人利用起来提升权限或进行破坏。

如果你不需要扩展存储过程 xp_cmdshell 请把它去掉。使用这个 SQL 语句：

use master

sp_dropextendedproc 'xp_cmdshell'

xp_cmdshell 是进入操作系统的最佳捷径，是数据库留给操作系统的一个大后门。如果你需要这个存储过程，请用这个语句也可以恢复过来。

sp_addextendedproc 'xp_cmdshell', 'xpsql70.dll'

如果你不需要请丢弃 OLE 自动存储过程（会造成管理器中的某些特征不能使用），这些过程包括如：Sp_OACreate、Sp_OADestroy、Sp_OAGetErrorInfo、Sp_OAGetProperty、Sp_OAMethod、Sp_OASetProperty、Sp_OAStop。

去掉不需要的注册表访问的存储过程，注册表存储过程甚至能够读出操作系统管理员的密码来，如 Xp_regaddmultistring、Xp_regdeletekey、Xp_regdeletevalue、Xp_regenumvalues、Xp_regread、Xp_regremovemultistring、Xp_regwrite。

还有一些其他的扩展存储过程，你也最好检查一下。

在处理存储过程的时候，请确认一下，避免造成对数据库或应用程序的伤害。

（5）使用协议加密。

SQL Server 2000 使用的 Tabular Data Stream 协议来进行网络数据交换，如果不加密的话，所有的网络传输都是明文的，包括密码、数据库内容等，这是一个很大的安全威胁。能被人在网络中截获到他们需要的东西，包括数据库账号和密码。所以，在条件允许情况下，最好使用 SSL 来加密协议，当然，你需要一个证书来支持。

（6）不要让人随便探测到你的 TCP/IP 端口。

默认情况下，SQL Server 使用 1433 端口监听，很多人都说 SQL Server 配置的时候要把这个端口改变，这样别人就不能很容易地知道使用的是什么端口了。可惜，通过微软未公开的 1434 端口的 UDP 探测可以很容易知道 SQL Server 使用的是什么 TCP/IP 端口了。

不过微软还是考虑到了这个问题，毕竟公开而且开放的端口会引起不必要的麻烦。在实例属性中选择 TCP/IP 协议的属性，选择隐藏 SQL Server 实例。如果隐藏了 SQL Server 实例，则将禁止对试图枚举网络上现有的 SQL Server 实例的客户端所发出的广播做出响应。这样，别人就不能用 1434 来探测你的 TCP/IP 端口了（除非用 Port Scan）。

（7）修改 TCP/IP 使用的端口。

请在上一步配置的基础上，更改原默认的 1433 端口。在实例属性中选择网络配置中的 TCP/IP 协议的属性，将 TCP/IP 使用的默认端口变为其他端口，如图 23.2 所示。

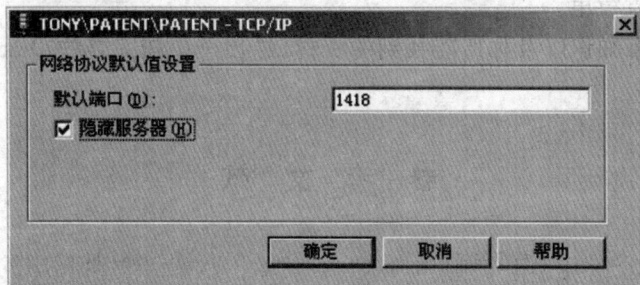

图 23.2 修改 TCP/IP 使用的端口

（8）拒绝来自 1434 端口的探测。

由于 1434 端口探测没有限制，能够被别人探测到一些数据库信息，而且还可能遭到 DOS 攻击让数据库服务器的 CPU 负荷增大，所以对 Windows 2000 操作系统来说，在 IPSec 过滤拒绝掉 1434 端口的 UDP 通信，可以尽可能地隐藏你的 SQL Server。

（9）对网络连接进行 IP 限制。

SQL Server 2000 数据库系统本身没有提供网络连接的安全解决办法，但是 Windows 2000 提供了这样的安全机制。使用操作系统自己的 IPSec 可以实现 IP 数据包的安全性。请对 IP 连接进行限制，只保证自己的 IP 能够访问，也拒绝其他 IP 进行的端口连接，把来自网络上的安全威胁进行有效地控制。关于 IPSec 的基础知识在前面已经介绍过了，一些使用请参看 http：//www.microsoft.com/china/technet/security/ipsecloc.asp。

上面主要介绍了一些 SQL Server 的安全配置，经过以上的配置，可以让 SQL Server 本身具备足够的安全防范能力。当然，更主要的还是要加强内部的安全控制和管理员的安全培训，而且安全性问题是一个长期的解决过程，还需要以后进行更多的安全维护。

23.3 小 结

这一章我们介绍了一些操作系统和特定应用服务的安全增强与配置（或者称之为加固）。对于开源的系统如 Linux 等，可以从源程序一级进行修改、加固，对于 Windows 这样的商业操作系统，由于它本身会含有很多的安全功能和选项，合理地配置它们，也能使得系统的安全性能达到一个比较令人满意的程度。至于特定应用服务，由于数量巨大，一定要注意不是必须的就不要启用，关闭不必要的服务，最小化服务、最小特权原则应该是一个系统管理员或网络管理员所牢记的。

习 题

1. 请参照本章知识以及你所能找到的资料，给出一份较完整的 Linux 安全增强与配置方案。
2. 请参照本章知识以及你所能找到的资料，给出一份较完整的 Windows 2000 安全增强与配置清单。
3. 请参照本章知识以及你所能找到的资料，给出一份较完整的 Oracle 安全增强与配置清单。

参 考 文 献

确保 Internet Information Services 5 安全的注意事项．http：//www.microsoft.com/china/technet/security/iis5chk.asp
Brian Hatch，James Lee，George Kurtz. 2001. Hacking Linux Exposed：Linux Security Secrets & Solutions. McGraw-
Hill（本书中文版：王一川译．2002. Linux 黑客大曝光：Linux 安全机密与解决方案．北京：清华大学出版社）
Cert/CMU：UNIX Security Checklist v2.0. http：//www.cert.org/tech-tips/usc20-full.html

http：//www.xfocus.net/

Joel Scambray，Stuart McClure. 2001. Hacking Exposed Windows 2000；Network Security Secrets & Solutions. McGraw-
　　Hill（本书中文版：杨洪涛译．2002．Windows 2000 黑客大曝光．北京：清华大学出版社）

Mandy Andress. 2001. Surviving Security：How to Integrated People，Process and Technology. Sam

Solaris Benchmark v1.0.1b. https：//courseware.vt.edu/marchany/Val/SolarisBenchmark.pdf

SQL Server 2000 的安全配置．http：//www.iduba.net/secure—channel/defence—skill/2001/12/27/11381.htm

Windows 2000 Server 基准安全注意事项．http：//www.microsoft.com/china/technet/security/tools/w2ksvrcl.asp

Xie Huagang. Build a Secure System With Lids. http：//www.lids.org/document/build—lids—0.2.html

第 24 章 安全应急响应

计算机安全应急响应是整个计算机安全体系中非常重要也非常容易被人忽视的部分，在本章，我们将重点介绍安全应急响应的相关概念，企业如何建立安全应急响应的能力和应急响应的运作过程。

24.1 概　　述

24.1.1 安全应急响应的提出

计算机安全应急响应的提出是从 1988 年网络蠕虫席卷全球后出现的。1988 年 11 月，康奈尔大学的一个研究生发布了一段可以在 Internet 上自动复制的程序。这个现在被称为"网络蠕虫"程序利用 UNIX 操作系统的漏洞通过网络渗透进主机系统。当时，Internet 由大约 60000 台计算机组成，虽然并没有破坏计算机和他们的文件系统，但显然，由于这个程序的一个错误，网络蠕虫在主机上快速地复制自身，被感染的计算机陷入瘫痪，因为它们的处理能力被蠕虫程序的大量副本消耗殆尽。因为采取了有效地防范措施：那就是连续关闭 Internet 数天（包括把许多站点与网络断开），仅仅 2100 到 2600 台主机被蠕虫感染。

为了消除网络蠕虫，来自 MIT、Berkeley、Purdue 和其他站点的专家组成了一个特别应急团队，通过反向编译蠕虫代码找出并修补软件漏洞，同时开发和公布彻底清除蠕虫的详细步骤。通过这次事件，DARPA（Internet 的发起人）决定把 Internet 应急响应团队的概念制度化，从而，1988 年 11 月底，CERT® Coordination Center（CERT®/CC）在卡耐基·梅隆大学软件工程协会（SEI）成立。

24.1.2 CERT 的主要目的和作用

CERT®/CC 的目的是建立一个单一的 Internet 社区组织，协调 Internet 上的安全事件响应。通过在安全事件发生期间，建立并维持与受影响的站点和能够分析并解决安全问题的专家之间的通信，CERT®/CC 可以实现它的目标。CERT®的宗旨是与 Internet 一起推动对涉及到 Internet 主机的计算机安全事件的响应，采取主动措施去提高公众对计算机安全问题的认识，同时指导旨在提高已存在系统安全性的研究。

CERT®/CC 组织由 3 个紧密相关的小组组成，每个小组都为 Internet 提供相应的产品和服务。

（1）运作：针对系统和网络安全的单一联系点。

为计算机安全事件提供 24 小时技术协助热线。

通过 CERT®建议邮件列表，匿名 FTP 服务和 Web 服务，提供 Internet 漏洞的建议。

通过漏洞数据库，提供额外的产品漏洞协助。

（2）教育和培训：帮助组织培养应急团队、培训用户、增强安全性。

计算机安全相关的技术文档、摘要和销售商发起的公告。

计算机安全相关的技术研讨会和工作组。

（3）研究和开发：推动可信系统的开发。

计算机安全研究和工程。

计算机安全相关的工具。

CERT®/CC 当前由 35 个职员组成，他们工作在 SEI 的一个独立区域。为了完成上述的运作，CERT®/CC 职员执行以下任务：

- 事件响应：周一到周五的正常工作时间 CERT®/CC 的热线提供事件响应服务，其他时间，被指派承担事件响应的 CERT®/CC 职员是随时待命的，通过热线可以随叫随到。当前 CERT®/CC 的职员平均每天响应 15 的事件报告。大多数事件是受限的，与常用产品的使用有关。这些可以由 CERT®/CC 职员处理。如果有必要，Internet 上的志愿专家可以加入 CERT®/CC 职员中，形成一个更大的响应团队。
- 漏洞数据库：CERT®/CC 维护一个包含已知的 Internet 软件漏洞的数据库，同时还包括修补这些漏洞的补丁。漏洞报告可以通过 Internet 广泛收集，如果经过 CERT®/CC 职员的确认，它们就可以进入数据库。
- 信息响应：很大比例的 CERT®/CC 查询是信息查询。许多查询与事件响应和漏洞都没有关系，更适合由软件或者硬件的生产商来处理。通过信息响应，CERT®/CC 的服务能被更准确地定位。

24.1.3　应急响应和安全团队论坛（FIRST）

几乎是连续不断的安全事件正在影响全世界数以百万计的计算机系统和网络，为了对付这一威胁，越来越多的政府和私人组织建立起一个交换信息和协调响应活动的联合体。

事件响应和安全团队论坛 FIRST，（Forum of Incident Response and Security Teams）把政府、商业机构和学术组织的安全应急响应团队联合起来，组成一个有机的整体。FIRST 的目标是在事件预防中培养合作和协调，推动事件快速相应，同时促进在会员间的大范围信息共享。当前 FIRST 会员数已超过 100。

24.1.4　相关概念

安全应急响应的相关概念如下：

计算机安全事件是指引起计算机系统的安全受到威胁并破坏的任何事件，这些威胁包括数据机密的丢失、破坏数据和系统的完整性、破坏系统的可用性使不能提供服务等。尽管计算机安全事件的定义很多，它们应具备一些基本的共同特性：

- 破坏计算机的完整性：例如网络病毒或者系统的漏洞。
- 拒绝服务：网络蠕虫或者来自于网络的黑客。
- 盗用或误用：黑客盗用系统用户的账号资源等。
- 破坏：对于系统及其数据资源等的破坏。
- 入侵：非法进入系统的安全边界。

计算机安全应急响应能力（Computer Security Incident Response Capability）是指计算机系统的整体的应急事件的处理能力，它包括针对于安全事件的技术响应手段、流程管理、人员组织等多个方面。

计算机安全应急响应团队 CERT（Computer Emergence Response Teams）、CSIRT（Computer System Incident Response Teams）是负责在日常完成安全保障和紧急情况下的安全应急响应任务的组织。

24.2　建立安全应急响应

安全应急响应如此重要，使得它成为整体安全架构中不可分割的重要组成部分，为此，任何关键的计算机业务应用系统，都必须根据其关键级别，具备相应的安全应急响应能力，本节从各个方面出发，说明建立安全应急响应能力的几个重要因素。

24.2.1　确定应急响应的目标和范畴

建立应急响应的第一步是确定影响客户计算机安全的问题以及通过应急响应如何解决这些问题。从这里可以看出，应急响应的目标和范畴应该也必须明确。目标决定了工作的范围和边界，同时决定了将要采用何种技术以及服务哪些客户。建立清晰的、可信的目标有助于确定管理和必要资金的期望值。

应急响应的一个主要目标就是采取主动的方法去控制客户的计算机安全问题，并且对突发事件做出必要的响应。应急响应的目标应该包括以下内容：
- 推进事件的集中报告。
- 同等地处理某一类型的安全事件。
- 必要时提供直接的技术支持。
- 培训并提高客户和设备销售商的安全意识。
- 为客户提供数据和其他的资料。
- 在客户中宣传计算机安全政策。
- 为客户开发或者分发相应的软件工具。
- 鼓励设备销售商及时提供产品相关的问题。
- 为法律和犯罪调查团体提供线索。

目标应该是简洁的、无歧义的、现实可行的。例如，执行培训的能力对于一些组织来说可能是非常昂贵的。由于财力的限制，试图服务完全不同的客户（例如大型机和微机的用户）可能是不可行的，因此，应该反对采用任何过度雄心勃勃或者暧昧不清的目标。

24.2.2　应急响应的队伍建设

1. 应急响应队伍整体架构的介绍

当为新建立的应急响应队伍（CSIRT）建立指导方针时，许多人常常照搬照抄已经建立好的 CSIRT 的指导方针，希望在他们自己的环境下也能采用这些指导方针。然而，很快他们就认识到，没有任何简单的服务定义、政策和流程的集合能适用于任何两个不同的 CSIRT。除此以外，指导方针过于严格的团队发现他们很难适应计算机安全应急响应的动态世界。

CSIRT 将要在特定的环境下运作，懂得这一环境的内在的固有的结构和需求是非常重要的，同时，懂得在这一环境下 CSIRT 涉及风险管理时应采取的姿态也是非常重要的。了解了这一点，读者将能更好地决定应用已有的材料去满足自身环境的结构和需求。每一个团队应该定义他自己的一套标准和运作指导方针。

要想获得这种结构各异的目标，最好从认识一个 CSIRT 的基本的架构开始着手。这个架构包括四个问题："做什么"、"为谁做"、"处在什么位置"、"和谁合作"。

- 任务声明 (Mission Statement)：高层次的目标、对象和优先权。
- 客户 (Constituency)：客户类型和与客户的关系。
- 在组织中的地位 (Place in Organization)：在组织结构特别是风险管理结构中的位置。
- 和其他机构的关系 (Relationship to Others)：和 International CSIRT 以及其他 CSIRT 的合作。

(1) 任务声明。

许多当今正在运作的 CSIRT 要么对自身目标和对象缺乏清晰的认识，要么不能和他们所交互的对象高效地交流信息。导致的结果是：他们毫无必要地扩张自己的努力和资源（经常发生在危急时刻）试图去：

- 了解是否他们正在使用正确的优先权去确保对最重要的活动做出反应。
- 改正与他们交互的那些人的不正确的期望值。
- 了解他们怎样以及是否对给定形势做出正确的反应。
- 修改他们的政策和流程去适应形势的需要。
- 决定是否修改他们所提供的服务的范围和种类。

直到 CSIRT 定义、证明、坚持、并且广泛地发布一个精确的、清晰的任务申明，这种处境不可能得到改善。然而，每一个 CSIRT 的任务申明必须得到父组织中高层管理者的支持（例如，组织的安全主管、信息技术主管、董事会等）。如果得不到这些支持，CSIRT 将很难获得重视和所需的资源。

对于建立质量和服务架构而言，任务声明是必不可少的，包括提供服务的种类和范围、政策和流程的定义，以及服务质量。与客户定义一起，质量和服务框架驱动和限制 CSIRT 的活动。

由于任务声明的重要性，它应该是无而义的，并且用三到四句话说明 CSIRT 应该承担的任务。声明有助于理解这个团队正在努力去获得什么。显然的，如果这个团队是某个大的组织的附属机构，或者从某个外部实体接受运转所需资金，那么这个 CSIRT 的任务声明就必须补充这些机构的任务。

许多 CSIRTs 还提供一个意图声明，解释为什么要创立这个团队的原因。有了这些信息，CSIRT 应该比较容易地定义它的目标和适当的服务去支持它的任务。公众可以自由地获取这些声明，这将有助于公众了解这个 CSIRT 的角色、意图和它运作的架构。在它的运作过程中，其他的合作伙伴将不可避免地参与进来。

(2) 客户。

在运作期间，每个 CSIRT 将要和许多伙伴合作，其中最重要的就是 CSIRT 服务的特殊群体：它的客户。一个 CSIRT 的客户可能是不加限制的（这个 CSIRT 将为每个提出请求的人服务），也可能是被某些条件限制的。大多数情况下，CSIRT 的客户是受限的，通常是那些为 CSIRT 提供资金的组织。最常见的限制客户的约束包括国家、地理位置、政治（政府部门）、技术（使用专门的操作系统）、组织（在哪个企业内）、网络服务提供商（连上哪个网络）或者契约（收费服务的顾客）。

客户定义：客户可能用声明的形式来定义，用一组域名来支持。对于网络服务提供商来说，很难甚至不可能用域名来定义它的客户，因为它的客户量特别大而且是动态变化的。

然而，即使客户可以简单地用单一域来定义，那么问题可能会复杂化。在一个科研机构，例如大学中，学生、教员、商业机构和研究组织拥有的系统可能在一个大学的网络中同时存在。这些系统可以也可以不使用大学的域名，可以也可以不使用大学的 CSIRT 的服务。

根据一个 CSIRT 提供服务的范围和种类，CSIRT 可能有必要定义一个以上客户。多个客户间的关系是多样的，可能是相交的，可能是子集或者超集，也可能是完全独立的。例如，一个技术 CSIRT 可能通过可以自由访问的站点，为所有的人提供他们关注的产品的通用的安全信息，但是只愿为那些已经注册该产品的用户提供增强的服务。

（3）组织中的位置。

在 CSIRT 的基本架构中，不但需要声明这个团队的任务（任务声明）和为谁服务（客户），还必须正确定义这个 CSIRT 的根：它在它的父组织的位置。CSIRT 在父组织中的位置和它的任务、它的客户是紧密相关的。考虑一个极端的例子来说明这个问题，一个支持财富 500 强客户的 CSIRT，如果它在父组织的系统管理部门的管理之下（明显的和它的责任不匹配），那么它注定是要失败的。为了避免这些缺陷，CSIRT 在父组织中的位置问题将在本节内容中讨论。

一个 CSIRT 可能由一个组织的整个安全团队组成，也可能与组织的安全团队完全独立。在本书中，我们考虑 CSIRT 的最普遍、最简单的形式：作为父组织的较大的安全团队的一部分（从小部分重合到全部重合）。如图 24.1 所示。

在一个法人组织下，一个 CSIRT 必须合理地嵌入组织的商业机构中，或者和组织的 IT 安全部门有某种程度的重合。

（4）与其他团队的关系。

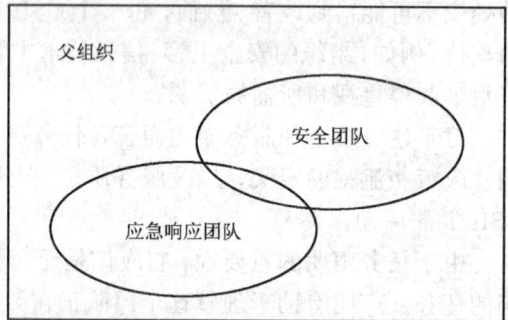

图 24.1　父组织中应急响应团队

CSIRT 涉及的领域是国际互联网，因而是世界性的。在世界各地有许多 CSIRT 服务的客户，并且客户数在不断地上升。为了完成他们的工作，这些 CSIRT 不得不相互合作。合作和协调的努力是 CSIRT 架构的灵魂和核心。不考虑相互之间的协调问题，仅有任务声明、客户定义和在组织中的位置是远远不够的。

当今的 CSIRT 中，存在一些层次结构。有一些团队给明确定义的客户提供服务，而另外一些致力于 CSIRT 间的合作和协调（通常是国家内的和国际间的）。然而这种结构并不是真正分层的，并且多数情况下，这种结构既是非正式的又是非官方的。这种非正式结构被认为是有利的，因为它允许 CSIRT 灵活、快速、高效地和它信任的其他 CSIRT 交换信息，并且对不熟悉的别的 CSIRT 保持警惕。

同时也存在一些正式的层次机构，例如美国陆军、空军和海军（ACERT/CC3，AFCERT，NAVCIRT）分别服务于不同的客户。美国国防部 ASSIST 团队负责协调它们之间的合作。

值得注意的是，对某些类型的活动，许多团队选择直接与对等的团队联系而不是与负责协调的 CSIRT 联系。当这个团队认为没有必要引入一个协调 CSIRT 来处理自己面临的问题时，这种情况常常发生。然而，负责协调的 CSIRT 常常要求所有的活动都必须通知他们，目的是获得他们域内活动的整体视图并提示其他的团队采取相应的活动。

2. 组织机构的形式

根据规模的大小、技术的多样性和地理位置，CSIRT 的组织机构可以采取不同的形式。当确定组织结构时，应该牢记的是对对象的集中响应并避免重复的工作。从这里可以看出，在很大程度上 CSIRT 的结构取决于客户的多样性和规模以及已有的报告和安全措施。虽然有很多种适用的 CSIRT 的结构，下面我们将介绍最通用的两种。

（1）集中的结构。

在某些环境下，独立于代理报告结构的 CSIRT 是最常用的结构。CSIRT 已经存在的安全防范组织是联合起来运作的，但是物理上是一个独立的群体，用户可以直接与他们联系。这种办法产生一个高度集中的 CSIRT，当用户都集中在某个通信网络时，这种模式是最有效的。

有几个集中 CSIRT 的工作模型已经存在。在 CERT/CC、DOE's CIAC、DARPA 和 DOE 的案例中，他们都采用了新建一个组织而不是扩张已有的组织的办法。虽然两个组织是不同的，但是他们都有高度集中的特点，规模相对较小，不采用强迫对方执行的策略。由于集中的优点，他们都可以满足规模很大的客户的需要。

这个模型可以在很多方面加以改动以适应不同的环境。一个代理或者网站可以扩充自己已有的计算机安全团队，使他们具有应急响应的能力。在某些情况下，这种方法是经济有效的，它可以避免重复投资，降低集中报告的复杂性。另外，如果缺乏足够的专业人才，这种结构可以通过契约建立起来。

（2）分散的结构。

由于某些原因，某种环境下很难建立一个独立于已有报告结构的 CSIRT 或者集中于一个独立小组的 CSIRT。例如，代理处的运作可能是非常敏感的，使得技术上很难把控制权移交给另外一个 CSIRT。或者，技术和客户的多样性可能要求方法的多样性。已存在的报告和通信结构使得应急响应能力能灵活地在不同地点和层次的客户中分配。

例如，客户可能会夸大已有的计算机安全能力，像站点安全官员，拥有计算机安全应急能力。每个合成的 CSIRT 将更专注于本地客户的需求。然而，如果客户是一个很大的机构，那么就需要很多个 CSIRT，所有的 CSIRT 都必须向一个中心报告。这个中心可能并不需要任何处理应急事务的专家，而仅仅记录应急事件和推动下一层 CSIRT 间的通信，它还可以协调与调查机构和新闻媒体的接触。已有的管理结构可以用来在客户机构中上传或者下传信息。这个模型可以在某些环境下有效地运作，但是也有可能会导致重复的努力以及延误及时响应应急事件。

总之，很难去找到适应所有环境的最好的结构，因为每个客户都有自己的要求。应急响应的对象和目标不得不根据客户的实际情况而调整。太多的让步和妥协也可能会导致既昂贵又低效的结构。

3. 应急响应队伍的职责

虽然客户的要求各不相同，一个典型的 CSIRT 应该包含以下全职的员工：
- 一个或多个协调者。
- 几个技术人员（两个或者更多）。
- 必要的辅助人员。

很难描述典型的员工模式，因为这个模式是和客户的多样性以及规模直接相关的，同时还取决于其他的因素，比如客户技术的风险类型等。例如，一个处理计算机病毒的 CSIRT 比一个负责多种类型系统的 CSIRT 在规模上要小很多。

(1) CSIRT 协调者。

CSIRT 协调者的职能并不仅仅限于普通的管理。在应急响应的过程中，一个 CSIRT 可能会陷入混乱和相互推诿中，特别是当应急事件牵涉到其他的机构、法律纠纷或者新闻媒体时，情况更是如此。当敏感的政治关系不得不予以重视的时候，CSIRT 的管理者将不得不在 CSIRT 和其他的有关的组织之间维持积极和正面的工作关系。同时，CSIRT 的协调者还必须花费相当大的时间和精力去向客户和设备生产商推销 CSIRT 的服务，从而和他们建立更好的合作关系，并提高他们的计算机安全意识。

(2) CSIRT 技术人员。

一个 CSIRT 的技术人员应该拥有出色的工作能力。在 CSIRT 关注的技术领域中的专家是至关重要的，然而丰富的工作经验也是值得重视的。另一项重要的素质就是良好的沟通能力。下面列举了 CSIRT 技术人员应该具备的相关素质：
- 能够支持技术焦点。
- 团队合作精神。
- 能与不同的用户进行有效的沟通，这些用户范围很广，可能从系统管理员到不熟练的用户，到高级管理层和法律部门的官员。
- 具有面对情绪化形势的政治素养和技能。
- 必要时可以 24 小时待命。
- 愿意出差。

(3) 其他辅助人员。

其他辅助人员应该能够处理日常的事务并且支持 CSIRT。他们也有可能是由技术人员组成。下面列举了一些辅助人员的相关职责：
- 维护 CSIRT 的计算机资源。
- 协调应急记录程序。
- 整理 CSIRT 的交互作用的历史和摘要。
- 在线分析 CSIRT 的运作。
- 从 CSIRT 的运作过程中找出问题，吸取经验和教训，并进行事后分析总结。

- 为 CSIRT 的其他人员提供支持服务。

24.2.3 应急响应的流程建设

1. 制作应急响应一览表

由于角色和职责的不明确,应急响应经常遭遇很多困难。制作一个应急响应一览表有助于解决这些问题。一览表是关于应急响应的目标和功能的声明。一览表列举了应急响应必须满足的要求,界定了应急响应提供服务的范围。客户机构可以把它当做一个参考资料来使用。

(1) 确定一览表牵涉到的法律问题。

值得注意的是应急响应的活动牵涉到一些法律问题。多数都是由于应急响应故意的、疏忽的、粗心大意的行为损害了另一方的利益而引起的。虽然应急响应是为了提供有用的服务,但如果 CSIRT 工作态度不认真,那么就要对软件提供商、用户和其他的有关各方承担相应的责任。一个 CSIRT 可能不希望在一览表中公开它的法律义务,然而,这些义务是伴随着它的目标而存在的。法律顾问应该仔细地检查 CSIRT 使用的一览表和所有的其他工作流程,以避免引起不必要的法律纠纷。

(2) 一览表的组成部分。

一个一览表应该包括以下描述它的目标和工作范围的内容:
- 实施概要。
- 责任。
- 方法。
- 报告结构和人员配置。

实施概要:快速通知用户某个 CSIRT 已经存在,它的全面的职责范围以及其他的基本信息。

责任:对于 CSIRT 计划做什么和不做什么的描述,限制它的法律风险。这部分内容应该表达 CSIRT 的工作目的和它涉及的范围界限。

方法:从比较抽象的角度,描述 CSIRT 怎样满足它的职责和要求,以及 CSIRT 处理某种类型威胁和降低受影响地区风险最常用的方法。

报告和人员配置:确定 CSIRT 怎样配合客户组织的结构,以及人员配置和资金的需求。这将有助于快速解决关于谁应该对某类计算机安全问题负责的争论和潜在的冲突。

2. 制作应急响应操作手册

应急响应操作手册应该包括 CSIRT 日常活动应该遵从和参照的工作流程,它是这些工作流程的惟一参照点。操作手册应该随着时间的推移、实践经验和教训积累而不断地改进。和一览表一样,操作手册也应该经过法律顾问的审阅,以避免不必要的法律冲突。

CSIRT 的组成人员应该定期学习操作手册,因而它应该提供相关的操作信息和指南。操作手册应该包括以下内容:
- 员工信息:联系方式、传真、传呼。
- 热线使用:号码、24 小时操作流程、待命队列。
- 客户通信:收发信息的流程。

- 事件报告：类型、内容、总结以及怎样验证。
- 信息处理：日志、敏感信息、事件概述。
- 应急处理计算机设备：管理策略、配置、手续。
- 管理程序：支出报告、出差、清理。
- 联系研究机构。
- 应付媒体：新闻报道、清理过程。
- 联系销售商。
- 其他联系信息：寻求帮助的个人、介绍人。

操作手册也必须不断地修改，特别是在 CSIRT 开始运作的第一年。在线版本有助于促进不断地更新。

24.2.4 安全应急响应体系的建立

为确保系统的安全，并能够确保在发生应急情况下的及时反馈，我们在很多方面强调了应急响应的队伍、应急响应的运作体系等的建设。它们也确实是应急响应能力重要的组成部分，但是采用各种安全技术手段，建立安全应急响应体系，同样是非常重要的。

众多的安全产品往往本身只注重于某个领域的安全功能，它们各有所长，但是却没有很好地集成在一起。安全应急反应体系的建立，正是要通过制定统一的规范和相关的接口，把这些软硬件集成起来，并通过其他附加的措施和管理手段，真正地提高系统预防、处理紧急事件的能力，增强整个系统的安全性、稳定性、可靠性。

一个完善的应急反应体系应该包括政策、软硬件的工具、管理等各个方面。下面我们给出一个简要的应急响应各个阶段与某些关键技术的对应表，如表 24.1 所示。

表 24.1　应急响应各个阶段的关键技术

	防　护	预警与报警	牵制与反馈	清　除	恢　复	事后审查
防火墙	安全防御	入侵检测	阻断、封堵			
漏洞检测	检测漏洞					
通信分析		流量监控，信息过滤				
审计系统	审计与监控	入侵检测应用审计	阻断、缓解	提供事件的审计记录		提供历史数据
病毒防杀系统	病毒实时检测	病毒报警、未知病毒预警	隔离	杀毒	系统恢复	
应急反应系统代理	系统配置的备份	检测系统运行状况等	阻断、隔离	重新启动应用或服务		
应急反应中心	系统配置的备份	警报汇总警报传递	根据规则，指挥反应		系统配置的恢复	
备份与恢复体系	数据与系统的备份				数据与系统的恢复	
统计与分析软件						统计与分析各种信息

24.3 应急响应的运作

24.3.1 质量与服务模型

CSIRT 的任务声明有 3 个必然的衍生物：服务，政策和质量。其中每一个都必须包含在任务声明的目标和范围之中。团队提供的服务是用来实现团队任务的手段和方法，这些服务通常是向团队的客户提供的。政策是控制团队运作的纪律和约束。质量是所有活动将要采用的标准。CSIRT 中的信息流包含了任务声明的全部衍生物。在服务、政策和质量控制之下，流程描述了活动应该怎样开展。

对于一个 CSIRT，它不仅仅需要提供应急响应服务，根据客户的需要，它还提供其他的一些服务来补充应急响应服务。这些附加的服务可能是 CSIRT 单独提供的，也可能和其他组织合作提供。

对于每个提供的服务，CSIRT 应该为它的客户提供一个尽可能详细的服务描述（或者正式的服务协议）。特别地，这些描述应该包括表 24.2 所列的条目。

表 24.2 服务描述

属 性	描 述
对象	服务的目标
定义	服务广度和深度的描述
功能描述	服务中单独功能的描述
可用性	服务可用的条件：谁可以使用，何时使用，如何使用
质量担保	质量担保的参数，包括：客户期望的设置和限制
交互和信息披露	CSIRT 和服务涉及其他各方的交互，例如客户，其他团队和媒体
其他服务的界面	定义和指定与其他合作 CSIRT 的信息流的交互点
优先级	同一服务内不同功能的相对优先级，以及服务与服务间的优先关系

24.3.2 应急响应的服务

CSIRT 提供的每一个服务都应该有明确的定义。CSIRT 和与它相关的各方应该理解这些定义，这些定义有不同的抽象层次。

1. 对象描述

为了推动它的政策和流程的发展，CSIRT 应该明确地定义它的对象。采用自顶向下的办法，应急响应服务的对象应该源自与 CSIRT 的任务声明，任务声明源自于父组织安全团队的任务。与 CSIRT 的对象相同，实现这些对象的功能和方法也应该被定义。

2. 功能描述

应急响应服务通常包括选择、应急、公告和反馈。选择功能类似于专家的秘书，评估输入的信息,然后把急需处理的放在桌面上汇专家处理。其他的功能都是自描述的,不需要更多的解释。

对于上述的每一项应急响应功能,都应该有清晰的书面描述,这些描述有助于生成相关的流程。单独的描述可以组成应急响应服务的全面描述,供使用 CSIRT 服务的其他各方查阅。然而,对于内部成员来说,实现的细节可能是更重要的。但是把这些细节公开是没有必要的,因为可能会给外部参与各方带来混乱。功能定义至少应该包括以下内容:

- 功能的对象。
- 实现细节和相关流程的索引。
- 功能的优先级标准。
- 提供服务的级别期望值设定和质量担保的标准。

下面将讨论这些功能的细节和他们之间的关系。

(1) 排序功能

提供单一的联系点,并接收、收集、排序、分类应急响应服务的输入信息。为了适应团队和客户的需要,排序功能支持不同的输入渠道。任何一个明显的新事件都被分配一个初始优先级和可跟踪的标识码。排序功能有时也处理一些辅助的事物,例如存档、翻译和介质转换。

(2) 应急功能

为可疑的或已证实的计算机安全事件提供帮助和指导。

(3) 公告功能

根据客户的具体的情况提供合适的信息去披露当前存在的威胁及防止这些威胁的必要步骤,根据最近报告的威胁的范围和属性预测将来的威胁。然而,对于一个提供大范围服务的 CSIRT 而言,公告服务可能提供非常广泛的信息,包括产品缺陷和人工分析等。

(4) 反馈功能

为并非直接相关的事件提供支持,反馈是响应公开请求(例如通过媒体),也可以是主动提供,例如通过年度报告和案例分析。

24.3.3 应急响应队伍的运作

1. 运作要素

运作要素是运作的基石,它包括从电子邮件系统到工作日程的广泛概念。在这里,我们只是关注那些与应急响应服务直接相关的运作元素,这样就排除了那些一般管理元素,比如工资系统和咖啡机。本节列举的内容远远没有覆盖全部的运作元素,我们将仅仅探讨最重要的那一部分。

(1) 工作日程。

工作日程必须区分开正常工作时间和下班时间。它的内容包括交接班,非工作时间安排以及备份安排等。当考虑交接班时,应该在两个小时的例行工作之后,安排一个短暂的休息时间。但是可能一个小时的高强度工作之后,你可能已经筋疲力尽了。当设计工作日程时,一定要保证服务的连续性。连续性对于服务的质量是至关重要的。

(2) 通信。

包括传统的通信方式，例如电话、传真、寻呼和自动应答设备。你需要这些技术来确保团队的成员能根据要求按时到达。团队的工作人员有可用的技术手段来通知客户和其他的有关的参与方。实施时应该根据团队的任务和服务规范来确定需要哪些通信工具。

（3）电子邮件。

在当今网络环境中，良好的电子邮件系统的必要性是不言而喻的。对于应急响应服务，电子邮件并不是一个简单的应用，它有一些附加的要求，例如过滤功能、高级搜索功能和自动回复工具等。

通常应急响应团队基于少量的标准工具构建他们自己的电子邮件系统，因为没有现成的产品可以满足他们的独特要求，他们只能通过脚本把所需的功能黏合起来。

（4）工作流管理工具。

在高负载和员工轮班的工作环境中，工具有助于管理工作流和移交正在进行中的任务。手写的日志是最经典的例子，由于当前问题的复杂性，手写日志已经成了过时的工作方式。CSIRT 需要一个工作流管理的软件工具（数据库和位于其上的应用程序）。市场上可以找到与常用数据协同工作的工作流管理软件。

（5）Web 信息系统。

Web 是当前最热门的查询信息的介质。商业性的 CSIRT 当然不能没有它，其他的团队也不能忽视它的作用。当需要提供大量的文档资料时，可匿名访问的 FTP 服务器也是必不可少的。显然，Web 服务器和其他信息服务器应该确保自身的安全运作以免被非法用户篡改其中的信息，误导客户并引起混乱。

2. 应急响应运作的基本政策

（1）行为操守。

对于一个组织而言，行为操守是一个通用规则集合，给出了有益于组织的任务声明和显示组织个性的行为方式。行为操守适用于组织中所有的成员，无论他的职位高低。它是一种姿态，而姿态是不应该有职位高低之分的。它为在特定环境下应该做出怎样的反映提供了基本的指导方针，它设定了团队内部成员之间交流以及对外交流的基本准则。

下面是一个简单的行为操守的实例：
● 显示正常的好奇心，但是同时表现出礼貌的克制。
● 通知所有应该了解内情的人，但是不应该四处宣扬。
● 表现必要的重视，但是不能忘记优先级别。
● 总是保持礼貌和建设性，但是不能轻易相信未经证实身份的任何人。
● 了解并且遵从工作流程，但是牢记任务是永远是第一位的。

（2）信息分类政策。

CSIRT 必须有一个信息分类的政策。没有这一政策，CSIRT 的成员可能根据自己的感觉各行其是，或者干脆就不加区分。因为每个人的理解都是不相同的，结果导致了不统一或者不正确的服务，所以有必要制定一个政策让其知道信息分类。

政策的复杂程度取决于团队的任务和客户的需求。例如，最简单的分类可能就是敏感信息和其他信息。所有的敏感信息都应该特别认真地对待，而其他信息被认为是不太重要的。

（3）信息披露政策。

CSIRT 需要考虑的最重要的问题之一就是怎样赢得客户和其他团队的尊重和信任。没有尊重和信任，一个 CSIRT 将一事无成，因为没有人愿意向他通报信息。对于应急响应领域，定义一个信息披露政策是非常重要的。否则，当 CSIRT 成员接电话或者回复电子邮件时，就没有指导方针去确定何时该对谁讲什么。

大多数团队都是非常谨慎地对待报告给他们的信息，只是在内部成员之间共享这些信息。只有当使用通用信息用作统计目的或者已经获得客户的授权可以披露这些信息的时候才可以例外。

3. 确保连续性

对于 CSIRT 的运作，连续一致的可信的服务是成功的关键。这将直接影响客户对一个团队能力的认可和信任程度。确保连续性是一个牵涉到很多方面的通用的运作问题，包括下面将要讨论的 3 个方面：工作流管理、非工作时间覆盖和离线覆盖。在进入具体讨论之前，有必要认识这样一个事实：根据面临问题和采取措施的不同，一个人能够容忍的等待时间有很大的不同。

从实用的观点出发，我们把 CSIRT 面临的问题大致分为三类：短期问题（从几天到几个星期）、中期问题（一个月以内）、长期问题（一年以内）。

（1）短期问题。

威胁连续性的主要问题通常都属于短期问题，有以下 4 个主题：缺乏时间、缺乏关键性的工作人员、轮班和基础设施的不可用。

- 缺乏时间：缺乏时间可能是偶然的也可能是必然的。如果是必然的，那么就超出了本书讨论的范畴，并且也不属于短期问题。偶然的缺乏时间（主要由于突发的大范围攻击引起无法预见到的巨大工作负载）可以通过设定优先级别来加以解决。
- 缺乏关键性的工作人员：由于疾病、事故或者不能预见的问题，关键人员的缺乏是随时都有可能发生的。为了避免单点失效问题，应该预先对人员做冗余安排。团队成员之间应该是相互可替代的。关键性团队的成员不能同时休假，规则性的工作轮换能提高员工处理多种问题的能力从而降低风险。
- 轮班：即使有可用的工作流管理系统，轮班制也可能会带来问题。根据环境的不同，存在两类案例：正常工作时间内的交接班和正常工作时间与非正常工作时间间的交接班。第一种情况下，有时候可以通过口头交流来实现交接班。第二种情况下，问题会更复杂，因为非正常工作时间内，工组流管理系统可能是不可用的，某些工作可能需要等到第二天的工作时间才能处理。
- 基础设施不可用：关键的通信渠道和运作元素（例如电子邮件系统或者 Web 服务）不可用可能会导致一段时间不能提供某些服务。

（2）中期问题。

把团队的成员集中起来，分析和总结已经发生了什么，哪些是错的，哪些是对的，以及怎样使用这些信息去改善服务质量将有助于降低连续性的中期风险。大脑风暴式的简短会议和常规会议都应该根据指定的日程定期召开，这将有助于发现政策和流程中的缺陷和错误。另一个中期问题是缺乏资金并已经影响到团队的运作和为客户提供的服务的质量。团队成员丧失工作激情也是一个严重的威胁，优厚的工资待遇和休假条件将有助于降低风险，工作轮换制度也是解决方案之一。

（3）长期问题。

对变化的适应能力影响 CSIRT 的长期生存能力，因而员工培训是一项保持连续性的长期投资。培训更多的成员拥有处理同一问题的能力有利于降低因为变化而带来的影响（有些人生病了，有些人辞职了）。

24.3.4　应急响应运作的各个阶段

这里，我们将整个安全应急响应的运作过程，划分为以下几个阶段：

1. 保护阶段

为了达到应急迅速、有效地反应的效果，做好一定的准备工作是相当重要的，安全保护的目标是一旦事件发生，造成的破坏能够最少。具体地说包括以下几方面的工作：

（1）准备应急反应工作流程的计划。

（2）制定预警和报警的方法.（声音警报、电子邮件、拷机等，这些预警和报警的方法是各种安全软硬件都必须支持的）。

（3）建立备份的体系和流程（建立远程数据和系统的备份机制）。

（4）建立安全的系统。

（5）进行相关的安全培训，可以进行应急反应事件处理的预演。

在这个阶段，需要根据我们上面的阐述，建立一个应急反应的队伍，制定应急反应的计划和流程。同时采用技术手段，一方面对数据进行远程备份，一方面可以通过工作在服务器的 Agent 程序或者应急反应中心（软件）的配置备份的功能，进行系统和各种安全设备的配置备份和恢复。

2. 预警与报警

本阶段的主要目的是识别和发现各种安全的紧急事件。在紧急情况发生前，产生安全的预警报告，在紧急情况发生时，产生安全警报，报告给应急反应中心。应急反应中心将根据事件的级别，采取相应的措施。

为了达到预警与报警的目的，可以采用以下几种手段：

（1）通过网络上检测设备（如审计设备的入侵检测、防火墙的入侵检测、网络通信分析器、网络病毒检测器等），它们能够及时在入侵行为发生前，检测出入侵前的试探行为，在入侵行为发生时报警，及时地检测在网络传输的邮件病毒等。同时，它们也必须对自身的安全状况进行定期的自检。

（2）通过安装在各种系统和客户端的预警与报警 Agent，对系统的运行状况进行监视，对可能发生的系统事件（包括系统性能明显降低、系统服务中断、重要文件被修改、新的未知用户账号的产生的一系列事件）产生预警和警报。

预警与报警不一定保证紧急事件确实发生了，如系统已经被入侵。然而，来自于各个方面的预警和报警信息综合起来，就可以很大程度上识别出安全的紧急事件。

3. 牵制与反馈

在确认紧急事件发生的情况下,一方面应急反应中心将根据预先制定的反应计划,进入应急反应流程。另一方面,应急反应系统本身将根据预先制定的规则,采取相应的措施,把紧急事件的影响降低到最小。这些措施包括:

(1)阻断:阻断正在发起进攻的行为。

(2)缓解:对某些无法阻断的行为(如某些拒绝服务攻击)采取措施,缓解系统的负载,网络的流量等。

(3)封堵:识别进攻源,通过路由器、防火墙封堵入侵的源地址。

(4)隔离:对于被病毒感染的系统,及时识别并切断它的网络连接,使之与整个系统隔离。

这些牵制与反馈的措施,同样是通过网络上的监控设备和系统的应急反应监控软件来完成的。

4. 消除阶段

牵制与反馈阶段仅仅是采取了一些紧急的措施,而消除阶段才是真正的解决问题。对于病毒,应该在信息系统内部采用最新的软件清除所有的病毒。对于系统的入侵、非法授权访问等,应该发现系统到底存在哪些漏洞,从而避免类似情况的再次发生。

强大的事件审计系统是这个阶段的核心。来自于网络与应用层的审计信息为进一步的分析提供了详细的资料。通过对这些事件的分析,可以寻找到事件发生的起因,为以后的归纳总结、安全系统的进一步改善提供依据。

5. 恢复阶段

在数据或者系统被破坏、无法修复的情况下,将进行系统的恢复。恢复首先将依据预先制定的恢复流程进行。除了对数据和系统的恢复外,某些网络安全设备(如防火墙),在受到破环后也必须迅速地恢复软件配置等。对于链路的破环的恢复可以启动备份链路,而硬件的崩溃可以采用备份的硬件和系统。

6. 事后审查

事后审查的主要目的是从已经发生的紧急事件,对紧急事件的响应过程中吸取教训。检查以往确定的应急反应的流程是否正确,估计事件的影响和危害程度,对事件的起因进行进一步的详细分析。这是一个非常重要的阶段,在这个阶段,可以采用一些决策辅助工具(如统计分析软件),对各种事件进行归纳、总结和分析,最终得到改善安全管理和安全防范体系的具体措施。

以上,我们从安全应急响应的基本概念、组织机构、应急响应的队伍、能力与应急响应工作流程等多个角度,详细说明了如何建立整体的安全应急响应架构。

必须指出的是,安全应急响应能力是一个组织必须持久保持并不断建设的安全能力,并且不可能在一朝一夕就能够建成,为此必须遵守循序渐进、不断完善的建设准则,而安全应急响应的技术体系将成为整个应急响应架构最核心的部分。

24.4 小　　结

如果在处理计算机入侵和安全事件时，没有一套明确的安全策略，将会犯很多错误并可能延误处理问题的最佳时机。一个应急响应策略将规定怎样反应一个应急事件，并且明确机构当事人谁应该对此事件负责，以免处理不当时相互推诿。

一个应急响应小组是机构的一群人，当一个事件出现时，他们帮组响应。它可能包括来自安全小组、网络小组、系统管理部门、法律部门、人力资源部门和管理部门的人员。该小组负责对事件报告作出反应，最可能的是，安全小组最先得到事件报告，必要时再请求其他小组的协助。该小组必须配备熟悉法律的人员，或者和一个能提供法律援助的外部团体建立关系。

应急响应的能力建设首先是明确应急响应的目标和范畴。只有回答了"做什么"、"为谁做"、"处在什么位置"、"跟谁合作"这四个很容易被忽视但又至关重要的问题后，应急响应小组才能有条不紊地开展工作。

应急响应的运作要解决两个问题，一个是质量服务架构，要让客户信任应急响应小组，就要从制度上保证服务的质量。另一个是服务的持久性，在应急响应小组的长期运作中，可能出现短期、中期和长期问题，影响服务的连续性。一个成熟的应急响应队伍应该建立相应的预防措施，来确保提供连续性的服务。

习　　题

1. 为什么提出计算机安全应急这一概念？
2. 网络蠕虫病毒与其他传统病毒之间的异同。
3. 计算机安全事件的基本特性。
4. FIRST 由哪三个小组组成？
5. CSIRT 架构包括哪 4 个问题？
6. CSIRT 有哪两种组织形式？
7. 简述 CSIRT 三种职员的不同职责。
8. 应急响应服务包括哪些功能？
9. 简述应急响应的信息分类政策和信息披露政策。
10. 怎样才能确保提供连续的应急响应服务？

参 考 文 献

19 89. Computer Security-Virus Highlights Need for Improved Internet Management. United States General Accounting Office，Washington D C

Brand Russell L. Jul 1989. Coping With the Threat of Computer Security Incidents：A Primer from Prevention through Recovery

Fedeli Alan. Oct 1989. Organizing a Corporate Anti-Virus Effort. DDN Security Bulletin 01. DDN Security Coordination Center

Hansen Steve. Jun 1990. Legal Issues: A Site Manager's nightmare. Proceedings of the Second Invitational Workshop on Computer Security Incident Response

Kent S T, Linn J. Feb 1993. Privacy Enhancement for Internet Electronic Mail: Part II: Centificate-based Key Management. Request For Comments 1422

Pethia Rich, van Wyk Kenneth, Computer Emergency Response-An International Problem, 1990

Pethia Richard D. Nov 1991. Crocker Steve. Barbara Guidelines for the Secure Operations of the Internet Request For Comments 1281

Schneier Bruce. 1995. Applied Crytography: Protocols, Algorithms, and Source Code in C. Chinchester, U. K. : John Wiley & Sons

Sebring, Jeffrey. 1993. Incident Aftermath and Press Relations: A MITRE Perspective See [CSIHW 5/93]

West-Brown, Moira J. Nov 1995. Incident Trends. Proceedings of the UNIX Network Security conference, Washington DC

第 25 章 网络信息过滤技术

现在，互联网经常受到批评，因为它提供的基本信息结构常被用来散布违法或攻击性的内容、反动言论以及色情信息等，特别是大量的色情信息和不良信息已经对青少年的成长造成了巨大的危害。大部分人认为互联网不应该无限制发布这些内容，因此提出了一些方法来进行不良信息的过滤。这些方法可以分为两类：一类是内容阻塞，另一类是内容定级和自我鉴定。

25.1 内 容 阻 塞

对于有些不良信息，我们希望能从源头进行控制，堵塞这些信息的进入，基于源的内容阻塞就是这样的信息过滤技术，它实际是由局域网、广域网等网络的主管或 ISP 对用户所能访问到的站点、内容进行限制，它们负责阻塞那些不良信息进入自己的网络。从技术上说，这样做有两种方法：在网络层阻塞和在应用层阻塞。

25.1.1 在网络层阻塞（IP 地址阻塞）

在网络层阻塞需要路由器或防火墙来检查进来的 IP 包的源 IP 地址，将它们与黑名单比较，然后再决定是继续转发（如果 IP 地址没有进入黑名单）还是丢弃该包（如果 IP 地址在黑名单上），这种阻塞也称为 IP 地址阻塞。

网络层的阻塞技术和防火墙技术中的包过滤和状态检查技术很相似，它也通常由 ISP（特别是主干网络服务提供商）在路由器或防火墙中实现。

这种技术也存在着一些不足，比如，这使得防火墙中执行的包过滤规则更加复杂；创建、维护和发布黑名单，配置相应路由器上的访问控制表 ACL 等操作都需要越来越多的花费；站点只要改动 IP 或采用 IP 隧道技术就很容易逃避阻塞等。

25.1.2 在应用层阻塞（URL 阻塞）

在应用层阻塞内容，需要代理服务器和应用层网关来检查源信息，从而决定是否为相应的应用协议请求提供服务。比如，在应用层阻塞一个内容的通用方法是：指定不能被服务的 URL 地址，并且把它存放和安装在代理服务器的黑名单中。在进行 HTTP 请求服务之前，代理服务器应该确信请求服务的 URL 没有被列入黑名单中。很明显，这样阻塞不良信息内容要比在网络层阻塞更为有效，这种阻塞也叫做 URL 阻塞。

URL 阻塞也存在着一些不足，比如，可以通过多种方法（如指定 IP）来绕过 URL 阻塞。此外，它也使得防火墙配置复杂化，引起额外开销。

最后注意，阻塞内容和删除内容是根本不同的。阻塞是阻止对一个互联网或 WWW 站点的访问，而删除就是把已经发表在 Web 上的资源内容物理地移除。内容的删除一般只能由站点的主人或相应的站点管理者或法律执行机构来进行。但是请注意，在资源内容被删除之后，仍然可以在以下位置存在：

- 曾经下载该内容并保存到磁盘上的个人计算机。
- 曾经支持下载并缓存相应内容的代理服务器或镜像站点。

总之，IP 地址阻塞和 URL 阻塞在技术上都是可行的，但存在着一些共同的缺陷：黑名单的更改往往跟不上如今 Internet 飞速的发展；用户采用一个不在黑名单的 Proxy 服务器就可以访问那些原本被阻塞的站点（这种情况可以通过与网络监视系统协作，由监视系统通过关键字发现不良信息后通知防火墙进行源的阻塞）……此外，一个被强制列入黑名单的站点可能会比没有列入黑名单之前更引人注目，这就成了一个比技术问题更复杂的问题。

25.2　内容定级和自我鉴定

互联网为我们提供了访问各类信息的广阔天地。但是，这些可以说是五花八门的信息并非都适合每一位浏览者。例如，作为青少年儿童们就不适合看到过分宣扬暴力或性等方面的内容，这会对他们的成长起消极作用，这也是利用内容定级和自我鉴定的一个重要原因。

内容分级与自我鉴定是由内容提供者（产品提供者）和用户共同控制的，在这种情况下，由内容或产品的提供者对他们的内容进行评定登记，然后 Internet 用户和 ISP 用户据此来保护自己，他们可以凭借一些已有的客观标准，自己判断一个 Web 站点上的内容是否合法，也就是他们对自己实际访问的内容负责。一个大家比较熟悉的可类比的例子是电影的分级审查制度，不过现在我们把这种思想用到 Internet 上，现在还主要适用于 Web 页面。

25.2.1　PICS

互联网内容选择平台 PICS (Platform for Internet Content Selection) 是最初工业界为促进内容定级和自我鉴定而采取的第一个步骤。后来经过 W3C 调整后，PICS 致力于提供一个将标签和内容结合在一起的基础设施，它本身并不区分标签的内容，只是指定标签的格式和描述相应的标签是如何被传输的，这样，它就是一个提供内容定级服务和包过滤的平台。然后，基于这个背景，计算机系统就可以处理 PICS 标签，自动保护用户不去看不受欢迎的内容，或引导他们到某些感兴趣的站点。

PICS 主要包含以下部分：

1. 分级服务

PICS 支持 WWW 上不同种类的分级服务，从而可以为任何人、组织机构或其他企业单位评定等级。等级可以通过在 CD-ROM、第三方站点或者其他电子方式随被分级的文件进行分发。

PICS 标准定义了一个语法来支持描述各种等级的文本文件，这样使得计算机程序可以自动地分析一个服务器提供的各种不同的等级。

下面展示了一个例子用来描述电影内容定级服务。

```
((PICS-version 1.1)
(rating-system "http://MPAAscale.org/Ratings/Description/")
(rating-service "http://MPAAscale.org/v1.0")
(icon "icons/MPAAscale.gif")
(name "The MPAA's Movie-rating Service")
(description "A rating service based on the MPAA's movie-rating scale")
(category
(transmit-as "r")
(name "Rating")
(label (name "G") (value 0) (icon "icons/G.gif"))
(label (name "PG") (value 1) (icon "icons/PG.gif"))
(label (name "PG-13") (value 2) (icon "icons/PG-13.gif"))
(label (name "R") (value 3) (icon "icons/R.gif"))
(label (name "NC-17") (value 4) (icon "icons/NC-17.gif")))))
```

从中可以看出，PICS 服务描述采用了 MIME（Multimedia Internet Message Extension）类型的 application/pics-service 语言来描述内容分级服务。这个描述分很多行，其中每行都采用了（名称 对应值）的格式，例如第一行（PICS-version 1.1）就表示这个 PICS 标准的版本号是 1.1。每个服务描述文件我们也称之为一个评级标准，它的一些语法格式解释如下：

- PICS-version：每个服务描述文件均包括的一个版本号，以便简化过滤程序的转化过程。
- Rating-system：是一个 URL，作为它的惟一标识符（如上面的 http://MPAAscale.org/Ratings/Description/）。
- Rating-service：是一个指明被分级服务自身使用的信息位置的 URL，这个 URL 是所有图标以及数据库查询的基本 URL。
- Icon：一个与被描述的特定对象相联系的图标。
- Name：被描述对象的名称。
- Description：被描述对象的说明。
- Category：表明一个目录，下面包含一些目录标签，各自描述特定分级服务。以下的一些语法元素均包含在目录中。
- Transmit-as：目录以一个 PICS 标签传输时的名称
- Name：目录自身名称。
- Lable：一个描述特定级别的标签，它还包含了一些基本描述，比如名称、值、图标等。

2. PICS 标签的内容

由评级部门所分配的 PICS 标签包括 3 个方面的内容：
（1）产生这个标签的评级部门的 URL，它是由评级部门选择的标识符。
（2）一组由 PICS 扩展的标签选项，提供有关评级的信息（如评级时间等）。
（3）一组由评级系统定义的标签值，是对应不同分类的与文档内容有关的等级值。

下面给出了一个 PICS 标签的例子，它使用前面描述的服务来为一个 URL 定级：

(PICS-1. 1 http：//MPAAscale. org/v1. 0

labels

on ″ 1996. 6. 01T00：01-0500″

until ″ 1996. 12. 31T23：59-0500″

for ″ http：//www. missionimpossible. com″

by ″ Simson L. Garfinkel″

ratings (r 0))

这个标签描述了电影 Mission Impossible 的 Web 站点，它使用的是我们前一节描述的内容分级服务。这个标签是 1996 年的 6 月 1 日建立的，在 1996 年 12 月 1 日前有效。该标签信息被存放在 http：//www. missionimpossible. com 上，由 Simson L. Garfinkel 编写，它给出了等级″ (r 0)″。

3. 标签的传输

PICS 标准允许标签嵌入 RFC822 或嵌入 HTML 文档进行传输。

标签可以在采用 RFC-822 格式的标题的任何协议上传输，因此可以在 Internet 电子邮件、HTTP 以及 Usenet 新闻协议等系统上传输的信息打上标签。比如可以嵌入这样一条：PICS-Label：(PICS-1. 1 http：//www. rsac. org/1. 0/ v 0 s 4 n 4 l 4)。

此外可以利用在 HTML 文档中的 META 标记，把标签加入到 HTML 文档中。这种加入采用了 HTTP 协议的平衡机制，格式如下：⟨META http-equiv=″PICS-label″ content=′标签内容′⟩。

4. 通过 HTTP 申请 PICS 标签

PICS 定义了一个 HTTP 协议的扩展，使得 HTTP 用户可以把用户所需的标签加入到文档中和文档一起传输。

例如一个客户可以发送如下的 HTTP 请求：

GET foo. html HTTP/1. 1

Accept-Protocol：{PICS-1. 0 {params full {services ″http：//www. gcf. org/1. 0/″}}}

一个 PICS 激活的 HTTP 服务器可能做出如下响应：

HTTP/1. 1 200 OK

Date：Thursday，30-Jun-95 17：51：47 GMT

MIME-version：1. 0

Last-modified：Thursday，29-Jun-95 17：51：47 GMT

Protocol：{PICS-1. 0 {headers PICS-Label}}

PICS-Label：…label here…

Content-type：text/html

…contents of foo. html…

5. 向一个分级服务申请标签

用户可以向运行 HTTP 协议的标签局发出标签请求，从而可以实现标签同文档分开传输。申请标签的应是通过 HTTP、FTP、Gopher、News 协议来传输且有一个 URL 地址的文档。其实，标签局就是可以为其他服务器上的文档提供标签的一个 HTTP 服务器。

下面给出了一个运用 http 申请的例子：

GET /Ratings? opt = generic&u = " http%3A%2F%2Fwww. questionable. org%2Fimages" &s=" http%3A%2F%2Fwww. gcf. org%2Fv2. 5" HTTP/1. 0

总的来说，PICS 致力于提供一个将标签和内容结合在一起的基础设施，这样使得用户端计算机系统浏览器可以处理 PICS 标签，读取分级系统。一般的，PICS 可以被用来提供自加标签（通过独立的内容提供者和在线发布者）和第三方加标签（由标签局）。

25.2.2 RSACi

娱乐软件顾问委员会 (Recreational Software Advisory Council，RSAC) 是 20 世纪 90 年代中期为了规范儿童视频游戏的内容而在美国国会中分出的机构。原先是由娱乐厂商向购买者提供产品的等级，现在已经由互联网内容等级协会 (Internet Content Rating Association，ICRA) 倡导了互联网的 RSAC 分级服务 (Recreational Software Advisory Council on the Internet，RSACi)，它是以斯坦福大学有近 20 年研究媒体效果经验的 Donald F. Roberts 博士的研究成果为基础的，对暴力、裸体、性和语言四个方面分成 5 个级别，目标是提供一种简单而又行之有效的网站分级系统来保护儿童的合法权益，同时又不危及万维网上的言论自由。RSACi 的定级服务与 PICS 兼容，它对消费者提供在软件游戏和 Web 站点中的暴力、裸体、性和攻击性语言的级别信息（从 0～4）。相应的 RSACi 级别总结如表 25.1 所示。

表 25.1 RSACi 分级系统

级 别	暴 力	裸 体	性	语 言
级别 4	恣意的而且非常无理的暴力行为	极具挑逗性的正面裸体表演	暴露的性行为	极度仇恨或粗鲁的语言，非常暴露的性内容
级别 3	带血腥的杀戮场面，人被杀或受到伤害	正面裸体	非暴露性的性抚摸	蛮横、粗俗的语言、手势等，使用带侮辱性的称谓
级别 2	杀戮，人或生物遭到伤害或被杀死	半裸	穿着衣服的性抚摸	一般性的脏话，与性无关的解剖学术语
级别 1	打斗，对有生命物体的伤害	暴露的服装	充满激情的亲吻	轻微的秽语，或针对身体的轻微措辞
级别 0	没有侵犯性的暴力行为，没有自然的或意外的暴力事件	无裸体场面	浪漫故事，没有性行为的描写	不令人讨厌的言语

25.2.3 使用内容定级和自我鉴定的例子

当前主流浏览器之一 IE 就支持 PICS 和 RSACi，它可以使用分级审查来控制在互联网上可以访问的内容类型，启动"分级审查"功能后，只有那些满足要求标准的已经分级的内容才能在浏览器窗口显示出来。

第一次启用"分级审查"功能时的设置为系统提供最保守的设置，也就是说限制和屏蔽掉的内容最多，访问审查最严格，但用户可以调整这些设置以满足自己的喜好。然而，并非 Internet 上的所有站点内容都是分级的，因此如果用户选择允许他人查看自己计算机中没有分级的站点，则其中部分站点所包含的不适内容可能为访问者看到。

启用"分级审查"功能的操作如下：

（1）在 IE 浏览器中打开"查看"菜单，从中选择"Internet 选项"命令，打开它的对话框，并选择"内容"选项卡，如图 25.1 所示。

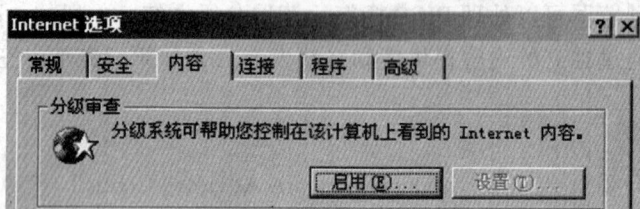

图 25.1　内容选项卡

（2）在"分级审查"框中单击"启用"按钮，随后屏幕上出现一个名为"分级审查"的对话框（图 25.2），你将会看到面板上共有 4 个审查标准，只需简单地拖动滑动条就可以设置了。

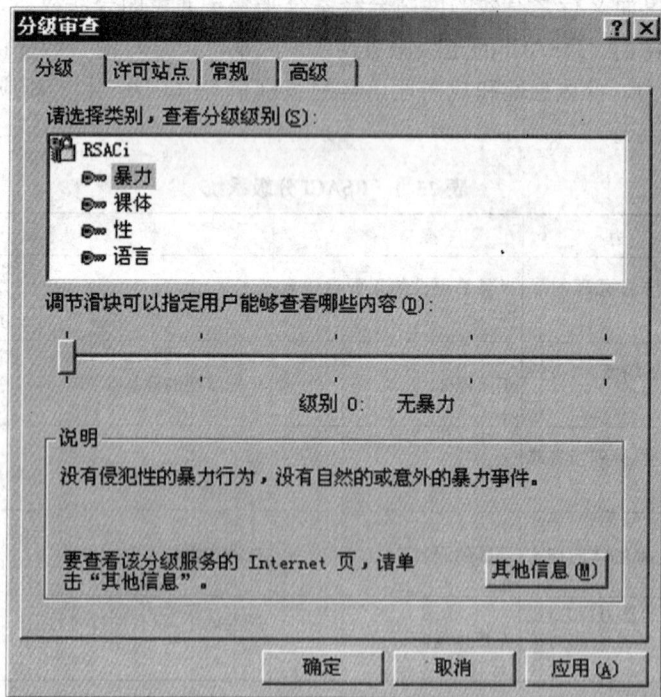

图 25.2　"分级审查"对话框

(3) 分级审查设定完成后会弹出一个"创建监护人密码"的面板（图 25.3），输入监护人密码，最后按"确定"按钮，然后会跳出一个窗口，告诉你分级审查已经启用，如图 25.4 所示。

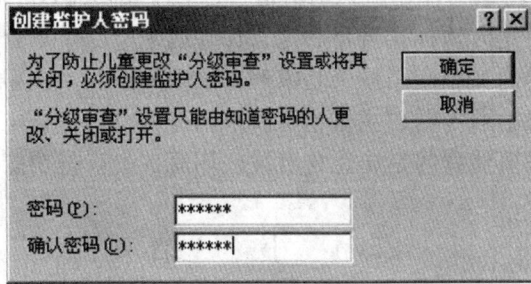

图 25.3　"创建监护人密码"的面板

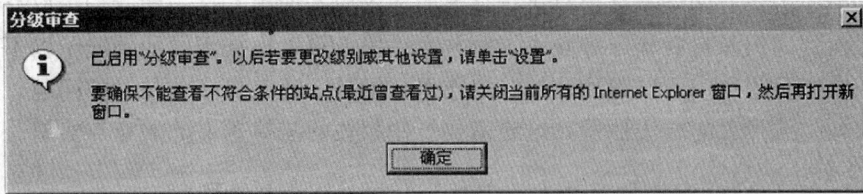

图 25.4　分级审查启用通知

"分级审查"功能生效后，当用户使用 IE 浏览器访问 Internet 上的任何站点时，只要该站点不为"分级审查"设置所允许，非授权用户便不能访问该站点。只有输入正确的监护人密码，分级审查程序才允许用户访问该站点。

以上我们介绍了内容定级和自我鉴定，但这种方法存在着缺陷，主要表现在：

- 并不是每个标签都是可信的，可能存在伪造，这可以通过加密、完整性检查等技术来解决。
- 内容提供者可能不愿花费时间、精力添加标签，解决方法可以通过增加标签的附加功能如可以用于查询等来提高人们的兴趣。
- 此外，非技术的问题往往更令人头疼，比如标榜自己是级别 4 的站点可能会更引人注目等，这些问题不是技术所能解决的，惟一可行的办法就是增加政策、法律条文。

25.3　其他一些客户端封锁软件

除了以上所谈的两种方法外，其他还有一些客户端的封锁软件，这些技术我们称之为本地信息审查技术，它包括 URL 或 IP 限制、文字拦截、图像审查、屏幕监视等。

URL 或 IP 限制功能与前面所说的基于源的阻塞基本类似，只不过是在主机端执行。文字拦截功能可以按关键字拦截本机通过网络传输的信息，不仅是流入的信息，而且可以是从本地流出的信息，这样可以防止一些本机的机密信息或者其他不良信息的外泄，此外，还可以拦截各种文件，可以采用与实时防病毒类似的开发特定设备驱动程序或采用钩子技术，在系统打开文件之前发现有害或者不良的文字信息，给出警告，予以拦截，文字拦截主要针对的是一些文本、HTML、WPS、Word 等文件。图像审查功能采用特定的识别技术，在用户打开图像文件之前识别出是否含有不良信息，自动予以警告、拦截。至于屏幕监视功能则主要定时地抓拍屏幕图像，保存起来，以供审查之用。

本地信息审查技术的典型应用场合是家庭，用来防止青少年接触不良信息，此外，一些需要特别注意或重要的服务器、主机也可以采用。

本地信息审查最需要注意的是防止自身被破坏而丧失审查功能。

25.4 小 结

在互联网如此发达的今天，可以说是"林子大了，什么鸟都有"，网络上面充斥了各种各样的信息，其中不乏一些暴力、色情、反动等不良信息，处理不当可能会造成很坏的社会影响，因此对网络不良信息进行过滤的要求应运而生。这一章我们主要介绍了内容阻塞、内容定级和自我鉴定等技术一些技术手段，可以根据不同的情况予以不同的组合实施，在实际应用中可以起到比较好的作用。但是，还有更多非技术的问题，可能会涉及到政治、法律上的合法性等，这还需要一些相关的法律条文的颁布与实施。

习 题

1. 请说出基于源的内容阻塞的两种方法的优缺点。
2. 内容分级与自我鉴定的思想是什么？
3. PICS 标准大致包括哪些内容？请在实际 HTML 中采用 PICS 标签。
4. IE 是如何支持 PICS 和 RSACi 的？
5. 本地信息审查有哪些技术？

参 考 文 献

顾国飞，王晓宁，张世永．2003. 全方位的网络信息监控体系．计算机工程与应用，39(10)

Garfinkel, Spafford. 1997. Web Security & Commerce. O'Reilly & Associates, Inc.

http://www.w3c.org/PICS

McCrea P, Smart B, Andrews M. Jun 1998. Blocking Content on the Internet: A Technical Perspective. Report prepared for the Australian National Office for the Information Economy(NOIE)

Paul Resnick, James Miller. 1996. PICS: Internet Access Controls Without Censorship. Communications of the ACM, 39(10): 87—93

Resnick P. Mar 1997. Filtering Information on the Internet. Scientific America. 106—108

Resnick P, Miller J. Oct 1996. PICS: Internet Access Controls Without Censorship. Communications of the ACM, 39(10): 87—93

Rolf Oppliger. 1999. Security Technologies for the World Wide Web. Artech House

第 26 章　安全管理技术

计算机和网络系统的安全管理是指对所有计算机网络应用体系中各个方面的安全技术和产品进行统一的管理和协调,进而从整体上提高整个计算机网络的防御入侵、抵抗攻击的能力的体系。通常,建立一个安全管理系统包括多个方面的建设,如技术上实现的计算机安全管理系统、为系统定制的安全管理方针和相应的安全管理制度和人员等。本章中安全管理的含义仅限于技术上,读者也可以参考 BS7799 来了解更多、更全面的关于安全管理的知识。

26.1　传统的网络管理技术及其发展

由于网络安全管理与网络管理技术天生的血缘关系,前者也经常采用网络管理的一些机制,所以我们首先来看一下传统的网络管理技术及其发展。

目前的大多数系统管理软件都源自网络管理平台的模型,以管理中心和各类 Agent 作为实现管理的总体框架,以 SNMP 作为管理协议。网络管理平台是实现开放式集成化的网络集中统一管理的一项主要技术,它提供了一种软件开发支持环境,在此环境中允许实现网络管理功能的集成,通常提供面向对象的 API,有助于网络管理应用程序的开发或装入,也适应于接纳网络设备制造厂商所提供的相应网管软件。在开发网络管理应用程序时还可以利用网管平台提供的统一图形用户界面(GUI)和 MIB 资源,从而提高开发效率和保证开发质量。传统的网络管理模式是一种集中式的管理者—代理模式,它结构简单、易于实现,在网络规模比较小的时候是可行的。

但是随着网络规模的增大,复杂性的增加,管理系统的负载也将急剧增加,通信管理引入的通信开销也大大增加。虽然我们可以通过提高网络管理系统的硬件配置来提高网络管理系统的处理能力,或将网络管理系统安装在网络的合适地方以降低管理通信的开销,但系统的升级能力总是有限的,而且网络管理系统最合适的安装位置往往又不是网络管理人员所处的位置,种种迹象都表明,传统的网络管理模式在现实面前已经显得越来越力不从心了。

目前新的网络管理趋势是向分布式、智能化和综合化方向发展,下面是一些网络管理技术的新发展情况。

26.1.1　基于 Web 的管理

WWW 以其能简单、有效地获取如文本、图形、声音与视频等不同类型的数据在 Internet/Intranet 上广为使用。作为一种全新的网络管理模式——基于 Web 的网络管理 WBM(Web Based Management)应运而生,一开始就引起了广泛关注。WBM 提供给普通用户非常熟悉的 Web 浏览器的单一用户接口,以实现透明地访问分布在 Intranet 上的各类信息,并且很容易支持大多现有的标准网络管理协议框架,如 SNMP、CMIP 和厂商专用的管理协议。因为 Web 浏览器对计算机的硬件要求不高、许多具体的网管任务可转移到 Web 服务器上去完成,这种模式降低了费用,并带来了极大的灵活性、平台独立性、易于升级移植并且支持远程移动管理等优点;另外也可充分利用互联网及其技术快速发展的优势。

目前,有两个主要的 WBM 标准正在制定当中。一个是基于 Web 的企业管理 WBEM (Web-Based Enterprise Management)标准,已于 1996 年 7 月公布了相应的标准建议,具体的细节仍在逐步完善。另一个 WBM 标准是由 SUN 公司作为它的 Java 标准扩展类而提出的 Java 管理应用程序接口 JMAPI。

一些厂商已开始提供基于 Web 的网管产品,如 Trivoli 的 TME10、IBM 的 Netview、Sun 的 Solstice 等。基于 Web 的解决方案有效地降低了网络管理的成本,具有良好的性能价格比。

26.1.2 基于 CORBA 的管理

面对不同厂商提供的硬件、软件、网络及数据库,网管开发人员会遇到管理和集成异构环境的问题,因此人们开始考虑以分布式对象技术和多级应用系统来解决所面临的挑战。公共对象请求代理体系结构 CORBA 是由对象管理小组(OMG)为开发面向对象的应用程序提供的一个通用框架结构。利用对象请求代理(ORB)作为组件通信的软总线,用户可透明地访问信息,而不必知道目标所在的软硬件平台或所在网络的具体位置。CORBA 以其特有的跨越多种异构平台等特性,改变了开发和运行网络应用程序的方式。

采用 CORBA 来实现 SNMP MIB 和管理应用程序的主要优点是:
- 应用程序可移植跨越多个网络管理平台。
- 生成一组可重复使用的基于 SNMP 被管资源的类库。
- 利用已为网络部件(NE)定义好的标准化的 MIB。
- 降低开发 SNMP 代理/应用程序所需的知识和技巧等。

以对象为中心、采用同一协议通信、跨平台跨网络解决异构分布环境的管理是未来网络管理的一个焦点。

26.1.3 采用 Java 技术的管理

从网络管理的角度来看,由 SUN 公司提供的、得到业界广泛承认的 Java 拥有一些引人注目的特性。Java 用于异构分布式网络环境的应用程序开发,它提供了一个易移植、安全、高性能、简单、多线程和面向对象的环境,实现"一次编译,到处运行"。将 Java 技术集成至网络管理,可以有助于克服传统的纯 SNMP 的一些问题,降低网络管理的复杂性。采用 Java 来进行网络管理有两种不同的用法。一种是涉及管理者端,它运行一个以浏览器页面格式显示网络拓扑图的应用程序,在此图形界面上选中某个网络部件后,激活从相应被管部件代理来的 Java 类。该类是与环境相关的,包含提供被管部件的基本属性(如类型、IP 地址等)、工作状态(开、关、启动)和负载情况等。第二种涉及代理端,通过支持 Java 的浏览器来透明、快速地下载升级安装新的代理软件,采用多线程,支持从一个或多个管理者来的并发查询,安全性加强等。

26.1.4 面向智能 Agent 的开放式管理

近几年分布式人工智能领域兴起了 Software Agent 理论的研究热潮，解决异构环境中的软件互操作问题。Agent 在电子商务、群组协作、工作流自动化、消息主动传送、事件监视、信息收集以及网络管理等领域有很好的应用前景，其中通信网络管理是其最有潜力的应用领域之一。

Yemini 等人提出采用管理任务派遣 MbD（Management by Delegation）的方法，减少网络管理本身引起的带宽消耗，使得网络设备实现自我管理。G. J. Kim 等人提出了利用移动 Agent 使得网管任务分布及自动化。

利用移动代理的网管模式具有分布、灵活、易扩展和容错等特性，克服了传统集中式管理模式的主要缺陷，具体有以下几个方面：

- 通过派遣移动 Agent，降低了网络通信量及管理者轮询的密度。
- 提高了分布式系统的自治及可恢复性。如当失去与 NMC（Network Management Center）上的管理进程的联系时，移动 Agent 可以激活自治管理程序，这样在发生网络连接故障的情况下，也可执行管理任务。
- 充分利用了分布的网络资源。
- 移动 Agent 易在异构环境中迁移，提供了不同管理协议的互操作等。

26.2 安全管理的必要性

随着技术的进步，人们对网络与信息系统的安全性日益重视，对安全的理解也在不断提升。目前的计算机网络应用系统中正在逐步应用各类安全技术和产品，如防火墙、安全审计、入侵检测、病毒防范、加密通道、安全扫描、身份验证等。最初人们对网络安全的普遍认识是单点式的、分散管理的安全。一个系统中采用各类不同的安全设施实现不同的安全功能，而这些设备需要分别采用不同的软件和方法进行配置和管理，因此，目前大部分单个的网络安全管理工具比较分散，各个安全功能需要分别进行配置，不同的管理工具之间缺乏连通性。但是目前由各种技术和产品构成的系统日益复杂，例如，防火墙设备需要用厂商提供的专用配置管理软件进行管理，IDS 系统要采用厂商的控制端软件实现系统状态监控，身份验证系统需要采用相应的控制中心进行管理。管理员如果要实现一个整体安全策略需要对不同的设备分别进行设置，并根据不同设备的日志和报警信息进行管理，难度较大，特别是当全局安全策略需要进行调整时，很难考虑周全和实现全局的一致性。目前而言系统管理人员普遍需要的是具备自动响应能力的综合管理体系，所以对各类网络安全设施的统一管理需求在大型网络环境中已经显得十分迫切。

但是传统的网络管理系统所支持的协议大多以 SNMP 为主，存在以下一些问题：

- 很多的安全设备、安全设施并不是基于 SNMP，并不支持 SNMP 协议。
- 很多的安全设备、安全设施并不存在管理信息库 MIB，或者说并不存在这样的标准。
- SNMP 协议本身并不适合大数据量的传输，很多安全事件、日志等安全信息不适合用 SNMP 来传送。
- SNMP 不支持联动和协同，而这一点随着网络的不断复杂日趋显得更加重要。

特别是最后一点，在各类安全技术与产品逐步走向成熟的同时，系统建设中不得不考虑各种安全产品、各种安全技术之间的协作与联动，使得安全技术与产品能够形成一个有机的整体。于是，不少专家和厂商提出了安全的计算机网络应用体系中不可缺少的职能单元——安全管理系统。

在现有的计算机网络应用系统中加入计算机全面安全管理职能单元的必要性在于：
- 实现各类计算机安全技术、产品之间的协调与联动，实现有机化。
- 充分发挥各类安全技术和产品的功能。
- 整体安全能力大幅度提高。
- 实现计算机安全手段与现有计算机网络应用系统的一体化。
- 使全网安全事件准确定位以及全网安全策略制定成为可能。

26.3 基于 ESM 理念的安全管理机制

ESM（Enterprise Security Management）是目前国际上兴起的一种整体安全管理框架，它的主要思想是采用多种智能 Agent 和安全控制中心，在统一安全策略（Security Policy）的指导下，将系统中的各个安全部件协同起来，实现总体的安全策略，并且能够在多个安全部件协同的基础上实现实时监控、报表处理、统计分析等。这样的体系架构具备适应性强（能够适用于各种网络和系统环境）、可扩充性强、集中化安全管理等优点，已成为网络安全整体解决方案的发展方向。

ESM 框架体系主要是为了解决目前各类安全产品各自为阵、难以组成一个整体安全防御体系的问题。在信息技术被大量采用的今天，安全威胁可能来自内部和外部，许多机构发现来自内部的威胁（特别是心怀不满的员工和临时雇员）可能造成更大的损失。但是目前大多数的安全产品只能保护某个点上的安全，例如可以安装防病毒软件查杀病毒，安装防火墙抵御外部的普通攻击，采用入侵监测系统发现入侵等，但是许多机构在部署了某些安全产品后仍然无法保证网络的安全。不同的安全产品间也缺乏联系，难以管理。真正的整体安全是在一个整体的安全策略下，安全产品和非安全产品以及管理制度相互协调的基础上才能够实现，因此目前许多国外的安全厂商都在大力推行 ESM 的体系架构。有一些国外的厂商已经推出了相应的部分实现安全管理功能的产品，列举如下：
- Axent Technologies（http：//www.axent.com）的 Enterprise Security Manager。
- BindView Development Corporation（http：//www.bindview.com）的 bv-Control and bv-Admin。
- BMC Software（http：//www.bmc.com）的 BMC Control-SA。
- Computer Associates（http：//www.ca.com）的 eTrust product line：e-Business Security Management suite。
- e-Security Inc.（http：//www.esecurityinc.com）的 Open e-Security Platform（OeSP）suite。
- Evidian（http：//www.evidian.com）的 AccessMaster suite。
- Tivoli（http：//www.tivoli.com）的 Tivoli SecureWay suite。

26.4 安全管理体系实现的功能

安全管理系统是信息系统安全的必要组成部分，它为系统管理员和用户提供对整体安全系统的监管，它在计算机网络应用体系与各类安全技术、安全产品、安全防御措施等安全手段之间搭起桥梁，使得各类安全手段能与现有的计算机网络应用体系紧密结合实现无缝连接，促成计算机网络安全与计算机网络应用的真正的一体化，使得计算机网络应用体系逐步过渡为安全的计算机网络应用体系。

一般，安全管理系统需要实现以下的功能。

26.4.1 实现对系统中多种安全机制的统一监控和管理

根据网络中配置的各个安全系统，有针对性地进行统一的监控管理，包括：
- 监视各种安全机制的各个部件的运行状况。
- 发现各种安全机制的运行异常情况。
- 向各种安全机制发布相应的总体安全策略。
- 通过安全管理系统，实现对各种安全机制的实时操控。
- 收集各种安全机制执行安全策略的结果。

安全管理系统对各种安全机制的监控和管理可以利用各个安全子系统中已有的信息采集和控制机制来实现，也可以采用直接与安全设备交互的方式进行，主要取决于各个安全子系统自身的构架以及提供的管理接口。

26.4.2 实现各类安全设施之间的互动和联动

安全管理系统提供自动响应功能，在网上实现对各类相关的安全设施之间的互动与联动，并对联动的状况进行监控。

一个系统中的不同安全机制通常通过两种方式来实现安全设施之间的联动：

(1) 利用原有的设备之间的互动功能，例如，入侵检测系统与防火墙之间的互动，以及审计系统与身份验证系统之间的互动等。安全管理系统根据原有安全系统之间能够实现的互操作功能来统一设置联动的策略，并监视这些设施之间的联动情况。

(2) 安全管理系统通过从收集各个安全系统中产生的各类数据，并采用自动或手动响应引擎，根据实现设定的安全策略以及规则，对相关的安全子系统以及安全设备进行设置和操控，以实现间接的联动。

26.4.3 实现基于权限控制的统一管理和区域自治

安全管理系统提供统一的安全管理，并为不同级别和性质的管理员提供不同层次和性质的管理视图。由于大型系统通常是一个复杂的分布式大规模网络，因此运行管理中心、汇接层以及接入单位的网络管理员具有不同的职责。系统不但能够提供运行管理中心的管理员对所有安全系统宏观的管理视图，也能够为各个接入单位和区域分管的管理员对自己管辖区域内的安全设备和安全系统部件进行区域自治管理，此外，还能够通过安全管理系统对分布于整个网络的某个安全子系统进行整体安全策略的发放和状态监测及管理。

26.4.4 实现安全事件事务处理

安全管理系统根据从各种安全机制收集的资料进行安全事件的事务处理,包括:
- 对重复安全事件的合并处理。
- 对相互关联的安全事件进行的合并处理。
- 根据相近零碎的历史事件集合对安全事件进行确认。
- 智能判断事件的真正起因,并提供人工修正判断的机制。
- 根据管理员的职责将合并与确认后的事件通知响应责任人,并提供处理建议。
- 根据责任人处理事件的情况以及结果,确定是否对事件性质进行升级。

26.4.5 实现各类实时报警措施

系统将实现各类实时报警措施:
- 管理员控制台声音报警。
- 管理员控制台界面报警。
- E-mail 报警。
- 寻呼机报警。
- 手机中文短消息报警。
- Yahoo Message 报警。
- ICQ 报警。
- MSN 即时信息报警。

26.4.6 实现安全事件和数据的宏观统计分析和决策支持

系统支持对长期积累的数据进行宏观统计、分析和决策支持。宏观统计分析主要是在长期积累的大量数据的基础上,对安全事件进行综合分析,包括:
- 对安全事件的类型、来源、目的、产生的效果、起因、发生的时段进行综合分析,得到宏观的规律。
- 对重要事件的来源进行综合查证,定位到个人。
- 对相近时段发生的各种事件进行相关性分析,得出各类不同事件相互联系的规律,并指导自动联动规则和安全策略的制定。
- 根据宏观统计的结果,提供决策支持,并进行知识积累,为各类安全事件提供处理建议。

26.4.7 支持应急响应

系统支持在紧急情况下的应急响应,包括:
- 系统设计充分考虑备份措施和应急措施,以备紧急状态下使用。
- 系统支持制定应急情况预案,采用基于综合条件设置和响应动作设置来定义应急情况以及应急响应措施。
- 在发生紧急情况时,能够根据事件的综合,发现系统处于严重异常状态中,并以各种措施通知责任人员。
- 在确认所处紧急状态的前提下,启动预案中已经设定的整套响应措施,系统将自动调用各类外部系统和备份机制,实现应急预案中设定的批量操作,并对整个操作的过程进行跟踪和记录。

26.5　安全管理系统同常见安全技术或产品的关系

安全管理系统是通过对系统中各种安全机制的统一管理来实现整体安全性的提升。

在常见的安全管理系统的设计中,通常包含总体控制部分以及和各种安全技术及产品的接口部分。这些接口部分通常是采用针对各种安全机制的智能 Agent 来实现与各个安全子系统的连接。安全管理系统通过标准接口以及定制开发的各类 Agent,实现安全管理系统对各类安全设备的安全监控,在安全管理系统的控制下,有机地发挥各安全系统的联动功能,实现安全能力的有效调节与提高。安全管理系统与各种安全机制(或子系统)的关系如图 26.1 所示。

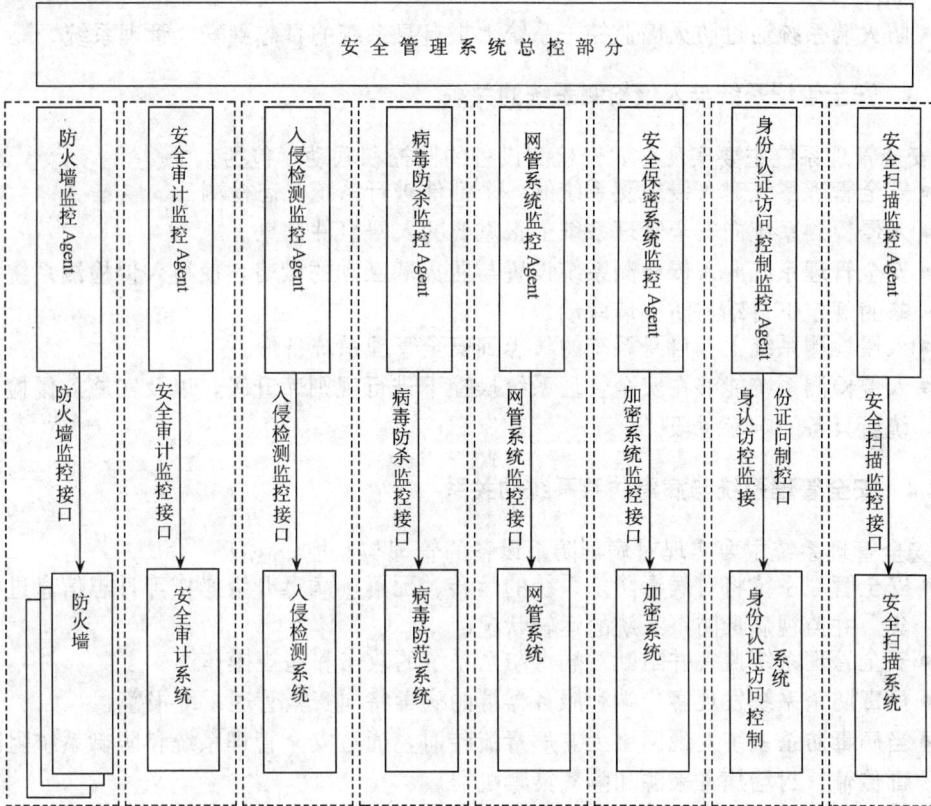

图 26.1　安全管理系统与各种安全机制(或子系统)的关系

26.5.1　安全管理系统同加密系统的关系

通常,在安全防御体系中,加密系统是一个比较独立的系统,通常采用独立的密钥管理机制来实现系统的管理。而安全管理系统在此基础上提供一些统一的监控功能,包括:

- 对密钥分发设施进行的运行系统状态进行检测，监控密钥分发机制的实施。
- 当加密机在出现某些安全事件（如接口故障等）时向安全管理系统报送关键信息摘要以及相关的系统信息。
- 安全管理系统能够识别不同节点的加密机，并定时查询加密机状态。

26.5.2 安全管理系统与防火墙的关系

安全管理系统主要实现对防火墙设备的联动与整合，包括：
- 安全管理系统可以通过防火墙监控子系统对防火墙系统进行系统状态检测。
- 防火墙系统能通过防火墙监控子系统向安全管理系统上报防火墙上的重要事件、关键信息摘要以及指定上报的系统信息。
- 安全管理系统可以通过防火墙监控子系统向防火墙设置安全规则。
- 安全管理系统可以通过防火墙监控子系统设置与 IDS 系统以及审计系统相关的联动总体策略，使得防火墙在总体策略的规定下与 IDS 系统和安全审计系统自行互动。
- 防火墙系统通过防火墙监控子系统上报自身系统的日志到安全管理系统。

26.5.3 安全管理系统与入侵检测系统的关系

安全管理系统主要实现对入侵检测设备的监控和联动，包括：
- 安全管理系统对入侵检测系统的各个部件进行系统状态检测。
- 入侵检测系统向安全管理系统上报重要的入侵事件信息。
- 安全管理系统向入侵检测系统设置与防火墙互动的策略，使得入侵检测系统在策略的规定下自动与防火墙联动。
- 入侵检测系统上报自身系统的日志到安全管理系统备份。
- 入侵检测系统能够在安全管理系统操控下进行规则库升级，以及实施入侵检测系统所具备的响应手段。

26.5.4 安全管理系统与病毒防杀系统的关系

安全管理系统主要实现对病毒防杀设备的管理与监控，包括：
- 安全管理系统将对病毒防杀系统的运转、配置、病毒升级操作等日志信息进行收集，并监视病毒防杀系统的运转状况。
- 安全管理系统监视并阻断对病毒防杀系统的攻击和违规操作。
- 病毒防杀系统发现客户端和服务器端的病毒将向安全管理系统报警。
- 当病毒防杀系统发现网络上有病毒流传时，通过安全管理系统和防御系统阻断病毒传输、封堵病毒来源和隔离染毒机器。
- 病毒防杀系统向安全管理系统通报重要安全事件信息，如病毒疫情、受感染范围等。
- 安全管理系统向病毒防杀系统设置病毒防杀的策略，如定时防杀时间、升级时间、远程扫描策略等。
- 病毒防杀系统上报自身系统的日志到安全管理系统备份。

26.5.5 安全管理系统与身份认证、访问控制系统的关系

安全管理系统与身份认证、访问控制系统的关系主要有：

- 安全管理系统可以对身份认证和访问控制系统进行系统状态检测。
- 身份认证系统向安全管理系统上报关键信息摘要，包括用户开设、证书申请、取消等重要操作。
- 安全管理系统定时查询身份认证系统运转状态。
- 身份认证系统上报自身系统的日志到安全管理系统备份。
- 安全管理系统可以对授权管理系统进行系统状态检测，并收集操作日志信息。
- 授权管理系统能够根据安全管理系统的指令给特定对象授权或取消授权。

26.5.6 安全管理系统与扫描系统的关系

安全管理系统与安全扫描设备的关系主要有：
- 安全管理系统可对扫描系统进行系统状态检测。
- 扫描系统向安全管理系统上报扫描的结果，包括漏洞列表和建议的修补信息。
- 安全管理系统对扫描系统进行定时扫描的策略设置，包括扫描时间、被扫描主机采样策略等。
- 扫描系统上报自身系统的日志到安全管理系统备份。
- 扫描系统能够根据安全管理系统的要求对特定对象进行主动扫描、扫描库升级等操作。

26.5.7 安全管理系统同网络管理系统的关系

安全管理系统与网管系统之间是有一定的联系的，这两个系统协同运作将产生一些附加的效果，安全管理系统与网管系统的关系如下：
- 安全管理系统与网管系统的连接可以发现网络上的异常流量情况（例如 DDoS 攻击），这些信息可以提供给网管系统进行相应的网络设置改变，以保障网络正常运行。
- 安全管理系统在应急状况下实现对网络设备的操作，实现应急响应。
- 安全管理系统向网管系统收集相关的信息，可以为安全事故的追查和分析提供素材。
- 网管系统接收安全管理系统的安全策略，并在实际运转中根据安全策略的要求来设置网络结构（如 VLAN、网络访问控制等）。
- 安全管理系统将网管系统的有关数据和其他安全机制的有关数据进行综合分析以提供决策。

26.6 小 结

安全管理不仅仅是技术上的，更多的可能涉及到制度以及人的因素，本章仅仅关注技术上的安全管理范畴，介绍了一个安全管理系统的必要性、实现机制、功能、与其他安全产品技术的关系等。应该说，今后的网络安全必然会走向协同与整合，因此全网安全管理的重要性将日益显现。

习 题

1. 安全管理系统需要具备哪些功能？它和其他常见安全产品、技术的关系如何？
2. 网络管理的 5 大功能域中也有安全管理的内容，请查阅有关资料后指出它和我们本章介绍的安全管理技术有何异同。

参 考 文 献

许慧虹，杨传厚.1999，网络管理的新进展. 数据通信，(3)

BMC Software. Nov 1999. Incontrol for Security Management. http：//www.bmc.com/products/incontrol/security.pdf (17 Dec 2000)

Cisco Systems，Inc. 29 June 2000. Cisco Secure Scanner Overview. Cisco Secure Scanner User Guide，Version 2.0. http：//www.cisco.com/univercd/cc/td/doc/product/iaabu/csscan/csscan2/cssug/overview.htm

DePompa Barbara. Sep 1997. Firewalls Deter Outside Attacks-But Users Need More Security. http：//www.internetwk.com/supp/security0901-1.htm (15 Dec 2000)

Enterprise Security Management (ESM)：Centralizing Management of Your Security Policy. http：//rr.sans.org/policy/ESM.php

Gardner Dale. June 2000. ESM，ASAP！http：//infosecuritymag.com/jun2000/juncoverstory.htm (17 Dec 2000)

Tec-gate.com. Enterprise Security Management. http：//www.tec-gate.com/checkpoint/firewall-1/sec_ent.html (14 Dec 2000)